普通高等教育"十一五"国家级规划教材
电气工程、自动化专业系列教材

# 自动控制原理
## （第4版）

刘文定　谢克明　主　编
谢　刚　刘洪锦　续欣莹　谷海青　参　编

電子工業出版社
Publishing House of Electronics Industry

北京 · BEIJING

## 内 容 简 介

本书是普通高等教育“十一五”国家级规划教材，全面地阐述自动控制的理论及应用。全书共分8章和2个附录，主要内容包括：线性系统的数学模型、时域响应分析、根轨迹法、频域特性分析、控制系统的设计与校正、非线性系统分析、采样控制系统，以及在MATLAB/Simulink支持下对控制系统进行计算机辅助分析与设计。全书内容取材新颖，阐述深入浅出。为便于自学，各章均附有典型题详解、精选习题和考研试题。

本书可作为高等院校自动化等专业的本科生教材，也可供相关专业的研究生或从事自动化技术工作的人员参考。



**图书在版编目(CIP)数据**

自动控制原理 / 刘文定，谢克明主编. —4版. —北京：电子工业出版社，2018.1
电气工程、自动化专业规划教材
ISBN 978-7-121-33248-7

Ⅰ. ①自… Ⅱ. ①刘… ②谢… Ⅲ. ①自动控制理论—高等学校—教材 Ⅳ. ①TP13

中国版本图书馆CIP数据核字(2017)第306293号

策划编辑：凌　毅
责任编辑：凌　毅
印　　刷：三河市鑫金马印装有限公司
装　　订：三河市鑫金马印装有限公司
出版发行：电子工业出版社
　　　　　北京市海淀区万寿路173信箱　邮编100036
开　　本：787×1092　1/16　印张：20.25　字数：545千字
版　　次：2004年7月第1版
　　　　　2018年1月第4版
印　　次：2024年6月第14次印刷
定　　价：45.00元

凡所购买电子工业出版社图书有缺损问题，请向购买书店调换。若书店售缺，请与本社发行部联系。联系及邮购电话：(010)88254888，88258888。

质量投诉请发邮件至zlts@phei.com.cn，盗版侵权举报请发邮件至dbqq@phei.com.cn。

本书咨询联系方式：(010)88254528，lingyi@phei.com.cn。

# 第 4 版前言

“自动控制原理”是自动化学科的重要理论基础课程，是专门研究有关自动控制系统中基本概念、基本原理和基本方法的一门课程，也是高等学校自动化类专业的一门核心基础理论课程。学好自动控制理论，对掌握自动化技术有着重要作用。

2004 年 7 月，初版教材出版发行，为适应自动化学科的发展，扩宽专业面、优化整体教学体系的教学改革形势，按照“理论讲透，重在应用”的原则，总结了作者多年的教学经验和课程教学改革的成果，参考了国内外控制理论及应用发展的方向，经反复讨论编写而成。2009 年 1 月，第 2 版出版发行，并入选普通高等教育“十一五”国家级规划教材；2013 年 1 月，第 3 版出版发行。几年来，控制理论的教学在高等院校有了较大的发展，许多选用本书的院校提出了一些宝贵的建议，为此，我们进行了第 4 版的修订。

第 4 版教材分 8 章及两个附录。主要内容分为 4 大部分：第一部分包括基本概念，线性系统的数学模型，时域响应分析，根轨迹分析，频域特性分析，控制系统设计与校正，这些内容属于线性定常连续控制系统问题，阐明了自动控制的 3 个基本问题，即模型、分析和控制。第二部分阐述非线性系统的基本理论和分析方法，包括相平面法和描述函数法，目的是为学生进一步学习后续课程打下基础。第三部分有意加强了作为数字控制理论基础的采样控制系统的讨论，重点介绍了采样系统的数学模型、稳定性分析与采样系统的综合校正。第四部分为 MATLAB/Simulink 软件实现控制系统的辅助分析和设计，以培养学生现代化的分析与设计能力，适应 21 世纪教学现代化的发展要求，并在每章最后附相关应用。

第 4 版的内容保留了第 3 版增补的内容并进行了优化：线性常微分方程求解，传递函数零点和极点对系统输出的影响，方框图利用梅逊公式求传递函数，实验方法建立系统的数学模型；二阶系统的过阻尼动态分析，单位斜坡响应及非零初始条件下的输出响应分析，高阶系统的动态性能分析；根轨迹与系统性能、闭环零点、极点与开环零点、极点之间的关系，多变量根轨迹、零极点对根轨迹的影响，利用根轨迹分析系统性能；频率特性的图形、利用频率特性分析系统品质、MATLAB/Simulink 频域特性分析，频率法串联校正、复合校正实例；控制系统设计的 MATLAB/Simulink 实现；非线性系统相平面图的解析绘制、由相轨迹求取时间、非线性系统的稳定性分析及非线性系统的简化；采样过程的数学描述、采样周期的选择等。

第 4 版教材重点对考研试题进行了更新和优化。为避免过于数学化，第 4 版教材对部分公式的推导进行了简化。第 4 版教材是面向应用型大学人才培养需要的一本教材，适用对象为工程应用型自动化专业的本科学生，也可供电气信息类其他专业的研究生以及工程技术人员使用。在编写过程中，作者充分注意到了以下几点：

(1) 注重体系的基本结构，强调控制理论的基本概念、基本原理和基本方法，内容精炼，重点突出，不以细节为主。

(2) 以学生为本，加强能力培养，遵照认识规律，内容叙述力求深入浅出、层次分明；注意理论的完整性与工程实用性相结合，培养学生的工程意识。

(3) 引入了 MATLAB/Simulink 软件实现控制系统的辅助分析和设计，以培养学生现代化的分析与设计能力，适应 21 世纪教学现代化的发展要求。

(4) 为便于不同层次的学生和读者自学，各章都附有较丰富的有难度层次的典型例题和习题及习题详解，特别是为满足考研学生的需要，增加了考研试题。

(5) 为拓宽学生的知识面，满足学生主动学习的兴趣及激发学生的求知欲，我们在电子课件中选入了一些来源于实际控制工程的案例，便于学生理解和消化控制知识。

本书适用于**54～64学时课内**教学。本书由刘文定和谢克明主编。参加编写的有：谢克明（前言、第1章、附录A、B），谢刚（第2、3章），续欣莹（第4章），刘文定（第5、6、7章），刘洪锦、谷海青（第8章）。全书由刘文定和谢克明统稿。借此衷心感谢本书的责任编辑凌毅女士，同时对在本书编写过程中给予帮助的各位人员表示诚挚的谢意。

**本书提供配套的电子课件，**可登录电子工业出版社的华信教育资源网：www.hxedu.com.cn，注册后免费下载。

由于笔者水平有限，书中错误和不妥之处难免，恳请广大读者批评指正。

刘文定　谢克明

2017年11月

# 目　录

# 第1章　绪　　论

**内容提要：**自动控制理论是自动化学科的重要理论基础，专门研究有关自动控制系统中的基本概念、基本原理和基本方法。本章介绍开环控制和闭环控制、控制系统的基本原理和组成、控制系统的类型，以及对控制系统的基本要求。

**知识要点：**开环控制，闭环控制，控制装置，被控对象，稳定性，稳态误差，动态特性。

**教学建议：**本章的重点是开环控制与闭环控制的区别，以及闭环控制的基本原理和组成，要求学生掌握控制系统性能的基本要求，会分析控制系统实例。**建议学时数为2学时。**

自动控制作为一种重要的技术手段，在工程技术和科学研究中起着极为重要的作用。什么是控制？什么是自动控制？为说明这些概念，我们首先看看下面恒温箱控制实例。

在一些生产过程中，常常需要利用加热源来维持某一箱体的温度。这时，人们需要控制加热源，不断调节箱体内的温度。

如图1-1所示为恒温箱控制示意图。在控制过程中，人们要用测温元件（如热电偶）不断地测量箱体内的温度，并与要求温度比较，反映到大脑中，然后大脑根据温差的大小和方向，产生控制指令，加大或减小热源，以减小差异。人们通过连续不断的操作，使箱体温度维持在要求值附近。在控制过程中，各种职能相互联系，可用方框图1-2表示。图中箭头方向表示各部分的联系。

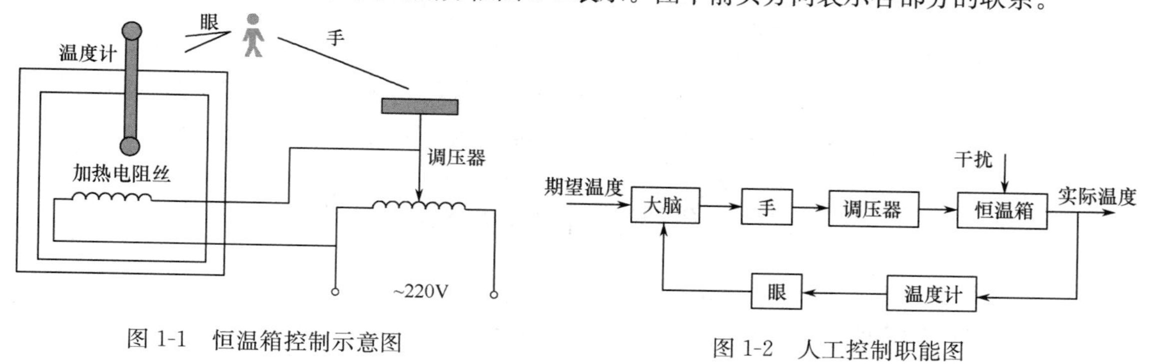


图1-1　恒温箱控制示意图

图1-2　人工控制职能图

通过研究上述人工控制恒温箱的过程可以看到，所谓控制就是使某个对象中物理量按照一定的目标来动作。本例中，对象指箱体，其中的物理量指箱体内温度，一定目标就是事先要求的温度期望值。

若温度控制要求精度高，那么由人来控制就很难满足要求，这时就需要用控制装置代替人，形成恒温箱自动控制系统，如图1-3所示。

该系统由测温元件（热电偶）、加热源（电阻丝）、信号放大变换装置、电机等构成。直流电机和减速器是执行机构，它的作用类似于人工控制中人的手。热电偶为测温装置，将箱体的实际温度测量出来，并将其传送给控制器，即电位器给出的给定信号与箱体的实际温度相比较的差异信号的大小及方向，经放大和变换产生电机的电枢电压去控制电机的转速和方向，再由传动装置去调节移动触头，以减小差异，直到偏差为零。根据上述分析，恒温箱自动控制的信号流动及相互关系如图1-4所示。

自动控制和人工控制的基本原理是相同的，它们都是建立在"测量偏差，修正偏差"的基础

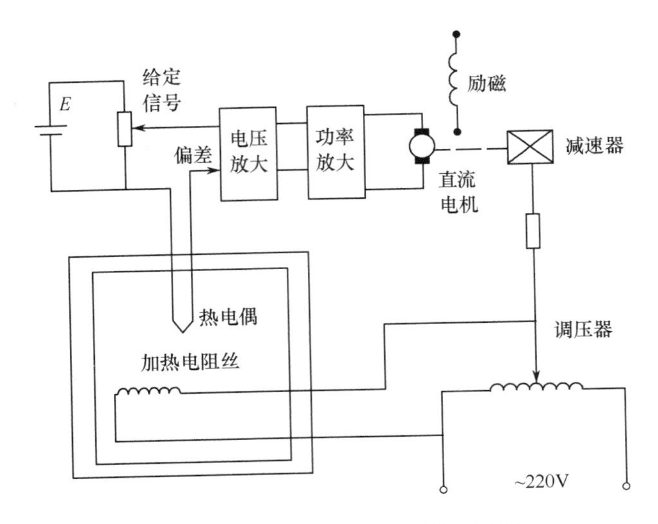


图 1-3　恒温箱自动控制系统示意图

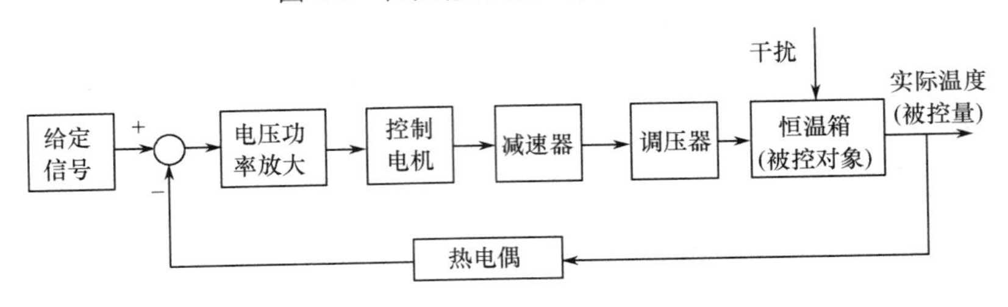


图 1-4　恒温箱自动控制信号流程方框图

上，并且为了测量偏差，必须把系统的实际输出反馈到输入端。自动控制和人工控制的区别在于自动控制用控制器代替人完成控制。总之，所谓自动控制，就是在没有人直接参与的情况下，利用控制装置使被控对象中某一物理量或数个物理量准确地按照预定的要求规律变化。

## 1.1　开环控制和闭环控制

### 1.1.1　开环控制

开环控制系统是指无被控量反馈的控制系统，即需要控制的是被控对象的某一量(被控量)，而测量的只是给定信号，被控量对于控制作用没有任何影响的系统。结构图如图 1-5 所示。信号由输入量至被控量单向传递。这种控制较简单，但有较大的缺陷，即对象或控制装置受到干扰，或工作中特性参数发生变化，会直接影响被控量，而无法自动补偿。因此，系统的控制精度难以保证，系统的抗干扰能力较差。从另一种意义理解，意味着对被控对象和其他控制元件的技术要求较高。但其结构简单，成本低，在系统精度要求不高或扰动影响较小的情况下，具有一定的实用价值，如数控线切割机进给系统、包装机等多为开环控制。

### 1.1.2　闭环控制(反馈控制)

闭环控制系统的定义是有被控量反馈的控制系统，其原理框图如图 1-6 所示。从系统中信号流向看，系统的输出信号沿反馈通道又回到系统的输入端，构成闭合通道，故称为闭环控制系统，或反馈控制系统。

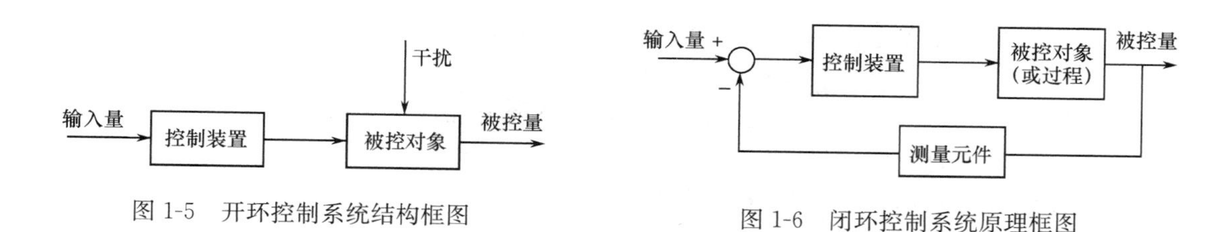


图 1-5　开环控制系统结构框图

图 1-6　闭环控制系统原理框图

这种控制方式，无论是由于外部干扰，还是系统结构参数的变化引起被控量出现偏差，系统均利用偏差去纠正偏差，故这种控制方式为偏差调节。

闭环控制系统的突出优点是利用偏差来纠正偏差，使系统达到较高的控制精度。但与开环控制系统比较，闭环系统的结构比较复杂，构造比较困难。需要指出的是，由于闭环控制存在反馈信号，利用偏差进行控制，如果设计不当，将会使系统无法正常和稳定地工作。另外，控制系统的精度与系统的稳定性之间也常常存在矛盾。

开环控制和闭环控制方式各有优缺点，在实际工程中，应根据工程要求及具体情况来决定。如果事先预知输入量的变化规律，又不存在外部和内部参数的变化，则采用开环控制较好。如果对系统外部干扰无法预测，系统内部参数又经常变化，为保证控制精度，采用闭环控制则更为合适。如果对系统的性能要求比较高，为了解决闭环控制精度与稳定性之间的矛盾，可以采用开环控制与闭环控制相结合的复合控制系统。

## 1.2　自动控制系统的组成及术语

典型反馈控制系统的原理框图如图 1-7 所示。

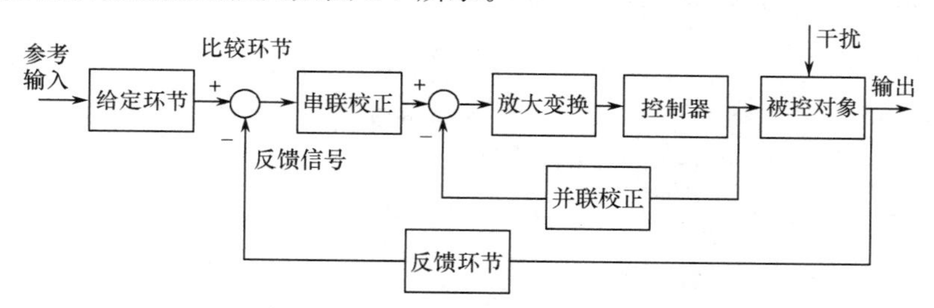


图 1-7　反馈控制系统原理框图

(1) 被控对象：它是控制系统所控制和操纵的对象，它接收控制量并输出被控量。

(2) 控制器：接收变换和放大后的偏差信号，转换为对被控对象进行操作的控制信号。

(3) 放大变换环节：将偏差信号变换为适合控制器执行的信号。它根据控制的形式、幅值及功率来放大变换。

(4) 校正装置：为改善系统动态和静态特性而附加的装置。如果校正装置串联在系统的前向通道中，称为串联校正装置；如果校正装置接成反馈形式，称为并联校正装置，又称局部反馈校正。

(5) 反馈环节：它用来测量被控量的实际值，并经过信号处理，转换为与被控量有一定函数关系，且与输入信号为同一物理量的信号。反馈环节一般也称为测量变送环节。

(6) 给定环节：产生输入控制信号的装置。

下面介绍控制系统中常用的名词术语。

(1) 输入信号：泛指对系统的输出量有直接影响的外界输入信号，既包括控制信号又包括扰动信号。其中，控制信号又称控制量、参考输入或给定值。

(2) 输出信号(输出量):是指控制系统中被控制的物理量,它与输入信号之间有一定的函数关系。

(3) 反馈信号:将系统(或环节)的输出信号经变换、处理送到系统(或环节)的输入端的信号,称为反馈信号。若此信号是从系统输出端取出送入系统输入端的,这种反馈信号称为主反馈信号。而其他称为局部反馈信号。

(4) 偏差信号:控制输入信号与主反馈信号之差。

(5) 误差信号:是指系统输出量的实际值与希望值之差。系统希望值是理想化系统的输出,实际上并不存在,它只能用与控制输入信号具有一定比例关系的信号来表示。在单位反馈情况下,希望值就是系统的输入信号,误差信号等于偏差信号。

(6) 扰动信号:除控制信号以外,对系统的输出有影响的信号。

## 1.3 自动控制系统的类型

自动控制系统的种类很多,其结构性能和完成的任务各不相同,因此有多种分类方法,下面介绍几种常见的分类。

### 1.3.1 按信号流向划分

#### 1. 开环控制系统

开环控制系统原理框图如图 1-8 所示。信号由输入端到输出端单向流动。

#### 2. 闭环控制系统

若控制系统中信号除从输入端到输出端外,还有从输出到输入的反馈信号,则构成闭环控制系统,也称反馈控制系统,方框图如图 1-9 所示。

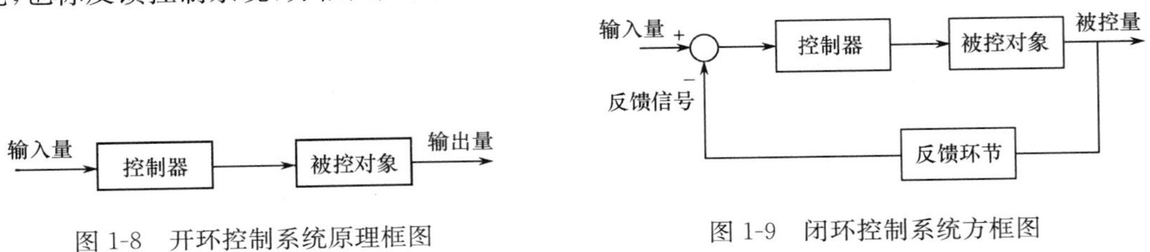


图 1-8 开环控制系统原理框图

图 1-9 闭环控制系统方框图

### 1.3.2 按系统输入信号划分

#### 1. 恒值调节系统(自动调节系统)

这种系统的特征是输入量为一恒值,通常称为系统的给定值。控制系统的任务是尽量排除各种干扰因素的影响,使输出量维持在给定值(期望值)上。如工业过程中恒温、恒压、恒速等控制系统。

#### 2. 随动系统(跟踪系统)

该系统的控制输入量是一个事先无法确定的任意变化的量,要求系统的输出量能迅速平稳地复现或跟踪输入信号的变化。如雷达天线的自动跟踪系统和高炮自动瞄准系统就是典型的随动系统。

#### 3. 程序控制系统

系统的控制输入信号不是常值,而是事先确定的运动规律,编成程序装在输入装置中,即控制输入信号是事先确定的程序信号,控制的目的是使被控对象的被控量按照要求的程序动作。如数控车床就属此类系统。

### 1.3.3 线性系统和非线性系统

1. 线性系统

组成系统元器件的特性均为线性的，可用一个或一组线性微分方程来描述系统输入和输出之间的关系。线性系统的主要特征是具有齐次性和叠加性。

2. 非线性系统

系统中只要有一个元器件的特性不能用线性微分方程描述其输入和输出关系，则称为非线性系统。非线性系统还没有一种完整、成熟、统一的分析法。通常对于非线性程度不很严重或做近似分析时，均可用线性系统理论和方法来处理。非线性系统分析将在第 7 章专门讨论。

### 1.3.4 定常系统和时变系统

1. 定常系统

如果描述系统特性的微分方程中各项系数都是与时间无关的常数，则称为定常系统。该类系统只要输入信号的形式不变，在不同时间输入下的输出响应形式是相同的。

2. 时变系统

如果描述系统特性的微分方程中只要有一项系数是时间的函数，此系统称为时变系统。

### 1.3.5 连续系统和离散系统

1. 连续系统

系统中所有元器件的信号都是随时间连续变化的，信号的大小均是可任意取值的模拟量，称为连续系统。

2. 离散系统

离散系统是指系统中有一处或数处的信号是脉冲序列或数码。若系统中采用了采样开关，将连续信号转变为离散的脉冲形式的信号，此类系统称为采样控制系统或脉冲控制系统。若采用数字计算机或数字控制器，其离散信号是以数码形式传递的，此类系统称为数字控制系统。在这种控制系统中，一般被控对象的输入/输出是连续变化的信号，控制装置中的执行部件也常常是模拟式的，但控制器是用数字计算机实现的，所以系统中必须有信号变换装置，如模数转换器（A/D 转换器）和数模转换器（D/A 转换器）。计算机控制系统将是今后控制系统的主要发展方向。

### 1.3.6 单输入单输出系统与多输入多输出系统

1. 单输入单输出系统（单变量系统）

系统的输入量和输出量各为一个，称为单输入单输出系统。

2. 多输入多输出系统（多变量系统）

若系统的输入量和输出量多于一个，称为多输入多输出系统。对于线性多输入多输出系统，系统的任何一个输出等于每个输入单独作用下产生输出的叠加。

自动控制系统还可以按系统的其他特征来分类，本书将不再一一讨论，有兴趣的读者可参阅有关文献。

## 1.4 自动控制系统性能的基本要求

自动控制系统是否能很好地工作，是否能精确地保持被控量按照预定的要求规律变化，这取决于被控对象和控制器及各功能元器件的结构和特性参数是否设计得当。

在理想情况下，控制系统的输出量和输入量在任何时候均相等，系统完全无误差，且不受干扰的影响。然而，在实际系统中，由于各种各样原因，系统在受到输入信号（也包括扰动信号）的激励时，被控量将偏离输入信号作用前的初始值，经历一段动态过程（过渡过程），则系统控制性能的优劣，可以从动态过程中较充分地表现出来。

控制精度是衡量系统技术性能的重要尺度。一个高品质的系统，在整个运行过程中，被控量对给定值的偏差应该是最小的。

考虑动态过程在不同阶段中的特点，工程上通常从稳、准、好 3 个方面来衡量自动控制系统。

**1. 稳定性（稳）**

稳定工作是对所有自动控制系统的基本要求，是一个系统能否工作的前提条件。不稳定的系统根本无法完成控制任务。考虑到实际系统工作环境或参数的变动，可能导致系统不稳定，因此，我们除要求系统稳定外，还要求其具有一定的稳定裕量。稳定性是系统的固有特性，由系统结构、参数所决定，与外部输入信号无关。

**2. 稳态精度（准）**

稳态精度是指系统过渡到新的平衡工作状态以后，或系统抗干扰重新恢复平衡后，最终保持的精度。稳态精度与控制系统的结构、参数及输入信号形式有关。

**3. 动态过程（好）**

动态过程是指控制系统的被控量在输入信号作用下随时间变化的全过程，衡量动态过程的品质好坏常采用单位阶跃信号作用下过渡过程中的超调量、过渡过程时间等性能指标。

对不同的被控对象，系统对稳、准、好的要求有所侧重。例如，随动系统对好要求较高。同一系统中，稳、准、好是相互制约的。提高过程的快速性，可能会加速系统振荡；改善了平稳性，控制过程又可能拖长，甚至使最终精度也变差。分析和解决这些矛盾，将是本课程的重要内容。

## 1.5 自动控制课程的主要任务

本课程的主要内容是阐述构成、分析和设计自动控制系统的基本理论。对实际系统，建立研究问题的数学模型，进而利用所建立的数学模型来讨论构成、分析、综合自动控制系统的基本理论和方法。

在已知系统数学模型下，研究系统的性能并寻找系统性能与系统结构、参数之间的关系，称为系统分析。本课程将详细介绍系统分析的一些常用方法。

如果已知对工程系统性能的要求，寻找合理的控制方案，这类问题称为系统综合。

作为研究自动控制系统的分析与综合的方法来说，对单输入单输出系统常采用的是时域法、频域法、根轨迹法，以及目前广泛应用的计算机辅助设计。

对于一个实际系统，其输入信号往往是比较复杂的，而系统的输出响应又与输入信号类型有关。因此，在研究自动控制系统的响应时，往往选择一些典型输入信号，并且以最不利的信号作为系统的输入信号，分析系统在此输入信号下所得到的输出响应是否满足要求，据此评估系统在比较复杂信号作用下的性能指标。

常采用的典型输入信号有以下几种。

### 1.5.1 阶跃函数

阶跃函数的数学表达式为

$$r(t)=\begin{cases}0 & t<0\\ A & t\geqslant 0\end{cases} \tag{1-1}$$

它表示一个在 $t=0$ 时出现的，幅值为 $A$ 的阶跃变化函数，如图 1-10 所示。在实际系统中，如负荷突然增大或减小、流量阀突然开大或关小，均可以近似看成阶跃函数的形式。

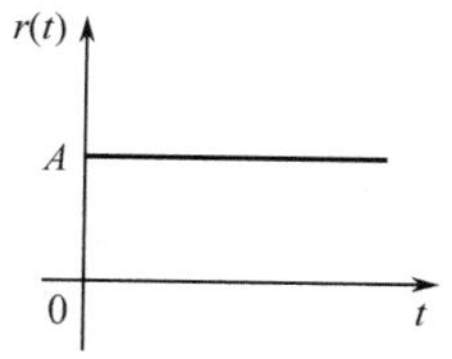

图 1-10 阶跃函数

$A=1$ 的阶跃函数称为单位阶跃函数，记为 $1(t)$。因此，幅值为 $A$ 的阶跃函数也可表示为

$$r(t)=A\cdot 1(t) \tag{1-2}$$

出现在 $t=t_0$ 时刻的阶跃函数，表示为

$$r(t-t_0)=\begin{cases}0 & t<t_0\\ A & t\geqslant t_0\end{cases} \tag{1-3}$$

### 1.5.2 斜坡函数(等速度函数)

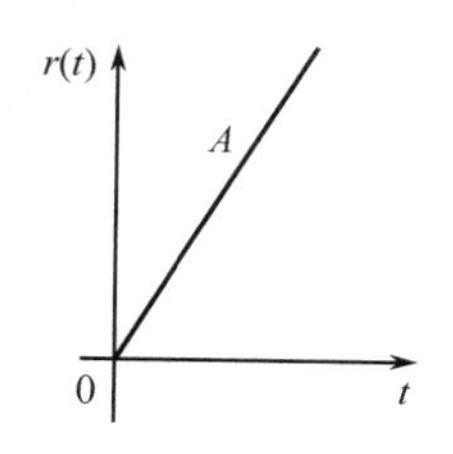

图 1-11 斜坡函数

斜坡函数的数学表达式为

$$r(t)=\begin{cases}0 & t<0\\ At & t\geqslant 0\end{cases} \tag{1-4}$$

斜坡函数从 $t=0$ 时刻开始，随时间以恒定速度 $A$ 增加，如图 1-11 所示。$A=1$ 时，斜坡函数称为单位斜坡函数。

斜坡函数等于阶跃函数对时间的积分，反之，阶跃函数等于斜坡函数对时间的导数。

### 1.5.3 抛物线函数(等加速度函数)

抛物线函数的数学表达式为

$$r(t)=\begin{cases}0 & t<0\\ \dfrac{1}{2}At^2 & t\geqslant 0\end{cases} \tag{1-5}$$

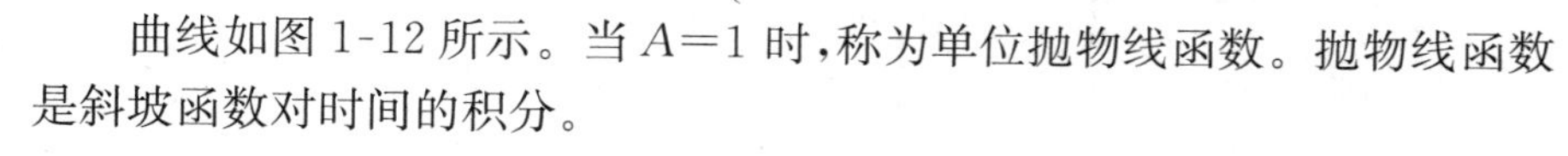

曲线如图 1-12 所示。当 $A=1$ 时，称为单位抛物线函数。抛物线函数是斜坡函数对时间的积分。

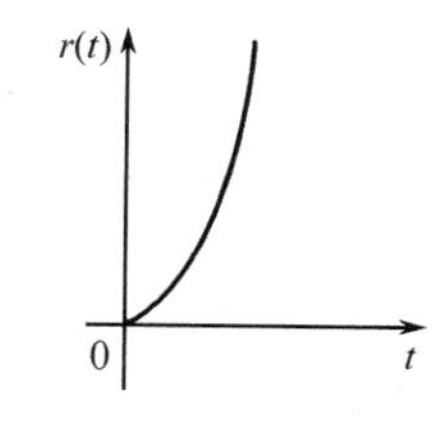

图 1-12 抛物线函数

### 1.5.4 脉冲函数

脉冲函数的曲线如图 1-13 所示，数学表达式为

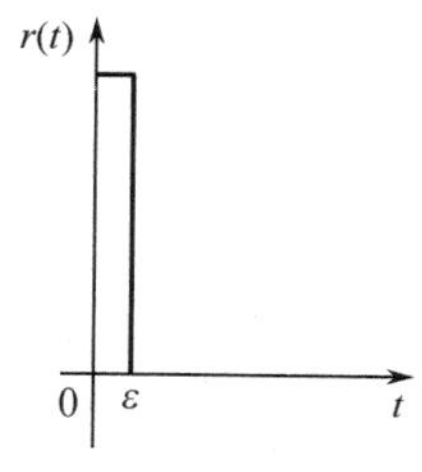

图 1-13 脉冲函数

$$r(t)=\begin{cases}0 & t<0\\ \dfrac{A}{\varepsilon} & 0\leqslant t\leqslant \varepsilon\\ 0 & t>\varepsilon\end{cases} \tag{1-6}$$

其面积为 $A$，即 $\int_{-\infty}^{\infty} r(t)\mathrm{d}t = A$。面积 $A$ 表示脉冲函数的强度。

$A=1, \varepsilon\to 0$ 的脉冲函数称为单位脉冲函数，记为 $\delta(t)$，即

$$\delta(t)=\begin{cases}0 & t\neq 0\\ \infty & t=0\end{cases} \tag{1-7}$$

$$\int_{-\infty}^{\infty}\delta(t)\mathrm{d}t = 1$$

于是强度为 $A$ 的脉冲函数可表示为 $A\delta(t)$。

$\delta(t-t_0)$表示在 $t=t_0$时刻出现的单位脉冲函数，即

$$\delta(t-t_0)=\begin{cases}0 & t\neq t_0\\ \infty & t=t_0\end{cases} \tag{1-8}$$

$$\int_{-\infty}^{\infty}\delta(t-t_0)\mathrm{d}t=1$$

单位脉冲函数是单位阶跃函数的导数。

### 1.5.5 正弦函数

正弦函数的数学表达式为

$$r(t)=\begin{cases}0 & t<0\\ A\sin\omega t & t\geqslant 0\end{cases} \tag{1-9}$$

式中，$A$ 为正弦信号的幅值，$\omega$ 为角频率，正弦函数为周期函数。

当正弦信号作用于线性系统时，系统的稳态分量是和输入信号同频率的正弦信号，仅仅是幅值和初相位不同。根据系统对不同频率正弦输入信号的稳态响应，可以得到系统性能的全部信息。

## 1.6 自动控制系统实例

本节将介绍一些控制系统实例。

### 1.6.1 造纸机分部传动控制系统

造纸机分部传动控制系统原理图如图 1-14 所示。含有大量水分的纸张经过第一压榨棍后，去掉了一部分含水量，然后再进入第二压榨棍，再榨去一部分水分。第一压榨棍和第二压榨棍分别由各自的电动机拖动，显然，两个压榨棍的转速必须协调，否则将会拉断纸页或出现叠堆。

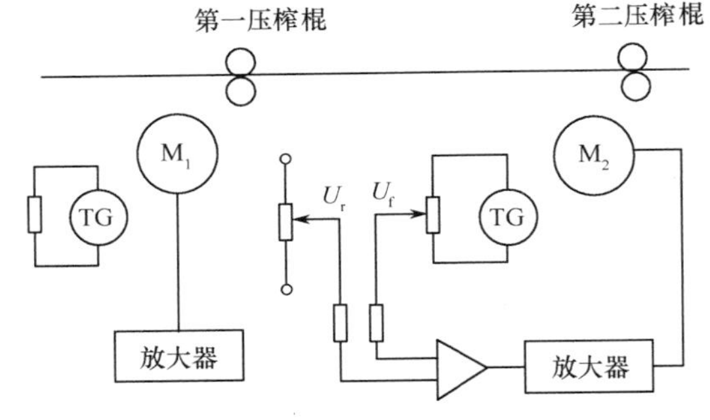

图 1-14 造纸机分部传动控制系统原理图

自动控制系统中，压榨棍拖动电动机 $M_2$ 的转速由测速发电机 TG 检测出来，并转换为速度反馈电压 $U_f$。参考电压 $U_r$ 与反馈电压 $U_f$ 相比较得偏差电压 $U_r-U_f$，经过放大去控制拖动电动机的转速，达到两个压榨棍的转速协调。

### 1.6.2 谷物湿度控制系统

谷物湿度控制系统原理图如图 1-15 所示。我们知道谷物含水量直接影响面粉产量，谷物在混合成磨料前要先湿润，存在一个使谷物出粉最多的湿度，谷物湿度可通过加水来调整。实际中输入谷物的水分、谷物流量和水压均是变化不定的，为努力消除扰动的影响，可在上部加一水箱以保证供水压力不变，可以加一个送料漏斗以维持谷物流量基本不变。剩下就是谷物水分控制，首先测量输入谷物水分含量，构成顺馈控制部分，同时测量输出谷物水分含量，构成反馈部分，调节器将两个传感器来的信号与要求的湿度信号结合起来，给出正确水流量所必需的自动阀门整定值。

### 1.6.3 烘烤炉温度控制系统

如图 1-16 所示,控制的任务是保持炉温恒定。由于炉温既受工件数量及环境温度的影响,又受煤气流量的控制,故调整煤气流量便可控制炉温。

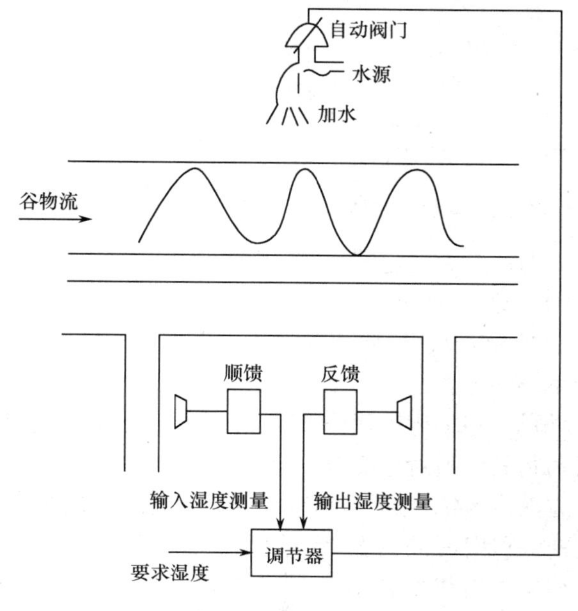


图 1-15 谷物湿度控制系统示意图

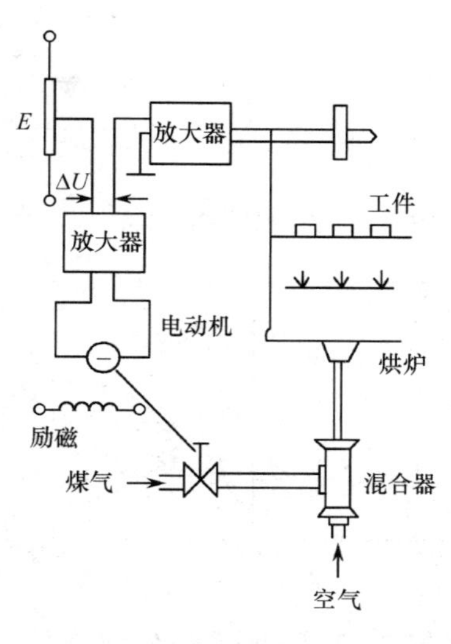


图 1-16 烘烤炉温度控制系统

若工件数量增加,烘炉的负荷加大,而煤气流量一时没变,则炉温下降,导致偏差电压 $\Delta U>0$,故电动机将阀门开大,增加煤气供给量,从而使炉温回升,直到重新等于给定值为止。

若负荷减小或煤气压力突然加大,则炉温升高,偏差电压 $\Delta U<0$,故电动机自动关小阀门,减小供气量,从而使炉温回降,直到等于给定值为止。

## 本 章 小 结

(1) 自动控制是在没有人直接参与的情况下,利用控制装置使被控对象中某个被控量自动地按照要求的运动规律变化的系统。

(2) 自动控制系统可以是开环控制、闭环控制或复合控制。最基本的控制方式是闭环控制,也称反馈控制,它的基本原理是利用偏差纠正偏差。

(3) 自动控制系统讨论的主要问题是系统动态和静态过程的性能,归结为 3 个字:稳、准、好。

(4) 自动控制原理课分为系统分析和系统设计两个方面。

## 本章典型题、考研题详解及习题

### A 典型题详解

**【A1-1】** 瓦特蒸汽机调速器系统的原理如图 A1-1 所示,简述其工作原理。

**【解】** 系统工作原理为:根据要求的转速由设定螺钉和弹簧来给定,蒸汽机转速高于设定值时,在离心力作用下,重锤水平位置上升,通过杠杆使阀门关小,蒸汽机的蒸汽量减少,转速下降。反之,重

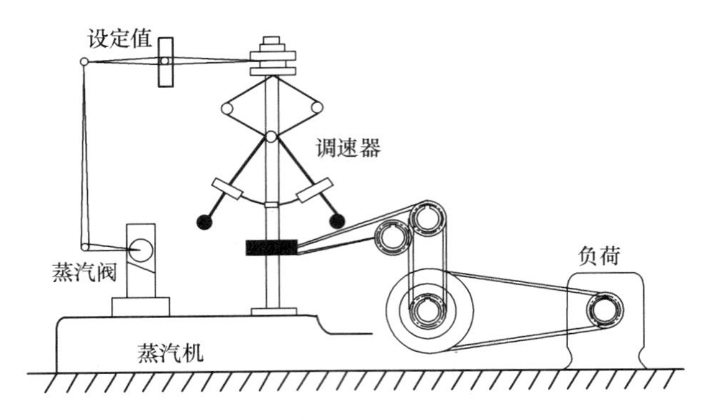


图 A1-1　蒸汽机调速器系统的原理图

锤水平位置下降，开大阀门使转速上升，蒸汽机转速保持在设定值。其为典型的负反馈控制系统。

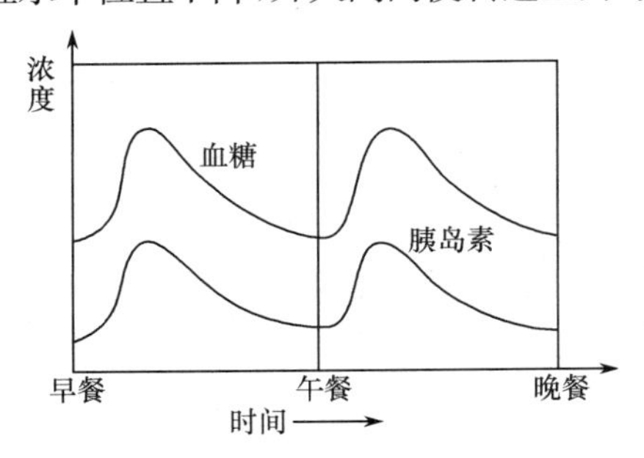


图 A1-2　血糖和胰岛素浓度的关系

**【A1-2】** 健康人的血糖和胰岛素浓度的关系如图 A1-2所示，设计能调节糖尿病人血糖浓度的系统，绘制对应系统的方框图。

**【解】** 根据生物医学知血糖浓度值可以通过调节胰岛素药物的注射量来控制。

方法 1：被控变量是血糖浓度，给定信号根据糖尿病人当前一段时间的情况，利用可编程信号发生器产生，执行结构微型电机泵调节胰岛素注射速率，构成开环控制系统，如图 A1-3(a)所示。

方法 2：在开环控制的基础上增加一个血糖测量传感器。将测量值与预期血糖浓度比较，由偏差来调整电机泵的阀门，构成闭环控制系统，如图 A1-3(b)所示。

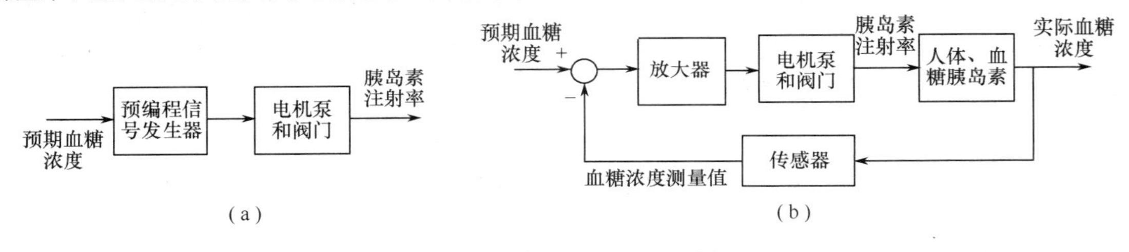


图 A1-3　血糖浓度控制系统结构图

## B 考研试题

**【B1-1】** (武汉科技大学)两种液位控制系统如图 B1-1 所示。

(1) 哪一种能实现液位高度的自动控制？为什么？

(2) 在可实现液位自动控制的系统中如何调整液位的希望高度 $H$？(即如何确定系统的给定信号，假设杠杆不可调整)

(3) 对于可实现液位自动控制的系统，试指出系统的控制器和比较环节分别由哪些元件构成？

**【解】** (1) 对图 B1-1(a)，当液位下降，杠杆作用使进水阀门开大，进水量增加，当水位到达设定高度时，浮子将进水阀关闭；反之，当液位上升，杠杆作用使进水阀门关小，进水量减少，以维持液位高度，采用负反馈实现液位的自动控制。

对图 B1-1(b)，当液位下降，杠杆作用使进水阀门关小，进水量减小，不能维持液位高度，其为正反馈，不能实现液位的自动控制。

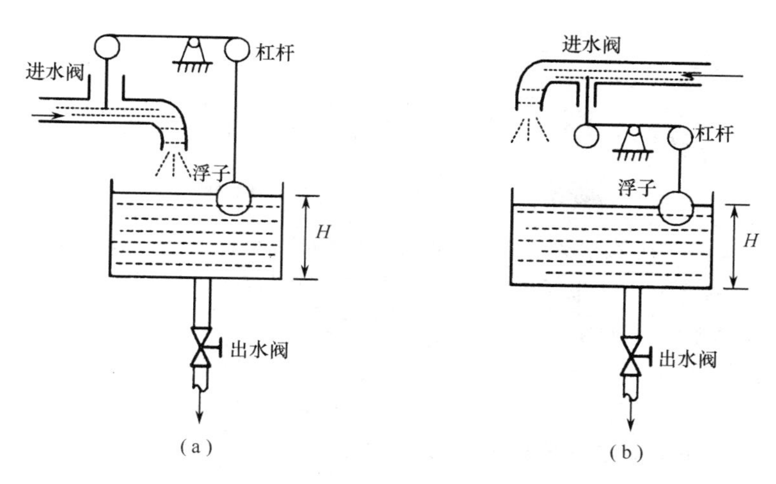


图 B1-1　液位控制系统

(2) 通过调节浮子与杠杆之间的连杆的长度,可以调节液位的设定值。

(3) 系统中完成比较的环节为浮球,控制器为杠杆。

## C 习题

C1-1　试列举几个日常生活中的开环控制系统及闭环控制系统,并说明其工作原理。

C1-2　仓库大门自动控制系统的原理图如图 C1-1 所示,试说明其工作原理。

C1-3　如图 C1-2 所示为一水箱自动控制系统,试说明其工作原理。

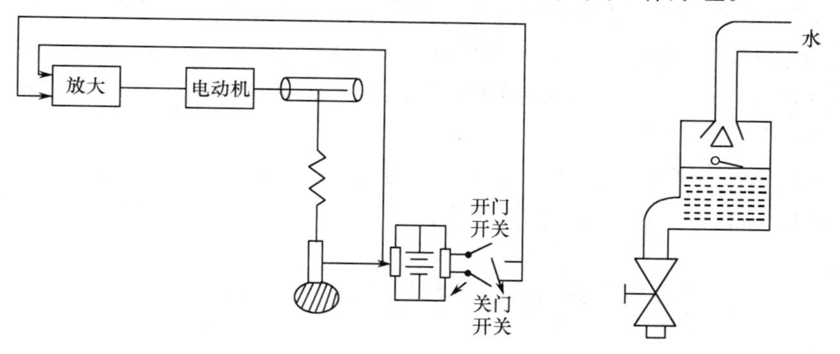


图 C1-1　习题 C1-2 图　　图 C1-2　习题 C1-3 图

C1-4　家用电器中,洗衣机是开环控制还是闭环控制?一般的电冰箱是哪种控制方式?

C1-5　如图 C1-3 所示为一压力控制系统,试说明其工作原理,并画出系统的方框图。

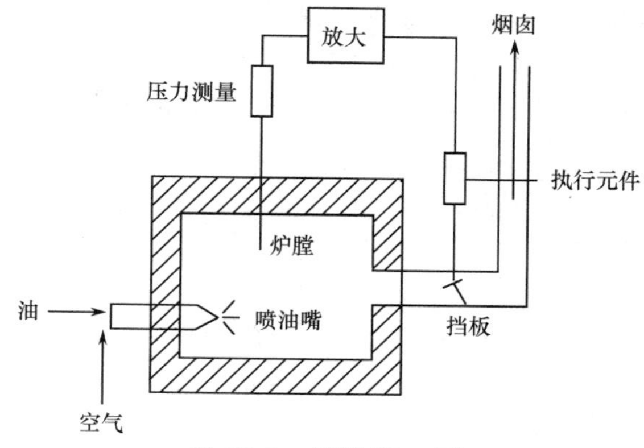


图 C1-3　习题 C1-5 图

# 第2章　线性系统的数学模型

**内容提要：**本章介绍线性系统的各类数学模型，如微分方程、传递函数、方框图、信号流图的求取及它们之间的相互关系。最后介绍用MATLAB求取系统的数学模型。

**知识要点：**线性系统的数学模型，拉普拉斯变换，传递函数的定义，非线性特性的线性化处理，方框图的简化，梅逊公式的含义和应用。

**教学建议：**本章的重点是熟练掌握系统各种数学模型的建立及它们之间的相互转换，为分析和设计控制系统打下基础。**建议学时数为6～8学时。**

描述控制系统输入、输出变量及内部各变量之间关系的数学表达式称为系统的数学模型。常用的数学模型有微分方程、差分方程、传递函数、脉冲传递函数和状态空间表达式等。

建立合理的数学模型对于系统的分析研究是至关重要的。系统数学模型的建立一般采用解析法或实验法。解析法是依据系统各变量之间所遵循的基本定律列写出变量间的数学表达式，从而建立系统的数学模型。在解析法建立系统数学模型的过程中，一般应根据系统的实际结构、参数及分析结果所要求的精度，忽略一些次要因素，例如，忽略掉系统中存在着的非线性因素和分布参数，使模型既能准确地反映系统的动态本质，又能简化分析计算。但是当这些因素对系统的影响很大时，就不能用线性集中参数去描述分布参数特性。例如，在低频范围工作时，弹簧的质量可以忽略，但在高频范围工作时，弹簧的质量却可能变成系统的重要性质。因此，要注意模型的简化是有条件的。

建立数学模型的另一种重要方法是实验法，它是依据系统的运行和实验数据建立数学模型，该方法将在后续课程中介绍。这里只讨论建立线性定常系统数学模型的解析法。

## 2.1　线性系统的微分方程

用解析法建立系统微分方程的一般步骤：

(1) 分析系统工作原理，将系统划分为若干环节，确定系统和环节的输入、输出变量，每个环节可考虑列写一个方程；

(2) 根据各变量所遵循的基本定律（物理定律、化学定律）或通过实验等方法得出的基本规律，列写各环节的原始方程式，并考虑适当简化和线性化；

(3) 将各环节方程式联立，消去中间变量，最后得出只含输入、输出变量及其导数的微分方程；

(4) 将输出变量及其各阶导数放在等号左边，将输入变量及其各阶导数放在等号右边，并按降幂排列，最后将系统归化为具有一定物理含义的形式，成为标准化微分方程。

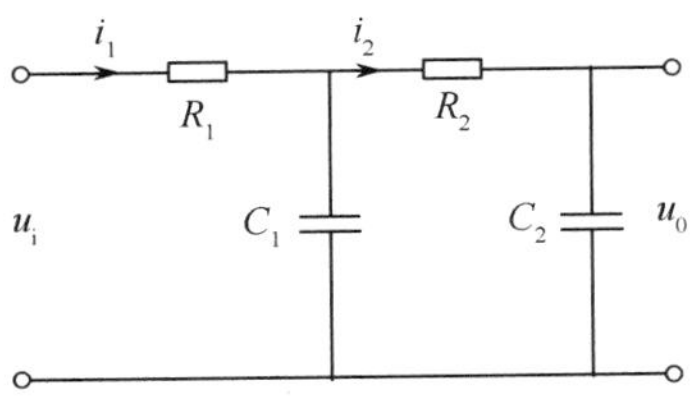

下面举例说明。

**【例2-1】** 试列写如图2-1所示RC无源网络的微分方程。输入为$u_i(t)$，输出为$u_0(t)$。

图2-1　RC无源网络

**【解】** 如图所示电流$i_1(t)$，$i_2(t)$，根据基尔霍夫定理，假设输出开路，可列出

$$u_i(t)=R_1 i_1(t)+\frac{1}{C_1}\int(i_1(t)-i_2(t))\mathrm{d}t \tag{2-1}$$

$$\frac{1}{C_1}\int(i_1(t)-i_2(t))\mathrm{d}t=R_2 i_2(t)+\frac{1}{C_2}\int i_2(t)\mathrm{d}t \tag{2-2}$$

$$u_0(t)=\frac{1}{C_2}\int i_2(t)\mathrm{d}t \tag{2-3}$$

消去中间变量，整理得

$$R_1R_2C_1C_2\frac{\mathrm{d}^2u_0(t)}{\mathrm{d}t^2}+(R_1C_1+R_2C_2+R_1C_2)\frac{\mathrm{d}u_0(t)}{\mathrm{d}t}+u_0(t)=u_i(t) \tag{2-4}$$

令 $T_1=R_1C_1$，$T_2=R_2C_2$，$T_3=R_1C_2$，则得

$$T_1T_2\frac{\mathrm{d}^2u_0(t)}{\mathrm{d}t^2}+(T_1+T_2+T_3)\frac{\mathrm{d}u_0(t)}{\mathrm{d}t}+u_0(t)=u_i(t) \tag{2-5}$$

由式(2-5)可见，该网络的数学模型是一个二阶线性常微分方程。

**【例 2-2】** 如图 2-2 所示为一弹簧阻尼系统，当外力 $F(t)$作用于系统时，系统将产生运动。试列写外力 $F(t)$与位移 $y(t)$之间的微分方程。

**【解】** 弹簧和阻尼器有相应的弹簧阻力 $F_1(t)$和黏性摩擦阻力 $F_2(t)$，根据牛顿第二定律有

$$F(t)+F_1(t)+F_2(t)=m\frac{\mathrm{d}^2y(t)}{\mathrm{d}t^2} \tag{2-6}$$

其中 $F_1(t)$和 $F_2(t)$可由弹簧、阻尼器特性写出

$$F_1(t)=-ky(t) \tag{2-7}$$

$$F_2(t)=-f\frac{\mathrm{d}y(t)}{\mathrm{d}t} \tag{2-8}$$

式中，$k$ 为弹簧系数，$f$ 为阻尼系数。

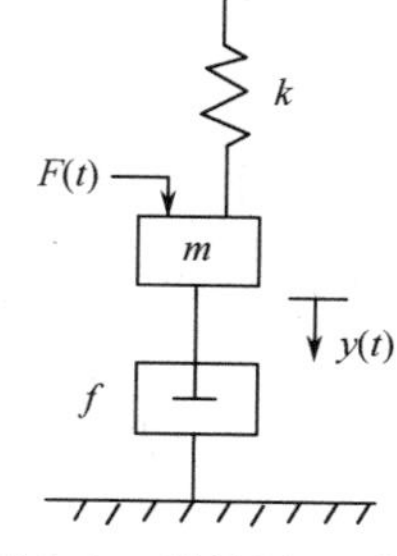

图 2-2　弹簧阻尼系统

消去中间变量，整理且标准化得

$$\frac{m}{k}\frac{\mathrm{d}^2y(t)}{\mathrm{d}t^2}+\frac{f}{k}\frac{\mathrm{d}y(t)}{\mathrm{d}t}+y(t)=\frac{1}{k}F(t) \tag{2-9}$$

令 $T=\sqrt{m/k}$ 为时间常数，$\zeta=f/(2\sqrt{mk})$ 为阻尼比，$K=1/k$ 为放大系数。则式(2-9)为

$$T^2\frac{\mathrm{d}^2y(t)}{\mathrm{d}t^2}+2\zeta T\frac{\mathrm{d}y(t)}{\mathrm{d}t}+y(t)=KF(t) \tag{2-10}$$

**【例 2-3】** 电枢控制的他励直流电动机如图 2-3 所示，电枢电压 $u_a(t)$，电动机输出转角为 $\theta(t)$。$R_a$，$L_a$，$i_a(t)$分别为电枢电路的电阻、电感和电流，$i_f$为恒定励磁电流，$e_b$为反电势，$f$ 为电动机轴上的黏性摩擦系数，$G$ 为电枢质量，$D$ 为电枢直径，$M_L$为负载力矩。

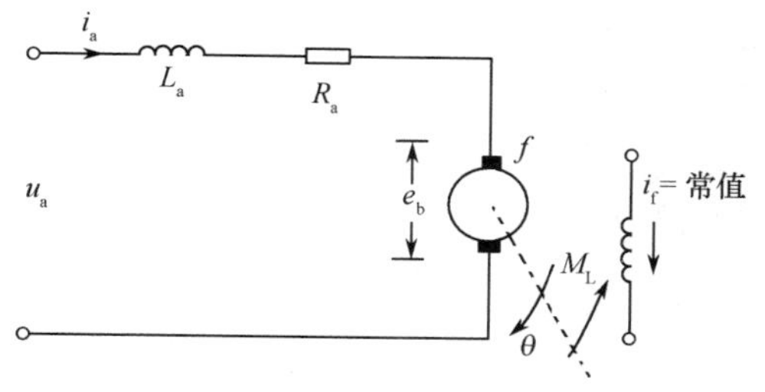

图 2-3　电枢控制的他励直流电动机

**【解】** 当电枢两端加上电压 $u_a(t)$后，产生电枢电流 $i_a(t)$，在磁场作用下获得电磁转矩 $M_D$，驱动电动机克服阻力矩带动负载旋转，同时，电枢中产生感应电势 $e_b(t)$，$e_b(t)$与 $u_a(t)$极性相反，削弱外电压的作用，减小电枢电流，使电动机做恒速运转。

电枢回路电压平衡方程为

$$u_a(t)=R_ai_a(t)+L_a\frac{\mathrm{d}i_a(t)}{\mathrm{d}t}+e_b \tag{2-11}$$

$$e_b=c_e\frac{d\theta(t)}{dt} \tag{2-12}$$

式中，$c_e$为电动机的反电势系数。

力矩平衡方程为

$$M_D=J\frac{d^2\theta(t)}{dt^2}+f\frac{d\theta(t)}{dt}+M_L \tag{2-13}$$

$$M_D=c_M i_a(t) \tag{2-14}$$

式中，$J=\frac{GD^2}{4g}$ 为电动机电枢的转动惯量，$c_M$为电动机的力矩系数。

消去中间变量 $i_a(t)$，$e_b(t)$，$M_D$，并加以整理得

$$JL_a\frac{d^3\theta(t)}{dt^3}+(L_af+JR_a)\frac{d^2\theta(t)}{dt^2}+(fR_a+c_ec_M)\frac{d\theta(t)}{dt}=c_Mu_a-R_aM_L-L_a\frac{dM_L}{dt} \tag{2-15}$$

令 $\omega$ 为电动机转速，$\omega=\frac{d\theta(t)}{dt}$，则式(2-15)化简可得

$$JL_a\frac{d^2\omega}{dt^2}+(L_af+JR_a)\frac{d\omega}{dt}+(fR_a+c_ec_M)\omega=c_Mu_a-R_aM_L-L_a\frac{dM_L}{dt} \tag{2-16}$$

令 $T_e=\frac{L_a}{R_a}$为电磁时间常数，$T_M=\frac{R_aJ}{c_ec_M}$为机电时间常数，$T_f=\frac{L_af}{c_ec_M}$为时间常数，$K_e=\frac{1}{c_e}$为电动机传递系数，$K_f=\frac{fR_a}{c_ec_M}$为无量纲放大系数。则式(2-16)简化为

$$T_eT_M\frac{d^2\omega}{dt^2}+(T_M+T_f)\frac{d\omega}{dt}+(K_f+1)\omega=K_eu_a(t)-\frac{R_a}{c_ec_M}M_L-\frac{L_a}{c_ec_M}\frac{dM_L}{dt} \tag{2-17}$$

在工程实际中，为便于分析，常忽略一些次要因素，使系统数字模型变得简单。例如，忽略黏性摩擦的影响，在空载情况下，系统微分方程可简化为二阶微分方程为

$$T_eT_M\frac{d^2\omega}{dt^2}+T_M\frac{d\omega}{dt}+\omega=K_eu_a \tag{2-18}$$

如果忽略电枢电感的影响，系统微分方程可进一步简化为一阶微分方程

$$T_M\frac{d\omega}{dt}+\omega=K_eu_a \tag{2-19}$$

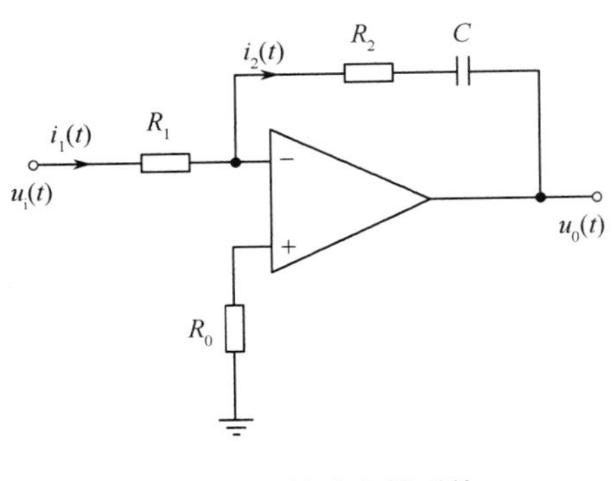

图 2-4　运算放大器系统

**【例 2-4】** 对图 2-4 所示有源电路网络，试求输入电压 $u_i(t)$和输出电压 $u_0(t)$之间的微分方程。

**【解】** 选取如图所示的中间变量 $i_1(t)$、$i_2(t)$，根据运算放大器虚地、高输入阻抗及基尔霍夫定律，可得如下方程组

$$\begin{cases} i_1(t)=\dfrac{u_i(t)}{R_1} \\ -u_0(t)=R_2i_2(t)+\dfrac{1}{C}\int i_2(t)dt \\ i_1(t)=i_2(t) \end{cases}$$

消去中间变量 $i_1(t)$、$i_2(t)$，得微分方程：$\frac{du_0(t)}{dt}=-\left[\frac{R_2}{R_1}\frac{du_i(t)}{dt}+\frac{1}{R_1C}u_i(t)\right]$。

以上几种不同物理系统采用解析法推导出描述系统输入和输出之间的数学模型，并看出系

统的数学模型由系统结构、参数及基本运动定律决定。在建立控制系统的微分方程时，要注意信号传递的单向性，同时要注意前后两个元件之间的负载效应。在通常情况下，元件或系统微分方程的阶数，等于元件或系统中所包含的独立储能元件的数目。

上述系统微分方程建立中，不同类型的元件或系统可具有形式相同的数学模型，称这些系统为相似系统。

一般情况下，描述线性定常系统输入与输出关系的微分方程为

$$\begin{aligned} & a_0 \frac{\mathrm{d}^n c(t)}{\mathrm{d}t^n} + a_1 \frac{\mathrm{d}^{n-1} c(t)}{\mathrm{d}t^{n-1}} + \cdots + a_{n-1} \frac{\mathrm{d}c(t)}{\mathrm{d}t} + a_n c(t) \\ & = b_0 \frac{\mathrm{d}^m r(t)}{\mathrm{d}t^m} + b_1 \frac{\mathrm{d}^{m-1} r(t)}{\mathrm{d}t^{m-1}} + \cdots + b_{m-1} \frac{\mathrm{d}r(t)}{\mathrm{d}t} + b_m r(t) \end{aligned} \tag{2-20}$$

或

$$\sum_{i=0}^{n} a_i \frac{\mathrm{d}^{n-i} c(t)}{\mathrm{d}t^{n-i}} = \sum_{j=0}^{m} b_j \frac{\mathrm{d}^{m-j} r(t)}{\mathrm{d}t^{m-j}} \tag{2-21}$$

式中，$r(t)$为系统的输入变量；$c(t)$为系统的输出变量；$a_i$ 为常量，$i=0,1,2,\cdots,n$；$b_j$ 为常量，$j=0,1,2,\cdots,m$；$n$ 为输出量导数的最高阶数；$m$ 为输入量导数的最高阶数。

## 2.2 微分方程的线性化

实际的物理系统往往有间隙、死区、饱和等各类非线性现象。严格地讲，几乎所有实际物理和化学系统都是非线性的。目前，线性系统的理论已经相当成熟，但非线性系统的理论还远不完善。因此，在工程允许范围内，尽量对所研究的系统进行线性化处理，然后用线性理论进行分析不失为一种有效的方法。

当非线性因素对系统影响较小时，一般可直接将系统看作线性系统处理。另外，如果系统的变量只发生微小的偏移，则可通过切线法进行线性化，以求得其增量方程式。如图 2-5(a)中的曲线的一小段，可用其切线代替。图 2-5(b)中的非饱和段可完全看成线性的。但是有一些元件，其非线性程度比较严重，无法用线性特性近似，如图 2-6 所示的特性。

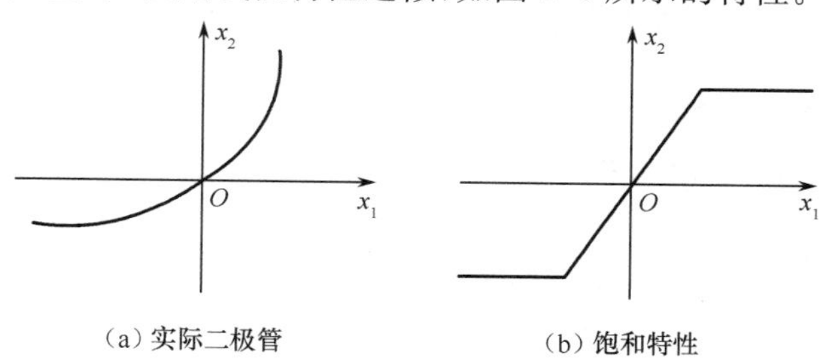


(a) 实际二极管　　(b) 饱和特性

图 2-5　非线性特性(可线性化处理)

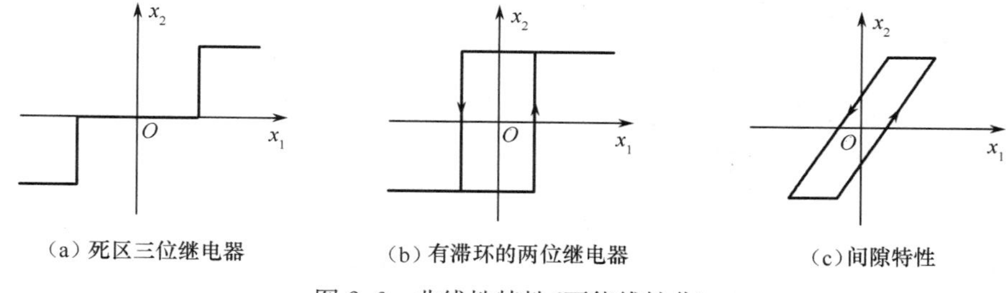


(a) 死区三位继电器　　(b) 有滞环的两位继电器　　(c) 间隙特性

图 2-6　非线性特性(不能线性化)

非线性函数的线性化是指将非线性函数在工作点附近展开成泰勒级数，忽略高阶无穷小量，得到近似的线性化方程来替代原来的非线性函数。假如元件的输出与输入之间的关系 $x_2=f(x_1)$ 的曲线如图 2-7 所示，元件的工作点为 $(x_{10},x_{20})$。将非线性函数 $x_2=f(x_1)$ 在工作点 $(x_{10},x_{20})$ 附近展开成泰勒级数得

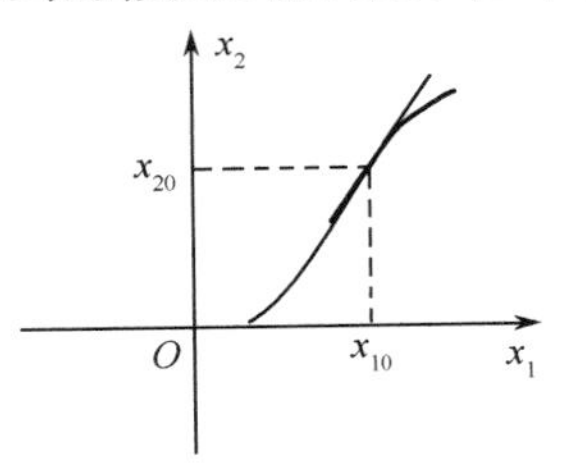

图 2-7　非线性特性

$$x_2=f(x_1)=f(x_{10})+\left.\frac{\mathrm{d}f}{\mathrm{d}x_1}\right|_{x_{10}}(x_1-x_{10})+\frac{1}{2!}\left.\frac{\mathrm{d}^2 f}{\mathrm{d}x_1^2}\right|_{x_{10}}(x_1-x_{10})^2+\cdots \tag{2-22}$$

当 $(x_1-x_{10})$ 为微小增量时，可略去二阶以上各项，写成

$$x_2=f(x_{10})+\left.\frac{\mathrm{d}f}{\mathrm{d}x_1}\right|_{x_{10}}(x_1-x_{10})=x_{20}+K(x_1-x_{10}) \tag{2-23}$$

式中，$K=\left.\frac{\mathrm{d}f}{\mathrm{d}x_1}\right|_{x_{10}}$ 为工作点 $(x_{10},x_{20})$ 处的斜率，即此时以工作点处的切线代替曲线，得到变量在工作点的增量方程，经上述处理后，输出与输入之间就成为线性关系。

如果系统中非线性元件不止一个，则必须对各非线性元件建立其工作点的线性化增量方程。下面通过具体例子来说明。

如图 2-8 所示为一铁心线圈，输入为 $u_i(t)$，输出为 $i(t)$。线圈的微分方程为

$$\frac{\mathrm{d}\Phi(i)}{\mathrm{d}i}\cdot\frac{\mathrm{d}i}{\mathrm{d}t}+Ri=u_i(t) \tag{2-24}$$

线圈内的磁通 $\Phi(i)$ 与流过其电流 $i(t)$ 具有如图 2-9 所示的非线性特性，方程中系数 $\frac{\mathrm{d}\Phi(i)}{\mathrm{d}i}$ 随线圈中电流的变化而改变，所以式(2-24)中 $u_i(t)$ 与 $i(t)$ 的关系是非线性关系，方程为非线性微分方程。

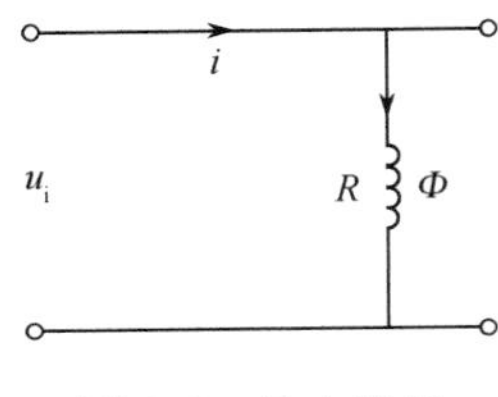

图 2-8　铁心线圈

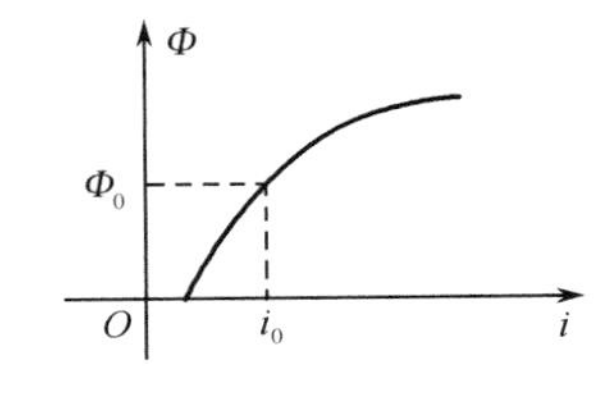

图 2-9　$\Phi(i)$曲线

假设线圈原工作在某一平衡状态，端电压 $u_0$ 及电流 $i_0$ 有 $u_0=Ri_0$ 的关系。当工作过程中线圈的电压和电流只在工作点 $(u_0,i_0)$ 附近变化时，即有

$$u_i(t)=u_0+\Delta u_i(t) \tag{2-25}$$
$$i=i_0+\Delta i$$

线圈中的磁通 $\Phi$ 对 $\Phi_0$ 也有增量变化 $\Delta\Phi$，假如 $\Phi(i)$ 在 $i_0$ 附近连续可微，将 $\Phi(i)$ 在 $i_0$ 附近展开成泰勒级数，即

$$\Phi=\Phi_0+\left.\left(\frac{\mathrm{d}\Phi}{\mathrm{d}i}\right)\right|_{i_0}\Delta i+\frac{1}{2!}\left.\left(\frac{\mathrm{d}^2\Phi}{\mathrm{d}i^2}\right)\right|_{i_0}(\Delta i)^2+\cdots \tag{2-26}$$

因为 $\Delta i$ 是微小增量，将高阶无穷小量略去，得近似式

$$\Phi\approx\Phi_0+\left.\left(\frac{\mathrm{d}\Phi}{\mathrm{d}i}\right)\right|_{i_0}\Delta i \tag{2-27}$$

式中，$\left.\frac{\mathrm{d}\Phi}{\mathrm{d}i}\right|_{i_0}$ 是工作点 $i_0$ 处的导数值，为线圈的动态电感 $L$，即

$$L=\left.\frac{\mathrm{d}\Phi}{\mathrm{d}i}\right|_{i_0} \tag{2-28}$$

则式(2-27)可写为

$$\Phi\approx\Phi_0+L\Delta i \tag{2-29}$$

因 $L$ 为常值,所以经上述处理后,$\Phi$ 与 $i$ 的非线性关系可变成式(2-29)的线性关系。将系统中 $u_i(t)$,$i(t)$,$\Phi(i)$ 均表示成工作点附近的增量,即

$$u_i(t)=u_0+\Delta u_i \tag{2-30}$$

$$i=i_0+\Delta i \tag{2-31}$$

$$\Phi=\Phi_0+L\Delta i \tag{2-32}$$

代入式(2-24)并考虑 $u_0=Ri_0$,得

$$L\frac{\mathrm{d}\Delta i}{\mathrm{d}t}+R\Delta i=\Delta u_i(t) \tag{2-33}$$

这就是铁心线圈的增量化方程,为简便起见,常略去增量符号而写成

$$L\frac{\mathrm{d}i}{\mathrm{d}t}+Ri=u_i(t) \tag{2-34}$$

比较原微分方程式(2-25)和线性化后的方程式(2-34)可以看出,求线性化增量方程的简便方法为:将原微分方程中的非线性项写成线性增量形式,并将其他线性项的变量直接写成增量,即可得线性化增量方程。

在求取线性化增量方程时,应注意:

(1) 线性化往往是相对某一工作点(平衡点)的,工作点不同,则所得到的线性化方程的系数也往往不同,因此,在线性化之前,必须确定元件的工作点;

(2) 增量方程中可认为其初始条件为零,即将广义坐标原点平移到额定工作点(平衡点)处;

(3) 变量的偏差越小,则线性化的程度越高;

(4) 线性化只适用于没有间断点、折断点的单值函数;

(5) 对于严重非线性元件,原则上不能用小偏差法进行线性化,应作为非线性问题专门处理。

# 2.3 传递函数

## 2.3.1 传递函数的概念

为了说明传递函数的概念,首先看线性定常微分方程的拉普拉斯变换法求解。

例如,已知某一线性系统的微分方程为

$$\frac{\mathrm{d}^2c(t)}{\mathrm{d}t^2}+3\frac{\mathrm{d}c(t)}{\mathrm{d}t}+2c(t)=6\frac{\mathrm{d}r(t)}{\mathrm{d}t}+18r(t)$$

且初始状态为 $c(0)=2$,$\dot{c}(0)=1$,$r(0)=1$,采用拉普拉斯变换法求系统输出的解。

**【解】** 对微分方程两端求拉普拉斯变换,得

$$s^2C(s)-sc(0)-\dot{c}(0)+3sC(s)-3c(0)+2C(s)=6sR(s)-6r(0)+18R(s)$$

整理并代入初始条件得输出的拉普拉斯变换为

$$C(s)=\frac{6(s+3)}{s^2+3s+2}R(s)+\frac{2s+1}{s^2+3s+2}$$

在单位阶跃信号作用下,系统输出的解为

$$c(t)=L^{-1}[C(s)]=L^{-1}\left[\frac{6(s+3)}{s^2+3s+2}\cdot\frac{1}{s}+\frac{2s+1}{s^2+3s+2}\right]$$
$$=L^{-1}\left[\frac{6(s+3)}{s^2+3s+2}\cdot\frac{1}{s}\right]+L^{-1}\left[\frac{2s+1}{s^2+3s+2}\right]$$
$$=9-12e^{-t}+3e^{-2t}-e^{-t}+3e^{-2t}$$

式中，前 3 项为输入信号作用产生的输出响应分量，其与初始状态无关，称为系统的零状态响应（强迫响应）；后两项是由初始状态产生的输出分量，其与输入信号无关，称为系统的零输入响应（自由响应），零状态响应和零输入响应之和称为系统的全响应，且系统响应形式（即模态 $e^{-t}$、$e^{-2t}$）完全由系统的极点决定，与初始条件无关。

一般而言，线性定常系统的响应包含两部分：强迫响应和自由响应。强迫响应项取决于系统结构、参数和输入信号，自由响应项取决于系统结构、参数和输入、输出的初始条件 $r_0^k$、$c_0^k$，如果把所有初始值的项，即 $r_0^k$ 和 $c_0^k$ 合为一项，则单输入单输出系统的响应可写为

$$c(t)=L^{-1}\left[\left(\sum_{j=0}^{m}b_js^{m-j}\Big/\sum_{i=0}^{n}a_is^{n-i}\right)R(s)+(\text{初始值 } r_0^k, c_0^k \text{ 项})\right] \tag{2-35}$$

如果系统在静止状态施加输入信号，则式(2-35)写为

$$c(t)=L^{-1}\left[\left(\sum_{j=0}^{m}b_js^{m-j}\Big/\sum_{i=0}^{n}a_is^{n-i}\right)R(s)\right] \tag{2-36}$$

**定义**　在零初始条件下，线性定常系统输出量的拉普拉斯变换与输入量的拉普拉斯变换之比，定义为线性定常系统的传递函数。即

$$G(s)=\frac{C(s)}{R(s)} \tag{2-37}$$

若已知线性定常系统的微分方程为

$$a_0\frac{d^nc(t)}{dt^n}+a_1\frac{d^{n-1}c(t)}{dt^{n-1}}+\cdots+a_{n-1}\frac{dc(t)}{dt}+a_nc(t)$$
$$=b_0\frac{d^mr(t)}{dt^m}+b_1\frac{d^{m-1}r(t)}{dt^{m-1}}+\cdots+b_{m-1}\frac{dr(t)}{dt}+b_mr(t) \tag{2-38}$$

式中，$c(t)$为输出量，$r(t)$为输入量。

设 $c(t)$和 $r(t)$及其各阶导数初始值均为零，对式(2-38)取拉普拉斯变换得

$$(a_0s^n+a_1s^{n-1}+\cdots+a_{n-1}s+a_n)C(s)$$
$$=(b_0s^m+b_1s^{m-1}+\cdots+b_{m-1}s+b_m)R(s) \tag{2-39}$$

则系统的传递函数为

$$G(s)=\frac{C(s)}{R(s)}=\frac{b_0s^m+b_1s^{m-1}+\cdots+b_{m-1}s+b_m}{a_0s^n+a_1s^{n-1}+\cdots+a_{n-1}s+a_n} \tag{2-40}$$

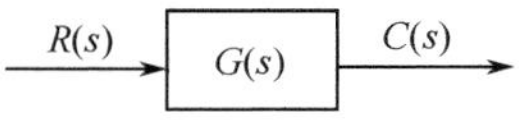

R(s)　G(s)　C(s)

图 2-10　传递函数的方框图

或写为

$$G(s)=\frac{C(s)}{R(s)}=\frac{M(s)}{N(s)} \tag{2-41}$$

式中，$N(s)$为传递函数分母多项式，$M(s)$为传递函数分子多项式。

传递函数与输入、输出之间的关系，如图 2-10 所示。

### 2.3.2　传递函数的特点

(1) 作为一种数学模型，传递函数只适用于线性定常系统，这是由于传递函数是经拉普拉斯变换导出的，而拉氏变换是一种线性积分运算。

(2) 传递函数是以系统本身的参数描述的线性定常系统输入量与输出量在初始条件为零关系下的关系式，它表达了系统内在的固有特性，只与系统的结构、参数有关，而与输入量或输入函

数的形式无关。

(3) 传递函数可以是无量纲的,也可以是有量纲的,视系统的输入、输出量而定,它包含着联系输入量与输出量所必需的单位,它不能表明系统的物理特性和物理结构。许多物理性质不同的系统,有着相同的传递函数,正如一些不同的物理现象可以用相同的微分方程描述一样。

(4) 传递函数只表示单输入单输出(SISO)之间的关系,对多输入多输出(MIMO)系统,可用传递函数阵表示。

(5) 传递函数式(2-40)可表示成

$$G(s)=K_{g}\frac{(s-z_{1})(s-z_{2})\cdots(s-z_{m})}{(s-p_{1})(s-p_{2})\cdots(s-p_{n})} \tag{2-42}$$

式中,$p_1,p_2,\cdots,p_n$为分母多项式的根,称为系统的极点;$z_1,z_2,\cdots,z_m$为分子多项式的根,称为系统的零点;$K_g=\frac{b_0}{a_0}$称为根轨迹增益。显然,系统的零、极点完全取决于系统的结构和参数。将零、极点标在复平面上,则得系统的零、极点分布图,其中零点用"∘"表示,极点用"×"表示,如图 2-11 所示。

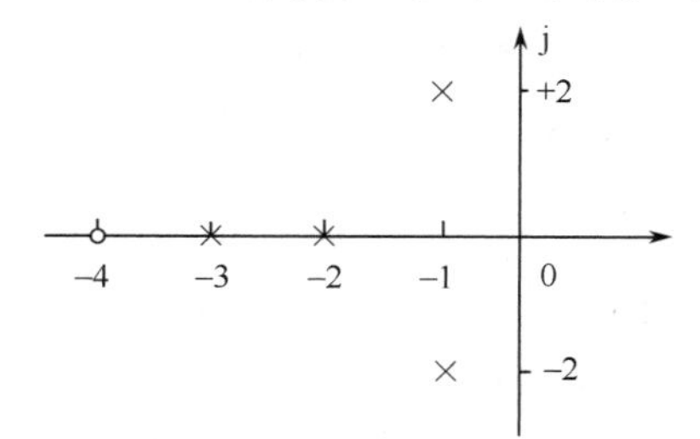

图 2-11 $G(s)=\frac{(s+4)}{(s+2)(s+3)(s^2+2s+5)}$的零、极点分布

(6) 传递函数分母多项式称为特征多项式,记为$D(s)=a_0s^n+a_1s^{n-1}+\cdots+a_{n-1}s+a_n$,而$D(s)=0$称为特征方程。传递函数分母多项式的阶次总是大于或等于分子多项式的阶次,即$n\geqslant m$,这是由实际系统的惯性所造成的。

(7) 传递函数的极点就是系统的特征根,它们决定了系统响应的模态(响应形式)。

(8) 传递函数的零点不形成系统运动的模态,即不会影响响应形式,但其影响各模态在响应中所占的比重。

### 2.3.3 典型环节的传递函数

控制系统由许多元件组合而成,这些元件的物理结构和作用原理是多种多样的,但抛开具体结构和物理特点,从传递函数的数学模型来看,可以划分成几种典型环节。常见的典型环节有比例环节、惯性环节、积分环节、微分环节、振荡环节、延迟环节等。

**1. 比例环节**

环节输出量与输入量成正比,不失真也无时间滞后的环节称为比例环节,也称无惯性环节。比例环节输入量与输出量之间的表达式为

$$c(t)=Kr(t) \tag{2-43}$$

比例环节的传递函数为

$$G(s)=\frac{C(s)}{R(s)}=K$$

式中,$K$为常数,称为比例环节的放大系数或增益。

比例环节实例很多,如图 2-12 (a),(b),(c),(d)所示的理想运算放大器、齿轮转动、感应式变送器和直流测速发电机均属比例环节。

**2. 惯性环节(非周期环节)**

惯性环节的动态方程是一个一阶微分方程

$$T\frac{\mathrm{d}c(t)}{\mathrm{d}t}+c(t)=Kr(t) \tag{2-44}$$

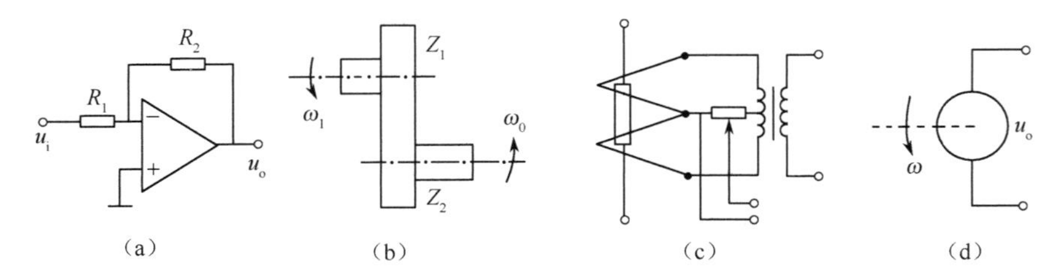


图 2-12　比例环节实例

其传递函数为

$$G(s)=\frac{C(s)}{R(s)}=\frac{K}{Ts+1} \tag{2-45}$$

式中，$T$ 为惯性环节的时间常数，$K$ 为惯性环节的增益或放大系数。

当输入为单位阶跃函数时，其单位阶跃响应为

$$c(t)=L^{-1}[C(s)]=L^{-1}\left[\frac{K}{Ts+1}\cdot\frac{1}{s}\right]=K(1-\mathrm{e}^{-\frac{t}{T}}) \tag{2-46}$$

单位阶跃响应曲线如图 2-13（当 $K=1$ 时）所示，它是一条按指数规律上升的曲线，经 $3T\sim4T$ 输出接近稳态值。

如图 2-14 所示的 RL 网络，输入为电压 $u$，输出为电感电流 $i$，其传递函数为

$$G(s)=\frac{I(s)}{U(s)}=\frac{1}{Ls+R}=\frac{1/R}{\frac{L}{R}s+1}=\frac{K}{Ts+1} \tag{2-47}$$

式中，$T=\frac{L}{R}$，$K=\frac{1}{R}$。

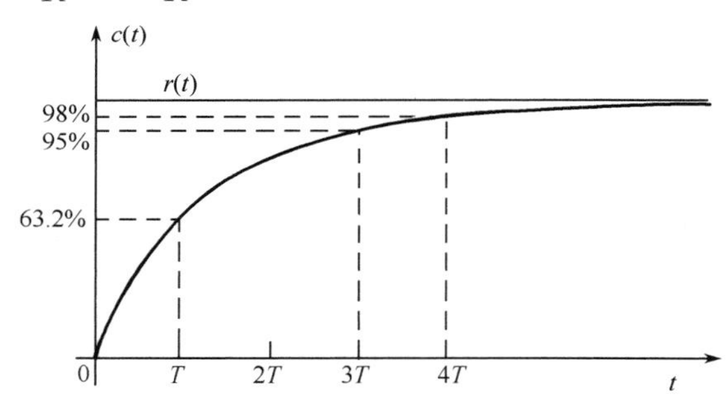


图 2-13　惯性环节的单位阶跃响应曲线

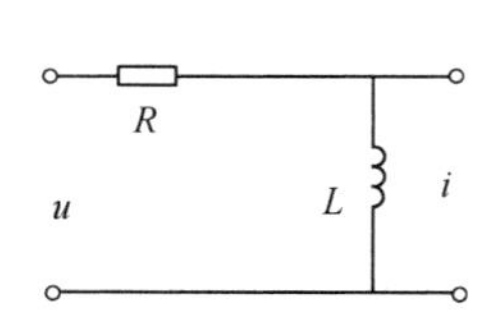


图 2-14　RL 网络

如图 2-15(a)所示的水箱为一惯性环节，图 2-15(b)所示为一机械转动系统，输入为作用到系统上的转矩 $M(t)$，输出为角速度 $\omega$，负载的转动惯量为 $J$，黏性摩擦系数为 $f$。系统的传递函数为

$$G(s)=\frac{\Omega(s)}{M(s)}=\frac{1/f}{\frac{J}{f}s+1}=\frac{K}{Ts+1} \tag{2-48}$$

式中，$T=\frac{J}{f}$，$K=\frac{1}{f}$。

### 3. 积分环节

输出量正比于输入量的积分的环节称为积分环节，其动态特性方程为

$$c(t)=\frac{1}{T_i}\int_0^t r(t)\mathrm{d}t \tag{2-49}$$

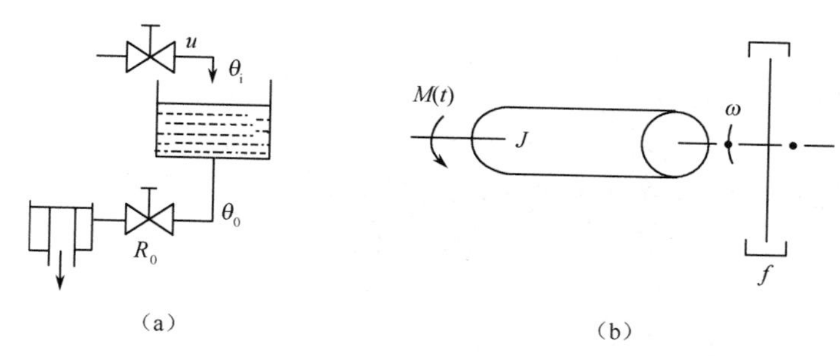


图 2-15 惯性环节实例

其传递函数为

$$G(s)=\frac{C(s)}{R(s)}=\frac{1}{T_{\mathrm{i}}s} \tag{2-50}$$

式中，$T_{\mathrm{i}}$为积分时间常数。

积分环节的单位阶跃响应为

$$c(t)=\frac{1}{T_{\mathrm{i}}}t \tag{2-51}$$

它随时间直线增长，积分作用的强弱由积分时间常数 $T_{\mathrm{i}}$ 决定，$T_{\mathrm{i}}$ 越小，积分作用越强，当输入为零时，积分停止，输出维持不变，故积分环节具有记忆功能，如图 2-16 所示。

如图 2-17 所示为运算放大器构成的积分环节，输入 $u_{\mathrm{i}}(t)$，输出 $u_0(t)$，其传递函数为

$$G(s)=\frac{U_0(s)}{U_{\mathrm{i}}(s)}=-\frac{1}{RCs}=-\frac{1}{T_{\mathrm{i}}s} \tag{2-52}$$

式中，$T_{\mathrm{i}}=RC$。

如图 2-18 所示为一单容水箱，当以流量 $q_x=q_{\mathrm{i}}-q_0$ 为输入量，而储水变化的水位 $h$ 为输出量时，有

$$h=\frac{1}{F}\int_0^t q_x \mathrm{d}t \tag{2-53}$$

$$G(s)=\frac{H(s)}{Q_x(s)}=\frac{1}{Fs} \tag{2-54}$$

式中，$F$ 为水箱平均截面积。

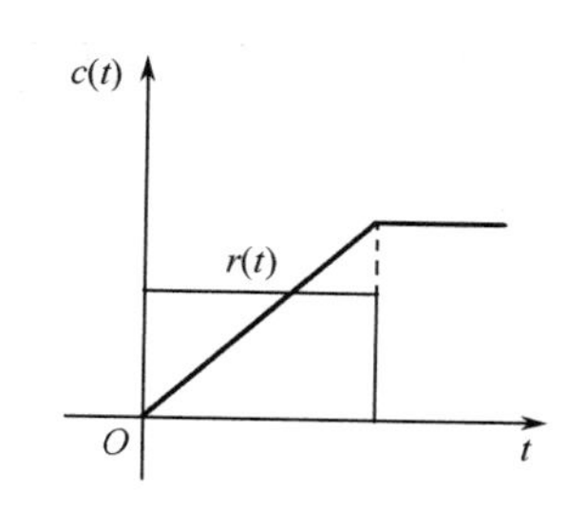


图 2-16 积分环节响应曲线

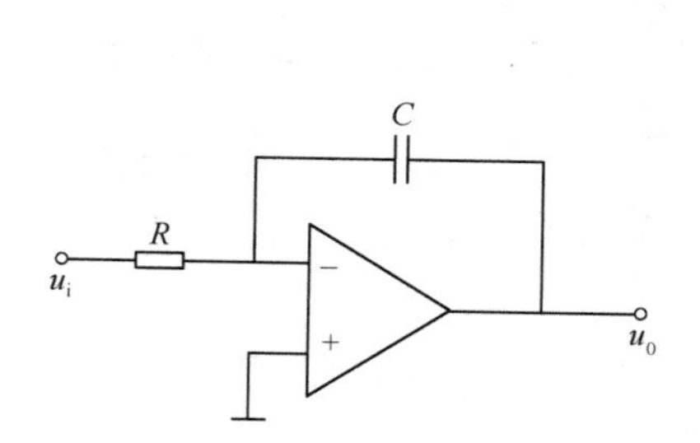


图 2-17 运算放大器

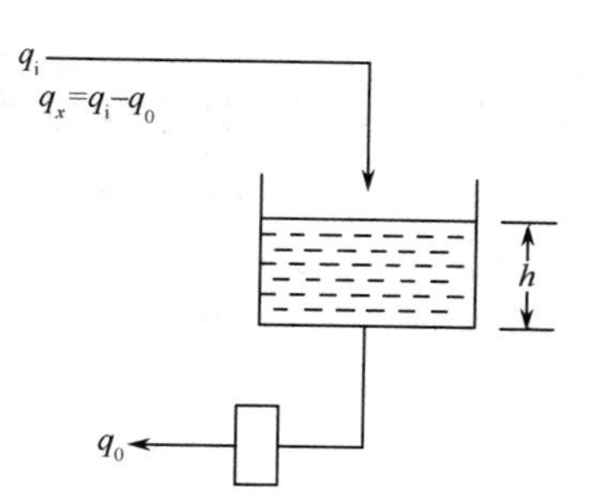


图 2-18 单容水箱

**4. 微分环节**

理想微分环节的特征输出量正比于输入量的微分，其动态方程为

$$c(t)=T_{\mathrm{d}}\frac{\mathrm{d}r(t)}{\mathrm{d}t} \tag{2-55}$$

其传递函数为

$$G(s)=\frac{C(s)}{R(s)}=T_{\mathrm{d}}s \tag{2-56}$$

式中，$T_d$为微分时间常数。

其单位阶跃响应为

$$c(t)=T_d\delta(t) \tag{2-57}$$

如图 2-19 所示。理想微分环节实际上难以实现，常采用带有惯性的微分环节，其传递函数为

$$G(s)=\frac{KT_ds}{T_ds+1} \tag{2-58}$$

其单位阶跃响应为

$$c(t)=Ke^{-\frac{t}{T_d}} \tag{2-59}$$

曲线如图 2-20 所示。实际微分环节的阶跃响应是按指数规律下降的，若 $K$ 值很大而 $T_d$值很小时，实际微分环节就越接近于理想微分环节。

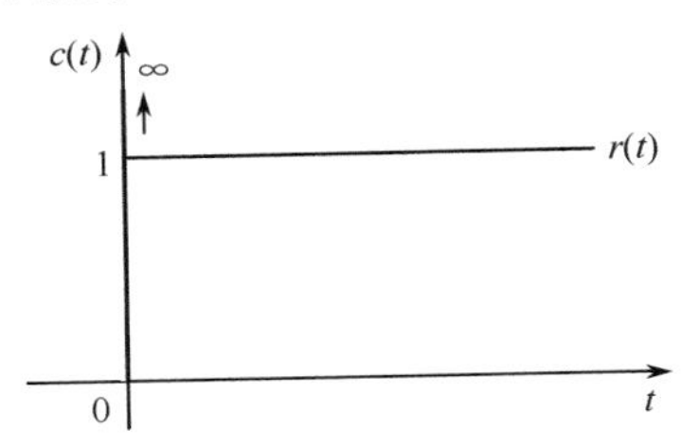


图 2-19　理想微分环节单位阶跃响应

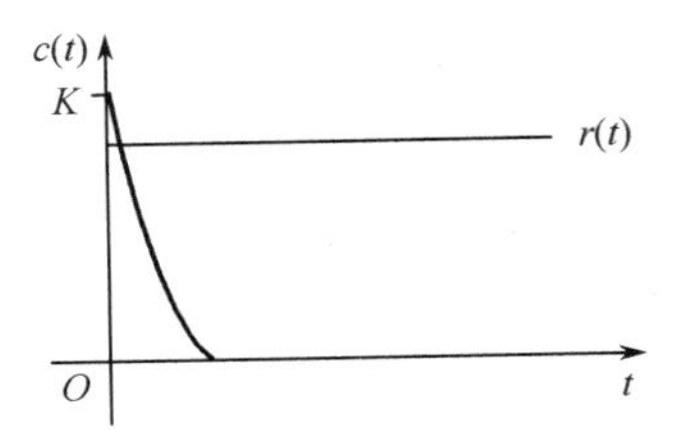


图 2-20　实际微分环节单位阶跃响应

如图 2-21 所示为一电感线圈，输入为电流 $i(t)$，输出为电感两端的电压 $u(t)$，其微分方程为

$$u(t)=L\frac{\mathrm{d}i(t)}{\mathrm{d}t} \tag{2-60}$$

传递函数为

$$G(s)=\frac{U(s)}{I(s)}=Ls \tag{2-61}$$

如图 2-22 所示为 RC 网络构成的实际微分环节，输入为 $u_i(t)$、输出为 $u_0(t)$，其微分方程为

$$RC\frac{\mathrm{d}u_0(t)}{\mathrm{d}t}+u_0(t)=RC\frac{\mathrm{d}u_i(t)}{\mathrm{d}t} \tag{2-62}$$

传递函数为

$$G(s)=\frac{U_0(s)}{U_i(s)}=\frac{RCs}{RCs+1}=\frac{T_ds}{T_ds+1} \tag{2-63}$$

式中，$T_d=RC$ 为微分时间常数。它相当于微分环节和惯性环节串联，当 $T_d\ll1$ 时，$G(s)\approx T_ds$。

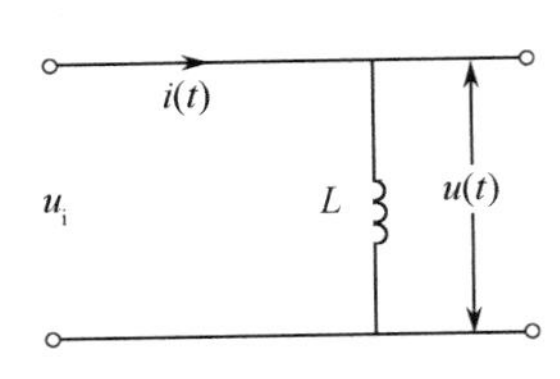


图 2-21　电感线圈

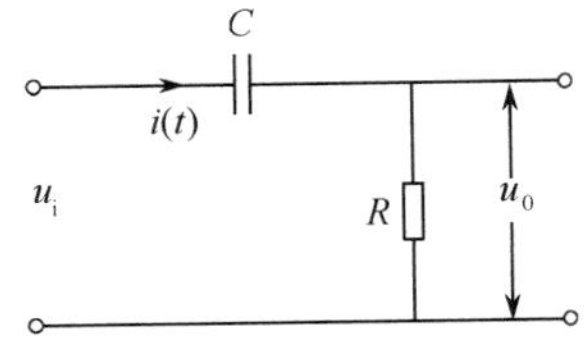


图 2-22　RC 网络

5. **二阶振荡环节(二阶惯性环节)**

二阶振荡环节的动态方程为

$$T^2\frac{\mathrm{d}^2c(t)}{\mathrm{d}t^2}+2\zeta T\frac{\mathrm{d}c(t)}{\mathrm{d}t}+c(t)=Kr(t) \tag{2-64}$$

其传递函数为

$$G(s)=\frac{C(s)}{R(s)}=\frac{K}{T^2s^2+2\zeta Ts+1} \tag{2-65}$$

或
$$G(s)=\frac{K\omega_n^2}{s^2+2\zeta\omega_n s+\omega_n^2} \tag{2-66}$$

式中，$\omega_n=\frac{1}{T}$ 为无阻尼自然振荡角频率；$\zeta$ 为阻尼比，在后面时域分析中将详细讨论。

如图 2-23 所示为 RLC 网络，输入为 $u_i(t)$、输出为 $u_0(t)$，其微分方程为

$$LC\frac{d^2u_0(t)}{dt^2}+RC\frac{du_0(t)}{dt}+u_0(t)=u_i(t) \tag{2-67}$$

其传递函数为

$$\begin{aligned}G(s)&=\frac{U_0(t)}{U_i(t)}=\frac{1}{LCs^2+RCs+1}\\&=\frac{\omega_n^2}{s^2+2\zeta\omega_n s+\omega_n^2}\end{aligned} \tag{2-68}$$

式中，$\omega_n=\sqrt{\frac{1}{LC}}$，$\zeta=\frac{R}{2}\sqrt{\frac{C}{L}}$。

**6. 延迟环节(时滞环节)**

延迟环节是输入信号加入后，输出信号要延迟一段时间 $\tau$ 后才重现输入信号，其动态方程为

$$c(t)=r(t-\tau) \tag{2-69}$$

其传递函数是一个超越函数

$$G(s)=\frac{C(s)}{R(s)}=e^{-\tau s} \tag{2-70}$$

式中，$\tau$ 为延迟时间。需要指出的是，在实际生产中，有很多场合是存在延迟的，如皮带或管道输送过程、管道反应和管道混合过程，多个设备串联及测量装置系统等。延迟过大，往往会使控制效果恶化，甚至使系统失去稳定。

延迟环节的单位阶跃响应如图 2-24 所示。

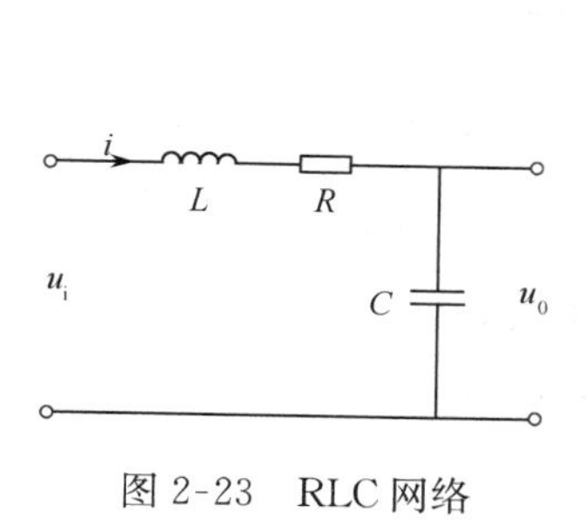


图 2-23 RLC 网络

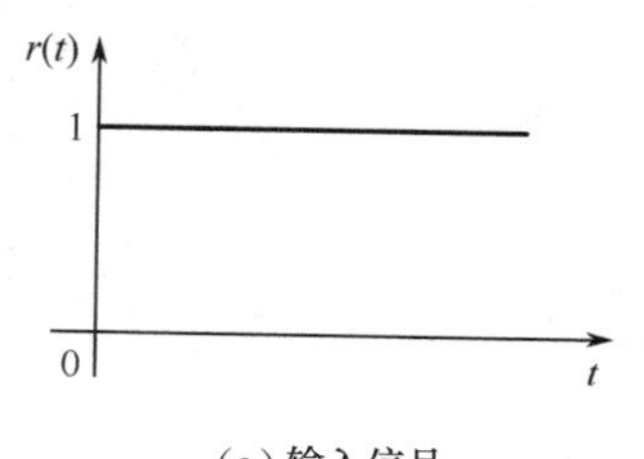


(a) 输入信号

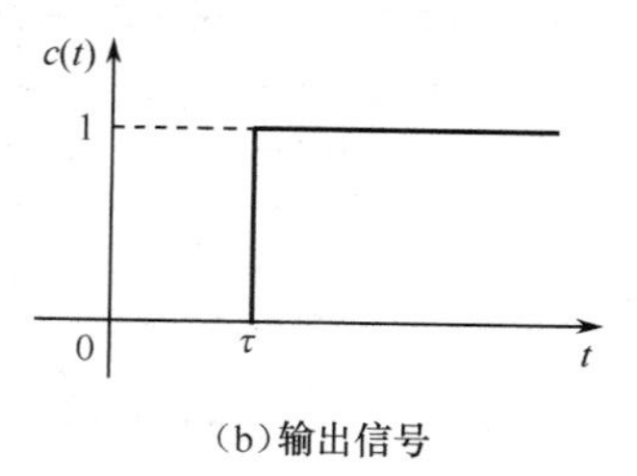


(b) 输出信号

图 2-24 延迟环节的单位阶跃响应

# 2.4 方 框 图

在控制工程中，为了便于对系统进行分析和设计，常将各元件在系统中的功能及各部分之间的联系用图形来表示，即方框图和信号流图。

## 2.4.1 方框图概述

方框图也称方块图或结构图，具有形象和直观的特点。系统方框图是系统中各元件功能和信号流向的图解，它清楚地表明了系统中各个环节间的相互关系和信号的传递关系。构成方框图的基本符号有 4 种，即信号线、比较点、传递环节的方框图和引出点。

(1) 信号线如图 2-25(a)所示，箭头表示信号传递的方向，线上表明所对应的变量。

(2) 比较点(综合点)如图 2-25(b)所示，表示两个或两个以上信号的代数和，相加、减的信号应具有相同的量纲。

(3) 方框图单元如图 2-25(c)所示，方框中为环节的传递函数，方框的输出信号等于输入信号乘以方框中的传递函数。

(4) 引出点(测量点)如图 2-25(d)所示，它表示把一个信号分两路引出。引出信号并不是取出能量，所以信号并不减弱，即同一位置引出的信号数值和性质完全相同。

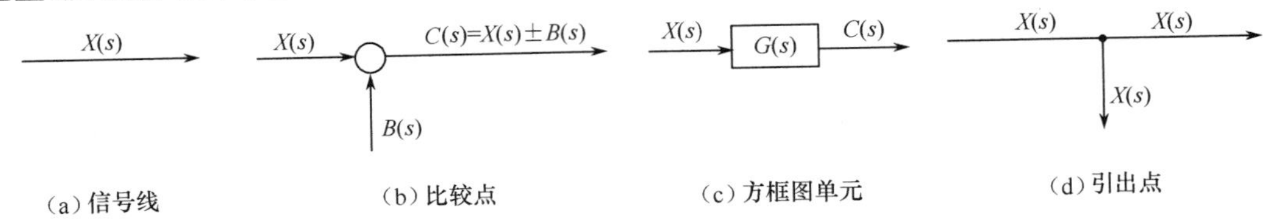


图 2-25　方框图的基本符号

系统方框图包含了与系统动态特性有关的信息。对于不同物理结构的系统，只要其变量的动态特性相同，就可用同一个方框图表示。

### 2.4.2　系统方框图的构成

对于一个系统在了解、分析系统工作原理、信号传递及负载效应等情况下，列写系统各元件(或各回路)的微分方程或传递函数，并将它们用方框表示，然后根据各元件的信号流向或传递，用信号线将各方框连接，通常输入信号放在图的左边，输出信号放在图的右边，构成系统的方框图。

**【例 2-5】** 如图 2-26 所示为一无源 RC 网络。选取变量如图所示，根据电路定律，写出其微分方程组为

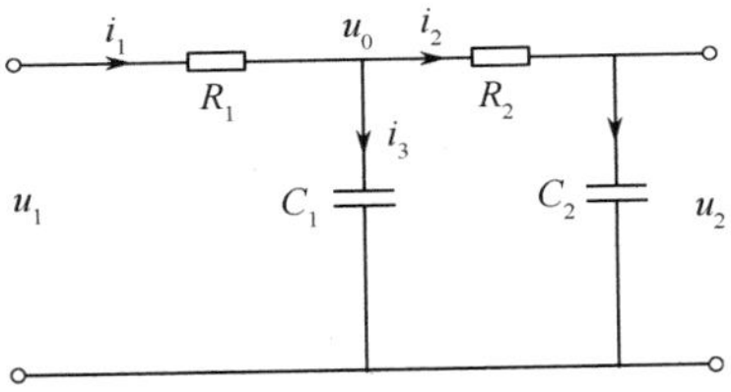

$$\left.\begin{aligned}
i_1(t) &= \frac{u_1(t)-u_0(t)}{R_1}\\
i_2(t) &= \frac{u_0(t)-u_2(t)}{R_2}\\
i_3(t) &= i_1(t)-i_2(t)\\
u_0(t) &= \frac{1}{C_1}\int i_3(t)\mathrm{d}t\\
u_2(t) &= \frac{1}{C_2}\int i_2(t)\mathrm{d}t
\end{aligned}\right\}\tag{2-71}$$

图 2-26　无源 RC 网络

在零初始条件下，对等式两边取拉普拉斯变换，得

$$\left.\begin{aligned}
I_1(s) &= \frac{U_1(s)-U_0(s)}{R_1}\\
I_2(s) &= \frac{U_0(s)-U_2(s)}{R_2}\\
I_3(s) &= I_1(s)-I_2(s)\\
U_0(s) &= \frac{1}{C_1 s}I_3(s)\\
U_2(s) &= \frac{1}{C_2 s}I_2(s)
\end{aligned}\right\}\tag{2-72}$$

将每式用方框图表示，如图 2-27 所示。将同一变量的信号线连接起来，并将系统的输入量放在图的左边，输出量放在右边，即得到系统的方框图，如图 2-28 所示。

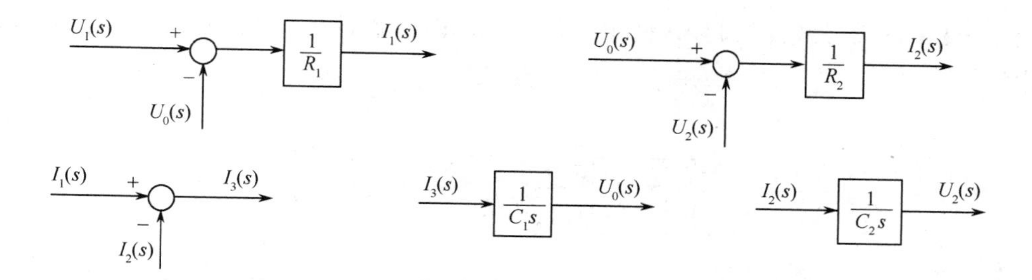


图 2-27　各环节方框图

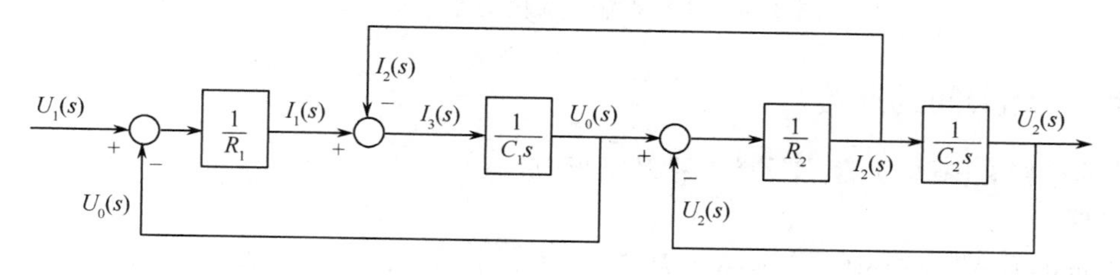


图 2-28　RC 网络方框图

**【例 2-6】** 如图 2-29 所示为电枢电压控制的直流他励电动机,描述其运动方程为

$$
\begin{cases}
u_a(t)=L_a\dfrac{\mathrm{d}i_a(t)}{\mathrm{d}t}+R_a i_a(t)+e_a(t)\\
e_a(t)=c_e\omega(t)\\
M_D=c_M i_a(t)\\
M_D=J\dfrac{\mathrm{d}\omega}{\mathrm{d}t}+M_L
\end{cases}
\tag{2-73}
$$

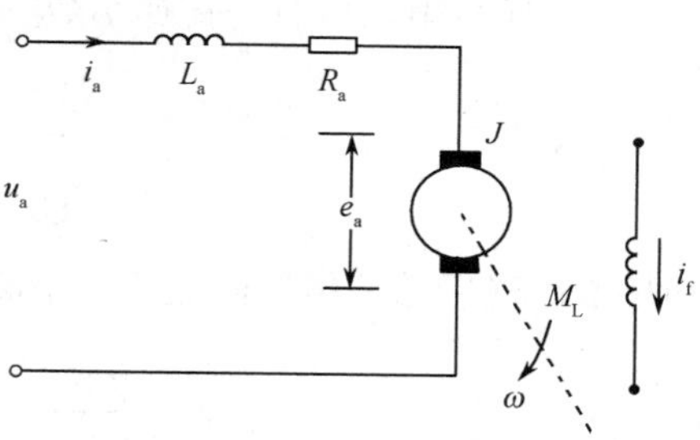

图 2-29　电枢控制他励直流电动机

式中,$u_a(t)$ 为电枢控制电压,$i_a(t)$ 为电枢电流,$e_a(t)$ 为电枢反电势,$L_a$ 为电枢电感,$R_a$ 为电枢电阻,$c_e$ 为反电势系数,$c_M$ 为力矩系数,$M_D$ 为电磁转矩,$J$ 为电动机轴上的转动惯量,$\omega(t)$ 为电动机角速度,$M_L$ 为负载力矩($i_f$ 为常值)。

零初始条件下,对式(2-73)两边取拉普拉斯变换得

$$
\left.
\begin{aligned}
&U_a(s)=(R_a+L_a s)I_a(s)+E_a(s)\\
&E_a(s)=c_e\Omega(s)\\
&M_D(s)=c_M I_a(s)\\
&M_D(s)=Js\Omega(s)+M_L(s)
\end{aligned}
\right\}
\tag{2-74}
$$

各环节方框图表示如图 2-30 所示。

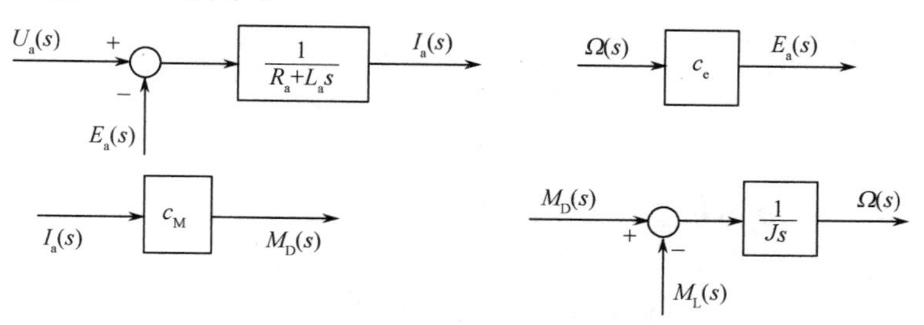


图 2-30　各环节方框图

将同一变量的信号线连接起来，将输入$U_a(s)$放在左端，输出$\Omega(s)$放在图形右端，得系统方框图如图2-31所示。

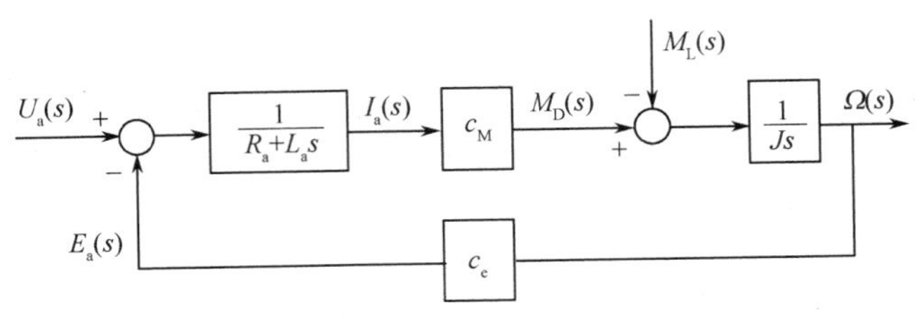


图2-31 电枢控制直流他励电动机方框图

### 2.4.3 环节间的连接

环节的连接有串联、并联和反馈3种基本形式。

**1. 串联**

在单向的信号传递中，若前一个环节的输出就是后一个环节的输入，并依次串接如图2-32所示，这种连接方式称为串联。

$n$个环节串联后总的传递函数(或等效传递函数)为

$$G(s)=\frac{C(s)}{R(s)}=\frac{X_1(s)}{R(s)}\cdot\frac{X_2(s)}{X_1(s)}\cdot\cdots\cdot\frac{C(s)}{X_{n-1}(s)}$$
$$=G_1(s)G_2(s)\cdots G_n(s)$$

即环节串联后总的传递函数等于串联的各个环节传递函数的乘积。

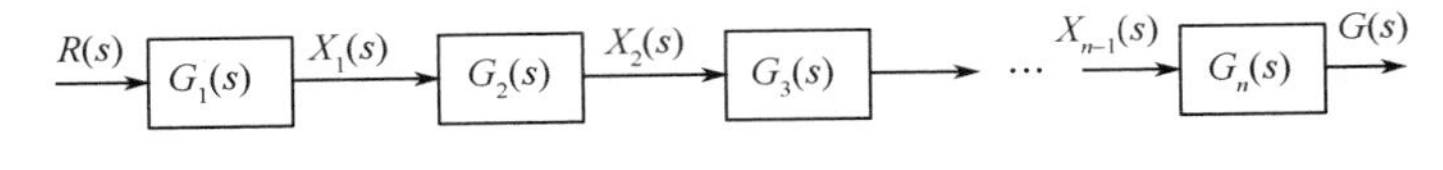


图2-32 环节的串联

注意：划分环节时，必须考虑环节的单向性。只有在前一环节的输出量不受后一环节影响时(即无负载效应)，才可将它们串联起来。

例如，如图2-33(a)所示的两级RC网络，不能将其看成由如图2-33(b)所示的两个RC网络构成的惯性环节的串联，原因是第二个RC电路对第一个RC电路存在负载效应。

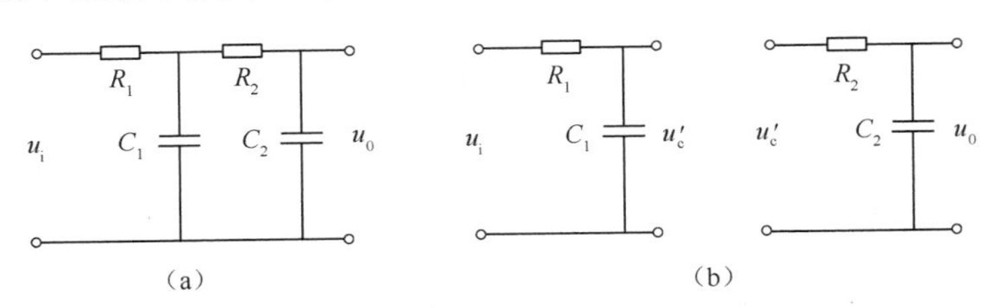


图2-33 RC网络

**2. 并联**

若各个环节接收同一输入信号而输出信号又汇合在一点时，称为并联，如图2-34所示。由图可知

$$C(s)=C_1(s)+C_2(s)+\cdots+C_n(s)$$

而

$$\begin{cases} C_1(s)=G_1(s)R(s) \\ C_2(s)=G_2(s)R(s) \\ \quad\vdots \\ C_n(s)=G_n(s)R(s) \end{cases}$$

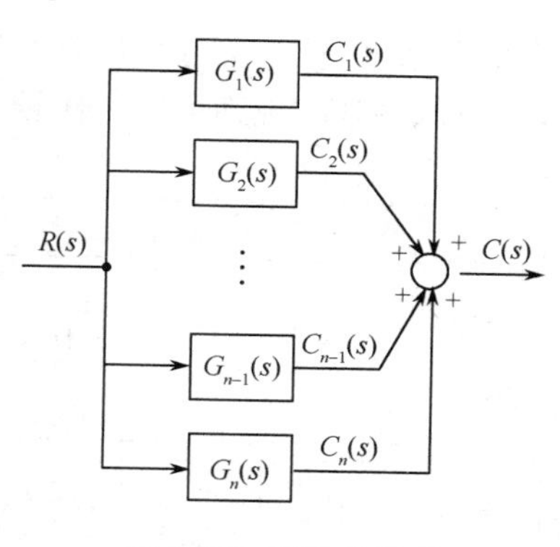


图 2-34 环节的并联

故总的传递函数为

$$G(s)=\frac{C(s)}{R(s)}=\frac{C_1(s)+C_2(s)+\cdots+C_n(s)}{R(s)}$$
$$=G_1(s)+G_2(s)+\cdots+G_n(s)$$

即环节并联后总的传递函数是所有并联环节传递函数的代数和，即 $G(s)=\sum_{i=1}^{n}G_i(s)$。

### 3. 反馈

图 2-35 反馈连接

若将系统或环节的输出信号反馈到输入端，与输入信号相比较，就构成了反馈连接，如图 2-35 所示。如果反馈信号与给定信号极性相反，则称负反馈连接；反之，则为正反馈连接。若反馈环节 $H(s)=1$，称为单位反馈。

通常把由信号输入点到信号输出点的通道称为前向通道；把输出信号反馈到输入点的通道称为反馈通道。

对于负反馈连接，给定信号 $r(t)$ 和反馈信号 $b(t)$ 之差，称为偏差信号 $e(t)$，即

$$e(t)=r(t)-b(t)$$
$$E(s)=R(s)-B(s)$$

通常将反馈信号 $B(s)$ 与偏差信号 $E(s)$ 之比，定义为系统开环传递函数，即

$$开环传递函数=\frac{B(s)}{E(s)}=G(s)H(s)$$

而将输出信号 $C(s)$ 与偏差信号 $E(s)$ 之比，称为前向通道传递函数，即

$$前向通道传递函数=\frac{C(s)}{E(s)}=G(s)$$

系统输出信号 $C(s)$ 与输入信号 $R(s)$ 之比称为闭环传递函数，记为 $\Phi(s)$ 或 $G_B(s)$。由图 2-35所示变量关系

$$C(s)=G(s)E(s)$$
$$E(s)=R(s)-B(s)=R(s)-H(s)C(s)$$

得闭环传递函数为

$$\Phi(s)=\frac{C(s)}{R(s)}=\frac{G(s)}{1+G(s)H(s)}=\frac{前向通道传递函数}{1+开环传递函数} \tag{2-75}$$

对于正反馈连接，则闭环传递函数为

$$\Phi(s)=\frac{C(s)}{R(s)}=\frac{G(s)}{1-G(s)H(s)} \tag{2-76}$$

## 2.4.4 方框图的变换和简化

有了系统的方框图以后，为了对系统进一步的分析研究，需要对方框图进行一定的变换，以便求出系统的闭环传递函数。

方框图的变换应按等效原则进行。所谓等效，即对方框图的任一部分进行变换时，变换前、后输入/输出总的传输关系式应保持不变。除了前面介绍的串联、并联和反馈连接可以简化为一

个等效环节外，还有信号引出点及比较点前后移动的规则。表 2-1 列出了方框图变换的基本规则，利用这些基本规则可以将比较复杂的系统方框图逐步简化求出系统闭环传递函数。

**表 2-1　方框图变换**

| | 变换前 | 变换后 | 等式 |
|---|---|---|---|
| 串联 | 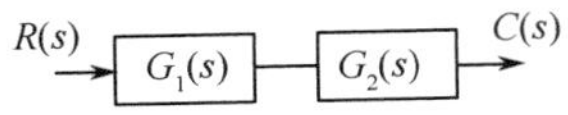 $R(s)$ $G_1(s)$ $G_2(s)$ $C(s)$ | 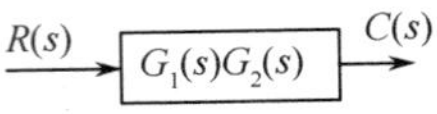 $R(s)$ $G_1(s)G_2(s)$ $C(s)$ | $C(s)=G_1(s)G_2(s)R(s)$ |
| 并联 | 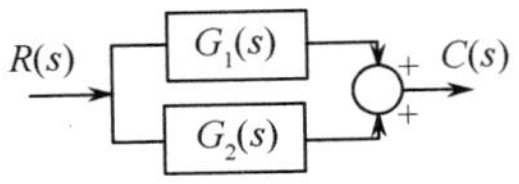 $R(s)$ $G_1(s)$ $G_2(s)$ + + $C(s)$ | 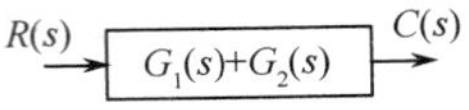 $R(s)$ $G_1(s)+G_2(s)$ $C(s)$ | $C(s)=(G_1(s)+G_2(s))R(s)$ |
| 反馈 | 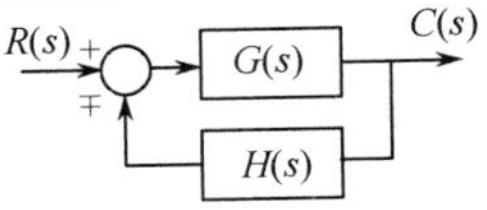 $R(s)$ + ∓ $G(s)$ $H(s)$ $C(s)$ | 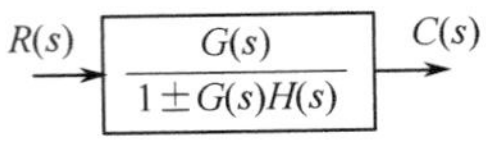 $R(s)$ $\frac{G(s)}{1\pm G(s)H(s)}$ $C(s)$ | $C(s)=\frac{G(s)}{1\pm G(s)H(s)}R(s)$ |
| 引出点前移 | 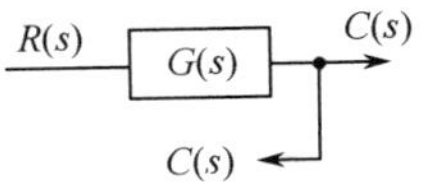 $R(s)$ $G(s)$ $C(s)$ $C(s)$ | 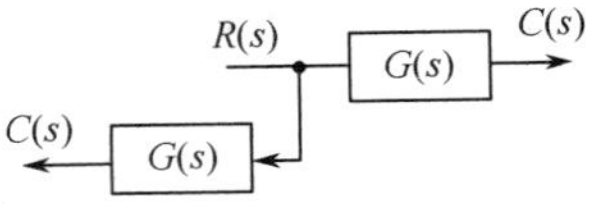 $R(s)$ $G(s)$ $C(s)$ $C(s)$ $G(s)$ | $C(s)=G(s)R(s)$ |
| 引出点后移 | 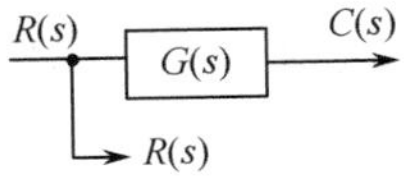 $R(s)$ $G(s)$ $C(s)$ $R(s)$ | 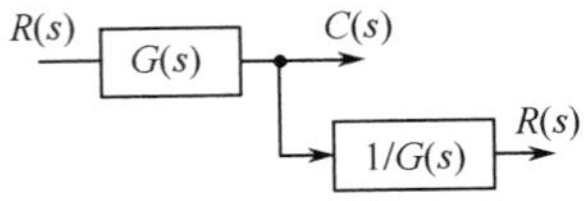 $R(s)$ $G(s)$ $C(s)$ $1/G(s)$ $R(s)$ | $C(s)=G(s)R(s)$ |
| 比较点前移 | 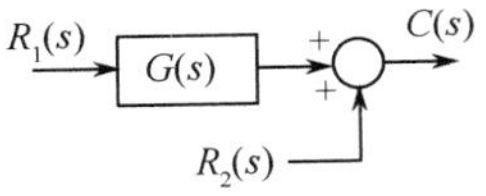 $R_1(s)$ $G(s)$ + + $C(s)$ $R_2(s)$ | 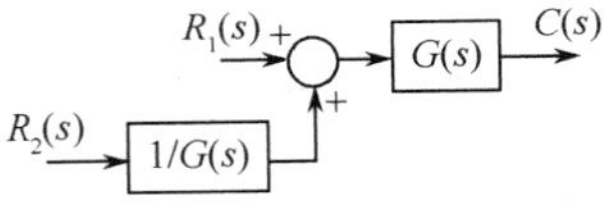 $R_1(s)$ + + $G(s)$ $C(s)$ $R_2(s)$ $1/G(s)$ | $C(s)=G(s)R_1(s)+R_2(s)$ |
| 比较点后移 | 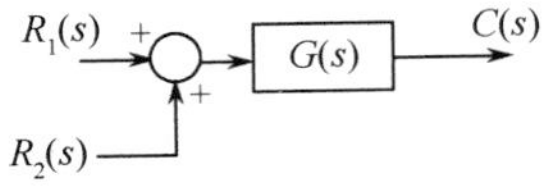 $R_1(s)$ + + $G(s)$ $C(s)$ $R_2(s)$ | 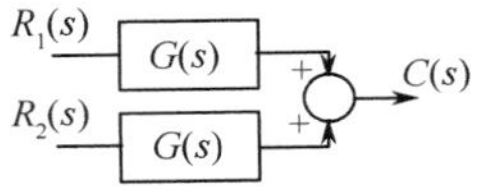 $R_1(s)$ $G(s)$ $R_2(s)$ $G(s)$ + + $C(s)$ | $C(s)=G(s)[R_1(s)+R_2(s)]$ |
| 比较点交换 | 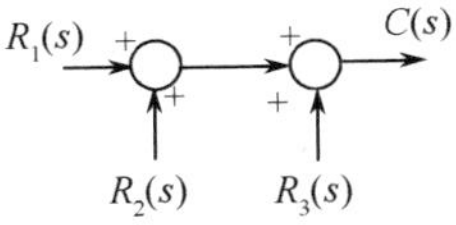 $R_1(s)$ + + + + $C(s)$ $R_2(s)$ $R_3(s)$ | 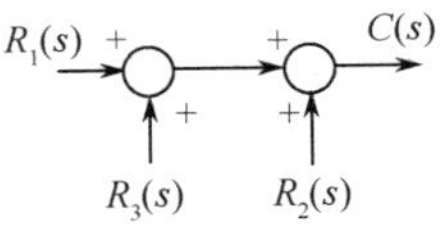 $R_1(s)$ + + + + $C(s)$ $R_3(s)$ $R_2(s)$ | $C(s)=R_1(s)+R_2(s)+R_3(s)$ |

**【例 2-7】** 化简如图 2-36(a)所示系统方框图，并求系统传递函数 $G(s)=\frac{C(s)}{R(s)}$。

由图 2-36(a)引出点和比较点前移得图 2-36(b)，串联、并联、反馈得图 2-36(c)，串联、反馈得 $G(s)$ 为

$$G(s)=\frac{C(s)}{R(s)}=\frac{G_1(G_2G_3+G_4)}{1+G_1G_2H_1+(G_2G_3+G_4)H_2+G_1(G_2G_3+G_4)}$$

**【例 2-8】** 试化简如图 2-37 (a)所示系统的方框图，并求闭环传递函数。

图 2-37 (a)是一个交错反馈多路系统，由图 2-37 (a)引出点后移得图 2-37(b)，由图 2-37 (b)比较点前移得图 2-37(c)，按串联和反馈处理得图 2-37(d)，按串联和反馈处理得图 2-37(e)，再根据并联求得闭环传递函数$G(s)$为

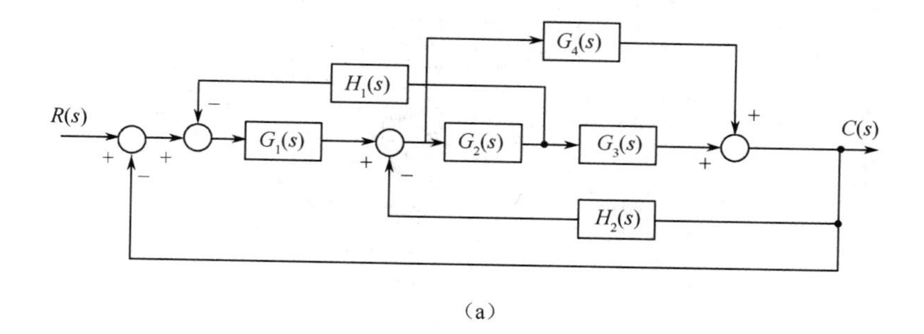


（a）

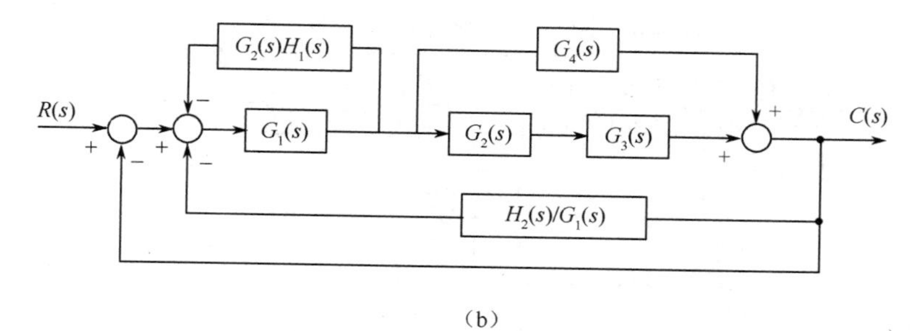


（b）

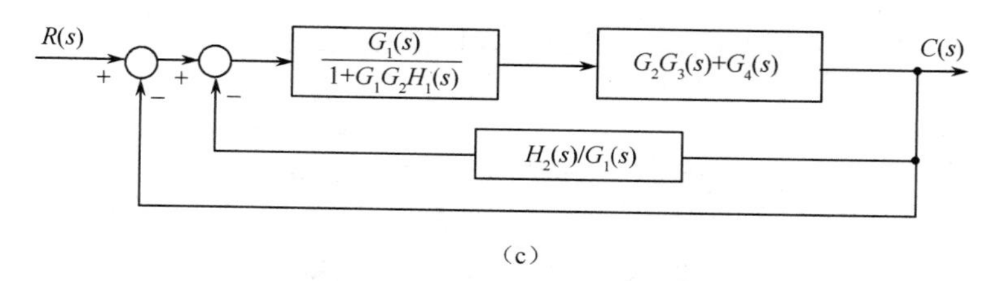


（c）

图 2-36　方框图变换与简化

$$G(s)=G_5+\frac{G_1G_2G_3G_4(s)}{(1+G_1G_2H_1(s))(1+G_3G_4H_2(s))+G_2G_3H_3(s)}$$

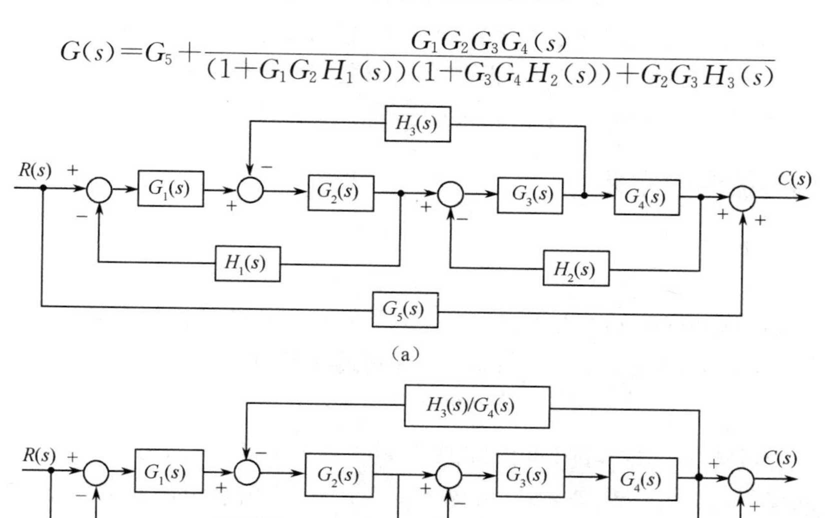


图 2-37　方框图的变换与简化

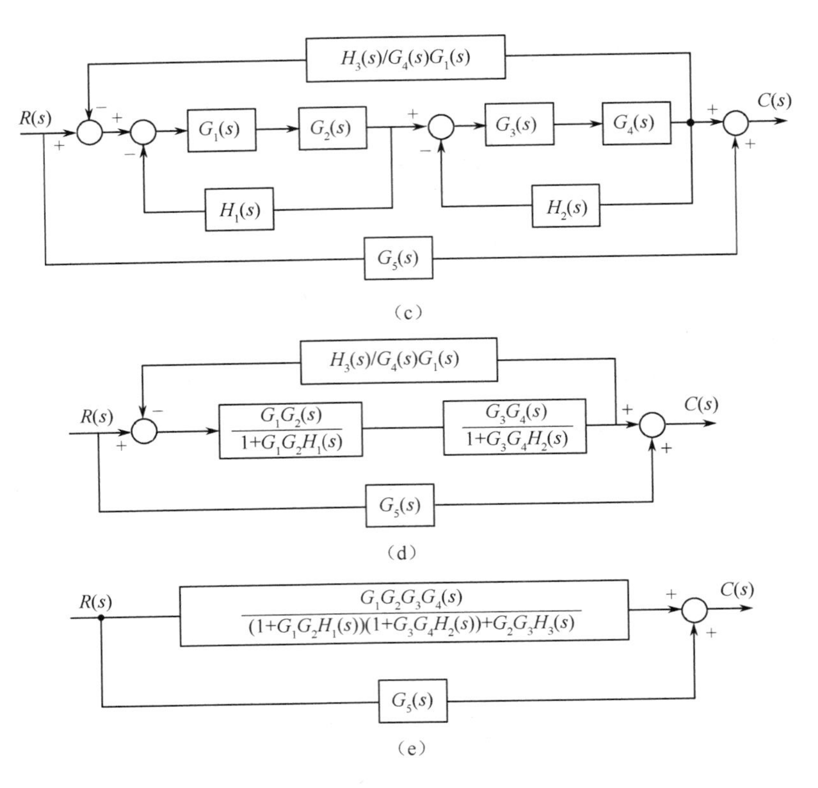


图 2-37　方框图的变换与简化(续)

# 2.5　信号流图

信号流图是表示线性方程组变量间关系的一种图示方法，将信号流图用于控制理论中，可不必求解方程就可得到各变量之间的关系，既直观又形象。当系统方框图比较复杂时，可以将它转化为信号流图，并可采用梅逊(Mason)公式求出系统的传递函数。

## 2.5.1　信号流图的定义

考虑如下简单等式

$$x_i = a_{ij} x_j \tag{2-77}$$

这里变量 $x_i$ 和 $x_j$ 可以是时间函数、复变函数，$a_{ij}$ 是变量 $x_j$ 变换(映射)到变量 $x_i$ 的数学运算，称为传输函数，如果 $x_i$ 和 $x_j$ 是复变量 $s$ 的函数，称 $a_{ij}$ 为传递函数 $A_{ij}(s)$，即上式写为

$$X_i(s) = A_{ij}(s) X_j(s) \tag{2-78}$$

对于式(2-77)或式(2-78)，可用图 2-38 来表示。变量 $x_i$ 和 $x_j$ 用节点“∘”来表示，传输函数用一有向有权的线段(称为支路)来表示，支路上箭头表示信号的流向，信号只能单方向流动。

$x_j$　　$a_{ij}$　　$x_i$　　　　$X_j(s)$　　$A_{ij}(s)$　　$X_i(s)$

图 2-38　信号流图

## 2.5.2　系统的信号流图

线性系统信号流图的绘制中，应包括以下步骤：

(1) 将描述系统的微分方程转换为以 $s$ 为变量的代数方程。

(2) 按因果关系将代数方程写成如下形式(除输入信号外,每个变量作为"果"出现一次,其余则作为"因")。

$$x_1 = a_{11}x_1 + a_{12}x_2 + \cdots + a_{1n}x_n$$
$$x_2 = a_{21}x_1 + a_{22}x_2 + \cdots + a_{2n}x_n$$
$$\vdots$$
$$x_n = a_{n1}x_1 + a_{n2}x_2 + \cdots + a_{nn}x_n$$

(3) 用节点"∘"表示 $n$ 个变量或信号,用支路表示变量与变量之间的因果关系。通常把输入变量放在图形左端,输出变量放在图形右端。

**【例 2-9】** 如图 2-39 所示的电阻网络,$v_1$ 为输入,$v_3$ 为输出。选 5 个变量 $v_1, i_1, v_2, i_2, v_3$,由电压、电流定律可写出 4 个独立方程

$$I_1(s) = \frac{V_1(s) - V_2(s)}{R_1}$$
$$V_2(s) = R_3[I_1(s) - I_2(s)]$$
$$I_2(s) = \frac{V_2(s) - V_3(s)}{R_2}$$
$$V_3(s) = R_4 I_2(s)$$

将变量 $V_1(s), I_1(s), V_2(s), I_2(s), V_3(s)$ 做节点表示,由因果关系用支路把节点与节点连接,得信号流图如图 2-40 所示。

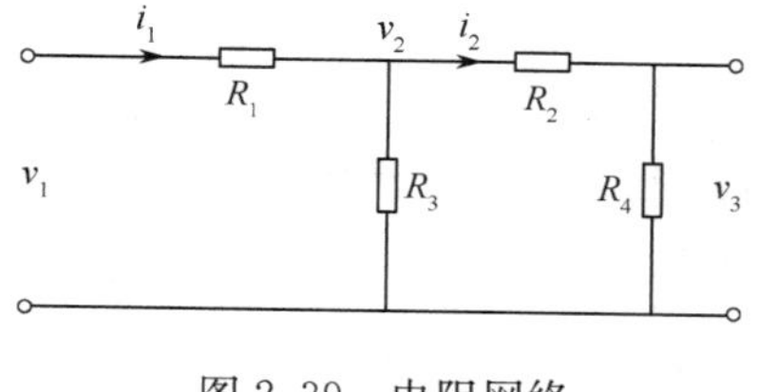

图 2-39 电阻网络

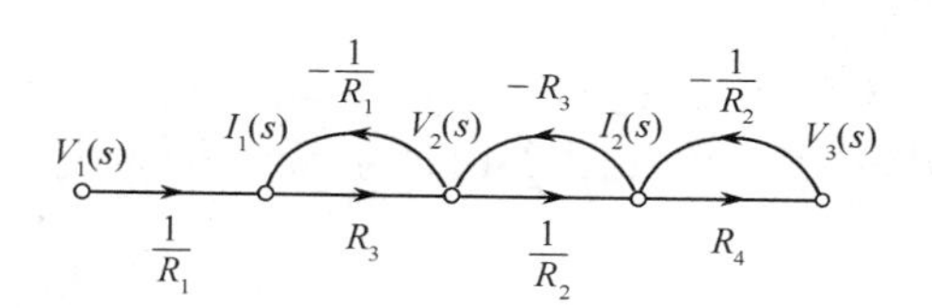

图 2-40 电阻网络的信号流图

### 2.5.3 信号流图的定义和术语

下面结合如图 2-41 所示来说明信号流图中的定义和术语。

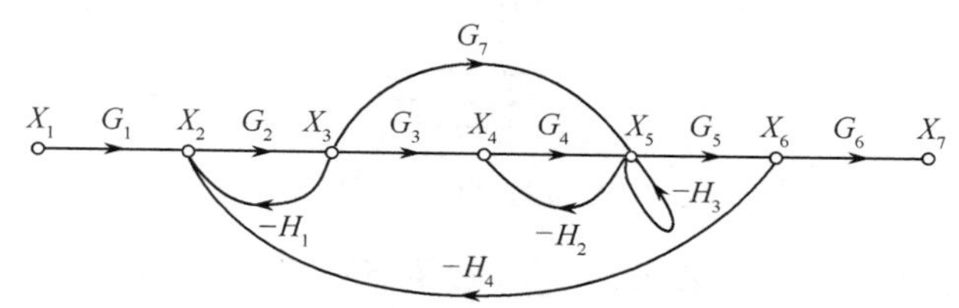

图 2-41 信号流图的定义与术语

**节点** 表示变量或信号的点,用"∘"表示,节点表示的变量是所有流向该节点信号的代数和。

**支路** 连接两个节点之间的有向有权线段,方向用箭头表示,权值用传递函数表示。

**输入支路** 指向节点的支路。

**输出支路** 离开节点的支路。

**源节点** 只有输出支路的节点,也称输入节点,如图中节点 $X_1$。

**汇节点** 只有输入支路的节点,也称输出节点,如图中节点 $X_7$。

**混合节点** 既有输入支路、又有输出支路的节点，如图中的 $X_2, X_3, X_4, X_5, X_6$。

**通道(路径)** 沿着支路箭头方向通过各个相连支路的路径，并且每个节点仅通过一次。如 $X_1$ 到 $X_2$ 到 $X_3$ 到 $X_4$ 或 $X_2$ 到 $X_3$ 又反馈回 $X_2$。

**前向通道** 从输入节点(源节点)到汇节点的通道。如图 $X_1$ 到 $X_2$ 到 $X_3$ 到 $X_4$ 到 $X_5$ 到 $X_6$ 到 $X_7$ 为一条前向通道，又如 $X_1$ 到 $X_2$ 到 $X_3$ 到 $X_5$ 到 $X_6$ 到 $X_7$ 也为另一条前向通道。

**闭通道(反馈通道或回环)** 通道的起点就是通道的终点，而且信号通过每一节点不多于一次的闭合通道。如图 $X_2$ 到 $X_3$ 又反馈到 $X_2$；$X_4$ 到 $X_5$ 又反馈到 $X_4$。

**自回环** 单一支路的闭通道，如图中的 $-H_3$ 构成自回环。

**通道传输或通道增益** 沿着通道的各支路传输的乘积。如从 $X_1$ 到 $X_7$ 前向通道的增益 $G_1G_2G_3G_4G_5G_6$。

**不接触回环** 如果一些回环没有任何公共的节点和支路，称它们为不接触回环。如 $-G_2H_1$ 与 $-G_4H_2$。

### 2.5.4 信号流图的性质及简化

(1) 信号流图只适用于线性系统；

(2) 信号流图所依据的方程式，一定为因果函数形式的代数方程；

(3) 信号只能按箭头表示的方向沿支路传递；

(4) 节点上可把所有输入支路的信号叠加，并把总和信号传送到所有输出支路；

(5) 具有输入和输出支路的混合节点，通过增加一个具有单位传输的支路，可把其变为输出节点，即汇节点；

(6) 对于给定的系统，其信号流图不是唯一的。

**【例 2-10】** 将如图 2-42 所示系统方框图化为信号流图并化简求出系统的闭环传递函数。

$$\Phi(s)=\frac{C(s)}{R(s)}$$

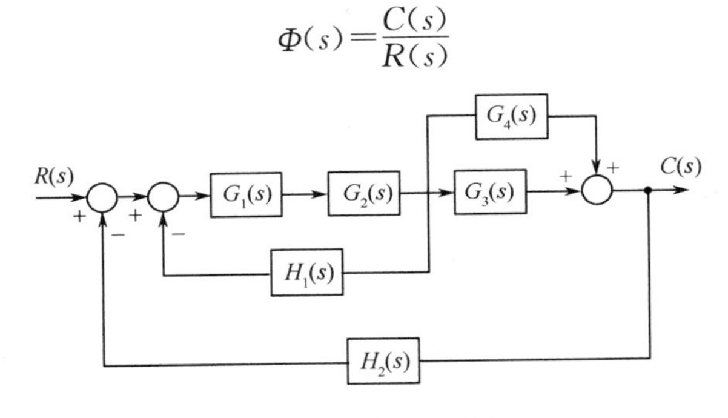


图 2-42 例 2-10 图

**【解】** 信号流图如图 2-43(a)所示。$G_1$ 与 $G_2$ 串联等效为 $G_1G_2$ 支路，$G_3$ 与 $G_4$ 并联等效为 $G_3+G_4$ 支路，如图 2-43(b)所示，$G_1G_2$ 与 $-H_1$ 反馈简化为 $\dfrac{G_1G_2}{1+G_1G_2H_1}$ 支路，又与 $G_3+G_4$ 串联，等效为 $(G_3+G_4)\dfrac{G_1G_2}{1+G_1G_2H_1}$，如图 2-43(c)所示。进而求得闭环传递函数为

$$\Phi(s)=\frac{C(s)}{R(s)}=\frac{G_1G_2(s)(G_3(s)+G_4(s))}{1+G_1G_2H_1(s)+G_1G_2(s)(G_3(s)+G_4(s))H_2(s)}$$

### 2.5.5 信号流图的增益公式

给定系统信号流图之后，常常希望确定信号流图中输入变量与输出变量之间的关系，即两个

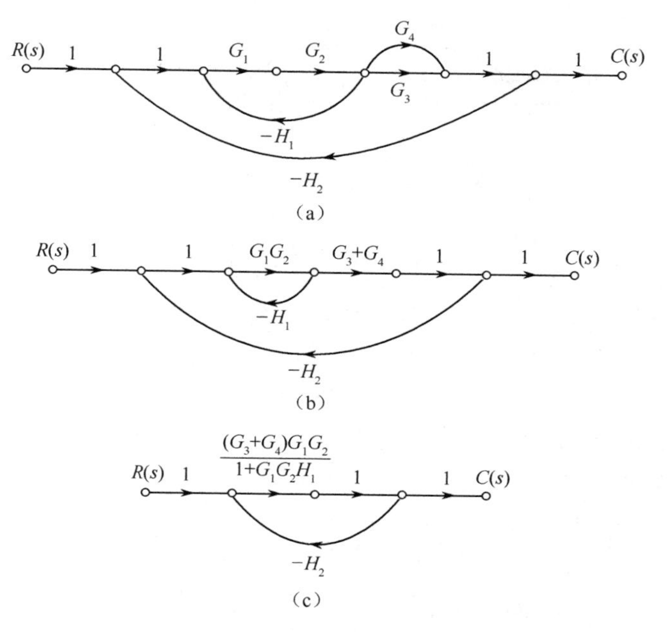


图 2-43 信号流图简化

节点之间的总增益或总传输。采用信号流图简化规则，逐渐简化，最后得到总增益或总传输。但是，这样很费时又麻烦，而梅逊(Mason)公式可以对复杂的信号流图直接求出系统输出与输入之间的总增益，或传递函数，使用起来更为方便。

梅逊增益公式可表示为

$$T=\frac{\sum P_k\Delta_k}{\Delta}$$

式中，$T$ 为输出节点和输入节点之间即源节点到汇节点的增益或传递函数；

$P_k$ 为第 $k$ 条前向通道的增益或传输函数；

$\Delta$ 为信号流图的特征式，$\Delta=1-\sum L_{j1}+\sum L_{j2}-\sum L_{j3}+\cdots$；

$\sum L_{j1}$ 为所有不同回环增益之和；

$\sum L_{j2}$ 为所有两两互不接触回环增益乘积之和；

$\sum L_{j3}$ 为所有三个互不接触回环增益乘积之和；

⋮

$\Delta_k$ 为与第 $k$ 条前向通道不接触的那部分信号流图的特征值，称为第 $k$ 条前向通道特征式的余子式。

在使用梅逊增益公式时，须注意增益公式只能用在输入节点和输出节点之间。

**【例 2-11】** 利用梅逊公式求如图 2-44 所示系统的传递函数 $C(s)/R(s)$。

**【解】** 输入量 $R(s)$与输出量 $C(s)$之间有 4 条前向通道，对应 $P_k$与$\Delta_k$ 分别为

$$P_1=G_1G_2G_3G_4G_5 \qquad \Delta_1=1$$
$$P_2=G_1G_6G_4G_5 \qquad \Delta_2=1$$
$$P_3=G_1G_2G_7G_5 \qquad \Delta_3=1$$
$$P_4=-G_1G_6H_2G_7G_5 \qquad \Delta_4=1$$

图中有 6 个单回环，其增益为：$L_1=-G_3H_2$，$L_2=-G_5H_1$，$L_3=-G_2G_3G_4G_5H_3$，$L_4=$

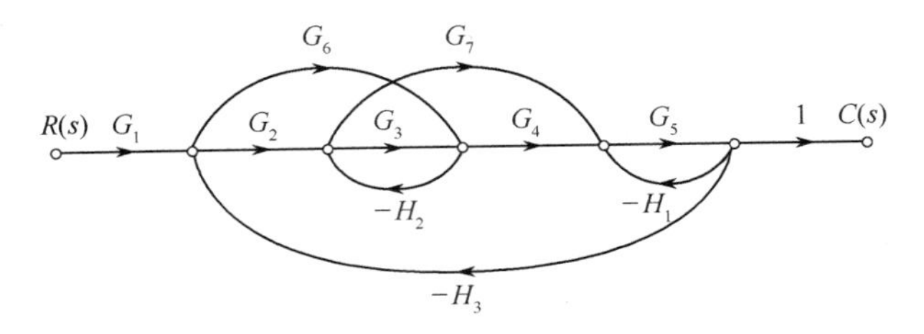


图 2-44　例 2-11 图

$-G_6G_4G_5H_3$，$L_5=-G_2G_7G_5H_3$，$L_6=G_5H_3G_6H_2G_7$，其中 $L_1$ 与 $L_2$ 是两两互不接触的，其增益之积为

$$L_1L_2=G_3G_5H_1H_2$$

系统的特征值 Δ 为　$\Delta=1-(L_1+L_2+L_3+L_4+L_5+L_6)+L_1L_2$

系统的传递函数为

$$\frac{C(s)}{R(s)}=\frac{G_1G_2G_3G_4G_5+G_1G_6G_4G_5+G_1G_2G_7G_5-G_1G_5G_6G_7H_2}{1+G_3H_2+G_5H_1+G_2G_3G_4G_5H_3+G_6G_4G_5H_3+G_2G_7G_5H_3-G_5G_6G_7H_2H_3+G_3G_5H_1H_2}$$

**【例 2-12】** 求如图 2-45 所示信号流图的闭环传递函数$\dfrac{C(s)}{R(s)}$。

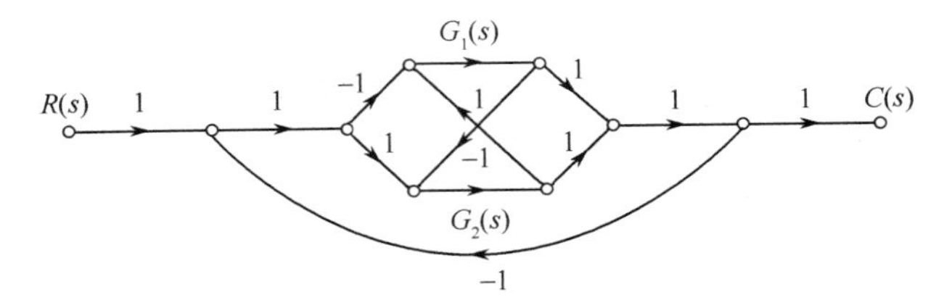


图 2-45　例 2-12 图

**【解】** 系统单回环有：$L_1=G_1$，$L_2=-G_2$，$L_3=-G_1G_2$，$L_4=-G_1G_2$，$L_5=-G_1G_2$，系统的特征式 Δ 为

$$\Delta=1-\sum_{i=1}^{5}L_i=1-G_1+G_2+3G_1G_2$$

前向通道有 4 条：
$P_1=-G_1$　　$\Delta_1=1$
$P_2=G_2$　　$\Delta_2=1$
$P_3=G_1G_2$　　$\Delta_3=1$
$P_4=G_1G_2$　　$\Delta_4=1$

系统的传递函数为

$$G(s)=\frac{C(s)}{R(s)}=\frac{\sum_{i=1}^{4}P_i\Delta_i}{\Delta}=\frac{-G_1+G_2+2G_1G_2}{1-G_1+G_2+3G_1G_2}$$

**【例 2-13】** 已知系统的结构图如图 2-46 所示，试求：

(1) 画出系统的信号流图；

(2) 利用梅逊公式求系统的传递函数$\dfrac{C(s)}{R(s)}$和$\dfrac{C(s)}{N(s)}$。

**【解】** 由结构图可绘制出系统的信号流图，如图 2-47 所示。

系统的单回环有：$L_1=-G_1(s)G_2(s)H_1(s)$，$L_2=-G_2(s)G_3(s)H_2(s)$，$L_3=-G_1(s)G_5(s)H_3(s)$，$L_4=-G_1(s)G_2(s)G_3(s)G_4(s)H_3(s)$，没有两两互不接触回环，系统的特征式为

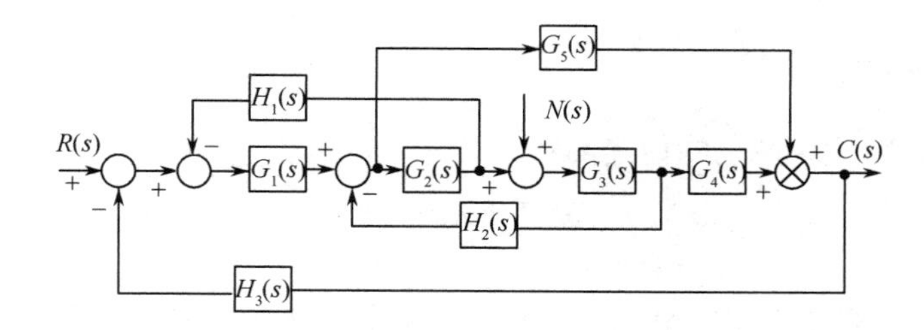


图 2-46　例 2-13 系统结构图

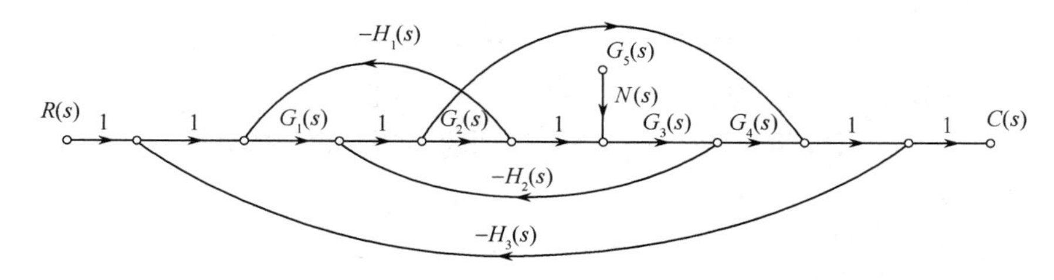


图 2-47　系统的信号流图

$$\Delta = 1 - \sum_{i=1}^{4} L_i = 1 + G_1(s)G_2(s)H_1(s) + G_2(s)G_3(s)H_2(s) + G_1(s)G_5(s)H_3(s) + G_1(s)G_2(s)G_3(s)G_4(s)H_3(s)$$

$R(s)$到 $C(s)$的前向通道有两条,对应的增益和余子式为

$$P_1 = G_1(s)G_2(s)G_3(s)G_4(s), \Delta_1 = 1$$
$$P_2 = G_1(s)G_5(s), \Delta_2 = 1$$

所以,系统的传递函数为

$$\frac{C(s)}{R(s)} = \frac{\sum_{i=1}^{2} P_i\Delta_i}{\Delta} = \frac{G_1(s)G_2(s)G_3(s)G_4(s) + G_1(s)G_5(s)}{1 + G_1(s)G_2(s)H_1(s) + G_2(s)G_3(s)H_2(s) + G_1(s)G_5(s)H_3(s) + G_1(s)G_2(s)G_3(s)G_4(s)H_3(s)}$$

$N(s)$ 到 $C(s)$ 的前向通道有两条

$$P_1 = G_3(s)G_4(s), \Delta_1 = 1 + G_1(s)G_2(s)H_1(s)$$
$$P_2 = -G_3(s)G_5(s)H_2(s), \Delta_2 = 1$$

得

$$\frac{C(s)}{N(s)} = \frac{\sum_{i=1}^{2} P_i\Delta_i}{\Delta} = \frac{G_3(s)G_4(s)[1 + G_1(s)G_2(s)H_1(s)] - G_3(s)G_5(s)H_2(s)}{1 + G_1(s)G_2(s)H_1(s) + G_2(s)G_3(s)H_2(s) + G_1(s)G_5(s)H_3(s) + G_1(s)G_2(s)G_3(s)G_4(s)H_3(s)}$$

在此,注意同一个系统不同输入和输出之间的前向通道不同,但系统的特征式相同。

## 2.6　MATLAB/Simulink 中数学模型的表示

控制系统的数学模型在系统分析和设计中是相当重要的。在线性系统理论中,常用的数学模型有微分方程、传递函数、状态空间表达式等,而这些模型之间又有着某些内在的等效关系。MATLAB 主要使用传递函数和状态空间表达式来描述线性时不变系统(Linear Time Invariant,LTI)。

### 2.6.1 传递函数

单输入单输出线性连续系统的传递函数为

$$G(s)=\frac{C(s)}{R(s)}=\frac{b_0 s^m+b_1 s^{m-1}+\cdots+b_{m-1}s+b_m}{a_0 s^n+a_1 s^{n-1}+a_{n-1}s+a_n}$$

其中 $m\leqslant n$。$G(s)$的分子多项式的根称为系统的零点，分母多项式的根称为系统的极点。令分母多项式等于零，得系统的特征方程为

$$D(s)=a_0 s^n+a_1 s^{n-1}+\cdots+a_{n-1}s+a_n=0$$

因传递函数为多项式之比，所以我们先研究 MATLAB 是如何处理多项式的。MATLAB 中多项式用行向量表示，行向量元素依次为降幂排列的多项式各项的系数，例如，多项式 $P(s)=s^3+2s+4$，其输入为

```
≫P=[1  0  2  4]
```

注意：尽管 $s^2$ 项系数为 0，但输入 $P(s)$时不可默认为 0。

MATLAB 下多项式乘法处理函数调用格式为

```
C=conv(A,B)
```

式中，$A$ 和 $B$ 分别表示一个多项式，而 $C$ 为 $A$ 和 $B$ 多项式的乘积多项式。例如，给定两个多项式 $A(s)=s+3$ 和 $B(s)=10s^2+20s+3$，求 $C(s)=A(s)B(s)$，则应先构造多项式 $A(s)$和$B(s)$，然后再调用 conv()函数来求 $C(s)$。

```
≫A =[1,3]; B =[10,20,3];
≫C = conv(A,B)
C = 10   50   63   9
```

即得出的 $C(s)$多项式为 $10s^3+50s^2+63s+9$。

MATLAB 提供的 conv()函数的调用允许多级嵌套，例如

$$G(s)=4(s+2)(s+3)(s+4)$$

可由下列的语句来输入

```
≫G=4 * conv([1,2],conv([1,3],[1,4]))
```

有了多项式的输入，系统的传递函数在 MATLAB 下可由其分子和分母多项式唯一地确定出来，其格式为

```
sys=tf(num,den)
```

式中，num 为分子多项式，den 为分母多项式。

```
num=[b0,b1,b2,…,bm]; den=[a0,a1,a2,…,an];
```

对于其他复杂的表达式，如 $G(s)=\dfrac{(s+1)(s^2+2s+6)^2}{s^2(s+3)(s^3+2s^2+3s+4)}$，可由下列语句来输入

```
≫num=conv([1,1],conv([1,2,6],[1,2,6]));
≫den=conv([1,0,0],conv([1,3],[1,2,3,4]));
≫G=tf(num,den)
Transfer function:
```

$$\frac{s\wedge 5+5s\wedge 4+20s\wedge 3+40s\wedge 2+60s}{s\wedge 6+5s\wedge 5+9s\wedge 4+13s\wedge 3+12s\wedge 2}$$

### 2.6.2 传递函数的特征根及零、极点图

传递函数 $G(s)$输入之后，分别对分子和分母多项式进行因式分解，则可求出系统的零、极

点，MATLAB 提供了多项式求根函数 roots()，其调用格式为

```
roots(p)
```

式中，$p$ 为多项式。

例如，多项式 $p(s)=s^3+3s^2+4$，可由下列语句来输入

```
≫p=[1,3,0,4];   %p(s)=s^3+3s^2+4
≫r=roots(p)   %p(s)=0 的根
r=-3.3533
   0.1777+1.0773i
   0.1777-1.0773i
```

反过来，若已知特征多项式的特征根，可调用 MATLAB 中的 poly()函数来求得多项式降幂排列时各项的系数，如上例

```
≫poly(r)
p = 1.0000   3.0000   0.0000   4.0000
```

而 polyval()函数用来求取给定变量值时多项式的值，其调用格式为

```
polyval(p,a)
```

式中，$p$ 为多项式；$a$ 为给定变量值。

例如，求 $n(s)=(3s^2+2s+1)(s+4)$ 在 $s=-5$ 时的值。

```
≫n=conv([3,2,1],[1,4]);
≫value=polyval(n,-5)
  value=-66
```

传递函数在复平面上的零、极点图，采用 pzmap()函数来完成，零点用"∘"表示，极点用"×"表示。其调用格式为

```
[p,z]=pzmap(num,den)
```

式中，$p$ 为传递函数$G(s)=\dfrac{\text{num}}{\text{den}}$的极点；$z$ 为传递函数$G(s)=\dfrac{\text{num}}{\text{den}}$的零点。

例如，传递函数

$$G(s)=\frac{6s^2+1}{s^3+3s^2+3s+1}\qquad H(s)=\frac{(s+1)(s+2)}{(s+2\mathrm{j})(s-2\mathrm{j})(s+3)}$$

用 MATLAB 求出 $G(s)$的零极点、$H(s)$的多项式形式，及 $G(s)H(s)$的零、极点图。

```
≫numg=[6,0,1]; deng=[1,3,3,1];
≫z=roots(numg)
  z=0+0.4082i
    0-0.4082i          %G(s)的零点
≫p=roots(deng)
  p=-1.0000+0.0000i
    -1.0000+0.0000i  %G(s)的极点
    -1.0000+0.0000i
≫n1=[1,1];n2=[1,2];d1=[1,2*i];
  d2=[1,-2*i];d3=[1,3];
≫numh=conv(n1,n2);
  denh=conv(d1,conv(d2,d3));
≫printsys(numh,denh)
```

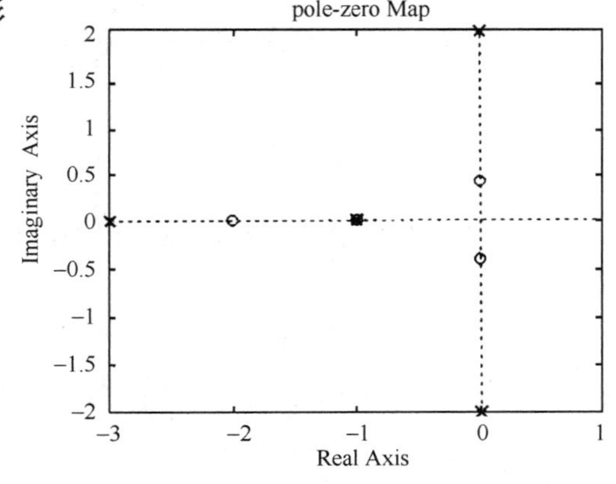


图 2-48 零、极点图

```
numh/denh=    s^2+3s+2
           ---------------
           s^3+3s^2+4s+12
```

%H(s)表达式

```
>>num=conv(numg, numh);
  den=conv(deng,denh);
>>printsys(num,den)
  num/den=
        6s^4+18s^3+13s^2+3s+2
  ----------------------------------
  s^6+6s^5+16s^3+51s^2+40s+12
>>pzmap(num,den)   %零极点图
>>title('pole-zero Map')
```

零、极点图如图2-48所示。

### 2.6.3 控制系统的方框图模型

若已知控制系统的方框图，使用MATLAB函数可实现方框图转换。

**1. 串联**

如图2-49所示，$G_1(s)$和$G_2(s)$相串联，在MATLAB中可用串联函数series()来求$G_1(s)G_2(s)$，其调用格式为

[num,den]=series(num1,den1,num2,den2)

式中，$G_1(s)=\frac{\text{num1}}{\text{den1}}$，$G_2(s)=\frac{\text{num2}}{\text{den2}}$，$G_1G_2(s)=\frac{\text{num}}{\text{den}}$。

**2. 并联**

如图2-50所示，$G_1(s)$和$G_2(s)$相并联，可由MATLAB的并联函数parallel()来实现，其调用格式为

[num,den]=parallel(num1,den1,num2,den2)

式中，$G_1(s)=\frac{\text{num1}}{\text{den1}}$，$G_2(s)=\frac{\text{num2}}{\text{den2}}$，$G_1G_2(s)=\frac{\text{num}}{\text{den}}$。

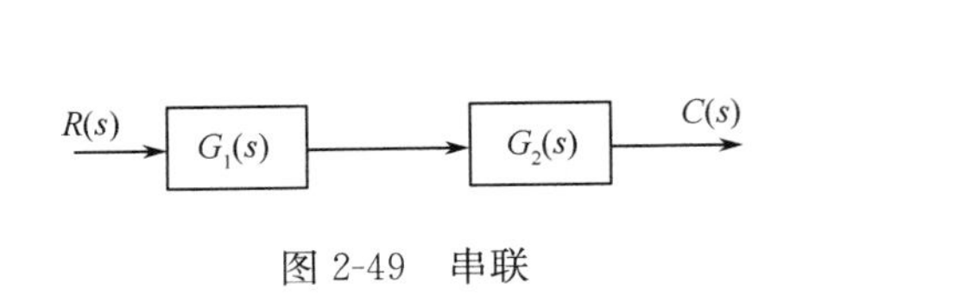


图2-49 串联

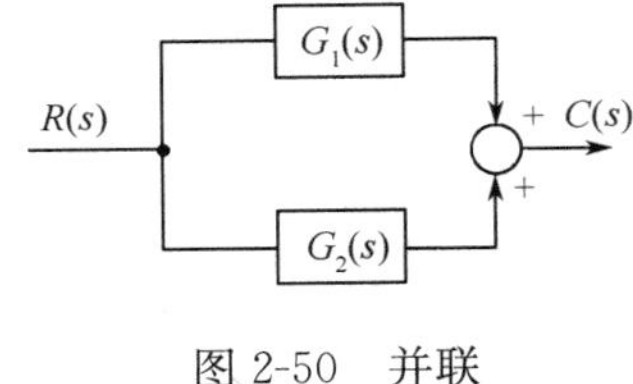


图2-50 并联

**3. 反馈**

反馈连接如图2-51所示。使用MATLAB中的feedback()函数来实现反馈连接，其调用格式为

[num,den]=feedback(numg,deng,numh,denh,sign)

式中，$G(s)=\frac{\text{numg}}{\text{deng}}$，$H(s)=\frac{\text{numh}}{\text{denh}}$，sign为反馈极性，若为正反馈，其为1；若为负反馈，其为−1或默认，$\frac{G(s)}{1\pm G(s)H(s)}=\frac{\text{num}}{\text{den}}$。

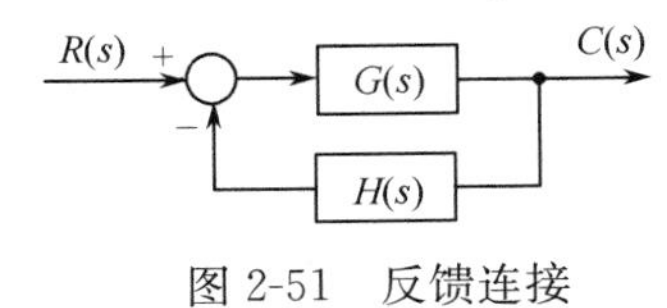


图2-51 反馈连接

例如，$G(s)=\frac{s+1}{s+2}$，$H(s)=\frac{1}{s}$，负反馈连接，用MATLAB语句表示

```
≫numg=[1,1];deng=[1,2];
≫numh=[1];denh=[1,0];
≫[num,den]=feedback(numg,deng,numh,denh,-1);
≫printsys(num,den)
num/den= s^2+s
        ---------
        s^2+3s+1
```

MATLAB 中的函数 series，parallel 和 feedback 可用来简化多回路方框图。另外，对于单位反馈系统，MATLAB 可调用 cloop()函数求闭环传递函数，其调用格式为

```
[num,den]=cloop(num1,den1,sign)
```

式中，$\frac{\text{num}}{\text{den}}$ 为前向通道传递函数。

### 2.6.4 控制系统的零、极点模型

传递函数可以是时间常数形式，也可以是零、极点形式，零、极点形式是分别对原系统传递函数的分子和分母进行因式分解得到的。MATLAB 控制系统工具箱提供了零、极点模型与时间常数模型之间的转换函数，其调用格式分别为

```
[z,p,k]=tf2zp(num,den)
[num,den]=zp2tf(z,p,k)
```

其中，第一个函数可将传递函数模型转换成零、极点表示形式，而第二个函数可将零、极点表示方式转换成传递函数模型。

例如，$G(s)=\dfrac{12s^3+24s^2+12s+20}{2s^4+4s^3+6s^2+2s+2}$，用 MATLAB 语句表示

```
≫num=[1 2 2 4 1 2 2 0];den=[2 4 6 2 2];
≫[z,p,k]=tf2zp(num,den)
z=-1.9294
   -0.0353+0.9287i
   -0.0353-0.9287i
p=-0.9567+1.2272i
   -0.9567-1.2272i
   -0.0433+0.6412i
   -0.0433-0.6412i
k=6
```

即变换后的零、极点模型为

$$G(s)=\frac{6(s+1.9294)(s+0.0353-0.9287\text{i})(s+0.0353+0.9287\text{i})}{(s+0.9567-1.2272\text{i})(s+0.9567+1.2272\text{i})(s+0.433-0.6412\text{i})(s+0.433+0.6412\text{i})}$$

可以验证 MATLAB 的转换函数，调用 zp2tf()函数将得到原传递函数模型

```
≫[num,den]=zp2tf(z,p,k)
num =      0      6.0000   12.0000   6.0000   10.0000
den = 1.0000   2.0000    3.0000   1.0000    1.0000
```

即

$$G(s)=\frac{6s^3+12s^2+6s+10}{s^4+2s^3+3s^2+s+1}$$

### 2.6.5 状态空间表达式

状态空间表达式是描述系统特性的又一种数学模型，它由状态方程和输出方程构成，即

$$\dot{\boldsymbol{x}}(t)=\boldsymbol{A}\boldsymbol{x}(t)+\boldsymbol{B}\boldsymbol{u}(t)$$
$$\boldsymbol{y}(t)=\boldsymbol{C}\boldsymbol{x}(t)+\boldsymbol{D}\boldsymbol{u}(t)$$

式中，$\boldsymbol{x}(t)\in R^n$ 为状态向量；$n$ 为系统阶次；$\boldsymbol{A}\in R^{n\times n}$ 为系统矩阵；$\boldsymbol{B}\in R^{n\times p}$ 为控制矩阵，$p$ 为输入量个数；$\boldsymbol{C}\in R^{q\times n}$ 为输出矩阵；$\boldsymbol{D}\in R^{q\times p}$ 为连接矩阵，$q$ 为输出量个数。

在一般情况下，控制系统的状态空间表达式简记为($\boldsymbol{A},\boldsymbol{B},\boldsymbol{C},\boldsymbol{D}$)。

例如，设一个双输入双输出系统的状态空间表达式为

$$\dot{\boldsymbol{x}}(t)=\begin{bmatrix}1 & 2 & 4\\3 & 2 & 6\\0 & 1 & 5\end{bmatrix}\boldsymbol{x}+\begin{bmatrix}4 & 6\\2 & 2\\0 & 2\end{bmatrix}\boldsymbol{u}$$

$$\boldsymbol{y}=\begin{bmatrix}0 & 0 & 1\\0 & 2 & 0\end{bmatrix}\boldsymbol{x}$$

系统模型可由 MATLAB 命令直观地表示

```
≫A=[1,2,4;3,2,6;0,1,5]
≫B=[4,6;2,2;0,2]
≫C=[0,0,1;0,2,0]
≫D= zeros(2,2)
```

MATLAB 的控制系统工具箱提供了由状态空间表达式转换成传递函数或由传递函数转换成状态空间表达式的转换函数 ss2tf()和 tf2ss()。其调用格式为

```
[num,den]=ss2tf(A,B,C,D,iu)
```

式中，$\boldsymbol{A},\boldsymbol{B},\boldsymbol{C},\boldsymbol{D}$ 矩阵为状态空间表达式模型；iu 为输入的代号，对单输入单输出系统来说，iu=1。对于多输入多输出系统，必须先对各个输入信号逐个地求取传递函数子矩阵，然后获得整个传递函数阵。

反过来，若已知系统的传递函数，求取系统状态空间表达式的调用格式为

```
[A,B,C,D]=tf2ss(num,den)
```

例如，系统的传递函数为

$$G(s)=\frac{s^2+2s+3}{s^3+3s^2+6s+1}$$

则系统的状态空间表达式为

```
≫num=[1,2,3]; den=[1,3,6,1];
≫[A,B,C,D]=tf2ss(num,den)
A= -3   -6   -1
    1    0    0
    0    1    0
B = 1
    0
    0
C=1   2   3
D=  0
```

## 本 章 小 结

本章要求学生熟练掌握系统数学模型的建立和拉普拉斯变换方法。对于线性定常系统，能够列写其微分方程，会求传递函数，会画方框图和信号流图，并掌握方框图的变换及化简方法。

(1) 数学模型是描述元件或系统动态特性的数学表达式，是对系统进行理论分析研究的主要依据。用解析法建立实际系统的数学模型时，分析系统的工作原理，忽略一些次要因素，运用基本物理、化学定律，获得一个既简单又能足够精确地反映系统动态特性的数学模型。

(2) 实际系统均不同程度地存在非线性，但许多系统在一定条件下可近似为线性系统，故我们尽量对所研究的系统进行线性化处理（如增量化法），然后用线性理论进行分析。但应注意，不是任何非线性特性均可进行线性化处理的。

(3) 传递函数是经典控制理论中的一种重要的数学模型。其定义为：在零初始条件下，系统输出的拉普拉斯变换与输入的拉普拉斯变换之比。

(4) 根据运动规律和数学模型的共性，任何复杂系统都可划分为几种典型环节的组合，再利用传递函数和图解法，较方便地建立系统的数学模型。

(5) 方框图是研究控制系统的一种图解模型，它直观形象地表示出系统中信号的传递特性。应用梅逊公式不经任何结构变换，可求出源节点和汇节点之间的传递函数。信号流图的应用更为广泛。

(6) 利用 MATLAB 来进行多项式运算、传递函数零点和极点的计算、闭环传递函数的求取和方框图模型的化简等。

## 本章典型题、考研题详解及习题

### A 典型题详解

**【A2-1】** 运算放大器电路如图 A2-1 所示，试求系统的传递函数 $G(s)=U_0(s)/U_i(s)$。

**【解】** 根据运算放大器原理，反向端和正向端两点电压相等设为 $u(t)$ 及输入阻抗为无限大，得

$$\begin{cases}\dfrac{u_i(t)-u(t)}{R_1}=\dfrac{u(t)-u_0(t)}{R_3}+C_1\dfrac{\mathrm{d}[u(t)-u_0(t)]}{\mathrm{d}t}\\[2ex]\dfrac{u_i(t)-u(t)}{R_2}=C_2\dfrac{\mathrm{d}u(t)}{\mathrm{d}t}\end{cases}$$

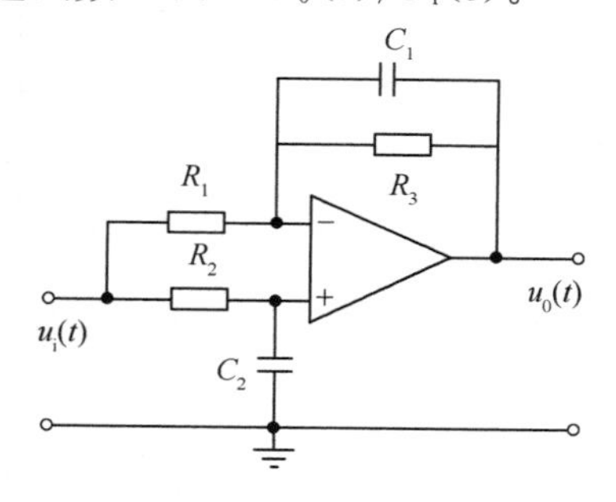

图 A2-1　运算放大器电路

取拉普拉斯变换得

$$\begin{cases}\dfrac{U_i(s)-U(s)}{R_1}=\dfrac{U(s)-U_0(s)}{R_3}+sC_1[U(s)-U_0(s)]\\[2ex]\dfrac{U_i(s)-U(s)}{R_2}=C_2sU(s)\end{cases}$$

消去中间变量 $U(s)$，整理得

$$G(s)=\frac{U_0(s)}{U_i(s)}=\frac{1+R_3C_1s-\dfrac{R_3}{R_1}R_2C_2s}{(R_2C_2s+1)(R_3C_1s+1)}$$

**【A2-2】** 图示 A2-2 为一弹簧阻尼机械系统，图中质量为 $m_2$ 的物体受到外力 $F$ 的作用，产生的位移为 $y$，试求系统的输出 $y$ 与输入 $F$ 的传递函数。

**【解】** 由图 A2-2(a)得机械系统力学图 A2-2(b)，外力 $F$ 和位移 $y$ 为系统的输入和输出，假设 $m_1$ 的物体位移为 $x$。根据弹簧阻力和黏性摩擦力与位移的关系，由牛顿定律得

$$\begin{cases}F-f(\dot{y}-\dot{x})-k_2(y-x)=m_2\ddot{y}\\ f(\dot{y}-\dot{x})+k_2(y-x)-k_1x=m_1\ddot{x}\end{cases}$$

拉普拉斯变换得

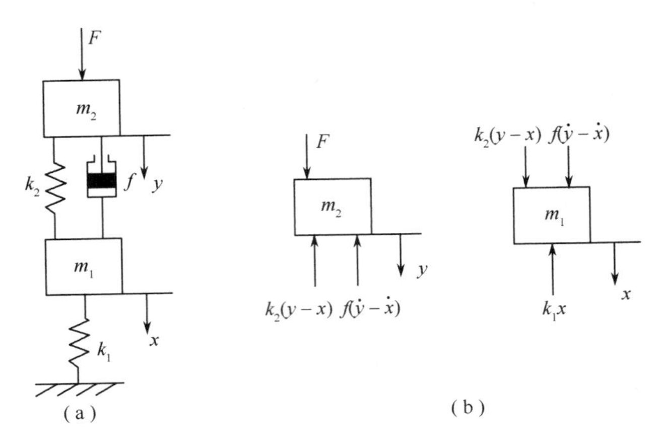


图 A2-2　弹簧阻尼机械系统

$$\begin{cases} m_2 s^2 Y(s)+fsY(s)+k_2 Y(s)=F(s)+fsX(s)+k_2 X(s) \\ m_1 s^2 X(s)+fsX(s)+k_2 X(s)+k_1 X(s)=fsY(s)+k_2 Y(s) \end{cases}$$

消去中间变量 $X(s)$得

$$G(s)=\frac{Y(s)}{F(s)}=\frac{m_1 s^2+fs+k_1+k_2}{m_1 m_2 s^4+(m_1+m_2)fs^3+(m_1+m_2)(k_1+k_2)s^2+2fk_1 s+k_1(k_1+2k_2)}$$

**【A2-3】** 已知系统结构图如图 A2-3 所示,试由结构图等效变换或梅逊公式求系统的传递函数 $C(s)/R(s)$。

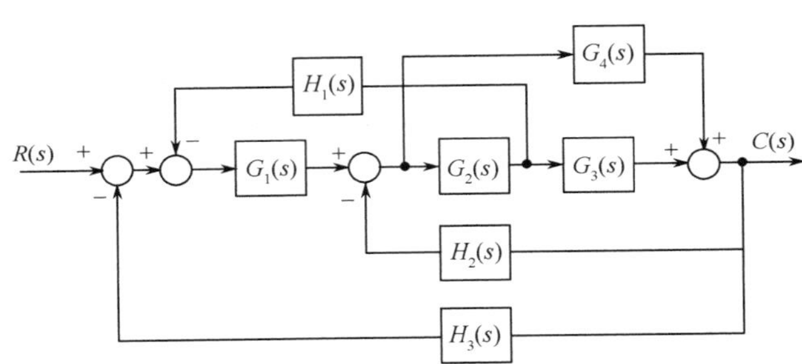


图 A2-3　系统结构图

**【解】** (1) 采用结构图简化求:

第一步　将引出点前移,并进行串、并联运算;

第二步　比较点前移,并进行反馈运算;

第三步　串、并联运算,得结构图 A2-4(e);

最后反馈连接得系统的传递函数

$$\frac{C(s)}{R(s)}=\frac{G_1(s)G_2(s)G_3(s)+G_1(s)G_4(s)}{1+G_1(s)G_2H_1(s)+G_2(s)G_3(s)H_2(s)+G_1(s)G_2(s)G_3(s)H_3(s)+G_4(s)H_2(s)+G_1(s)G_4(s)H_3(s)}$$

(2) 采用梅逊公式求传递函数

系统单回路有 5 个:

$L_1=-G_1(s)G_2(s)H_1(s)$, $L_2=-G_2(s)G_3(s)H_2(s)$, $L_3=-G_1(s)G_2(s)G_3(s)H_3(s)$,

$L_4=-G_4(s)H_2(s)$, $L_5=-G_1(s)G_4(s)H_3(s)$

没有两两互不接触回路。

$$\Delta=1+G_1(s)G_2(s)H_1(s)+G_2(s)G_3(s)H_2(s)+G_1(s)G_2(s)G_3(s)H_3(s)+ G_4(s)H_2(s)+G_1(s)G_4(s)H_3(s)$$

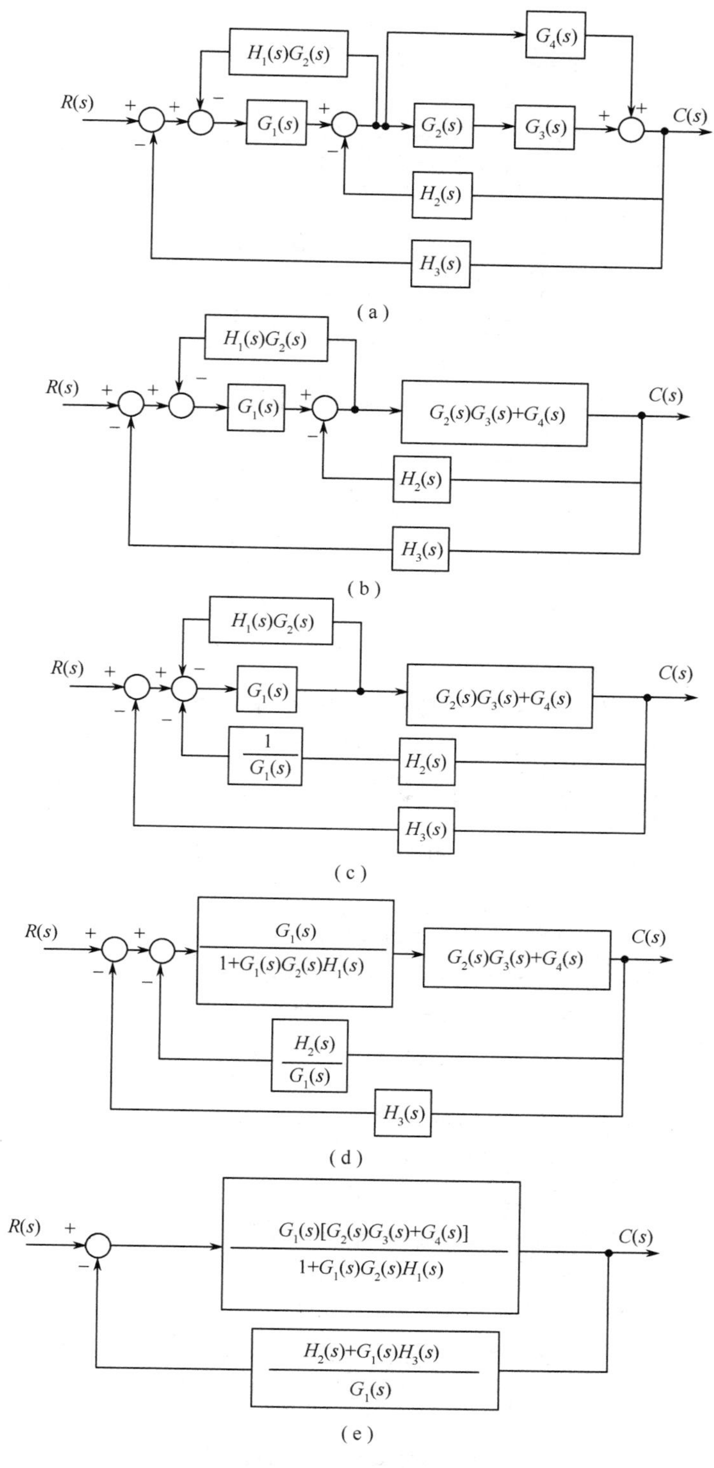


图 A2-4　结构图简化

前向通道 2 个：

$$p_1=G_1(s)G_2(s)G_3(s),\Delta_1=1;p_2=G_1(s)G_4(s),\Delta_2=1$$

系统的传递函数为

$$\frac{C(s)}{R(s)}=\frac{\sum_{k=1}^{2}p_k\Delta_k}{\Delta}=\frac{G_1(s)G_2(s)G_3(s)+G_1(s)G_4(s)}{1+G_1(s)G_2H_1(s)+G_2(s)G_3(s)H_2(s)+G_1(s)G_2(s)G_3(s)H_3(s)+G_4(s)H_2(s)+G_1(s)G_4(s)H_3(s)}$$

## B 考研试题

**【B2-1】** （山东大学 2016 年）系统结构图如图 B2-1 所示，试求系统的传递函数 $C(s)/R(s)$，$C(s)/D(s)$，$E(s)/R(s)$，$E(s)/D(s)$。

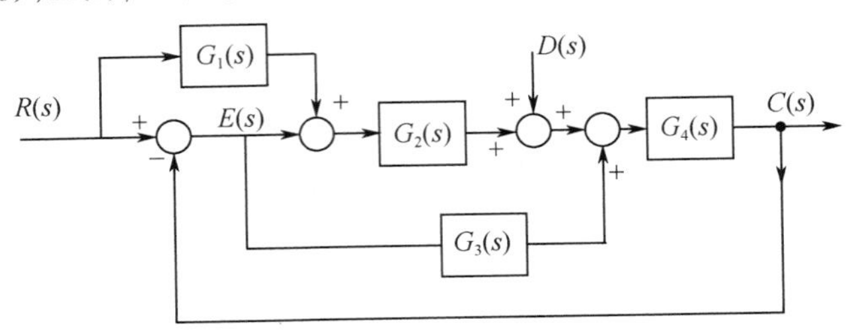


图 B2-1　系统结构图

**【解】** 采用梅逊公式求，系统单回路有 2 个，回路增益 $L_1=-G_2(s)G_4(s)$，$L_2=-G_3(s)G_4(s)$，没有两两互不接触回路，

$$\Delta=1-\sum_{1}^{2}L_i=1-L_1-L_2=1+G_2(s)G_4(s)+G_3(s)G_4(s)$$

对 $R(s)\rightarrow C(s)$，前向通道有 3 个，对应增益和相应余子式为

$$p_1=G_2(s)G_4(s),\Delta_1=1;p_2=G_1(s)G_2(s)G_4(s),\Delta_2=1;p_3=G_3(s)G_4(s),\Delta_3=1$$

传递函数为
$$\frac{C(s)}{R(s)}=\frac{G_2(s)G_4(s)+G_1(s)G_2(s)G_4(s)+G_3(s)G_4(s)}{1+G_2(s)G_4(s)+G_3(s)G_4(s)}$$

对 $D(s)\rightarrow C(s)$，前向通道有 1 个，对应增益和相应余子式为：$p_1=G_4(s)$，$\Delta_1=1$

传递函数为
$$\frac{C(s)}{D(s)}=\frac{G_4(s)}{1+G_2(s)G_4(s)+G_3(s)G_4(s)}$$

对 $R(s)\rightarrow E(s)$，前向通道有 2 个，对应增益和相应余子式为

$$p_1=1,\Delta_1=1;p_2=-G_1(s)G_2(s)G_4(s),\Delta_2=1$$

传递函数为
$$\frac{E(s)}{R(s)}=\frac{1-G_1(s)G_2(s)G_4(s)}{1+G_2(s)G_4(s)+G_3(s)G_4(s)}$$

对 $D(s)\rightarrow E(s)$，前向通道有 1 个，对应增益和相应余子式为：$p_1=-G_4(s)$，$\Delta_1=1$

传递函数为
$$\frac{E(s)}{D(s)}=\frac{-G_4(s)}{1+G_2(s)G_4(s)+G_3(s)G_4(s)}$$

**【B2-2】** （浙江大学 2011 年）已知多输入多输出系统结构图如图 B2-2 所示，试采用结构图简化求传递函数 $C_1(s)/R_1(s)$，$C_2(s)/R_2(s)$。

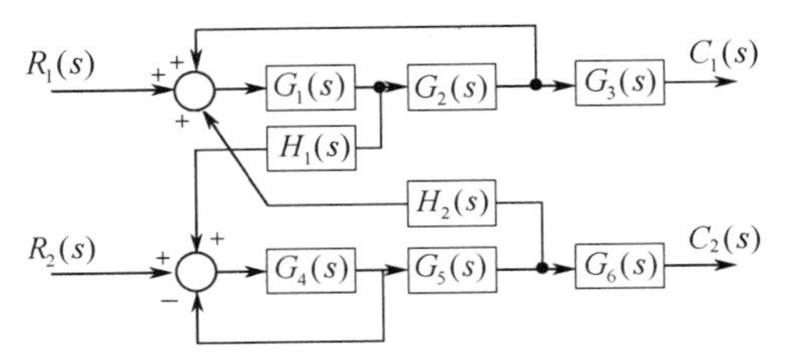


图 B2-2　多输入多输出系统结构图

**【解】** 采用结构图变换法。

(1) $R_1(s)$单独作用下，输出 $C_1(s)$，结构图化简如图 B2-3 所示。

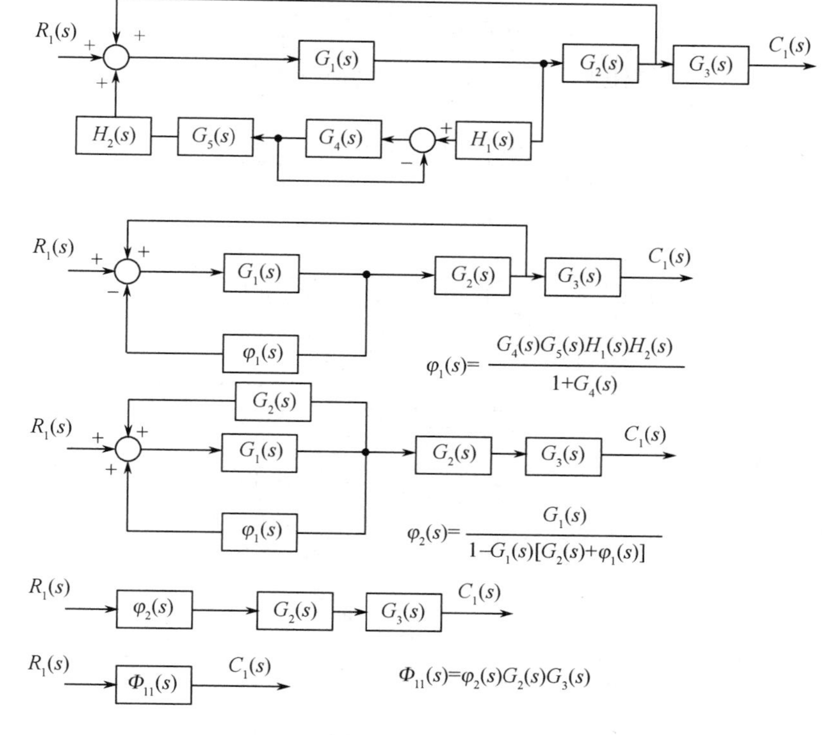


图 B2-3 化简图

$$\Phi_{11}(s)=\frac{C_1(s)}{R_1(s)}=\frac{G_1(s)G_2(s)G_3(s)[1+G_4(s)]}{1+G_4(s)-G_1(s)G_2(s)-G_1(s)G_2(s)G_4(s)-G_1(s)G_4(s)G_5(s)H_1(s)H_2(s)}$$

（2）$R_2(s)$单独作用下，输出 $C_2(s)$，结构图化简如图 B2-4 所示。

$$\Phi_{22}(s)=\frac{C_2(s)}{R_2(s)}=\frac{G_4(s)G_5(s)G_6(s)[1-G_1(s)G_2(s)]}{1+G_4(s)-G_1(s)G_2(s)-G_1(s)G_2(s)G_4(s)-G_1(s)G_4(s)G_5(s)H_1(s)H_2(s)}$$

【B2-3】（浙江大学 2002 年）一有源电网络如图 B2-5 所示，图中 $u_1$，$u_2$分别为输入量、输出量，$i_1(t)$，$i_2(t)$，$u_3(t)$为中间变量。试求：(1)系统的微分方程；(2)系统的传递函数；(3)说明此网络在校正中的作用。

**【解】**（1）根据运算放大器虚地点和高输入阻抗的特点，得

$$\begin{cases} i_1(t)=\dfrac{u_1(t)}{R_0} \\ -u_3(t)=R_1 i_1(t)+\dfrac{1}{C_1}\displaystyle\int i_1(t)\mathrm{d}t \\ \dfrac{u_3(t)-u_2(t)}{R_2}=i_2(t) \\ i_1(t)=i_2(t)+C_2\dfrac{\mathrm{d}u_3(t)}{\mathrm{d}t} \end{cases}$$

消去中间变量 $i_1(t)$，$i_2(t)$，$u_3(t)$，整理得微分方程

$$R_0C_1\frac{\mathrm{d}u_2(t)}{\mathrm{d}t}=R_1R_2C_1C_2\frac{\mathrm{d}^2u_1(t)}{\mathrm{d}t^2}+(R_2C_1+R_1C_1+R_2C_2)\frac{\mathrm{d}u_1(t)}{\mathrm{d}t}+u_1(t)$$

（2）零初始条件下，两端取拉普拉斯变换，得系统传递函数

$$G(s)=\frac{U_2(s)}{U_1(s)}=-\frac{R_1R_2C_1C_2s^2+(R_2C_1+R_1C_1+R_2C_2)s+1}{R_0C_1s}$$

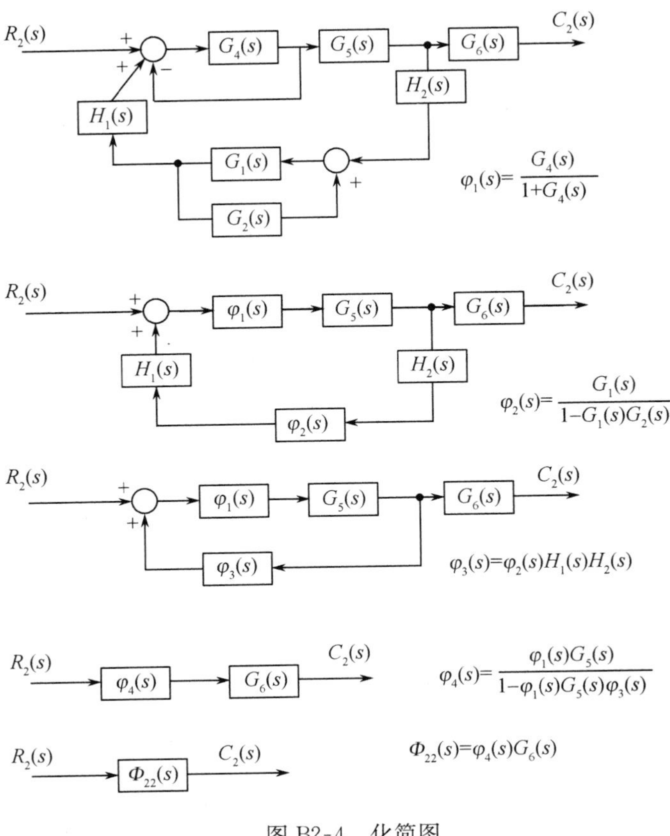


图 B2-4　化简图

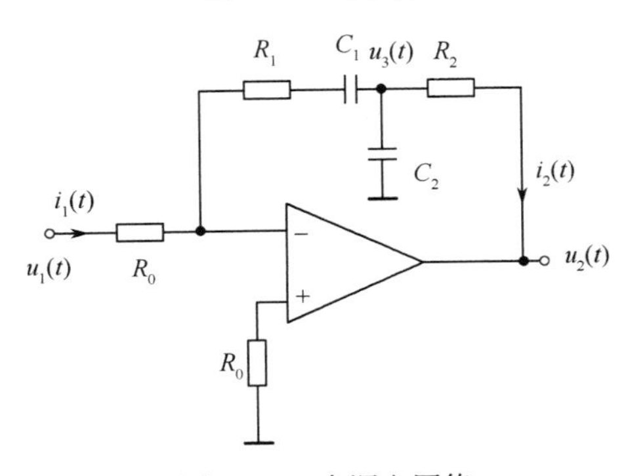


图 B2-5　有源电网络

（3）系统的频率特性为

$$G(\mathrm{j}\omega)=-\frac{R_1R_2C_1C_2(\mathrm{j}\omega)^2+(R_2C_1+R_1C_1+R_2C_2)\mathrm{j}\omega+1}{R_0C_1\mathrm{j}\omega}$$

包含一个积分环节和一个二阶比例微分环节，其相角由$-90°\Rightarrow0\Rightarrow90°$，所以此网络在校正中起滞后-超前作用。

**【B2-4】**（南开大学 2003 年）设系统的微分方程如下

$$\begin{cases}T_1\dfrac{\mathrm{d}^2c(t)}{\mathrm{d}t^2}+\dfrac{\mathrm{d}c(t)}{\mathrm{d}t}=K_2u(t)\\ u(t)=K_1[r(t)-b(t)]\\ T_2\dfrac{\mathrm{d}b(t)}{\mathrm{d}t}+b(t)=c(t)\end{cases}$$

其中，$T_1$，$T_2$ 和 $K_2$ 为正常数，$r(t)$ 为系统输入，$c(t)$ 为系统输出。要求 $r(t)=1+t$ 时，$c(t)$ 对 $r(t)$ 的稳态误差不大于正常数 $\varepsilon_0$，试问 $K_1$ 应满足什么条件，并画出系统结构图。

**【解】** 对系统微分方程求零初始条件下的拉普拉斯变换得

$$\begin{cases}(T_1 s^2+s)C(s)=K_2U(s)\\ U(s)=K_1[R(s)-B(s)]\\ (T_2 s+1)B(s)=C(s)\end{cases}$$

由上式绘制系统结构图，如图 B2-6 所示。

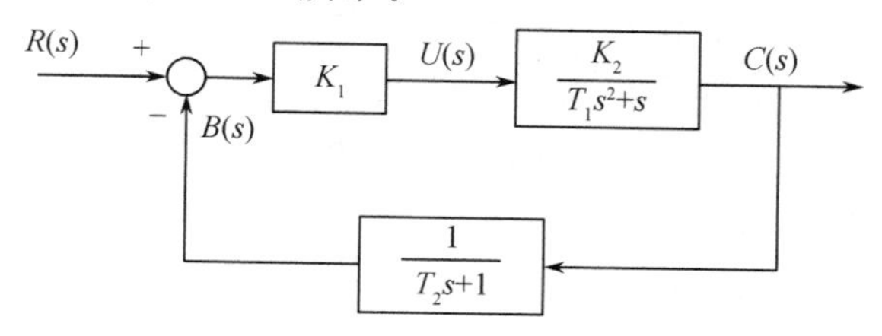


图 B2-6　系统结构图

系统的误差函数为

$$E(s)=R(s)\left[1-\frac{C(s)}{R(s)}\right]=R(s)\left[1-\frac{K_1K_2(T_2s+1)}{(T_1s^2+s)(T_2s+1)+K_1K_2}\right]$$

$$=\frac{T_1T_2s^3+(T_1+T_2)s^2+(1-K_1K_2T_2)s}{T_1T_2s^3+(T_1+T_2)s^2+s+K_1K_2}\cdot R(s)$$

当 $r(t)=1+t$ 时，稳态误差为

$$e_{ss}=\lim_{s\to 0}sE(s)=\lim_{s\to 0}s\frac{T_1T_2s^3+(T_1+T_2)s^2+(1-K_1K_2T_2)s}{T_1T_2s^3+(T_1+T_2)s^2+s+K_1K_2}\cdot\frac{s+1}{s^2}=\frac{(1-K_1K_2T_2)}{K_1K_2}$$

要求 $e_{ss}\leqslant\varepsilon_0$，则 $\dfrac{1-K_1K_2T_2}{K_1K_2}\leqslant\varepsilon_0$，求得 $K_1\geqslant\dfrac{1}{K_2(T_2+\varepsilon_0)}$。

同时考虑系统稳定得：$K_1<\dfrac{T_1+T_2}{K_2T_1T_2}$，所以

$$\frac{1}{K_2(T_2+\varepsilon_0)}\leqslant K_1<\frac{T_1+T_2}{K_2T_1T_2}$$

**【B2-5】** （北京科技大学 2011 年）系统结构图如图 B2-7 所示，试求系统的等效传递函数 $G(s)=\dfrac{C(s)}{R(s)}$。

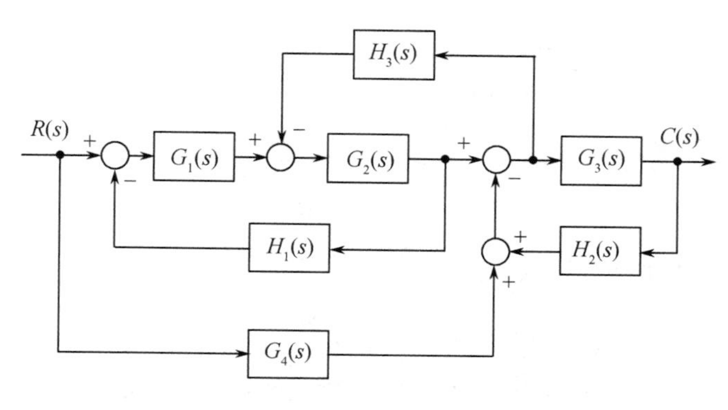


图 B2-7　系统结构图

**【解】** 采用梅逊公式来求。系统单回路有 3 个，$L_1=-G_1(s)G_2(s)H_1(s)$，$L_2=-G_2(s)H_3(s)$，$L_3=-G_3(s)H_2(s)$，两两互不接触回路 $L_1L_3=G_1(s)G_2(s)H_1(s)G_3(s)H_2(s)$，前向通道及对应

的余子式 $P_1=G_1(s)G_2(s)G_3(s)$，$\Delta_1=1$；$P_2=G_4(s)G_3(s)$，$\Delta_2=1+G_1(s)G_2(s)H_1(s)$，系统的等效传递函数为

$$G(s)=\frac{\sum P_k\Delta_k}{\Delta}$$

$$=\frac{G_1(s)G_2(s)G_3(s)+G_4(s)G_3(s)[1+G_1(s)G_2(s)H_1(s)]}{1+G_1(s)G_2(s)H_1(s)+G_2(s)H_3(s)+G_3(s)H_2(s)++G_1(s)G_2(s)H_1(s)G_3(s)H_2(s)}$$

**【B2-6】**（东北大学 2010 年）已知 RC 网络如图 B2-8 所示，其中 $u_1$ 和 $u_2$ 分别为网络的输入量和输出量(假设网络系统的初始状态均为零)。

(1) 试画出该 RC 网络的动态结构图；

(2) 求网络的传递函数 $U_2(s)/U_1(s)$，并化为标准型。

**【解】** 由网络图得微分方程组

$$\begin{cases} i_1=C_1\dfrac{\mathrm{d}(u_1-u_2)}{\mathrm{d}t} \\ i_2R_1=i_1R_2+\dfrac{1}{C_1}\displaystyle\int i_1\,\mathrm{d}t \\ i_1+i_2=C_2\dfrac{\mathrm{d}(u_2-i_1R_2)}{\mathrm{d}t} \end{cases}$$

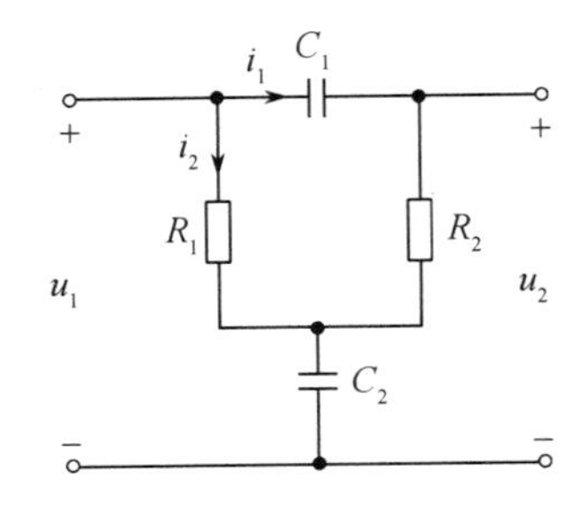


图 B2-8　RC 网络图

拉普拉斯变换得代数方程组

$$\begin{cases} I_1(s)=C_1s(U_1(s)-U_2(s)) \\ I_2(s)R_1=I_1R_2+\dfrac{1}{C_1s}I_1(s) \\ I_1(s)+I_2(s)=C_2s(U_2(s)-I_1(s)R_2) \end{cases}$$

整理得

$$\begin{cases} I_1(s)=C_1s(U_1(s)-U_2(s)) \\ I_2(s)=\dfrac{R_2C_1s+1}{R_1C_1s}I_1(s) \\ U_2(s)=\dfrac{R_2C_2s+1}{C_2s}I_1(s)+\dfrac{1}{C_2s}I_2(s) \end{cases}$$

对应系统的结构图如图 B2-9 所示。

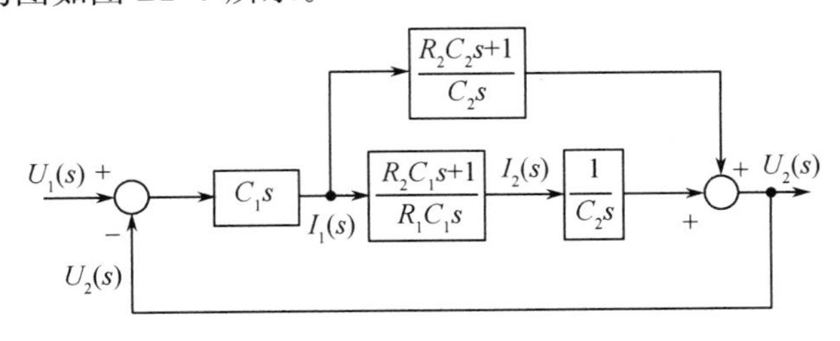


图 B2-9　系统结构图

由结构图简化得系统的传递函数为

$$\frac{U_2(s)}{U_1(s)}=\frac{R_1R_2C_1C_2s^2+(R_1C_1+R_2C_1)s+1}{R_1R_2C_1C_2s^2+(R_1C_1+R_2C_1+R_1C_2)s+1}$$

令 $T_1=R_1C_1$，$T_2=R_2C_1$，$T_3=R_1C_2$ 得传递函数标准式为

$$\frac{U_2(s)}{U_1(s)}=\frac{T_1T_2s^2+(T_1+T_2)s+1}{T_1T_2s^2+(T_1+T_2+T_3)s+1}$$

## C 习题

C2-1　试求如图 C2-1 系统的微分方程和传递函数。

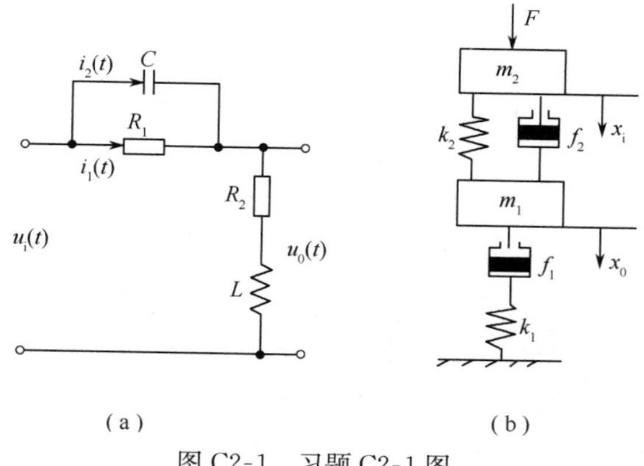


图 C2-1　习题 C2-1 图

C2-2　恒速控制系统如图 C2-2 所示，给定电压 $u_r$ 为输入量，电动机转速 $\omega_a$，减速器输出 $\omega$ 为输出量，试绘制系统的方框图，并求系统的传递函数 $\frac{\Omega(s)}{U_r(s)}$，$\frac{\Omega(s)}{M_L(s)}$（$M_L$ 为负载力矩，$J$ 为电动机的转动惯量，$f$ 为黏性摩擦系数，$k_f$ 测速发动机的反馈系数，$n$ 减速器的减速比）。

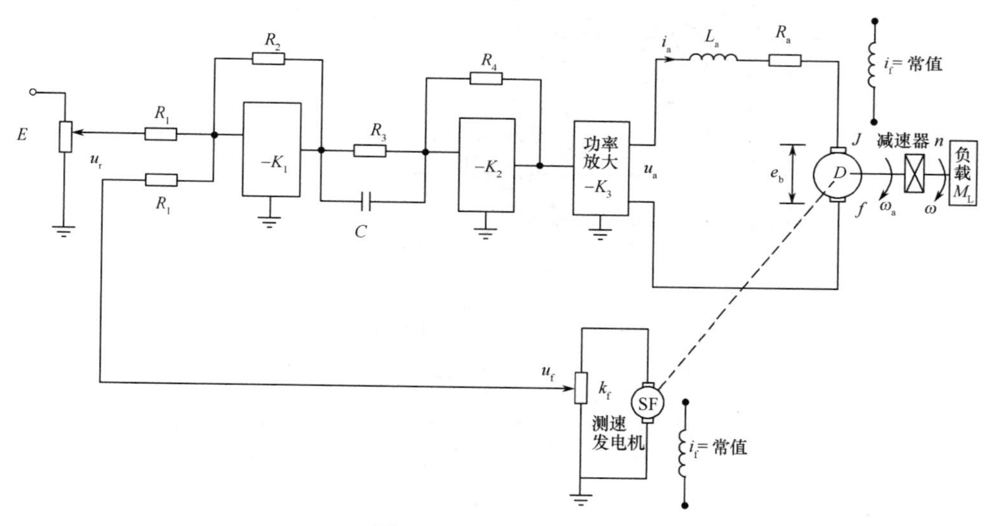


图 C2-2　习题 C2-2 图

C2-3　如图 C2-3 所示电路，二极管是一个非线性元件，其电流 $i_d$ 和电压 $u_d$ 之间的关系为 $i_d=10^{-6}(e^{u_d}/0.026-1)$，假设系统工作在 $u_0=2.39\text{V}$，$i_0=4.19\times10^{-4}\text{A}$ 平衡点，试求在工作点 $(u_0,i_0)$ 附近 $i_d=f(u_d)$ 的线性化方程。

C2-4　试求如图 C2-4 所示网络的传递函数，并讨论负载效应问题。

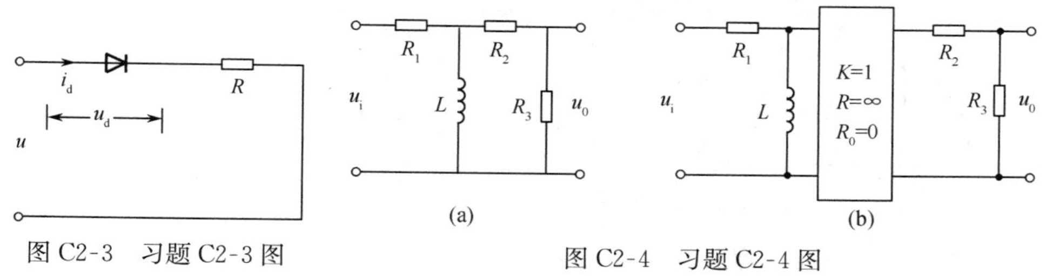


图 C2-3　习题 C2-3 图

图 C2-4　习题 C2-4 图

C2-5　求如图 C2-5 所示运算放大器构成网络的传递函数$\frac{U_0(s)}{U_i(s)}$。

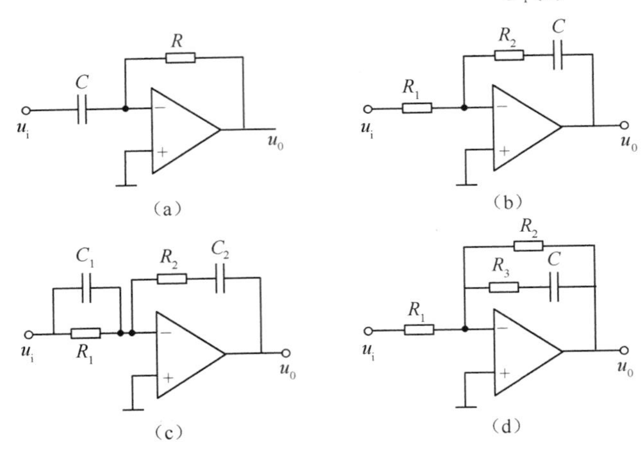


图 C2-5　习题 C2-5 图

C2-6　已知系统方框图如图 C2-6 所示，试根据方框图简化规则，求闭环传递函数$\frac{C(s)}{R(s)}$。

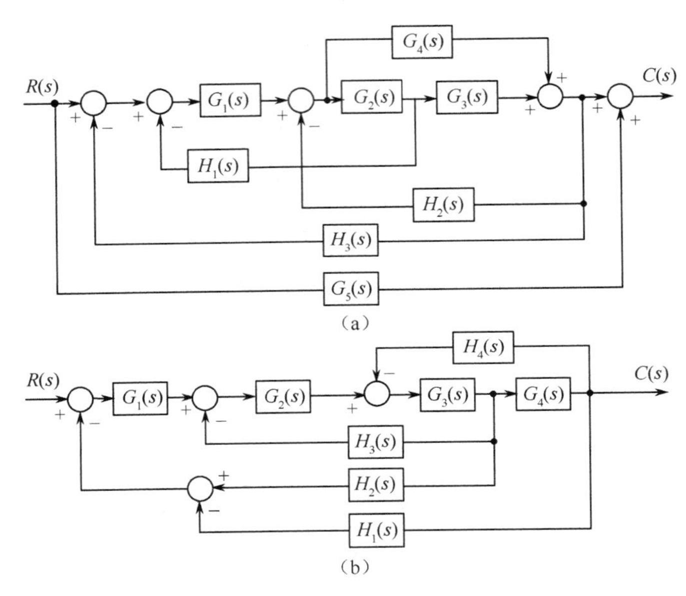


图 C2-6　习题 C2-6 图

C2-7　分别求如图 C2-7 所示系统的传递函数 $\frac{C_1(s)}{R_1(s)}$，$\frac{C_2(s)}{R_1(s)}$，$\frac{C_1(s)}{R_2(s)}$和$\frac{C_2(s)}{R_2(s)}$。

C2-8　绘出如图 C2-8 所示系统的信号流图，并求传递函数 $G(s)=C(s)/R(s)$。

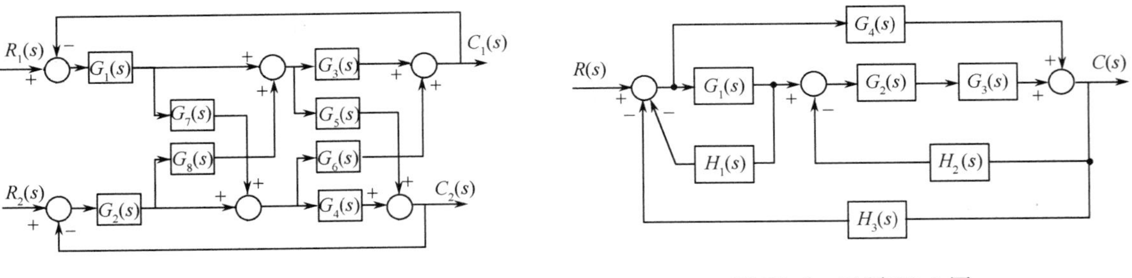


图 C2-7　习题 C2-7 图

图 C2-8　习题 C2-8 图

C2-9　试绘出如图 C2-9 所示系统的信号流图，求系统输出 $C(s)$。

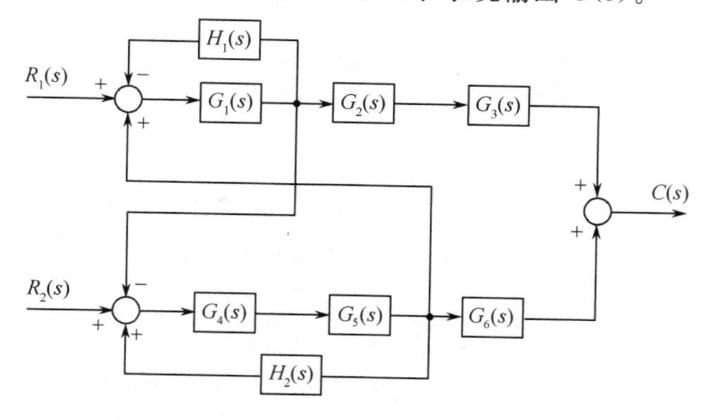


图 C2-9　习题 C2-9 图

C2-10　求如图 C2-10 所示系统的传递函数 $C(s)/R(s)$。

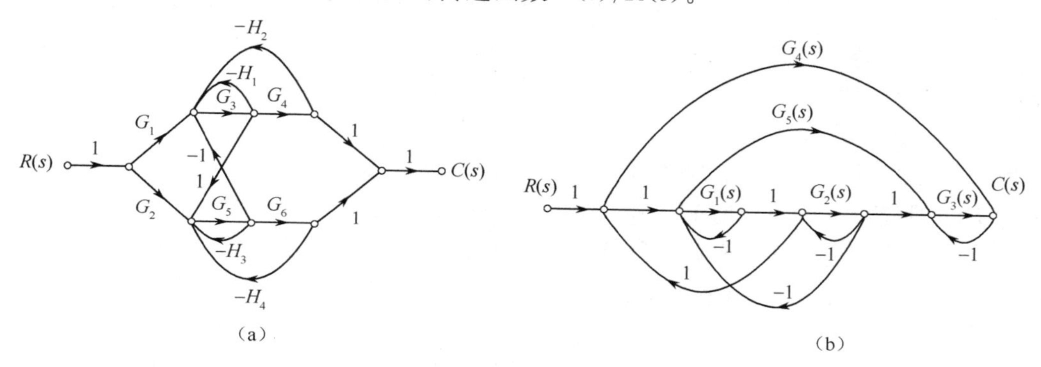


图 C2-10　习题 C2-10 图

C2-11　已知单位负反馈系统的开环传递函数

$$G(s)=\frac{s^3+4s^2+3s+2}{s^2(s+1)[(s+4)^2+4]}$$

(1) 试用 MATLAB 求系统的闭环模型；

(2) 试用 MATLAB 求系统的开环模型和闭环零、极点。

C2-12　如图 C2-11 所示系统。

(1) 试用 MATLAB 化简结构图，并计算系统的闭环传递函数；

(2) 利用 pzmap() 函数绘制闭环传递函数的零、极点图。

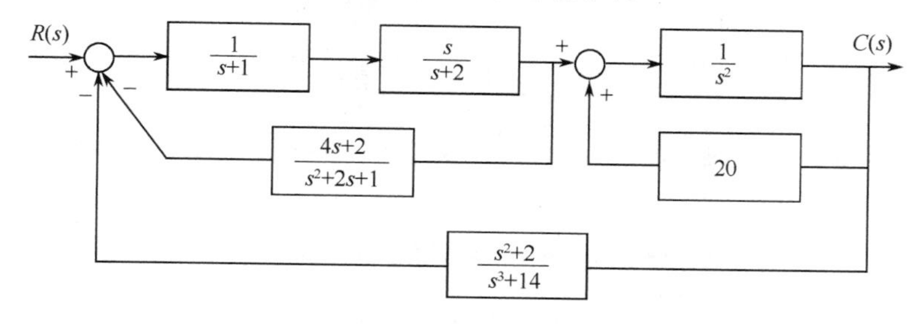


图 C2-11　习题 C2-12 图

# 第3章　控制系统的时域分析

**内容提要：**本章主要介绍线性定常系统的稳定性、稳定判据及稳态误差，阐述一阶、二阶系统的时域响应，并简要介绍高阶系统的瞬态响应。最后介绍如何用 MATLAB 和 Simulink 进行瞬态响应分析。

**知识要点：**系统稳定的充分必要条件，Routh 判据，误差与稳态误差的定义，静态误差系数及系统的型号，线性定常一阶、二阶系统的时域响应及动态性能的计算，高阶系统的主导极点、偶极子及高阶系统的降阶。

**教学建议：**本章的重点是熟练掌握稳定性的定义和稳定判据，熟练计算系统的稳态误差，牢固掌握一阶、二阶系统的数学模型和典型响应特点，熟练计算一阶系统、二阶欠阻尼系统的动态性能，了解附加零极点对动态性能的影响，正确理解主导极点的概念，会估算高阶系统动态特性。**建议学时数为 6～8 学时。**

工程中的控制系统总是在时域中运行的。当系统输入某些典型信号时，利用拉普拉斯变换中的终值定理就可以了解当时间 $t\to\infty$ 时系统的输出情况；但更重要的是，需要了解加入输入信号后其输出随时间变化的情况，我们希望系统响应是稳、准、快。另外，我们也希望从动力学的观点来分析研究各类系统随时间变化的运动规律。以上就是控制系统时域分析所要解决的问题。

时域分析法是根据系统的微分方程（或传递函数），以拉普拉斯变换作为数学工具，对给定输入信号求控制系统的时间响应。然后，通过响应来评价系统的性能。在控制理论发展初期，时域分析只限于阶次较低的简单系统。随着计算机技术的不断发展，目前很多复杂系统都可以在时域直接分析，使时域分析法在现代控制理论中得到了广泛应用。

## 3.1　线性定常系统的时域响应

对单输入单输出 $n$ 阶线性定常系统，可用一个 $n$ 阶常系数线性微分方程来描述。即

$$a_0\frac{\mathrm{d}^n c(t)}{\mathrm{d}t^n}+a_1\frac{\mathrm{d}^{n-1}c(t)}{\mathrm{d}t^{n-1}}+\cdots+a_{n-1}\frac{\mathrm{d}c(t)}{\mathrm{d}t}+a_n c(t)$$

$$=b_0\frac{\mathrm{d}^m r(t)}{\mathrm{d}t^m}+b_1\frac{\mathrm{d}^{m-1}r(t)}{\mathrm{d}t^{m-1}}+\cdots+b_{m-1}\frac{\mathrm{d}r(t)}{\mathrm{d}t}+b_m r(t) \tag{3-1}$$

式中，$r(t)$为输入信号；$c(t)$为输出信号；$a_0, a_1, \cdots, a_n$；$b_0, b_1, \cdots, b_m$是由系统本身结构和参数决定的系数。

系统在输入信号 $r(t)$作用下，输出 $c(t)$随时间变化的规律，即式(3-1)微分方程的解，就是系统的时域响应。

由线性微分方程理论知，方程式的解由两部分组成，即

$$c(t)=c_1(t)+c_2(t) \tag{3-2}$$

式中，$c_1(t)$对应齐次微分方程的通解；$c_2(t)$对应非齐次微分方程的一个特解。

齐次微分方程的通解 $c_1(t)$由相应的特征方程的特征根决定。特征方程为

$$D(s)=a_0s^n+a_1s^{n-1}+\cdots+a_{n-1}s+a_n=0 \tag{3-3}$$

如果式(3-3)有 $n$ 个不相等的特征根，即 $p_1,p_2,\cdots,p_n$，则齐次微分方程的通解为

$$c_1(t)=k_1\mathrm{e}^{p_1t}+k_2\mathrm{e}^{p_2t}+\cdots+k_n\mathrm{e}^{p_nt} \tag{3-4}$$

式中，$k_1,k_2,\cdots,k_n$为由系统的结构、参数及初始条件决定的系数。

对于重根或共轭复根，其对应的响应为 $k_it\mathrm{e}^{p_it}$或 $k_i\mathrm{e}^{\alpha_it}\cos(\omega_it+\theta)$。

齐次微分方程的通解 $c_1(t)$与系统结构、参数及初始条件有关，而与输入信号无关，是系统响应的过渡过程分量，称为暂态响应或动态响应或自由分量。而非齐次微分方程的特解通常是系统的稳态解，它是在输入信号作用下系统的强迫分量，取决于系统结构、参数及输入信号的形式，称为稳态分量。

从系统时域响应的两部分看，稳态分量(特解)是系统在时间 $t\to\infty$时系统的输出，衡量其好坏是稳态性能指标——稳态误差。系统响应的暂态分量是指从 $t=0$ 开始到进入稳态之前的这一段过程，采用动态性能指标(瞬态响应指标)，如稳定性、快速性、平稳性等来衡量。

## 3.2 控制系统时域响应的性能指标

评价一个系统的优劣，总是用一定的性能指标来衡量的。性能指标可以在时域里提出，也可以在频域里提出。时域内的指标比较直观，通常采用时域响应曲线上的一些特征点来衡量。显然，只有当控制系统稳定时，研究系统的性能指标才有意义。

### 3.2.1 稳态性能指标

稳态响应过程是时间 $t\to\infty$时系统的输出状态。采用稳态误差 $e_{ss}$来衡量，其定义为：在输入信号作用下，当时间 $t\to\infty$时，系统输出响应的期望值与实际值之差。即

$$e_{ss}=\lim_{t\to\infty}[r(t)-c(t)] \tag{3-5}$$

稳态误差 $e_{ss}$反映控制系统复现或跟踪输入信号的能力或抗干扰能力。

### 3.2.2 动态性能指标

动态过程是系统从初始状态到接近稳态的响应过程，即过渡过程。为便于分析和比较，通常动态性能指标是以系统对单位阶跃输入的瞬态响应形式给出的，如图 3-1所示。

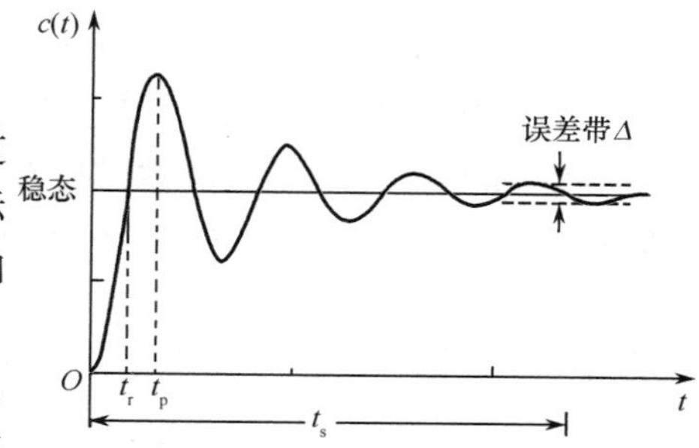

图 3-1 系统瞬态响应指标

(1) 上升时间 $t_r$：从零时刻首次到达稳态值的时间，即阶跃响应曲线从 $t=0$ 开始第一次上升到稳态值所需要的时间。有些系统没有超调，理论上到达稳态值的时间需要无穷大，因此，也将上升时间 $t_r$定义为响应曲线从稳态值的 10%上升到稳态值的 90%所需的时间。

(2) 峰值时间 $t_p$：从零时刻到达峰值的时间，即阶跃响应曲线从 $t=0$ 开始上升到第一个峰值所需要的时间。

(3) 最大超调量 $M_p$：阶跃响应曲线的最大峰值与稳态值的差与稳态值之比的百分数，即

$$M_p=\frac{c(t_p)-c(\infty)}{c(\infty)}\times100\% \tag{3-6}$$

(4) 调整时间 $t_s$：阶跃响应曲线进入允许的误差带 $\Delta$(一般取稳态值附近$\pm5\%$或$\pm2\%$作为

误差带)并不再超出该误差带的最小时间,称为调整时间(或过渡过程时间或调节时间)。

(5) 振荡次数 $N$:在调整时间 $t_s$ 内响应曲线振荡的次数 $N$。

以上各性能指标中,上升时间 $t_r$、峰值时间 $t_p$ 和调整时间 $t_s$ 反映系统的快速性;而最大超调量 $M_p$ 和振荡次数 $N$ 则反映系统的平稳性。

## 3.3 线性定常系统的稳定性

稳定性是控制系统的重要性能,是系统正常工作的首要条件。因此,分析系统的稳定性,研究系统稳定的条件,是控制理论的重要组成部分。控制理论对于判别线性定常系统是否稳定提供了多种方法,其中常用的有:求根法、代数判据(Routh 与 Hurwitz 判据)、Nyquist 稳定判据和李雅普诺夫稳定判据等。这些内容对于分析和设计系统都是十分重要的。

### 3.3.1 稳定性的概念

任何一个系统在受到扰动作用后,会偏离原来的平衡状态,产生初始偏差,而当扰动消除后,经过一段时间,这个系统又能逐渐回到原来的平衡状态,则称系统是稳定的。否则,称这个系统是不稳定的。上述定义表明,系统的稳定性反映在扰动消失后过渡过程的性质上。这样,在扰动消失的时刻,系统与平衡状态的偏差可以看作系统的初始偏差(初始状态)。因此,控制系统的稳定性也可定义为:若控制系统在足够小的初始偏差的作用下,其过渡过程随时间的推移逐渐衰减并趋于零,即具有恢复原平衡状态的能力,则称这个系统稳定。否则,称这个系统不稳定。

需要强调指出的是:

(1) 稳定性是控制系统自身的固有特性,它取决于系统本身的结构和参数,而与输入信号无关;对于纯线性系统来说,系统的稳定性与初始偏差也无关,如果系统是稳定的,就叫做大范围稳定的系统。但这种纯线性系统在实际中并不存在,人们所研究的系统大多是经过"小偏差"线性化处理后得到的线性系统,因此用线性化方程来研究系统的稳定性时,就只限于讨论初始偏差不超过某一范围时的稳定性,称为"小偏差"稳定性。由于实际系统在发生等幅振荡时的幅值一般并不很大,因此,这种"小偏差"稳定性仍有一定的实际意义。以下讨论的问题都是线性定常系统的稳定性问题,这种稳定性当然是指大范围的稳定性,但当考虑其所对应的实际系统时,则要求初始偏差所引起的系统中诸信号的变化均不超出其线性化范围。

(2) 控制理论中所讨论的稳定性都是指自由响应(零输入响应)下的稳定性,即讨论系统输入为零,初始偏差不为零时的稳定性,也就是讨论自由响应是收敛的还是发散的。

### 3.3.2 线性定常系统稳定的充分必要条件

设线性系统具有一个平衡点。对该平衡点而言,当输入信号为零时,系统的输出信号也为零。当扰动信号作用于系统时,系统的输出就产生了偏差。如果扰动信号消失的时刻为 $t=0^-$,则此系统的输出 $c(0^-)$ 及其各阶导数 $c^{(i)}(0^-)$ $(i=1,2,\cdots,n)$ 便是系统输出 $c(t)$ 的初始偏差(或初始状态),而输出 $c(t)$ 本身就是控制系统在初始偏差影响下的过渡过程。若系统稳定,则输出 $c(t)$ 就能以足够精确的程度恢复到原平衡工作点,即随着时间的推移,$c(t)$ 趋近于零;若系统不稳定,则输出 $c(t)$ 就不可能回到原平衡点。

通过以上的分析,可以求得线性定常系统稳定的充分必要条件。

设 $n$ 阶线性定常系统的微分方程为

$$a_0 \frac{\mathrm{d}^n c(t)}{\mathrm{d}t^n}+a_1 \frac{\mathrm{d}^{n-1} c(t)}{\mathrm{d}t^{n-1}}+\cdots+a_{n-1}\frac{\mathrm{d}c(t)}{\mathrm{d}t}+a_n c(t)$$

$$=b_0 \frac{\mathrm{d}^m r(t)}{\mathrm{d}t^m}+b_1 \frac{\mathrm{d}^{m-1} r(t)}{\mathrm{d}t^{m-1}}+\cdots+b_{m-1}\frac{\mathrm{d}r(t)}{\mathrm{d}t}+b_m r(t) \quad (m\leqslant n) \tag{3-7}$$

对式(3-7)进行拉普拉斯变换，得

$$C(s)=\frac{M(s)}{D(s)}R(s)+\frac{N(s)}{D(s)} \tag{3-8}$$

式中，$D(s)=a_0 s^n+a_1 s^{n-1}+\cdots+a_{n-1}s+a_n$；$M(s)=b_0 s^m+b_1 s^{m-1}+\cdots+b_{m-1}s+b_m$；$N(s)$为与初始状态条件 $c^{(i)}(0^-)$（其中 $i=0,1,2,\cdots,n-1$）有关的多项式。

为了研究系统在输入作用前的初始状态下的时间响应，可在式(3-8)中取 $R(s)=0$，得到在初始状态影响下系统的时间响应（即零输入响应）为

$$C(s)=\frac{N(s)}{D(s)}$$

若 $p_i$为系统特征方程 $D(s)=0$ 的根（即系统传递函数的极点，$i=1,2,\cdots,n$），$p_i$可以为单极点、重极点、实极点或复极点。则系统输出的拉普拉斯变换为

$$C(s)=\frac{N(s)}{D(s)}=\frac{N(s)}{\prod_{i=1}^{q}(s-p_i)\prod_{k=1}^{r}(s^2+2\zeta_k\omega_k s+\omega_k^2)}$$

$$=\sum_{i=1}^{q}\frac{A_i}{s-p_i}+\sum_{k=1}^{r}\frac{B_k s+C_k}{s^2+2\zeta_k\omega_k s+\omega_k^2}$$

式中，$q+2r=n$，$A_i$，$B_k$，$C_k$ 为待定系数。

对上式进行拉普拉斯反变换，得系统的零输入响应为

$$c(t)=\sum_{i=1}^{q}A_i \mathrm{e}^{p_i t}+\sum_{k=1}^{r}B_k \mathrm{e}^{-\zeta_k\omega_k t}\cos(\omega_k\sqrt{1-\zeta_k^2}\,t)+\sum_{k=1}^{r}\frac{C_k-B_k\zeta_k\omega_k}{\omega_k\sqrt{1-\zeta_k^2}}\mathrm{e}^{-\zeta_k\omega_k t}\sin(\omega_k\sqrt{1-\zeta_k^2}\,t) \tag{3-9}$$

由上式表明，若系统所有特征根 $p_i$的实部均为负值，即

$$\mathrm{Re}[p_i]<0$$

则零输入响应（暂态响应）最终将衰减到零，即

$$\lim_{t\to\infty}c(t)=0$$

此时系统就是稳定的。反之，若特征根中有一个或多个根具有正实部时，则暂态响应将随时间的推移而发散，即

$$\lim_{t\to\infty}c(t)=\infty$$

这样的系统就是不稳定的。

若特征根中有一个或一个以上零实部根，而其余特征根具有负实部，则暂态响应趋于常数或趋于等幅振荡，系统为临界稳定。

上述结论对于任何初始状态（只要不超出系统的线性工作范围）都是成立的，而且当系统的特征根具有相同值时，也是成立的。可以看出，式(3-7)右端各项参数不影响系统的稳定性，因为它只反映了系统与外界作用的关系，而不影响系统本身固有的特性——稳定性。

综上所述，**系统稳定的充分必要条件是系统特征根的实部均小于零，或系统的特征根均在根平面的左半平面**。

根据稳定的充分必要条件判别系统的稳定性，需要求出系统的全部特征根，但当系统阶数较

高时，求解特征方程将会遇到较大困难，计算工作将相当难。于是人们希望寻求一种不必直接求解出特征根，而间接判断系统稳定与否的方法，这样就产生了一系列稳定性判据，其中最主要的一个判据就是1884年由E. J. Routh提出的判据，称之为劳斯判据。1895年，A. Hurwitz又提出了根据特征方程系数来判别系统稳定性的另一方法，称为赫尔维茨判据。

### 3.3.3 劳斯判据(Routh判据)

劳斯判据是一种代数判据，它不但能提供线性定常系统稳定性的信息，而且还能指出在$s$平面虚轴上和右半平面特征根的个数。

劳斯判据是基于系统特征方程式的根与系数的关系而建立的。设$n$阶系统的特征方程为

$$\begin{aligned} D(s) &= a_0 s^n + a_1 s^{n-1} + \cdots + a_{n-1} s + a_n \\ &= a_0(s-p_1)(s-p_2)\cdots(s-p_n) = 0 \end{aligned} \tag{3-10}$$

式中，$p_1, p_2, \cdots, p_n$为系统的特征根。

由根与系数的关系可求得

$$\left.\begin{aligned} &\frac{a_1}{a_0} = -(p_1 + p_2 + \cdots + p_n) \\ &\frac{a_2}{a_0} = (p_1 p_2 + p_1 p_3 + \cdots + p_{n-1} p_n) \\ &\frac{a_3}{a_0} = -(p_1 p_2 p_3 + p_1 p_2 p_4 + \cdots + p_{n-2} p_{n-1} p_n) \\ &\vdots \\ &\frac{a_n}{a_0} = (-1)^n (p_1 p_2 \cdots p_n) \end{aligned}\right\} \tag{3-11}$$

从式(3-11)可知，欲使全部特征根$p_1, p_2, \cdots, p_n$均具有负实部(即系统稳定)，首先必须满足以下两个条件。

(1) 特征方程的各项系数$a_0, a_1, \cdots, a_n$均不为零。因为若有一个系数为零，则必然出现实部为零或实部有正有负的特征根才能满足式(3-11)，此时系统对应为临界稳定(根在虚轴上)或不稳定(根的实部为正)。

(2) 特征方程的各项系数的符号都相同，才能满足式(3-11)。

换言之，系统稳定的必要条件是特征方程的所有系数$a_0, a_1, \cdots, a_n$均大于零，或同号且不缺项。

上述两个条件可归结为系统稳定的必要条件，所有系数均大于零，即$a_i > 0$。

将式(3-10)的系数排成下面的行和列，即为劳斯阵列(劳斯表)

$$\begin{array}{llllll} s^n & a_0 & a_2 & a_4 & a_6 & \cdots \\ s^{n-1} & a_1 & a_3 & a_5 & a_7 & \cdots \\ s^{n-2} & b_1 & b_2 & b_3 & b_4 & \cdots \\ s^{n-3} & c_1 & c_2 & c_3 & c_4 & \cdots \\ & \cdots & \cdots & \cdots & & \\ s^2 & f_1 & f_2 & & & \\ s^1 & g_1 & & & & \\ s^0 & h_1 & & & & \end{array}$$

表中各元素根据下列公式计算

$$b_1=\frac{\begin{vmatrix}a_0 & a_2\\ a_1 & a_3\end{vmatrix}}{-a_1},\quad b_2=\frac{\begin{vmatrix}a_0 & a_4\\ a_1 & a_5\end{vmatrix}}{-a_1},\quad b_3=\frac{\begin{vmatrix}a_0 & a_6\\ a_1 & a_7\end{vmatrix}}{-a_1},\cdots$$

$$c_1=\frac{\begin{vmatrix}a_1 & a_3\\ b_1 & b_2\end{vmatrix}}{-b_1},\quad c_2=\frac{\begin{vmatrix}a_1 & a_5\\ b_1 & b_3\end{vmatrix}}{-b_1},\quad c_3=\frac{\begin{vmatrix}a_1 & a_7\\ b_1 & b_4\end{vmatrix}}{-b_1},\cdots$$

系数 $b$ 的计算，一直进行到其余的 $b$ 值都等于零时为止，用同样的方法计算 $c,d,\cdots,f,g,h$ 等各行的系数。这种过程一直进行到第 $n+1$ 行被算完为止。需要指出，在展开的阵列中，为了简化其后的数值计算，可用一个正数去除或乘某一整行，不会改变稳定性结论。

**线性系统稳定的充分且必要条件是劳斯表中第一列所有元素均大于零。若劳斯表中第一列元素有正有负，则系统不稳定，且特征方程式(3-10)中实部为正的特征根个数等于劳斯表中第一列的元素符号改变的次数。**

**【例 3-1】** 已知三阶系统特征方程为

$$a_0s^3+a_1s^2+a_2s+a_3=0$$

列劳斯表为

$$\begin{array}{llll}
s^3 & a_0 & a_2 & 0\\
s^2 & a_1 & a_3 & 0\\
s^1 & \dfrac{a_1a_2-a_0a_3}{a_1} & 0 & \\
s^0 & a_3 & 0 &
\end{array}$$

故得出三阶系统稳定的充分必要条件为各系数大于零，且 $a_1a_2>a_0a_3$。

**【例 3-2】** 已知系统特征方程

$$s^4+6s^3+12s^2+11s+6=0$$

方程无缺项，且系数大于零，满足系统稳定的必要条件。

列劳斯表为

$$\begin{array}{llll}
s^4 & 1 & 12 & 6\\
s^3 & 6 & 11 & \\
s^2 & \dfrac{\begin{vmatrix}1 & 12\\ 6 & 11\end{vmatrix}}{-6}=\dfrac{61}{6} & 6 & \\
s^1 & \dfrac{455}{61} & & \\
s^0 & 6 & &
\end{array}$$

劳斯表中第一列元素大于零，系统是稳定的，即所有特征根均在 $s$ 平面的左半平面。

**【例 3-3】** 系统特征方程为

$$s^5+3s^4+2s^3+s^2+5s+6=0$$

各项系数均大于零。

列劳斯表为

$$
\begin{array}{llll}
s^5 & 1 & 2 & 5 \\
s^4 & 3 & 1 & 6 \\
s^3 & \frac{5}{3} & 3 & \\
s^2 & -\frac{22}{5} & 6 & \text{（改变符号一次）} \\
s^2 & -11 & 15 & \left(\text{该行乘}\frac{5}{2}\right) \\
s^1 & \frac{58}{11} & & \text{（改变符号一次）} \\
s^0 & 15 & &
\end{array}
$$

劳斯表中第一列各元素符号不完全一致，系统不稳定。第一列元素符号改变两次，因此系统有两个右半平面的根。

**【例 3-4】** 系统特征方程

$$s^3-4s^2+6=0$$

它有一个系数为负的，由劳斯判据知系统不稳定。但究竟有几个右半平面的根，仍需列劳斯表为

$$
\begin{array}{lll}
s^3 & 1 & 0 \\
s^2 & -4 & 6 \\
s^1 & 1.5 & \\
s^0 & 6 &
\end{array}
$$

劳斯表中第一列元素符号改变两次，系统有两个右半平面的根。

有两种特殊情况需要说明。

(1) 劳斯表中某一行的第一个元素为零，而该行其他元素并不为零，则在计算下一行的元素时，该元素必将趋于无穷大，以致劳斯表的计算无法进行。为了克服这一困难，可用一个无穷小正数 $\varepsilon$ 来代替第一列的零元素，使劳斯表可继续下去。当 $\varepsilon\to0$ 时，若 $\varepsilon$ 上面的元素和 $\varepsilon$ 下面的元素符号相反，则表示第一列元素的符号改变了一次。

**【例 3-5】** 系统的特征方程为

$$s^4+3s^3+s^2+3s+1=0$$

所有系数均大于零，列劳斯表为

$$
\begin{array}{llll}
s^4 & 1 & 1 & 1 \\
s^3 & 3 & 3 & \\
s^2 & 0\approx\varepsilon & 1 & \\
s^1 & 3-\frac{3}{\varepsilon} & & \\
s^0 & 1 & &
\end{array}
$$

考察劳斯表中第一列的元素，$\varepsilon\to0$ 时，$3-\dfrac{3}{\varepsilon}$ 为一负数，因此，劳斯表中第一列元素的符号改变了两次，系统是不稳定的，且有两个右半平面的根。

(2) 劳斯表中某一行的元素全为零，则表示在 $s$ 平面内存在一些大小相等、符号相反的实根或共轭虚根，系统是不稳定的。

为了将劳斯表继续列下去，则可用该零行的上一行的各元素构成辅助多项式 $P(s)$，并利用这个多项式的导数的各项系数来代替全零一行的各元素，使劳斯表可继续下去。

大小相等、符号相反的实根或共轭虚根可以由辅助方程 $P(s)=0$ 求出。

【例 3-6】 系统特征方程

$$s^3+10s^2+16s+160=0$$

列劳斯表为

$$\begin{array}{llll}
s^3 & 1 & 16 & \\
s^2 & 10 & 160 & \text{辅助多项式 } P(s)=10s^2+160 \\
s^1 & 0 & 0 & \qquad\qquad P'(s)=20s+0 \\
s^1 & 20 & 0 & \\
s^0 & 160 & &
\end{array}$$

劳斯表中第一列元素符号没有改变，系统没有右半平面的根，但由 $P(s)=0$ 求得

$$10s^2+160=0$$

$$s_{1,2}=\pm \mathrm{j}4$$

即系统有一对共轭虚根，系统处于临界稳定，从工程角度来看，临界稳定属于不稳定系统。

【例 3-7】 系统的特征方程为

$$s^5+2s^4+3s^3+6s^2-4s-8=0$$

列劳斯表为

$$\begin{array}{lllll}
s^5 & 1 & 3 & -4 & \\
s^4 & 2 & 6 & -8 & P(s)=2s^4+6s^2-8 \\
s^3 & 0 & 0 & 0 & P'(s)=8s^3+12s \\
s^3 & 8 & 12 & 0 & \\
s^2 & 3 & -8 & & \\
s^1 & 33.3 & & & \\
s^0 & -8 & & &
\end{array}$$

劳斯表中第一列元素符号改变一次，系统不稳定，且有一个右半平面的根，由 $P(s)=0$ 得

$$2s^4+6s^2-8=0$$

$$s_{1,2}=\pm 1,\ s_{3,4}=\pm \mathrm{j}2$$

### 3.3.4 赫尔维茨判据(Hurwitz 判据)

该判据也是根据特征方程的系数来判别系统的稳定性。设系统的特征方程式为

$$a_0 s^n+a_1 s^{n-1}+a_2 s^{n-2}+\cdots+a_{n-1}s+a_n=0 \tag{3-12}$$

以特征方程式的各项系数组成如下赫尔维茨行列式

$$\Delta=\begin{vmatrix}
a_1 & a_0 & 0 & 0 & 0 & 0 & \cdots \\
a_3 & a_2 & a_1 & a_0 & 0 & 0 & \cdots \\
a_5 & a_4 & a_3 & a_2 & a_1 & a_0 & \cdots \\
a_7 & a_6 & a_5 & a_4 & a_3 & a_2 & \cdots \\
 & & & & & \ddots & \\
\vdots & \vdots & \vdots & \vdots & \vdots & & a_n
\end{vmatrix}$$

赫尔维茨判据指出，系统稳定的充分必要条件是在 $a_0>0$ 的情况下，上述行列式的各阶主子式 $\Delta_i$ 均大于零，即

$$\Delta_1=a_1>0$$

$$\Delta_2=\begin{vmatrix} a_1 & a_0 \\ a_3 & a_2 \end{vmatrix}=a_1a_2-a_0a_3>0$$

$$\Delta_3=\begin{vmatrix} a_1 & a_0 & 0 \\ a_3 & a_2 & a_1 \\ a_5 & a_4 & a_3 \end{vmatrix}>0$$

$$\vdots$$

$$\Delta_n=\Delta>0$$

**【例 3-8】** 系统的特征方程为

$$a_0 s^3+a_1 s^2+a_2 s+a_3=0 \quad (a_0>0)$$

列出赫尔维茨行列式 $\Delta$ 为

$$\Delta=\begin{vmatrix} a_1 & a_0 & 0 \\ a_3 & a_2 & a_1 \\ 0 & 0 & a_3 \end{vmatrix}$$

由赫尔维茨判据，该系统稳定的充分必要条件是

$$\Delta_1=a_1>0$$

$$\Delta_2=\begin{vmatrix} a_1 & a_0 \\ a_3 & a_2 \end{vmatrix}=a_1 a_2-a_0 a_3>0$$

$$\Delta_3=\Delta=a_3\Delta_2>0$$

或写成系统稳定的充分必要条件为

$$a_0>0 \quad a_1>0 \quad a_2>0 \quad a_3>0$$

$$a_1 a_2-a_0 a_3>0$$

**【例 3-9】** 二阶系统的特征方程为

$$a_0 s^2+a_1 s+a_2=0$$

列出赫尔维茨行列式 $\Delta$ 为

$$\Delta=\begin{vmatrix} a_1 & a_0 \\ 0 & a_2 \end{vmatrix}$$

由 Hurwitz 判据，系统稳定的充分必要条件为

$$a_0>0 \qquad a_1>0 \qquad a_1 a_2>0$$

即二阶系统稳定的充分必要条件是特征方程式的所有系数均大于零。

### 3.3.5 系统参数对稳定性的影响

应用代数判据不仅可以判断系统的稳定性，还可以用来分析系统参数对系统稳定性的影响。

**【例 3-10】** 系统结构图如图 3-2 所示，试确定系统稳定时 $K$ 的取值范围。

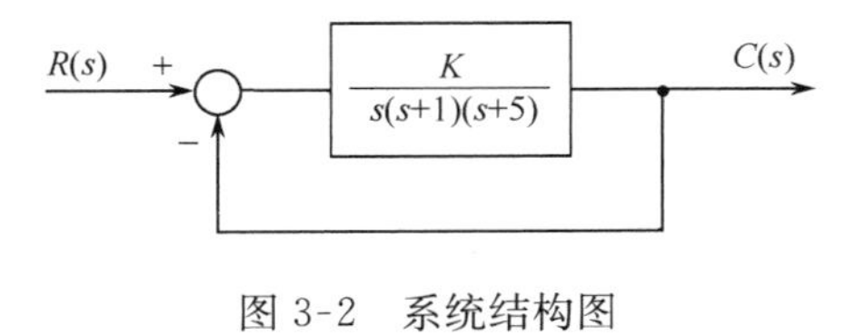


图 3-2 系统结构图

**【解】** 系统的闭环传递函数

$$\frac{C(s)}{R(s)}=\frac{K}{s^3+6s^2+5s+K}$$

其特征方程式为

$$D(s)=s^3+6s^2+5s+K=0$$

列劳斯表为

$$
\begin{array}{lcc}
s^3 & 1 & 5 \\
s^2 & 6 & K \\
s^1 & \dfrac{30-K}{6} & 0 \\
s^0 & K &
\end{array}
$$

按劳斯判据，要使系统稳定，应有 $K>0$，且 $30-K>0$，故系统稳定 $K$ 的取值范围为 $0<K<30$。

**【例 3-11】** 系统结构图如图 3-3 所示，试分析参数 $K_1$，$K_2$，$K_3$ 和 $T$ 对系统稳定性的影响。

**【解】** 系统的闭环传递函数

$$\frac{C(s)}{R(s)}=\frac{K_1K_2K_3}{Ts^3+s^2+K_1K_2K_3}$$

特征方程为

$$D(s)=Ts^3+s^2+K_1K_2K_3=0$$

由于特征方程缺项，由劳斯判据知，不论 $K_1$，$K_2$，$K_3$ 和 $T$ 取何值系统总是不稳定的，称为结构不稳定系统。欲使系统稳定，必须改变系统的结构。如在原系统的前向通道中引入一比例微分环节，如图 3-4 所示。变结构后系统的闭环传递函数为

$$\frac{C(s)}{R(s)}=\frac{K_1K_2K_3(\tau s+1)}{s^2(Ts+1)+K_1K_2K_3(\tau s+1)}$$

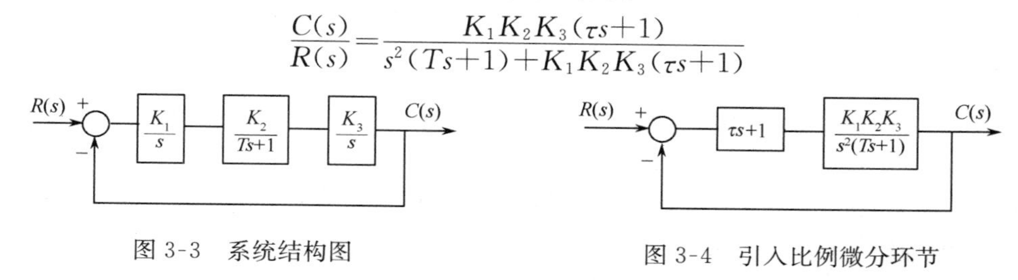


图 3-3 系统结构图

图 3-4 引入比例微分环节

特征方程为

$$D(s_1)=Ts^3+s^2+K_1K_2K_3\tau s+K_1K_2K_3=0$$

列劳斯表为

$$
\begin{array}{lcc}
s^3 & T & K_1K_2K_3\tau \\
s^2 & 1 & K_1K_2K_3 \\
s^1 & K_1K_2K_3\tau-K_1K_2K_3T & \\
s^0 & K_1K_2K_3 &
\end{array}
$$

系统稳定的充分必要条件为

$$T>0,\tau>0,K_1K_2K_3>0 \text{ 及 } \tau>T$$

即对于结构不稳定系统，改变系统结构后，只要适当选配参数就可使系统稳定。

### 3.3.6 相对稳定性和稳定裕量

劳斯判据或赫尔维茨判据可以判定系统稳定与不稳定，即判定系统的绝对稳定性。如果一个系统负实部的特征根非常靠近虚轴，尽管系统满足稳定条件，但动态过程将具有过大的超调量或过于缓慢的响应，甚至会由于系统内部参数变化，使特征根转移到 $s$ 平面的右半平面，导致系统不稳定。为此，需研究系统的相对稳定性，即系统的特征根在 $s$ 平面的左半平面且与虚轴有一定的距离，称之为稳定裕量。

为了能应用上述的代数判据，通常将 $s$ 平面的虚轴左移一个距离 $\delta$，得新的复平面 $s_1$，即令 $s_1=s+\delta$ 或 $s=s_1-\delta$，得到以 $s_1$ 为变量的新特征方程式 $D(s_1)=0$，再利用代数判据判别新特征方

程式的稳定性，若新特征方程式的所有根均在 $s_1$ 平面的左半平面，则说明原系统不但稳定，而且所有特征根均位于 $s=-\delta$ 直线的左侧，$\delta$ 称为系统的稳定裕量。

**【例 3-12】** 检验特征方程式

$$2s^3+10s^2+13s+4=0$$

是否有根在 $s$ 右半平面，以及有几个根在 $s=-1$ 直线的右边。

**【解】** 列劳斯表为

$$\begin{array}{lll} s^3 & 2 & 13 \\ s^2 & 10 & 4 \\ s^1 & 12.2 & \\ s^0 & 4 & \end{array}$$

由劳斯判据知系统稳定，所有特征根均在 $s$ 的左半平面。令 $s=s_1-1$ 代入 $D(s)$，得 $s_1$ 的特征方程式为

$$D(s_1)=2s_1^3+4s_1^2-s_1-1=0$$

列劳斯表为

$$\begin{array}{lll} s_1^3 & 2 & -1 \\ s_1^2 & 4 & -1 \\ s_1^1 & -\dfrac{1}{2} & \\ s_1^0 & -1 & \end{array}$$

劳斯表中第一列元素符号改变一次，表示系统有一个根在 $s_1$ 右半平面，也就是有一个根在 $s=-1$ 直线的右边（虚轴的左边），系统的稳定裕量不到 1。

# 3.4 系统的稳态误差

## 3.4.1 误差及稳态误差的定义

控制系统的稳态误差，是系统控制精度的一种度量，称为稳态性能指标。一个控制系统，只有在满足要求的控制精度前提下，才有实际工程意义。

系统的误差 $e(t)$ 一般定义为被控量的希望值与实际值之差。即

误差 $e(t)$ = 被控量的希望值 − 被控量的实际值

对于如图 3-5 所示的反馈控制系统，常用的误差定义有两种。

**1. 输入端定义**

把系统的输入信号 $r(t)$ 作为被控量的希望值，而把主反馈信号 $b(t)$（通常是被控量的测量值）作为被控量的实际值，定义误差为

$$e(t)=r(t)-b(t) \tag{3-13}$$

这种定义下的误差在实际系统中是可以测量的，且具有一定的物理含义。通常该误差信号也称为控制系统的偏差信号。

**2. 输出端定义**

设被控量的希望值为 $c_r(t)$（与给定信号 $r(t)$ 具有一定关系），被控量的实际值为 $c(t)$，定义误差

$$e'(t)=c_r(t)-c(t) \tag{3-14}$$

这种定义在性能指标中经常使用，但实际中有时无法测量，因而一般只有数学意义。

当图 3-5 中反馈为单位反馈时，即 $H(s)=1$ 时，上述两种定义可统一为

$$e(t)=e'(t)=r(t)-b(t) \tag{3-15}$$

对于非单位反馈系统，可等效变换为如图 3-6 所示的单位反馈控制系统。其中，$r'(t)$表示等效单位反馈系统的输入信号，也就是输出量的希望值 $c_r(t)$，从输出端定义的误差为

$$e'(t)=r'(t)-b(t) \tag{3-16}$$

而从输入端定义的误差为

$$e(t)=r(t)-b(t)$$

误差的拉普拉斯表达式为

$$E(s)=R(s)-B(s)=R(s)-H(s)C(s) \tag{3-17}$$

则

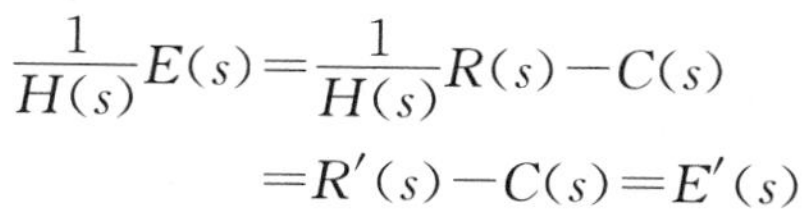

$$\begin{aligned}\frac{1}{H(s)}E(s)&=\frac{1}{H(s)}R(s)-C(s)\\&=R'(s)-C(s)=E'(s)\end{aligned}$$

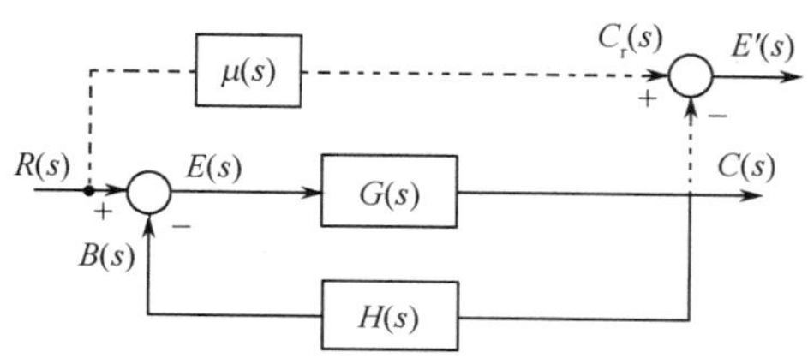

图 3-5　反馈控制系统

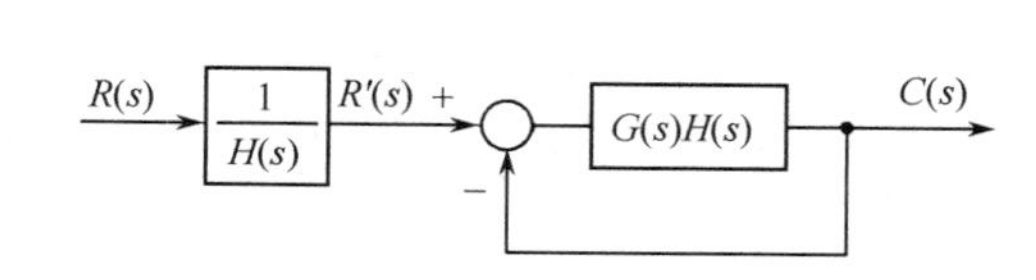


图 3-6　等效单位反馈控制系统

由此可见，对于非单位反馈控制系统，输入端定义的误差 $e(t)$可以直接（$H(s)=1$）或间接地表示输出端定义的误差 $e'(t)$。本书无特殊说明，均采用误差的输入端定义式。

误差响应 $e(t)$与系统输出响应 $c(t)$一样，也包含暂态分量和稳态分量两部分，对于一个稳定系统，暂态分量随着时间的推移逐渐消失，而我们主要关心的是控制系统平稳以后的误差，即系统误差响应的稳态分量——稳态误差，记为 $e_{ss}$。

**定义**　系统的稳态误差为稳定系统误差响应 $e(t)$的终值。当时间 $t$ 趋于无穷时，$e(t)$的极限存在，则稳态误差为

$$e_{ss}=\lim_{t\to\infty}e(t) \tag{3-18}$$

### 3.4.2　稳态误差分析

根据误差和稳态误差的定义，系统误差 $e(t)$的像函数

$$E(s)=R(s)-B(s)=R(s)-G(s)H(s)E(s)$$

$$E(s)=\frac{1}{1+G(s)H(s)}R(s) \tag{3-19}$$

定义

$$\Phi_{er}(s)=\frac{E(s)}{R(s)}=\frac{1}{1+G(s)H(s)} \tag{3-20}$$

为系统对输入信号的误差传递函数。

由拉普拉斯变换的终值定理，系统的稳态误差为

$$e_{ss}=\lim_{t\to\infty}e(t)=\lim_{s\to0}sE(s) \tag{3-21}$$

代入 $E(s)$表达式得

$$e_{ss}=\lim_{s\to 0}s\frac{1}{1+G(s)H(s)}R(s) \tag{3-22}$$

从式(3-22)得出两点结论：

(1) 稳态误差与系统输入信号 $r(t)$的形式有关；

(2) 稳态误差与系统的结构及参数有关。

### 3.4.3 稳态误差的计算

对于线性系统，响应具有叠加性，不同输入信号作用于系统产生的误差等于每一个输入信号单独作用时产生的误差的叠加。对于如图 3-7 所示的系统，给定信号 $r(t)$和扰动信号 $n(t)$同时作用于系统。

(1) 给定信号 $r(t)$单独作用下，误差 $e_r(t)=r(t)-b(t)$，则

$$E_r(s)=R(s)-B(s)=R(s)-G_1(s)G_2(s)H(s)E_r(s)$$

$$E_r(s)=\frac{1}{1+G_1(s)G_2(s)H(s)}R(s) \tag{3-23}$$

稳态误差 $e_{ssr}$为

$$e_{ssr}=\lim_{s\to 0}sE_r(s)=\lim_{s\to 0}s\frac{1}{1+G_1(s)G_2(s)H(s)}R(s) \tag{3-24}$$

(2) 扰动信号单独作用下，误差 $e_n(t)=-b(t)$，则

$$\begin{aligned}E_n(s)&=-B(s)=-H(s)C(s)\\&=-H(s)\frac{G_2(s)}{1+G_1(s)G_2(s)H(s)}N(s)\\&=-\frac{G_2(s)H(s)}{1+G_1(s)G_2(s)H(s)}N(s)\end{aligned} \tag{3-25}$$

稳态误差

$$e_{ssn}(s)=\lim_{s\to 0}sE_n(s)=\lim_{s\to 0}s\frac{-G_2(s)H(s)}{1+G_1(s)G_2(s)H(s)}N(s) \tag{3-26}$$

定义

$$\Phi_{en}(s)=\frac{E_n(s)}{N(s)}=-\frac{G_2(s)H(s)}{1+G_1(s)G_2(s)H(s)}$$

为系统对扰动信号的误差传递函数。

控制系统在给定信号 $r(t)$和扰动信号 $n(t)$同时作用下的稳态误差 $e_{ss}$为

$$\begin{aligned}e_{ss}&=e_{ssr}+e_{ssn}=\lim_{s\to 0}sE_r(s)+\lim_{s\to 0}sE_n(s)\\&=\lim_{s\to 0}s[\Phi_{er}R(s)+\Phi_{en}(s)N(s)]\end{aligned} \tag{3-27}$$

**【例 3-13】** 系统结构图如图 3-8 所示，当输入 $r(t)=4t$ 时，求系统的稳态误差 $e_{ss}$。

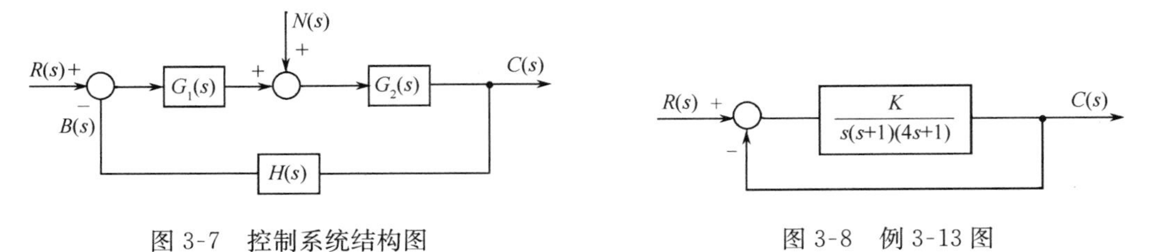


图 3-7 控制系统结构图　　图 3-8 例 3-13 图

**【解】** 系统只有在稳定的条件下计算稳态误差才有意义，所以应先判别系统的稳定性。

系统的特征方程为

$$D(s)=4s^3+5s^2+s+K=0$$

列劳斯表为

$$\begin{array}{ccc} s^3 & 4 & 1 \\ s^2 & 5 & K \\ s^1 & \dfrac{5-4K}{5} & 0 \\ s^0 & K & \end{array}$$

由劳斯判据知，系统稳定条件为 $0<K<\dfrac{5}{4}$。

系统的误差函数为

$$E(s)=\frac{1}{1+G(s)H(s)}R(s)=\frac{s(s+1)(4s+1)}{4s^3+5s^2+s+K}\cdot\frac{4}{s^2}$$

由终值定理求得稳态误差

$$e_{ss}=\lim_{s\to 0}sE(s)=\lim_{s\to 0}s\,\frac{s(s+1)(4s+1)}{4s^3+5s^2+s+K}\cdot\frac{4}{s^2}=\frac{4}{K}$$

计算表明，稳态误差的大小与系统的放大倍数 $K$ 有关，即 $K$ 越大，稳态误差 $e_{ss}$ 越小。要减小稳态误差，则应增大倍数 $K$，而从稳定性分析却得出，使系统稳定的 $K$ 不能大于 5/4，表明系统的稳态精度和稳定性对放大倍数的要求常常是矛盾的。

### 3.4.4 应用静态误差系数计算给定信号作用下的稳态误差

从稳态误差的表达式可知，系统的稳态误差不仅与输入信号 $r(t)$ 的形式有关，而且与系统开环传递函数 $G(s)H(s)$ 有关。

**1. 系统的类型**

系统的开环传递函数 $G(s)H(s)$ 可表示为

$$G(s)H(s)=\frac{K(\tau_1 s+1)(\tau_2 s+1)\cdots(\tau_m s+1)}{s^\nu(T_1 s+1)(T_2 s+1)\cdots(T_n s+1)} \tag{3-28}$$

式中，$K$ 为开环增益（开环放大倍数）；$\tau_j\,(j=1,2,\cdots,m)$ 和 $T_i\,(i=1,2,\cdots,n)$ 为时间常数；$\nu$ 为积分环节个数（开环系统在坐标原点的重极点数）。

系统常按开环传递函数中所含有的积分环节个数 $\nu$ 来分类。把 $\nu=0,1,2,\cdots$ 的系统，分别称为 0 型、Ⅰ型、Ⅱ型等系统。开环传递函数中的其他零、极点，对系统的类型没有影响。

典型输入信号作用下，系统的稳态误差可用误差系数表示。

**2. 静态位置误差系数 $K_p$**

当系统的输入为单位阶跃信号 $r(t)=1(t)$ 时，由式(3-22)得

$$e_{ss}=\lim_{s\to 0}s\,\frac{1}{1+G(s)H(s)}\cdot\frac{1}{s}=\frac{1}{1+\lim\limits_{s\to 0}G(s)H(s)}=\frac{1}{1+K_p}$$

式中，$K_p=\lim\limits_{s\to 0}G(s)H(s)$，定义为系统静态位置误差系数。

对于 0 型系统

$$K_p=\lim_{s\to 0}\frac{K(\tau_1 s+1)(\tau_2 s+1)\cdots(\tau_m s+1)}{(T_1 s+1)(T_2 s+1)\cdots(T_n s+1)}=K$$

$$e_{ss}=\frac{1}{1+K_p}=\frac{1}{1+K}$$

对于Ⅰ型或高于Ⅰ型以上系统有

$$K_p=\lim_{s\to 0}\frac{K(\tau_1 s+1)(\tau_2 s+1)\cdots(\tau_m s+1)}{s^v(T_1 s+1)(T_2 s+1)\cdots(T_n s+1)}=\infty$$

$$e_{ss}=0$$

由上面分析可以看出：

(1) $K_p$的大小反映了系统在阶跃输入下消除误差的能力，$K_p$越大，稳态误差越小；

(2) 0 型系统对阶跃输入引起的稳态误差为一常值，其大小与 $K$ 有关，$K$ 越大，$e_{ss}$越小，但总有差，所以把 0 型系统常称为有差系统；

(3) 在阶跃输入时，若要求系统稳态误差为零，则系统至少为Ⅰ型或高于Ⅰ型的系统。

**3. 静态速度误差系数 $K_v$**

当系统的输入为单位斜坡信号时，$r(t)=t\cdot 1(t)$，即 $R(s)=\frac{1}{s^2}$，则由式(3-22)得

$$e_{ss}=\lim_{s\to 0}s\frac{1}{1+G(s)H(s)}\cdot\frac{1}{s^2}=\frac{1}{\lim\limits_{s\to 0}sG(s)H(s)}=\frac{1}{K_v}$$

式中，$K_v=\lim\limits_{s\to 0}sG(s)H(s)$，定义为系统静态速度误差系数。

对于 0 型系统

$$K_v=\lim_{s\to 0}s\frac{K(\tau_1 s+1)(\tau_2 s+1)\cdots(\tau_m s+1)}{(T_1 s+1)(T_2 s+1)\cdots(T_n s+1)}=0$$

$$e_{ss}=\frac{1}{K_v}=\infty$$

对于Ⅰ型系统

$$K_v=\lim_{s\to 0}s\frac{K(\tau_1 s+1)(\tau_2 s+1)\cdots(\tau_m s+1)}{s(T_1 s+1)(T_2 s+1)\cdots(T_n s+1)}=K$$

$$e_{ss}=\frac{1}{K_v}=\frac{1}{K}$$

对于Ⅱ型或Ⅱ型以上系统

$$K_v=\lim_{s\to 0}s\frac{K(\tau_1 s+1)(\tau_2 s+1)\cdots(\tau_m s+1)}{s^v(T_1 s+1)(T_2 s+1)\cdots(T_n s+1)}=\infty$$

$$e_{ss}=0$$

由上述结果可得：

(1) $K_v$的大小反映了系统跟踪斜坡输入信号的能力，$K_v$越大，系统稳态误差越小；

(2) 0 型系统在稳态时，无法跟踪斜坡输入信号；

(3) Ⅰ型系统在稳态时，输出与输入在速度上相等，但有一个与 $K$ 成反比的常值位置误差；

(4) Ⅱ型或Ⅱ型以上系统在稳态时，可完全跟踪斜坡信号。

**4. 静态加速度误差系数 $K_a$**

当系统输入为单位加速度信号时，即 $r(t)=\frac{1}{2}t^2\cdot 1(t)$，$R(s)=\frac{1}{s^3}$，则系统稳态误差为

$$\begin{aligned}e_{ss}&=\lim_{s\to 0}s\frac{1}{1+G(s)H(s)}R(s)\\&=\lim_{s\to 0}s\frac{1}{1+G(s)H(s)}\cdot\frac{1}{s^3}=\frac{1}{\lim\limits_{s\to 0}s^2G(s)H(s)}=\frac{1}{K_a}\end{aligned}$$

式中，$K_a=\lim\limits_{s\to 0}s^2G(s)H(s)$，定义为系统静态加速度误差系数。

对于 0 型系统，$K_a=0$，$e_{ss}=\infty$；

对于Ⅰ型系统，$K_a=0$，$e_{ss}=\infty$；

对于Ⅱ型系统，$K_a=K$，$e_{ss}=\dfrac{1}{K}$；

对于Ⅲ型或Ⅲ型以上系统，$K_a=\infty$，$e_{ss}=0$。

上述分析表明：

（1）$K_a$的大小反映了系统跟踪加速度输入信号的能力，$K_a$越大，系统跟踪精度越高；

（2）Ⅱ型以下的系统输出不能跟踪加速度输入信号，在跟踪过程中误差越来越大，稳态时达到无限大；

（3）Ⅱ型系统能跟踪加速度输入，但有一常值误差，其大小与$K$成反比；

（4）要想准确跟踪加速度输入，系统应为Ⅲ型或高于Ⅲ型的系统。

表3-1概括了0型、Ⅰ型和Ⅱ型系统在各种输入作用下的稳态误差。在对角线以上，稳态误差为0；在对角线以下，稳态误差则为无穷大。

**表3-1　各种输入下各种类型系统的稳态误差**

| 输入形式 | 稳态误差 | | |
|---|---|---|---|
| | 0型系统 | Ⅰ型系统 | Ⅱ型系统 |
| 单位阶跃 | $\dfrac{1}{1+K_p}$ | 0 | 0 |
| 单位斜坡 | $\infty$ | $\dfrac{1}{K_v}$ | 0 |
| 单位加速度 | $\infty$ | $\infty$ | $\dfrac{1}{K_a}$ |

静态误差系数$K_p$，$K_v$，$K_a$反映了系统消除稳态误差的能力，系统型号越高，消除稳态误差的能力越强，但仅通过增加积分环节提高型号，易导致系统结构不稳定。

注意，稳态误差系数法仅适用于给定信号$1(t)$，$t\cdot 1(t)$，$\dfrac{1}{2}t^2\cdot 1(t)$，…，$\dfrac{1}{n}t^n\cdot 1(t)$作用下求稳态误差。另外，上述稳态误差中的$K$必须是系统的开环增益（或开环放大倍数）。

当系统输入信号为几种典型输入信号的线性组合时，即

$$r(t)=R_0\cdot 1(t)+R_1\cdot t+\frac{1}{2}R_2\cdot t^2$$

可利用叠加原理求出系统的总稳态误差，得

$$e_{ss}=\frac{R_0}{1+K_p}+\frac{R_1}{K_v}+\frac{R_2}{K_a}$$

**【例3-14】** 系统结构如图3-9所示，求当输入信号$r(t)=2t+t^2$时系统的稳态误差$e_{ss}$。

**【解】** 系统的开环传递函数为

$$G(s)H(s)=\frac{20(s+1)}{s^2(0.1s+1)}$$

首先判别系统的稳定性。由开环传递函数知，闭环特征方程为

$$D(s)=0.1s^3+s^2+20s+20=0$$

根据劳斯判据知闭环系统稳定。

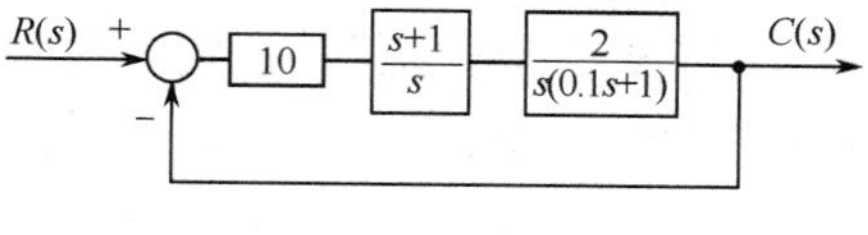

图3-9　例3-14图

其次，求稳态误差$e_{ss}$，因为系统为Ⅱ型系统，根据线性系统的齐次性和叠加性，有

$$r_1(t)=2t\text{ 时}，K_v=\infty\quad e_{ss1}=\frac{2}{K_v}=0$$

$$r_2(t)=t^2 \text{ 时}, K_a=20 \quad e_{ss2}=\frac{2}{K_a}=0.1$$

故系统的稳态误差 $e_{ss}=e_{ss1}+e_{ss2}=0.1$。

### 3.4.5 扰动信号作用下的稳态误差与系统结构的关系

扰动信号 $n(t)$ 作用下的系统结构图如图 3-10 所示。扰动信号 $n(t)$ 作用下的误差函数为

$$E_n(s)=-\frac{G_2(s)H(s)}{1+G_1(s)G_2(s)H(s)}N(s)$$

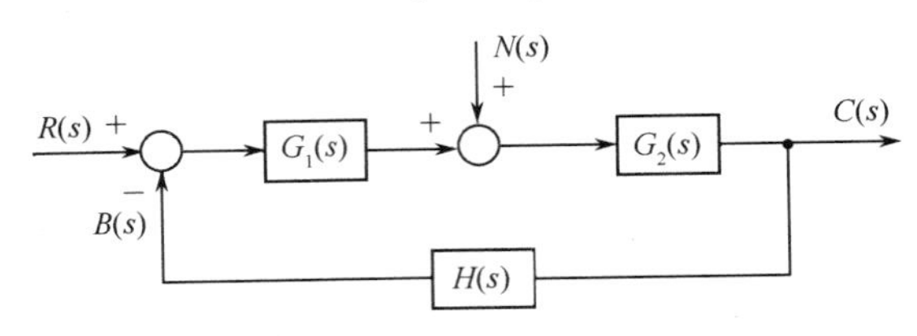


图 3-10 系统结构图

稳态误差为

$$e_{ssn}=\lim_{s\to 0} sE_n(s)=\lim_{s\to 0} s\frac{-G_2(s)H(s)}{1+G_1(s)G_2(s)H(s)}N(s)$$

若 $\lim\limits_{s\to 0} G_1(s)G_2(s)H(s)\gg 1$，则上式可近似为

$$e_{ssn}=\lim_{s\to 0} s\frac{-1}{G_1(s)}N(s)$$

由以上可得，扰动信号作用下产生的稳态误差 $e_{ssn}$ 除了与扰动信号的形式有关外，还与扰动作用点之前（扰动点与误差点之间）的传递函数的结构及参数有关，但与扰动作用点之后的传递函数无关。

例如，若 $G_1(s)=K_1$，$G_2(s)=\dfrac{K_2}{s(Ts+1)}$，$H(s)=1$，$N(s)=\dfrac{1}{s}$，则稳态误差

$$e_{ssn}=\lim_{s\to 0} s\frac{-G_2(s)H(s)}{1+G_1(s)G_2(s)H(s)}N(s)=-\frac{1}{K_1}$$

扰动作用点之前的增益 $K_1$ 越大，扰动产生的稳态误差越小，而稳态误差与扰动作用点之后的增益 $K_2$ 无关。

若 $G_1(s)=\dfrac{K_1}{s}$，$G_2(s)=\dfrac{K_2}{Ts+1}$，$H(s)=1$，$N(s)=\dfrac{1}{s}$，则扰动信号产生的稳态误差

$$e_{ssn}=\lim_{s\to 0} s\frac{-G_2(s)H(s)}{1+G_1(s)G_2(s)H(s)}N(s)=0$$

比较上述两例可以看出，扰动信号作用下的稳态误差 $e_{ssn}$ 与扰动信号作用点之后的积分环节无关，而与误差信号到扰动点之间的前向通道中的积分环节有关，要想消除稳态误差，应在误差信号到扰动点之间的前向通道中增加积分环节。

### 3.4.6 改善系统稳态精度的途径

从上面稳态误差分析可知，采用以下途径来改善系统的稳态精度。

(1) 提高系统的型号或增大系统的开环增益，可以保证系统对给定信号的跟踪能力。但同时会带来系统稳定性变差，甚至导致系统不稳定。

(2) 增大误差信号与扰动作用点之间前向通道的开环增益或积分环节的个数，可以降低扰

动信号引起的稳态误差。但同样也有稳定性问题。

(3) 采用复合控制，即将反馈控制与扰动信号的前馈或与给定信号的顺馈相结合。关于这部分内容将在系统校正部分中介绍。

### 3.4.7 系统的动态误差系数

静态误差系数 $K_p$，$K_v$，$K_a$，表示系统在阶跃信号、斜坡信号和加速度信号作用下，系统消除稳态误差的能力，但稳态误差相同的系统其误差随时间的变化常常不同。例如

$$G_1(s)H_1(s)=\frac{10}{s(s+1)}$$

$$G_2(s)H_2(s)=\frac{10}{s(10s+1)}$$

从静态误差系数来看，上述两系统均相同，稳态的角度看不出差异，但两个系统的时间常数相差较大、阻尼比有较大差别，系统的响应肯定不同，系统的误差响应也不同。另外，当输入信号为其他形式函数，静态误差系数也无法使用。为此，需要研究误差随时间变化的信息，即系统的动态误差系数。

对于误差传递函数 $\Phi_e(s)$，在 $s=0$ 的邻域内展开成泰勒级数得

$$\Phi_e(s)=\frac{E(s)}{R(s)}=\frac{1}{1+G(s)H(s)}$$

$$=\Phi_e(0)+\dot{\Phi}_e(0)s+\frac{1}{2!}\ddot{\Phi}_e(0)s^2+\cdots+\frac{1}{l!}\Phi_e^{(l)}(0)s^l+\cdots \tag{3-29}$$

具体求法为将分子、分母按升幂排列，然后按多项式长除。

误差信号可表示为

$$E(s)=\Phi_e(0)R(s)+\dot{\Phi}_e(0)sR(s)+\frac{1}{2!}\ddot{\Phi}_e(0)s^2R(s)+\cdots+\frac{1}{l!}\Phi_e^{(l)}(0)s^lR(s)+\cdots \tag{3-30}$$

将式(3-30)进行拉普拉斯反变换，得

$$e(t)=\Phi_e(0)r(t)+\dot{\Phi}_e(0)\dot{r}(t)+\frac{1}{2!}\ddot{\Phi}_e(0)\ddot{r}(t)+\cdots+\frac{1}{l!}\Phi_e^{(l)}(0)r^{(l)}(t)+\cdots$$

$$=\frac{1}{K_0}r(t)+\frac{1}{K_1}\dot{r}(t)+\frac{1}{K_2}\ddot{r}(t)+\cdots+\frac{1}{K_l}r^{(l)}(t)+\cdots \tag{3-31}$$

$r(t)$看成广义位置信号，则 $\dot{r}(t)$为广义速度信号，$\ddot{r}(t)$为广义加速度信号……，于是可定义式(3-31)中的 $K_0$ 为动态位置误差系数；$K_1$ 为动态速度误差系数；$K_2$ 为动态加速度误差系数等。它们可以完整描述系统稳态误差 $e_{ss}(t)$随时间变化的规律，动态误差系数越大，系统动态误差越小。

**【例 3-15】** 设单位反馈系统的开环传递函数为

$$G(s)=\frac{10}{s(2s+1)}$$

试求：(1) 输入为 $r(t)=a_0+a_1t+a_2t^2$ 时系统的动态误差；

(2) 输入为 $r(t)=\sin 2t$ 时的稳态误差。

**【解】** 系统的误差传递函数为

$$\Phi_e(s)=\frac{1}{1+G(s)}=\frac{s+2s^2}{10+s+2s^2}=0.1s+0.19s^2-0.039s^3+\cdots$$

则动态误差系数为

$$K_0=\infty,K_1=10,K_2=5.26,K_3=-25.64\cdots$$

(1) $r(t)=a_0+a_1t+a_2t^2$ 作用下，系统的动态误差为

$$e(t)=\frac{1}{K_0}r(t)+\frac{1}{K_1}\dot{r}(t)+\frac{1}{K_2}\ddot{r}(t)+\cdots+\frac{1}{K_l}r^{(l)}(t)+\cdots=0.1(a_1+2a_2t)+0.38a_2+0$$

稳态误差为

$$e_{ss}=\lim_{t\to\infty}e(t)=\lim_{t\to\infty}0.1[a_1+2a_2t]+0.38a_2$$

当 $a_2\neq0$，$e_{ss}\to\infty$。

(2) $r(t)=\sin2t$ 时，系统的动态误差为

$$\begin{aligned}e_{ss}(t)&=\frac{1}{K_0}r(t)+\frac{1}{K_1}\dot{r}(t)+\frac{1}{K_2}\ddot{r}(t)+\cdots+\frac{1}{K_l}r^{(l)}(t)+\cdots\\&=0.1\times2\cos2t-0.19\times4\sin2t+\cdots\\&\approx0.786\sin(2t-14.74^\circ)\end{aligned}$$

# 3.5 一阶系统的时域响应

## 3.5.1 数学模型

用一阶微分方程描述的系统为一阶系统，其传递函数为

$$\frac{C(s)}{R(s)}=\frac{1}{Ts+1}$$

式中，$T$ 为一阶系统的时间常数。

其零、极点分布如图 3-11 所示。它实质上就是一阶惯性环节。

## 3.5.2 单位阶跃响应

当 $r(t)=1(t)$时，一阶系统的输出 $c(t)$称为单位阶跃响应，记为 $h(t)$，即

$$\begin{aligned}h(t)&=L^{-1}[C(s)]=L^{-1}\left[\frac{1}{Ts+1}\cdot\frac{1}{s}\right]\\&=1-e^{-\frac{t}{T}},t\geqslant0\end{aligned}\tag{3-32}$$

根据式(3-32)，可得出表 3-2 的数据。

表 3-2 一阶惯性环节的单位阶跃响应

| $t$ | 0 | $T$ | $2T$ | $3T$ | $4T$ | $5T$ | … | $\infty$ |
|---|---|---|---|---|---|---|---|---|
| $h(t)$ | 0 | 0.632 | 0.865 | 0.950 | 0.982 | 0.993 | … | 1 |

一阶系统的单位阶跃响应为一条由零开始按指数规律上升的曲线，如图 3-12 所示。时间常数 $T$ 是表示一阶系统响应的唯一结构参数，它反映系统的响应速度，一阶系统的惯性 $T$ 越小，其响应过程越快，在 $t=0$ 处，响应曲线的切线斜率为 $1/T$。

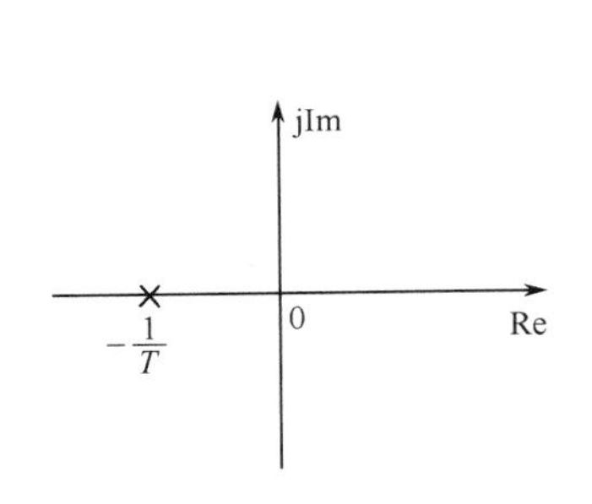


图 3-11 一阶系统零、极点分布图

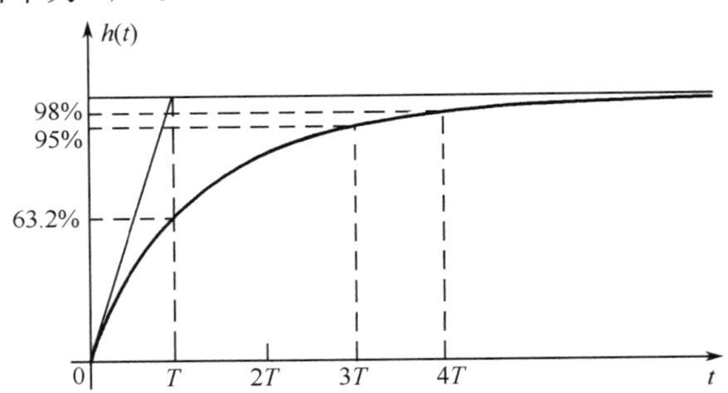


图 3-12 一阶系统的单位阶跃响应曲线

### 3.5.3 性能指标

1. 调整时间 $t_s$

经过时间 $3T \sim 4T$，响应曲线已达稳态值的 95%～98%，可以认为其调整过程已结束，故一般取 $t_s=(3\sim4)T$。

2. 稳态误差 $e_{ss}$

系统的实际输出 $h(t)$在时间 $t$ 趋于无穷大时，接近于输入值，即

$$e_{ss}=\lim_{t\to\infty}[c(t)-r(t)]=0$$

3. 超调量 $M_p$

一阶系统的单位阶跃响应为非周期响应，故系统无振荡、无超调，$M_p=0$。

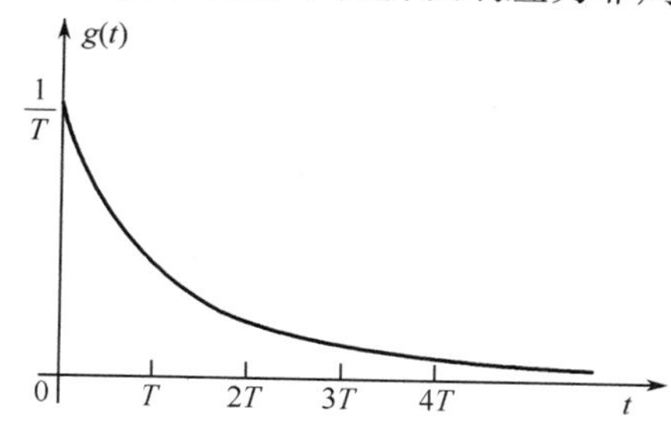

图 3-13 一阶系统的单位脉冲响应曲线图

### 3.5.4 一阶系统的单位脉冲响应

当输入信号 $r(t)=\delta(t)$时，系统的输出称为单位脉冲响应，记为 $g(t)$。

$$G(s)=\frac{C(s)}{R(s)}\cdot R(s)=\frac{1}{Ts+1}$$

$$g(t)=L^{-1}\left[\frac{1}{Ts+1}\right]=\frac{1}{T}e^{-\frac{t}{T}} \quad (t\geqslant0) \qquad (3\text{-}33)$$

一阶系统的单位脉冲响应曲线如图 3-13 所示。

由于单位脉冲输入 $\delta(t)$是单位阶跃函数的导数，根据线性系统齐次性，则 $g(t)=\frac{d}{dt}[h(t)]$。

## 3.6 二阶系统的时域响应

### 3.6.1 二阶系统的数学模型

当系统输出与输入之间特性由二阶微分方程描述时，称为二阶系统。从理论上讲，二阶系统总包含两个储能元件，能量在两个元件之间交换，引起系统具有往复振荡的趋势，当阻尼不够充分大时，系统呈现出振荡特性，故二阶系统也称为二阶振荡环节。它在控制工程中应用极为广泛，如 RLC 网络、电枢电压控制的直流电动机转速系统等。此外，许多高阶系统，在一定条件下，常常可以近似作为二阶系统来研究。

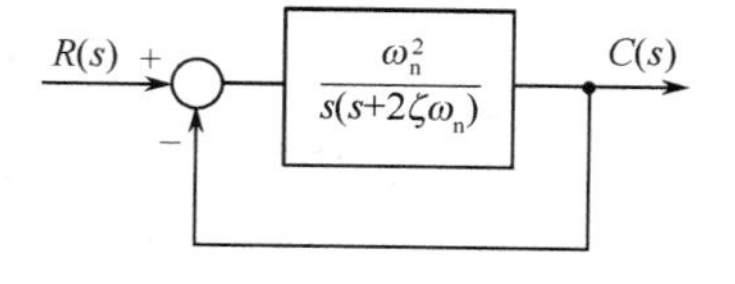

图 3-14 典型二阶系统结构图

典型二阶系统的结构图如图 3-14 所示，其闭环传递函数为

$$\frac{C(s)}{R(s)}=\frac{\omega_n^2}{s^2+2\zeta\omega_n s+\omega_n^2} \qquad (3\text{-}34)$$

或

$$\frac{C(s)}{R(s)}=\frac{1}{T^2s^2+2\zeta Ts+1} \qquad (3\text{-}35)$$

式中，$\zeta$ 为系统的阻尼比；$\omega_n$ 为系统的无阻尼自然振荡角频率；$T=\frac{1}{\omega_n}$为系统振荡周期。

系统的特征方程为

$$D(s)=s^2+2\zeta\omega_n s+\omega_n^2=0 \qquad (3\text{-}36)$$

其特征根为

$$s_{1,2}=-\zeta\omega_n \pm \omega_n\sqrt{\zeta^2-1} \tag{3-37}$$

系统的特征根完全由 $\zeta$ 和 $\omega_n$ 两个参数来描述，下面就不同参数下的系统响应加以讨论。

### 3.6.2 二阶系统的单位阶跃响应

#### 1. 当 $\zeta>1$ 时

当 $\zeta>1$ 时，系统的特征根为两个不相等的负实根，称为过阻尼状态。两个不相等的负实根为

$$s_1=-\zeta\omega_n+\omega_n\sqrt{\zeta^2-1}$$

$$s_2=-\zeta\omega_n-\omega_n\sqrt{\zeta^2-1}$$

系统在单位阶跃信号作用下输出的拉普拉斯变换为

$$\begin{aligned}C(s)&=\frac{\omega_n^2}{s^2+2\zeta\omega_n s+\omega_n^2}\cdot\frac{1}{s}\\&=\frac{\omega_n^2}{s(s-s_1)(s-s_2)}=\frac{A_0}{s}+\frac{A_1}{s-s_1}+\frac{A_2}{s-s_2}\end{aligned} \tag{3-38}$$

式中，$A_0$，$A_1$，$A_2$ 分别是复平面上 $s=0$，$s=s_1$，$s=s_2$ 处 $C(s)$ 的留数，即

$$A_0=\lim_{s\to 0}s\,C(s)=1$$

$$A_1=\lim_{s\to s_1}(s-s_1)C(s)=\frac{-1}{2\sqrt{\zeta^2-1}(\zeta-\sqrt{\zeta^2-1})}$$

$$A_2=\lim_{s\to s_2}(s-s_2)C(s)=\frac{+1}{2\sqrt{\zeta^2-1}(\zeta+\sqrt{\zeta^2-1})}$$

对式(3-38)取拉普拉斯反变换，可以求得过阻尼状态下系统的单位阶跃响应

$$h(t)=1-\frac{1}{2\sqrt{\zeta^2-1}}\left[\frac{1}{\zeta-\sqrt{\zeta^2-1}}e^{s_1 t}-\frac{1}{\zeta+\sqrt{\zeta^2-1}}e^{s_2 t}\right] \tag{3-39}$$

在过阻尼状态下，$s_1$ 和 $s_2$ 均为负实数，所以阶跃响应的暂态分量为两个衰减的指数项，输出的稳态值为 1，所以系统不存在稳态误差。其响应曲线如图 3-15 所示。

由图 3-15 可以看出，系统的响应是非振荡的，但它由两个惯性环节串联，所以又不同于一阶系统的阶跃响应。过阻尼二阶系统的单位阶跃响应，起始速度很慢，然后逐渐加大到某一值后又减小，直到趋于零。另外，两个衰减的指数项分别与 $s_1=-\zeta\omega_n+\omega_n\sqrt{\zeta^2-1}$ 和 $s_2=-\zeta\omega_n-\omega_n\sqrt{\zeta^2-1}$ 有关。当 $\zeta\gg1$ 时，包含 $s_2$ 的指数项比另一项衰减快得多，它在瞬态分量中占的比例很小，只影响响应的起始段，系统瞬态分量主要取决于包含 $s_1$ 的项，此时可以略去 $s_2$ 对系统响应的影响，同时又要保证输出的初值和终值不变，则输出表达式为

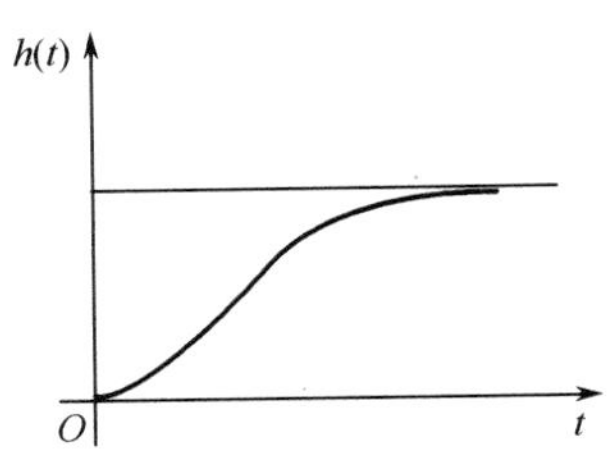

图 3-15 过阻尼二阶系统单位阶跃响应

$$C(s)=\frac{-s_1}{s(s-s_1)}=\frac{1}{s}-\frac{1}{s-s_1}$$

则得系统单位阶跃响应

$$h(t)\approx 1-e^{s_1 t}=1-e^{(-\zeta\omega_n+\omega_n\sqrt{\zeta^2-1})t} \tag{3-40}$$

当 $\zeta>1.25$ 时，系统的过渡过程时间可近似为 $t_s=(3\sim4)\frac{1}{s_1}$，系统的超调量 $M_p=0$。

2. 当 $0<\zeta<1$ 时

当 $0<\zeta<1$ 时，系统的特征根为一对实部为负的共轭复根，称为欠阻尼状态。在欠阻尼状态下，系统的两个闭环极点为一对共轭复极点，即

$$s_{1,2}=-\zeta\omega_n \pm j\omega_n\sqrt{1-\zeta^2}=-\zeta\omega_n \pm j\omega_d$$

式中，$\omega_d=\omega_n\sqrt{1-\zeta^2}$，称为阻尼振荡角频率。

当输入为单位阶跃函数时，系统输出为

$$C(s)=\frac{\omega_n^2}{s(s^2+2\zeta\omega_n s+\omega_n^2)}=\frac{1}{s}-\frac{s+\zeta\omega_n}{(s+\zeta\omega_n)^2+\omega_d^2}-\frac{\zeta\omega_n}{(s+\zeta\omega_n)^2+\omega_d^2}$$

取拉普拉斯反变换，得欠阻尼状态下二阶系统的单位阶跃响应为

$$h(t)=1-e^{-\zeta\omega_n t}\left[\cos\omega_d t+\frac{\zeta}{\sqrt{1-\zeta^2}}\sin\omega_d t\right]$$

整理得

$$h(t)=1-\frac{1}{\sqrt{1-\zeta^2}}e^{-\zeta\omega_n t}\sin(\omega_d t+\beta) \quad t\geqslant 0 \tag{3-41}$$

式中

$$\beta=\arctan\frac{\sqrt{1-\zeta^2}}{\zeta}=\arccos\xi \tag{3-42}$$

由式(3-41)可以看出，系统响应由稳态分量和瞬态分量两部分组成，稳态分量为1，瞬态分量是一个随时间 $t$ 增长而衰减的振荡过程，衰减指数为 $-\zeta\omega_n$，振荡角频率为 $\omega_d=\omega_n\sqrt{1-\zeta^2}$。图3-16给出了 $\zeta=0.4$ 时的单位阶跃响应曲线。由曲线可以看出，指数曲线 $1\pm\frac{1}{\sqrt{1-\zeta^2}}e^{-\zeta\omega_n t}$ 是阶跃响应衰减振荡的包络线。实际响应的收敛速度比包络线的收敛速度要快，因此往往用包络线代替实际曲线来估算欠阻尼状态下系统的过渡过程时间。

欠阻尼下二阶系统阶跃响应的性能指标如下。

(1) 上升时间 $t_r$：由式(3-41)令 $h(t_r)=1$ 得

$$1-\frac{1}{\sqrt{1-\zeta^2}}e^{-\zeta\omega_n t_r}\sin(\omega_d t_r+\beta)=1$$

因为 $e^{-\zeta\omega_n t_r}\neq 0$，所以 $\omega_d t_r+\beta=k\pi$。又由 $t_r$ 的定义，取 $k=1$，则

$$t_r=\frac{\pi-\beta}{\omega_d}=\frac{\pi-\beta}{\omega_n\sqrt{1-\zeta^2}} \tag{3-43}$$

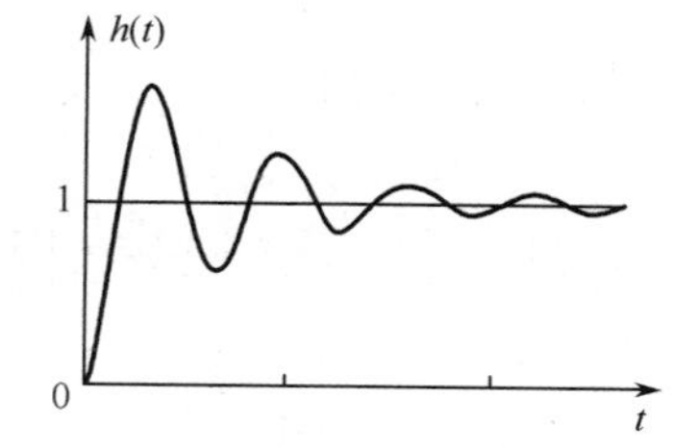

图 3-16 欠阻尼状态下系统单位阶跃响应

式中，$\beta=\arctan\sqrt{1-\zeta^2}/\zeta$。

(2) 峰值时间 $t_p$：由式(3-41)令 $h(t)$ 对时间求导并令其为零，可得峰值时间 $t_p$ 为

$$\frac{dh(t)}{dt}=(\sin\omega_d t_p)\frac{\omega_n}{\sqrt{1-\zeta^2}}e^{-\zeta\omega_n t_p}=0$$

则必有

$$\sin\omega_d t_p=0$$

所以

$$\omega_d t_p=k\pi \qquad k=0,1,2,\cdots$$

又因峰值时间 $t_p$ 对应于出现第一个峰值的时间，所以

$$t_p=\frac{\pi}{\omega_d}=\frac{\pi}{\omega_n\sqrt{1-\zeta^2}} \tag{3-44}$$

(3) 最大超调量 $M_p$：将峰值时间表达式(3-44)代入式(3-41)，得输出的最大值为

$$h(t)_{\max}=h(t_p)=1-\frac{e^{-\zeta\omega_n t_p}}{\sqrt{1-\zeta^2}}\sin(\omega_d t_p+\beta)$$
$$=1+\exp\left(-\frac{\zeta\pi}{\sqrt{1-\zeta^2}}\right)$$

所以最大超调量

$$M_p=\frac{h(t_p)-h(\infty)}{h(\infty)}=\exp\left(-\frac{\zeta\pi}{\sqrt{1-\zeta^2}}\right)\times 100\% \tag{3-45}$$

不同阻尼比下的最大超调量见表3-3。

**表3-3　不同阻尼比下的最大超调量**

| $\zeta$ | 0 | 0.1 | 0.2 | 0.3 | 0.4 | 0.5 | 0.6 | 0.7 | 1 |
|---|---|---|---|---|---|---|---|---|---|
| $M_p$(%) | 100 | 72.9 | 52.7 | 37.2 | 25.4 | 16.3 | 9.4 | 4.6 | 0 |

由式(3-45)可见,超调量仅与阻尼比 $\zeta$ 有关,$\zeta$ 越大,$M_p$则越小。

(4) 调整时间(调节时间或过渡过程时间)$t_s$:在欠阻尼状态下,阶跃响应的幅值随时间为衰减的振荡过程,在达到稳态值之前是在两条包络线之间振荡,如图3-17所示,包络线的方程为

$$c(t)=1\pm\frac{1}{\sqrt{1-\zeta^2}}e^{-\zeta\omega_n t}$$

它们与振荡过程的峰值相切并形成包络线。包络线是按指数率衰减的,其衰减指数是 $\zeta\omega_n$,如图3-17所示。

当 $\zeta\omega_n t=3$ 时

$$e^{-\zeta\omega_n t}=0.0498<5\% \tag{3-46}$$

即振幅进入±5%的误差带范围,所以

$$t_s=\frac{3}{\zeta\omega_n} \tag{3-47}$$

当 $\zeta\omega_n t=4$ 时

$$e^{-\zeta\omega_n t}=0.0183<2\%$$

即振幅进入±2%的误差带范围,此时

$$t_s=\frac{4}{\zeta\omega_n} \tag{3-48}$$

(5) 振荡次数 $N$:振荡次数 $N$ 表示在调整时间内系统响应的振荡次数,用数学式子表示为

$$N=\frac{t_s}{T_d}=\frac{t_s}{2\pi/\omega_d}=\frac{\omega_d t_s}{2\pi}$$

当考虑5%误差带时,则
$$N=\frac{3\sqrt{1-\zeta^2}}{2\pi\zeta} \tag{3-49}$$

当考虑2%误差带时,则
$$N=\frac{2\sqrt{1-\zeta^2}}{\pi\zeta} \tag{3-50}$$

通常 $N$ 取整数。

### 3. 当 $\zeta=1$ 时

当 $\zeta=1$ 时,二阶系统的特征根为两相等的负实根,称为临界阻尼状态。此时系统在单位阶跃函数作用下,输出的像函数为

$$C(s)=\frac{\omega_n^2}{s(s+\omega_n)^2}=\frac{1}{s}-\frac{\omega_n}{(s+\omega_n)^2}-\frac{1}{s+\omega_n}$$

取拉普拉斯反变换得

$$h(t)=1-\omega_n t e^{-\omega_n t}-e^{-\omega_n t}=1-e^{-\omega_n t}(1+\omega_n t) \tag{3-51}$$

阶跃响应为单调上升过程，如图 3-18 所示。由于 $\zeta=1$ 是振荡与单调过程的分界，所以称为临界阻尼状态。

临界阻尼状态下，系统的超调量 $M_p=0$ 时，调节时间 $t_s=4.7\dfrac{1}{\omega_n}$（对应误差带为 5%）。

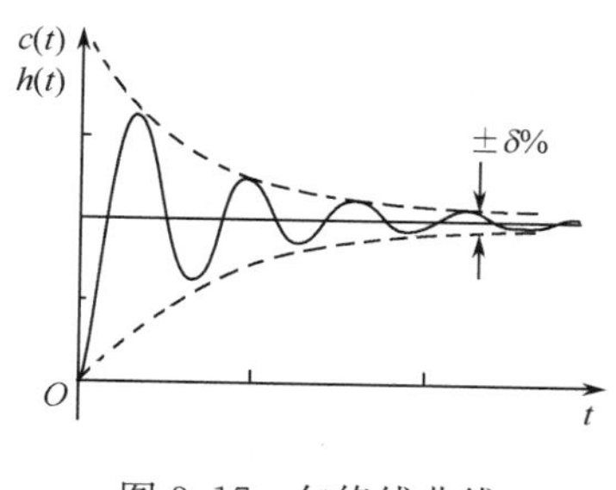


图 3-17　包络线曲线

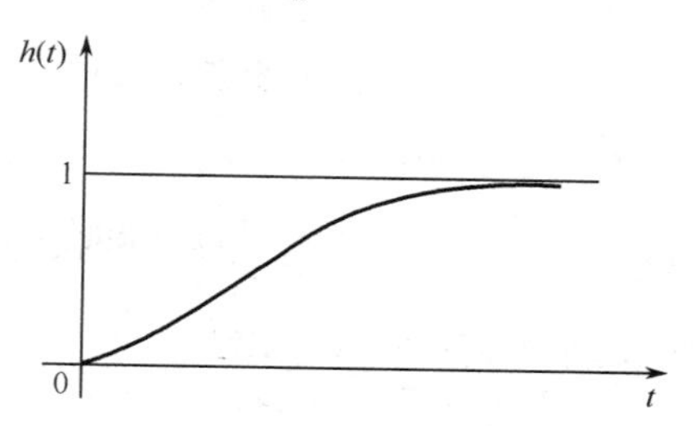


图 3-18　临界阻尼系统阶跃响应

**4. 当 $\zeta=0$ 时**

当 $\zeta=0$ 时，系统特征根为一对纯虚根，称为无阻尼状态。无阻尼状态下，系统特征根 $s_{1,2}=\pm j\omega_n$，单位阶跃函数作用下输出的像函数为

$$C(s)=\frac{\omega_n^2}{s(s^2+\omega_n^2)}=\frac{1}{s}-\frac{s}{s^2+\omega_n^2}$$

进行拉普拉斯反变换得无阻尼状态下单位阶跃响应为

$$h(t)=1-\cos\omega_n t \quad (t\geqslant 0) \tag{3-52}$$

系统的阶跃响应为等幅振荡过程，如图 3-19 所示，振荡角频率为 $\omega_n$，所以 $\omega_n$ 称为无阻尼自然振荡角频率。

根据以上分析，可得出不同阻尼比下系统单位阶跃响应曲线簇，如图 3-20 所示。

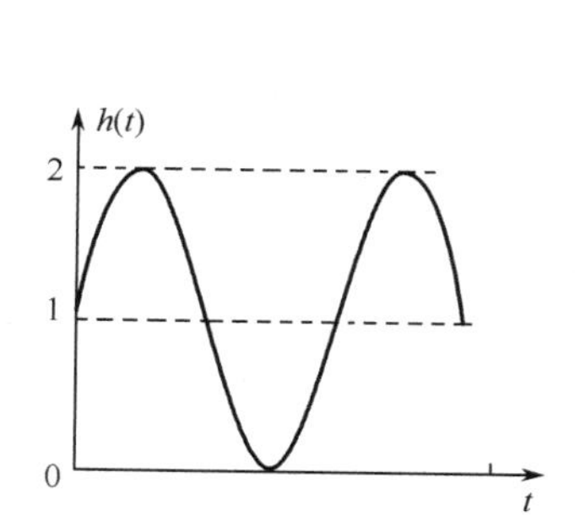


图 3-19　无阻尼状态下系统阶跃响应

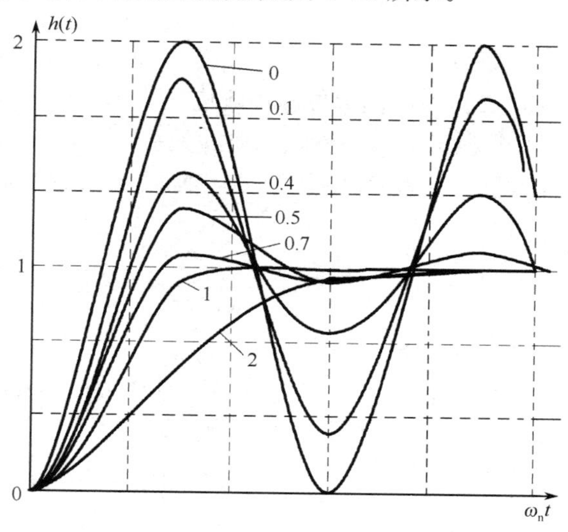


图 3-20　二阶系统阶跃响应曲线簇

由图 3-20 可以看出：

（1）阻尼比 $\zeta$ 越大，超调量越小，响应的平稳性越好。反之，阻尼比 $\zeta$ 越小，振荡越剧烈，平稳性越差。当 $\zeta=0$ 时，系统为具有频率为 $\omega_n$ 的等幅振荡，所以 $\omega_n$ 称为无阻尼自然振荡角频率。

（2）过阻尼状态下，系统响应迟缓，过渡过程时间长，系统快速性差；欠阻尼状态下，$\zeta$ 过小，响应的起始速度较快，但因振荡强烈，衰减缓慢，所以调整时间 $t_s$ 也长，快速性差。

(3) 当 $\zeta=0.707$ 时，系统的超调量 $M_p<5\%$，调整时间 $t_s$ 也最短，即平稳性和快速性均最佳，故称 $\zeta=0.707$ 为最佳阻尼比。

(4) 当阻尼比 $\zeta$ 为常数时，$\omega_n$ 越大，调节时间 $t_s$ 就越短，快速性越好。

(5) 系统的超调量 $M_p$ 和振荡次数 $N$ 仅仅由阻尼比 $\zeta$ 决定，它们反映了系统的平稳性。

(6) 工程实际中，二阶系统多数设计成 $0<\zeta<1$ 的欠阻尼情况，且 $\zeta$ 常取 0.4～0.8，此时，超调量为 25.4%～1.5%。

### 3.6.3 二阶系统的单位脉冲响应

**1. 脉冲响应及脉冲响应函数**

当系统输入信号为单位脉冲函数 $\delta(t)$ 时，系统的响应为单位脉冲响应，记为 $g(t)$。即

$$\begin{aligned} g(t) &= L^{-1}[C(s)]\Big|_{r(t)=\delta(t)} \\ &= L^{-1}[G_B(s)R(s)] = L^{-1}[G_B(s)] \end{aligned} \tag{3-53}$$

由此可得，系统的脉冲响应函数就是系统闭环传递函数的原函数。反过来，系统的闭环传递函数等于系统单位脉冲响应的拉普拉斯变换，即

$$G_B(s)=L[g(t)]$$

**2. 脉冲响应与阶跃响应的关系**

从数学角度我们知道，阶跃函数是脉冲函数的积分，或脉冲函数是阶跃函数的导数，根据线性系统的齐次性原理得，系统的单位阶跃响应是该系统单位脉冲响应的积分，或系统的单位脉冲响应是该系统单位阶跃响应的导数。即

$$g(t)=\frac{\mathrm{d}}{\mathrm{d}t}[h(t)]$$

或

$$h(t) = \int_0^t g(t)\mathrm{d}t \tag{3-54}$$

**3. 二阶系统的单位脉冲响应**

根据脉冲响应与阶跃响应的关系，对式(3-39)、式(3-41)、式(3-51)和式(3-52)求时间 $t$ 的导数，可得不同阻尼比 $\zeta$ 下二阶系统的单位脉冲响应 $g(t)$。

当 $\zeta>1$ 时

$$g(t)=\frac{\omega_n}{2\sqrt{\zeta^2-1}}\left[\mathrm{e}^{-(\zeta-\sqrt{\zeta^2-1})\omega_n t}-\mathrm{e}^{-(\zeta+\sqrt{\zeta^2-1})\omega_n t}\right] \quad (t\geqslant 0) \tag{3-55}$$

当 $0<\zeta<1$ 时

$$g(t)=\frac{\omega_n}{\sqrt{1-\zeta^2}}\mathrm{e}^{-\zeta\omega_n t}\sin(\omega_n\sqrt{1-\zeta^2}t) \quad (t\geqslant 0) \tag{3-56}$$

当 $\zeta=1$ 时

$$g(t)=\omega_n^2 t\mathrm{e}^{-\omega_n t} \quad (t\geqslant 0) \tag{3-57}$$

当 $\zeta=0$ 时

$$g(t)=\omega_n\sin\omega_n t \quad (t\geqslant 0) \tag{3-58}$$

不同阻尼比 $\zeta$ 下系统单位脉冲响应曲线如图 3-21 所示。

由于单位脉冲响应是单位阶跃响应的导数，所以单位脉冲响应曲线与时间轴第一次相交点对应的时间必然是峰值时间 $t_p$，而从 $t=0$ 到 $t=t_p$ 这一段 $g(t)$ 曲线与时间轴所包围的面积等于 $1+M_p$，如图 3-22 所示，而且单位脉冲响应曲线与时间轴包围的面积代数和为 1。

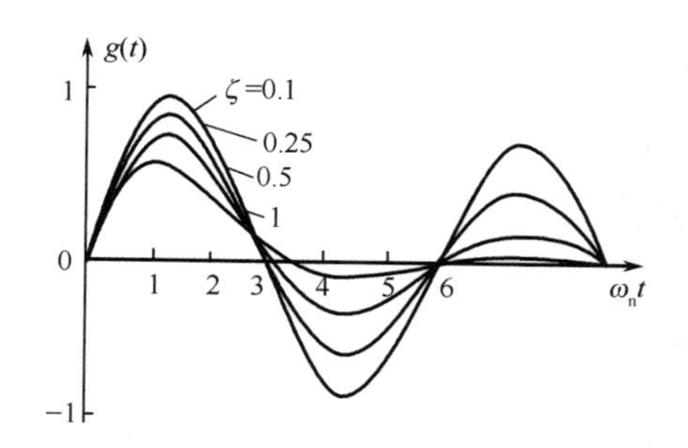


图 3-21　二阶系统的单位脉冲响应曲线

图 3-22　脉冲响应

**【例 3-16】** 原控制系统如图 3-23(a)所示，引入速度反馈后的控制系统如图 3-23(b)所示，已知在图 3-23(b)中，系统单位阶跃响应的超调量 $M_p=16.4\%$，峰值时间 $t_p=1.14\text{s}$，试确定参数 $K$ 和 $K_t$，并计算系统在(a)，(b)两种情况下的单位阶跃响应 $h(t)$。

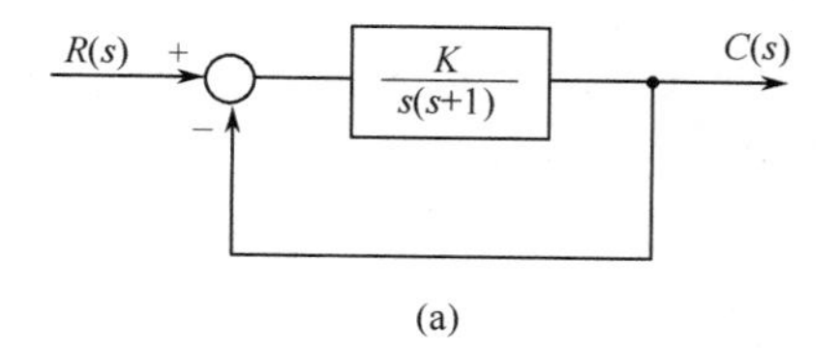


(a)

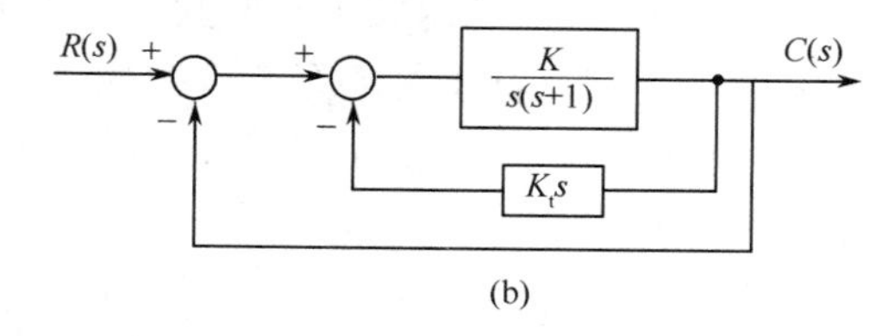


(b)

图 3-23　例 3-16 图

**【解】** 对于系统图 3-23(b)，其闭环传递函数为

$$\frac{C(s)}{R(s)}=G_B(s)=\frac{K}{s^2+(1+KK_t)s+K}$$

与典型二阶系统相比较，有

$$\begin{aligned}\omega_n&=\sqrt{K}\\ 2\zeta\omega_n&=1+KK_t\end{aligned}\tag{3-59}$$

而已知 $M_p=16.4\%$，$t_p=1.14\text{s}$，根据 $M_p=\exp\left(-\frac{\zeta\pi}{\sqrt{1-\zeta^2}}\right)\times100\%=16.4\%$，求得

$$\zeta=0.5$$

由于

$$t_p=\frac{\pi}{\omega_n\sqrt{1-\zeta^2}}=1.14$$

求得

$$\omega_n=3.16\text{rad/s}$$

将 $\zeta=0.5$ 和 $\omega_n=3.16$ 代入式(3-59)得

$$K=\omega_n^2=10$$

$$K_t=\frac{2\zeta\omega_n-1}{K}=0.216$$

其单位阶跃响应为

$$\begin{aligned}h(t)&=1-\frac{1}{\sqrt{1-\zeta^2}}e^{-\zeta\omega_n t}\sin(\omega_n\sqrt{1-\zeta^2}t+\beta)\\ &=1-1.154e^{-1.58t}\sin(2.74t+60^\circ)\end{aligned}$$

对于系统图 3-23(a)，其闭环传递函数为

$$G_B(s)=\frac{C(s)}{R(s)}=\frac{K}{s^2+s+K}=\frac{10}{s^2+s+10}$$

与典型二阶系统比较有

$$\omega_n=\sqrt{10}=3.16\text{rad/s}$$

$$\zeta=0.158$$

系统的最大超调量 $M_p=e^{-\frac{\zeta\pi}{\sqrt{1-\zeta^2}}}\times 100\%=60\%$

峰值时间 $t_p=\dfrac{\pi}{\omega_n\sqrt{1-\zeta^2}}=1.01s$

其单位阶跃响应为

$$h(t)=1-1.016e^{-0.5t}\sin(3.12t+80.9°)$$

从上例计算表明，系统引入速度反馈控制后，其无阻尼自然振荡频率 $\omega_n$ 不变，而阻尼比 $\zeta$ 加大，系统阶跃响应的超调量减小，系统的平稳性提高，快速性提高。

**【例 3-17】** 已知某一单位反馈系统的开环传递函数为

$$G(s)=\frac{6(0.2s+1)}{s(s+0.4)}$$

试求系统的单位阶跃响应，并求其上升时间和最大超调量。

**【解】** 系统的传递函数不是典型二阶系统的形式，其分子存在微分作用，若采用典型二阶系统的公式求取性能指标将会产生误差，为此，可采用按定义直接求取。

系统的闭环传递函数为

$$\Phi(s)=\frac{G(s)}{1+G(s)}=\frac{6(0.2s+1)}{s^2+1.6s+6}$$

当 $r(t)=1(t)$ 时，系统输出为

$$C(s)=\frac{6(0.2s+1)}{s^2+1.6s+6}\cdot\frac{1}{s}=\frac{1}{s}-\frac{s+0.4}{s^2+1.6s+6}=\frac{1}{s}-\frac{(s+0.8)-0.4}{(s+0.8)^2+(2.32)^2}$$

对上式进行拉普拉斯反变换，得

$$c(t)=1-e^{-0.8t}(\cos 2.32t-0.17\sin 2.32t)=1-1.014e^{-0.8t}\sin(2.32t-80.35°)$$

系统的单位阶跃响应为衰减振荡，其性能指标可由定义来求。

由 $c(t_r)=1$，则 $\sin(2.32t-80.35°)=0$，得 $t_r=1.96s$。

根据最大超调量为系统峰值与稳态值之差的定义，先求峰值时间 $t_p$，由 $\left.\dfrac{dc(t)}{dt}\right|_{t_p}=0$，得 $t_p\approx 1.14s$，则 $M_p=c(t_p)-1=-1.014e^{0.8t_p}\sin(2.32t_p-80.35°)\approx 39.8\%$。

# 3.7 高阶系统的瞬态响应

## 3.7.1 高阶系统的瞬态响应

在实际工程中，阶数 $n>2$ 的控制系统称为高阶系统，假设 $n$ 阶系统的闭环传递函数为

$$\Phi(s)=\frac{C(s)}{R(s)}=\frac{b_0s^m+b_1s^{m-1}+\cdots+b_{m-1}s+b_m}{a_0s^n+a_1s^{n-1}+\cdots+a_{n-1}s+a_n}\tag{3-60}$$

如果分子和分母可分解因式，则式(3-60)可以写成

$$\Phi(s)=\frac{C(s)}{R(s)}=\frac{K(s-z_1)(s-z_2)\cdots(s-z_m)}{(s-p_1)(s-p_2)\cdots(s-p_n)}\tag{3-61}$$

式中，$z_j$ 为闭环传递函数的零点，$j=1,2,\cdots,m$；$p_i$ 为闭环传递函数的极点，$i=1,2,\cdots,n$；$K$ 为比例系数。

当输入为单位阶跃函数 $r(t)=1(t)$，即 $R(s)=\dfrac{1}{s}$ 时，则

$$C(s)=\frac{K\prod_{j=1}^{m}(s-z_j)}{\prod_{i=1}^{n}(s-p_i)}\cdot\frac{1}{s}$$

假设所有闭环零点和极点互不相等且均为实数，那么上式可分解成部分分式，得

$$C(s)=\frac{K\prod_{j=1}^{m}(s-z_j)}{\prod_{i=1}^{n}(s-p_i)}\cdot\frac{1}{s}=\frac{A_0}{s}+\sum_{i=1}^{n}\frac{A_i}{(s-p_i)} \tag{3-62}$$

式中

$$A_0=\lim_{s\to 0}sC(s)=\frac{K\prod_{j=1}^{m}(-z_j)}{\prod_{i=1}^{n}(-p_i)}$$

$$A_i=\lim_{s\to p_i}(s-p_i)C(s)=\lim_{s\to p_i}(s-p_i)\frac{K\prod_{j=1}^{m}(s-z_j)}{\prod_{\substack{l=1\\l\neq i}}^{n}(s-p_l)}\cdot\frac{1}{s}$$

对式(3-62)取拉普拉斯反变换，可得系统的单位阶跃响应

$$h(t)=A_0+\sum_{i=1}^{n}A_i\mathrm{e}^{p_it}\qquad t\geqslant 0 \tag{3-63}$$

当极点中还包含共轭复极点时，一对共轭复极点可以写成一个 $s$ 的二次三项式，即 $s^2+2\zeta\omega_n s+\omega_n^2$，那么此时 $C(s)$ 可写成

$$\begin{aligned}C(s)&=\frac{K\prod_{j=1}^{m}(s-z_j)}{s\prod_{i=1}^{q}(s-p_i)\prod_{k=1}^{r}(s^2+2\zeta_k\omega_k s+\omega_k^2)}\\&=\frac{A_0}{s}+\sum_{i=1}^{q}\frac{A_i}{s-p_i}+\sum_{k=1}^{r}\frac{B_k(s+\zeta_k\omega_k)+C_k\omega_k\sqrt{1-\zeta_k^2}}{s^2+2\zeta_k\omega_k s+\omega_k^2}\end{aligned} \tag{3-64}$$

式中，$q+2r=n$，对式(3-64)进行拉普拉斯反变换，可得系统的单位阶跃响应为

$$\begin{aligned}h(t)=&A_0+\sum_{i=1}^{q}A_i\mathrm{e}^{p_it}+\sum_{k=1}^{r}B_k\mathrm{e}^{-\zeta_k\omega_kt}\cos\omega_k\sqrt{1-\zeta_k^2}\,t+\\&\sum_{k=1}^{r}C_k\mathrm{e}^{-\zeta_k\omega_kt}\sin\omega_k\sqrt{1-\zeta_k^2}\,t\qquad(t\geqslant 0)\end{aligned} \tag{3-65}$$

由式(3-63)和式(3-65)可以看出，系统的单位阶跃响应由闭环极点 $p_i$ 及系数 $A_i$，$B_i$，$C_i$ 决定，而系数 $A_i$，$B_k$，$C_k$ 也与闭环零、极点分布有关。如果系统的闭环极点均位于根平面左半平面，则系统阶跃响应的暂态分量将随时间而衰减，系统是稳定的。只要有一个极点位于右半平面，则对应的响应将是发散的，系统不能稳定运行。

但对于高阶系统，如果不借助于数字计算机对其传递函数的分子和分母进行因式分解，进而用拉普拉斯反变换，那么求其阶跃响应并不是一件容易的事，阶次越高，困难也越大。因而在实际中很少直接用上述方法求高阶系统的阶跃响应，而往往采用忽略掉一些次要因素的影响，把系统的阶次降低，近似地估计出系统的响应特性，然后再做适当的修正，使得分析过程简单化。

### 3.7.2 高阶系统的降阶

#### 1. 主导极点

分析式(3-63)和式(3-65)可知，如果闭环极点离虚轴很远，则它对应的暂态分量衰减得很

快，只在响应的起始部分起一点作用，而离虚轴最近的闭环极点(复极点或实极点)并且其附近没有闭环零点，对系统瞬态过程性能的影响最大，在整个响应过程中起着主要的决定性作用，称为主导极点。

经验认为，一般其他极点的实部绝对值比主导极点的实部绝对值大 5 倍以上时，则那些闭环极点可略去不计，有时甚至比主导极点的实部绝对值大 2～3 倍的极点也可忽略不计，即在闭环传递函数中除去。

工程上往往只用主导极点估算系统的动态特性，即将系统近似地看成一阶或二阶系统。

**2. 偶极子**

从式(3-63)可以看出，当极点 $s_i$ 与某零点 $z_j$ 靠得很近时，它们之间的模值很小，那么该极点的对应系数 $A_i$ 也就很小，对应暂态分量的幅值也很小，故该分量对响应的影响可忽略不计。我们将一对靠得很近的闭环零、极点称为偶极子。工程上，当某极点和某零点之间的距离比它们的模值小一个数量级时，就可认为这对零极点为偶极子。

偶极子的概念对控制系统的综合校正是很有用的，我们可以有意识地在系统中加入适当的零点，以抵消对系统动态响应过程影响较大的不利极点，使系统的动态特性得以改善。在闭环传递函数中，如果零、极点数值上相近，则可将该零点和极点一起消掉，称为偶极子相消或零极点相消。

**【例 3-18】** 已知系统的闭环传递函数为

$$\Phi(s)=\frac{12480(s+20.05)}{(s+20)(s+60)(s^2+20s+208)}$$

试求系统的单位阶跃响应 $c(t)$。

**【解】** 对于高阶系统的传递函数，首先进行分析，系统的极点有 4 个，分别为 $p_1=-20$，$p_2=-60$，$p_3=-10+\mathrm{j}10.39$，$p_4=-10-\mathrm{j}10.39$，零点为 $z_1=-20.05$，其零、极点图如图 3-24 所示。

根据高阶系统分析，闭环极点 $p_1=-20$ 与闭环零点 $z_1=-20.05$ 可以看成一对偶极子，构成零极点对消；闭环极点 $p_2=-60$ 距离虚轴较远，可以忽略；而 $p_{3,4}=-10\pm\mathrm{j}10.39$ 可以看成主导极点。为保证系统稳态值不变，该四阶系统可简化为如下二阶系统

$$\Phi(s)\approx\frac{208}{s^2+20s+208}$$

系统近似的阻尼比 $\zeta=0.69$，无阻尼自然振荡频率 $\omega_n=14.42\mathrm{rad/s}$，系统近似的单位阶跃响应为

$$c(t)=1-1.38\mathrm{e}^{-10t}\sin(10.44t+46.37°)$$

系统精确的单位阶跃响应和系统近似的阶跃响应曲线如图 3-25 所示。

### 3.7.3 零、极点对阶跃响应的影响

前面在高阶系统的降阶处理中，略去了一些实际存在的零点或极点，得到的结果将是近似的。正确估算略掉的零点或极点对系统阶跃响应的影响，从而可以对响应函数做某些修改使其更接近于实际。

**1. 零点对阶跃响应的影响**

假设系统中增加一个闭环实零点，即系统中增加了一个串联环节 $\frac{s-z}{|z|}$，且闭环零点 $z$ 位于复平面的左半平面，即 $z=-|z|$，并且用 $C(s)$ 代表原来的阶跃响应的像函数，用 $C_1(s)$ 代表增加零点以后阶跃响应的像函数，则有

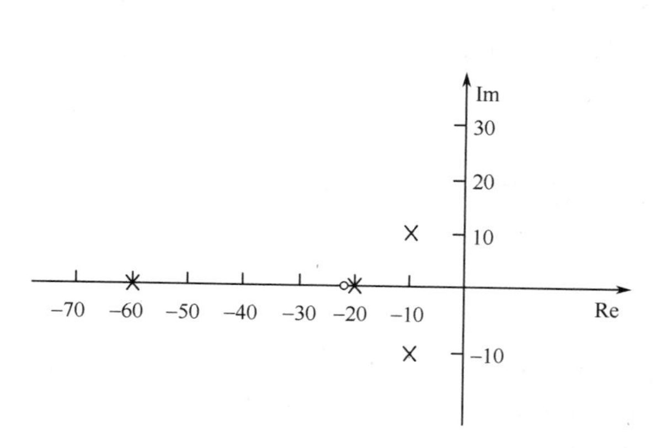

图 3-24　系统零、极点分布图

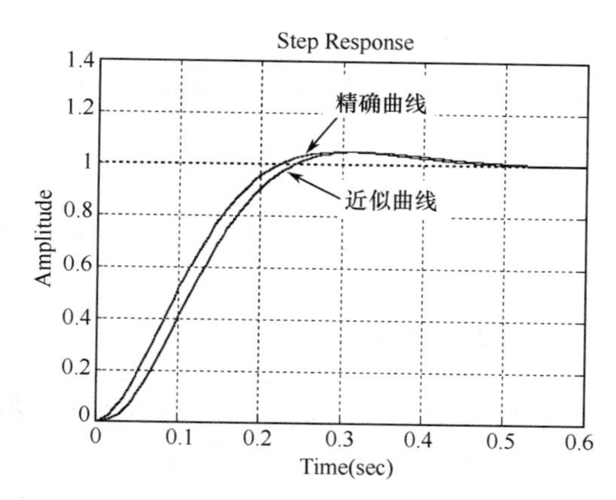


图 3-25　系统的单位阶跃响应曲线

$$C_1(s)=C(s)\cdot\frac{s-z}{|z|}=C(s)+\frac{sC(s)}{|z|}\tag{3-66}$$

对上式进行拉普拉斯反变换得

$$c_1(t)=c(t)+\frac{1}{|z|}L^{-1}[sC(s)]=c(t)+\frac{1}{|z|}\frac{\mathrm{d}}{\mathrm{d}t}c(t)\tag{3-67}$$

可见，增加一个闭环左实零点以后，系统阶跃响应增加了一项，该项的值与 $c(t)$ 的变化率成正比，与该零点离虚轴的距离成反比。显然，该零点的增加将使系统响应过程加快，超调量增大，系统对输入作用的反应灵敏了。

反之，如果增加的闭环零点位于复平面的右半平面，即 $z=|z|$，则

$$C_1(s)=C(s)\cdot\frac{s-z}{|z|}=\frac{sC(s)}{|z|}-C(s)\tag{3-68}$$

$$c_1(t)=L^{-1}[C_1(s)]=-c(t)+\frac{1}{|z|}\frac{\mathrm{d}}{\mathrm{d}t}c(t)\tag{3-69}$$

显然，这将使系统响应过程变慢，超调量减小，系统对输入作用的反应变呆滞了。

从上述分析可以得出：如果在降阶处理时略去一个左实零点，那么求得的阶跃响应将较实际系统的响应慢一些，超调量也小一些。略去的零点离虚轴越远，计算结果与实际情况的差别越小。反之，如果在降阶处理中略去一个右实零点，则计算结果将较实际系统的响应快一些，超调量也偏大。同样，此零点离虚轴越远，造成的误差也越小。如果略去的零点离虚轴的距离是主导极点实部的 5 倍以上时，上述误差不超过 5%，可满足一般工程要求。

**2. 极点对阶跃响应的影响**

假设系统增加一个闭环左实极点 $-|p|$，系统在单位阶跃信号作用下输出

$$C_1(s)=C(s)\frac{|p|}{s+|p|}\tag{3-70}$$

式(3-70)可写成

$$C(s)=C_1(s)\frac{s+|p|}{|p|}=C_1(s)+\frac{sC_1(s)}{|p|}$$

取拉普拉斯反变换得

$$c(t)=c_1(t)+\frac{1}{|p|}\frac{\mathrm{d}}{\mathrm{d}t}c_1(t)\tag{3-71}$$

比较原系统响应和增加一个闭环左实极点后的响应，可以看出：系统中增加一个闭环左实极点，系统的过渡过程将变慢，超调量将减小，系统的反应变得较为呆滞。

上述结论表明，如果在降阶处理时略掉一个闭环左实极点，那么求得的阶跃响应较实际系统的响应将变快，超调量也增大，系统的反应也变灵敏。对于闭环传递函数存在右极点的情况，系统时域响应是发散的，系统不稳定，所以不予讨论。

# 3.8 用 MATLAB/Simulink 进行瞬态响应分析

## 3.8.1 单位脉冲响应

对于线性定常系统，当输入信号为单位脉冲函数 $\delta(t)$ 时，系统输出为单位脉冲响应，MATLAB 中求取脉冲响应的函数为 impulse()，其调用格式为

[y,x,t]=impulse(num,den,t)或 impulse(num,den)

其中，$G(s)$=num/den；t 为仿真时间；y 为时间 t 的输出响应；x 为时间 t 的状态响应。

(1) 在 MATLAB 命令中附加有左端变量。如[y,x,t]=impulse(num,den,t)这种情况，该命令将产生系统的输出量和状态响应及时间向量，此时在计算机屏幕上不画出波形，若需图形，用“plot(t,y)”命令。

(2) 命令“impulse(num,den)”将在屏幕上画出单位脉冲响应。

(3) 若 MATLAB 版本中无脉冲响应命令，可采用改变传递函数 $G(s)$ 后的阶跃响应，即将 $G(s)\cdot s$ 再求阶跃响应。

**【例 3-19】** 试求下列系统的单位脉冲响应

$$\frac{C(s)}{R(s)}=G(s)=\frac{1}{s^2+0.3s+1}$$

MATLAB 命令为

```
≫ t=[0:0.1:40];
≫num=[1];
≫den=[1,0.3,1];
≫impulse(num,den,t);
≫grid;
≫title('Unit-impulse Response of G(s)=1/(s^2+0.3s+1)')
```

其响应结果如图 3-26 所示。

**【例 3-20】** 系统传递函数为

$$G(s)=\frac{1}{s^2+s+1},\quad t\in[0,10]$$

求取其单位脉冲响应的 MATLAB 命令为

```
≫t=[0:0.1:10];num=[1];
≫den=[1,1,1];
≫[y,x,t]=impulse(num,den,t)
≫plot(t,y);grid
≫xlabel('t'); ylable('y');
```

其响应结果如图 3-27 所示。

## 3.8.2 单位阶跃响应

当输入为单位阶跃信号时，系统的输出为单位阶跃响应，在 MATLAB 中可用 step()函数实现，其调用格式为

[y, x, t]=step(num, den, t)　或　step(num, den)

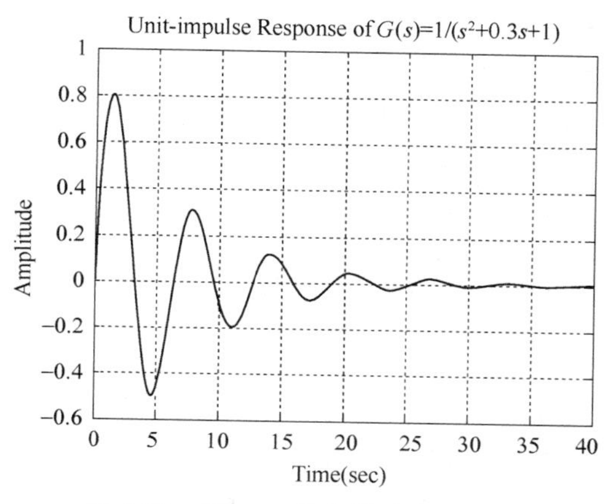


图 3-26　例 3-19 单位脉冲响应曲线

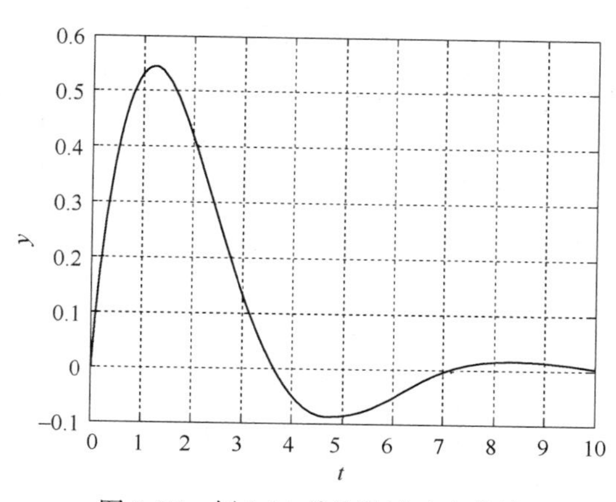


图 3-27　例 3-20 单位脉冲响应曲线

**【例 3-21】**　求系统传递函数为

$$G(s)=\frac{1}{s^2+0.5s+1}$$

的单位阶跃响应的 MATLAB 命令为

```
≫num=[1]; den=[1,0.5,1];
≫t=[0 : 0.1 : 10];
≫[y,x,t]=step(num,den,t);
≫plot(t,y);grid;
≫xlabel('t ');
≫ylabel('y ')
```

其响应曲线如图 3-28 所示。

### 3.8.3　斜坡响应

在 MATLAB 中没有斜坡响应命令，因此，需要利用阶跃响应命令来求斜坡响应。根据单位斜坡响应输入是单位阶跃输入的积分，当求传递函数为 $\Phi(s)$ 的斜坡响应时，可先用 $s$ 除以 $\Phi(s)$ 得 $\Phi'(s)$，再利用阶跃响应命令即可求得斜坡响应。

**【例 3-22】**　已知闭环系统传递函数

$$\frac{C(s)}{R(s)}=G(s)=\frac{1}{s^2+0.3s+1}$$

对单位斜坡输入 $r(t)=t, R(s)=\frac{1}{s^2}$，则

$$C(s)=\frac{1}{s^2+0.3s+1}\cdot\frac{1}{s^2}=\frac{1}{(s^2+0.3s+1)s}\cdot\frac{1}{s}$$

系统单位斜坡响应的 MATLAB 命令为

```
≫ num=[1];
≫den=[1,0.3,1,0];
≫t=[0 : 0.1 : 10];
≫c=step(num,den,t);
≫plot(t,c);
≫grid;
≫xlabel('Time[sec]');
≫ylabel('Input and Output ')
```

其响应曲线如图 3-29 所示。

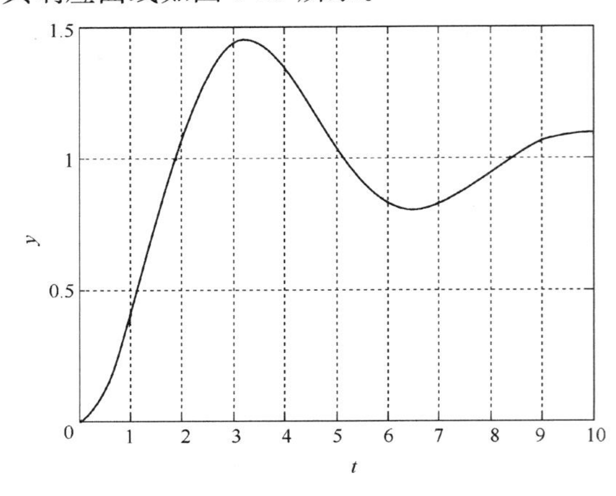


图 3-28 单位阶跃响应曲线

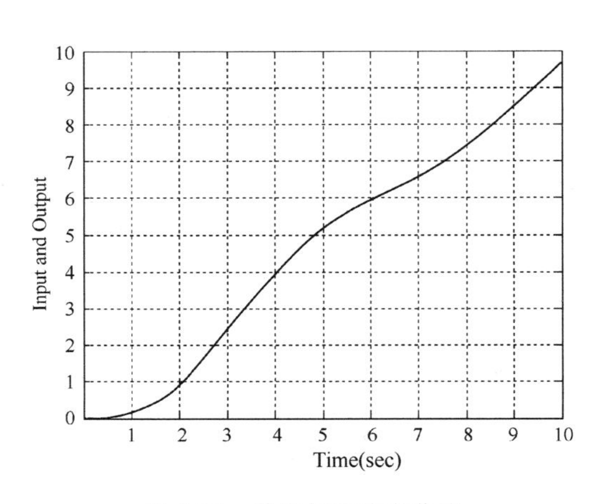


图 3-29 单位斜坡响应曲线

### 3.8.4 任意函数作用下系统的响应

在许多情况下，需要求取在任意已知函数作用下系统的响应，此时可用线性仿真函数lsim()来实现，其调用格式为

```
[y,x]=lsim(num,den,u,t)
```

式中，$G(s)=\dfrac{\text{num}}{\text{den}}$；y 为系统输出响应；x 为系统状态响应；u 为系统输入信号；t 为仿真时间。

注意，调用仿真函数 lsim()时，应给出与时间 $t$ 向量相对应的输入向量。

**【例 3-23】** 反馈系统如图 3-30(a)所示，系统输入信号为如图 3-30(b)所示的三角波，求系统的输出响应。

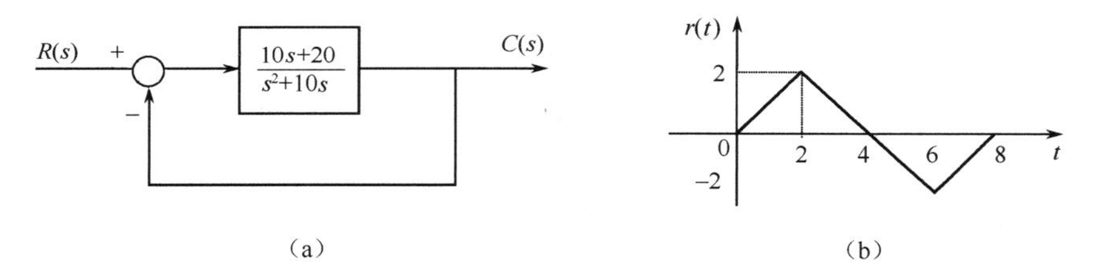


图 3-30 反馈系统及输入信号

MATLAB 实现指令为

```
>>numg=[10,20];deng=[1,10,0];
>> [num,den]=cloop(numg,deng,-1);
>>v1=[0:0.1:2];
>>v2=[1.9:-0.1:-2];
>>v3=[-1.9:0.1:0];
>>t=[0:0.1:8];
>>u=[v1,v2,v3];
>> [y,x]=lsim(num,den,u,t);
>>plot(t,y,t,u);
>>xlabel('Time [sec]');
>>ylabel('theta [rad]');
>>grid
```

其输出响应曲线如图 3-31 所示。

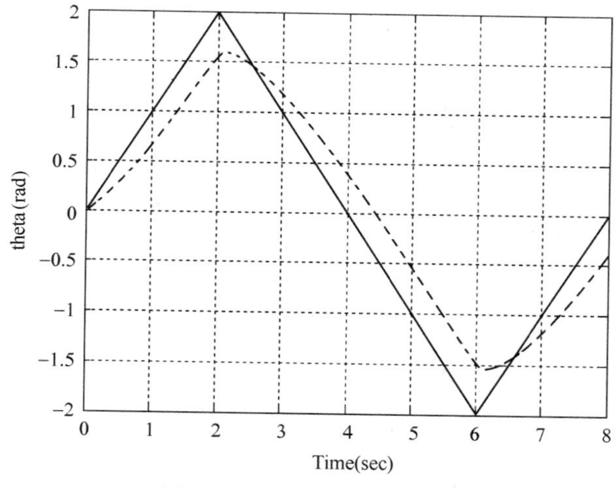

图 3-31 系统输出响应曲线

### 3.8.5 由系统传递函数求系统的响应

已知系统传递函数和输入信号，可以求出系统输出的拉普拉斯变换式，再由拉普拉斯反变换求得系统的输出响应。

在 MATLAB 环境中，可以用 residue( )函数直接求取传递函数的部分分式展开，该函数的调用格式为

$$[r,p,K]=\text{residue}(num,den)$$

式中，num 和 den 为传递函数的分子和分母多项式，r 和 p 为部分分式系数和特征值，K 为展开的余项。

**【例 3-24】** 系统的传递函数模型

$$G(s)=\frac{s^3+8s^2+30s+24}{s^4+10s^3+35s^2+50s+24}$$

系统在单位阶跃信号作用下，输出为

$$C(s)=\frac{s^3+8s^2+30s+24}{s^4+10s^3+35s^2+50s+24}\cdot\frac{1}{s}=\frac{s^3+8s^2+30s+24}{s^5+10s^4+35s^3+50s^2+24s}$$

可由下面 MATLAB 语句求出系统输出的部分分式展开式

```
>>num=[1 8 30 24];
>>den=[1 10 35 50 24 0];
>>[r,p,K]=residue(num,den);
>>[r,p]
ans =
   -1.3333    -4.0000
    3.5000    -3.0000
   -3.0000    -2.0000
   -0.1667    -1.0000
    1.0000     0
```

系统的阶跃响应可以写为

$$c(t)=-1.333e^{-4t}+3.5e^{-3t}-3e^{-2t}-0.1667e^{-t}+1$$

上例只含有实极点，residue()函数当然也适用于含有复数极点的情况。

**【例 3-25】** 系统的传递函数模型为

$$G(s)=\frac{s+3}{s^4+2s^3+11s^2+18s+18}$$

可由下面 MATLAB 语句求出系统阶跃信号作用下输出的部分分式展开式

```
>>num=[1 3];
>>den=[1 2 11 18 18 0];
>>[r,p,K]=residue(num,den);
>>[r,p]
ans =
   0.0020 + 0.0255i     0.0000 + 3.0000i
   0.0020 - 0.0255i     0.0000 - 3.0000i
  -0.0853 + 0.0088i    -1.0000 + 1.0000i
  -0.0853 - 0.0088i    -1.0000 - 1.0000i
   0.1667                    0
```

如果用数学的方式来表示上述结果，则为

$$c(t)=(0.002+j0.0255)e^{j3t}+(0.002-j0.0255)e^{-j3t}+(-0.0853+j0.0088)e^{(-1+j)t}+(-0.0853-j0.0088)e^{(-1-j)t}+0.1667$$

其结果太复杂，且其物理意义也很难从表达式直接得出。

如果采用如下变换

$$(a+jb)e^{(c+jd)t}+(a-jb)e^{(c-jd)t}=2e^{ct}(a\cos(dt)-b\sin(dt))=\alpha e^{ct}\sin(dt+\phi)$$

式中，$\alpha=-2\sqrt{a^2+b^2}$，$\phi=\arctan(-b/a)$，则可得出简单明了的解析式。

对应的数学表达式为

$$c(t)=-0.0511\sin(3t-85.43°)-0.1715e^{-t}\sin(t+5.89°)+0.1667$$

### 3.8.6 系统阶跃响应的性能指标

对于线性系统的阶跃响应，可以通过 step( )函数直接求取，在自动绘制的系统阶跃响应曲线上，单击曲线上的某点，则可显示该点对应的时间信息和相应的幅值信息，如图 3-32 所示，这样可以容易地分析系统阶跃响应的情况。

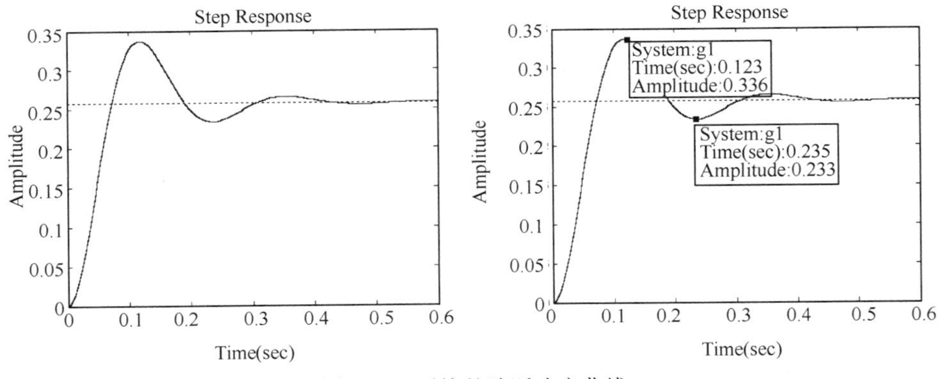


图 3-32 系统的阶跃响应曲线

在控制理论中分析系统的性能指标，如上升时间、超调量、调节时间等，在绘出的系统阶跃响应曲线上右击，在出现的菜单中选择其中的 Characterstics 菜单项，从中选择合适的分析内容，即可得到系统阶跃响应指标，如图 3-33 所示。

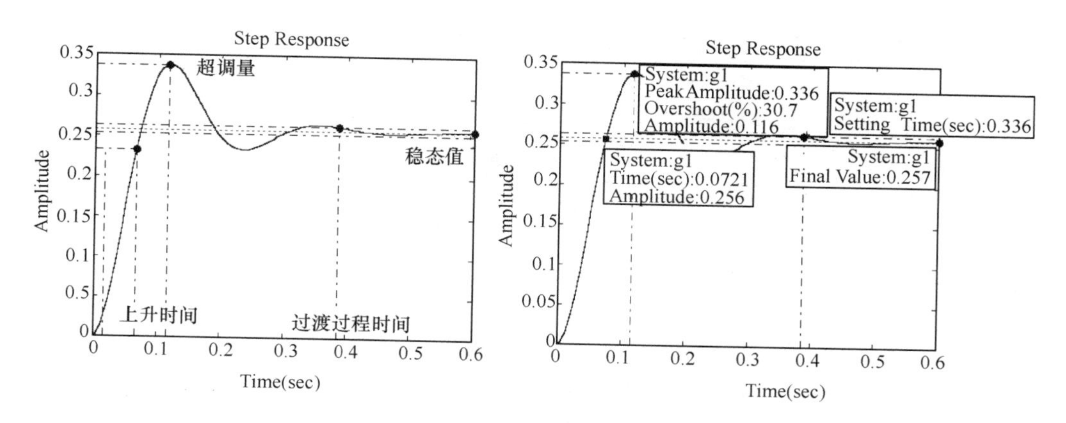


图 3-33 系统阶跃响应性能指标

### 3.8.7 Simulink 建模与仿真

利用 Simulink 描述系统框图模型十分简单和直观。

**【例 3-26】** 如图 3-34(a)所示为 Simulink 的仿真框,图 3-34(b)可演示系统对典型信号的时间响应曲线。

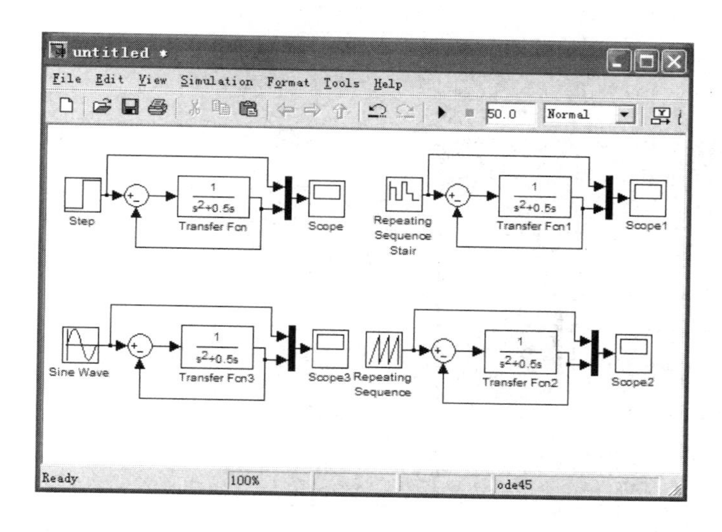


(a)

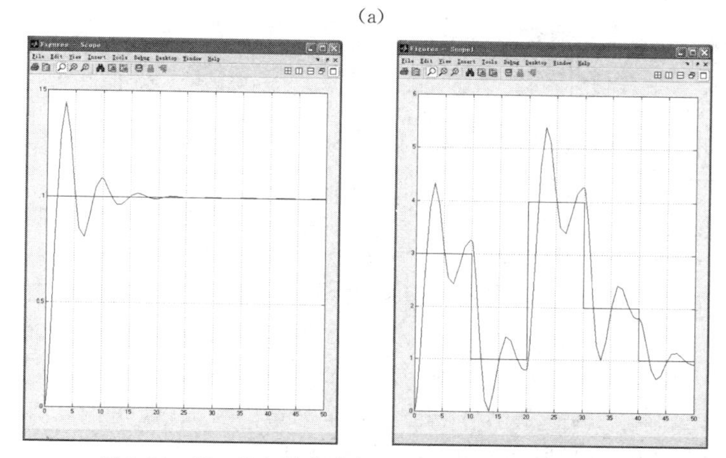

图 3-34 Simulink 的仿真框图和不同输入的响应曲线

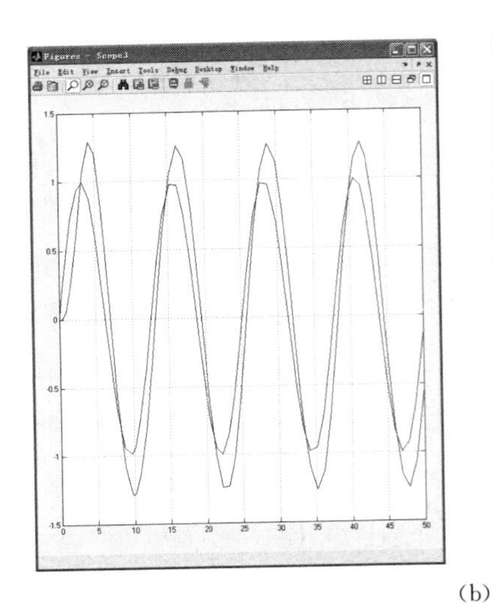

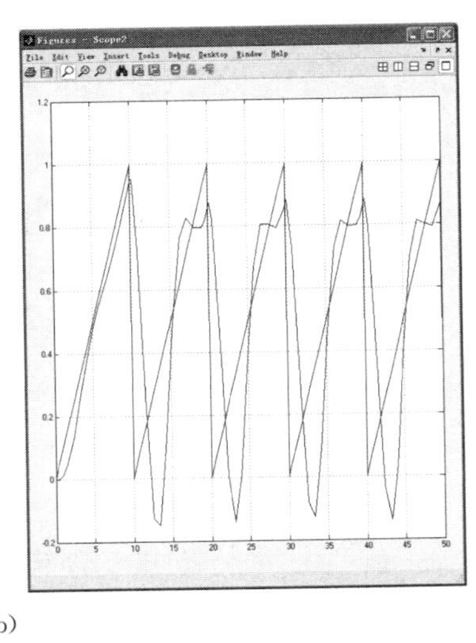

(b)

图 3-34 Simulink 的仿真框图和不同输入的响应曲线(续)

**【例 3-27】** 系统微分方程为 $\dot{x}(t)=-2x(t)+U(t)$，其中 $U(t)$ 是幅度为 1，频率为 3rad/s 的方波信号。模型中包括积分模块 Integrator，增益模块 Gain 和求和模块 Sum 及产生方波信号的 Signal Generator，用示波器 Scope 模块来观察输出结果，所需模块复制好后，Gain 模块的增益参数设置为 −2，按微分方程连接。图中 Gain 模块的翻转可以通过 Format 菜单下的 Flip Block 命令来进行，仿真模型如图 3-35 所示。运行仿真后，Scope 显示的波形如图3-36所示。

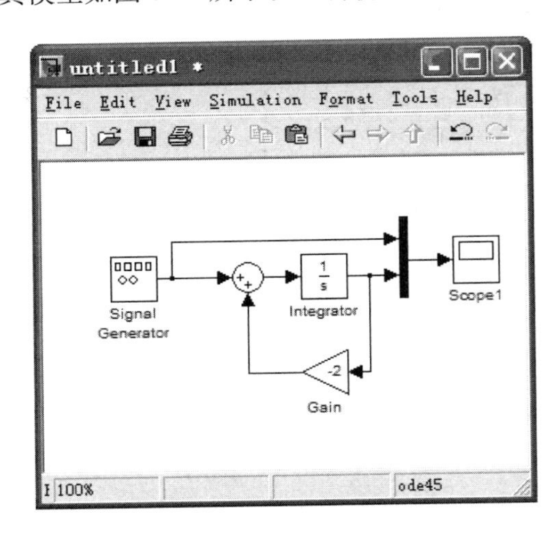


图 3-35 仿真模型图

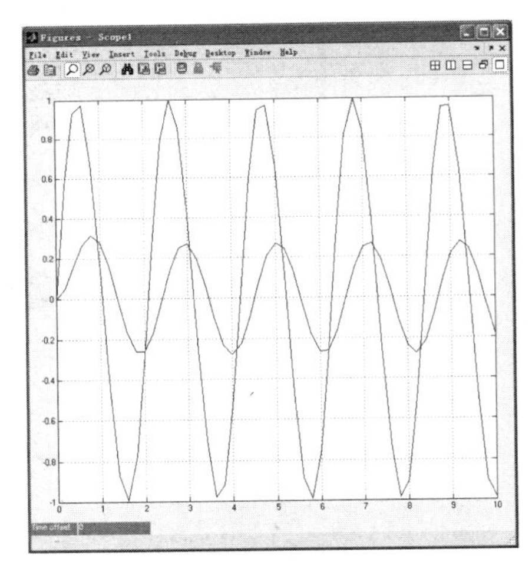

图 3-36 Scope 输出的仿真波形

**【例 3-28】** 研究欠阻尼状态下二阶系统如图 3-37 所示的单位阶跃响应。

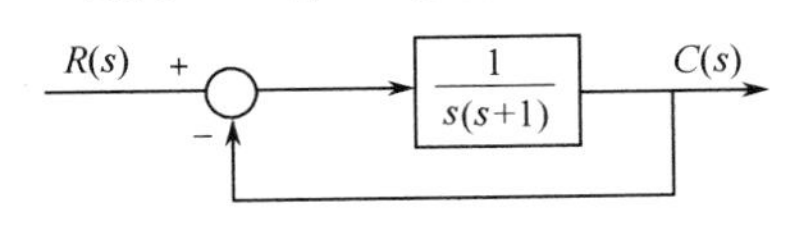


图 3-37 系统结构图

在此，使用 Transfer Fcn 模块构造 $\frac{1}{s(s+1)}$，对话框中设置 Numerator 分子参数[1]，Denominator分母参数[1 1 0]，比较环节采用 Sum 求和模块。负反馈由 Gain 来构造，增益为−1。Step 模块产生阶跃信号。输出显示采用 Scope 示波器模块，构造仿真模型如图 3-38 所示。图中黑框代表的模块为 Mux 模块，定为一个虚模块。Mux 模块的作用就是将输入的多条信号线合为一个向量信号，就像是把几根独立的信号线用绳子扎起来，但并不会改变信号线所传递的信号。其模型与图 3-39 模型等价。Mux 模块在图形组织上的作用就是减少了连线的数目和 Scope 模块的数目，只用一个 Scope 模块在一个窗口就可对照显示多个波形，使模型显得更有条理。运行仿真结果如图 3-40 所示。

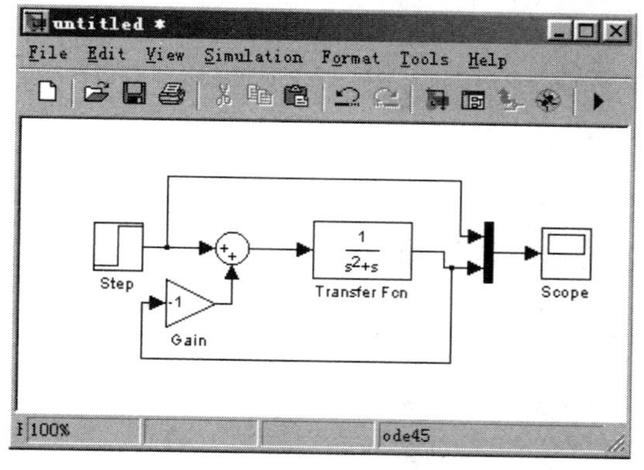

图 3-38 仿真模型

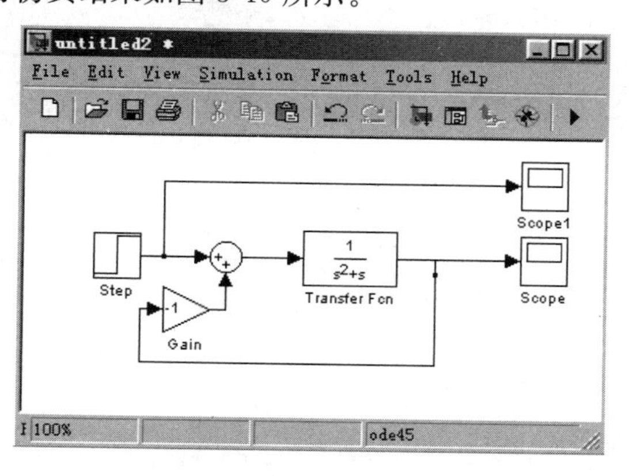


图 3-39 等价模型

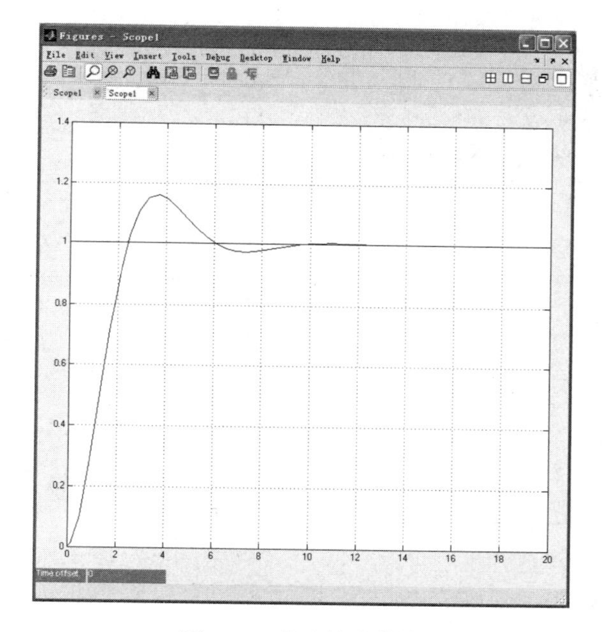


图 3-40 仿真输出曲线

**【例 3-29】** XYGraph 显示二维图形模块的作用。

在 Scope 模块中，作出的图形是以时间为横坐标的输出响应曲线，而 XYGraph 模块可显示一个信号相对于另一个信号的图形。

图 3-41 中的 Cos Wave 模块是将 Sine Wave 模块的相位设为 pi/2 得到的。这样 XYGraph 模块显示的图形如图 3-42 所示，该图就是李萨如图形。采用 XYGraph 模块可分析相轨迹图。

**【例 3-30】** 利用 Simulink 来仿真 $G(s)=\dfrac{40}{s(s+2)}$ 的闭环单位负反馈的阶跃响应，并比较分别加校正环节 $G_c(s)=\dfrac{0.5s+1}{0.05s+1}$ 和 $G_c(s)=\dfrac{0.5s+1}{0.02s+1}$ 后的响应。

首先建立一个新模型，如图 3-43 所示。

仿真参数设置如图 3-44 所示，仿真时间为 5，解题器类型选项选择可变步长和 ode45，其他选项为默认设置。仿真结果如图 3-45 所示。加入校正环节后的系统框图如图 3-46 所示。

Scope1、Scope2 分别显示校正后的结果，如图 3-47(a)，(b)所示。

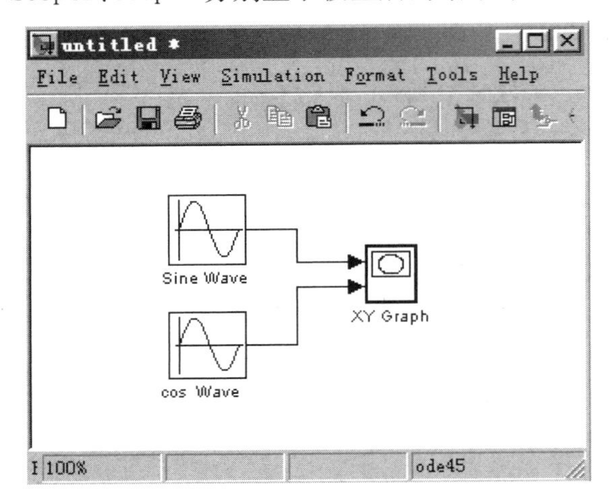


图 3-41　XYGraph 模块使用

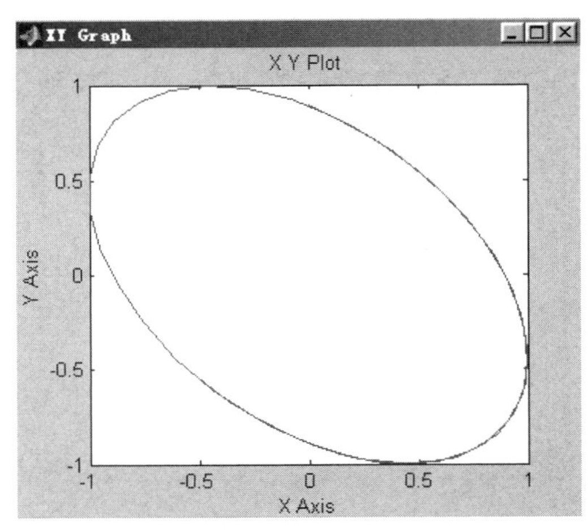


图 3-42　XYGraph 模块显示输出

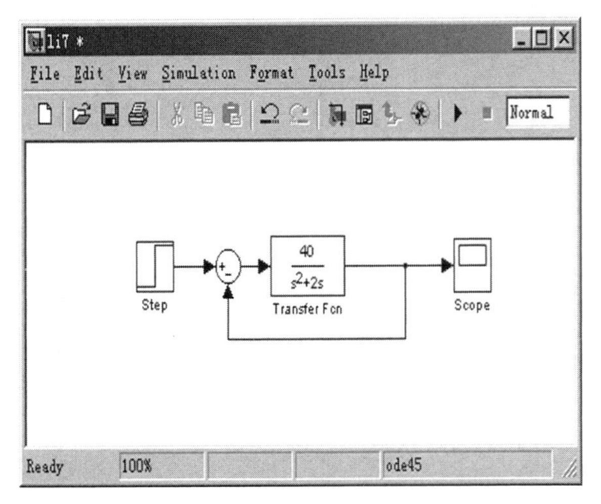


图 3-43　仿真模型框图

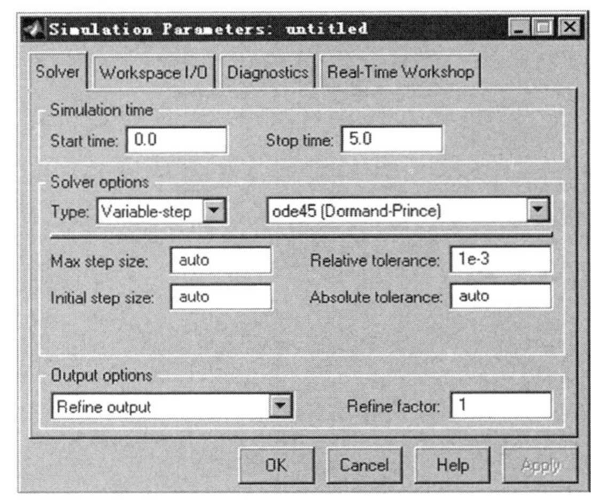


图 3-44　解题器中仿真参数设置

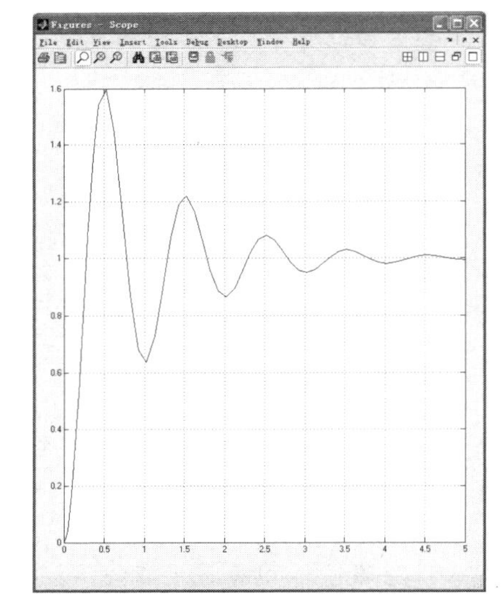

图 3-45　阶跃响应曲线

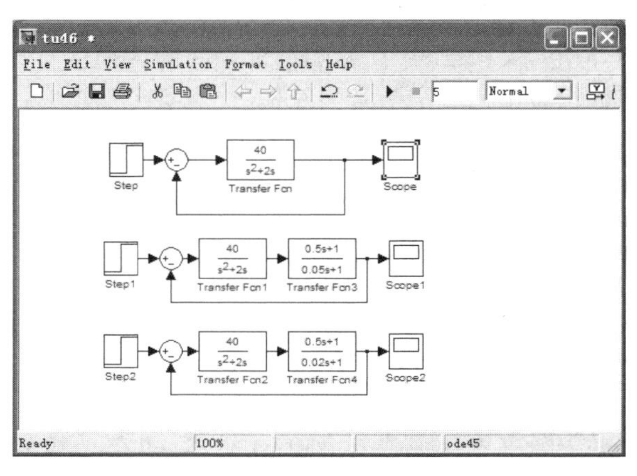


图 3-46　加入校正环节后的系统框图

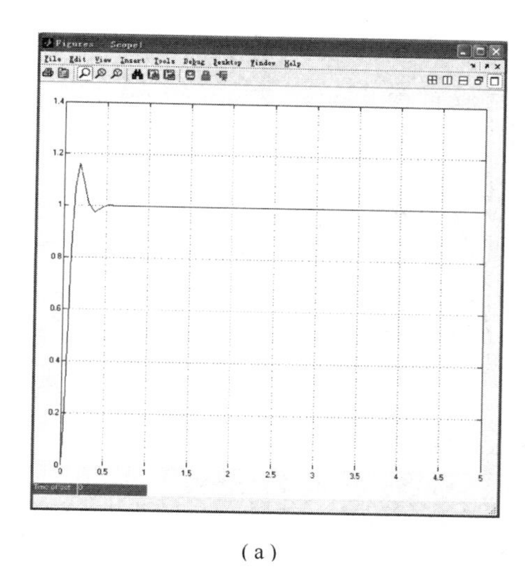


(a)

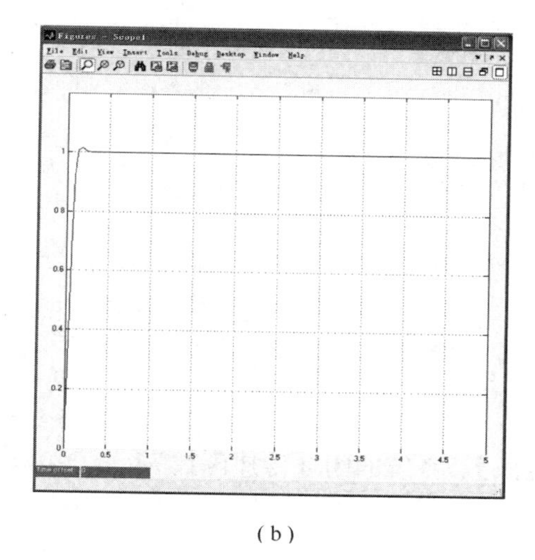


(b)

图 3-47　加入校正环节后系统的响应曲线

# 本章小结

本章通过系统的时域响应分析了系统的稳定性及稳态误差和瞬态响应的问题，要求学生着重掌握以下内容：

(1) 线性系统的稳定性是系统正常工作的首要条件。一个不稳定的系统，是根本无法复现给定信号和抑制扰动信号的。

(2) 线性系统稳定的充分必要条件是系统特征方程的根全部具有负实部，或者说是系统闭环传递函数的极点均在根平面的左半平面。系统的稳定性，是系统固有的一种特性，完全由系统自身的结构、参数决定，而与输入无关。判别稳定性的代数方法是 Routh 判据和 Hurwitz 判据。

(3) 系统的稳态误差是系统的稳态性能指标，它标志着系统的控制精度。稳态误差既和系统的结构、参数有关；又和输入信号的形式及大小有关，位置误差、速度误差、加速度误差分别指输入是阶跃、斜坡、加速度输入时所引起的输出位置上的误差。

(4) 系统的型号和静态误差系数也是稳态精度的一种标志，型号越高，静态误差系数越大，系统的稳态误差则越小。

(5) 线性定常一、二阶系统的时域响应可由解析法求得，从中可以定量分析系统的各种性能，而且也能用来设计系统。

(6) 线性定常高阶系统的时域响应可以表示为一、二阶系统响应的合成。利用系统主导极点的概念，可把远离虚轴的极点产生的瞬态响应分量忽略，使高阶系统降阶，从而用低阶系统的结论去分析甚至设计高阶系统。

(7) 利用 MATLAB 和 Simulink 分析给定输入信号下控制系统的瞬态响应及求取时域响应性能指标。

# 本章典型题、考研题详解及习题

## A 典型题详解

**【A3-1】** 如图 A3-1(a)所示系统的单位阶跃响应曲线如图 A3-1(b)所示，试确定系统参数

$K_1, K_2, a$ 的值。

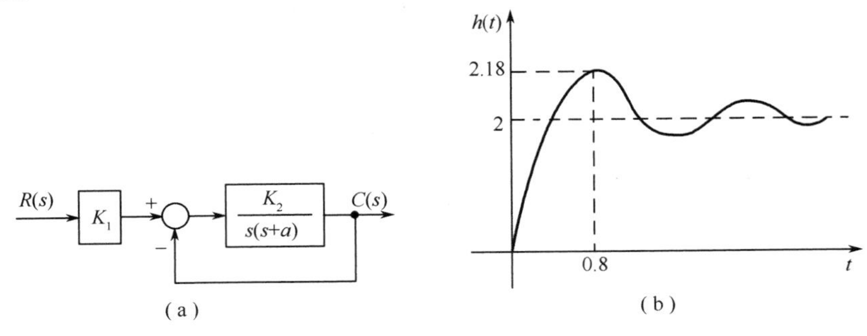


图 A3-1　系统结构图和单位阶跃响应曲线

**【解】** 系统的闭环传递函数为

$$\Phi(s)=\frac{K_1K_2}{s^2+as+K_2}=K_1\frac{K_2}{s^2+as+K_2}$$

单位阶跃函数作用下系统的输出

$$C(s)=\Phi(s)R(s)=\frac{K_1K_2}{s(s^2+as+K_2)}$$

系统的稳态输出 $$h(\infty)=\lim_{s\to 0}sC(s)=K_1=2$$

与典型二阶系统比较有 $$\omega_n^2=K_2,\ 2\xi\omega_n=a$$

根据系统的单位阶跃响应曲线得

$$M_p=\exp\left(-\frac{\xi\pi}{\sqrt{1-\xi^2}}\right)=\frac{2.18-2}{2}=0.09\Rightarrow\xi=0.608$$

$$t_p=\frac{\pi}{\omega_n\sqrt{1-\xi^2}}=0.8\Rightarrow\omega_n=4.945$$

所以参数 $K_2=\omega_n^2=24.46$，$a=2\xi\omega_n=6.01$。

**【A3-2】** 单位反馈系统的开环传递函数为

$$G(s)=\frac{K}{s(s^2+6s+18)}$$

(1) 确定系统稳定 $K$ 的取值范围。

(2) 若要求系统的闭环极点均在 $s=-1$ 线的左边，$K$ 应在什么范围？

**【解】** 系统的闭环特征方程式为

$$D(s)=s^3+6s^2+18s+K$$

系统稳定的必要条件为 $K>0$。

列劳斯表

$$\begin{array}{ccc} s^3 & 1 & 18 \\ s^2 & 6 & K \\ s^1 & \dfrac{108-K}{6} & 0 \\ s^0 & K & \end{array}$$

由劳斯稳定的充要条件得，$0<K<108$。

令 $z=s+1$，代入特征方程，得

$$D(z)=z^3+3z^2+9z+(K-13)$$

列劳斯表

$$
\begin{array}{lll}
z^3 & 1 & 9 \\
z^2 & 3 & K-13 \\
z^1 & \dfrac{40-K}{3} & 0 \\
z^0 & K-13 &
\end{array}
$$

由劳斯稳定的充要条件得 $K>13$ 和 $K<40$，即系统的闭环极点均在 $s=-1$ 线的左边的 $K$ 值范围为

$$13<K<40$$

**【A3-3】** 系统结构图如图 A3-2 所示，其中 $G_1(s)=\dfrac{K_1}{T_1 s+1}$，$G_2(s)=\dfrac{K_2}{s(T_2 s+1)}$，试求：

(1) 当 $r(t)=1(t)$，$n(t)=1(t)$时，系统的稳态误差 $e_{ss}$；

(2) 当 $r(t)=t$，$n(t)=1(t)$时，系统的稳态误差 $e_{ss}$；

(3) 若要求减小 $e_{ss}$，则如何调整 $K_1$，$K_2$；

(4) 若在扰动点之前加入积分环节，对系统稳态误差有何影响。

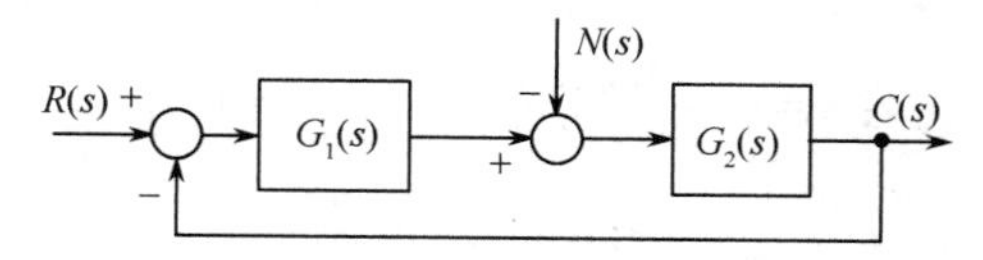


图 A3-2　系统结构图

**【解】** 对给定输入作用下的稳态误差，可采用误差系数法。

系统的开环传递函数为

$$G(s)=G_1(s)G_2(s)=\frac{K_1K_2}{s(T_1s+1)(T_2s+1)}$$

静态位置误差系数　$K_{\mathrm{p}}=\lim\limits_{s\to0}G(s)=\lim\limits_{s\to0}\dfrac{K_1K_2}{s(T_1s+1)(T_2s+1)}=\infty$

静态速度误差系数　$K_{\mathrm{v}}=\lim\limits_{s\to0}sG(s)=\lim\limits_{s\to0}s\dfrac{K_1K_2}{s(T_1s+1)(T_2s+1)}=K_1K_2$

扰动信号作用下稳态误差采用终值定理，为

$$E_{\mathrm{n}}(s)=-\frac{G_2(s)}{1+G_1(s)G_2(s)}N(s)=-\frac{K_2(T_1s+1)}{s(T_1s+1)(T_2s+1)+K_1K_2}N(s)$$

$$e_{\mathrm{ssn}}=\lim_{s\to0}sE_{\mathrm{n}}(s)=-\lim_{s\to0}s\frac{K_2(T_1s+1)}{s(T_1s+1)(T_2s+1)+K_1K_2}N(s)$$

(1) 当 $r(t)=1(t)$，$n(t)=1(t)$时，得

$$e_{\mathrm{ssr}}=\frac{1}{1+K_{\mathrm{p}}}=0$$

$$e_{\mathrm{ssn}}=-\lim_{s\to0}s\frac{K_2(T_1s+1)}{s(T_1s+1)(T_2s+1)+K_1K_2}\frac{1}{s}=-\frac{1}{K_1}$$

$$e_{\mathrm{ss}}=e_{\mathrm{ssr}}+e_{\mathrm{ssn}}=-\frac{1}{K_1}$$

(2) 当 $r(t)=t$，$n(t)=1(t)$时，得

$$e_{\mathrm{ssr}}=\frac{1}{K_{\mathrm{v}}}=\frac{1}{K_1K_2}$$

$$e_{\mathrm{ssn}}=-\lim_{s\to0}s\frac{K_2(T_1s+1)}{s(T_1s+1)(T_2s+1)+K_1K_2}\frac{1}{s}=-\frac{1}{K_1}$$

$$e_{\mathrm{ss}}=e_{\mathrm{ssr}}+e_{\mathrm{ssn}}=\frac{1-K_2}{K_1K_2}$$

(3) 要减小系统稳态误差 $e_{ss}$，则应增大 $K_1$，$K_2$ 值。

(4) 若在扰动点之前加入积分环节，则传递函数为

$$G_1(s)=\frac{K_1}{s(T_1s+1)},G_2(s)=\frac{K_2}{s(T_2s+1)}$$

系统的开环传递函数为

$$G(s)=G_1(s)G_2(s)=\frac{K_1K_2}{s^2(T_1s+1)(T_2s+1)}$$

则静态位置误差系数 $K_p=\lim\limits_{s\to0}G(s)=\lim\limits_{s\to0}\frac{K_1K_2}{s^2(T_1s+1)(T_2s+1)}=\infty$

静态速度误差系数 $K_v=\lim\limits_{s\to0}sG(s)=\lim\limits_{s\to0}s\frac{K_1K_2}{s^2(T_1s+1)(T_2s+1)}=\infty$

当 $r(t)=1(t)$，$r(t)=t$ 时，给定输入作用下的稳态误差均为零。

扰动信号作用下稳态误差为

$$E_n(s)=-\frac{G_2(s)}{1+G_1(s)G_2(s)}N(s)=-\frac{K_2s(T_1s+1)}{s^2(T_1s+1)(T_2s+1)+K_1K_2}N(s)$$

$$e_{ssn}=\lim_{s\to0}sE_n(s)=-\lim_{s\to0}s\frac{K_2s(T_1s+1)}{s^2(T_1s+1)(T_2s+1)+K_1K_2}N(s)$$

$$n(t)=1(t)\Rightarrow e_{ssn}=\lim_{s\to0}sE_n(s)=-\lim_{s\to0}s\frac{K_2s(T_1s+1)}{s^2(T_1s+1)(T_2s+1)+K_1K_2}\frac{1}{s}=0$$

$$n(t)=t\Rightarrow e_{ssn}=\lim_{s\to0}sE_n(s)=-\lim_{s\to0}s\frac{K_2s(T_1s+1)}{s^2(T_1s+1)(T_2s+1)+K_1K_2}\frac{1}{s^2}=-\frac{1}{K_1}$$

从上述表达式可以得到，在扰动作用点前增加积分环节，可以有效地降低系统的稳态误差。

**【A3-4】** 复合控制系统如图 A3-3 所示，其中 $K_1$，$K_2$，$T_1$，$T_2$ 均为正数，当系统输入 $r(t)=\frac{1}{2}t^2$ 时，希望系统的稳态误差 $e_{ss}=0$，试确定前馈控制器的类型和参数。

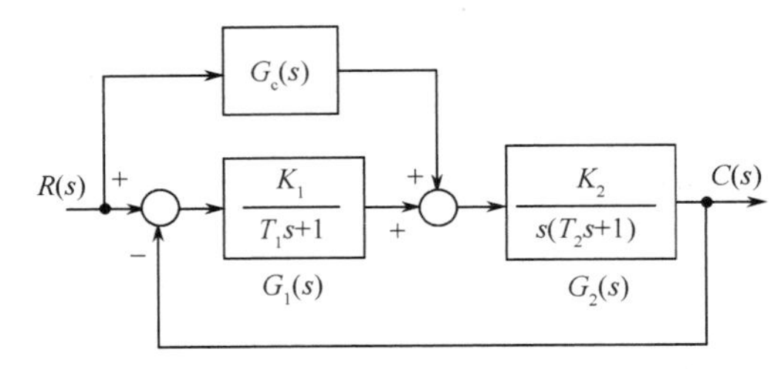


图 A3-3　复合控制系统

**【解】** 系统的闭环传递函数为

$$\Phi(s)=\frac{C(s)}{R(s)}=\frac{G_1(s)G_2(s)+G_c(s)G_2(s)}{1+G_1(s)G_2(s)}=\frac{K_1K_2+K_2(T_1s+1)G_c(s)}{s(T_1s+1)(T_2s+1)+K_1K_2}$$

系统的稳态误差为

$$E(s)=R(s)-C(s)=R(s)[1-\Phi(s)]=R(s)[1-\frac{G_1(s)G_2(s)+G_c(s)G_2(s)}{1+G_1(s)G_2(s)}]$$

$$=R(s)\left[\frac{1-G_c(s)G_2(s)}{1+G_1(s)G_2(s)}\right]=R(s)\frac{T_1T_2s^3+(T_1+T_2)s^2+s-K_2(T_1s+1)G_c(s)}{T_1T_2s^3+(T_1+T_2)s^2+s+K_1K_2}$$

$$e_{ss}=\lim_{s\to0}sE(s)=\lim_{s\to0}s\frac{T_1T_2s^3+(T_1+T_2)s^2+s-K_2(T_1s+1)G_c(s)}{T_1T_2s^3+(T_1+T_2)s^2+s+K_1K_2}\cdot\frac{1}{s^3}=0$$

则 $G_c(s)$ 应满足的形式为

$$G_c(s)=\frac{(T_1+T_2)s^2+s}{K_2(T_1s+1)}$$

且从稳定性考虑，系统的特征方程为

$$D(s)=s(T_1s+1)(T_2s+1)+K_1K_2=T_1T_2s^3+(T_1+T_2)s^2+s+K_1K_2=0$$

由劳斯判据得系统稳定的条件为 $K_1, K_2, T_1, T_2$ 均为正数，且 $K_1K_2<\dfrac{T_1+T_2}{T_1T_2}$。

## B 考研试题

**【B3-1】** （北京科技大学 2015 年）系统结构图如图 B3-1 所示。

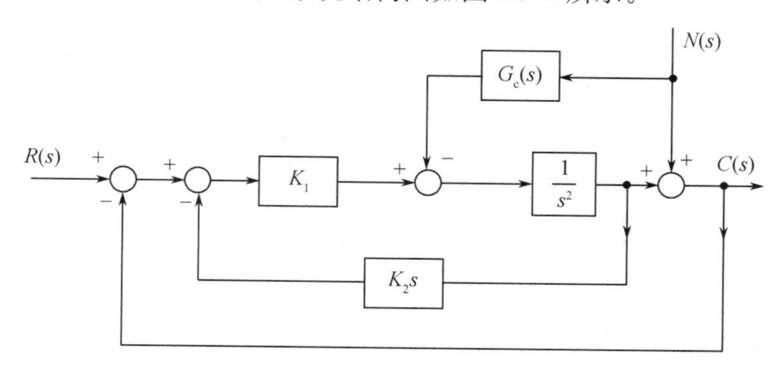


图 B3-1　系统结构图

（1）试选取 $G_c(s)$ 使干扰 $N(s)$ 对系统的输出无影响；

（2）试选取 $K_2$ 值，使系统具有阻尼比 $\xi=0.707(K_1>0)$。

**【解】** （1）干扰 $N(s)$ 单独作用下系统的闭环传递函数为

$$\Phi_n(s)=\frac{C(s)}{N(s)}\bigg|_{r(t)=0}=\frac{1\cdot\left(1+\dfrac{K_1}{s^2}K_2s\right)-G_c(s)\dfrac{1}{s^2}}{1+\dfrac{K_1}{s^2}K_2s+\dfrac{K_1}{s^2}}=\frac{-G_c(s)+s(s+K_1K_2)}{s^2+K_1K_2s+K_1}$$

要使干扰对系统输出无影响，则 $\Phi_n(s)=\dfrac{C(s)}{N(s)}\bigg|_{r(t)=0}=0$，得

$$G_c(s)=s(s+K_1K_2)$$

（2）给定信号 $R(s)$ 单独作用下系统的闭环传递函数为

$$\Phi_r(s)=\frac{C(s)}{R(s)}\bigg|_{n(t)=0}=\frac{\dfrac{K_1}{s^2}}{1+\dfrac{K_1}{s^2}K_2s+\dfrac{K_1}{s^2}}=\frac{K_1}{s^2+K_1K_2s+K_1}$$

系统为典型二阶系统，比较得 $\omega_n^2=K_1$，$2\xi\omega_n=K_1K_2$，要使系统阻尼比 $\xi=0.707$，则得 $K_2=\sqrt{2}/\sqrt{K_1}$。

**【B3-2】** （北京航空航天大学 2016 年）某伺服系统结构图如图 B3-2 所示。

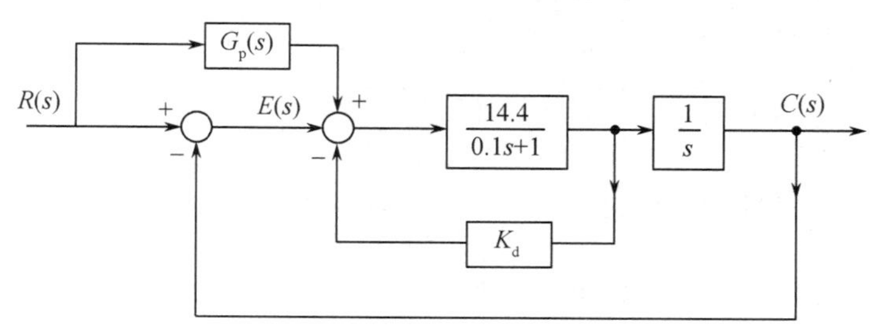


图 B3-2　伺服系统结构图

（1）确定测速反馈系数 $K_d$ 的值，使系统阻尼比为 $\xi=0.7$，并求此时系统的单位阶跃响应的峰值时间、超调量及调节时间；

（2）在设计 $K_d$ 的基础上，设计一个最简补偿器 $G_p(s)$，使系统在单位斜坡信号作用下无稳态误差，这里误差 $E(s)=R(s)-C(s)$。

**【解】**（1）给定信号作用下系统的闭环传递函数为

$$\Phi(s)=\frac{C(s)}{R(s)}=\frac{\frac{14.4}{0.1s+1}\cdot\frac{1}{s}+\frac{14.4}{0.1s+1}\cdot\frac{1}{s}\cdot G_p(s)}{1+\frac{14.4}{0.1s+1}\cdot K_d+\frac{14.4}{0.1s+1}\cdot\frac{1}{s}}=\frac{14.4(1+G_p(s))}{0.1s^2+(1+14.4K_d)s+14.4}$$

系统的特征多项式为 $$D(s)=0.1s^2+(1+14.4K_d)s+14.4$$

与典型二阶系统比较，得 $\omega_n^2=14.4$，$2\xi\omega_n=1+14.4K_d$，要使系统阻尼比 $\xi=0.7$，则得 $K_d=0.3$。此时系统的单位阶跃响应的峰值时间 $t_p=\frac{\pi}{\omega_n\sqrt{1-\zeta^2}}=1.16\text{s}$、超调量 $M_p=e^{-\frac{\zeta\pi}{\sqrt{1-\zeta^2}}}=4.6\%$ 及调节时间 $t_s=\frac{3\sim4}{\omega_n\zeta}=1.13\sim1.51\text{s}$。

（2）系统的误差函数

$$E(s)=[1-\Phi(s)]R(s)=\frac{0.1s^2+(1+14.4K_d)s-14.4G_p(s)}{0.1s^2+(1+14.4K_d)s+14.4}R(s)$$

当输入为单位斜坡信号作用下系统无稳态误差，即

$$e_{ss}=\lim_{s\to0}sE(s)=\lim_{s\to0}s\frac{0.1s^2+(1+14.4K_d)s-14.4G_p(s)}{0.1s^2+(1+14.4K_d)s+14.4}\frac{1}{s^2}=0$$

得 $$G_p(s)=\frac{(1+14.4K_d)s}{14.4}=0.369\text{s}$$

**【B3-3】**（南京理工大学 2010 年）已知单位反馈系统的开环传递函数为 $G(s)=\frac{4}{s(s+2)}$，试求系统在输入 $r(t)=1+2t+\sin t$ 时的稳态误差。

**【解】** 首先判断系统的稳定性，二阶系统系数均大于零，所以闭环系统稳定。

系统在 $r_1(t)=1$ 作用下的稳态误差

$$e_{ss1}=\frac{1}{1+K_p}=\frac{1}{1+\lim_{s\to0}G(s)}=0$$

系统在 $r_2(t)=2t$ 作用下的稳态误差

$$e_{ss2}=\frac{2}{K_v}=\frac{2}{\lim_{s\to0}sG(s)}=1$$

系统在 $r_3(t)=\sin t$ 作用下

$$\Phi_{er3}(s)=\frac{E_3(s)}{R(s)}=\frac{1}{1+G(s)}$$

$$\Phi_{er3}(j\omega)\big|_{\omega=1}=\frac{1}{1+G(j\omega)}\bigg|_{\omega=1}=\frac{2j-1}{-1+2j+4}=0.62e^{j82.88^\circ}$$

$$e_{ss3}(t)=0.62\sin(t+82.88^\circ)$$

系统总稳态误差 $$e_{ss}=e_{ss1}(t)+e_{ss2}(t)+e_{ss3}(t)=1+0.62\sin(t+82.88^\circ)$$

**【B3-4】**（西安电子科技大学 2010 年）3 个二阶系统的闭环传递函数形式均为 $\Phi(s)=\frac{C(s)}{R(s)}=\frac{\omega_n^2}{s^2+2\zeta\omega_n s+\omega_n^2}$，它们的单位阶跃响应曲线如图 B3-3 中曲线①，②，③。其中 $t_{s1}$，$t_{s2}$ 为系统①，②的调整时间，$t_{p1}$，$t_{p2}$，$t_{p3}$ 为系统①，②，③的峰值时间。试在同一 $s$ 平面画出 3 个系统闭环极点的相对位置，并说明理由。

**【解】** 根据阶跃响应曲线知，①系统和②系统超调量相同，则阻尼比相同，③系统超调量大于①，②系统，则阻尼比小，即 $\zeta_1=\zeta_2>\zeta_3$；①系统的调节时间比②系统小，根据 $t_s=\dfrac{4}{\zeta\omega_n}$，$\zeta_1=\zeta_2$，则 $\omega_{n1}>\omega_{n2}$；②，③系统峰值时间相同，且 $\zeta_2>\zeta_3$，根据 $t_p=\dfrac{\pi}{\omega_n\sqrt{1-\zeta^2}}$，则 $\omega_{n2}>\omega_{n3}$，则 $\omega_{n1}>\omega_{n2}>\omega_{n3}$，所以 3 个系统的闭环极点如图 B3-4 所示。

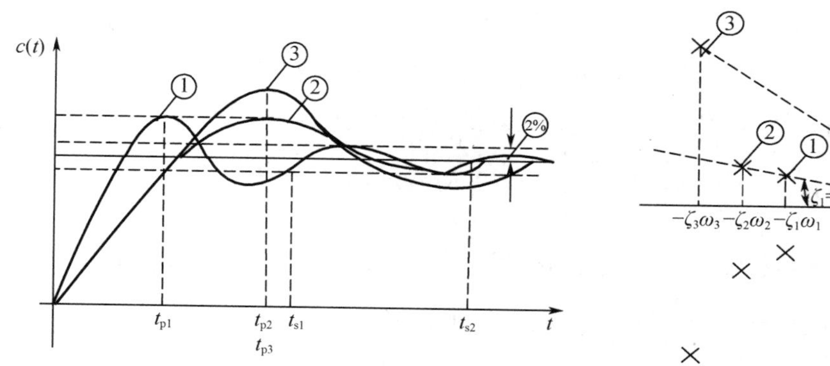


图 B3-3　三个系统的单位阶跃响应曲线

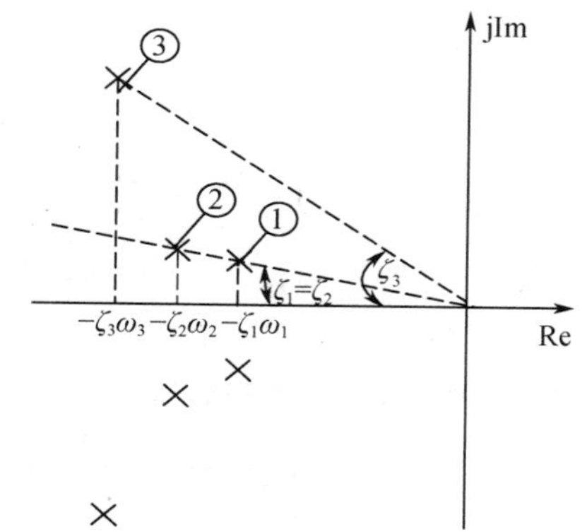


图 B3-4　三个系统的闭环极点图

**【B3-5】** （北京交通大学 2013 年）磁悬浮列车的正常运行需要在车体的轨道之间保持 0.635cm 的空隙，这是一个困难的问题，空隙控制系统结构图如图 B3-5 所示。若控制器取为 $G_c(s)=\dfrac{K_a(s+2)}{s+12}$，其中 $K_a$ 为控制器增益，试求：

(1) 使系统稳定的 $K_a$ 范围；

(2) 讨论可否确定 $K_a$ 的合适取值，使系统对单位阶跃输入的稳态跟踪误差为零；

(3) 取控制器增益 $K_a=2$，确定系统的单位阶跃响应。

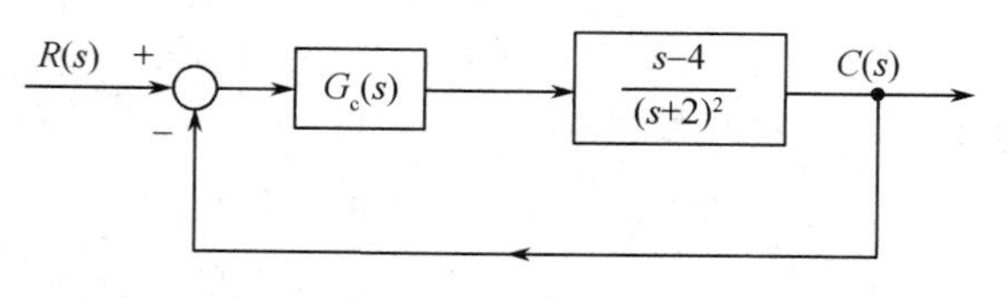


图 B3-5　空隙控制系统结构图

**【解】** (1)系统的闭环传递函数为

$$\Phi(s)=\frac{K_a(s-4)}{s^2+(14+K_a)s+24-4K_a}$$

特征方程为 $D(s)=s^2+(14+K_a)s+24-4K_a=0$，二阶系统稳定的条件是各项系数均大于零，得系统稳定 $K_a$ 的取值范围 $-14<K_a<6$。

(2) 系统为零型系统，所以不可能对单位阶跃输入下的稳态跟踪误差为零。

(3) 控制器增益 $K_a=2$ 时，系统的闭环传递函数为 $\Phi(s)=\dfrac{2(s-4)}{s^2+16s+16}$，系统单位阶跃信号作用下的输出为

$$C(s)=\Phi(s)\cdot\frac{1}{s}=\frac{2(s-4)}{s(s^2+16s+16)}=-\frac{0.5}{s}+\frac{1}{2}\frac{s+8}{(s+8)^2+\mathrm{j}(4\sqrt{3})^2}+\frac{6}{(s+8)^2+\mathrm{j}(4\sqrt{3})^2}$$

拉普拉斯反变换得单位阶跃响应为

$$h(t)=-0.5+\frac{1}{2}\mathrm{e}^{-8t}\cos4\sqrt{3}t+\frac{\sqrt{3}}{2}\mathrm{e}^{-8t}\sin4\sqrt{3}t=-0.5+\mathrm{e}^{-8t}\sin(4\sqrt{3}t+30^\circ)$$

**【B3-6】** （浙江大学 2010 年）已知二阶系统的单位阶跃响应为 $y(t)=10-12.5\mathrm{e}^{-1.2t}\cdot\sin(1.6t+53.1^\circ)$。试求：系统的超调量 $\delta\%$，峰值时间 $t_p$ 和调节时间 $t_s$。[提示：$15\mathrm{e}^{-1.2t}\sin(1.6t$

$+53.1°)-20e^{-1.2t}\cos(1.6t+53.1°)=25e^{-1.2t}\sin 1.6t]$

**【解】** 根据系统的单位阶跃响应可知系统的稳态值为 10，所以系统的放大倍数为 10，当系统输出最大值时应满足

$$\frac{\mathrm{d}y(t)}{\mathrm{d}t}=0\Rightarrow -12.5*(-1.2)e^{-1.2t}\sin(1.6t+53.1°)-12.5*1.6e^{-1.2t}\cos(1.6t+53.1°)$$

$$=15e^{-1.2t}\sin(1.6t+53.1°)-20e^{-1.2t}\cos(1.6t+53.1°)=25e^{-1.2t}\sin 1.6t=0$$

求得峰值时间 $$t_{\mathrm{p}}=\frac{\pi}{1.6}=1.96\mathrm{s}$$

对应的最大值为 $$y_{\max}=y(t_{\mathrm{p}})=10-12.5e^{-1.2t_{\mathrm{p}}}\sin(1.6t_{\mathrm{p}}+53.1°)=10.948$$

则系统的超调量 $$\delta\%=\frac{y_{\max}-y(\infty)}{y(\infty)}\times 100\%=\frac{10.948-10}{10}\times 100\%=9.48\%$$

调节时间满足 $|y(t_{\mathrm{s}})|<(95\%\sim 98\%)\times 10=9.5\sim 9.8$，即误差带 $\Delta=5\%\sim 2\%$，近似求得 $t_{\mathrm{s}}=2.5\sim 3.3\mathrm{s}$。

或由系统响应可知系统为欠阻尼状态，与典型二阶系统欠阻尼单位阶跃响应相比较有

$$\frac{1}{\sqrt{1-\zeta^2}}=\frac{12.5}{10}=1.25,\zeta\omega_{\mathrm{n}}=1.2\Rightarrow\zeta=0.6,\omega_{\mathrm{n}}=2$$

系统的超调量 $\delta\%=e^{-\frac{\zeta\pi}{\sqrt{1-\zeta^2}}}100\%=9.48\%$，峰值时间 $t_{\mathrm{p}}=\dfrac{\pi}{\omega_{\mathrm{n}}\sqrt{1-\zeta^2}}=1.96\mathrm{s}$ 和调节时间 $t_{\mathrm{s}}=\dfrac{3\sim 4}{\zeta\omega_{\mathrm{n}}}=2.5\sim 3.3\mathrm{s}$。

## C 习题

C3-1 已知系统在零初始条件下的脉冲响应函数如图 C3-1 所示，求其传递函数。

C3-2 系统在 $r(t)=1(t)+t\cdot 1(t)$ 作用下的零初始状态响应为 $c(t)=0.9-0.9e^{-10t}+t$，试求系统的传递函数。

C3-3 某系统的闭环传递函数为

$$G(s)=\frac{C(s)}{R(s)}=\frac{500}{(s+10)(s^2+10s+50)}$$

当输入信号为单位阶跃函数时，采用精确和主导极点的近似方法求取系统的单位阶跃响应和各项性能指标。

C3-4 设负反馈系统的单位阶跃响应如图 C3-2 所示，试确定系统的开环和闭环传递函数。

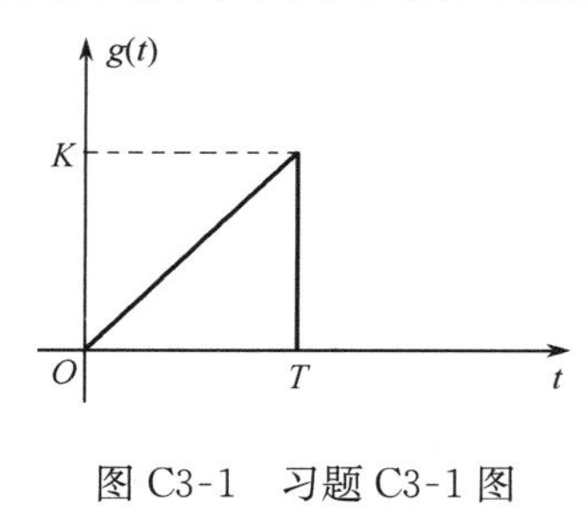


图 C3-1 习题 C3-1 图

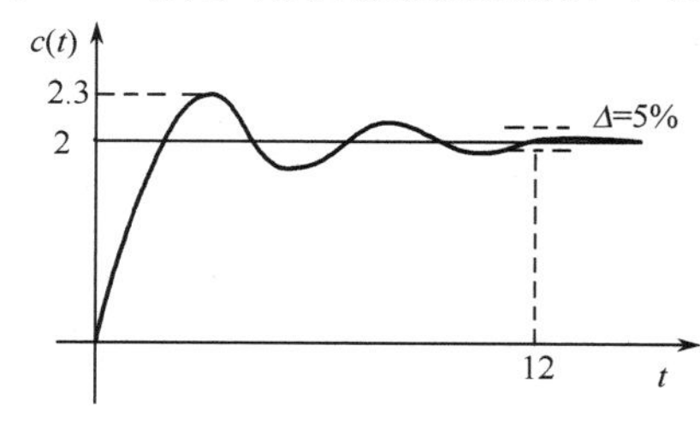


图 C3-2 习题 C3-4 图

C3-5 单位反馈控制系统的开环传递函数如下

$$G(s)=\frac{K}{s(T_1s+1)(T_2s+1)}$$

若输入信号 $r(t)=a\times 1(t)+bt$，欲使系统的稳态误差 $e_{\mathrm{ss}}<\varepsilon$，求系统参数应满足的条件。

C3-6 如图 C3-3 所示系统传递函数为

$$\Phi(s)=\frac{C(s)}{R(s)}=\frac{G(s)}{1+G(s)H(s)}=\frac{b_0 s^m+b_1 s^{m-1}+\cdots+b_{m-1}s+b_m}{a_0 s^n+a_1 s^{n-1}+\cdots+a_{n-1}s+a_n}$$

误差 $e$ 定义为 $r-c$，且系统稳定，试确定系统在阶跃信号作用下稳态误差为零的充分条件；求系统在等加速度信号作用下稳态误差为零时 $\frac{C(s)}{R(s)}$ 的形式。

C3-7　某复合控制系统如图 C3-4 所示（$K_1$、$K_2$、$T_1$、$T_2$ 均为已知正数）。若要求系统跟踪斜坡输入的稳态误差为零，试确定 $G_c(s)$ 的类型和参数。

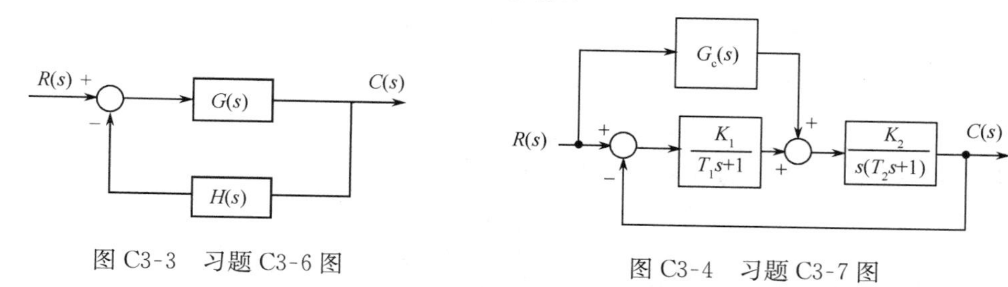


图 C3-3　习题 C3-6 图　　　　图 C3-4　习题 C3-7 图

C3-8　单位反馈控制系统，要求：

(1) 由单位阶跃函数输入引起的系统稳态误差为零；

(2) 整个系统的特征方程为 $s^3+4s^2+6s+4=0$，求满足上述条件的三阶开环传递函数 $G(s)$。

C3-9　单位反馈控制的三阶系统，其开环传递函数 $G(s)$，如要求：

(1) 由单位斜坡函数输入引起的稳态误差为 0.5；

(2) 三阶系数的一对主导极点为 $s_{1,2}=-1\pm j2$，求同时满足上述条件的开环传递函数 $G(s)$。

C3-10　系统结构图如图 C3-5 所示，试求当 $\tau=0$ 时系统的 $\zeta$ 和 $\omega_n$；若要求 $\zeta=0.7$，试确定参数 $\tau$。

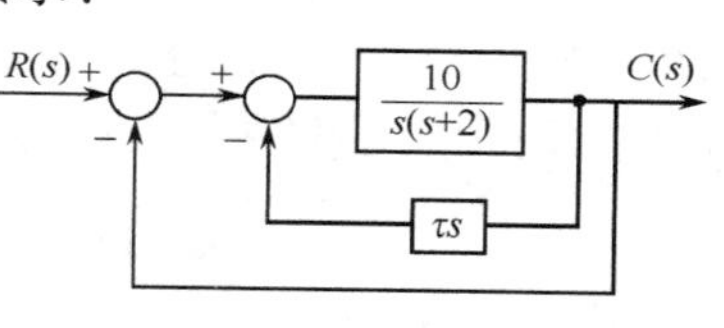


图 C3-5　习题 C3-10 图

C3-11　设单位反馈系统的开环传递函数如下，试确定系统稳定时 $K$ 的取值范围。

(1) $G(s)=\frac{K}{s(s+1)(0.2s+1)}$　　(2) $G(s)=\frac{K}{s^2(0.1s+1)}$

(3) $G(s)=\frac{K}{s(s+1)(0.5s+1)}$　　(4) $G(s)=\frac{K(0.2s+1)}{s(s+1)(s+1)}$

C3-12　单位反馈系统的开环传递函数为

$$G(s)=\frac{K}{s(0.1s+1)(0.2s+1)}$$

试求：(1) 系统稳定时 $K$ 的取值；

(2) 闭环极点均位于 $s=-1$ 直线的左边，此时 $K$ 应取何值。

C3-13　已知系统的特征方程如下，试判断系统的稳定性并确定右特征根的个数及虚轴上特征根。

(1) $D(s)=s^4+2s^3+8s^2+4s+3=0$　　(2) $D(s)=s^5+s^4+2s^3+2s^2+5s+5=0$

(3) $D(s)=s^4+8s^3+18s^2+16s+5=0$　　(4) $D(s)=s^5+2s^4-s-3=0$

C3-14　单位反馈控制系统的开环传递函数为

$$G(s)=\frac{K(s+1)}{s^3+0.8s^2+2s+1}$$

试确定系统临界增益 $K$ 值及相应的振荡频率。

C3-15　一复合控制系统如图 C3-6 所示，其中 $G_r(s)$ 为给定信号的前馈装置特性，$G_n(s)$

为扰动前馈装置特性，欲使输出 $C(s)$ 与扰动 $N(s)$ 无关，并且输出完全复现输入信号 $R(s)$，试确定 $G_r(s)$ 和 $G_n(s)$ 的表达式。

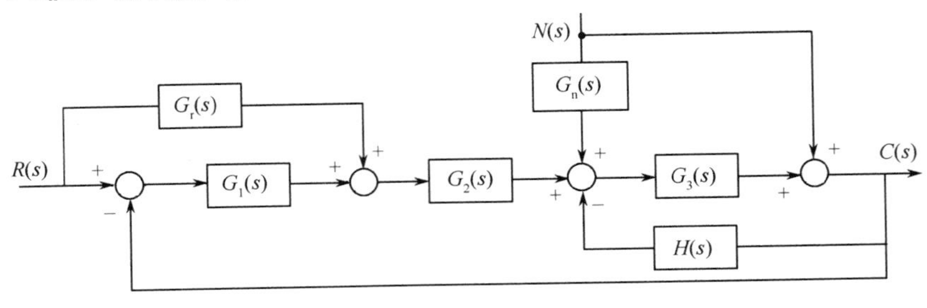


图 C3-6　习题 C3-15 图

C3-16　设单位反馈系统的开环传递函数为

$$G(s)=\frac{K(2s+1)}{s(s+1)(5s+1)}$$

试采用 Simulink 构造系统的仿真框图，研究参数 $K$ 取不同值系统动态特性的变化。

C3-17　对于典型二阶系统

$$\frac{C(s)}{R(s)}=\frac{\omega_n^2}{s^2+2\xi\omega_n s+\omega_n^2}$$

考虑 $\omega_n=1$ 时，$\zeta$ 分别为 0.1，0.3，0.5，0.7 和 1。试用 MATLAB 求出系统单位阶跃响应，并在图上求出各项性能指标 $t_r$，$t_p$，$t_s$ 和 $M_p$。

C3-18　已知系统的闭环传递函数

$$\Phi(s)=\frac{C(s)}{R(s)}=\frac{90}{(s+10)(s^2+0.4s+1)(s^2+4s+9)}$$

(1) 试用 MATLAB 求系统的单位阶跃响应、单位斜坡响应和单位脉冲响应；

(2) 采用 MATLAB 求系统的各项性能指标；

(3) 采用主导极点的方法求取系统的各项性能指标并进行比较分析。

# 第4章 根轨迹法

**内容提要**：根轨迹法是一种图解法，本章介绍根轨迹的基本条件、常规根轨迹绘制的基本规则、广义根轨迹的绘制，以及用根轨迹确定闭环极点及系统性能指标。最后介绍如何利用 MATLAB 绘制系统的根轨迹。

**知识要求**：传递函数的零、极点表示，根轨迹的基本概念，绘制根轨迹的基本条件、基本规则，等效开环传递函数和概念，特殊根轨迹的绘制。

**教学建议**：本章的重点是熟练掌握根轨迹的基本方程和根轨迹的基本条件，根据开环零、极点分布，依据根轨迹的绘制规则，熟练绘制系统的根轨迹，熟练应用等效开环传递函数概念，绘制广义根轨迹，根据根轨迹定性分析和定量计算系统的性能指标。**建议学时数为 6 学时。**

闭环控制系统的动态性能（如稳定性、动态特性等），主要由系统的闭环极点在 $s$ 平面上的分布所决定。但是直接求取高阶系统的闭环极点是很困难的，特别是在系统分析或设计时，要研究某些参数变化的系统特征根的变化，采用直接求根显得十分烦琐，难以实际应用。

系统的闭环极点也就是特征方程式的根。当系统的某一个或某些参量变化时，特征方程的根在 $s$ 平面上运动的轨迹称为根轨迹。

1948 年伊凡思（W. R. Evans）首先提出了根轨迹法，它不直接求解特征方程，而利用系统的开环零、极点分布图，采用图解法来确定系统的闭环特征根随参数变化的运动轨迹，进而对系统的动态和稳态特性进行定性分析和定量计算。

## 4.1 根轨迹的基本概念

### 4.1.1 根轨迹

设控制系统如图 4-1 所示，其开环传递函数为

$$G(s)H(s)=\frac{K}{(s+1)(s+2)}$$

系统开环极点有两个：$p_1=-1$，$p_2=-2$。

系统的闭环传递函数为

$$\Phi(s)=\frac{K}{s^2+3s+2+K}$$

系统的特征方程为

$$D(s)=s^2+3s+2+K=0$$

其特征根为

$$s_{1,2}=-\frac{3}{2}\pm\frac{1}{2}\sqrt{1-4K}$$

当 $K$ 从 $0\to\infty$ 变化时，系统特征根（闭环极点）变化情况如下：

(1) 当 $K=0$，$s_1=-1=p_1$，$s_2=-2=p_2$，系统的闭环极点为开环极点；

(2) 当 $0<K<0.25$ 时，闭环极点 $s_1$ 和 $s_2$ 为两个互不相等的负实根；

(3) 当 $K=0.25$ 时，闭环极点 $s_1=s_2=-1.5$ 为两个相等的负实根；

（4）当 $0.25<K<\infty$ 时，闭环极点 $s_{1,2}=-1.5\pm j\frac{1}{2}\sqrt{4K-1}$ 是实部为负的共轭复根。

当 $K$ 从 $0\to\infty$ 时，系统特征根变化轨迹如图 4-2 所示，这就是系统的根轨迹，箭头表示 $K$ 增大的方向。

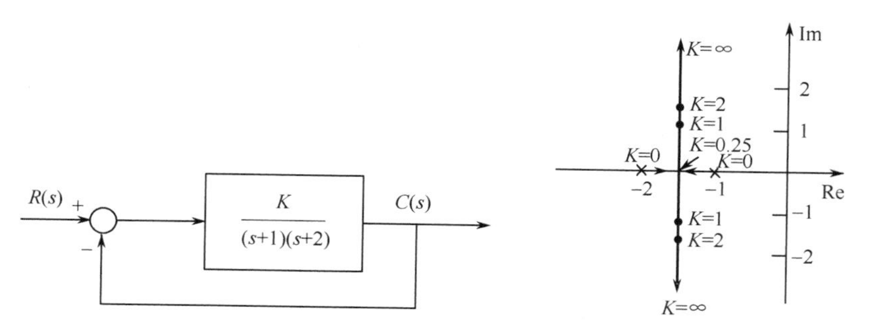


图 4-1　系统结构图　　　　图 4-2　系统的根轨迹图

由根轨迹图可以直观地分析参数 $K$ 变化时系统的各项性能。

（1）当 $K$ 从 $0\to\infty$ 时，根轨迹均在 $s$ 平面的左半平面，因此，系统对所有大于 0 的 $K$ 值都是稳定的；

（2）当 $0<K<0.25$ 时，闭环极点为负实根，系统为过阻尼状态，系统的阶跃响应为单调变化；

（3）当 $K=0.25$ 时，闭环极点为重根，系统为临界阻尼状态，系统的阶跃响应为单调变化；

（4）当 $0.25<K<\infty$ 时，闭环极点为实部为负的共轭复根，系统为欠阻尼状态，系统的阶跃响应为衰减振荡，且系统的超调量随 $K$ 值增大而增大，但是调节时间不变；

（5）系统在坐标原点无开环极点，所以系统为 0 型系统，阶跃信号作用下是有差的，且系统的稳态误差随 $K$ 值增大而减小。

采用直接求取闭环极点的方法，逐点绘制根轨迹，对于高阶系统显然不合适。为此，应寻找简单、有效的作图法，根据系统开环零、极点绘制系统闭环特征根的轨迹——根轨迹。

### 4.1.2　根轨迹的基本条件

对于典型的负反馈控制系统，如图 4-3 所示。

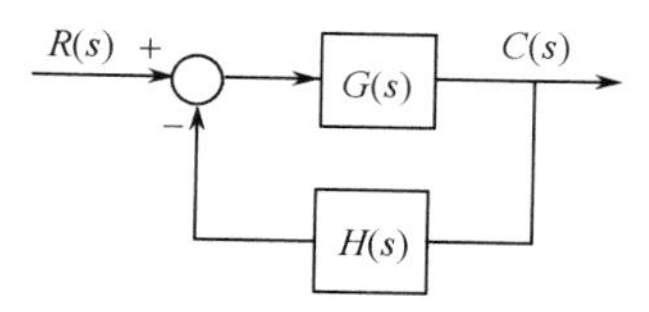


图 4-3　反馈控制系统

闭环传递函数为

$$\Phi(s)=\frac{G(s)}{1+G(s)H(s)} \tag{4-1}$$

系统的特征方程为

$$\begin{aligned}D(s)=1+G(s)H(s)=0\\G(s)H(s)=-1\end{aligned} \tag{4-2}$$

满足式(4-2)的点，必定是根轨迹上的点，式(4-2)称为根轨迹的基本方程(或根轨迹的基本条件)。$s$ 是复变量，式(4-2)可以写成式(4-3)幅值(模值)条件和式(4-4)相角条件。

$$|G(s)H(s)|=1 \tag{4-3}$$

$$\angle G(s)H(s)=\pm(2k+1)\pi \quad k=0,1,2,\cdots \tag{4-4}$$

即满足式(4-3)和式(4-4)的 $s$ 必为根轨迹上的点。

当系统的开环传递函数为零、极点表示形式，即

$$G(s)H(s)=\frac{K(s-z_1)(s-z_2)\cdots(s-z_m)}{(s-p_1)(s-p_2)\cdots(s-p_n)} \tag{4-5}$$

式中，$z_1,z_2,\cdots,z_m$ 为系统的开环零点；$p_1,p_2,\cdots,p_n$ 为系统的开环极点；$K$ 为系统的根轨迹增益。则式(4-2)变为

$$G(s)H(s)=\frac{K\prod_{j=1}^{m}(s-z_j)}{\prod_{i=1}^{n}(s-p_i)}=-1 \tag{4-6}$$

因此，根轨迹的幅值条件和相角条件又可表示为

$$K=\frac{\left|\prod_{i=1}^{n}(s-p_i)\right|}{\left|\prod_{j=1}^{m}(s-z_j)\right|} \tag{4-7}$$

$$\sum_{j=1}^{m}\angle(s-z_j)-\sum_{i=1}^{n}\angle(s-p_i)=\pm(2k+1)\pi \quad k=0,1,2,\cdots \tag{4-8}$$

式(4-7)和式(4-8)是根轨迹上的点应该同时满足的基本条件，根据这两个条件，可以完全确定 $s$ 平面上的根轨迹。

假设研究系统的根轨迹增益 $K$ 从零变化到无穷大时，闭环系统特征根的轨迹称为典型根轨迹或常规根轨迹或 180°根轨迹。

当研究根轨迹增益 $K$ 变化时的根轨迹时，由式(4-7)和式(4-8)可知，相角条件与变量 $K$ 无关，所以，相角条件是确定 $s$ 平面上根轨迹的充分必要条件；而幅值条件用来确定根轨迹上各点对应的 $K$ 值。

## 4.2 绘制根轨迹的基本规则

对于常规根轨迹的绘制，可由如下基本规则概略绘出。

**规则 1　根轨迹的起点与终点**

根轨迹起始于开环极点，终止于开环零点。

由根轨迹的基本方程式(4-6)，可得

$$\frac{\prod_{j=1}^{m}(s-z_j)}{\prod_{i=1}^{n}(s-p_i)}=-\frac{1}{K} \tag{4-9}$$

当 $K=0$ 时，由上式求得根轨迹的起点为 $p_i(i=1,2,\cdots,n)$，即系统的开环极点；当 $K=\infty$ 时，由根轨迹方程知根轨迹的终点为 $s=z_j(j=1,2,\cdots,m)$，即系统的开环零点。

但是，当 $n>m$ 时，有 $m$ 条根轨迹趋向于开环零点(称为有限零点)，还有 $(n-m)$ 条根轨迹将趋于无穷远处(称为无限零点)。因为当 $s\to\infty$ 时，式(4-9)可写为

$$\frac{1}{K}=\lim_{s\to\infty}\frac{\prod_{j=1}^{m}(s-z_j)}{\prod_{i=1}^{n}(s-p_i)}=\lim_{s\to\infty}\frac{1}{s^{n-m}}\to 0$$

另外，如果出现 $n<m$ 的情况，当 $K=0$ 时，必有 $(m-n)$ 条根轨迹的起点在无穷远处。因为当 $s\to\infty$ 时，式(4-9)可写为

$$\frac{1}{K}=\lim_{s\to\infty}\frac{\prod_{j=1}^{m}(s-z_j)}{\prod_{i=1}^{n}(s-p_i)}=\lim_{s\to\infty}s^{m-n}\to\infty$$

同样把无穷远处的极点看成无限极点，则根轨迹起始于开环极点（有限极点和无限极点），终止于开环零点（有限零点和无限零点）。

**规则 2　根轨迹的分支数、对称性和连续性**

根轨迹的分支数等于 $\max(n,m)$，根轨迹对称于实轴并且连续变化。

根轨迹为系统某一参数变化时，闭环极点在 $s$ 平面运动的轨迹线，所以根轨迹的分支数等于闭环特征方程根的数目，由规则 1 可知，闭环特征方程根的数目等于开环传递函数分子和分母多项式中次数大者，即 $\max(n,m)$。因为开环零、极点和闭环极点均为实数或对称的共轭复数，所以，根轨迹对称于实轴。特征方程中的某些系数随根轨迹增益的连续变化而连续变化，所以，系统闭环极点的变化也必然是连续变化的。

由根轨迹的对称性和连续性，根轨迹只需作出上半部分，对称画出另一部分，且根轨迹连续变化。

**规则 3　根轨迹的渐近线**

当开环极点数 $n$ 大于开环零点数 $m$ 时，有 $n-m$ 条根轨迹趋于无穷远处，无穷远处的渐近线与实轴的交点为 $\delta_a$，渐近线与实轴正方向的夹角（倾角）为 $\varphi_a$。

$$\delta_a=\frac{\sum_{i=1}^{n}p_i-\sum_{j=1}^{m}z_j}{n-m}\tag{4-10}$$

$$\varphi_a=\frac{\pm(2k+1)\pi}{n-m}\quad k=0,1,2,\cdots\tag{4-11}$$

**【例 4-1】** 单位负反馈系统的开环传递函数为

$$G(s)H(s)=\frac{K}{s(s+1)(s+2)}$$

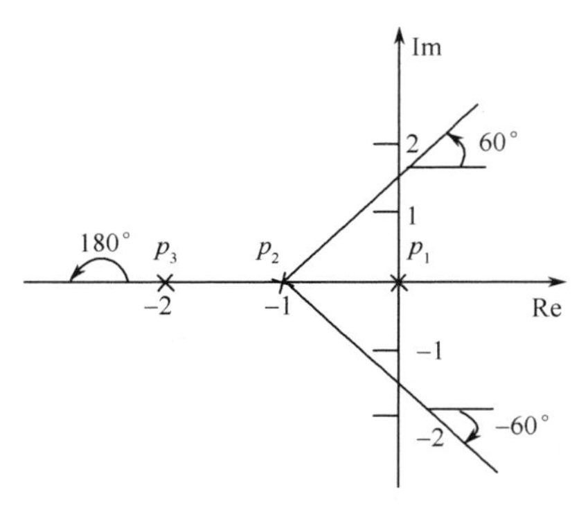

图 4-4　根轨迹的渐近线

系统开环传递函数有 3 个极点：$p_1=0,p_2=-1,p_3=-2$，开环无零点，即 $n=3,m=0$，系统有 3 条根轨迹，分别起始于 3 个开环极点 $p_1=0,p_2=-1,p_3=-2$，3 条根轨迹趋向于无穷远处，其渐近线与实轴交点坐标为

$$\delta_a=\frac{\sum_{i=1}^{n}p_i-\sum_{j=1}^{m}z_j}{n-m}=\frac{0+(-1)+(-2)-0}{3-0}=-1$$

渐近线与实轴正方向的夹角为

$$\varphi_a=\frac{\pm(2k+1)\pi}{n-m}=\frac{\pm(2k+1)\pi}{3}=\begin{cases}\pm\dfrac{\pi}{3},k=0\\ \pm\pi,k=1\end{cases}$$

3 条渐近线如图 4-4 所示。

**规则 4　实轴上的根轨迹段**

实轴上的根轨迹段位于其右边开环零、极点数目总和为奇数的区域。

由于共轭复极点和共轭复零点在实轴上产生的相角之和总等于 $2\pi$，所以根据根轨迹的相角条件即可得出结论。

对于图 4-5 所示的系统，实轴上的根轨迹段位于$[z_1,p_1]$，$[p_3,p_2]$，$[-\infty,z_2]$，如图中粗线段。

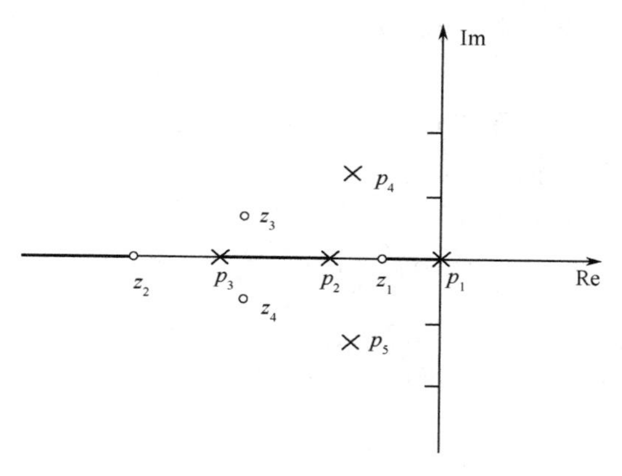


图 4-5　系统的零、极点图

**规则 5　根轨迹的分离点和会合点**

几条根轨迹在 $s$ 平面上相遇后又分开(或分开后又相遇)的点，称为根轨迹的分离点(或会合点)。

可以采用以下方法求取根轨迹的分离点(或会合点)。

**1. 重根法**

根轨迹的分离点(或会合点)是系统特征方程的重根，可以采用求重根的方法确定其位置。

设系统的开环传递函数为

$$G(s)H(s)=\frac{KM(s)}{N(s)}$$

系统的特征方程为

$$KM(s)+N(s)=0 \tag{4-12}$$

特征方程有重根的条件为

$$KM'(s)+N'(s)=0 \tag{4-13}$$

分离点(或会合点)为重根，必然同时满足方程式(4-12)和式(4-13)，联立求解得

$$N(s)M'(s)-N'(s)M(s)=0 \tag{4-14}$$

根据式(4-14)即可确定分离点(或会合点)的值 $d$，$d$ 点所对应的 $K$ 值为

$$K=-\left.\frac{N(s)}{M(s)}\right|_{s=d} \tag{4-15}$$

**2. 极值法**

由系统的特征方程式(4-12)求极值得

$$\frac{\mathrm{d}K}{\mathrm{d}s}=0 \tag{4-16}$$

即可确定分离点(或会合点)的值 $d$。

**3. 零、极点法**

设系统的开环传递函数为

$$G(s)H(s)=\frac{K\prod_{j=1}^{m}(s-z_j)}{\prod_{i=1}^{n}(s-p_i)}$$

$$\sum_{i=1}^{n}\frac{1}{d-p_i}=\sum_{j=1}^{m}\frac{1}{d-z_j} \tag{4-17}$$

由式(4-16)可确定分离点(或会合点)的值 $d$。

必须说明，采用方程式(4-14)、式(4-16)、式(4-17)确定的是特征方程的重根点，对分离点(或会合点)来说，它只是必要条件而非充分条件；也就是说，它的解不一定是分离点(或会合点)，是否是分离点(或会合点)还要看其他规则。

**【例 4-2】** 已知系统的开环传递函数为

$$G(s)H(s)=\frac{K(s+1)}{s^2+2s+2}$$

**【解】** 系统的开环零点为 $z_1=-1$，开环极点 $p_1=-1+\mathrm{j}$，$p_2=-1-\mathrm{j}$。

根轨迹有两条，分别起始于 $p_1=-1+\mathrm{j}$，$p_2=-1-\mathrm{j}$，有一条终止于 $z_1=-1$，还有一条终止于无穷远处。

实轴上的根轨迹段位于 $-\infty\sim-1$ 区域。

分离点(或会合点)的确定，由式(4-14)得

$$(2s+2)(s+1)-(s^2+2s+2)=0$$

$$s^2+2s=0$$

解得：$s_1=0$，对应的 $K_1=-\left.\dfrac{s^2+2s+2}{s+1}\right|_{s=0}=-2$，$K_1<0$；$s_2=-2$，对应的$K_2=-\left.\dfrac{s^2+2s+2}{s+1}\right|_{s=-2}=2$。

所以 $s_2=-2$ 在根轨迹段上是分离点；而 $s_1=0$ 不在根轨迹段上，则舍弃。系统的根轨迹如图 4-6 所示。

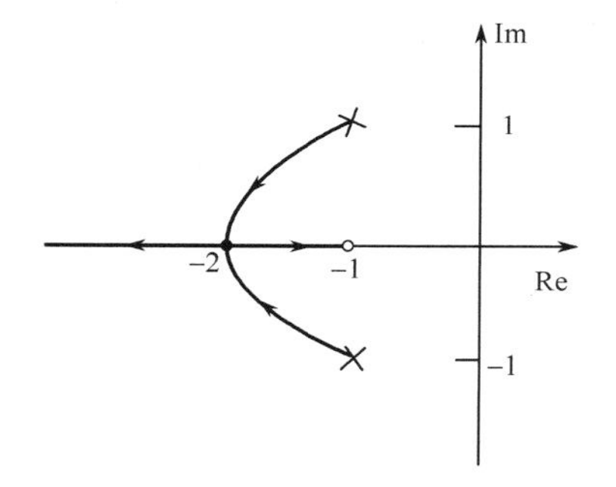


图 4-6 系统的根轨迹图

一般来说：

(1) 实轴上两个相邻的开环极点之间为根轨迹段，则一定有分离点；

(2) 实轴上两个相邻的开环零点之间为根轨迹段，则一定有会合点；

(3) 实轴上一个开环零点和一个开环极点之间为根轨迹段，则一定既有分离点又有会合点，或既没有分离点又没有会合点。

当然，分离点(会合点)可以是实数，也可以是复数，两个相邻的开环复极点(或零点)之间可能有分离点(或会合点)。

**规则 6 根轨迹的起始角和终止角**

根轨迹从开环极点出发时的切线与正实轴的夹角，称为根轨迹的起始角；根轨迹进入开环零点时切线与正实轴的夹角，称为根轨迹的终止角。

根据根轨迹的相角条件可求出从开环极点 $p_i$ 出发的起始角 $\theta_{p_i}$，为

$$\theta_{p_i}=\mp(2k+1)\pi+\sum_{j=1}^{m}\angle(p_i-z_j)-\sum_{\substack{l=1\\l\neq i}}^{n}\angle(p_i-p_l) \tag{4-18}$$

根轨迹终止于开环零点 $z_j$ 的终止角 $\theta_{z_j}$，为

$$\theta_{z_j}=\pm(2k+1)\pi-\sum_{\substack{l=1\\l\neq j}}^{m}\angle(z_j-z_l)+\sum_{i=1}^{n}\angle(z_j-p_i) \tag{4-19}$$

**【例 4-3】** 已知系统的开环传递函数为

$$G(s)H(s)=\frac{K}{s(s^2+2s+2)}$$

试绘制系统的根轨迹。

**【解】** 系统的开环极点 $p_1=-1+\mathrm{j}, p_2=-1-\mathrm{j}, p_3=0$。

根轨迹有3条，分别起始于 $p_1=-1+\mathrm{j}, p_2=-1-\mathrm{j}, p_3=0$，3条根轨迹均趋向于无穷远处。根轨迹有3条渐近线，渐近线与实轴交点坐标为

$$\delta_a=\frac{\sum_{i=1}^{n}p_i-\sum_{j=1}^{m}z_j}{n-m}=\frac{0+(-1+\mathrm{j})+(-1-\mathrm{j})}{3-0}=-\frac{2}{3}$$

渐近线与实轴正方向的夹角为

$$\varphi_a=\frac{\pm(2k+1)\pi}{n-m}=\frac{\pm(2k+1)\pi}{3}=\begin{cases}\pm\dfrac{\pi}{3}\\ \pi\end{cases}$$

实轴上的根轨迹段为 $-\infty\sim0$。

起始于 $p_1$ 的起始角

$$\theta_{p_1}=\mp(2k+1)\pi-\sum_{l=2}^{3}\angle(p_1-p_l)=-45°$$

根据对称性，则 $\theta_{p_2}=-\theta_{p_1}=45°$。系统的根轨迹如图4-7所示。

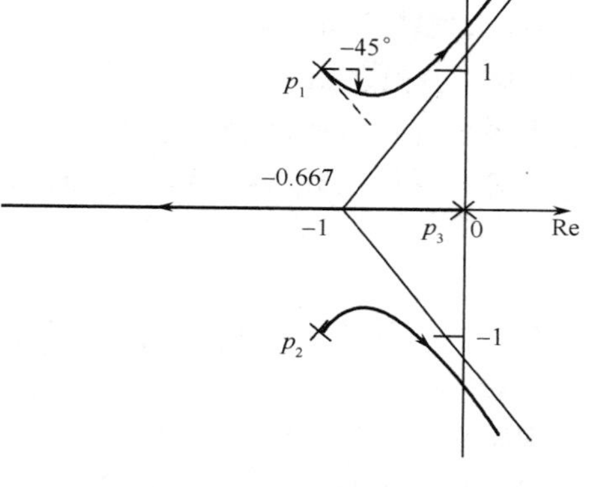


图4-7 系统的根轨迹图

**规则7 根轨迹上分离点(会合点)的分离角(会合角)**

在分离点(会合点)处根轨迹离开(进入)实轴的相角为 $\pm(2k+1)\pi/l$，$l$ 为趋向或离开实轴的根轨迹的分支数。

**规则8 根轨迹与虚轴的交点**

根轨迹与虚轴相交，表明闭环特征方程有纯虚根，系统处于临界稳定状态。临界稳定的增益 $K$ 和纯虚根的求取可采用下述两种方法。

方法1：令 $s=\mathrm{j}\omega$，代入特征方程得

$$1+G(\mathrm{j}\omega)H(\mathrm{j}\omega)=0$$

由

$$\begin{cases}\mathrm{Re}[1+G(\mathrm{j}\omega)H(\mathrm{j}\omega)]=0\\ \mathrm{Im}[1+G(\mathrm{j}\omega)H(\mathrm{j}\omega)]=0\end{cases}\tag{4-20}$$

联立求解得到临界增益 $K$ 及虚轴交点 $\omega$。

方法2：由劳斯稳定判据的临界稳定状态求取。

**【例4-4】** 已知系统的开环传递函数为

$$G(s)H(s)=\frac{K}{s(s+1)(s+2)}$$

试求根轨迹与虚轴的交点。

**【解】** 系统的特征方程为

$$D(s)=s(s+1)(s+2)+K=s^3+3s^2+2s+K=0$$

方法1：令 $s=\mathrm{j}\omega$，代入特征方程得

$$D(\mathrm{j}\omega)=(\mathrm{j}\omega)^3+3(\mathrm{j}\omega)^2+2\mathrm{j}\omega+K=0$$

$$\begin{cases}-3\omega^2+K=0\\ -\omega^3+2\omega=0\end{cases}$$

求解得$\begin{cases}\omega=0, K=0\\ \omega=\sqrt{2}, K=6\end{cases}$。

方法 2：列劳斯表为

$$\begin{array}{lll} s^3 & 1 & 2 \\ s^2 & 3 & K \\ s^1 & \dfrac{6-K}{3} & \\ s^0 & K & \end{array}$$

系统稳定条件为

$$\begin{cases}K>0\\ 6-K>0\end{cases}$$

即系统临界增益 $K=6$。

当 $K=6$ 时，$s^1$ 行全为零，表明系统存在共轭虚根，其由辅助方程

$$P(s)=3s^2+6=0$$

求得 $s=\pm\sqrt{2}\text{j}$。

所以，根轨迹与虚轴的交点为 $s=\pm\sqrt{2}\text{j}$，对应的 $K=6$。

**规则 9　根之和**

当系统开环传递函数的分母次数 $n$ 和分子次数 $m$ 满足 $n\geqslant m+2$ 时，则系统开环极点 $p_i$ 之和总是等于系统闭环特征根 $p_{ci}$ 之和，即

$$\sum_{i=1}^{n} p_i = \sum_{i=1}^{n} p_{ci} \tag{4-21}$$

它表明当开环增益 $K$ 变化时，若某些闭环特征根在 $s$ 平面向左移动，则必有另一部分特征根向 $s$ 平面的右移动。

**规则 10　根之积**

根据特征方程根和系数的关系，得

$$(-1)^n \prod_{i=1}^{n} p_{ci} = (-1)^n \prod_{i=1}^{n} p_i + (-1)^m K \prod_{j=1}^{m} z_j \tag{4-22}$$

式中，$p_i$，$p_{ci}$，$z_j$ 分别为系统的开环极点、闭环极点和开环零点。

## 4.3　根轨迹绘制举例

**【例 4-5】**　已知系统的开环传递函数为

$$G(s)H(s)=\frac{K(s+4)}{s(s+2)}$$

试绘制系统的根轨迹。

**【解】**　系统的开环极点为 $p_1=0$，$p_2=-2$，开环零点 $z_1=-4$。

(1) 根轨迹有两条，分别起始于 $p_1=0$，$p_2=-2$，一条终止于 $z_1=-4$，另一条终止于无穷远处。

(2) 根轨迹对称于实轴且连续变化。

(3) 实轴上的根轨迹段位于$[-2,0]$和$[-\infty,-4]$上。

(4) 渐近线一条，渐近线的倾角为 180°。

(5) 根据分离点和会合点的公式

$$N'(s)M(s)-N(s)M'(s)=(2s+2)(s+4)-s(s+2)=s^2+8s+8=0$$

解得 $\begin{cases} s_1=-1.17, K_1=-\left.\dfrac{s(s+2)}{(s+4)}\right|_{s_1=-1.17}=0.339 \to s_1 \text{ 分离点} \\ s_2=-6.83, K_2=-\left.\dfrac{s(s+2)}{(s+4)}\right|_{s_2=-6.83}=11.65 \to s_2 \text{ 会合点} \end{cases}$

(6) 分离点和会合点的分离角和会合角均为$\pm 90°$。

系统的根轨迹如图 4-8 所示。

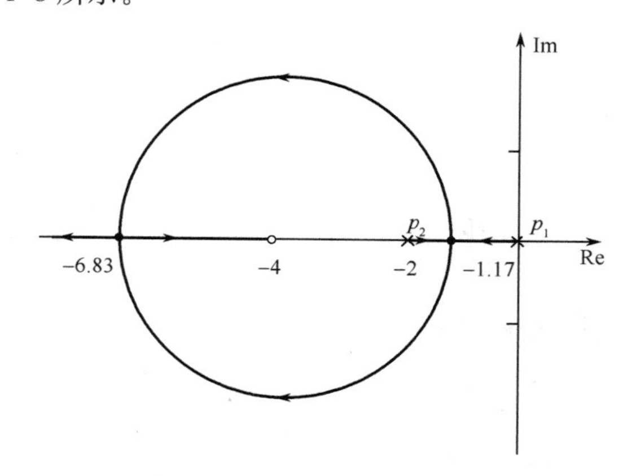


图 4-8 系统的根轨迹图

**【例 4-6】** 已知系统的开环传递函数为

$$G(s)H(s)=\frac{K}{s(s+4)(s^2+4s+5)}$$

试绘制系统的根轨迹。

**【解】** 系统的开环极点为 $p_1=0, p_2=-4, p_{3,4}=-2\pm \mathrm{j}$,无开环零点。

(1) 根轨迹有 4 条,分别起始于 $p_1=0, p_2=-4, p_{3,4}=-2\pm \mathrm{j}$,4 条全部终止于无穷远处。

(2) 根轨迹对称于实轴且连续变化。

(3) 实轴上的根轨迹段位于$[-4,0]$上。

(4) 渐近线 4 条,渐近线与实轴的交点为

$$\delta_a=\frac{0-4-2+\mathrm{j}-2-\mathrm{j}}{4}=-2$$

渐近线的倾角为

$$\varphi_a=\frac{\pm(2k+1)\pi}{4}=\begin{cases}\pm\dfrac{\pi}{4} & k=0\\ \pm\dfrac{3\pi}{4} & k=1\end{cases}$$

(5) 根据分离点和会合点的公式

$$N'(s)M(s)-N(s)M'(s)=4s^3+24s^2+42s+20=0$$

解得 $\begin{cases} s_1=-2, K_1=4 \\ s_2=-3.22, K_2=6.25 \\ s_3=-0.78, K_3=6.25 \end{cases}$

(6) 分离点和会合点的分离角和会合角均为$\pm 90°$。

(7) 共轭复极点 $p_3=-2+\mathrm{j}$ 的起始角为

$$\theta_{p_3}=(2k+1)\pi-\sum_{\substack{l=1\\l\neq 3}}^{4}\angle(p_3-p_l)=-90°$$

根据对称性得 $\theta_{p_4}=90°$。

(8) 根轨迹与虚轴的交点

$$D(s)=s^4+8s^3+21s^2+20s+K=0$$
$$D(\mathrm{j}\omega)=\omega^4-\mathrm{j}8\omega^3-21\omega^2+\mathrm{j}20\omega+K=0$$

由 $\begin{cases}\omega^4-21\omega^2+K=0\\8\omega^3-20\omega=0\end{cases}$,解得

$$\begin{cases}\omega=0,K=0\\\omega=\sqrt{2.5},K=46.25\end{cases}$$

系统的根轨迹如图 4-9 所示。

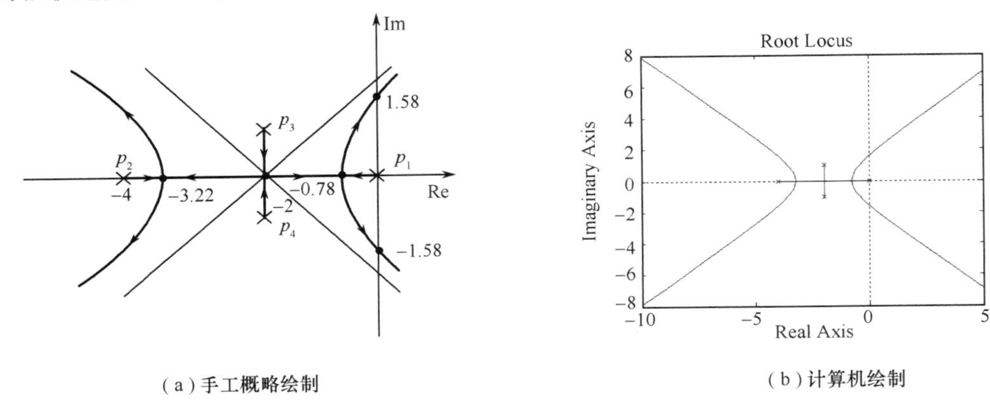


(a) 手工概略绘制　　(b) 计算机绘制

图 4-9　系统的根轨迹图

# 4.4　广义根轨迹

常规根轨迹的绘制规则是以负反馈系统的根轨迹增益 $K$ 为可变参数给出的。但是,实际系统中可能研究其他参数变化(如开环零点、开环极点、时间常数等)对系统特征根的影响,或研究正反馈系统参数变化的根轨迹等,上面这些根轨迹统称为广义根轨迹。

## 4.4.1　参数根轨迹

以非 $K$ 为可变参数的根轨迹称为参数根轨迹,可以研究系统的开环零点、极点、时间常数等对系统性能的影响。

对于参数根轨迹的绘制可采用等效传递函数的原则,即由系统的闭环特征方程,求出所研究参数类似 $K$ 位置的等效开环传递函数,则常规根轨迹绘制的所有规则均适用于参数根轨迹的绘制。

假设系统的开环传递函数为 $G(s)H(s)$,特征方程为

$$D(s)=1+G(s)H(s)=0 \tag{4-23}$$

讨论以非 $K$ 参数 $\alpha$ 变化的根轨迹,则将特征方程等效变换为

$$1+\frac{\alpha P(s)}{Q(s)}=0 \tag{4-24}$$

根据式(4-24)得等效开环传递函数为

$$G_1(s)H_1(s)=\frac{\alpha P(s)}{Q(s)} \tag{4-25}$$

由式(4-25)可绘出参数 $\alpha$ 的根轨迹。需要强调指出，等效开环传递函数是从系统的特征方程式得来的，等效的含义仅在于其闭环极点与原系统的闭环传递函数极点相同，而闭环零点通常不同。因此，仅用系统的闭环极点分析系统性能时，等效传递函数是完全可行的，但是零点则必须采用系统原来传递函数的零点。

**【例 4-7】** 已知系统的开环传递函数为

$$G(s)H(s)=\frac{20}{(s+4)(s+b)}$$

试绘制极点 $b$ 从 $0\to\infty$ 时系统的根轨迹。

**【解】** 系统的特征方程为

$$D(s)=(s+4)(s+b)+20=0$$

等效的开环传递函数为

$$G_1(s)H_1(s)=\frac{b(s+4)}{(s+2+\mathrm{j}4)(s+2-\mathrm{j}4)}$$

系统的开环极点为 $p_1=-2+\mathrm{j}4$，$p_2=-2-\mathrm{j}4$，开环零点 $z_1=-4$。

(1) 根轨迹有两条，分别起始于 $p_1=-2+\mathrm{j}4$，$p_2=-2-\mathrm{j}4$，一条终止于 $z_1=-4$，另一条终止于无穷远处。

(2) 根轨迹对称于实轴且连续变化。

(3) 实轴上的根轨迹段位于$[-\infty,-4]$上。

(4) 渐近线一条，渐近线的倾角为 180°。

(5) 根据分离点和会合点的公式

$$N'(s)M(s)-N(s)M'(s)=(2s+4)(s+4)-(s^2+4s+20)=s^2+8s-4=0$$

解得
$$\begin{cases} s_1=0.47, b_1=-4.99\to s_1 \text{ 不在根轨迹段上，舍去} \\ s_2=-8.47, b_2=12.94\to s_2 \text{ 会合点} \end{cases}$$

(6) 会合点的会合角为±90°。

(7) 起始角为

$$\theta_{p_1}=\mp(2k+1)\pi+\angle(p_1-z_1)-\angle(p_1-p_2)=153.4°$$

对称得 $\theta_{p_2}=-153.4°$。

系统的根轨迹如图 4-10 所示。

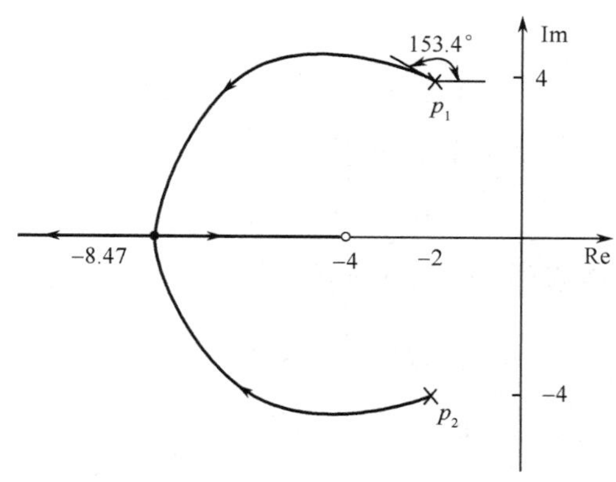


图 4-10　例 4-7 系统根轨迹图

### 4.4.2 多参数根轨迹簇

有时需要研究多个参数同时变化时对系统性能的影响，这就构成了多参数的根轨迹簇。下面以两个参数为例进行说明。

【例 4-8】 设系统的开环传递函数为

$$G(s)H(s)=\frac{K}{s(s+1)(s+a)}$$

研究参数 $K,a$ 同时变化时系统的特征根变化的根轨迹簇。

【解】 第 1 步：选取一个参数为零，绘制另一个参数变化的根轨迹。如令 $a=0$，系统的开环传递函数为

$$G_1(s)H_1(s)=\frac{K}{s^2(s+1)}$$

参数 $K$ 从 $0\to\infty$时的根轨迹如图 4-11 中虚线所示。

第 2 步：令 $K$ 为常数，绘制另一个参数变化的根轨迹。由系统的特征方程得系统的等效开环传递函数为

$$D(s)=s(s+1)(s+a)+K=s^3+s^2+as^2+as+K=0$$

$$G_2(s)H_2(s)=\frac{as(s+1)}{s^3+s^2+K}$$

给定 $K$ 的值，可绘出在不同 $K$ 值下的以 $a$ 为变量的根轨迹图，如图 4-11 中实线所示。并且以 $a$ 为变量的根轨迹均起始于 $a=0$，$K$ 变化的根轨迹上，构成根轨迹簇。

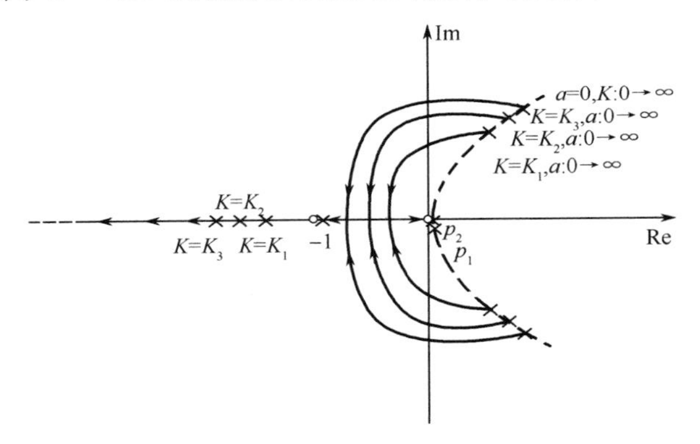


图 4-11 多参数根轨迹簇

由图 4-11 可见，当 $a=0$ 时，系统是不稳定的，而当 $a$ 增大到一定值时，系统才稳定，且临界的 $a$ 值还与参数 $K$ 有关。

### 4.4.3 正反馈系统的根轨迹(零度根轨迹)

在有些系统中，内环是一个正反馈回路，其正反馈回路的闭环传递函数为

$$\Phi(s)=\frac{G(s)}{1-G(s)H(s)} \tag{4-26}$$

系统的特征方程为

$$D(s)=1-G(s)H(s)=0 \tag{4-27}$$

或

$$G(s)H(s)=1 \tag{4-28}$$

有些负反馈的非最小相位系统，整理成标准的零、极点形式时为

$$G(s)H(s)=-\frac{K(s-z_1)(s-z_2)\cdots(s-z_m)}{(s-p_1)(s-p_2)\cdots(s-p_n)} \tag{4-29}$$

特征方程也变为

$$1-\frac{K(s-z_1)(s-z_2)\cdots(s-z_m)}{(s-p_1)(s-p_2)\cdots(s-p_n)}=0 \tag{4-30}$$

比较式(4-28)和式(4-30),绘制系统根轨迹的幅值条件和相角条件可写为

$$|G(s)H(s)|=\frac{K\prod_{j=1}^{m}|(s-z_j)|}{\prod_{i=1}^{n}|(s-p_i)|}=1 \tag{4-31}$$

$$\angle G(s)H(s)=\sum_{j=1}^{m}\angle(s-z_j)-\sum_{i=1}^{n}\angle(s-p_i)=\pm 2k\pi \quad k=0,1,2,\cdots \tag{4-32}$$

将式(4-31)和式(4-32)与常规根轨迹的基本条件相比较,它们的幅值条件完全相同,而相角条件由$(2k+1)\pi$变为$2k\pi$,因此,称这种根轨迹为零度根轨迹。对于零度根轨迹绘制的规则,可由常规根轨迹绘制规则和相角有关的适当调整得到,修改的规则有以下几点。

**规则 3　根轨迹的渐近线**

当开环极点数$n$大于开环零点数$m$时,有$n-m$条根轨迹趋于无穷远处,渐近线与实轴正方向的夹角为$\varphi_a$,即

$$\varphi_a=\frac{2k\pi}{n-m} \quad k=0,\pm1,\pm2,\cdots \tag{4-33}$$

**规则 4　实轴上的根轨迹段**

实轴上的根轨迹区段位于其右边开环零、极点数目总和为偶数的区域。

**规则 6　根轨迹的起始角和终止角**

开环极点$p_i$出发的起始角$\theta_{p_i}$为

$$\theta_{p_i}=\mp 2k\pi+\sum_{j=1}^{m}\angle(p_i-z_j)-\sum_{\substack{l=1\\l\neq i}}^{n}\angle(p_i-p_l) \tag{4-34}$$

根轨迹终止于开环零点$z_j$的终止角$\theta_{z_j}$为

$$\theta_{z_j}=\pm 2k\pi-\sum_{\substack{l=1\\l\neq j}}^{m}\angle(z_j-z_l)+\sum_{i=1}^{n}\angle(z_j-p_i) \tag{4-35}$$

除上述 3 个规则修改外,其他规则均不变。

**【例 4-9】** 已知负反馈系统的开环传递函数为

$$G(s)H(s)=\frac{K(1-s)}{s(s+2)(s+3)}$$

试绘制$K$从$0\to\infty$系统的根轨迹。

**【解】** 将开环传递函数化成标准的零极点形式,即

$$G(s)H(s)=-\frac{K(s-1)}{s(s+2)(s+3)}$$

等效为正反馈的开环传递函数

$$G_1(s)H_1(s)=\frac{K(s-1)}{s(s+2)(s+3)}$$

系统的开环极点为$p_1=0$,$p_2=-2$,$p_3=-3$,开环零点$z_1=1$。

(1) 系统根轨迹有 3 条,分别起始于$p_1=0$,$p_2=-2$,$p_3=-3$,一条终止于$z_1=1$,另两条终

止于无穷远处。

(2) 根轨迹对称于实轴且连续变化。

(3) 实轴上的根轨迹段位于$[1,\infty]$,$[-2,0]$,$[-\infty,-3]$上。

(4) 渐近线有两条,渐近线与实轴的交点$\delta_a=\frac{-5-1}{3-1}=-3$,渐近线的倾角为$\pm 2k\pi/(3-1)=\pm\pi$。

(5) 根据分离点和会合点的公式

$$\frac{\mathrm{d}K}{\mathrm{d}s}=s^3+s^2-5s-3=0$$

解得
$$\begin{cases} s_1=2.1, K_1=39.92 \to \text{会合点} \\ s_2=-0.572, K_2=1.26 \to \text{分离点} \end{cases}$$

(6) 分离点和会合点的分离角和会合角均为$\pm 90°$。

(7) 根轨迹与虚轴的交点

$$D(s)=s^3+5s^2+6s-K(s-1)=0$$

$$D(\mathrm{j}\omega)=(\mathrm{j}\omega)^3+5(\mathrm{j}\omega)^2+(6-K)(\mathrm{j}\omega)+K=0$$

$$\begin{cases} -\omega^3+(6-K)\omega=0 \\ K-5\omega^2=0 \end{cases}$$

$$\begin{cases} \omega=0, K=0 \\ \omega=1, K=5 \end{cases}$$

系统的根轨迹如图 4-12 所示。

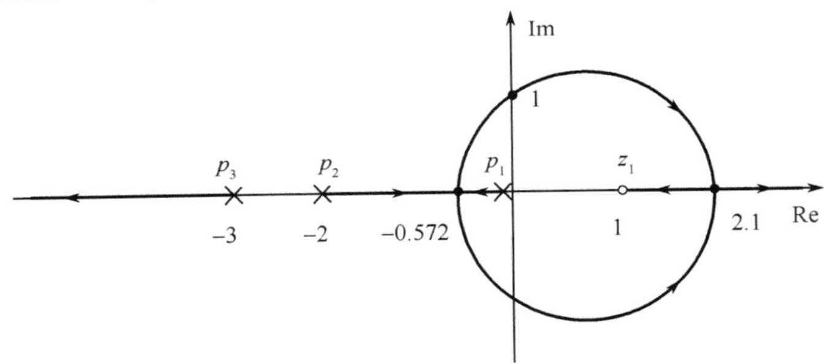


图 4-12 系统的根轨迹图

# 4.5 根轨迹分析系统的性能

根轨迹分析系统首先由系统的开环传递函数绘制出系统的根轨迹,然后再由根轨迹分析系统的稳定性、动态特性和稳态特性。

## 4.5.1 根轨迹确定系统的闭环极点

根轨迹绘出的是系统根轨迹增益 $K$ 从 $0\to\infty$变化特征根的轨迹,对于某一增益下的闭环极点,可由幅值条件试探来确定。

**【例 4-10】** 设单位负反馈系统的开环传递函数为

$$G(s)H(s)=\frac{1.05}{s(s+1)(s+2)}$$

(1) 试采用根轨迹法分析系统的稳定性。

(2) 求系统的闭环极点。

(3) 求取系统的单位阶跃响应及超调量和过渡过程时间。

**【解】** 根轨迹分析系统，为此，构造增益可变系统为

$$G(s)H(s)=\frac{K}{s(s+1)(s+2)}$$

绘制 $K$ 从 $0\to\infty$ 的根轨迹，如图 4-13 所示。

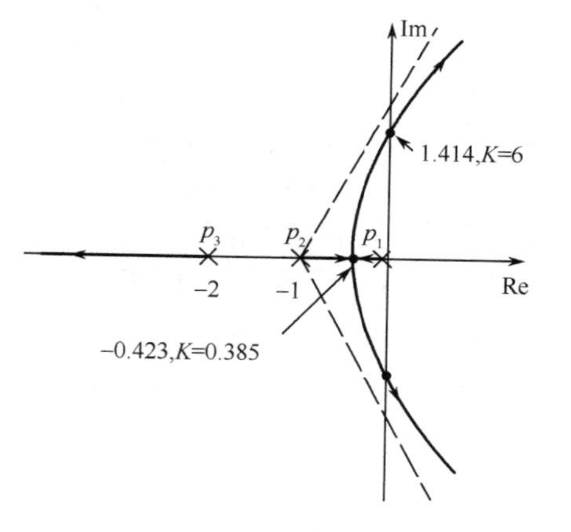


图 4-13　系统的根轨迹图

从根轨迹图可知，系统的增益 $0<K<6$ 时，系统是稳定的；$0<K<0.385$ 时，特征值为负实根，系统的响应为单调衰减；当 $0.385<K<6$ 时，系统的主导极点为共轭复根，系统的响应为衰减振荡。

本例中 $K=1.05$，因此，系统是稳定的，系统的主导极点为共轭复根，大概位于 $-0.423<\mathrm{Re}<0, 0<\mathrm{Im}<1.414$，试探求得 $K=1.05$ 时，系统的主导极点为 $s_{1,2}=-0.33\pm\mathrm{j}0.58$，根据根之和的关系得系统的另一个闭环极点为 $s_3=-2.34$。

$K=1.05$ 时系统的闭环传递函数为

$$\Phi(s)=\frac{1.05}{(s+2.34)(s+0.33+\mathrm{j}0.58)(s+0.33-\mathrm{j}0.58)}$$

可近似为如下的二阶系统

$$\Phi(s)=\frac{0.4487}{(s+0.33+\mathrm{j}0.58)(s+0.33-\mathrm{j}0.58)}=\frac{0.4487}{s^2+0.66s+0.4487}$$

系统的单位阶跃响应为

$$c(t)=1-1.147\mathrm{e}^{-0.33t}\sin(0.58t+60.36°)$$

系统的超调量和过渡过程时间为

$$M_\mathrm{p}=\mathrm{e}^{-\zeta\pi/\sqrt{1-\zeta^2}}\times100\%=17.12\%$$

$$t_\mathrm{s}=\frac{3\sim4}{\zeta\omega_\mathrm{n}}=9.09\sim12.1(\mathrm{s})$$

### 4.5.2　根轨迹分析系统的动态特性

闭环系统的动态特性由闭环传递函数的零、极点来决定，系统闭环极点可由根轨迹图求得，而闭环零点为前向通道传递函数 $G(s)$ 的零点和反馈通道传递函数 $H(s)$ 的极点共同确定。

(1) 稳定性：若闭环极点均在根平面的左半平面，则系统一定是稳定的，即参数变化时的根轨迹均在 $s$ 的左半平面。

(2) 运动形式：若闭环极点均为左半平面的实数极点，则系统的动态响应为单调变化，系统可近似为一阶系统；若离虚轴最近的极点为复数极点，则系统的动态特性为衰减振荡，系统可近似为二阶系统。

(3) 动态性能指标：根轨迹分析系统的动态性能指标可采用主导极点来估算。

**【例 4-11】** 设单位负反馈系统的开环传递函数为

$$G(s)H(s)=\frac{K(s+4)}{s(s+2)}$$

(1) 试绘制 $K$ 从 $0\to\infty$ 的根轨迹；

(2) 分析系统的动态过程。

(3) 求系统具有最小阻尼比时的闭环极点、对应的 $K$ 值及性能指标。

**【解】** 开环传递函数有两个极点 $p_1=0$，$p_2=-2$，开环零点 $z_1=-4$，可以证明系统的根轨迹为一个圆，圆心在开环零点$(-4,\mathrm{j}0)$，半径为零点到分离点的距离。

根轨迹的分离点为 $d_1=-1.172$，$K_1=0.686$，$d_2=-6.83$，$K_2=23.4$，根轨迹如图 4-14 所示。

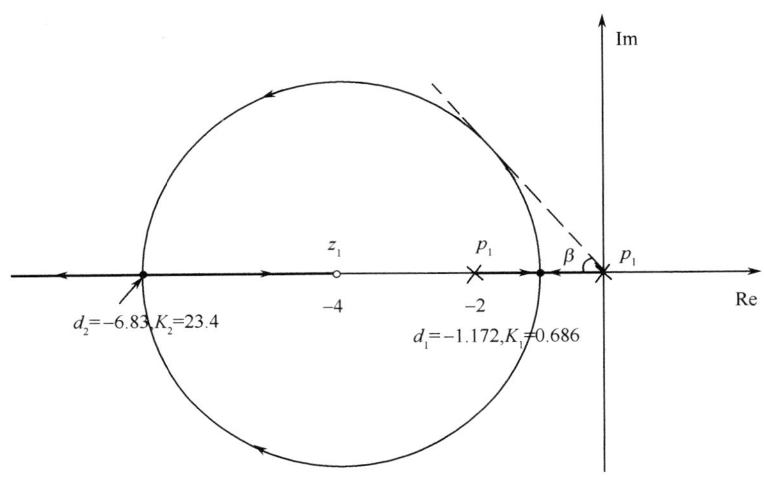


图 4-14 例 4-11 系统的根轨迹图

由图 4-14 可知：

(1) 系统的根轨迹均在根平面的左半平面，所以闭环系统一定是稳定的；

(2) 当 $0<K<0.686$，系统的闭环极点为两个负实根，系统的动态响应为单调变化；

(3) 当 $0.686<K<23.4$，系统的闭环极点为两个实根为负的共轭复根，系统的动态响应为衰减振荡；

(4) 当 $23.4<K<\infty$，系统的闭环极点又为两个负实根，系统的动态响应为单调变化。

过原点作与根轨迹相切的直线，即最小阻尼比线，得

$$\zeta=\cos\beta=\cos45^\circ=0.707$$

阻尼比为 0.707 所对应的闭环极点由根轨迹图可得

$$s_{1,2}=-2\pm\mathrm{j}2$$

对应的

$$K=\left|\frac{s(s+2)}{(s+4)}\right|_{s=s_1}=2$$

此时，系统的性能指标超调量

$$M_\mathrm{p}=\exp(-\zeta\pi/\sqrt{1-\zeta^2})\times100\%=4.4\%$$

过渡过程时间

$$t_\mathrm{s}=\frac{3\sim4}{\zeta\omega_\mathrm{n}}=\frac{3\sim4}{2}=1.5\sim2(\mathrm{s})$$

### 4.5.3 开环零点对根轨迹的影响

系统中增加开环零点，对系统性能的影响通过举例来说明。

**【例 4-12】** 设单位负反馈系统的开环传递函数为

$$G(s)H(s)=\frac{K(s+a)}{s(s^2+2s+2)}$$

试研究 $a$ 取不同值时，绘制系统的根轨迹，并分析 $a$ 对系统性能的影响。

**【解】** (1) 当 $a\to\infty$ 时，系统的开环传递函数为

$$G(s)H(s)=\frac{K'(s/a+1)}{s(s^2+2s+2)}=\frac{K'}{s(s^2+2s+2)}$$

即表示零点不存在，系统的根轨迹如图 4-15(a)所示。

(2) 当 $a=4$，根轨迹的渐近线与实轴的交点 $\delta_a=\frac{-2-(-4)}{2}=1$，根轨迹如图 4-15(b)所示。

(3) 当 $a=2$，根轨迹的渐近线与实轴的交点 $\delta_a=\frac{-2-(-2)}{2}=0$，根轨迹如图 4-15(c)所示。

(4) 当 $a=1$，根轨迹的渐近线与实轴的交点 $\delta_a=\frac{-2-(-1)}{2}=-0.5$，根轨迹如图 4-15(d)所示。

(5) 当 $a=0$，根轨迹的渐近线与实轴的交点 $\delta_a=\frac{-2-(0)}{2}=-1$，根轨迹如图 4-15(e)所示。

(6) 当 $a=-1$，根轨迹的渐近线与实轴的交点 $\delta_a=\frac{-2-(1)}{2}=-1.5$，根轨迹如图 4-15(f)所示。

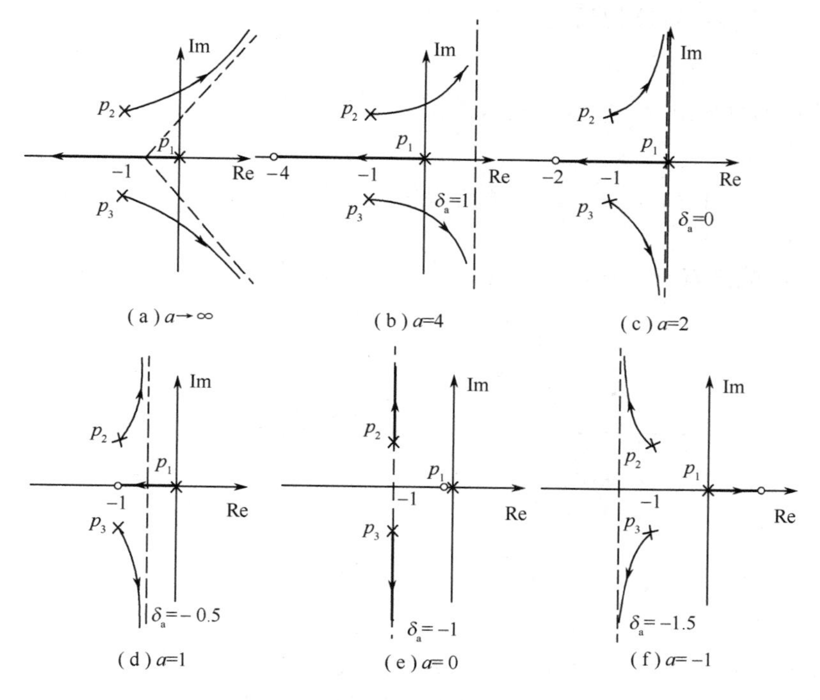


图 4-15 不同 $a$ 值下系统的根轨迹

从图 4-15 可以看到，增加一个开环零点对系统的性能产生影响，且零点的位置对系统性能

的影响较大，当 $0<a<\infty$ 时，即增加的零点位于左半平面，系统的根轨迹向左偏移，提高了系统的稳定性，有利于系统动态特性的改善，且开环零点离虚轴越近，系统动态特性改善得越显著；当开环零点与极点重合时，二者构成偶极子，产生零极点对消；当开环零点位于右半平面时，系统不稳定。

### 4.5.4 开环极点对根轨迹的影响

系统中增加开环极点，对系统性能的影响，通过举例来说明。

**【例 4-13】** 设单位负反馈系统的开环传递函数为

$$G(s)H(s)=\frac{K}{s(s+a)(s+2)}$$

试研究 $a$ 取不同值时，绘制系统的根轨迹并分析 $a$ 对系统性能的影响。

**【解】** (1) 当 $a\to\infty$ 时，系统的开环传递函数为

$$G(s)H(s)=\frac{K'}{s(s/a+1)(s+2)}=\frac{K'}{s(s+2)}$$

即表示附加极点不存在，根轨迹的渐近线倾角 $\varphi_a=\pm\frac{\pi}{2}$，渐近线与实轴的交点 $\delta_a=-1$，根轨迹如图 4-16(a)所示。

(2) 当 $a=4$，系统根轨迹的渐近线倾角为 $\varphi_a=\frac{\pm(2k+1)\pi}{3}=\begin{cases}\pm\frac{\pi}{3}\\ \pm\pi\end{cases}$，渐近线与实轴的交点 $\delta_a=-2$，根轨迹的分离点 $d=-0.845$，临界增益 $K=48.3$，根轨迹如图 4-16(b)所示。

(3) 当 $a=2$，系统根轨迹的渐近线倾角为 $\varphi_a=\frac{\pm(2k+1)\pi}{3}=\begin{cases}\pm\frac{\pi}{3}\\ \pm\pi\end{cases}$，渐近线与实轴的交点 $\delta_a=-\frac{4}{3}$，根轨迹的分离点 $d=-0.667$，临界增益 $K=16.4$，根轨迹如图 4-16(c)所示。

(4) 当 $a=1$，系统根轨迹的渐近线倾角为 $\varphi_a=\frac{\pm(2k+1)\pi}{3}=\begin{cases}\pm\frac{\pi}{3}\\ \pm\pi\end{cases}$，渐近线与实轴的交点 $\delta_a=-1$，根轨迹的分离点 $d=-0.436$，临界增益 $K=6.1$，根轨迹如图 4-16(d)所示。

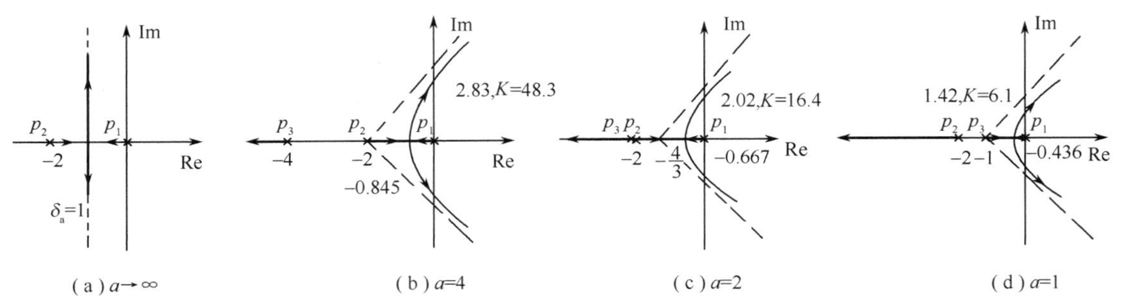


图 4-16 不同 $a$ 值下系统的根轨迹

从图 4-16 可以看到，增加一个开环极点改变了实轴上根轨迹的分布；改变了根轨迹渐近线的条数、渐近线的倾角和渐近线与实轴的交点；增加开环极点使根轨迹向右偏移，系统的稳定性变差，且极点离虚轴越近，系统的稳定性越差；另外，根轨迹向右偏移导致系统的响应速度变差。

# 4.6 MATLAB 绘制系统的根轨迹

对于比较复杂的系统，人工绘制根轨迹十分复杂和困难，用 MATLAB 绘制系统根轨迹是十分方便的。

通常将系统的开环传递函数写成如下形式

$$G(s)H(s)=K\frac{\text{num}}{\text{den}} \tag{4-36}$$

式中，$K$ 为要研究的参变量；num，den 分别为分子和分母多项式。

采用 MATLAB 命令：

pzmap(num，den)可以绘制系统的零、极点图；

rlocus(num，den)可以绘制系统的根轨迹图；

rlocfind(num，den)可以确定系统根轨迹上某些点的增益。

下面举例说明。

**【例 4-14】** 已知系统的开环传递函数为

$$G(s)H(s)=\frac{K(2s^2+5s+1)}{s^4+4s^3+s^2+3s+8}$$

确定系统开环零、极点的位置。

**【解】** 在 MATLAB 命令窗口输入：

```
>>num=[2 5 1];
>>den=[1 4 1 3 8];
>>pzmap(num,den);
>>title('Pole-zero Map')
```

执行后得到如图 4-17 所示的零、极点图。

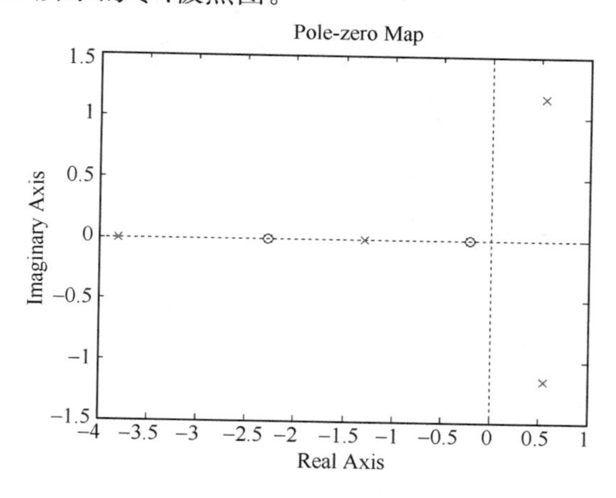


图 4-17 例 4-14 图

**【例 4-15】** 绘制例 4-14 系统的根轨迹图。

**【解】** 在 MATLAB 命令窗口输入：

```
>>num=[2 5 1];
>>den=[1 4 1 3 8];
>>rlocus(num,den)
```

执行后得到如图 4-18 所示系统的根轨迹图。

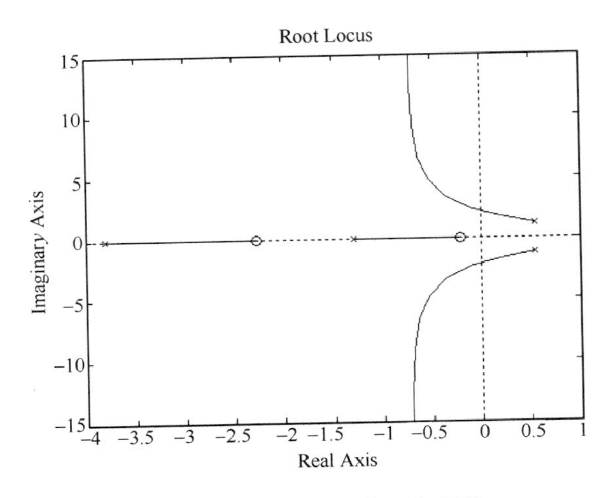


图 4-18　例 4-15 系统根轨迹图

**【例 4-16】** 已知系统的开环传递函数为

$$G(s)H(s)=\frac{K(s+1)}{s^2(s+a)}$$

试分别绘制 $a=10,9,8,5,1$ 时系统的根轨迹。

**【解】** 在 MATLAB 命令窗口输入不同 $a$ 值，即

```
≫num=[1 1];
≫den=[1 a 0 0];
≫rlocus(num,den)
```

执行后得到如图 4-19 所示不同 $a$ 值下系统的根轨迹图。

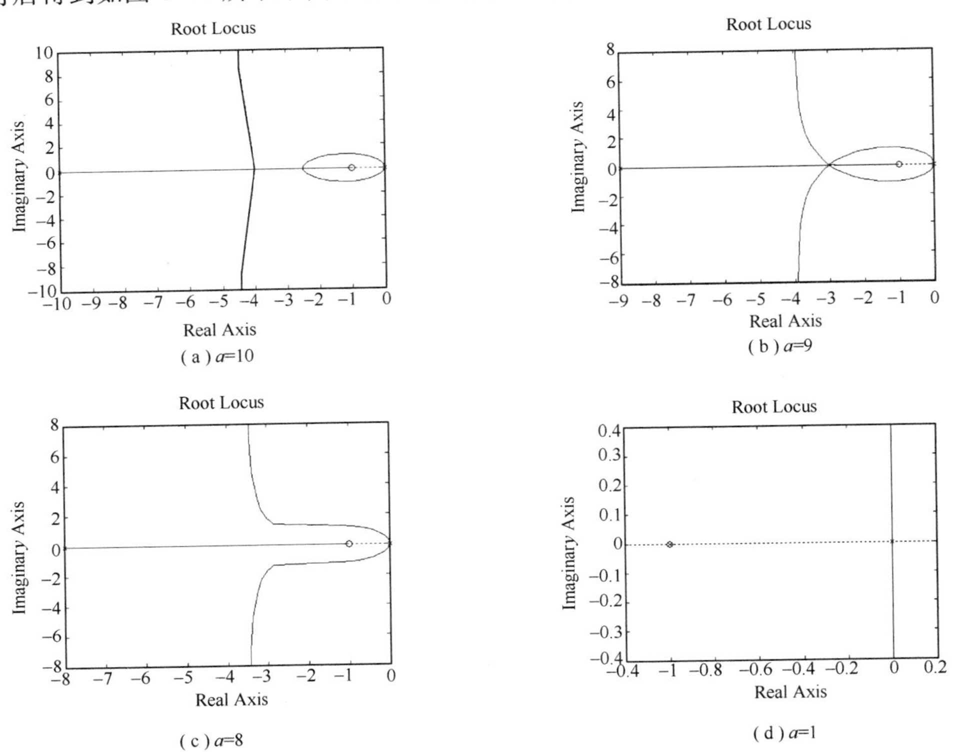


图 4-19　不同 $a$ 值下系统的根轨迹图

**【例 4-17】** 已知系统的开环传递函数为

$$G(s)H(s)=\frac{K(s+1)}{s(s-1)(s^2+4s+16)}$$

试绘制系统的根轨迹图，并确定使系统稳定的开环增益范围。

**【解】** 在 MATLAB 命令窗口输入：

```
≫num=[1 1];
≫den=conv(conv([1 0],[1 -1]),[1 4 16]);
≫rlocus(num,den)
```

执行后得到如图 4-20 所示系统的根轨迹图。

为了确定使系统稳定的开环增益范围，在根轨迹图上单击根轨迹的虚轴，如图 4-21 所示，对应交点处的参数为 $\omega_1=1.55, K_1=23$；$\omega_2=2.58, K_2=36.1$，系统稳定根轨迹增益的范围为 $K_1<K<K_2$，即 $23<K<36.1$。而系统的开环增益 $K'$ 与根轨迹增益 $K$ 之间满足 $K'=K/16$，所以系统稳定的开环增益范围为 $1.44<K'<2.26$。

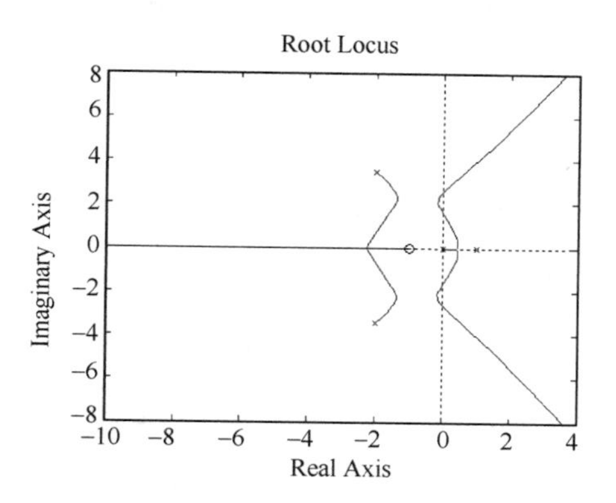


图 4-20　系统根轨迹图

例 4-17 中，在执行上例指令后增加：

```
≫rlocfind(num,den)
```

可采用光标（十字）单击根轨迹上的任意一点，会同时在每条根轨迹上出现红十字，对应 $n$ 个闭环极点的位置，同时命令窗口出现所选择的闭环极点和对应的根轨迹增益值，如图 4-22 所示。

```
Select a point in the graphics window
selected_point =
    0.0024 + 2.6087i
ans =
    36.2998
```

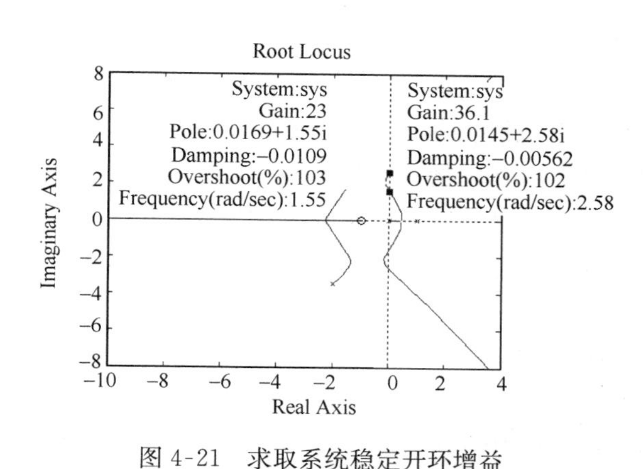


图 4-21　求取系统稳定开环增益

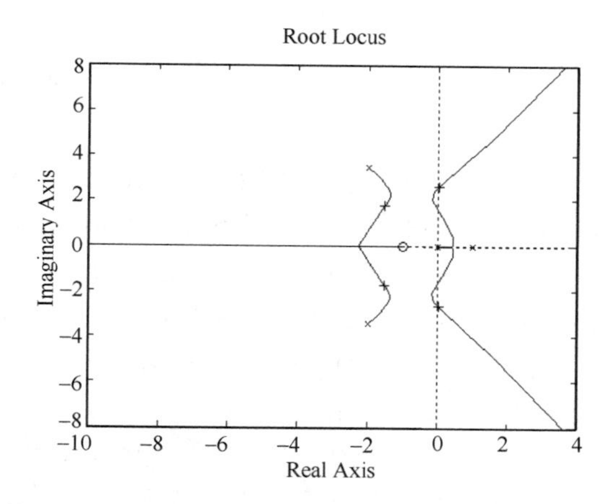


图 4-22　闭环极点位置

**【例 4-18】** 已知系统的开环传递函数为

$$G(s)H(s)=\frac{K(s+4)}{s(s+2)}$$

试绘制系统的根轨迹图，确定当系统的阻尼比 $\zeta=0.7$ 时，系统的闭环极点及系统的性能指标。

**【解】** 在 MATLAB 命令窗口输入：

```
≫num=[1 4];
≫den= conv([1 0],[1 2]);
≫rlocus(num,den);
≫sgrid
```

执行后得到如图 4-23 所示系统的根轨迹图。单击根轨迹与 $\zeta=0.7$ 阻尼比线的交点，该点对应的 $K=1.86$，闭环极点为 $-1.93+j1.92$，系统的超调量为 $M_p=4.26\%$。

也可采用在上面指令后增加[k,p]=rlocfind(num,den)命令，执行后，根轨迹图上出现一个十字光标，将光标的交点对准根轨迹与 $\zeta=0.7$ 阻尼比线的相交处，如图 4-24 所示，同样可求出对应该点的坐标值和 $K$ 值，屏幕上显示

```
≫selected_point=
    -1.9242+1.9099i
k=
    1.8371
p=
    -1.9186+1.9151i
    -1.9186-1.9151i
```

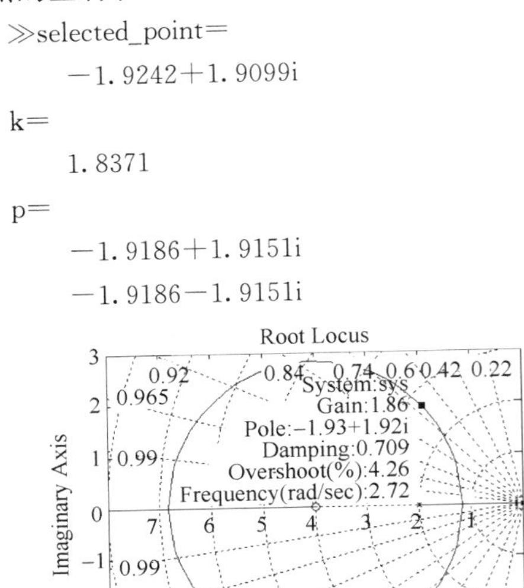


图 4-23　带栅格的系统根轨迹图

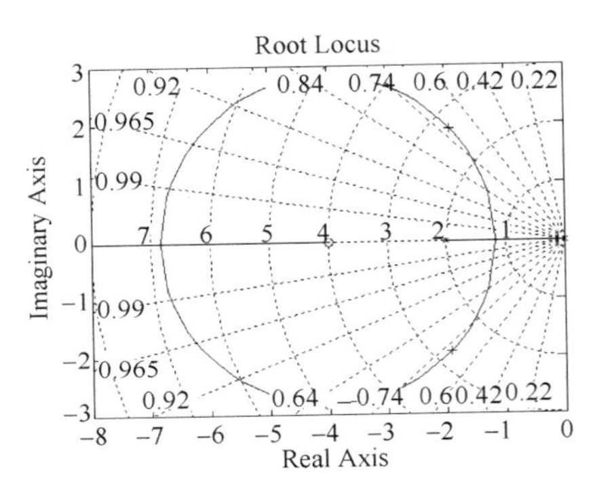


图 4-24　十字光标确定闭环极点

# 本 章 小 结

系统闭环传递函数的极点、零点的分布位置对系统的性能有直接影响。根轨迹法是根据系统的开环零、极点分布绘制系统某个参数变化时闭环系统特征根的轨迹曲线。

(1) 系统可变参数可以是任意变量，而以系统开环传递函数的根轨迹增益为变量的根轨迹，称为常规根轨迹；以其他系统参数为可变参量的根轨迹，称为广义根轨迹。

(2) 根据系统闭环特征方程可得到系统根轨迹的基本方程 $G(s)H(s)=-1$，进而得到绘制根轨迹的幅值条件和相角条件 $|G(s)H(s)|=1$，$\angle G(s)H(s)=\pm(2k+1)\pi$，相角条件是决定根轨迹的充分必要条件，幅值条件主要用来确定根轨迹上某点对应的增益值。

(3) 当系统的开环传递函数表示为零、极点形式时，根据根轨迹的基本方程得到常规根轨迹绘制的规则，依据规则可概略绘出系统的根轨迹图。对于非 $K$ 参变量的根轨迹，可基于特征方程不变原则，将其转换为与常规根轨迹等效的开环传递函数形式，这时，常规根轨迹绘制的规则完全适用。

(4) 当系统中存在局部正反馈回路，或负反馈系统的开环传递函数整理成标准的零、极点形式出现负号时，系统根轨迹的基本方程为 $G(s)H(s)=1$，相应的幅值条件和相角条件为

$|G(s)H(s)|=1$，$\angle G(s)H(s)=\pm 2k\pi$，根轨迹称为零度根轨迹，需要对与相角条件有关的规则进行相应的修改。

（5）借助于计算机和 MATLAB 软件可以方便、快捷地绘制系统的根轨迹。

（6）由系统的根轨迹图可分析系统的稳定性、动态特性，并可研究附加开环零点、极点对系统性能的影响。

## 本章典型题、考研题详解及习题

### A 典型题详解

**【A4-1】** 已知负反馈系统的开环传递函数为

$$G(s)H(s)=\frac{K}{s(s+4)(s^2+4s+20)}$$

（1）试绘制系统 $K$：$0\to\infty$ 的根轨迹；

（2）确定系统稳定 $K$ 的取值范围；

（3）系统响应为衰减振荡 $K$ 的取值范围。

**【解】** 系统的开环极点为 $p_1=0$，$p_2=-4$，$p_{3,4}=-2\pm \mathrm{j}4$，无开环零点。

（1）根轨迹有 4 条，分别起始于 $p_1=0$，$p_2=-4$，$p_{3,4}=-2\pm \mathrm{j}4$，全部终值于无穷远处。

（2）根轨迹对称于实轴且连续变化。

（3）实轴上的根轨迹段位于$[-4,0]$。

（4）渐近线 4 条，渐近线与实轴的交点为

$$\delta_a=\frac{\sum_{i=1}^{n}p_i-\sum_{j=1}^{m}z_j}{n-m}=\frac{0-4-2+\mathrm{j}4-2-\mathrm{j}4}{4}=-2$$

渐近线的倾角

$$\varphi_a=\frac{\pm(2k+1)\pi}{n-m}=\begin{cases}\pm\dfrac{\pi}{4},k=0\\ \pm\dfrac{3\pi}{4},k=1\end{cases}$$

（5）根轨迹的分会点

$$N'(s)M(s)-N(s)M'(s)=4s^3+24s^2+72s+80=0$$

$$\begin{cases}s_1=-2, & K_1=64\\ s_2=-2+\mathrm{j}\sqrt{6}, & K_2=100\\ s_3=-2-\mathrm{j}\sqrt{6}, & K_3=100\end{cases}$$

（6）根轨迹与虚轴的交点

$$D(s)=s^4+8s^3+36s^2+80s+K$$

$$D(\mathrm{j}\omega)=\omega^4-\mathrm{j}8\omega^3-36\omega^2+\mathrm{j}80\omega+K$$

$$\begin{cases}\omega^4-36\omega^2+K=0\\ 8\omega^3-80\omega=0\end{cases}\quad 解得：\begin{cases}\omega=0, & K=0\\ \omega=\sqrt{10}, & K=260\end{cases}$$

（7）共轭复极点 $p_3=-2+\mathrm{j}4$ 的起始角 $\theta_{p_3}$

$$\theta_{p_3}=(2k+1)\pi-\sum_{\substack{i=1\\ i\neq 3}}^{4}\angle(p_3-p_i)=-90^\circ$$

根据对称性得 $\theta_{p_4}=90°$。

(8) 根轨迹的根之和关系，特征根之和为常数$=-8$。

系统的根轨迹如图 A4-1 所示。

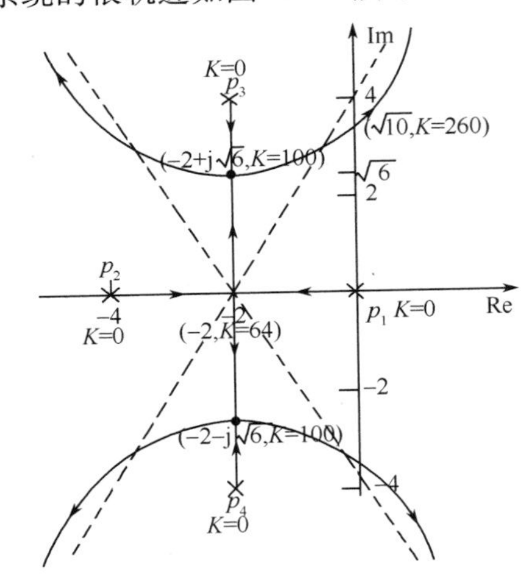


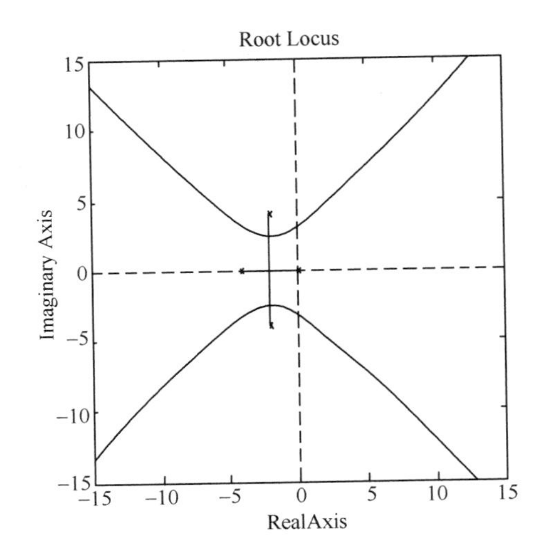


图 A4-1　系统根轨迹图

系统稳定 $K$ 的取值范围为 $0<K<260$，系统响应为衰减振荡时 $64<K<260$。

**【A4-2】** 设系统的开环传递函数为

$$G(s)H(s)=\frac{K}{s(s+1)(s+6)}$$

(1) 概略绘制系统 $K:0\to\infty$的根轨迹；

(2) 当 $K=10$ 时，求取系统的闭环极点及对应的系统动态性能指标；

(3) 确定系统响应为等幅振荡 $K$ 的取值及振荡频率。

**【解】** 系统的开环极点为 $p_1=0,p_2=-1,p_3=-6$，无开环零点。

(1) 根轨迹有 3 条，分别起始于 $p_1=0,p_2=-1,p_3=-6$，均终止于无穷远处。

(2) 根轨迹对称于实轴且连续变化。

(3) 实轴上根轨迹段位于$[-1,0]$和$[-\infty,-6]$。

(4) 渐近线有 3 条，渐近线与实轴的交点为

$$\delta_a=\frac{\sum_{i=1}^{n}p_i-\sum_{j=1}^{m}z_j}{n-m}=\frac{0-1-6}{3}=-\frac{7}{3}$$

渐近线的倾角

$$\varphi_a=\frac{\pm(2k+1)\pi}{n-m}=\begin{cases}\pm\dfrac{\pi}{3} & k=0\\ \pm\pi & k=1\end{cases}$$

(5) 根轨迹的分会点

$$N'(s)M(s)-N(s)M'(s)=3s^2+14s+6=0$$

$$\begin{cases}d_1=-0.47, & K_1=1.378\\ d_2=-4.19, & K_2=-24.19(\text{舍去})\end{cases}$$

(6) 根轨迹与虚轴的交点

$$D(j\omega)=-j\omega^3-7\omega^2+j6\omega+K$$

$$\begin{cases}-7\omega^2+K=0\\-\omega^3+6\omega=0\end{cases}\qquad 解得：\begin{cases}\omega=0, & K=0\\\omega=\sqrt{6}, & K=42\end{cases}$$

(7) 根轨迹的根之和关系，特征根之和为常数＝－7。

系统的概略根轨迹如图 A4-2 所示。

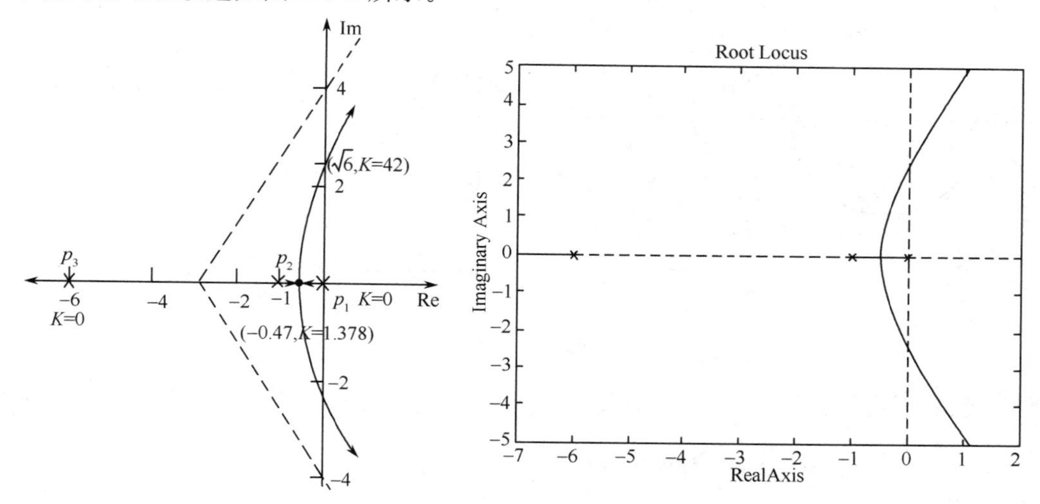


图 A4-2 系统的根轨迹图

由根轨迹图知 $K=10$ 时，系统的闭环极点为一对实部为负的共轭复极点，采用试探法求得对应的一对闭环极点为 $s_{1,2}=-0.35\pm j1.2$，根据根之和求得另一个闭环极点 $s_3=-6.3$。

系统的动态特性由主导极点 $s_{1,2}=-0.35\pm j1.2$ 来决定，系统的阻尼比 $\xi=0.28$，无阻尼自然振荡频率 $\omega_n=1.25$，系统的超调量 $M_p=40\%$，调节时间 $t_s=8.58s\sim11.44s$。

系统响应为等幅振荡，即根轨迹与虚轴相交，$K=42$，振荡频率 $\omega=\sqrt{6}$。

**【A4-3】** 设单位正反馈系统的开环传递函数为

$$G(s)H(s)=\frac{(s+3)}{(s+4)(s+a)}$$

(1) 研究参数 $a$：$0\to\infty$ 的根轨迹；

(2) 当系统稳定的情况下，求阻尼比最小时系统的闭环极点。

**【解】** 系统的特征方程为

$$D(s)=1-G(s)H(s)=1-\frac{(s+3)}{(s+4)(s+a)}=0$$

等效开环传递函数为

$$G_1(s)H_1(s)=\frac{a(s+4)}{s^2+3s-3}$$

系统的开环极点为 $p_1=0.79$，$p_2=-3.79$，开环零点 $z_1=-4$。

(1) 两条根轨迹分别起始于 $p_1=0.79$，$p_2=-3.79$，一条趋于 $z_1=-4$，一条趋于无穷远。

(2) 根轨迹对称于实轴且连续变化。

(3) 实轴上的根轨迹段位于 $[-3.79,0.79]$ 和 $[-\infty,-4]$。

(4) 根轨迹的分会点

$$N'(s)M(s)-N(s)M'(s)=s^2+8s+15=0$$

$$\begin{cases}d_1=-3, a_1=3\\d_2=-5, a_2=7\end{cases}$$

根轨迹图如图 A4-3 所示。

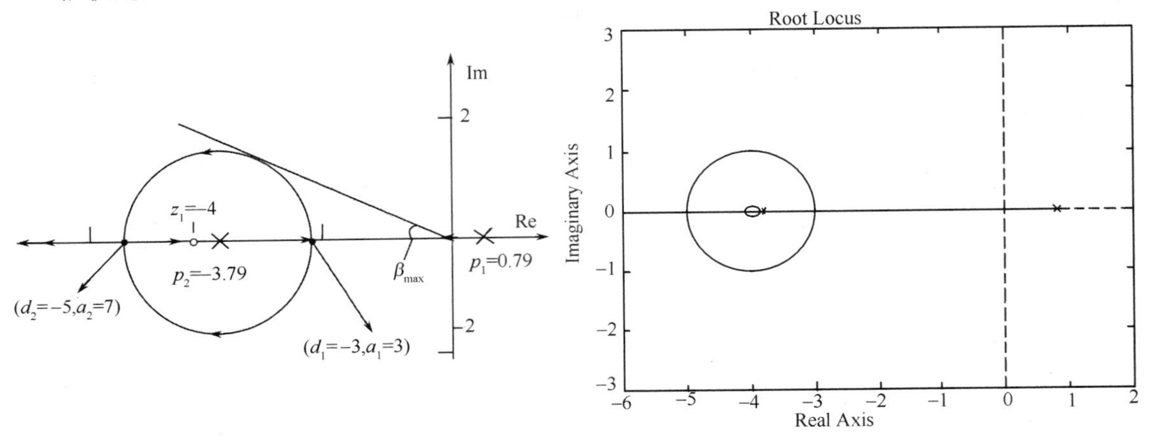


图 A4-3　根轨迹图

阻尼比最小即阻尼角最大 $\beta_{max}=\arcsin\dfrac{1}{4}=14.5°$，阻尼比最小时闭环极点 $s=-\sqrt{15}\cos\beta_{max}+j\sqrt{15}\sin\beta_{max}=-3.75+j0.97$，对应的 $a=4.52$。

## B 考研试题

**【B4-1】** (北京航空航天大学 2014 年)单位负反馈系统的开环传递函数为 $G(s)=\dfrac{K(s+4)}{s(s+1)^2}$，试绘制 $K$:0→∞时系统的根轨迹图，并确定系统阶跃响应为振荡衰减过程时 $K$ 的取值范围。

**【解】** (1)根轨迹有 3 条，分别起始于开环极点 0、−1、−1，一条终止在开环零点 −4，两条终止在无穷远；

(2) 实轴上根轨迹位于[−4，−1]和[−1，0]；

(3) 渐近线 2 条，渐近线倾角 $\varphi_a=\dfrac{\pm(2k+1)\pi}{3-1}=\pm\dfrac{\pi}{2}$，与实轴交点 $\sigma_a=\dfrac{-1-1-(-4)}{3-1}=1$。

(4) 分会点：由 $[s(s+1)^2]'(s+4)-[s(s+1)^2](s+4)'=0$ 求得 3 个分会点

$$d_1=-1\Rightarrow K_1=0$$

$$d_2=-0.35\Rightarrow K_2=-\left.\frac{s(s+1)^2}{(s+4)}\right|_{s=d_2}=0.0405$$

$$d_3=-5.65\Rightarrow K_3=-\left.\frac{s(s+1)^2}{(s+4)}\right|_{s=d_3}=-74.04(\text{舍})$$

(5) 根轨迹与虚轴交点：　$D(s)=s(s+1)^2+K(s+4)=0$

$$D(j\omega)=(j\omega)^3+2(j\omega)^2+(1+K)j\omega+4K=0$$

$$\begin{cases}-2\omega^2+4K=0\\-\omega^3+(1+K)\omega=0\end{cases}\Rightarrow\begin{cases}\omega=0,K=0\\\omega=\sqrt{2},K=1\end{cases}$$

概略画出系统根轨迹如图 B4-1 所示。

系统阶跃响应为衰减振荡，即闭环极点是实部为负的共轭复根，即 $0.0405<K<1$。

**【B4-2】** (南开大学 2011 年)已知单位负反馈系统的开环传递函数为

$$G(s)=\frac{K}{(s+1)(s^2+6s+8)},K\geqslant0$$

(1) 计算系统稳定时 $K$ 值的范围；(2)绘制系统根轨迹；(3)对于单位阶跃输入 $r(t)=1(t)$，求满足稳态误差 $e_{ss}\leqslant0.1$ 的 $K$ 值范围；(4)当系统稳定且输入信号为 $r(t)=A\sin(\omega t+\varphi)$时，计

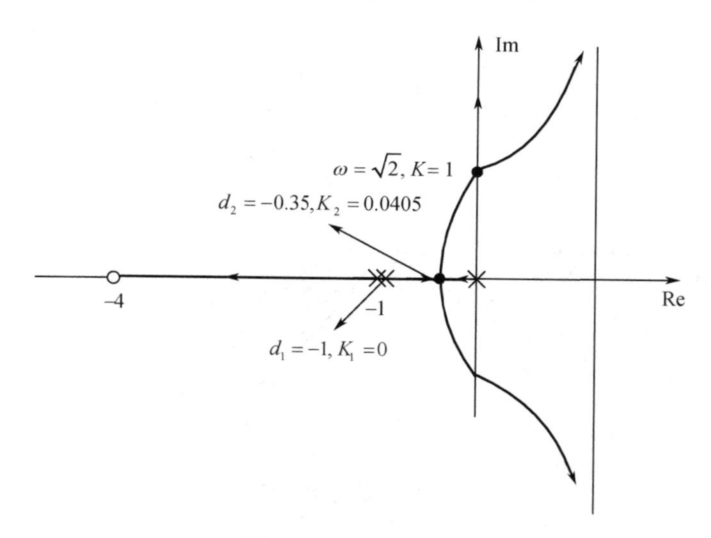


图 B4-1　系统根轨迹

算输出的稳态分量表达式 $c_s(t)$。

**【解】** (1)系统的特征多项式为

$$D(s)=(s+1)(s^2+6s+8)+K=s^3+7s^2+14s+8+K$$

列劳斯表为

$$\begin{array}{ccc} s^3 & 1 & 14 \\ s^2 & 7 & 8+K \\ s^1 & \dfrac{90-K}{7} & 0 \\ s^0 & 8+K & \end{array}$$

由劳斯判据,系统稳定第一列元素均大于零,得系统稳定 $K$ 的取值 $0\leqslant K<90$。

(2) 系统的开环极点为$-1,-2,-4$,无开环零点,系统根轨迹 3 条,起始于$-1,-2,-4$,均终止$\infty$;

实轴上根轨迹位于$[-\infty,-4]$,$[-2,-1]$。

渐近线 3 条,倾角 $\varphi_a=\pm\dfrac{(2k+1)\pi}{3}=\begin{cases}\pm\dfrac{\pi}{3}\\ \pm\pi\end{cases}$,与实轴交点 $\sigma_a=\dfrac{-1-2-4}{3}=-2.33$;

分会点:

$$(s+1)(s^2+6s+8)'=0$$

$$s_1=-1.45\Rightarrow K_1=-(s+1)(s^2+6s+8)\big|_{s_1=-1.45}=0.63$$

$$s_2=-3.21\Rightarrow K_2=-(s+1)(s^2+6s+8)\big|_{s_2=-3.21}=-21(\text{舍})$$

与虚轴交点,由 $D(\mathrm{j}\omega)=(\mathrm{j}\omega)^3+7(\mathrm{j}\omega)^2+14\mathrm{j}\omega+8+K=8+K-7\omega^2+\mathrm{j}(14-\omega^2)\omega=0$,求得$\begin{cases}\omega=0\Rightarrow K=-8(\text{舍})\\ \omega=\sqrt{14}\Rightarrow K=90\end{cases}$。

根轨迹如图 B4-2 所示。

(3) 单位阶跃输入 $r(t)=1(t)$下,系统的稳态误差为

$$e_{ss}=\frac{1}{1+K_p}=\frac{1}{1+\lim\limits_{s\to 0}G(s)}=\frac{8}{8+K}$$

为满足 $e_{ss}\leqslant 0.1$,即 $e_{ss}=\dfrac{8}{8+K}\leqslant 0.1\Rightarrow K\geqslant 72$,同时考虑系统稳定,则 $K$ 的范围为 $72\leqslant K\leqslant 90$。

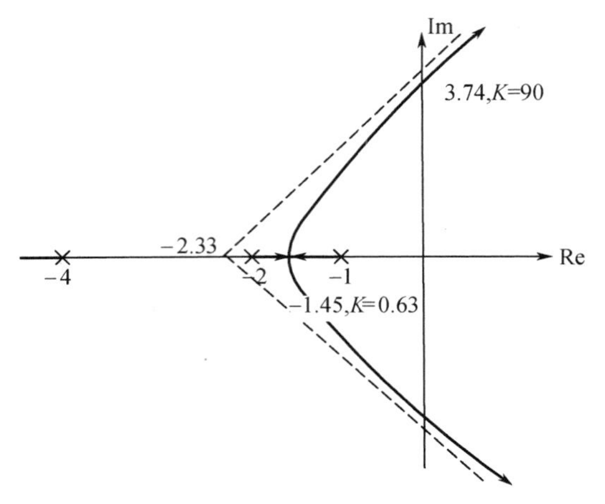


图 B4-2　系统根轨迹图

(4) 系统的闭环频率特性为

$$\Phi(\mathrm{j}\omega)=\frac{K}{(\mathrm{j}\omega+1)(8-\omega^2+\mathrm{j}6\omega)+K}=\frac{K}{\sqrt{(8+K-7\omega^2)^2+\omega^2(14-\omega^2)^2}}\mathrm{e}^{-\arctan\frac{\omega(14-\omega^2)}{(8+K-7\omega^2)}}$$

当系统稳定且输入信号为 $r(t)=A\sin(\omega t+\varphi)$时,输出的稳态分量表达式

$$c_s(t)=\frac{KA}{\sqrt{(8+K-7\omega^2)^2+\omega^2(14-\omega^2)^2}}\sin\left(\omega t+\varphi-\arctan\frac{\omega(14-\omega^2)}{8-7\omega^2+K}\right)$$

**【B4-3】** (北京交通大学 2015 年)设单位负反馈系统的开环传递函数为 $G(s)=\dfrac{K}{s(s+3)^2}$。

(1) 若加入一实数零点,使加入后系统的根轨迹过闭环极点 $-2+\mathrm{j}4$,确定零点的值;

(2) 画出加入零点后系统的根轨迹图。判断闭环极点 $-2+\mathrm{j}4$ 是否为系统的主导极点,通过计算说明理由,并求此时系统的性能指标[超调量、调节时间(2%误差带)、单位斜坡输入信号的稳态误差]。

**【解】** (1)设加入零点为 $-z$,此时系统的开环传递函数为:$G(s)=\dfrac{K(s+z)}{s(s+3)^2}$系统的特征方程:$D(s)=s(s+3)^2+K(s+z)=0$,闭环极点 $-2+\mathrm{j}4$ 满足方程,代入得

$$D(s)\big|_{s=-2+\mathrm{j}4}=(-2-2K+Kz)+\mathrm{j}(4K-76)=0$$

得 $K=19$,$z=2.1$。

或由根轨迹的相角条件有,$\arctan\dfrac{4}{z-2}-2\arctan\dfrac{4}{3-2}-\left(\pi-\arctan\dfrac{4}{2-0}\right)=\pm\pi$,求解得 $z=-2.1$,再由根轨迹的幅值条件求得对应的 $K=\left|\dfrac{s(s+3)^2}{(s+z)}\right|_{s=-2+\mathrm{j}4}=19$。

(2) 加入零点后系统的开环传递函数为

$$G(s)=\frac{K(s+2.1)}{s(s+3)^2}$$

根轨迹 3 条,分别起始于 0,−3,−3,一条终止于−2.1,另外两条终止于无穷远;

实轴上根轨迹[−2.1,0];

渐近线与实轴的交点 $\delta_a=\dfrac{-3-3+2.1}{3-1}=-1.95$,倾角 $\varphi_a=\dfrac{\pm(2k+1)\pi}{3-1}=\pm\dfrac{\pi}{2}$;

分会点无,与虚轴交点无,根轨迹如图 B4-3 所示。

系统在 $K=19$ 时,通过闭环极点 $-2+\mathrm{j}4$,根据对称性,另一个闭环极点 $-2-\mathrm{j}4$,第三个极点为实数 $a$,即有

$$D(s)=s(s+3)^2+19(s+2.1)$$
$$=(s-a)(s+2-j4)(s+2+j4)=0$$

比较得 $a=-2$，闭环极点 $-2$ 与系统零点 $-2.1$ 靠得非常近，构成一对偶极子，产生零、极点对消，故 $-2\pm j4$ 为系统的主导极点，系统近似为二阶系统 $\Phi(s)=\frac{19}{s^2+4s+20}$。

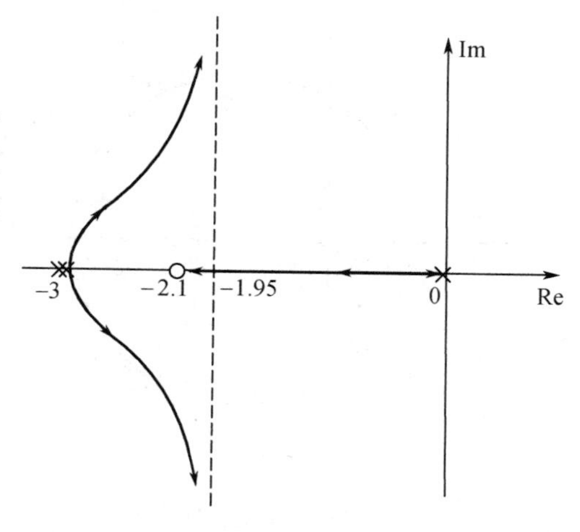


图 B4-3　系统根轨迹图

与典型二阶系统比较有

$$\begin{cases}2\xi\omega_n=4\\ \omega_n^2=20\end{cases}\Rightarrow\begin{cases}\xi=0.447\\ \omega_n=4.47\end{cases}$$

系统的超调量

$$M_p=e^{-\xi\pi/\sqrt{1-\xi^2}}\times100\%=20.8\%$$

调节时间　$t_s=\frac{4}{\xi\omega_n}=2s, \Delta=2\%$

系统在单位斜坡信号作用下的稳态误差

$$e_{ss}=\frac{1}{K_v}=\frac{1}{\lim\limits_{s\to0}sG(s)}=0.225$$

**【B4-4】**（南开大学 2004 年）设单位反馈系统的开环传递函数为

$$G(s)=\frac{10(1-s)}{(0.5s+1)(Ts+1)}$$

（1）试画出 $T$ 变化时闭环系统的根轨迹；

（2）说明保证系统稳定且过渡过程为单调变化时 $T$ 的取值范围；

（3）试求当 $T=20$ 时，闭环系统的单位阶跃响应。

**【解】**　以 $T$ 为参变量的系统等效开环传递函数为

$$G_d(s)=\frac{Ts(0.5s+1)}{11-9.5s}=-\frac{1}{19}\frac{Ts(s+2)}{(s-1.158)}=-\frac{Ks(s+2)}{s-1.158}$$

其中，$K=\frac{T}{19}$，系统等效为正反馈的根轨迹

$$G_d'(s)=\frac{Ks(s+2)}{s-1.158}。$$

根轨迹两条，起点 1.158 和∞，终点 0 和−2；

实轴上根轨迹[1.158,∞]和[−2,0]；

分会点及对应的 $T$：$d_1=3.07, K_1=0.12, T_1=2.28; d_2=-0.754, K_2=2.04, T_2=38.76$；

和虚轴的交点 $\omega=\pm1.522, K=0.5, T=9.5$。

概略绘出根轨迹如图 B4-4 所示。

（2）保证系统稳定且过渡过程为单调变化时 $T$ 的取值范围 $T\geqslant38.76$。

（3）当 $T=20$ 时，闭环系统的极点是实部为负的共轭复数，采用试探法求得为 $-0.525\pm j0.908$，闭环系统的单位阶跃响应为

$$c(t)=1-1.156e^{-0.525t}\sin(0.908t+60^\circ)$$

**【B4-5】**（浙江大学 2009 年）已知如图 B4-5 所示控制系统只有闭环极点 $2\pm j\sqrt{10}$，试确定相应 $K, T$ 的值。根据求出的 $T$ 值，绘出 $K$ 为参数的根轨迹，确定使系统稳定的 $K$ 值范围及临界状态时的振荡频率。

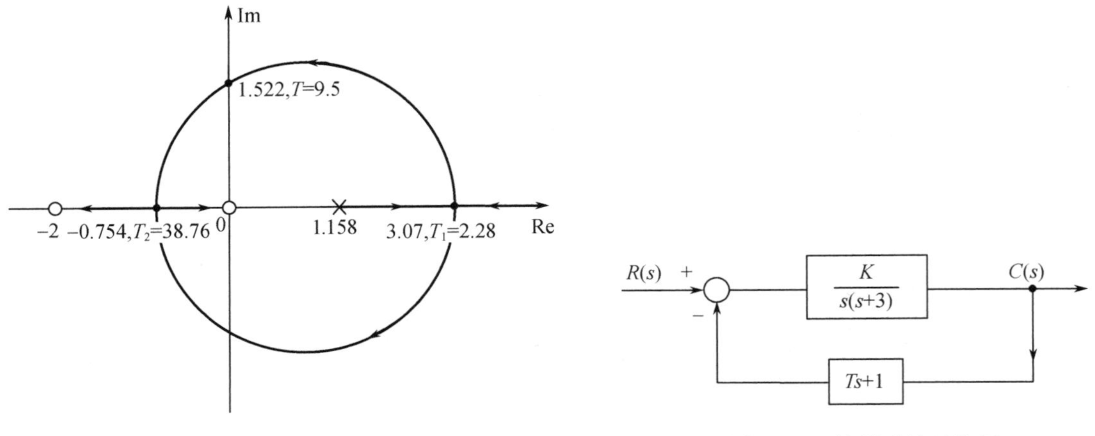


图 B4-4 系统根轨迹图　　图 B4-5 控制系统结构图

**【解】** (1)系统的闭环传递函数为

$$\Phi(s)=\frac{K}{s^2+(3+KT)s+K}$$

与典型二阶系统比较有 $\omega_n=\sqrt{K}$,$2\xi\omega_n=3+KT$,其特征根为 $-\zeta\omega_n\pm j\omega_n\sqrt{1-\zeta}$,根据系统只有闭环极点为 $2\pm j\sqrt{10}$,比较得 $\zeta=-0.53$,$\omega_n=3.74$,则 $K=14$,$T=-0.5$。

(2) 当 $T=-0.5$ 时,系统的开环传递函数为

$$G(s)=\frac{K(-0.5s+1)}{s(s+3)}=-\frac{0.5K(s-2)}{s(s+3)}=-\frac{K'(s-2)}{s(s+3)}$$

其中 $K'=0.5K$,可以看成等效传递函数为 $G'(s)=\frac{K'(s-2)}{s(s+3)}$的正反馈系统。

系统根轨迹两条,分别起始于 0,−3,终止于 2,+∞;

实轴上根轨迹位于[−3,0]和[2,∞];

分会点 $d$ 及对应的 $K$ 值为$\begin{cases}d_1=2+\sqrt{10}=5.16, K_1=26.6\\ d_2=2-\sqrt{10}=-1.16, K_2=1.35\end{cases}$;

与虚轴的交点及对应的 $K$ 值为$\begin{cases}\omega_1=0, K_1=0\\ \omega_2=\sqrt{2}, K_2=2\end{cases}$。

根轨迹如图 B4-6 所示。

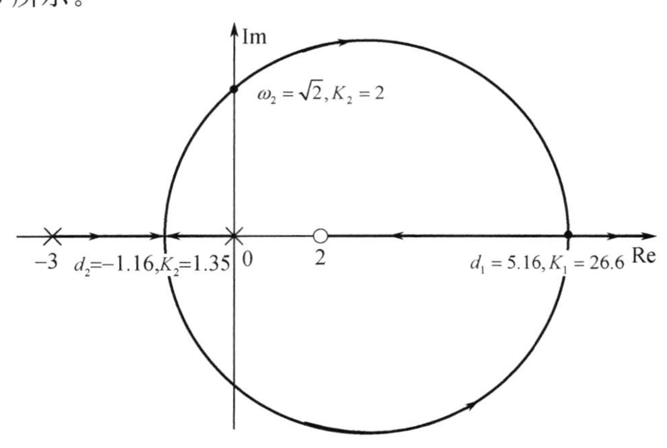


图 B4-6 系统根轨迹图

(3) 系统稳定 $K$ 的取值范围 $0<K<2$，临界状态时的振荡频率 $\omega=\sqrt{2}$。

## C 习题

C4-1 已知系统的开环传递函数如下，试绘制系统参数 $K$ 从 $0\to\infty$ 时系统的根轨迹图，对特殊点要加以简单说明。

(1) $G(s)H(s)=\dfrac{K(s+4)}{s(s+1)(s+2)}$ (2) $G(s)H(s)=\dfrac{K}{s(s+4)(s^2+4s+20)}$

C4-2 已知系统的开环传递函数为

$$G(s)H(s)=\frac{K(s+2)(s+3)}{s(s+1)}$$

(1) 试绘制系统参数 $K$ 从 $0\to\infty$ 时系统的根轨迹图，求取分离点和会合点。

(2) 试证明系统的根轨迹为圆的一部分。

C4-3 已知系统的开环传递函数为

$$G(s)=\frac{K(s^2-2s+5)}{(s+2)(s-1)}$$

试绘制系统 $K$:$0\to\infty$ 的根轨迹，并确定系统稳定 $K$ 的取值范围。

C4-4 设负反馈控制系统的开环传递函数为

$$G(s)H(s)=\frac{K(s+2)}{s^2(s+a)}$$

(1) 试分别确定使系统的根轨迹有一个、两个和三个实数分离点的 $a$ 值，分别画出相应的根轨迹图。

(2) 采用 MATLAB 绘出该系统在不同 $a$ 值下的根轨迹图。

C4-5 已知单位反馈系统的开环传递函数为

$$G(s)=\frac{K}{s^2(s+5)}$$

(1) 绘制系统 $K$:$0\to\infty$ 的根轨迹，并分析系统的稳定性；

(2) 若增加一个开环零点 $s+z$，研究零点位置对系统动态特性的影响；

(3) 若要求系统的超调量 $M_p\leqslant 16\%$，调节时间 $t_s\leqslant 4\text{s}(\Delta=2\%)$，确定所增加的零点的位置。

C4-6 已知系统的开环传递函数为

$$G(s)H(s)=\frac{K(s+1)(s+3)}{s^3}$$

(1) 绘制系统的根轨迹。

(2) 确定系统稳定时 $K$ 的取值范围。

(3) 采用 MATLAB 绘制系统的根轨迹。

C4-7 已知系统的开环传递函数为

$$G(s)H(s)=\frac{K(s+10)}{s(s+5)}$$

(1) 绘制系统的根轨迹。

(2) 计算当增益 $K$ 为何值时，系统的阻尼比最小，并求此时系统的闭环极点。

(3) 求取当 $K=2$ 时，系统的闭环极点及性能指标(超调量和过渡过程时间)。

(4) 采用 MATLAB 来验证你的结果。

C4-8 已知负反馈控制系统的开环传递函数为

$$G(s)H(s)=\frac{K(1-s)}{s(s+2)}$$

(1) 试绘制系统的根轨迹图。

(2) 求系统稳定时 $K$ 的取值范围。

(3) 确定系统响应为等幅振荡的 $K$ 值和振荡频率。

C4-9　已知负反馈控制系统的开环传递函数为

$$G(s)H(s)=\frac{1}{4}\cdot\frac{K(s+a)}{s^2(s+1)}$$

试绘制当 $K=10$ 时以 $a$ 为参变量的根轨迹图。

C4-10　已知系统的开环传递函数为

$$G(s)H(s)=\frac{K}{(s+2)^3}$$

(1) 绘制系统的根轨迹图。

(2) 求根轨迹与虚轴交点的 $K$ 值和振荡频率。

(3) 当阻尼比 $\zeta=0.5$ 时，求系统的闭环主导极点。

C4-11　已知单位负反馈系统的闭环传递函数为

$$\Phi(s)=\frac{as}{s^2+as+16}\quad(a>0)$$

(1) 试绘制 $a$ 从 $0\to\infty$ 时系统的根轨迹图。

(2) 判断 $(-\sqrt{3},\mathrm{j})$ 点是否在根轨迹上。

(3) 求出当 $a=0$ 时，闭环系统的单位阶跃响应。

C4-12　试采用根轨迹法确定下列特征方程的根

$$D(s)=s^4+4s^3+4s^2+16s+8=0$$

C4-13　已知系统的开环传递函数为

(1) $G(s)H(s)=\dfrac{K}{(s+2)^3}$　　(2) $G(s)H(s)=\dfrac{K(s+1)}{s^2(s+5)(s+10)(s+20)}$

(3) $G(s)H(s)=\dfrac{K(s+1)}{s(s-1)(s^2+4s+16)}$

(1) 试采用 MATLAB 绘制系统的根轨迹图。

(2) 求取系统稳定时 $K$ 的取值范围。

C4-14　设单位反馈系统的开环传递函数为

$$G(s)=\frac{K}{s(s+a)}$$

(1) 试绘制 $K$ 和 $a$ 从零变到无穷大时的根轨迹簇。

(2) 当 $K=4$ 时，绘制以 $a$ 为参变量的根轨迹。

C4-15　设控制系统开环传递函数为

$$G(s)=\frac{K(s+1)}{s^2(s+2)(s+4)}$$

试分别画出正反馈系统和负反馈系统的根轨迹图，并指出它们的稳定情况有何不同。

# 第5章　控制系统的频域分析

**内容提要：**频率特性是研究控制系统的一种工程方法，应用频率特性可间接地分析系统的动态性能和稳态性能。本章主要介绍典型环节的频率特性、开环频率特性、最小相位系统、Nyquist稳定判据、闭环频率特性及用频率特性分析系统品质。最后介绍MATLAB在频率分析中的应用。

**知识要点：**开环频率特性、极坐标图、Bode图、最小相位系统、Nyquist稳定判据、相对稳定性、闭环频率特性、等$M$圆、等$N$圆、定性或定量分析系统的时域响应。

**教学建议：**本章的重点是熟练掌握频率特性与传递函数之间的关系，熟练绘制开环系统的极坐标图和Bode图，熟练利用Nyquist稳定判据，由开环频率特性判别闭环系统的稳定性；利用等$M$圆和等$N$圆，由开环频率特性求闭环频率特性，熟练运用三频段概念分析系统的动态特性和稳态特性，并分析系统参数对系统性能的影响。**建议学时数为10～12学时。**

前面介绍控制系统的时域分析法是分析控制系统的直接方法，比较直观、精确，但是不借助计算机，分析高阶系统将非常烦琐。频域分析法，是一种工程上广为采用的分析和综合系统的间接方法。

频域分析法是一种图解分析法。它依据系统的又一种数学模型——频率特性，对系统的性能，如稳定性、快速性和准确性进行分析。频域分析法的特点是可以根据开环频率特性去分析闭环系统的性能，并能较方便地分析系统参数对系统性能的影响，从而进一步提出改善系统性能的方法。此外，除了一些超低频的热工系统，频率特性都可以方便地由实验确定。频率特性主要适用于线性定常系统。在线性定常系统中，频率特性与输入正弦信号的幅值和相位无关。但是，这种方法也可以有条件地推广应用到非线性系统中。

本章主要介绍频率特性的基本概念、典型环节和系统频率特性的作图方法，运用系统开环频率特性对系统性能进行分析，频率特性的实验确定方法。

## 5.1　频率特性

### 5.1.1　频率特性概述

设线性定常系统输入信号为$r(t)$，输出信号为$c(t)$，$G(s)$为系统的传递函数。即

$$G(s)=\frac{C(s)}{R(s)}=\frac{b_0s^m+b_1s^{m-1}+\cdots+b_{m-1}s+b_m}{s^n+a_1s^{n-1}+\cdots+a_{n-1}s+a_n}\quad(n\geqslant m)\tag{5-1}$$

若在系统输入端施加一正弦信号，即

$$r(t)=R\sin\omega t$$

$$R(s)=R\frac{\omega}{s^2+\omega^2}\tag{5-2}$$

系统输出$C(s)$为

$$C(s)=G(s)R(s)\tag{5-3}$$

设传递函数 $G(s)$ 可表示成极点形式

$$G(s)=\frac{M(s)}{N(s)}=\frac{b_0 s^m+b_1 s^{m-1}+\cdots+b_{m-1}s+b_m}{s^n+a_1 s^{n-1}+\cdots+a_{n-1}s+a_n}=\frac{M(s)}{\prod_{i=1}^{n}(s+p_i)} \tag{5-4}$$

式中，$-p_1,-p_2,\cdots,-p_n$ 为 $G(s)$ 的极点，其可以为实数，也可以为复数，并且假定其均在根平面的左半平面，即系统是稳定的。

假设极点为单根时，由式(5-3) 及式(5-4) 得输出为

$$C(s)=\frac{M(s)}{\prod_{i=1}^{n}(s+p_i)}\cdot\frac{R\omega}{s^2+\omega^2}=\frac{a_1}{s+\mathrm{j}\omega}+\frac{a_2}{s-\mathrm{j}\omega}+\sum_{i=1}^{n}\frac{c_i}{s+p_i} \tag{5-5}$$

式中，$a_1,a_2,c_1,c_2,\cdots,c_n$ 为待定系数，由留数定理求得

$$a_1=\lim_{s\to-\mathrm{j}\omega}(s+\mathrm{j}\omega)G(s)\frac{R\omega}{s^2+\omega^2}=-\frac{R}{2\mathrm{j}}G(-\mathrm{j}\omega)$$

$$a_2=\lim_{s\to\mathrm{j}\omega}(s-\mathrm{j}\omega)G(s)\frac{R\omega}{s^2+\omega^2}=\frac{R}{2\mathrm{j}}G(\mathrm{j}\omega)$$

$$c_i=\lim_{s\to-p_i}(s+p_i)G(s)\cdot\frac{R\omega}{s^2+\omega^2}$$

由拉普拉斯反变换得输出响应

$$c(t)=a_1\mathrm{e}^{-\mathrm{j}\omega t}+a_2\mathrm{e}^{\mathrm{j}\omega t}+\sum_{i=1}^{n}c_i\mathrm{e}^{-p_i t}$$

对于稳定系统，当 $t\to\infty$ 时，$\mathrm{e}^{-p_i t}(i=1,2,\cdots,n)$ 均随时间衰减至零。此时系统响应的稳态值为

$$c_{ss}(t)=a_1\mathrm{e}^{-\mathrm{j}\omega t}+a_2\mathrm{e}^{\mathrm{j}\omega t} \tag{5-6}$$

$a_1$ 和 $a_2$ 为共轭复数，可表示为

$$a_1=-\frac{R}{2\mathrm{j}}G(-\mathrm{j}\omega)=-\frac{R}{2\mathrm{j}}|G(\mathrm{j}\omega)|\mathrm{e}^{-\mathrm{j}\angle G(\mathrm{j}\omega)}$$

$$a_2=\frac{R}{2\mathrm{j}}G(\mathrm{j}\omega)=\frac{R}{2\mathrm{j}}|G(\mathrm{j}\omega)|\mathrm{e}^{\mathrm{j}\angle G(\mathrm{j}\omega)}$$

则

$$\begin{aligned}c_{ss}(t)&=\frac{-R}{2\mathrm{j}}|G(\mathrm{j}\omega)|\mathrm{e}^{-\mathrm{j}\angle G(\mathrm{j}\omega)}\cdot\mathrm{e}^{-\mathrm{j}\omega t}+\frac{R}{2\mathrm{j}}|G(\mathrm{j}\omega)|\mathrm{e}^{\mathrm{j}\angle G(\mathrm{j}\omega)}\cdot\mathrm{e}^{\mathrm{j}\omega t}\\&=R|G(\mathrm{j}\omega)|\frac{\mathrm{e}^{\mathrm{j}[\omega t+\angle G(\mathrm{j}\omega)]}-\mathrm{e}^{-\mathrm{j}[\omega t+\angle G(\mathrm{j}\omega)]}}{2\mathrm{j}}\\&=R|G(\mathrm{j}\omega)|\sin[\omega t+\angle G(\mathrm{j}\omega)]\\&=C\sin(\omega t+\varphi)\end{aligned} \tag{5-7}$$

式中，$C=R|G(\mathrm{j}\omega)|$，$\varphi=\angle G(\mathrm{j}\omega)$。

式(5-7) 表明，线性定常系统在正弦信号作用下，系统的稳态输出是与输入信号同频率的正弦信号，仅仅是幅值和相位不同，幅值 $R|G(\mathrm{j}\omega)|$ 与相位 $\angle G(\mathrm{j}\omega)$ 均是频率 $\omega$ 的函数。如图 5-1 所示为线性系统正弦信号作用下系统的输出波形。

**定义** 线性定常系统在正弦信号作用下，系统稳态输出的复变量与输入的复变量之比称为系统的频率特性，记为 $G(\mathrm{j}\omega)$，即

$$G(\mathrm{j}\omega)=\frac{\dot{C}_{ss}}{\dot{R}}=\frac{C(\mathrm{j}\omega)}{R(\mathrm{j}\omega)} \tag{5-8}$$

式中，稳态输出与输入的幅值之比称为系统的幅频特性，记为 $A(\omega)$，即

$$A(\omega)=\frac{C}{R}=|G(\mathrm{j}\omega)| \tag{5-9a}$$

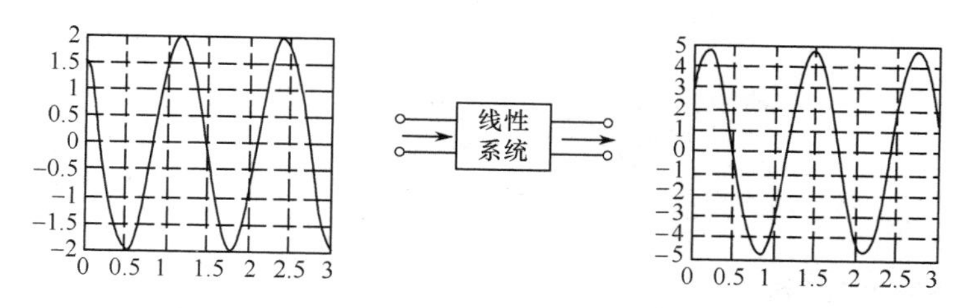


图 5-1 线性系统正弦信号作用下的输出波形

稳态输出与输入的相位差称为系统的相频特性，记为 $\varphi(\omega)$，即

$$\varphi(\omega)=\angle G(\mathrm{j}\omega) \tag{5-9b}$$

频率特性的指数表达式为

$$G(\mathrm{j}\omega)=A(\omega)\mathrm{e}^{\mathrm{j}\varphi(\omega)} \tag{5-10}$$

频率特性还可表示为

$$G(\mathrm{j}\omega)=p(\omega)+\mathrm{j}\theta(\omega)$$

式中，$p(\omega)$ 为 $G(\mathrm{j}\omega)$ 的实部，称为实频特性；$\theta(\omega)$ 为 $G(\mathrm{j}\omega)$ 的虚部，称为虚频特性。

显然有

$$\left.\begin{aligned}p(\omega)&=A(\omega)\cos\varphi(\omega)\\\theta(\omega)&=A(\omega)\sin\varphi(\omega)\\A(\omega)&=\sqrt{p^2(\omega)+\theta^2(\omega)}\\\varphi(\omega)&=\arctan\frac{\theta(\omega)}{p(\omega)}\end{aligned}\right\} \tag{5-11}$$

需要指出，当输入为非正弦的周期信号时，其输入可利用傅里叶级数展开成正弦波的叠加，其输出为相应的正弦波的叠加。此时，系统频率特性定义为系统输出量的傅里叶变换与输入量的傅里叶变换之比。

频率特性的定义既可以适用于稳定系统，也可适用于不稳定系统。稳定系统的频率特性可用实验方法确定，即在系统输入端施加不同频率的正弦信号，然后测量系统的稳态响应，再根据幅值比和相位差作出系统的频率特性。

### 5.1.2 频率特性的求取

由频率特性概念知，频率特性 $G(\mathrm{j}\omega)$ 是传递函数的一种特例，即将传递函数中的复变量 $s$ 换成纯虚数 $\mathrm{j}\omega$ 就得到系统的频率特性。即

$$G(\mathrm{j}\omega)=G(s)\Big|_{s=\mathrm{j}\omega} \tag{5-12}$$

**【例 5-1】** 已知系统的传递函数 $G(s)=\dfrac{K}{Ts+1}$。

**【解】** 令 $s=\mathrm{j}\omega$ 得系统的频率特性

$$G(\mathrm{j}\omega)=\frac{K}{1+\mathrm{j}\omega T}=\frac{K}{\sqrt{1+(\omega T)^2}}\mathrm{e}^{-\mathrm{j}\arctan\omega T}$$

或
$$G(\mathrm{j}\omega)=\frac{K}{1+\mathrm{j}\omega T}=\frac{K}{1+\omega^2T^2}-\mathrm{j}\frac{K\omega T}{1+\omega^2T^2}$$

幅频特性
$$A(\omega)=\frac{K}{\sqrt{1+(\omega T)^2}}$$

相频特性
$$\varphi(\omega)=-\arctan\omega T$$

实频特性 $$p(\omega)=\frac{K}{1+\omega^2T^2}$$

虚频特性 $$\theta(\omega)=-\frac{K\omega T}{1+\omega^2T^2}$$

幅频特性和相频特性随 $\omega$ 变化的曲线如图 5-2 所示。

### 5.1.3 频域性能指标

与时域响应中衡量系统性能采用时域性能指标类似，频率特性在数值上和曲线形状上的特点，常用频域性能指标来衡量，它们在很大程度上能够间接地表明系统的动态、静态特性。系统的频率特性曲线如图 5-3 所示。

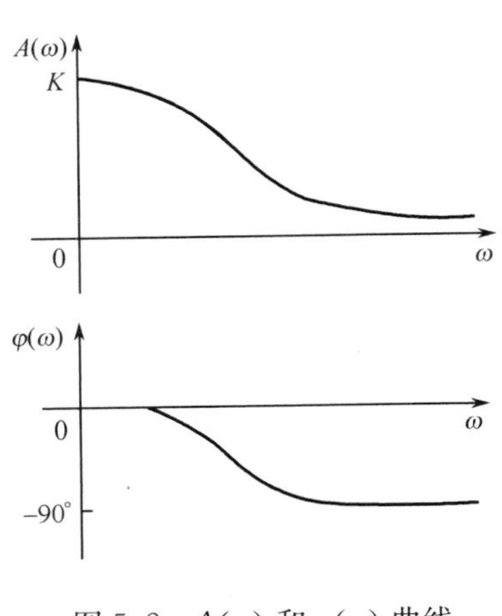


图 5-2 $A(\omega)$ 和 $\varphi(\omega)$ 曲线

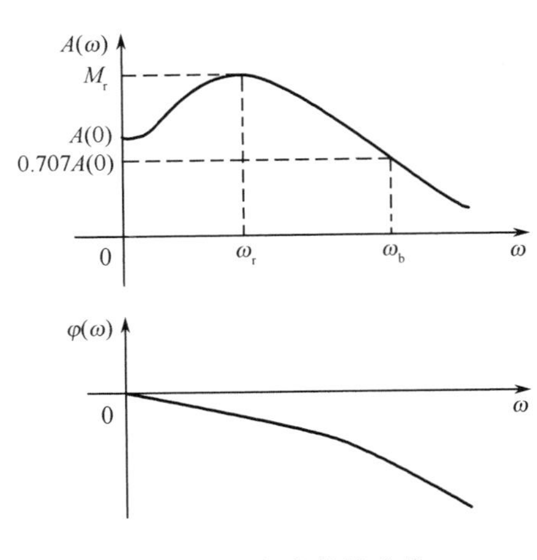


图 5-3 频率特性曲线

(1) 谐振频率 $\omega_r$ 是幅频特性 $A(\omega)$ 出现最大值时所对应的频率。

(2) 谐振峰值 $M_r$ 指幅频特性的最大值。$M_r$ 值越大，表明系统对 $\omega_r$ 频率的正弦信号反应强烈，即系统的平稳性越差，阶跃响应的超调量越大。

(3) 频带 $\omega_b$ 指幅频特性 $A(\omega)$ 的幅值衰减到起始值的 0.707 倍所对应的频率。$\omega_b$ 大，系统复现快速变化信号的能力强、失真小，即系统的快速性好，阶跃响应的上升时间短，调整时间短。

(4) $A(0)$ 指零频($\omega=0$)时的幅值。$A(0)$ 表示系统阶跃响应的终值，$A(0)$ 与 1 相差的大小，反映了系统的稳态精度，$A(0)$ 越接近于 1，系统的精度越高。

## 5.2 典型环节的频率特性

### 5.2.1 概述

作为一种图解分析系统的方法，频率特性曲线常采用 3 种表示形式，即极坐标图、对数坐标图和对数幅相图。

**1. 极坐标图(幅相曲线或 Nyquist 图)**

系统频率特性可表示为

$$G(\mathrm{j}\omega)=A(\omega)\mathrm{e}^{\mathrm{j}\varphi(\omega)}$$

用一向量表示某一频率 $\omega_i$ 下的 $G(\mathrm{j}\omega_i)$ 向量的长度 $A(\omega_i)$，向量极坐标角为 $\varphi(\omega_i)$，$\varphi(\omega)$ 的正

方向取为逆时针方向，选极坐标与直角坐标重合，极坐标的顶点在坐标原点，如图 5-4 所示。

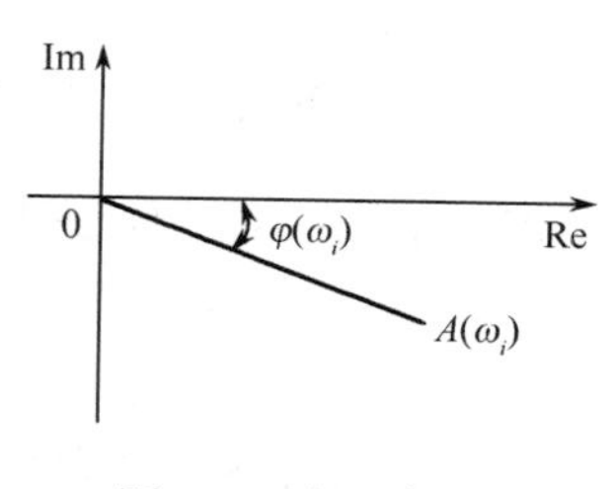

图 5-4　极坐标图

频率特性 $G(\mathrm{j}\omega)$ 是输入频率 $\omega$ 的复变函数，是一种变换，当频率 $\omega$ 由 $0\rightarrow\infty$ 时，$G(\mathrm{j}\omega)$ 变化的曲线即向量端点轨迹就称为极坐标图。

极坐标图在 $\omega=\omega_i$ 时，在实轴上的投影为实频特性 $p(\omega_i)$，在虚轴上的投影为虚频特性 $\theta(\omega_i)$。由于幅频特性为 $\omega$ 的偶函数，相频特性为 $\omega$ 的奇函数，则 $\omega$ 由 $0^+\rightarrow\infty$ 变化的 $G(\mathrm{j}\omega)$ 曲线与 $\omega$ 由 $-\infty\rightarrow 0^-$ 变化的 $G(\mathrm{j}\omega)$ 曲线关于实轴对称。

**2. 对数频率特性曲线(Bode 图)**

Bode 图由对数幅频特性和对数相频特性两张图组成。

对数幅频特性是幅频特性的对数值 $L(\omega)=20\lg A(\omega)$(dB) 与频率 $\omega$ 的关系曲线；对数相频特性是频率特性的相角 $\varphi(\omega)$（度）与频率 $\omega$ 的关系曲线，如图 5-5 所示。

对数幅频特性的纵轴为 $L(\omega)=20\lg A(\omega)$，采用线性分度，$A(\omega)$ 每增加 10 倍，$L(\omega)$ 增加 20dB；横坐标采用对数分度，即横轴上的 $\omega$ 取对数后为等分点。

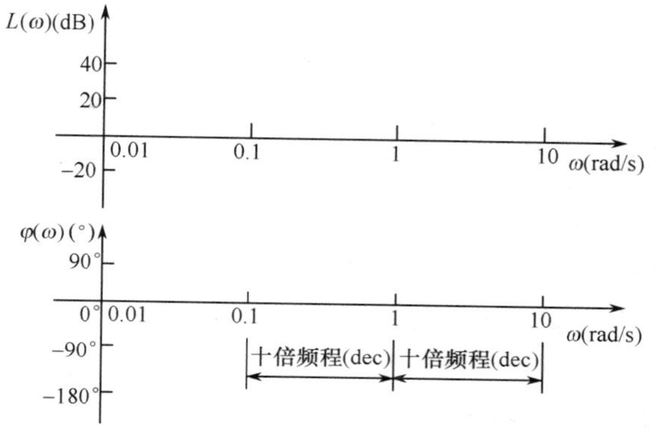

图 5-5　对数频率特性曲线

对数相频特性横轴采用对数分度，纵轴为线性分度，单位为度(°)。

对数幅频特性和对数相频特性的坐标系均为半对数坐标系。

$\omega$ 轴采用对数分度具有以下优点：

(1) 可扩大频率视野，有利于分析有效频率范围的系统特性；

(2) 可将向量的相乘转化为相加。

$n$ 个环节串联

$$\begin{aligned}G(\mathrm{j}\omega)&=G_1(\mathrm{j}\omega)G_2(\mathrm{j}\omega)\cdots G_n(\mathrm{j}\omega)\\&=A_1(\omega)\mathrm{e}^{\mathrm{j}\varphi_1(\omega)}A_2(\omega)\mathrm{e}^{\mathrm{j}\varphi_2(\omega)}\cdots A_n(\omega)\mathrm{e}^{\mathrm{j}\varphi_n(\omega)}\\&=A_1(\omega)A_2(\omega)\cdots A_n(\omega)\mathrm{e}^{\mathrm{j}[\varphi_1(\omega)+\varphi_2(\omega)+\cdots+\varphi_n(\omega)]}\end{aligned}\tag{5-13}$$

其中，对数幅频特性 $L(\omega)$ 为

$$\begin{aligned}L(\omega)&=20\lg|G(\mathrm{j}\omega)|=20\lg A_1(\omega)A_2(\omega)\cdots A_n(\omega)\\&=20\lg A_1(\omega)+20\lg A_2(\omega)+\cdots+20\lg A_n(\omega)\\&=L_1(\omega)+L_2(\omega)+\cdots+L_n(\omega)\end{aligned}\tag{5-14}$$

对数相频特性 $\varphi(\omega)$ 为

$$\varphi(\omega)=\angle G(\mathrm{j}\omega)=\varphi_1(\omega)+\varphi_2(\omega)+\cdots+\varphi_n(\omega)\tag{5-15}$$

(3) 对数幅频特性曲线可用渐近线表示。

**3. 对数幅相图(Nichols 图)**

对数幅相图是将对数幅频特性和对数相频特性两张图，在角频率为参变量的情况下合成一张图，即纵坐标为对数幅值 $L(\omega)=20\lg A(\omega)$，横坐标为相应的相角 $\varphi(\omega)$，如图 5-6 所示。

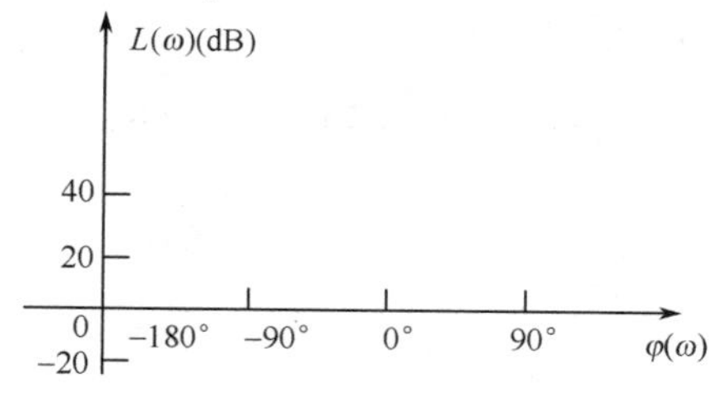

图 5-6　对数幅相曲线坐标系

### 5.2.2 典型环节的频率特性

控制系统由若干典型环节组成，常见的典型环节有

比例环节 $K$、积分环节 $\frac{1}{s}$、惯性环节 $\frac{1}{Ts+1}$、比例微分环节 $1+\tau s$、微分环节 $s$、振荡环节 $\frac{1}{T^2s^2+2\zeta Ts+1}$ 和延迟环节 $e^{-\tau s}$ 等。

下面分别讨论典型环节的频率特性。

**1. 积分环节**

积分环节的传递函数 $$G(s)=\frac{1}{s}$$

频率特性 $$G(j\omega)=\frac{1}{j\omega}=\frac{1}{\omega}e^{-j\frac{\pi}{2}}$$

幅频特性 $$A(\omega)=\frac{1}{\omega}$$

相频特性 $$\varphi(\omega)=-\frac{\pi}{2}$$

对数幅频特性 $$L(\omega)=20\lg A(\omega)=-20\lg\omega$$

极坐标图：当 $\omega$ 由 $0\to\infty$ 时，$G(j\omega)$ 的实部总为零，虚部由 $-\infty\to 0$，所以极坐标图为一条与负虚轴重合的直线，如图 5-7 所示。

Bode 图：由 $L(\omega)=-20\lg\omega$，频率 $\omega$ 每增加 10 倍，对数幅值下降 20dB，且 $\omega=1$ 时 $L(\omega)=0$。即 $L(\omega)$ 是一条斜率为 $-20$ 分贝 / 十倍频（记为 $-20$dB/dec）的直线，且 $\omega=1$ 时对数幅值为零分贝，如图 5-8 所示。

相频特性曲线为一条水平线，距 $\omega$ 轴距离为 $-90°$，如图 5-8 所示。

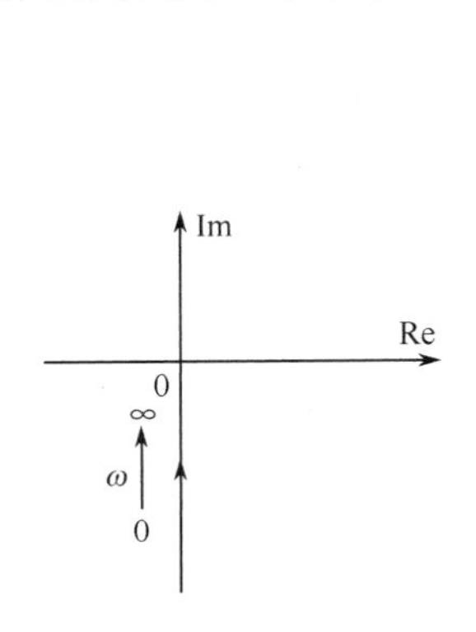


图 5-7　积分环节的极坐标图

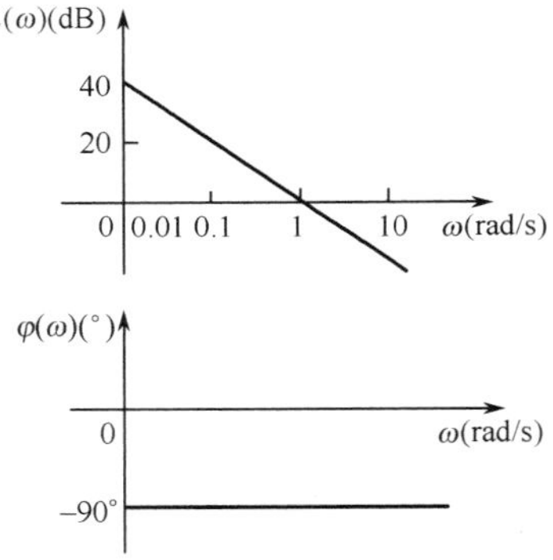

图 5-8　积分环节的 Bode 图

**2. 惯性环节**

惯性环节的传递函数 $$G(s)=\frac{1}{Ts+1}$$

频率特性 $$G(j\omega)=\frac{1}{1+j\omega T}=\frac{1}{\sqrt{1+(\omega T)^2}}e^{-j\arctan\omega T}$$

$$=\frac{1}{1+\omega^2T^2}-j\frac{\omega T}{1+\omega^2T^2}$$

幅频特性 $$A(\omega)=\frac{1}{\sqrt{1+\omega^2T^2}}$$

相频特性

$$\varphi(\omega) = -\arctan\omega T$$

实频特性

$$p(\omega) = \frac{1}{1+\omega^2 T^2}$$

虚频特性

$$\theta(\omega) = -\frac{T\omega}{1+\omega^2 T^2}$$

对数幅频特性

$$L(\omega) = 20\lg A(\omega) = -20\lg\sqrt{1+\omega^2 T^2}$$

对数相频特性

$$\varphi(\omega) = -\arctan\omega T$$

极坐标图：给 $\omega$（由 $0\rightarrow\infty$）不同值，求得 $A(\omega)$，$\varphi(\omega)$，将它绘于极坐标上，得惯性环节的极坐标图，如图 5-9 所示。可以证明，其曲线是以 $\left(\frac{1}{2},\mathrm{j}0\right)$ 为圆心、$\frac{1}{2}$ 为半径的半圆。

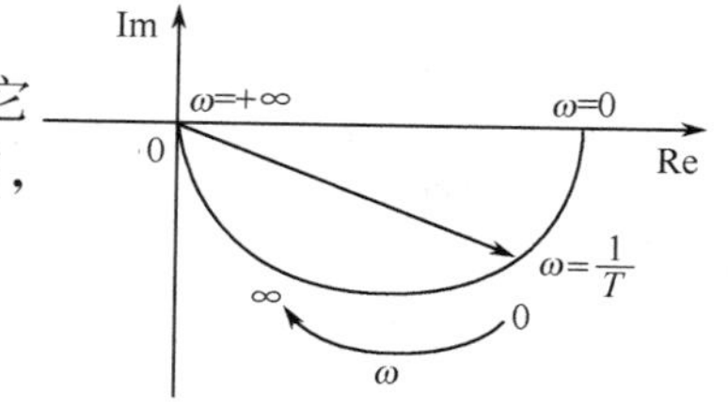


图 5-9　惯性环节极坐标图

Bode 图：首先分析对数幅频特性曲线的大致形状。

(1) 当 $\omega \ll \frac{1}{T}$ 时，对数幅频特性可近似为

$$L(\omega) = -20\lg\sqrt{1+\omega^2 T^2} \approx 0\mathrm{dB}$$

(2) 当 $\omega \gg \frac{1}{T}$ 时，对数幅频特性可近似为

$$L(\omega) = -20\lg\sqrt{1+\omega^2 T^2} \approx -20\lg\omega T$$

它是 $\lg\omega$ 的一次函数，在对数坐标下为直线。$\omega$ 增大 10 倍，则 $L(\omega) = -20\lg 10\omega T = -20\lg\omega T - 20$，即频率增大 10 倍，对数幅值下降 20dB，直线的斜率为 $-20$dB/dec。

(3) 当 $\omega = \frac{1}{T}$ 时，$L(\omega) = 0$。

所以，在 $\omega \gg \frac{1}{T}$ 的频段为一条过 $\omega = \frac{1}{T}$，$L(\omega) = 0$dB 点，斜率为 $-20$dB/dec 的直线。

由此，惯性环节的对数幅频特性曲线近似为两段直线。在 $\omega < \frac{1}{T}$ 时，为零分贝线；$\omega > \frac{1}{T}$ 时，为一斜率为 $-20$dB/dec 的直线，如图 5-10 所示。两直线相交，交点处频率 $\omega = \frac{1}{T}$，称为转折频率。

以直线代替曲线，作图极为方便。两直线实际上是对数幅频特性曲线的渐近线，故又称为对数幅频特性渐近线。

用渐近线代替对数幅频特性曲线，最大误差发生在转折频率处，即 $\omega = \frac{1}{T}$ 处。误差为

$$\Delta L(\omega) = L(\omega) - L_{渐}(\omega)\Big|_{\omega=\frac{1}{T}} = -3.03\mathrm{dB}$$

在高于转折频率一个倍频处，即 $\omega = \frac{2}{T}$ 的误差为

$$\begin{aligned}\Delta L(\omega) &= L(\omega) - L_{渐}(\omega)\\ &= -20\lg\sqrt{1+\omega^2 T^2} + 20\lg\omega T = -0.97\mathrm{dB}\end{aligned}$$

可见，用渐近线代替实际对数幅频特性曲线，误差并不大，若需要绘制精确的对数幅频特性时，可按误差对渐近线加以修正。误差曲线如图 5-11 所示。

惯性环节的对数相频特性曲线

$$\varphi(\omega) = -\arctan\omega T$$

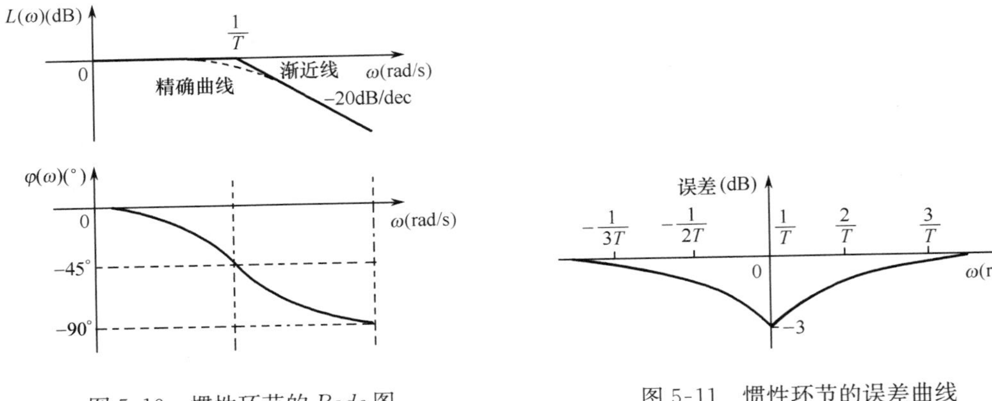


图 5-10　惯性环节的 *Bode* 图　　　　图 5-11　惯性环节的误差曲线

当 $\omega=0$ 时，$\varphi(\omega)=0$；$\omega=\dfrac{1}{T}$ 时，$\varphi(\omega)=-\dfrac{\pi}{4}$；$\omega=\infty$ 时，$\varphi(\omega)=-\dfrac{\pi}{2}$。

由于对数相频是 $\omega T$ 的反正切函数，所以对数相频特性对 $\left(\omega=\dfrac{1}{T},\varphi=-\dfrac{\pi}{4}\right)$ 这一点是斜对称的，如图 5-10 所示。

对数幅频特性和相频特性，均是 $\omega$ 与 $T$ 乘积的函数，$\omega T$ 的值与 $L(\omega)$ 和 $\varphi(\omega)$ 的函数值一一对应。所以对于不同时间常数的惯性环节，它们在相同 $\omega T$ 值下的幅值和相角均是相同的，若 $T$ 变化 $n$ 倍，则 $\omega$ 必变化 $1/n$，在对数坐标对数轴上相当于移动 $-\lg n$ 的距离，即当转折频率变化时，对数幅频特性及相频特性左右移动，但其形状保持不变。

由对数幅频特性 $L(\omega)$ 可以看出，惯性环节具有低通滤波特性，能够较好地复现缓慢变化的输入信号。

**3. 微分环节**

纯微分环节的传递函数　　$G(s)=s$

频率特性　　$G(\mathrm{j}\omega)=\mathrm{j}\omega=\omega e^{\mathrm{j}\frac{\pi}{2}}$

幅频特性　　$A(\omega)=\omega$

相频特性　　$\varphi(\omega)=\dfrac{\pi}{2}$

对数幅频特性　　$L(\omega)=20\lg A(\omega)=20\lg\omega$

极坐标图：当 $\omega$ 由 $0\rightarrow\infty$ 时，其相应的极坐标图如图 5-12(a) 所示，是整个正虚轴。

Bode 图：纯微分环节的对数幅频特性

$$L(\omega)=20\lg\omega$$

与积分环节相比较，二者相差一个负号，所以微分环节的对数幅频特性如图 5-12(b) 所示，微分环节和积分环节以零分贝线互为镜像。

同样，比例微分环节 $G(s)=1+Ts$ 与惯性环节 $\dfrac{1}{Ts+1}$ 的 Bode 图互为镜像，如图 5-13 所示。

**4. 二阶振荡环节**

二阶振荡环节的传递函数

$$G(s)=\frac{1}{T^2s^2+2\zeta Ts+1}$$

频率特性　　$G(\mathrm{j}\omega)=\dfrac{1}{(\mathrm{j}\omega T)^2+\mathrm{j}2\zeta T\omega+1}$

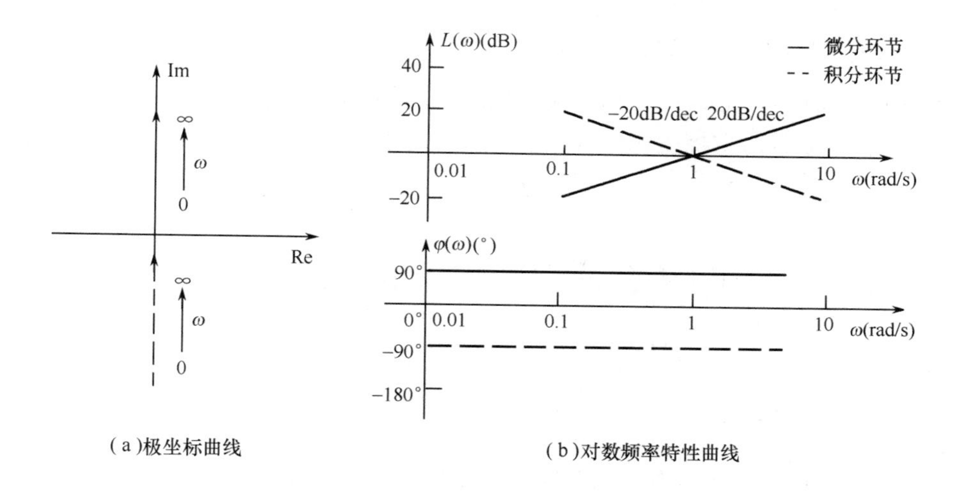


图 5-12　微分环节的频率特性

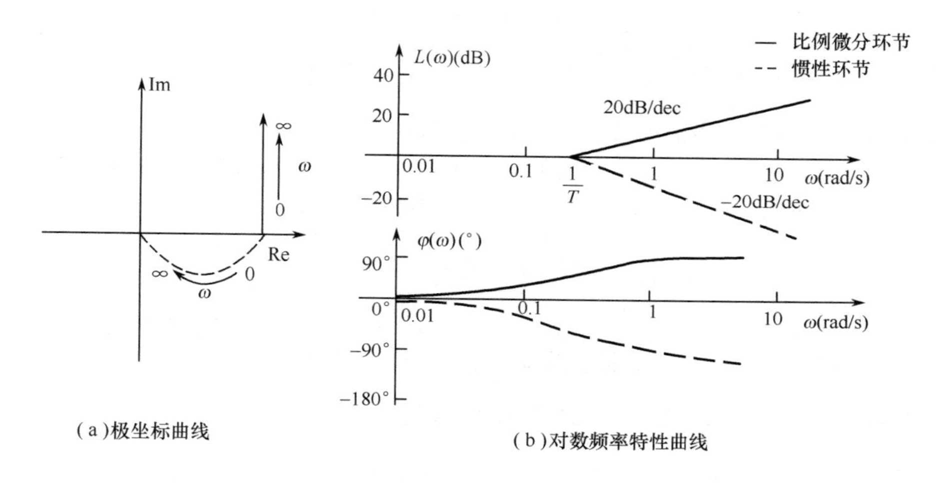


图 5-13　比例微分环节的频率特性

幅频特性 $$A(\omega)=\frac{1}{\sqrt{(1-T^2\omega^2)^2+(2\zeta\omega T)^2}}$$

相频特性 $$\varphi(\omega)=-\arctan\frac{2\zeta\omega T}{1-T^2\omega^2}$$

实频特性 $$p(\omega)=\frac{1-T^2\omega^2}{(1-T^2\omega^2)^2+(2\zeta\omega T)^2}$$

虚频特性 $$\theta(\omega)=-\frac{2\zeta T\omega}{(1-T^2\omega^2)^2+(2\zeta\omega T)^2}$$

对数幅频特性 $$L(\omega)=20\lg A(\omega)=-20\lg\sqrt{(1-T^2\omega^2)^2+(2\zeta\omega T)^2}$$

极坐标图：给出一系列 $\omega$ 值（由 $0\to\infty$），可求出相应的 $A(\omega)$ 和 $\varphi(\omega)$，并绘出不同 $\zeta$ 值时的极坐标曲线。

取几个特殊点，且考虑 $0<\zeta<1$ 欠阻尼情况，$\omega=0$ 时 $A(\omega)=1$，$\varphi(\omega)=0$，即极坐标曲线起始于正实轴上，模为 1。

$\omega=\frac{1}{T}$ 时，$A(\omega)=\frac{1}{2\zeta}$，$\varphi(\omega)=-\frac{\pi}{2}$，即坐标曲线与负虚轴相交，相交点与阻尼比 $\zeta$ 有关，交

点频率 $\frac{1}{T}=\omega_n$，称为无阻尼自然振荡频率。

$\omega=\infty$ 时，$A(\omega)=0$，$\varphi(\omega)=-\pi$，极坐标曲线从负实轴趋近于坐标原点。

另外，可由极值条件求取极坐标曲线出现最大值对应的频率和幅值。

令
$$\frac{\mathrm{d}A(\omega)}{\mathrm{d}\omega}=-\frac{4T^4\omega^3+4\omega T^2(2\zeta^2-1)}{2\sqrt{[(1-\omega^2T^2)^2+(2\zeta\omega T)^2]^3}}=0$$

得 $\omega_r=\frac{1}{T}\sqrt{1-2\zeta^2}$，称为谐振频率，对应的幅值称为谐振峰值，即

$$M_r=A(\omega)\big|_{\omega=\omega_r}=\frac{1}{2\zeta\sqrt{1-\zeta^2}}$$

由 $\omega_r=\frac{1}{T}\sqrt{1-2\zeta^2}$ 可以看出：

当 $\zeta>0.707$ 时，系统无谐振，$A(\omega)$ 单调衰减；

当 $\zeta=0.707$ 时，$\omega_r=0$，$M_r=1$，最大值为幅频特性的起始点；

当 $\zeta<0.707$ 时，$A(\omega)$ 出现谐振，谐振频率 $\omega_r$ 与 $\zeta$ 有关，$\zeta$ 越小，谐振频率 $\omega_r$ 越大，且越接近于转折频率 $\omega_n=\frac{1}{T}$。谐振峰值 $M_r$ 仅仅与阻尼比有关，它反映了系统的平稳性，$\zeta$ 越小，谐振峰值越大，系统动态响应超调量越大，过程的平稳性越差。

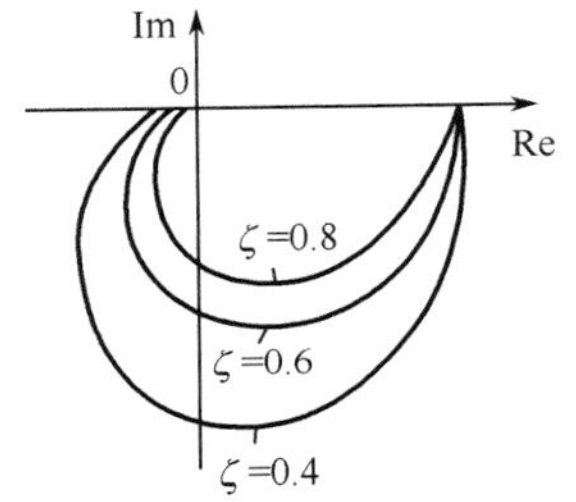

图 5-14　振荡环节极坐标图

二阶振荡环节的极坐标曲线如图 5-14 所示。

Bode 图：对数幅频特性渐近线（假设 $0<\zeta<1$）

（1）低频段 $\omega T\ll 1\left(\omega\ll\frac{1}{T}\right)$

$$L(\omega)\approx -20\lg 1=0\text{dB}$$

即低频段渐近线为一条零分贝的水平线。

（2）高频段 $\omega T\gg 1\left(\omega\gg\frac{1}{T}\right)$

$$L(\omega)=-20\lg\sqrt{(1-\omega^2T^2)^2+(2\zeta\omega T)^2}\approx -20\lg\omega^2T^2=-40\lg\omega T$$

所以，高频段渐近线为一条斜率为 $-40$dB/dec 的直线，且 $\omega=\frac{1}{T}$ 时，$L(\omega)=0$dB。$\omega=\frac{1}{T}$ 称为转折频率。对数幅频特性渐近线如图 5-15(a) 所示。

用渐近线代替实际对数幅频特性也会带来误差，误差的大小和 $\zeta$ 值有关，由前面分析知，当 $\zeta<0.707$ 时，对数幅频特性出现谐振，谐振频率为

$$\omega_r=\frac{1}{T}\sqrt{1-2\zeta^2}$$

小于转折频率 $\omega=\frac{1}{T}$ 时，谐振峰值 $M_r$ 为

$$M_r=\frac{1}{2\zeta\sqrt{1-\zeta^2}}$$

阻尼比越小，谐振峰值越大，用渐近线代替实际曲线的误差也越大，常按 $\zeta$ 的大小来修正渐近线。二阶振荡环节的误差修正曲线如图 5-15(b) 所示。

相频特性

$$\varphi(\omega)=-\arctan\frac{2\zeta\omega T}{1-\omega^2T^2}$$

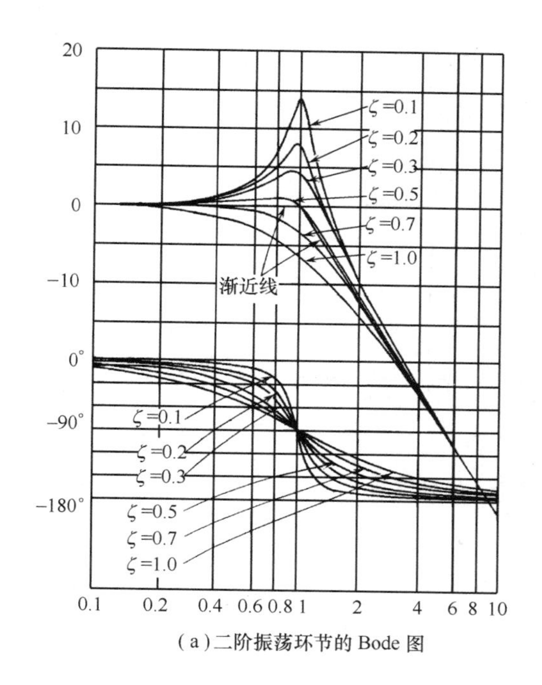

(a)二阶振荡环节的 Bode 图

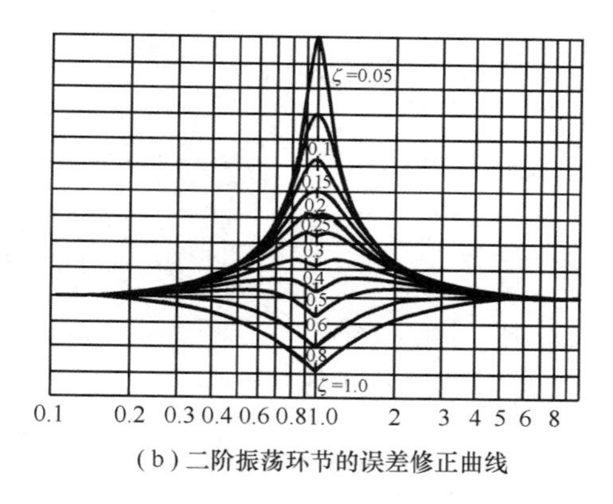

(b)二阶振荡环节的误差修正曲线

图 5-15　二阶振荡环节的对数频率特性曲线

当 $\omega=0$ 时，$\varphi(\omega)=0$；$\omega=\dfrac{1}{T}$ 时，$\varphi(\omega)=-90^\circ$；$\omega=\infty$ 时，$\varphi(\omega)=-180^\circ$。

相频特性对于 $\omega=\dfrac{1}{T}$，$\varphi(\omega)=-90^\circ$ 点是斜对称的，如图 5-15(a) 所示。

二阶微分环节 $G(s)=\tau^2s^2+2\zeta\tau s+1$ 为振荡环节的传递函数的倒数，可按对称性做出其对数幅频和相频特性曲线，如图 5-16 所示。

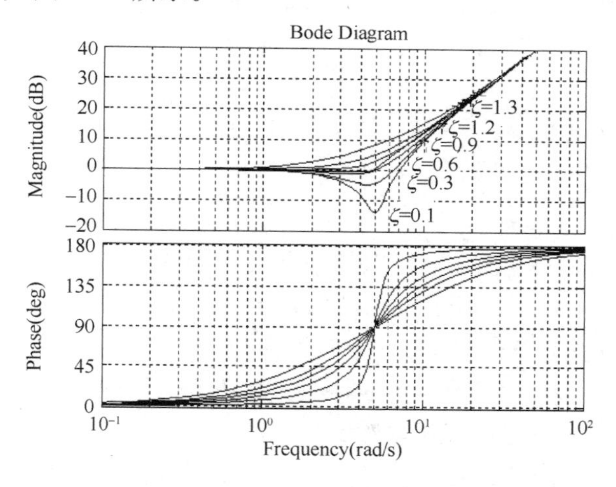


图 5-16　二阶微分环节的对数频率特性曲线

### 5. 比例环节

比例环节的传递函数　　$G(s)=K$

频率特性　　$G(\mathrm{j}\omega)=K$

幅频特性　　$A(\omega)=K$

相频特性　　$\varphi(\omega)=0$

对数幅频特性

$$L(\omega) = 20\lg A(\omega) = 20\lg K$$

对数幅频特性为一水平线，相频特性与横坐标重合。

比例环节的极坐标图为一点，如图 5-17 所示。

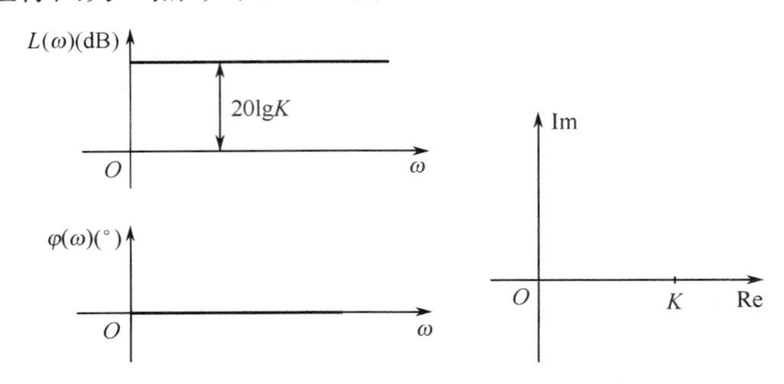


图 5-17　比例环节频率特性曲线

6. **延迟（滞后）环节**

滞后环节的传递函数

$$G(s) = e^{-\tau s}$$

式中，$\tau$ 为滞后时间。

频率特性　$G(j\omega) = e^{-j\omega\tau}$

幅频特性　$A(\omega) = 1$

相频特性　$\varphi(\omega) = -\tau\omega(\text{rad}) = -57.3\omega\tau(°)$

对数幅频特性　$L(\omega) = 20\lg A(\omega) = 0\text{dB}$

延迟环节的幅值为常数 1，与 $\omega$ 无关，而相角与 $\omega$ 成比例，因此，延迟环节的极坐标图为一单位圆，如图 5-18(a) 所示。

若将延迟环节的频率特性 $G(j\omega) = e^{-j\omega\tau}$ 展开成泰勒级数形式

$$e^{-j\omega\tau} = 1 - j\omega\tau + \frac{1}{2!}(j\omega\tau)^2 - \frac{1}{3!}(j\omega\tau)^3 + \cdots \tag{5-16}$$

而惯性环节的频率特性 $G'(j\omega) = \dfrac{1}{j\tau\omega + 1}$ 也展开成级数形式

$$\frac{1}{j\tau\omega + 1} = 1 - j\omega\tau + (j\omega\tau)^2 - (j\omega\tau)^3 + \cdots \tag{5-17}$$

当 $\omega\tau \ll 1$ 时，式(5-16)、式(5-17) 可以忽略高次项，于是有

$$G(j\omega) = G'(j\omega) = 1 - j\omega\tau$$

即在低频段，延迟环节的频率特性可近似为一阶惯性环节的频率特性，如图 5-18(b) 所示。换言之，在小延迟及低频情况下，延迟环节可近似地用惯性环节代替。但在大延迟及高频情况下，这种近似误差将很大，从图 5-18 中可以明显地看出。

对数幅频特性曲线为一条与 0dB 线重合的直线，相频特性曲线随 $\omega$ 增大而减小，如图 5-18(b) 所示。

## 5.3　系统的开环频率特性

### 5.3.1　系统的开环对数频率特性

对于系统的开环传递函数，可按典型环节分解成 $n$ 个典型环节 $G_i(s)$ 的串联，即开环传递函

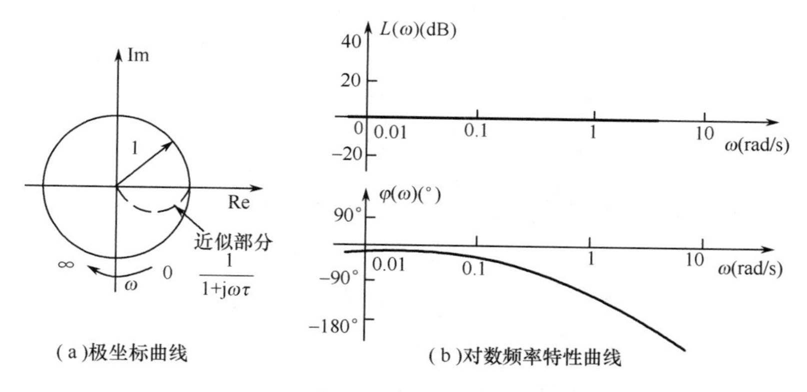


图 5-18　延迟环节的频率特性

数为

$$G(s)=G_1(s)G_2(s)\cdots G_n(s)$$

其频率特性为

$$\begin{aligned}G(\mathrm{j}\omega)&=G_1(\mathrm{j}\omega)G_2(\mathrm{j}\omega)\cdots G_n(\mathrm{j}\omega)\\&=A_1(\omega)\mathrm{e}^{\mathrm{j}\varphi_1(\omega)}A_2(\omega)\mathrm{e}^{\mathrm{j}\varphi_2(\omega)}\cdots A_n(\omega)\mathrm{e}^{\mathrm{j}\varphi_n(\omega)}\\&=\prod_{i=1}^{n}A_i(\omega)\mathrm{e}^{\mathrm{j}\sum_{i=1}^{n}\varphi_i(\omega)}\end{aligned}\tag{5-18}$$

系统开环对数幅频特性为

$$\begin{aligned}L(\omega)&=20\lg A(\omega)=20\lg\left[\prod_{i=1}^{n}A_i(\omega)\right]\\&=\sum_{i=1}^{n}20\lg A_i(\omega)=\sum_{i=1}^{n}L_i(\omega)\end{aligned}\tag{5-19}$$

开环对数相频特性为

$$\varphi(\omega)=\angle G(\mathrm{j}\omega)=\sum_{i=1}^{n}\varphi_i(\omega)\tag{5-20}$$

由此看出，系统的开环对数幅频特性 $L(\omega)$ 等于各个串联环节对数幅频特性之和；系统的开环对数相频特性 $\varphi(\omega)$ 等于各个环节对数相频特性之和。

典型环节的对数幅频特性可近似用渐近线表示，对数相频特性又具有点对称性。因此，开环系统的对数频率特性曲线利用图形相加很容易绘制。

**【例 5-2】** 系统开环传递函数

$$G(s)=\frac{100(0.05s+1)}{s(0.1s+1)(0.2s+1)}$$

试绘制开环对数频率特性。

**【解】** 系统开环频率特性为

$$G(\mathrm{j}\omega)=\frac{100(1+\mathrm{j}0.05\omega)}{\mathrm{j}\omega(1+\mathrm{j}0.1\omega)(1+\mathrm{j}0.2\omega)}$$

系统由 5 个典型环节串联组成。

比例环节

$$G_1(\mathrm{j}\omega)=100$$
$$L_1(\omega)=20\lg 100=40\mathrm{dB}$$
$$\varphi_1(\omega)=0$$

积分环节

$$G_2(\mathrm{j}\omega)=\frac{1}{\mathrm{j}\omega}$$

$$L_2(\omega)=-20\lg\omega$$

$$\varphi_2(\omega)=-90^\circ$$

对数幅频特性渐近线在 $\omega=1$ 时穿越 0dB 线，其斜率为 $-20\mathrm{dB/dec}$。

惯性环节

$$G_3(\mathrm{j}\omega)=\frac{1}{1+\mathrm{j}0.1\omega}$$

$$L_3(\omega)=-20\lg\sqrt{1+(0.1\omega)^2}$$

$$\varphi_3(\omega)=-\arctan 0.1\omega$$

转折频率 $\omega_3=10\mathrm{rad/s}$，对数幅频特性渐近线曲线在转折频率前为 0dB 线，转折频率后为一条斜率为 $-20\mathrm{dB/dec}$ 的直线。$\varphi_3(\omega)$ 对称于点 $\left(\omega_3,-\frac{\pi}{4}\right)$。

惯性环节

$$G_4(\mathrm{j}\omega)=\frac{1}{\mathrm{j}0.2\omega+1}$$

$$L_4(\omega)=-20\lg\sqrt{1+(0.2\omega)^2}$$

$$\varphi_4(\omega)=-\arctan 0.2\omega$$

转折频率 $\omega_4=\frac{1}{0.2}=5\mathrm{rad/s}$，对数幅频特性渐近线类似于 $L_3(\omega)$，相频特性类似于 $\varphi_3(\omega)$。

比例微分环节

$$G_5(\mathrm{j}\omega)=1+\mathrm{j}0.05\omega$$

$$L_5(\omega)=20\lg\sqrt{1+(0.05\omega)^2}$$

$$\varphi_5(\omega)=\arctan 0.05\omega$$

转折频率 $\omega_5=\frac{1}{0.05}=20\mathrm{rad/s}$，对数幅频特性渐近线在 $\omega_5=20\mathrm{rad/s}$ 之前为 0dB 线，在 $\omega_5$ 之后为一条斜率为 20dB/dec 的直线。

相频特性 $\varphi_5(\omega)$ 在转折频率处为 $45^\circ$，低频段为 $0^\circ$，高频段为 $90^\circ$，且曲线对称于 $(\omega_5,45^\circ)$ 点。

绘出以上各环节的对数幅频特性渐近线和相频特性曲线，在同一频率下相加即得到系统的开环对数幅频特性渐近线及相频特性，如图 5-19 所示。

从上面作图可以看出，系统开环频率特性具有以下特点：

(1) 低频段(第一个转折频率前) 直线的斜率为 $-20\nu\mathrm{dB/dec}$($\nu$ 为串联积分环节个数)；

(2) 低频段渐近线或其延长线在 $\omega=1$ 时，$L(\omega)=20\lg K$ 或者 $\omega=\sqrt[\nu]{K}$ 时，$L(\omega)=0$($K$ 为系统开环增益)；

(3) 当对数幅频特性 $L(\omega)$ 由低频向高频延伸时，在转折频率处，渐近线的斜率依据对应环节性质发生变化，经过惯性环节的转折频率，斜率变化了 $-20\mathrm{dB/dec}$；经过振荡环节的转折频率，斜率变化了 $-40\mathrm{dB/dec}$；经过比例微分环节的转折频率，斜率变化了 $+20\mathrm{dB/dec}$。

由以上特点，可以得到绘制系统开环对数幅频特性的步骤：

(1) 将开环传递函数变为时间常数形式，即

$$G(s)=\frac{K\prod_{j=1}^{m}(\tau_j s+1)}{s^\nu\prod_{i=1}^{n-\nu}(T_i s+1)}$$

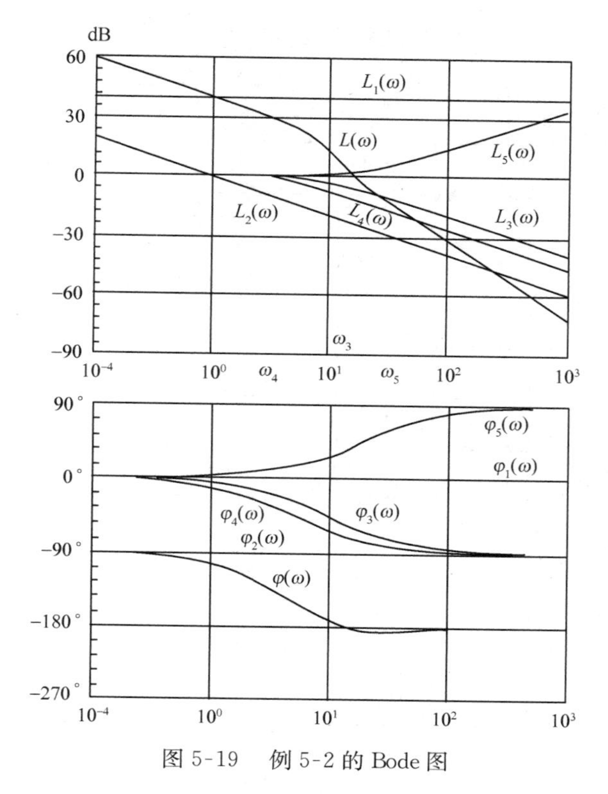


图 5-19 例 5-2 的 Bode 图

(2) 求各环节的转折频率，并标在 Bode 图的 $\omega$ 轴上。

(3) 过 $\omega=1, L(\omega)=20\lg K$ 点作一条斜率为 $-20\cdot\nu$dB/dec 的直线，直到第一个转折频率，或者过 $\omega=\sqrt[\nu]{K}, L(\omega)=0$ 点作一条斜率为 $-20\cdot\nu$dB/dec 的直线，直到第一个转折频率，以上直线作为对数幅频特性的低频段。

(4) 过第一个转折频率后，$L(\omega)$ 由低频段向高频段延伸，每经过一个转折频率，按环节性质改变一次渐近线的斜率(注意，当系统的多个环节具有相同的转折频率时，该点处斜率的变化应为各个环节对应的斜率变化值的代数和)。

(5) 在各转折频率附近利用误差曲线进行修正，得到精确曲线。

系统的对数相频特性可以由各环节相频特性叠加的方法绘制。

**【例 5-3】** 系统开环传递函数为

$$G(s)=\frac{10(0.01s+1)}{s(0.1s+1)(0.2s+1)}$$

试绘制系统的对数幅频特性。

**【解】** 系统的开环频率特性

$$G(\mathrm{j}\omega)=\frac{10(1+\mathrm{j}0.01\omega)}{\mathrm{j}\omega(1+\mathrm{j}0.1\omega)(1+\mathrm{j}0.2\omega)}$$

系统由 5 个典型环节组成，各转折频率及斜率变化为

惯性环节 $\omega_1=5$，斜率减小 20dB/dec

惯性环节 $\omega_2=10$，斜率减小 20dB/dec

比例微分环节 $\omega_3=100$，斜率增加 20dB/dec

且 $\omega=1$ 时，$L(\omega)=20\lg K=20$dB 或 $\omega=\sqrt[\nu]{K}=10$ 时，$L(\omega)=0$ 作对数幅频特性渐近线；

过 $\omega=1, L(\omega)=20$dB 或 $\omega=10, L(\omega)=0$dB 作一条斜率为 $-20$dB/dec 直线作为低频段直线，即 $\omega<5$ 频率范围；

过第一个转折频率 $\omega_1 = 5$ 后，特性斜率曲线按环节性质变化一次，对数幅频特性渐近线，如图 5-20 所示。

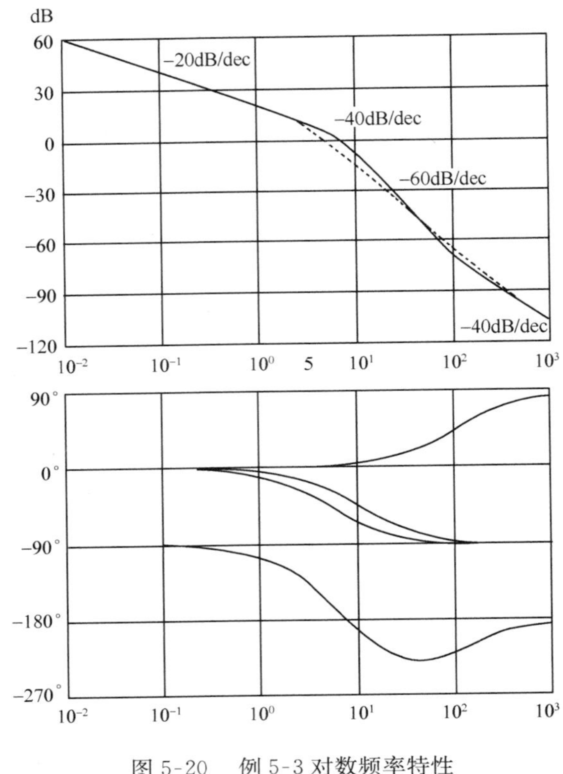


图 5-20　例 5-3 对数频率特性

在各转折频率附近按误差曲线加以修正，得对数幅频特性的精确曲线，如图 5-20 虚线所示。系统对数相频特性曲线由典型环节相频特性曲线叠加而成。

## 5.3.2　系统开环极坐标图(奈氏图)

设反馈控制系统如图 5-21 所示，其开环传递函数为 $G(s)H(s)$，开环频率特性为 $G(\mathrm{j}\omega)H(\mathrm{j}\omega)$。

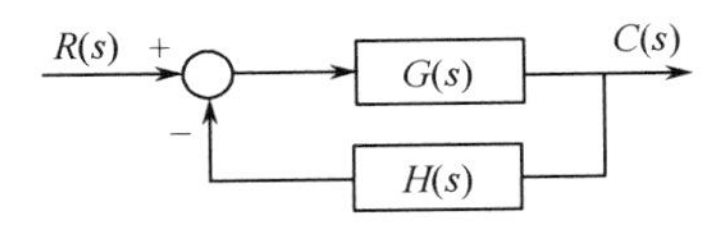


图 5-21　反馈控制系统

在绘制开环极坐标曲线时，可将 $G(\mathrm{j}\omega)H(\mathrm{j}\omega)$ 写成实频和虚频形式

$$G(\mathrm{j}\omega)H(\mathrm{j}\omega) = p(\omega) + \mathrm{j}\theta(\omega)$$

或写成极坐标形式

$$G(\mathrm{j}\omega)H(\mathrm{j}\omega) = A(\omega)\mathrm{e}^{\mathrm{j}\varphi(\omega)}$$

给出不同的 $\omega$，计算相应的 $p(\omega)$，$\theta(\omega)$ 或 $A(\omega)$ 和 $\varphi(\omega)$，即可得出极坐标图中相应的点，当 $\omega$ 由 $0 \to \infty$ 变化时，用光滑曲线连接就可得到系统的极坐标曲线，又称为奈氏(Nyquist) 曲线。

通常采用选取一些特殊点，就可以概略绘出系统的开环极坐标曲线，具体步骤为：

(1) 确定开环极坐标曲线的起点($\omega = 0^+$) 和终点($\omega = +\infty$)；

(2) 确定开环极坐标曲线与实轴的交点，令 $G(\mathrm{j}\omega)H(\mathrm{j}\omega)$ 的虚部为零，即

$$\mathrm{Im}[G(\mathrm{j}\omega)H(\mathrm{j}\omega)] = 0$$

或

$$\varphi(\omega) = \angle G(\mathrm{j}\omega)H(\mathrm{j}\omega) = k\pi \quad (k = 0, \pm 1, \pm 2, \cdots)$$

得实轴穿越频率 $\omega_{实}$，则极坐标曲线与实轴交点的坐标为

$$\mathrm{Re}[G(\mathrm{j}\omega_{实})H(\mathrm{j}\omega_{实})]$$

（3）确定开环极坐标曲线与虚轴的交点，令 $G(\mathrm{j}\omega)H(\mathrm{j}\omega)$ 的实部为零，即

$$\mathrm{Re}[G(\mathrm{j}\omega)H(\mathrm{j}\omega)]=0$$

或
$$\varphi(\omega)=\angle G(\mathrm{j}\omega)H(\mathrm{j}\omega)=(2k+1)\pi\quad(k=0,\pm1,\pm2,\cdots)$$

得虚轴穿越频率 $\omega_{虚}$，则极坐标曲线与虚轴交点的坐标为

$$\mathrm{Im}[G(\mathrm{j}\omega_{虚})H(\mathrm{j}\omega_{虚})]$$

（4）分析开环极坐标曲线的变化范围及特点。

综合上述，可以概略地绘出系统的开环极坐标曲线。

**【例 5-4】** 已知系统开环传递函数

$$G(s)H(s)=\frac{10}{(1+s)(0.1s+1)}$$

试绘制系统开环极坐标图。

**【解】** 系统开环频率特性

$$\begin{aligned}G(\mathrm{j}\omega)H(\mathrm{j}\omega)&=\frac{10}{(1+\mathrm{j}\omega)(1+\mathrm{j}0.1\omega)}\\&=\frac{10(1-0.1\omega^2)}{(1+\omega^2)(1+0.1^2\omega^2)}-\mathrm{j}\frac{10\times1.1\omega}{(1+\omega^2)(1+0.1^2\omega^2)}\end{aligned}$$

$\omega$ 由 $0\to\infty$ 变化时，找几个特殊点：

$\omega=0,\ G(\mathrm{j}\omega)=10-\mathrm{j}0$　　起始点

$\omega=+\infty,\ G(\mathrm{j}\omega)=-0-\mathrm{j}0$　　终止点

$\omega=\sqrt{10},\ G(\mathrm{j}\omega)=0-\mathrm{j}2.87$　　与虚轴交点

极坐标图如图 5-22 所示。

**【例 5-5】** 系统开环传递函数

$$G(s)=\frac{1}{Ts+1}\mathrm{e}^{-\tau s}$$

试绘制其系统开环极坐标图。

**【解】** 系统开环频率特性

$$G(\mathrm{j}\omega)=\frac{1}{1+\mathrm{j}\omega T}\mathrm{e}^{-\mathrm{j}\omega\tau}=\frac{1}{\sqrt{1+(\omega T)^2}}\mathrm{e}^{-\mathrm{j}(\omega\tau+\arctan\omega T)}$$

幅频特性
$$A(\omega)=\frac{1}{\sqrt{1+(\omega T)^2}}$$

相频特性
$$\varphi(\omega)=-\omega\tau-\arctan\omega T$$

$G(\mathrm{j}\omega)$ 的幅值随 $\omega$ 增大而单调减小，$\omega=0$ 时，$A(\omega)=1$ 为最大值，$\omega=\infty$ 时，$A(\omega)=0$；而其相角 $\varphi(\omega)$ 随 $\omega$ 增大而向负无限大方向增加，极坐标图为一螺旋线，如图 5-23 所示。

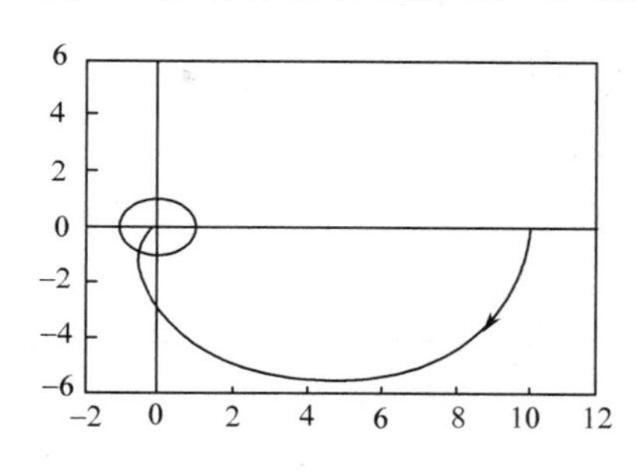


图 5-22　例 5-4 的极坐标图

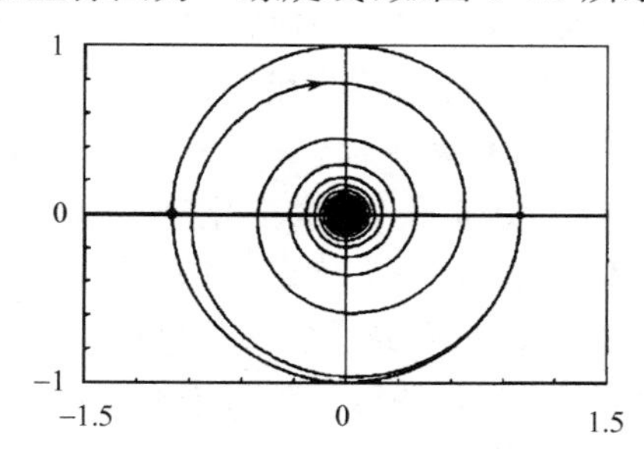


图 5-23　例 5-5 的极坐标图

### 5.3.3 最小相位和非最小相位系统

在 $s$ 右半平面上既无极点，又无零点的传递函数，称为最小相位传递函数；否则，为非最小相位传递函数，具有最小相位传递函数的系统，称为最小相位系统。当控制系统中包含有延迟环节或存在不稳定的小回环时，都是非最小相位系统。最小相位和非最小相位系统的频率特性有什么特点呢？下面通过例子来说明。

设有两个系统(a) 和(b)，其传递函数

$$G_a(s)=\frac{1+T_2s}{1+T_1s}\qquad G_b(s)=\frac{1-T_2s}{1+T_1s}\qquad T_1>T_2>0$$

零、极点分布如图 5-24 所示，(a) 和(b) 系统的极点相同，零点对称于虚轴。(a) 系统的零、极点均在左半 $s$ 平面，为最小相位系统，系统(b) 是系统(a) 对应的非最小相位系统。

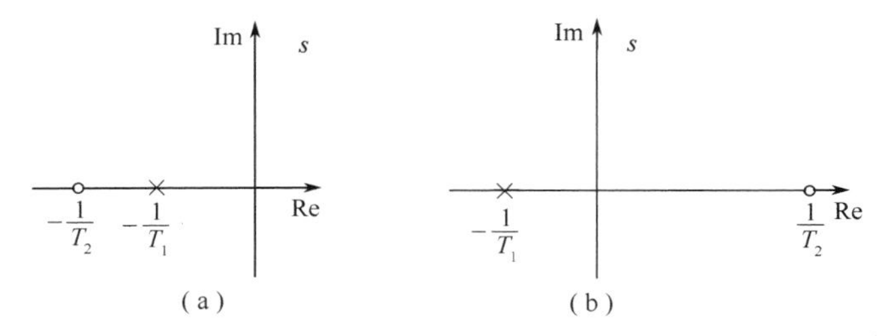


图 5-24 (a) 和(b) 系统零、极点分布图

两系统的频率特性分别为

$$G_a(j\omega)=\frac{1+j\omega T_2}{1+j\omega T_1}$$

$$G_b(j\omega)=\frac{1-j\omega T_2}{1+j\omega T_1}$$

对数频率特性分别为

$$L_a(\omega)=20\lg\sqrt{1+(\omega T_2)^2}-20\lg\sqrt{1+(\omega T_1)^2}$$

$$\varphi_a(\omega)=\arctan\omega T_2-\arctan\omega T_1$$

$$L_b(\omega)=20\lg\sqrt{1+(\omega T_2)^2}-20\lg\sqrt{1+(\omega T_1)^2}$$

$$\varphi_b(\omega)=-\arctan\omega T_2-\arctan\omega T_1$$

(a) 和(b) 系统的对数幅频特性相同，而相频特性不同，如图 5-25 所示。最小相位系统的相角变化范围比非最小相位系统相角变化范围小。这就是“最小相位”名称的由来。

由系统的对数频率特性，最小相位系统的 $L_a(\omega)$ 曲线的斜率增大(或减小) 时，对应相频特性的相角也增大(或减小)，二者变化趋势是一致的。在某一频率上的相角可由相应的对数幅频特性曲线的斜率及转折频率来确定。也就是说，对最小相位系统，幅频特性和相频特性之间存在着唯一的对应关系。如果确定了系统的幅频特性，则系统的相频特性也就唯一确定了，反之亦然。因此，对最小相位系统的研究，只需考虑幅频特性或相频特性，从而使问题得到简化。表 5-1 给出最小相位系统幅频特性与相频特性的对应关系。

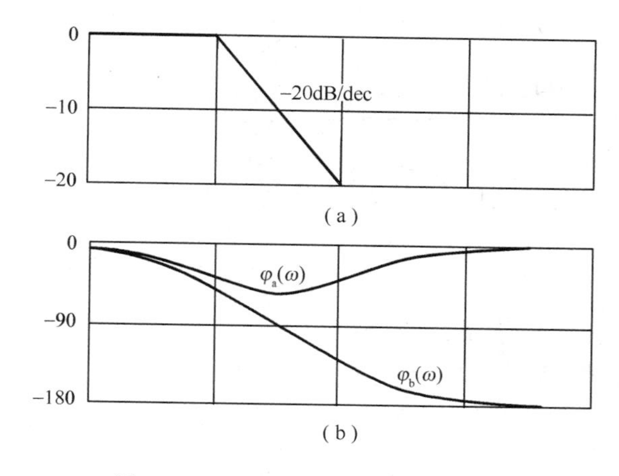


图 5-25 (a) 和(b) 系统对数频率特性

**表 5-1 最小相位系统幅频与相频的对应关系**

| 环　　节 | 幅　　频 | 相　　频 |
|---|---|---|
| $\frac{1}{j\omega}$ | $-20$dB/dec → $-20$dB/dec | $-90°$ → $-90°$ |
| $\frac{1}{1+Tj\omega}$ | 0dB/dec → $-20$dB/dec | $0°$ → $-90°$ |
| $\frac{1}{T^2(j\omega)^2+2\zeta Tj\omega+1}$ | 0dB/dec → $-40$dB/dec | $0°$ → $-180°$ |
| $\tau j\omega+1$ | 0dB/dec → 20dB/dec | $0°$ → $90°$ |
| … | … | … |
| $\frac{1}{\prod_{i=1}^{n}(T_i j\omega+1)}$ | 0dB/dec → $n\cdot(-20)$dB/dec | $0°$ → $n\cdot(-90)°$ |
| $\prod_{i=1}^{m}(\tau_i j\omega+1)$ | 0dB/dec → $m\cdot(+20)$dB/dec | $0°$ → $m\cdot(+90)°$ |

根据最小相位系统的特点，即系统的对数幅频特性和对数相频特性有相同的变化趋势，我们可根据系统的对数幅频特性渐近曲线确定最小相位系统的开环传递函数。步骤如下：

（1）确定系统开环传递函数中积分或微分环节的个数 $\nu$ 和比例值 $K$。对数幅频特性低频段的斜率为 $-20\nu$dB/dec，低频段或其延长线在 $\omega=1$ 时，对应的对数幅值 $L(\omega)=20\lg K$；或 $\omega=\sqrt[\nu]{K}$ 时，$L(\omega)=0$。

（2）确定系统传递函数的结构形式。从低频到高频对数幅频特性渐近线的斜率变化和转折频率的大小为所含环节的类型和参数（斜率变化 $-20$dB/dec，对应惯性环节；斜率变化 $-40$dB/dec，对应重惯性环节，或二阶振荡环节；斜率变化 20dB/dec，对应比例微分环节；斜率变化 40dB/dec，对应重比例微分环节或二阶比例微分环节。转折频率 $\omega$ 的倒数即为时间常数）。

（3）由给定条件确定传递函数的参数。

**【例 5-6】** 已知某最小相位系统的对数幅频特性曲线如图 5-26 所示，试确定系统的传递函数。

**【解】** 由特性曲线低频段的斜率 $-20$dB/dec，系统积分环节个数为 1，转折频率 $\omega_1=1$ 时，

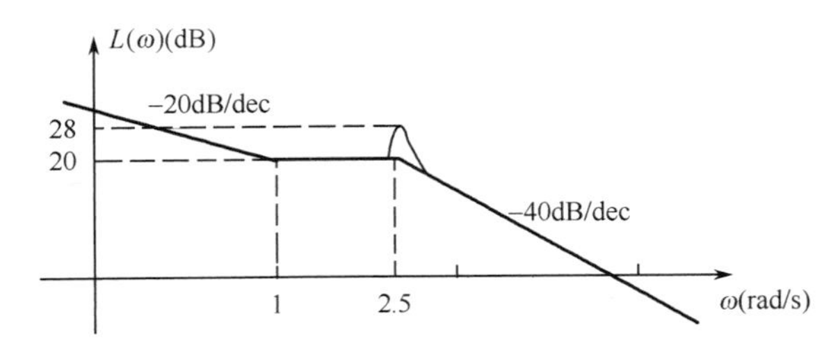


图 5-26　例 5-6 图

斜率变化 20dB/dec，对应比例微分环节，转折频率 $\omega_2 = 2.5$ 时，斜率变化 40dB/dec，且有谐振现象，对应二阶振荡环节，因此，系统传递函数为

$$G(s) = \frac{K\left(\frac{1}{\omega_1}s + 1\right)}{s\left[\left(\frac{1}{\omega_2}\right)^2 s^2 + 2\zeta\frac{1}{\omega_2}s + 1\right]}$$

根据已知参数 $K = 10$，$\frac{1}{\omega_1} = 1$，$\frac{1}{\omega_2} = 0.4$，且由 $M_r = 20\lg\frac{1}{2\zeta\sqrt{1-\zeta^2}} = 28 - 20$，解得 $\zeta = 0.2$。所以系统的传递函数为

$$G(s) = \frac{10(s+1)}{s[(0.4)^2 s^2 + 0.16s + 1]}$$

**【例 5-7】** 已知某最小相位系统的对数幅频特性曲线如图 5-27 所示，试确定系统的传递函数。

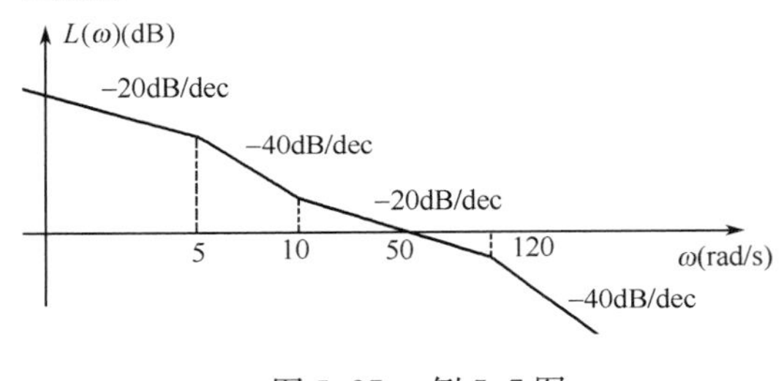


图 5-27　例 5-7 图

**【解】** 由特性曲线低频段的斜率 −20dB/dec，系统积分环节个数为 1，转折频率 $\omega_1 = 5$ 时，斜率变化 −20dB/dec，对应惯性环节，转折频率 $\omega_2 = 10$ 时，斜率变化 20dB/dec，对应比例微分环节，转折频率 $\omega_3 = 120$ 时，斜率变化 −20dB/dec，对应惯性环节。因此，系统传递函数为

$$G(s) = \frac{K\left(\frac{1}{\omega_2}s + 1\right)}{s\left(\frac{1}{\omega_1}s + 1\right)\left(\frac{1}{\omega_3}s + 1\right)}$$

且对数频率特性在 $\omega_c = 50$ 时，穿越零分贝线，即 $|G(j\omega_c)| = 1$，精确求得 $K = 106.4$，或由对数幅频特性渐近线近似求得 $K = 100$，所以，系统的传递函数为

$$G(s) = \frac{100(0.1s+1)}{s(0.2s+1)(0.0083s+1)}$$

## 5.4　奈奎斯特稳定判据

前面章节介绍了判断系统稳定性的代数判据和根轨迹法。本节介绍另一种重要且实用的方法——奈奎斯特(Nyquist)稳定判据。由 H. Nyquist 于 1932 年提出的稳定判据，在 1940 年后得到了广泛的应用。这一判据是利用开环系统幅相频率特性(奈氏图)，来判断闭环系统的稳定性。因此，它不同于代数判据，可认为是一种几何判据。

应用 Nyquist 判据不需要求取闭环系统的特征根，而是应用分析法或频率特性实验法获得开环频率特性曲线，进而分析闭环系统的稳定性。这种方法在工程上获得了广泛的应用。其原因之一，是当系统某些环节的传递函数无法用分析法列写时，可通过实验来直接获得这些环节的频率曲线，也可通过实验得到整个系统的开环频率特性曲线，进而就可分析闭环系统的稳定性。其原因之二，Nyquist判据还能确定系统的稳定裕量，即相对稳定性，并可进一步寻找改善系统动态性能（包括稳定性）的途径。

Nyquist 稳定判据的理论基础是复变函数理论中的辐角定理，又称映射定理。

### 5.4.1 映射定理

设系统结构图如图 5-21 所示，系统的开环传递函数为

$$G(s)H(s)=\frac{M(s)}{N(s)} \tag{5-21}$$

式中，$N(s)$ 和 $M(s)$ 分别为 $s$ 的 $n$ 阶和 $m$ 阶多项式，$m\leqslant n$。

闭环传递函数为

$$\Phi(s)=\frac{G(s)}{1+G(s)H(s)} \tag{5-22}$$

特征多项式函数

$$F(s)=1+G(s)H(s)=\frac{N(s)+M(s)}{N(s)} \tag{5-23}$$

由式(5-21) 可知，$F(s)$ 的分子和分母均为 $s$ 的 $n$ 阶多项式。

$N(s)=0$ 的根为 $F(s)$ 的极点 $p_j$，$j=1,2,\cdots,n$；$N(s)+M(s)=0$ 的根为 $F(s)$ 的零点 $z_i$，$i=1,2,\cdots,m$。

对照式(5-21)、式(5-22) 和式(5-23) 可以看出，特征函数 $F(s)$ 的极点就是系统的开环极点，特征函数 $F(s)$ 的零点则是系统的闭环极点。

在式(5-23) 中，$s$ 为复变量，以 $s$ 复平面上的 $s=\sigma+\mathrm{j}\omega$ 来表示。$F(s)$ 为复变函数，以 $F(s)$ 复平面上的 $F(s)=u+\mathrm{j}v$ 表示。

设对于 $s$ 平面上除了有限奇点之外的任一点 $s$，复变函数 $F(s)$ 为解析函数，那么，对于 $s$ 平面上的每一点，在 $F(s)$ 平面上必有一个对应的映射点，如图 5-28 所示。因此，如果在 $s$ 平面作一条封闭曲线，并使其不通过 $F(s)$ 的任一奇点，则在 $F(s)$ 平面上必有一条对应的映射曲线。如图 5-29 所示。

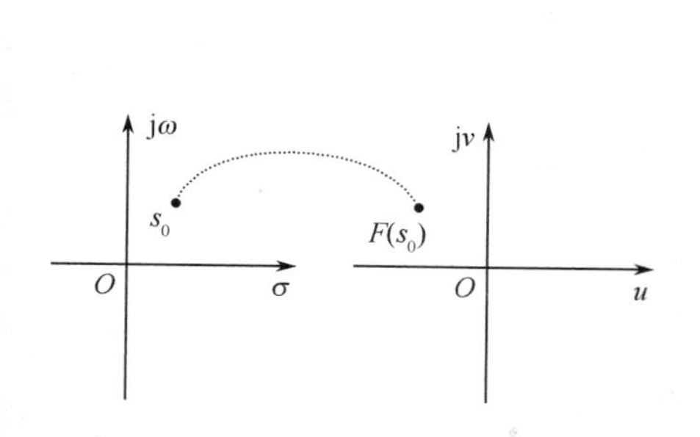


图 5-28 点映射关系

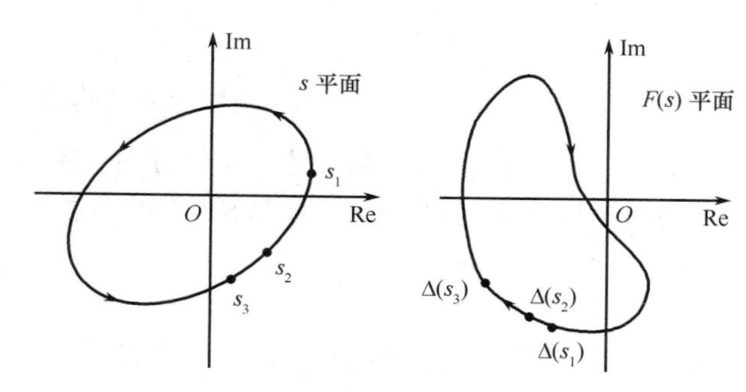


图 5-29 $s$ 平面与 $F(s)$平面的映射关系

我们感兴趣的不是映射曲线的形状，而是它包围坐标原点的次数和运动方向，因为二者与系统的稳定性密切相关。

如果在 $s$ 平面上任取一条封闭曲线 $C_s$，且要求 $C_s$ 曲线满足下列条件：

① 曲线 $C_s$ 不通过 $F(s)$ 的奇点（即 $F(s)$ 的零点和极点）；

② 曲线 $C_s$ 包围 $F(s)$ 的 $Z$ 个零点和 $P$ 个极点。

$s$ 平面上的封闭曲线 $C_s$ 如图 5-30 所示。

当 $s$ 平面上任一点 $s_1$ 从封闭曲线 $C_s$ 上出发，沿曲线 $C_s$ 顺时针方向移动一圈时，被 $C_s$ 包围的每个零点 $z_i$ 和每个极点 $p_j$ 和试验点 $s_1$ 构成的向量 $\overrightarrow{s_1-z_i}$ 和 $\overrightarrow{s_1-p_j}$ 的相角增量均为 $-2\pi$（顺时针转一圈），而所有其他不被 $C_s$ 包围的零点 $z_{Z+i}$ 和极点 $p_{P+j}$（$i=1,2,\cdots,m-Z;j=1,2,\cdots,n-P$）构成的向量 $\overrightarrow{s-z_{Z+i}}$ 和 $\overrightarrow{s-p_{P+j}}$ 的相角增量均为零。所以复变函数 $F(s)$，当 $s_1$ 沿闭合曲线 $C_s$ 顺时针转动一圈时，其向量总的相角增量

$$\begin{aligned}\Delta\angle F(s) &= \sum_{i=1}^{n}\Delta\angle(s-z_i)-\sum_{j=1}^{n}\Delta\angle(s-p_i)\\ &= \sum_{i=1}^{Z}\Delta\angle(s-z_i)+\sum_{i=Z+1}^{n}\Delta\angle(s-z_i)-\sum_{j=1}^{P}\Delta\angle(s-p_j)-\sum_{j=P+1}^{n}\Delta\angle(s-p_j)\\ &= Z(-2\pi)-P(-2\pi)=(P-Z)2\pi\end{aligned} \tag{5-24}$$

式中，$P$ 和 $Z$ 分别是被封闭曲线 $C_s$ 包围的特征函数 $F(s)$ 的极点数和零点数。式(5-24) 表明，当 $s$ 平面上的试验点 $s_1$ 沿封闭曲线 $C_s$ 顺时针方向绕行一圈时，$F(s)$ 平面上对应的封闭曲线 $C'_s$ 将按逆 时针方向包围坐标原点($P-Z$) 圈。如图 5-30 所示。

令

$$N=P-Z \tag{5-25}$$

式中，$N$ 为 $F(s)$ 平面上封闭曲线 $C'_s$ 包围原点的次数；$P$ 为 $s$ 平面封闭曲线 $C_s$ 包围 $F(s)$ 的极点数；$Z$ 为 $s$ 平面封闭曲线 $C_s$ 包围 $F(s)$ 的零点数。

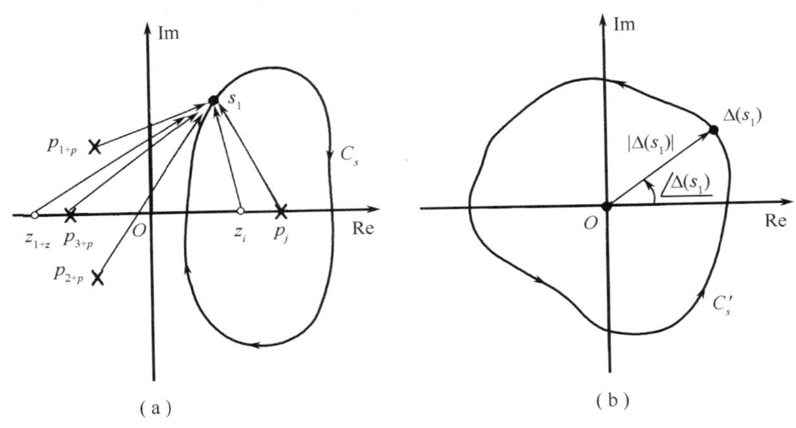


图 5-30　映射关系

当 $N>0$ 时，表示 $F(s)$ 端点按逆时针方向包围坐标原点；当 $N<0$ 时，表示 $F(s)$ 端点按顺时针方向包围坐标原点；当 $N=0$ 时，$F(s)$ 的端点不包围坐标原点。

式(5-25) 也可写成

$$Z=P-N \tag{5-26}$$

式(5-26) 表明，当已知特征函数 $F(s)$ 的极点在 $s$ 平面上被封闭曲线 $C_s$ 包围的个数 $P$，以及矢量 $F(s)$ 在 $F(s)$ 平面上包围坐标原点的次数 $N$ 时，即可由式(5-21) 求得特征函数 $F(s)$ 的零点在 $s$ 平面上被封闭曲线 $C_s$ 包围的个数 $Z$。

### 5.4.2　Nyquist 轨迹及其映射

为将映射定理与控制系统稳定性分析联系起来，适当选择 $s$ 平面的封闭曲线 $C_s$。为此，选择封闭曲线 $C_s$ 包围整个右半 $s$ 平面，如图 5-31 所示，它是由整个虚轴和半径为 $\infty$ 的右半圆组成的，

试验点按顺时针方向移动一圈，该封闭曲线称为 Nyquist 轨迹。

Nyquist 轨迹在 $F(s)$ 平面上的映射也是一条封闭曲线，称为 Nyquist 曲线。

Nyquist 轨迹 $C_s$ 由两部分组成，一部分沿虚轴由下而上移动，试验点 $s=\mathrm{j}\omega$，试验点在整个虚轴上的移动相当于频率从 $-\infty$ 变化到 $+\infty$，它在 $F$ 平面上的映射就是曲线 $F(\mathrm{j}\omega)$（$\omega$ 由 $-\infty\to+\infty$）

$$F(\mathrm{j}\omega)=1+G(\mathrm{j}\omega)H(\mathrm{j}\omega) \tag{5-27}$$

且 $\omega=0\to+\infty$ 变化时的曲线 $F(\mathrm{j}\omega)$ 和 $\omega=-\infty\to0$ 变化时的 $F(\mathrm{j}\omega)$ 曲线，以实轴为对称轴。以 0 型三阶系统为例，其映射 $F(\mathrm{j}\omega)$ 曲线如图 5-32 所示。

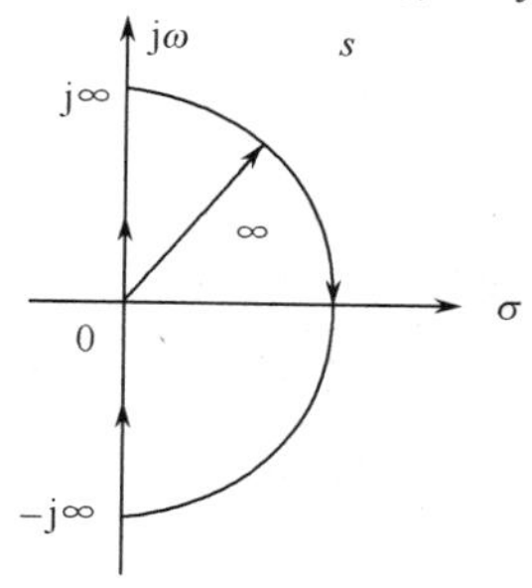


图 5-31　$s$ 平面上的 Nyquist 轨迹

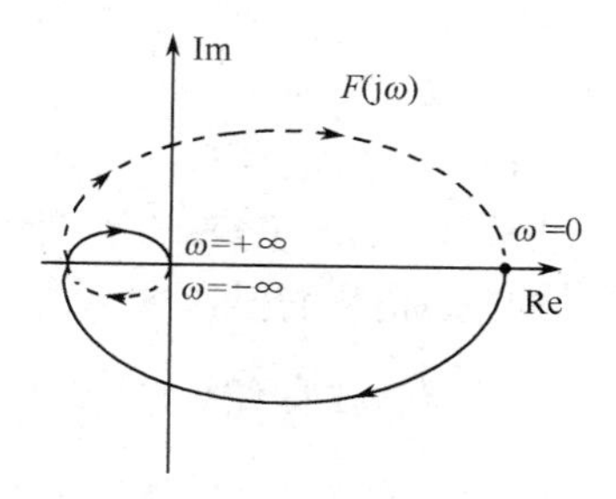


图 5-32　$F$ 平面上的 Nyquist 曲线

Nyquist 轨迹 $C_s$ 的另一部分为 $s$ 平面上半径为 $\infty$ 的右半圆，映射到 $F$ 平面上为

$$F(\infty)=1+G(\infty)H(\infty)$$

因为系统开环传递函数 $G(s)H(s)$ 的分子阶次 $m$ 小于或等于分母阶次 $n(m\leqslant n)$，所以 $G(\infty)H(\infty)$ 为零或常数，$F(\infty)$ 为 1 或某一常数 $K$，这表明，$s$ 平面上半径为 $\infty$ 的右半圆，映射到 $F$ 平面上为一个点 $(1,\mathrm{j}0)$ 或 $(K,\mathrm{j}0)$，对 Nyquist 曲线是否包围坐标原点无影响。

根据映射定理可得，$s$ 平面上的 Nyquist 轨迹在 $F$ 平面上的映射 $F(\mathrm{j}\omega)$，$\omega$ 从 $-\infty\to+\infty$ 逆时针包围坐标原点的次数 $N$ 为

$$N=P-Z \tag{5-28}$$

式中，$Z$ 为位于右半平面 $F(s)=1+G(s)H(s)$ 的零点数，即闭环右极点个数；$P$ 为位于右半平面 $F(s)=1+G(s)H(s)$ 的极点数，即开环右极点个数；$N$ 为 Nyquist 曲线包围坐标原点的次数。

若已知系统的开环右极点个数 $P$，便可根据 Nyquist 曲线包围坐标原点的次数 $N$，来确定系统闭环右极点个数 $Z=P-N$，从而可确定闭环系统的稳定性。

闭环系统稳定的条件为系统的闭环极点均在 $s$ 平面的左半平面。即

$$Z=0 \quad 或 \quad N=P$$

也就是闭环系统稳定的条件为 Nyquist 曲线逆时针包围坐标原点的次数 $N$ 等于系统开环右极点个数 $P$。

进一步分析，特征多项式

$$F(s)=1+G(s)H(s)$$

将 $s=\mathrm{j}\omega$ 代入上式，得

$$F(\mathrm{j}\omega)=1+G(\mathrm{j}\omega)H(\mathrm{j}\omega)$$

而开环频率特性为 $G(\mathrm{j}\omega)H(\mathrm{j}\omega)$。二者相比较，仅实部相差 1，$F$ 平面上的 $F(\mathrm{j}\omega)$ 曲线，整个地向左平移 1 个单位，便可得到 $GH$ 平面上的 $G(\mathrm{j}\omega)H(\mathrm{j}\omega)$ 曲线。而 $F(\mathrm{j}\omega)$ 在 $F$ 平面的坐标原点在 $GH$ 平面坐标中移到了 $(-1,\mathrm{j}0)$ 点，所以，$F(\mathrm{j}\omega)$ 包围坐标原点的次数 $N$，就相应地转换为 $G(\mathrm{j}\omega)H(\mathrm{j}\omega)$ 曲线包围 $(-1,\mathrm{j}0)$ 点的次数 $N$。

### 5.4.3 Nyquist 稳定判据一

当系统的开环传递函数 $G(s)H(s)$ 在 $s$ 平面的原点及虚轴上无极点时，Nyquist 稳定判据可表示为：

当 $\omega$ 从 $-\infty \to +\infty$ 变化时的 Nyquist 曲线 $G(j\omega)H(j\omega)$，逆时针包围 $(-1,j0)$ 点的圈数 $N$，等于系统 $G(s)H(s)$ 位于右半 $s$ 平面的极点数 $P$，即 $N=P$，则闭环系统稳定；否则 $(N\neq P)$ 闭环系统不稳定。

对开环稳定系统，即开环传递函数 $G(s)H(s)$ 的极点均位于左半 $s$ 平面，$P=0$，则闭环系统稳定的充分必要条件为：系统开环频率特性曲线 $G(j\omega)H(j\omega)$ 不包围 $(-1,j0)$ 点。

如果 Nyquist 曲线，即 $G(j\omega)H(j\omega)$，$\omega$ 从 $-\infty \to +\infty$ 曲线正好通过 $(-1,j0)$ 点，表明特征函数 $F(s)$ 存在虚轴上的零点，也就是闭环系统极点在 $s$ 平面的虚轴上，则闭环系统处于临界稳定状态。

为简单起见，通常只画 $\omega$ 从 $0\to+\infty$ 变化时的 $G(j\omega)H(j\omega)$ 曲线，另一条曲线（$\omega$ 从 $-\infty\to 0$）可由以实轴为对称轴的镜像对称而得到。此时，由 $G(j\omega)H(j\omega)$（$\omega$ 从 $0\to+\infty$）判别闭环系统稳定性的 Nyquist 判据为 $G(j\omega)H(j\omega)$ 曲线（$\omega$ 从 $0\to+\infty$）逆时针包围 $(-1,j0)$ 的次数为 $\dfrac{P}{2}$。

**【例 5-8】** 已知单位反馈系统，开环极点均在 $s$ 平面的左半平面，开环频率特性极坐标图如图 5-33 所示，试判断闭环系统的稳定性。

**【解】** 系统开环稳定，即 $P=0$，从图中看到 $\omega$ 由 $-\infty\to+\infty$ 变化时，$G(j\omega)H(j\omega)$ 曲线顺时针包围 $(-1,j0)$ 点两圈，即 $N=-2$，$Z=P-N=2$，所以，闭环系统不稳定，有两个右极点。

**【例 5-9】** 单位反馈系统，其开环传递函数为

$$G(s)=\frac{K}{Ts-1}$$

试判断闭环系统的稳定性。

**【解】** 系统开环频率特性为

$$G(j\omega)=\frac{K}{j\omega T-1}=-\frac{K}{1+(\omega T)^2}-j\frac{K\omega T}{1+(\omega T)^2}$$

作出 $\omega=0\to+\infty$ 变化时 $G(j\omega)H(j\omega)$ 曲线，如图 5-34 所示，镜像对称得 $\omega$ 从 $-\infty\to 0$ 变化时 $G(j\omega)H(j\omega)$ 曲线，如图 5-34 虚线所示。

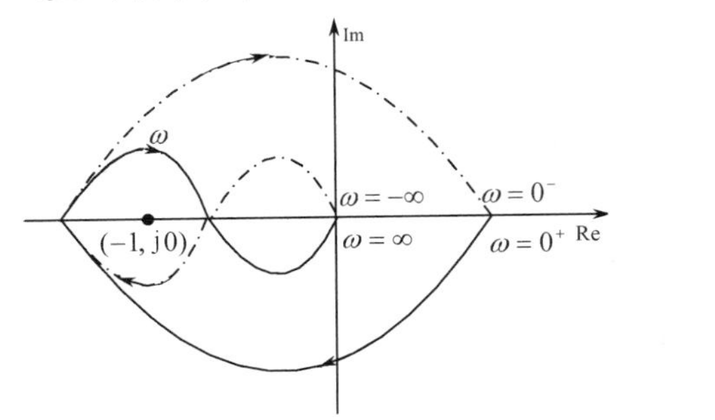


图 5-33 例 5-8 的极坐标图

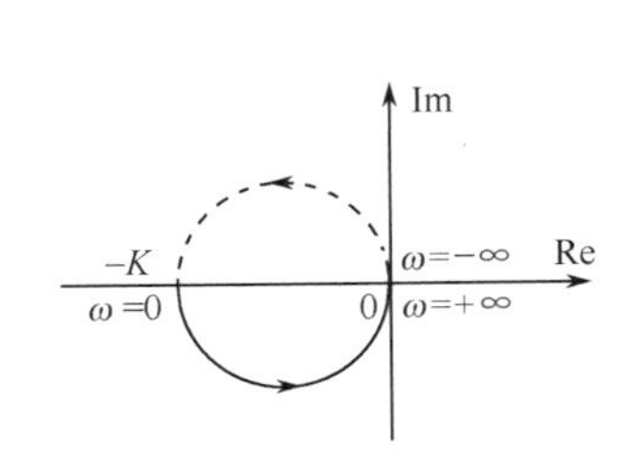


图 5-34 例 5-9 的极坐标图

系统开环不稳定，有一个位于 $s$ 平面的右极点，即 $P=1$。

从 $G(j\omega)H(j\omega)$ 曲线看出，当 $K>1$ 时，Nyquist 曲线逆时针包围 $(-1,j0)$ 点一圈，即 $N=1$，$Z=N-P=0$，则闭环系统是稳定的。

当 $K<1$ 时，Nyquist 曲线不包围 $(-1,j0)$ 点，$N=0$，$Z=P-N=1$，则闭环系统不稳定，闭环系统有一个右极点。

### 5.4.4 Nyquist 稳定判据二

当系统开环传递函数包含有位于 $s$ 平面虚轴上的极点时，则特征函数 $F(s)$ 在虚轴上也就有极点。映射定理要求 Nyquist 轨迹不通过 $F(s)$ 的奇点（$F(s)$ 的零、极点）。为此，将 $s$ 平面上的 Nyquist 轨迹略加修改，使其绕过虚轴上的开环极点，并把这些极点排除在 Nyquist 轨迹线所包围的图形之外，但仍包围右半 $s$ 平面内所有零点和极点。

设系统开环传递函数为

$$G(s)H(s)=\frac{K\prod_{j=1}^{m}(\tau_j s+1)}{s^{\nu}\prod_{i=1}^{n-\nu}(T_i s+1)} \tag{5-29}$$

式中，$\nu$ 为开环传递函数中位于原点的极点个数。

Nyquist 轨迹的修正如图 5-35 所示，它由 4 部分组成：

(1) 以原点为圆心，以无限大为半径的大半圆；

(2) 由 $-\mathrm{j}\infty$ 到 $\mathrm{j}0^-$ 的负虚轴；

(3) 由 $\mathrm{j}0^+$ 沿正虚轴到 $+\mathrm{j}\infty$；

(4) 以原点为圆心，以 $\varepsilon$ ($\varepsilon\to 0$) 为半径的从 $\mathrm{j}0^-$ 到 $\mathrm{j}0^+$ 的小半圆。

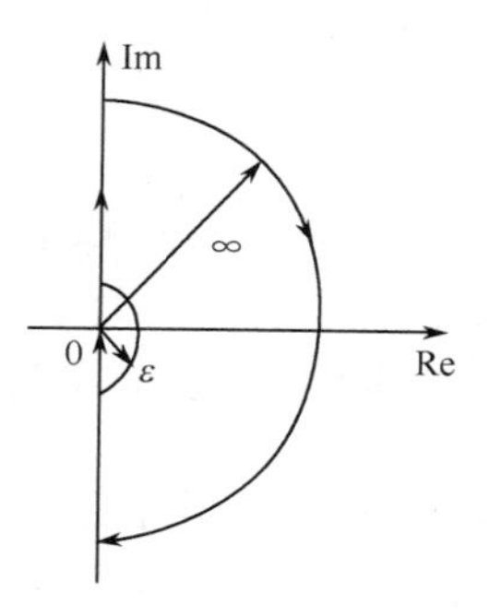

图 5-35　绕过原点的 Nyquist 轨迹

位于无限小半圆上的点 $s$ 可表示为

$$s=\varepsilon e^{\mathrm{j}\theta}\left(\theta\text{ 从 }-\frac{\pi}{2}\to 0\to+\frac{\pi}{2}\right)$$

代入开环传递函数，并考虑到 $\varepsilon\to 0$，则得

$$G(s)H(s)=-\frac{K'}{\varepsilon^{\nu}e^{\mathrm{j}\nu\theta}}=\infty e^{-\mathrm{j}\nu\theta}$$

上式表明，$s$ 平面上原点附近的无限小半圆映射到 $G(s)H(s)$ 平面上，为无限大半径的圆弧，该圆弧的角度从 $\omega=0^-$ 开始，顺时针方向转过 $\nu\pi$ 到 $\omega=0^+$ 终止。这段半径为无穷大的圆弧称为 Nyquist 封闭线或辅助圆。

开环频率特性曲线 $G(\mathrm{j}\omega)H(\mathrm{j}\omega)$（$\omega$ 从 $-\infty\to 0^-$ 及 $0^+\to+\infty$ 变化时）和封闭线构成系统的增补 Nyquist 曲线。

考虑 $s$ 平面上有位于坐标原点的 $\nu$ 个极点，Nyquist 稳定判据为：当系统的开环传递函数有 $\nu$ 个极点位于 $s$ 平面坐标原点时，如果增补开环频率特性曲线 $G(\mathrm{j}\omega)H(\mathrm{j}\omega)$（$\omega$ 从 $-\infty\to+\infty$）逆时针包围 $(-1,\mathrm{j}0)$ 点的次数 $N$ 等于系统开环右极点个数 $P$，则闭环系统稳定；否则闭环系统不稳定。

**【例 5-10】** 系统开环传递函数为

$$G(s)H(s)=\frac{K}{s(T_1 s+1)(T_2 s+1)}$$

试判断闭环系统的稳定性。

**【解】** 系统的频率特性为

$$G(\mathrm{j}\omega)H(\mathrm{j}\omega)=\frac{K}{\mathrm{j}\omega(1+\mathrm{j}\omega T_1)(1+\mathrm{j}\omega T_2)}$$

$$=\frac{-K(T_1+T_2)}{[1+(\omega T_1)^2][1+(\omega T_2)^2]}-\mathrm{j}\frac{K(1-T_1T_2\omega^2)}{\omega[1+(\omega T_1)^2][1+(\omega T_2)^2]}$$

作出 $\omega=0^+\to+\infty$ 变化时 $G(\mathrm{j}\omega)H(\mathrm{j}\omega)$ 的曲线，如图 5-36 所示，根据镜像对称得 $\omega=-\infty\to 0^-$

变化时 $G(j\omega)H(j\omega)$ 的曲线，如图 5-36 所示，从 $\omega=0^-$ 到 $\omega=0^+$ 以无限大为半径顺时针转过 $\pi$，得封闭曲线(或辅助圆)，如图 5-36 所示。

从图 5-36 可以看出：当 $\omega$ 由 $-\infty\to+\infty$ 变化时，当 $\dfrac{KT_1T_2}{T_1+T_2}>1$ 时，$G(j\omega)H(j\omega)$ ($\omega$ 从 $-\infty\to+\infty$) 曲线顺时针包围 $(-1,j0)$ 点两圈，即 $N=-2$，而开环系统稳定，即 $P=0$，所以闭环系统右极点个数

$$Z=P-N=2$$

闭环系统不稳定，有两个闭环右极点。

当 $\dfrac{KT_1T_2}{T_1+T_2}<1$ 时，$G(j\omega)H(j\omega)$ ($\omega$ 从 $-\infty\to+\infty$) 曲线不包围 $(-1,j0)$ 点，闭环系统稳定。

当 $\dfrac{KT_1T_2}{T_1+T_2}=1$ 时，$G(j\omega)H(j\omega)$ ($\omega$ 从 $-\infty\to+\infty$) 曲线穿越 $(-1,j0)$ 点，系统处于临界状态。临界放大倍数

$$K_{临}=\frac{T_1+T_2}{T_1T_2}$$

应用 Nyquist 稳定判据判别闭环系统的稳定性，就是看系统的开环频率特性曲线对 $(-1,j0)$ 点的环绕情况，也就是开环频率特性曲线对负实轴上 $(-1,-\infty)$ 区段的穿越情况。当开环频率特性曲线逆时针方向包围 $(-1,j0)$ 点时，则 $G(j\omega)H(j\omega)$ 必然从上而下穿过负实轴的 $(-1,-\infty)$ 区段一次，因为这种穿越伴随着相角增加，故称为正穿越，记为 $N_+$，如图 5-37 所示。反之，若 $G(j\omega)H(j\omega)$ 按顺时针方向包围 $(-1,j0)$ 点时，$G(j\omega)H(j\omega)$ 必然由下而上穿过负实轴的 $(-1,-\infty)$ 区段一次，这种穿越伴随着相角减小，称为负穿越，记为 $N_-$，如图 5-37 所示。由此，Nyquist 判据可描述为：当 $\omega$ 由 $-\infty\to+\infty$ 变化时，系统开环频率特性曲线在负实轴上 $(-1,-\infty)$ 区段的正穿越次数 $N_+$ 与负穿越次数 $N_-$ 之差等于开环系统右极点个数 $P$ 时，则闭环系统稳定，即

$$N_+-N_-=P \tag{5-30}$$

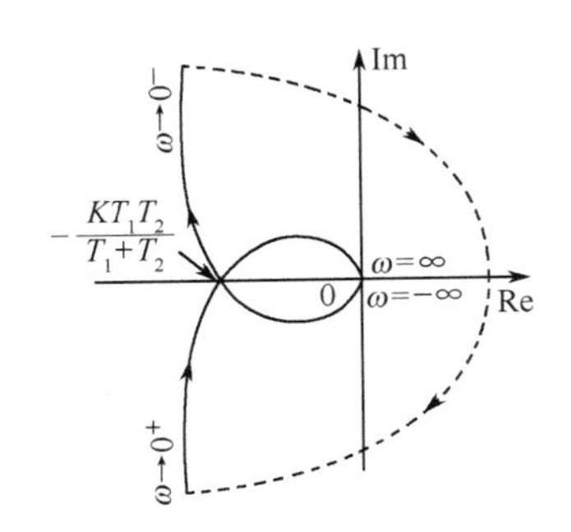


图 5-36　例 5-10 的极坐标曲线

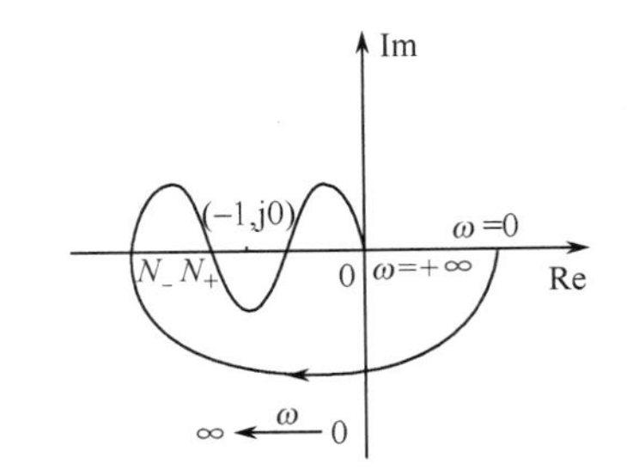


图 5-37　频率特性曲线

### 5.4.5　Nyquist 对数稳定判据

对数频率特性的稳定判据，实际上是 Nyquist 稳定判据的另一种形式，即利用开环系统的对数频率特性曲线(Bode 图)来判别闭环系统的稳定性，而 Bode 图又可通过实验获得，因此在工程上获得了广泛的应用。

系统开环频率特性曲线(Nyquist 曲线)和系统开环对数频率特性曲线(Bode 图)之间存在着一定的对应关系：

(1) Nyquist 图中，幅值 $|G(j\omega)H(j\omega)|=1$ 的单位圆，与对数幅频特性图中的零分贝线相对应；

(2) Nyquist 图中单位圆以外，即 $|G(j\omega)H(j\omega)|>1$ 的部分，与 Bode 图中零分贝线以上部分相对应；单位圆以内，即 $0<|G(j\omega)H(j\omega)|<1$ 的部分，与零分贝线以下部分相对应；

(3) Nyquist 图中的负实轴与 Bode 图中相频特性图中的 $-\pi$ 线相对应；

(4) Nyquist 图中发生在负实轴上 $(-1,-\infty)$ 区段的正、负穿越，在 Bode 图中映射成为在对数幅频特性曲线 $L(\omega)>0$dB 的频段内，沿频率 $\omega$ 增加方向，相频特性曲线 $\varphi(\omega)$ 从下向上穿越 $-\pi$ 线，称为正穿越 $N_+$，而从上向下穿越 $-\pi$ 线，称为负穿越 $N_-$。

Nyquist 图与 Bode 图的对应关系，如图 5-38 所示。

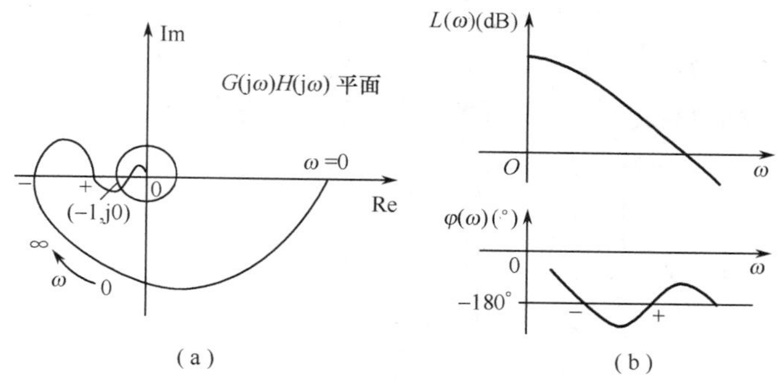


图 5-38　Nyquist 图和 Bode 图的对应关系

综上所述，采用对数频率特性曲线（Bode 图）时，Nyquist 稳定判据可表述为：当 $\omega$ 由 $0\to+\infty$ 变化时，在开环对数幅频特性曲线 $L(\omega)\geqslant 0$dB 的频段内，相频特性曲线 $\varphi(\omega)$ 对 $-180°$ 线的正穿越与负穿越次数之差为 $\dfrac{P}{2}$（$P$ 为 $s$ 右半平面开环极点数），则闭环系统稳定。

**【例 5-11】** 系统开环传递函数为

$$G(s)H(s)=\frac{K(10s+1)}{s^2(0.1s+1)(0.01s+1)}$$

(1) 试确定 $K=1$ 闭环系统稳定性；

(2) 确定闭环系统稳定 $K$ 的取值范围。

**【解】** (1) $K=1$ 时系统的对数频率特性曲线（Bode 图）如图 5-39 所示，半径为无穷大的辅助圆，相角由 $0°\to-180°$ 对应 Bode 图中的虚线。

由图可知，在 $L(\omega)>0$ 范围内，相频特性没有穿越 $-180°$ 线，即 $N=0$，$Z=P-N=0$，故闭环系统稳定。

(2) $K$ 增大或减少，对数幅频特性上下平移，而相频特性不变，$K=1$ 时相频特性 $\varphi(\omega)=-180°\Rightarrow\omega_g=31.45$，对应的 $L(\omega_g)=-20$dB，故 $K$ 增大 20dB $\Rightarrow K=10$ 时，系统为临界稳定，所以系统稳定 $0<K<10$。

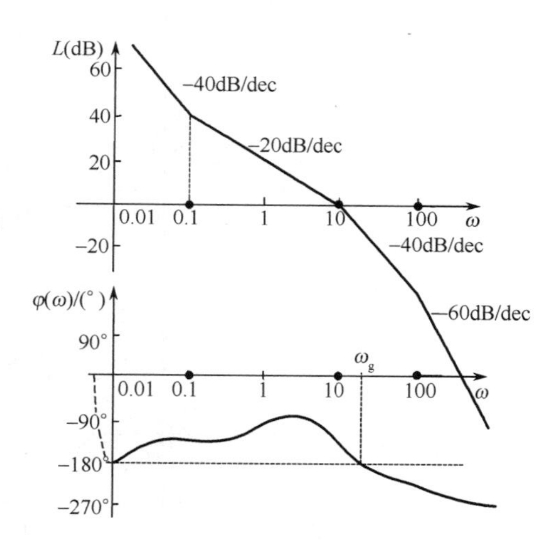


图 5-39　例 5-11 的对数频率特性曲线（Bode 图）

## 5.5　控制系统的相对稳定性

从 Nyquist 稳定判据可知，若系统开环传递函数没有右半平面的极点，且闭环系统是稳定的，开环系统的 Nyquist 曲线离 $(-1,j0)$ 点越远，则闭环系统的稳定程度越高，开环系统 Nyquist 曲线离(-1,j0)点越近,则其闭环系统的稳定程度越低,也就是通常所说的相对稳定性,它通过奈氏曲线对点(-1,j0)的靠近程度来度量,其定量表示为相角裕量 $\gamma$ 和增益裕量 $K_g$。

为了说明相对稳定性概念,我们看如图5-40所示系统在4种不同增益 $K$ 下的Nyquist曲线和对应的阶跃响应。在此假设系统 $G(s)H(s)$ 为最小相位系统。图5-40(a)为增益 $K$ 较小值时,Nyquist曲线在(-1,j0)右边相当远处,对应系统阶跃响应超调量小;当 $K$ 增大时,如图5-40(b)所示,$G(j\omega)H(j\omega)$ 在负实轴上向(-1,j0)点靠近,系统仍然是稳定的,但阶跃响应有大的超调量;当 $K$ 仍继续增大,$G(j\omega)H(j\omega)$ 通过(-1,j0)点,系统处于临界稳定状态,阶跃响应为等幅振荡,如图5-40(c)所示;当 $K$ 仍再增大时,$G(j\omega)H(j\omega)$ 包围(-1,j0)点,系统是不稳定的,对应的阶跃响应是发散的,如图5-40(d)所示。系统的 $G(j\omega)H(j\omega)$ 曲线与(-1,j0)点的靠近程度,可以衡量系统的相对稳定性,常用增益裕量 $K_g$ 和相角裕量 $\gamma$ 来定量表示。

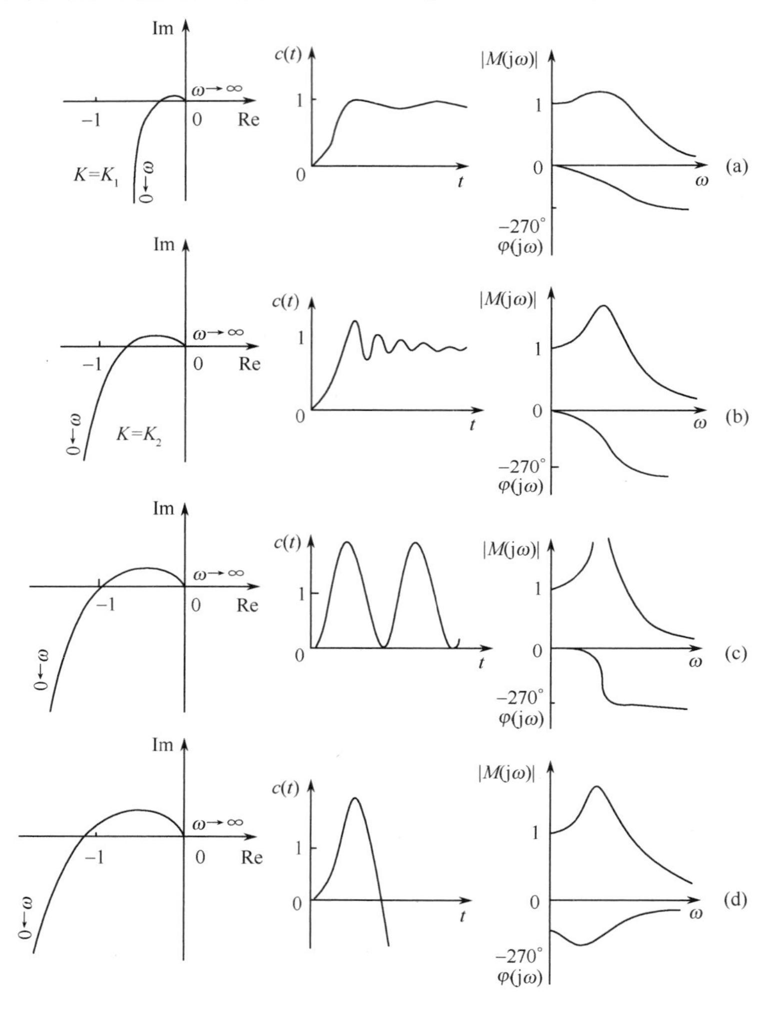


图5-40 Nyquist曲线和阶跃响应

### 5.5.1 增益裕量

增益裕量用于表示 $G(j\omega)H(j\omega)$ 曲线在负实轴上相对于(-1,j0)点的靠近程度。$G(j\omega)H(j\omega)$ 曲线与负实轴交于 $g$ 点时,如图5-41所示,$g$ 点的频率 $\omega_g$ 称为相位穿越频率,此时

$\omega_g$ 处的相角 $\varphi(\omega_g) = -180°$，幅值为 $|G(j\omega_g)H(j\omega_g)|$。

**定义** 开环频率特性幅值 $|G(j\omega_g)H(j\omega_g)|$ 的倒数称为增益裕量(或幅值裕量)，用 $K_g$ 表示，即

$$K_g = \frac{1}{|G(j\omega_g)H(j\omega_g)|} \tag{5-31}$$

式中，$\omega_g$ 满足

$$\angle G(j\omega_g)H(j\omega_g) = -180°$$

对于幅值裕量也可在对数频率特性上确定，图 5-41 中的相位穿越频率 $\omega_g$ 在 Bode 图中对应相频特性上相角为 $-180°$ 的频率，如图 5-42 所示。增益裕量用分贝数来表示，即

$$K_g = -20\lg|G(j\omega_g)H(j\omega_g)| \text{ dB} \tag{5-32}$$

对于最小相位系统，当 $|G(j\omega_g)H(j\omega_g)| < 1$ 或 $20\lg|G(j\omega_g)H(j\omega_g)| < 0$ 时，闭环系统稳定；反之，当 $|G(j\omega_g)H(j\omega_g)| > 1$ 或 $20\lg|G(j\omega_g)H(j\omega_g)| > 0$ 时，闭环系统不稳定。而当 $|G(j\omega_g)H(j\omega_g)| = 1$ 或 $20\lg|G(j\omega_g)H(j\omega_g)| = 0$ 时，系统处于临界状态。

由上面分析得，增益裕量 $K_g$ 表示系统到达临界状态时系统增益所允许增大的倍数。

如果开环系统不稳定，那么为使闭环系统稳定，$G(j\omega)H(j\omega)$ 曲线应包围 $(-1, j0)$ 点，此时，$K_g = -20\lg|G(j\omega_g)H(j\omega_g)| < 0$，闭环系统稳定。

### 5.5.2 相角裕量

为了表示系统相角变化对系统稳定性的影响，引入相角裕量的概念。

系统开环频率特性曲线如图 5-41 所示，$G(j\omega)H(j\omega)$ 与单位圆相交于 $c$ 点，$c$ 点处的频率 $\omega_c$ 称为增益穿越频率(又称剪切频率或开环截止频率)，此时

$$|G(j\omega_c)H(j\omega_c)| = 1$$

**定义** 使系统达到临界稳定状态，尚可增加的滞后相角 $\gamma$，称为系统的相角裕度(相角裕量)，即

$$\gamma = 180° + \varphi(\omega_c)$$

在对数频率特性曲线(Bode 图)中，相角裕量 $\gamma$ 为增益穿越频率 $\omega_c$ 处相角 $\varphi(\omega_c)$ 与 $-180°$ 线的距离，如图 5-42 所示。

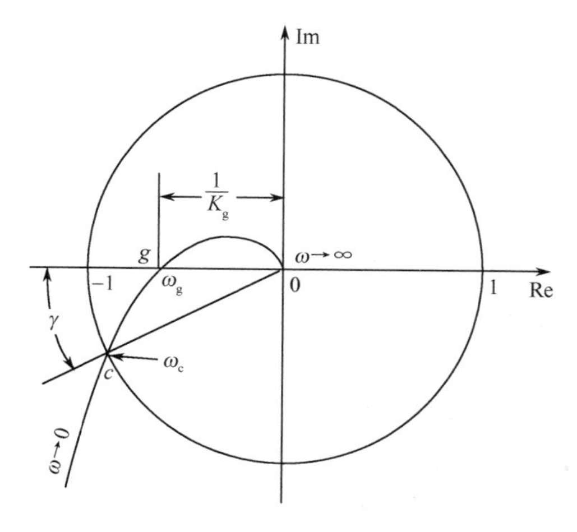


图 5-41 系统开环频率特性曲线

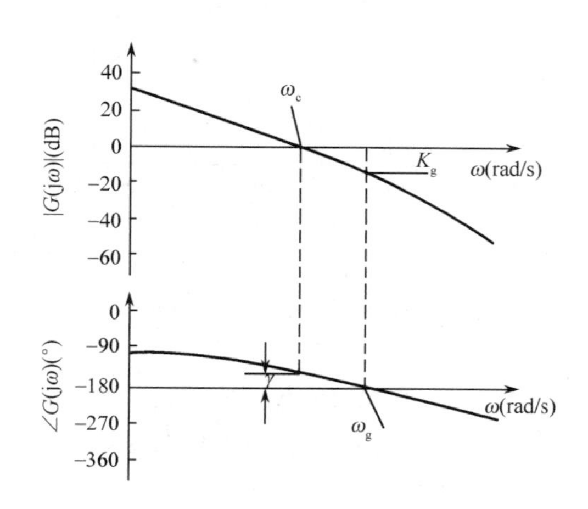


图 5-42 对数频率特性

对于最小相位系统，当 $\gamma > 0$ 时，闭环系统稳定；反之，当 $\gamma < 0$ 时，闭环系统不稳定。

增益裕量和相角裕量通常作为设计和分析控制系统的频域指标，如果仅用其中之一，都不足以说明系统的相对稳定性，如图 5-43 所示的 A，B 系统，两系统的相对稳定性均较差。

下面通过例子来进行稳定性分析。

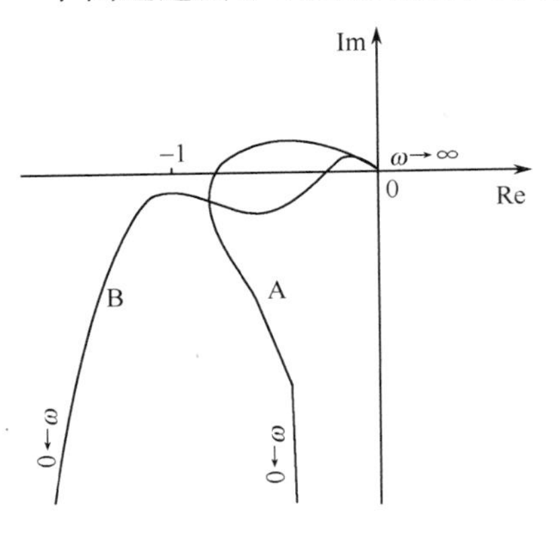


图 5-43　系统极坐标图

**【例 5-12】** 系统开环传递函数为

$$G(s)H(s)=\frac{K}{s(0.2s+1)(0.02s+1)}$$

试分析 $K$ 变化时系统的相对稳定性。

**【解】** $G(j\omega)H(j\omega)=\dfrac{K}{j\omega(j0.2\omega+1)(j0.02\omega+1)}$ 的 Bode 图如图 5-44 所示（$K=10$）。相位穿越频率 $\omega_g=15.8\text{rad/s}$ 对应 $20\lg|G(j\omega_g)H(j\omega_g)|=-14.8\text{dB}$，即幅值裕量 $K_g=14.8\text{dB}$ 意味着如果开环增益 $K$ 增大 14.8dB，则 $G(j\omega)H(j\omega)$ 的对数幅频特性曲线将在 $\omega_g$ 处穿过 0 分贝线。这个条件对应于 Nyquist 曲线通过（$-1$，j0）点，如图 5-44 所示。

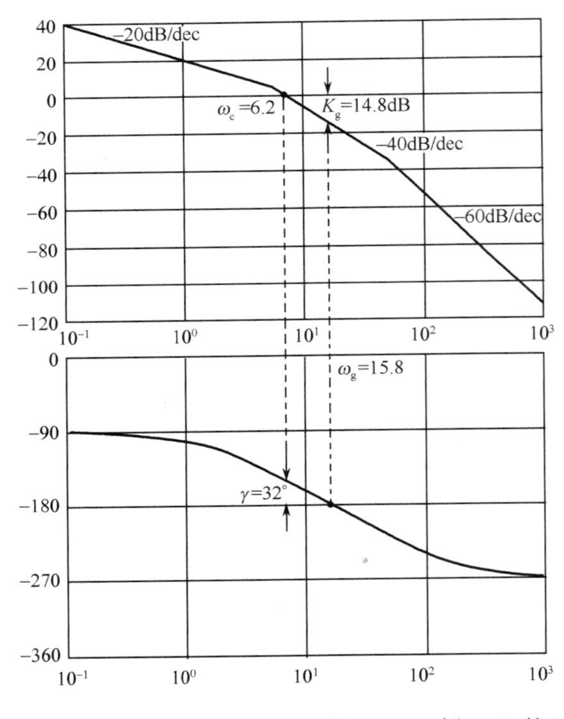


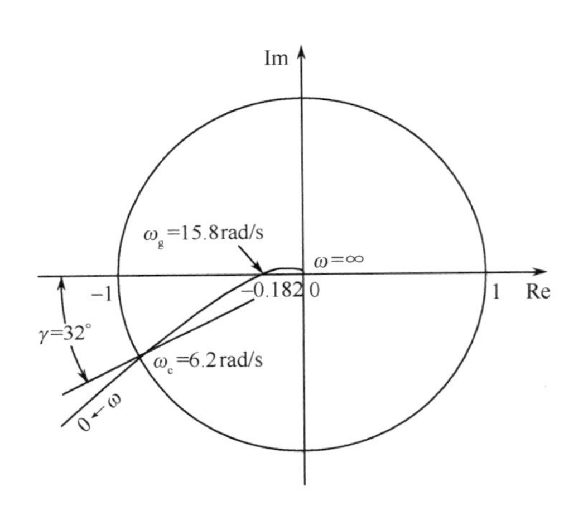


图 5-44　例 5-12 的 Bode 图和 Nyquist 图

系统的幅值穿越频率 $\omega_c=6.2\text{rad/s}$，对应频率下的相角 $\varphi=-148^\circ$，相角裕量 $\gamma=180^\circ-148^\circ=32^\circ$。

图 5-44 表明系统在 $K=10$ 时，$K_g>0$，$\gamma>0$，闭环系统稳定。当 $K$ 增大 $K_g$ 倍时，系统处于临界状态，显然，减小 $K$ 可使系统的稳定裕量加大，但同时将导致系统稳态误差加大，另外系统的动态过程也不令人满意。

对于高阶系统，一般难以准确计算截止频率 $\omega_c$，在工程设计和分析时，可根据对数幅频特性渐近线来确定截止频率 $\omega_c$，即 $\omega_c$ 满足 $L(\omega_c)=0$，再由相频特性表达式确定相角裕量 $\gamma$。

### 5.5.3 用幅相频率特性曲线分析系统稳定性

Bode 图中的对数幅频特性和相频特性两张图合成幅相频率特性曲线，对例 5-12，其幅相频率特性如图 5-45 所示，系统相对稳定性参数如图所示，相角穿越点（即 $-180°$ 线）和幅值穿越点（0 分贝线）之间的水平距离，是相角裕量 $\gamma$，垂直距离是幅值裕量 $K_g$。

采用幅相频率特性曲线时，当 $G(j\omega)H(j\omega)$ 的开环增益变化时，曲线仅是上下简单平移，而当对 $G(j\omega)H(j\omega)$ 增加一恒定相角，曲线为水平平移，这对分析系统稳定性和系统参数之间的相互影响是很有利的。

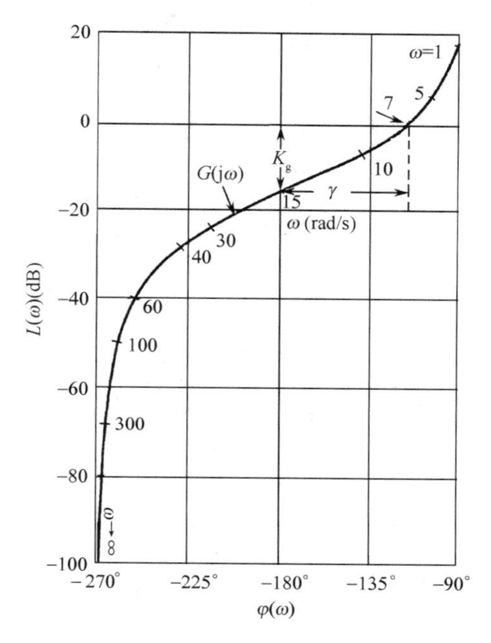


图 5-45 例 5-12 的幅相频率特性

## 5.6 闭环系统的频率特性

前面通过开环频率特性分析了闭环系统的相对稳定性，本节将从开环频率特性出发，根据系统闭环幅频特性与瞬态响应之间的关系，来研究系统的瞬态响应，即用闭环频率特性分析闭环系统的相对稳定性。

为此，首先介绍如何由开环频率特性求取闭环频率特性。

设单位反馈系统如图 5-46 所示，开环传递函数 $G(s)$，系统的闭环传递函数

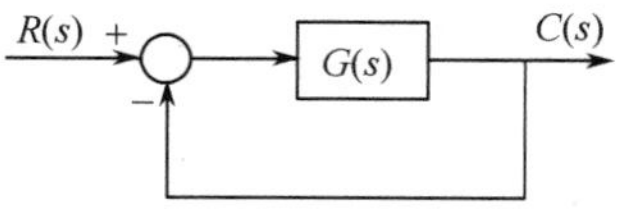

R(s) + − G(s) C(s)

图 5-46 单位反馈系统

$$M(s)=\frac{C(s)}{R(s)}=\frac{G(s)}{1+G(s)} \tag{5-33}$$

系统的闭环频率特性

$$M(j\omega)=\frac{C(j\omega)}{R(j\omega)}=\frac{G(j\omega)}{1+G(j\omega)} \tag{5-34}$$

式中，$G(j\omega)$ 为系统的开环频率特性，如果已知 $G(j\omega)$ 曲线，根据式(5-34) 可逐点绘制闭环频率特性。由于使用上很不方便，工程上常用图解法求取闭环频率特性。

### 5.6.1 等 $M$ 圆(等幅值轨迹)

设开环频率特性 $G(\mathrm{j}\omega)$ 为

$$G(\mathrm{j}\omega) = p(\omega) + \mathrm{j}\theta(\omega) = x + \mathrm{j}y \tag{5-35}$$

则闭环频率特性的幅值

$$|M(\mathrm{j}\omega)| = \left|\frac{G(\mathrm{j}\omega)}{1+G(\mathrm{j}\omega)}\right| = \frac{\sqrt{x^2+y^2}}{\sqrt{(x+1)^2+y^2}} \tag{5-36}$$

令 $M = |M(\mathrm{j}\omega)|$,则式(5-36)为

$$M\sqrt{(x+1)^2+y^2} = \sqrt{x^2+y^2}$$

整理得

$$(1-M^2)x^2 + (1-M^2)y^2 - 2M^2x = M^2 \tag{5-37}$$

当 $M = 1$ 时,由上式可求得

$$x = -\frac{1}{2}$$

这是通过点 $\left(-\frac{1}{2},\mathrm{j}0\right)$ 且与虚轴平行的一条直线。

当 $M \neq 1$ 时,上式可化为

$$\left(x - \frac{M^2}{1-M^2}\right)^2 + y^2 = \left(\frac{M}{1-M^2}\right)^2 \tag{5-38}$$

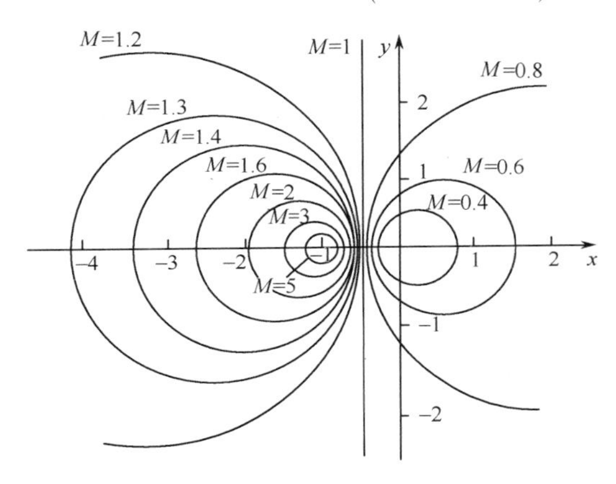

图 5-47 等 $M$ 圆簇

对于给定的 $M$ 值(等 $M$ 值),上式是一个圆方程式,圆心在 $\left(-\frac{M^2}{M^2-1},\mathrm{j}0\right)$ 处,半径为 $\left|\frac{M}{M^2-1}\right|$。所以在 $G(\mathrm{j}\omega)$ 平面上,等 $M$ 轨迹是一簇圆,如图 5-47 所示。

由图 5-47 可以看到:当 $M > 1$ 时,随着 $M$ 值的增大,等 $M$ 圆半径越来越小,最后收敛于$(-1,\mathrm{j}0)$点,且这些圆均在 $M = 1$ 直线的左侧;当 $M < 1$ 时,随着 $M$ 值的减小,$M$ 圆半径也越来越小,最后收敛于原点,而且这些圆都在 $M = 1$ 直线的右侧。当 $M = 1$ 时,它是通过$\left(-\frac{1}{2},\mathrm{j}0\right)$点平行于虚轴的一条直线。等 $M$ 圆既对称于 $M = 1$ 的直线,又对称于实轴。

### 5.6.2 等 $N$ 圆(等相角轨迹)

由式(5-34),闭环频率特性的相角 $\varphi_{\mathrm{m}}$ 为

$$\varphi_{\mathrm{m}} = \angle\frac{C(\mathrm{j}\omega)}{R(\mathrm{j}\omega)} = \arctan\frac{y}{x} - \arctan\frac{y}{x+1} \tag{5-39}$$

令 $N = \tan\varphi_{\mathrm{m}}$,则式(5-39)变为

$$N=\frac{\frac{y}{x}-\frac{y}{x+1}}{1+\frac{y^2}{x(x+1)}}$$

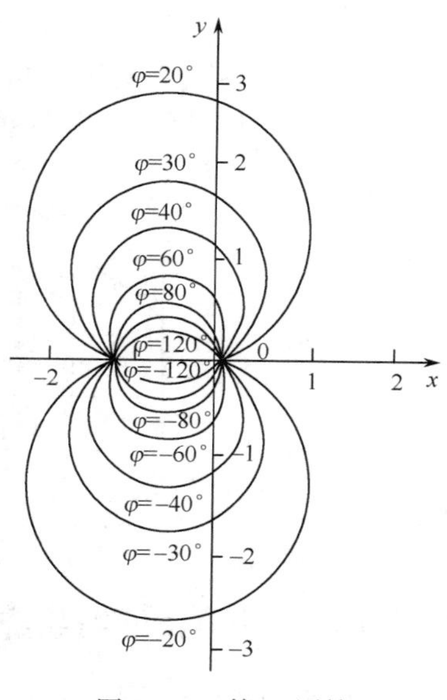

图 5-48　等 $N$ 圆簇

整理得

$$\left(x+\frac{1}{2}\right)^2+\left(y-\frac{1}{2N}\right)^2=\frac{1}{4}+\left(\frac{1}{2N}\right)^2 \qquad (5\text{-}40)$$

当给定 $N$ 值（等 $N$ 值）时，上式为圆的方程，圆心在 $\left(-\frac{1}{2},\frac{1}{2N}\right)$ 处，半径为 $\sqrt{\frac{1}{4}+\left(\frac{1}{2N}\right)^2}$，称为等 $N$ 圆，如图 5-48 所示。等 $N$ 圆实际上是等相角正切的圆，当相角增加 $\pm 180°$ 时，其正切相同，因而在同一个圆上。

从图 5-48 可看出，所有等 $N$ 圆均通过原点和 $(-1,\mathrm{j}0)$ 点。需要指出，对于等 $N$ 圆，并不是一个完整的圆，而只是一段圆弧。例如，$\varphi_m=60°$ 和 $\varphi_m=-120°$ 的圆弧是同一个圆的一部分。

### 5.6.3　利用等 $M$ 圆和等 $N$ 圆求单位反馈系统的闭环频率特性

有了等 $M$ 圆和等 $N$ 圆图，就可由开环频率特性求单位反馈系统的闭环幅频特性和相频特性。

将开环频率特性的极坐标图 $G(\mathrm{j}\omega)$ 叠加在等 $M$ 圆线上，如图 5-49(a) 所示。$G(\mathrm{j}\omega)$ 曲线与等 $M$ 圆相交于 $\omega_1,\omega_2,\cdots$。例如，在 $\omega=\omega_1$ 处，$G(\mathrm{j}\omega)$ 曲线与 $M=1.1$ 的等 $M$ 圆相交，表明在 $\omega_1$ 频率下，闭环系统的幅值为 $M(\omega_1)=1.1$，依次类推。从图上还可看出，$M=2$ 的等 $M$ 圆正好与 $G(\mathrm{j}\omega)$ 曲线相切，切点处的 $M$ 值最大，即为闭环系统的谐振峰值 $M_r$，而切点处的频率即为谐振频率 $\omega_r$。此外，$G(\mathrm{j}\omega)$ 曲线与 $M=0.707$ 的等 $M$ 圆交点处的频率为闭环系统的截止频率 $\omega_b$，$0<\omega<\omega_b$，称为闭环系统的频带宽度。

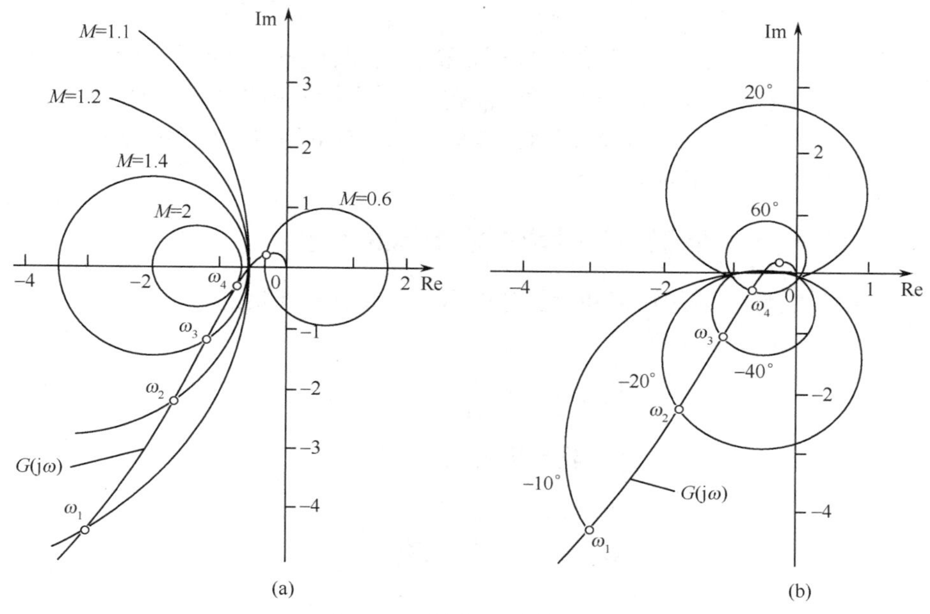

图 5-49　等 $M$ 圆和等 $N$ 圆

图5-49(b)中，将 $G(\mathrm{j}\omega)$ 曲线叠加在等 $N$ 圆上，$G(\mathrm{j}\omega)$ 曲线与等 $N$ 圆相交于 $\omega_1,\omega_2,\cdots$。例如，$\omega=\omega_1$ 处，$G(\mathrm{j}\omega)$ 曲线与 $-10°$ 的等 $N$ 圆相交，表明在这个频率处，闭环系统的相角为 $-10°$，依次类推得闭环相频特性，如图5-50所示。

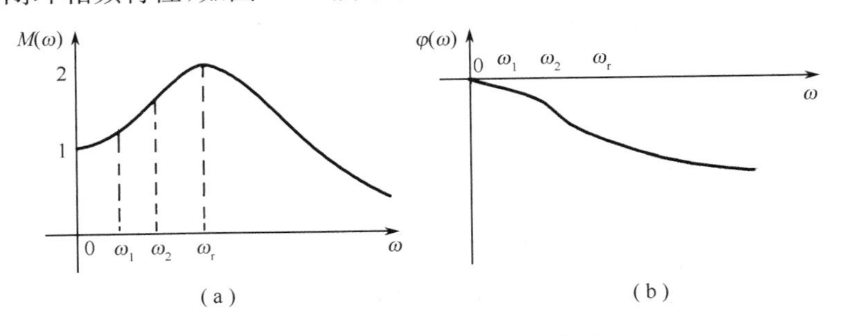


图5-50　闭环系统频率特性曲线

### 5.6.4　非单位反馈系统的闭环频率特性

上面介绍的等 $M$ 圆和等 $N$ 圆求取闭环频率特性的方法，适用于单位反馈系统。对于一般的反馈系统，如图5-51(a)所示，则可等效成如图5-51(b)所示的结构图，其中单位反馈部分的闭环频率特性 $G(\mathrm{j}\omega)/R'(\mathrm{j}\omega)$ 可按上述方法求取，再与频率特性 $1/H(\mathrm{j}\omega)$ 相乘，便可得到总的闭环频率特性。

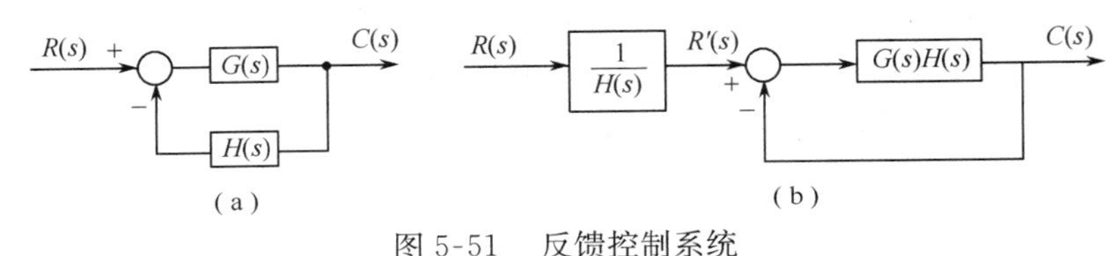


图5-51　反馈控制系统

## 5.7　用频率特性分析系统品质

控制系统品质的好坏通过一系列性能指标来衡量，如时域响应分析中的超调量、过渡过程时间、稳态误差等。在频域分析中，也有相应的性能指标来评价系统的品质，如相角裕量、增益裕量和谐振峰值等，但它们终究是一种比较间接的概略性的指标，不如时域指标直观。为此，需进一步研究频域响应和时域响应之间的对应关系。

### 5.7.1　闭环频域性能指标与时域性能指标的关系

对于二阶系统，其频域性能指标和时域性能指标之间有着严格的数学关系。

二阶系统的闭环传递函数为

$$\Phi(s)=\frac{\omega_\mathrm{n}^2}{s^2+2\zeta\omega_\mathrm{n}s+\omega_\mathrm{n}^2} \tag{5-41}$$

式中，$\omega_\mathrm{n}$ 为无阻尼自然振荡频率；$\zeta$ 为阻尼比。

系统的闭环频率特性

$$\Phi(\mathrm{j}\omega)=\frac{\omega_\mathrm{n}^2}{(\mathrm{j}\omega)^2+\mathrm{j}2\zeta\omega_\mathrm{n}\omega+\omega_\mathrm{n}^2} \tag{5-42}$$

闭环幅频特性

$$M(\omega)=\frac{\omega_\mathrm{n}^2}{\sqrt{(\omega_\mathrm{n}^2-\omega^2)^2+(2\zeta\omega_\mathrm{n}\omega)^2}} \tag{5-43}$$

闭环相频特性
$$\varphi(\omega) = -\arctan\frac{2\zeta\omega_n\omega}{\omega_n^2-\omega^2} \tag{5-44}$$

1. **谐振峰值 $M_r$ 和时域超调量 $M_p$ 之间的关系**

由时域响应分析知，二阶系统的超调量 $M_p$

$$M_p = e^{-\zeta\pi/\sqrt{1-\zeta^2}} \times 100\%$$

当 $0<\zeta<0.707$ 时，二阶系数的谐振峰值 $M_r$ 为

$$M_r = \frac{1}{2\zeta\sqrt{1-\zeta^2}} \quad 0<\zeta<0.707$$

由此可以看出，谐振峰值 $M_r$ 仅与阻尼比 $\zeta$ 有关，超调量 $M_p$ 也仅取决于阻尼比 $\zeta$。将 $M_r$ 和 $M_p$ 与 $\zeta$ 的关系画在图 5-52 上。由图可见，$\zeta$ 越小，$M_r$ 增加得越快，这时超调量 $M_p$ 也很大，超过 40%，一般这样的系统不符合瞬态响应指标的要求。而当 $0.4<\zeta<0.707$ 时，$M_r$ 与 $M_p$ 的变化趋势基本一致，此时谐振峰值 $M_r=1.2\sim1.5$，超调量 $M_p=20\%\sim30\%$，系统响应结果较满意。当$\zeta>0.707$ 时，无谐振峰值，$M_r$ 与 $M_p$ 的对应关系不再存在。通常设计时，$\zeta$ 取为 $0.4\sim0.7$。

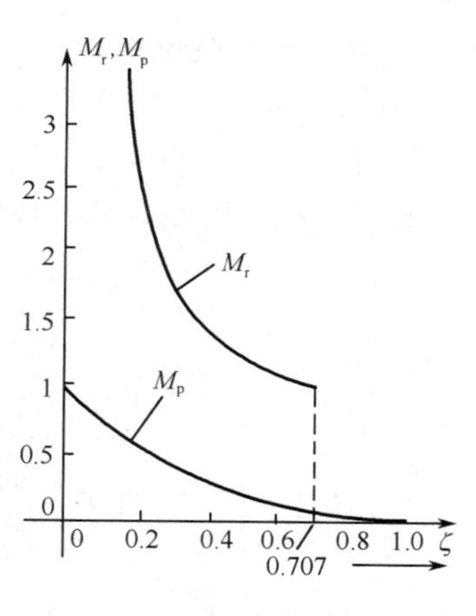

图 5-52　$M_r$，$M_p$ 与 $\zeta$ 的关系

2. **谐振频率 $\omega_r$ 与峰值时间 $t_p$ 的关系**

对于二阶系统，时域响应的峰值时间 $t_p$ 为

$$t_p = \frac{\pi}{\omega_n\sqrt{1-\zeta^2}}$$

二阶系统的谐振频率为

$$\omega_r = \omega_n\sqrt{1-2\zeta^2}$$

$t_p$ 与 $\omega_r$之积为

$$t_p\omega_r = \frac{\pi\sqrt{1-2\zeta^2}}{\sqrt{1-\zeta^2}} \tag{5-45}$$

由式(5-45)知，当 $\zeta$ 为常数时，谐振频率 $\omega_r$ 与峰值时间 $t_p$成反比，$\omega_r$值越大，$t_p$ 越小，表示系统时间响应越快。

3. **闭环截止频率 $\omega_b$与过渡过程时间 $t_s$ 的关系**

闭环截止频率 $\omega_b$ 是指闭环幅值下降到$0.707M(0)$ 时的频率值，对二阶系统闭环截止频率为

$$\omega_b = \omega_n\sqrt{1-2\zeta^2+\sqrt{2-4\zeta^2+4\zeta^4}} \tag{5-46}$$

系统时域响应的过渡过程时间

$$t_s = \frac{3\sim4}{\zeta\omega_n} \tag{5-47}$$

则
$$\omega_b t_s = \frac{3\sim4}{\zeta}\sqrt{1-2\zeta^2+\sqrt{2-4\zeta^2+4\zeta^4}} \tag{5-48}$$

由此看出，当阻尼比 $\zeta$ 给定后，闭环截止频率 $\omega_b$与过渡过程时间 $t_s$成反比关系。换言之，$\omega_b$ 越大(频带宽度 $0\sim\omega_b$越宽)，系统的响应速度越快。但带宽过大，系统抗高频干扰的能力就会下降，带宽大的系统实现起来也有困难。

对于高阶系统，频域性能指标与时域性能指标的对应关系比较复杂，很难用严格的解析式来表达，通常采用近似估计。

当高阶系统有一对共轭复主导极点时，二阶系统频域性能指标和时域性能指标间的对应关系可略加修改推广到高阶系统中，可参照一些经验数据或曲线图表。

### 5.7.2 开环频率特性与时域响应的关系

系统开环频率特性的求取比闭环频率特性的求取方便，而且对最小相位系统，幅频特性和相频特性之间有确定的对应关系，那么，能否由开环频率特性来分析和设计系统的动态响应和稳态性能呢？

**1. 系统闭环频域指标与开环频域指标的关系**

系统的闭环频域指标有谐振频率 $\omega_r$、谐振峰值 $M_r$、闭环截止频率（频带宽度）$\omega_b$。系统开环频域指标有开环截止频率 $\omega_c$、相角裕量 $\gamma$、相位穿越频率 $\omega_g$ 和幅值裕量 $K_g$。

对于典型二阶系统的开环频率特性为

$$G(j\omega)=\frac{\omega_n^2}{j\omega(j\omega+2\zeta\omega_n)} \tag{5-49}$$

幅频特性

$$|G(j\omega)|=\frac{\omega_n^2}{\omega\sqrt{\omega^2+(2\zeta\omega_n)^2}} \tag{5-50}$$

相频特性

$$\angle G(j\omega)=-90°-\arctan\frac{\omega}{2\zeta\omega_n} \tag{5-51}$$

开环截止频率

$$\omega_c=\omega_n\sqrt{\sqrt{4\zeta^4+1}-2\zeta^2} \tag{5-52}$$

对应的相角裕量

$$\begin{aligned}\gamma=180°+\angle G(j\omega_c)&=90°-\arctan\frac{\omega_c}{2\zeta\omega_n}=\arctan\frac{2\zeta\omega_n}{\omega_c}\\&=\arctan\frac{2\zeta}{\sqrt{\sqrt{4\zeta^4+1}-2\zeta^2}}\end{aligned} \tag{5-53}$$

对于典型二阶系统，$\omega_c$ 与 $\omega_b$ 有密切关系，开环剪切频率 $\omega_c$ 越大，闭环系统的 $\omega_b$ 也越大，因此，可用 $\omega_c$ 来衡量系统的快速性，$\omega_c$ 越大，系统的响应速度越快。$\gamma$ 与 $M_r$ 一样仅与系统的阻尼比 $\zeta$ 有关，$\zeta$ 越小，系统的谐振峰值 $M_r$ 越大，相角裕量 $\gamma$ 越小，系统的相对稳定性越差。

**2. 开环频域指标与时域指标的关系**

对于典型二阶系统，时域指标和频域指标有直接的关系，当阻尼比 $\zeta$ 为常数时，$\omega_c$ 反比于 $t_s$，$\omega_c$ 越大，系统的调节时间 $t_s$ 越短，阻尼比越小，系统的相角裕量 $\gamma$ 越小，系统相对稳定性越差。

对于高阶系统，开环频域指标和时域响应指标的解析式很难表示。而开环频率特性与时域响应的关系通常分为 3 个频段加以分析，下面介绍“三频段”的概念。

（1）低频段

低频段通常指 $L(\omega)=20\lg|G(j\omega)|$ 的渐近线在第一个转折频率以前的频段，这一段特性完全由积分环节和开环放大倍数决定，低频段对应的传递函数

$$G_d(s)=\frac{K}{s^\nu} \tag{5-54}$$

则低频段对数幅频特性

$$L_d(\omega)=20\lg K-20\nu\lg\omega \tag{5-55}$$

对于不同的 $\nu$ 值，低频段对数幅频特性曲线为一些斜率不等的直线，斜率值为 $-20\nu$dB/dec，且低频段的对数幅频特性曲线或其延长线在 $\omega=1$ 时，对数幅值 $L(\omega)=20\lg K$；或低频段曲线或其延长线交于 $\omega=\sqrt[\nu]{K}$，$L(\omega)=0$ 点。不同 $\nu$ 值下，低频段对数幅频特性如图 5-53 所示。

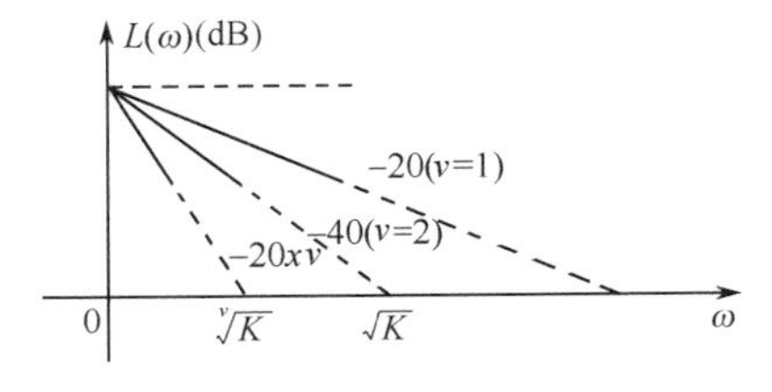

图 5-53　低频段对数幅频特性

由图 5-53 可以看出，低频段的斜率越小，对应系统积分环节的数目越多(系统型号越高)、开环放大倍数 $K$ 越大，则在闭环系统稳定的条件下，其稳态误差越小，动态响应的跟踪精度越高。

(2) 中频段

中频段是指开环对数幅频特性曲线在开环截止频率 $\omega_c$ 附近(0 分贝附近) 的区段，这段特性集中反映闭环系统动态响应的平稳性和快速性。

由于闭环截止频率 $\omega_b$ 往往与开环截止频率 $\omega_c$ 相近，闭环谐振频率 $\omega_r$ 又略小于闭环截止频率 $\omega_b$。因此，在闭环频率特性上有谐振峰值的一段为中频段。前面已知，谐振峰值 $M_r$ 决定时域响应的平稳性，闭环截止频率 $\omega_b$ 的大小决定时域响应的快速性。也就是说，时域响应的动态特性主要取决于中频段的形状。

反映中频段形状的 3 个参数为：开环截止频率 $\omega_c$、中频段的斜率、中频段的宽度。开环截止频率 $\omega_c$ 的大小决定系统时域响应的快速性，且 $\omega_c$ 越大，系统过渡过程时间越短。

我们对对数幅频特性中频段的斜率和宽度分两种情况进行分析。

① 如果 $L(\omega)$ 曲线中频段斜率为 $-20$dB/dec，且占据的频率区域较宽，如图 5-54(a) 所示。则系统的相频特性为

$$\varphi(\omega)=-180^\circ+\arctan\frac{\omega}{\omega_1}-\arctan\frac{\omega}{\omega_2}$$

相角裕量为

$$\gamma=180^\circ+\varphi(\omega_c)=\arctan\frac{\omega_c}{\omega_1}-\arctan\frac{\omega_c}{\omega_2}$$

中频段越宽，则系统的相角裕量 $\gamma$ 越大，即系统的平稳性越好。

② 如果系统 $L(\omega)$ 曲线的中频段斜率为 $-40$dB/dec，且占据的区间较宽，如图 5-54(b) 所示。则系统的相频特性

$$\varphi(\omega)=-90^\circ-\arctan\frac{\omega}{\omega_1}$$

相角裕量

$$\gamma=180^\circ+\varphi(\omega_c)=90^\circ-\arctan\frac{\omega_c}{\omega_1}$$

中频段越宽，则相角裕量 $\gamma$ 越接近于 0°，系统将处于临界稳定状态，动态响应持续振荡。

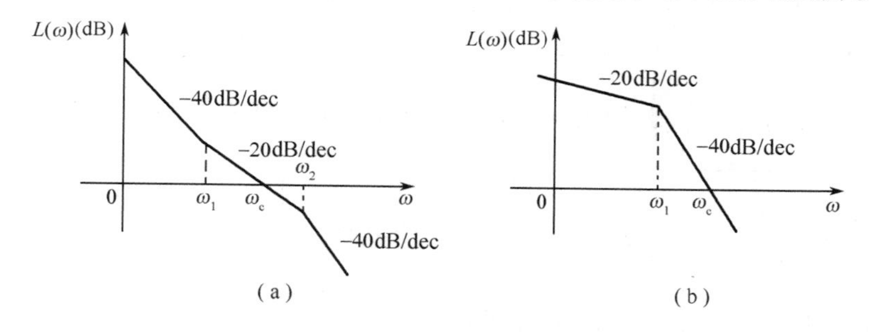


图 5-54　对数幅频特性

可以推断，中频段斜率更陡，则闭环系统将难以稳定。

为了使系统稳定，且有足够的稳定裕度，一般希望开环截止频率 $\omega_c$ 位于开环对数幅频特性斜率为 $-20$dB/dec 的线段上，且中频段要有足够的宽度；或位于开环对数幅频特性斜率为 $-40$dB/dec 的线段上，且中频段较窄。

(3) 高频段

高频段指开环对数幅频特性在中频段以后的频段。高频段的形状主要影响时域响应的起始段。由于这部分特性是由系统中一些时间常数很小的环节决定的，且高频段远离开环截止频率

$\omega_c$，故对系统的动态响应影响不大。因此在分析时，将高频段做近似处理，即把多个小惯性环节等效为一个小惯性环节去代替，等效小惯性环节的时间常数等于被代替的多个小惯性环节的时间常数之和。

另外，从系统抗干扰能力来看，高频段开环幅值一般较低，即 $L(\omega) \ll 0$，$|G(j\omega)| \ll 1$，故对单位反馈系统，有

$$|\Phi(j\omega)| = \frac{|G(j\omega)|}{|1+G(j\omega)|} \approx |G(j\omega)|$$

因此，系统开环对数幅频特性在高频段的幅值，直接反映了系统对高频干扰信号的抑制能力。高频部分的幅值越低，系统的抗干扰能力越强。

由以上分析可知，为了使系统满足一定的稳态和动态要求，对开环对数幅频特性的形状有如下要求：低频段要有一定的高度和斜率；中频段的斜率最好为 $-20$dB/dec，且具有足够的宽度；高频段采用迅速衰减的特性，以抑制不必要的高频干扰。

三频段的划分并没有很严格的确定性准则，但是三频段的概念为直接运用开环频率特性判别稳定闭环系统的动态、静态性能指出了原则和方向。

# 5.8 MATLAB 频域特性分析

系统的频率响应是在正弦信号作用下系统的稳态输出响应。并且对于线性定常系统，输出响应是和输入同频率的，仅仅是幅值和相位不同。设系统的传递函数为 $G(s)$，其频率特性 $G(j\omega) = G(s)|_{s=j\omega}$。

例如，对系统

$$G(s) = \frac{2}{s^2+2s+3}$$

在输入信号 $r(t) = \sin t$ 和 $\sin 3t$ 下，可由 MATLAB 求出系统的输出信号：

```
≫ num = 2;den[1  2  3];
≫ G = tf(num,den);
≫ t = 0:0.1:6 * pi;
≫ U = sin(t);y = 1sim(G,U,t);plot(t,u,ty)
```

由图 5-55 可以看出，正弦信号作用下的输出信号也为正弦信号，仅仅是幅值和相位不同。

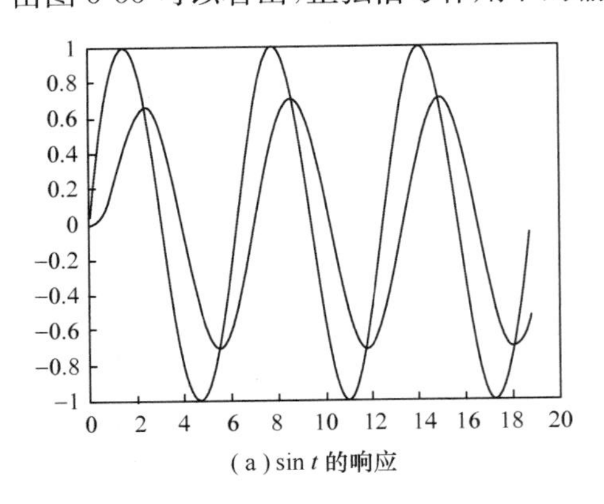

(a) sin $t$ 的响应

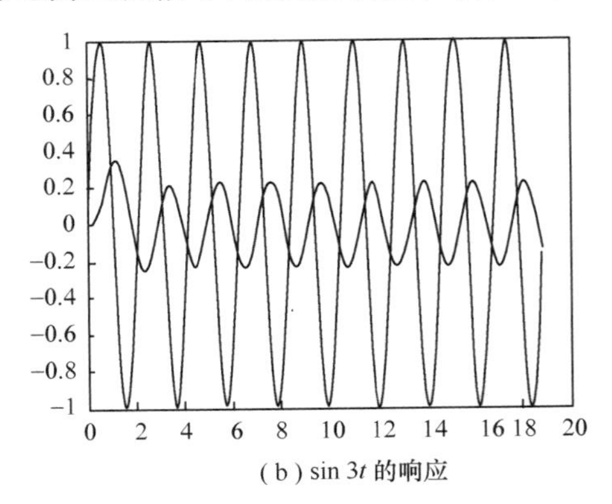

(b) sin $3t$ 的响应

图 5-55　正弦响应曲线

### 5.8.1 Bode 图

Bode 图由对数幅频特性和对数相频特性两张图构成，$\omega$ 轴采用对数分度，而幅值为对数增益即分贝，相位 $\varphi(\omega)$ 为线性分度。MATLAB 中绘制 Bode 图的函数为 bode，其调用格式为

```
[mag,phase,ω] = bode(num,dne,ω)
```

式中，$G(s) = \text{num}/\text{den}$，频率 $\omega$ 自动选择范围从 $\omega = 0.1$ 到 $\omega = 1000\text{rad/s}$，若人为选择频率范围，可应用 logspace() 函数，其格式为

```
ω = logspace(a,b,n)
```

式中，a 表示最小频率 $10^a$；b 表示最大频率 $10^b$；n 表示 $10^a \sim 10^b$ 之间的频率点数。例如：

```
>> ω = logspace(-1,3,200)
>> ω = logspace(-1,3,200);                    % 确定频率范围及点数
>> [mag,phase,ω] = bode(num,den,ω);
>> semilogx(ω,20 * log10(mag)),grid           % 绘图坐标及大小
>> xlabel('Frequency[rad/sec]'),ylabel('20 * log(mag)[dB]')
```

若采用自动频率范围，上述 MATLAB 命令可简化为

```
>> bode(num,den)
```

此处注意在 MATLAB 函数调用时，省略左边变量表达式，则可直接绘出函数图像。

例如

$$G(s) = \frac{5(0.1s+1)}{s(0.5s+1)\left(\dfrac{1}{50^2}s^2 + \dfrac{0.6}{50}s + 1\right)}$$

绘制其 Bode 图的 MATLAB 语言如下：

```
>> num = 5 * [0.1,1];
>> f1 = [1,0]; f2 = [0.5,1];
>> f3 = [1/2500,0.6/50,1];
>> den = conv(f1,conv(f2,f3));
>> bode(num,den)
```

Bode 图如图 5-56 所示。

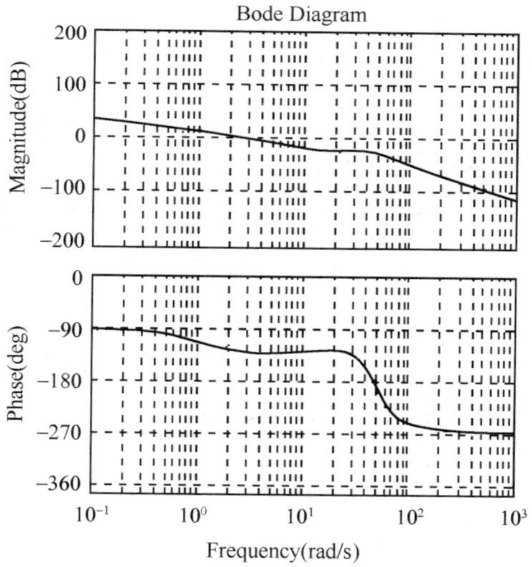

图 5-56 Bode 图

### 5.8.2 Nyquist 图

频率特性中的 Nyquist 图是 Nyquist 稳定判据的基础。反馈控制系统稳定的充分必要条件为 Nyquist 曲线逆时针包围(−1,j0) 点的次数等于系统开环右极点个数。

调用 MATLAB 中的 nyquist() 函数，可很容易绘出 Nyquist 曲线，其调用格式为

```
[re,im,ω] = nyquist(num,den,ω)
```

式中，$G(s) = \text{num}/\text{den}$；$\omega$ 为用户提供的频率范围；re 为极坐标的实部；im 为极坐标的虚部。此时实轴和虚轴范围都是自动确定的，若用户不指定频率 $\omega$ 的范围，则为 nyquist(num,den)，当命令包含左端变量时，即[re,im,ω] = nyquist (num,den) 或[re,im,ω] = nyquist(num,den,ω)，则系统频率响应表示成矩阵 re，im 和 ω，在屏幕上不产生图形。

例如，$G(s) = \dfrac{1}{s^2 + 2s + 2}$，绘制其 Nyquist 图的 MATLAB 语言如下：

```
≫ num = [1];den = [1,2,2];
≫ nyquist(num,den)
```

Nyquist 曲线如图 5-57 所示。

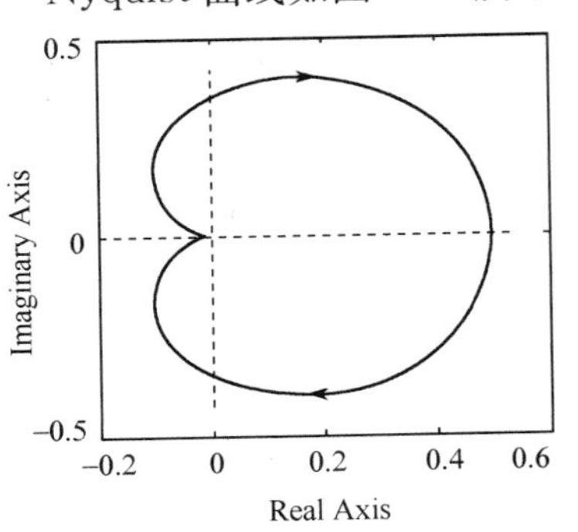


图 5-57 Nyquist 曲线

注意，若在使用 nyquist() 函数时，发现 Nyquist 图看起来很怪或者信息不完全，在这种情况下，读者可不必顾及自动坐标，而利用轴函数 axis() 和绘图函数 plot() 绘出在一定区域内的曲线，或用放大镜工具放大，以便进行稳定性分析。

例如

$$G(s)=\frac{1000}{s^3+8s^2+17s+10}$$

```
≫ num = [1000];den = [1,8,17,10]
≫ nyquist(num,den);grid
```

Nyquist 曲线如图 5-58(a) 所示。可以看出图中(−1,j0)点附近，Nyquist 图不很清楚，可用放大镜对得出的 Nyquist 图进行局部放大，或利用 MATLAB 命令：

```
≫ v = [-10,0,-1.5,1.5];
≫ axis(v);
```

则得图 5-58(b)。

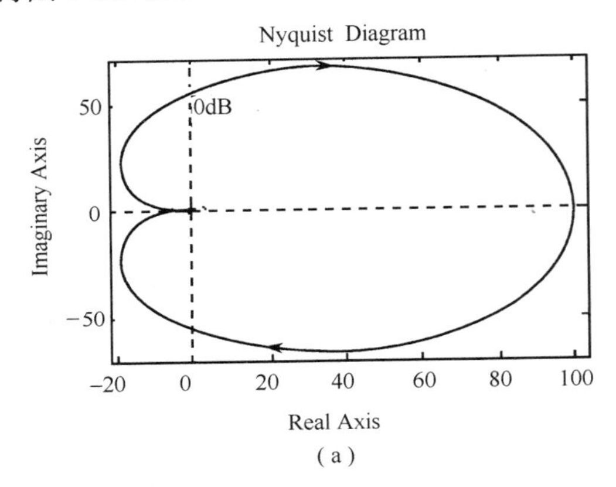


(a)

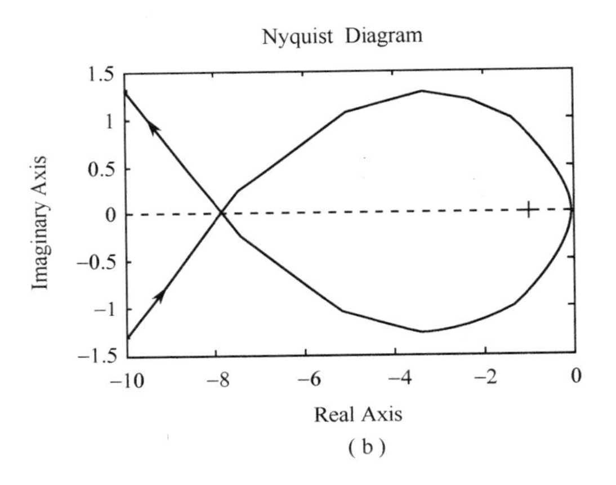


(b)

图 5-58 Nyquist 局部图

例如，系统开环传递函数

$$G(s)=\frac{10(s+2)^2}{(s+1)(s^2-2s+9)}$$

```
≫ num = 10 * [1,4,4];
≫ den = conv([1,1],[1,-2,9]);
≫ nyquist(num,den);
≫ grid
```

若规定实轴、虚轴范围为(−10,10),(−10,10)，则

```
≫ num = 10 * [1,4,4];
≫ den = conv([1,1],[1,-2,9]);
≫ nyquist(num,den);
≫ axis([-10,10,-10,10])
```

响应曲线如图 5-59 所示。

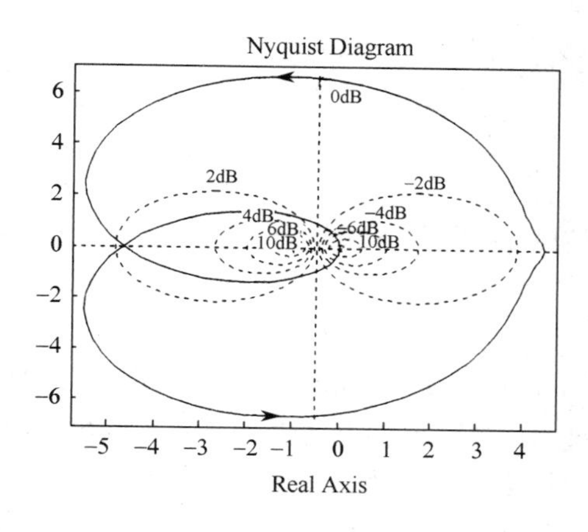


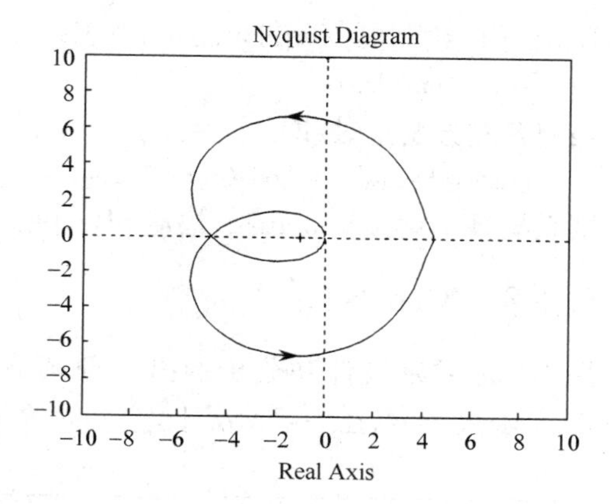


图 5-59　响应曲线

注意：在画奈氏图时，如果 MATLAB 运行中包含被零除，此时可通过输入 Axis 命令来修正错误的奈氏图。

上面仅是考虑系统的绝对稳定性，而系统稳定的幅值裕量和相角裕量，即相对稳定性仍是我们所关心的。在 MATLAB 中，可采用裕量函数 margin() 来求取相对稳定性，其调用格式为

$$[G_m, P_m, \omega_{cg}, \omega_{cp}] = \text{margin}(\text{mag}, \text{phase}, \omega)$$

式中，$G_m$ 为增益裕量；$P_m$ 为相角裕量；$\omega_{cg}$ 为穿越 $-180°$ 线所对应的频率；$\omega_{cp}$ 为幅值为 0dB 时所对应的频率。

注意，裕量函数要与 Bode 函数联合起来计算增益裕量和相角裕量。系统的相对稳定性也可从 Nyquist 图得到。

例如，$G(s) = \dfrac{0.5}{s^3 + 2s^2 + s + 0.5}$

```
>> num = [0.5];den = [1,2,1,0.5];
>> ω = logspace(-1,1,200);
>> [mag,phase,ω] = bode(num,den,ω);
>> margin(mag,phase,ω)
```

系统的 Bode 图及相对稳定裕量如图 5-60 所示。

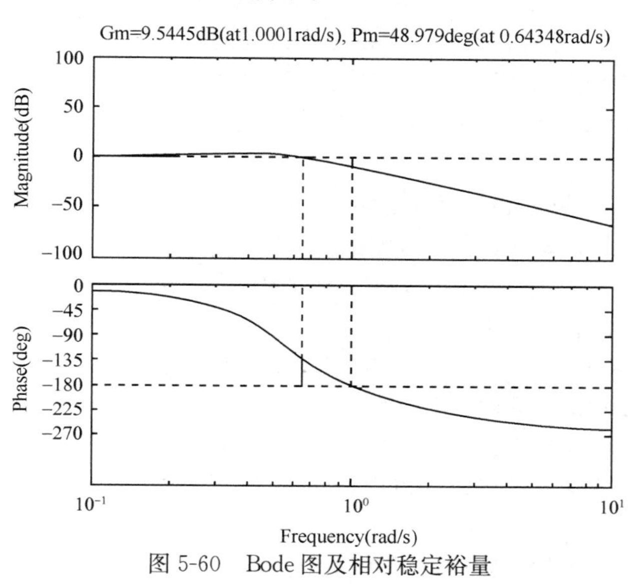


图 5-60　Bode 图及相对稳定裕量

Bode 图的绘制同 Nyquist 图，当系统以传递函数给出时，则 Bode 图形式如下

Bode(num,den)

当包含左方变量时，即

[mag,phase,ω] = bode(num,den,ω)

则系统频率响应变成 mag(幅值 dB)，phase(相位)，ω(频率)3 个矩阵。

### 5.8.3 Nichols 图

用于控制系统设计和分析的另一种频域图是 Nichols 图，Nichols 图可由 MATLAB 中的 nichols() 函数产生。在一般情况下，它同时绘出 Nichols 线图，否则应使用 ngrid() 函数来绘出标准 Nichols 线图。其调用格式为

[mag,phase,ω] = nichols(num,den,ω)

注意：使用上述调用函数时，必须与 plot() 函数配合使用才能产生 Nichols 图，要想直接绘出 Nichols 图，可略去上述格式等号左边部分，直接调用 nichols() 函数，也可调用 ngrid() 函数绘出 Nichols 线图。

例如，$G(s) = \dfrac{1}{s(s+1)(0.2s+1)}$

```
>> num = [1];den = [0.2,1.2,1,0];
>> ω = logspace(-1,1,400);
>> nichols(num,den,ω);
>> ngrid
```

Nichols 图如图 5-61 所示。

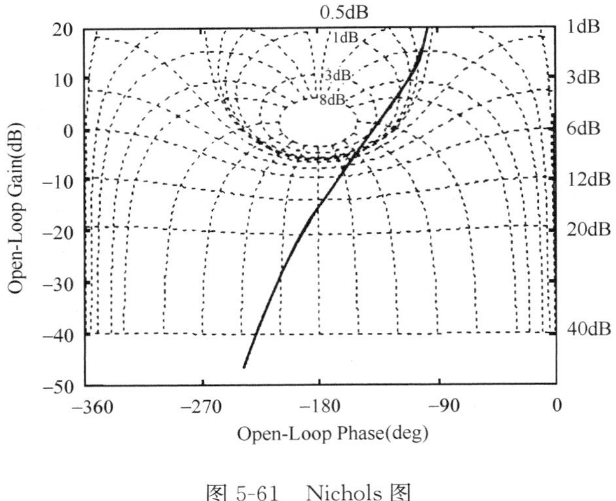


图 5-61 Nichols 图

## 本章小结

(1) 频域分析法是一种图解分析法，频率特性是系统的一种数学模型。

(2) 系统频率特性的 3 种图形为极坐标图、对数频率特性图(Bode 图)和对数幅相图。系统开环对数频率特性(Bode 图)可根据典型环节的频率特性的特点绘制。

(3) 若系统开环传递函数的极点和零点均位于 $s$ 平面的左半平面，该系统称为最小相位系统。反之，若系统的传递函数具有位于右半平面的零点或极点或有延迟环节，则该系统称为非最小相位系统。

对于最小相位系统，幅频和相频特性之间存在唯一的对应关系，即根据对数幅频特性，可以唯一地确定相频特性和传递函数；对非最小相位系统，则不然。

(4) 利用 Nyquist 稳定判据，可用开环频率特性判别闭环系统的稳定性。同时可用相角裕量和幅值裕量来反映系统的相对稳定性。

(5) 利用等 $M$ 圆和等 $N$ 圆，可由开环频率特性来求闭环频率特性，并可求得闭环频率特性的谐振频率 $\omega_r$、谐振峰值 $M_r$、闭环截止频率 $\omega_b$ 等。

(6) 由闭环频率特性可定性或定量分析系统的时域响应。

(7) 利用开环频率特性三频段概念可以分析系统时域响应的动态和稳态性能，并可分析系统参数对系统性能的影响。

(8) 许多系统或元件的频率特性可用实验方法确定。最小相位系统的传递函数可由对数幅

频特性的渐近线来确定。

(9) 频域法分析采用了典型化、对数化、图表化等处理方法，已发展成为一种实用的工程方法，在工程实践中获得了广泛的应用。

(10) 以 MATLAB 为工具，讨论了系统的 Bode 图、Nyquist 图和 Nichols 图的计算机绘制及系统的幅值裕量和相角裕量的求取。

# 本章典型题、考研题详解及习题

## A 典型题详解

**【A5-1】** 控制系统结构图如图 A5-1 所示，输入信号 $r(t)=1(t)$，扰动信号 $n(t)=0.1\sin 50t$，要求系统的稳态误差不大于 0.01，试确定 $K$ 的取值范围。

**【解】** 给定信号作用下系统的闭环传递函数为

$$\Phi(s)=\frac{10K}{0.1s^2+s+10K}$$

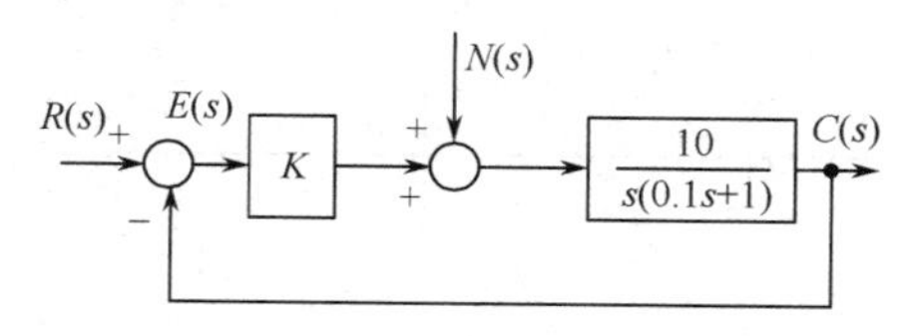


图 A5-1 控制系统结构图

系统稳定的充分必要条件为 $K>0$。

对于给定信号 $r(t)=1(t)$ 作用下，$K_p=\infty$ 系统的稳态误差为 $e_{ssr}=\dfrac{1}{K_p}=0$；系统在正弦干扰作用下，误差的稳态为同频率的正弦信号。

$$\Phi_{en}(s)=\frac{E(s)}{N(s)}=-\frac{\dfrac{10}{s(0.1s+1)}}{1+\dfrac{10K}{s(0.1s+1)}}=-\frac{10}{0.1s^2+s+10K}$$

$$\Phi_{en}(j\omega)=-\frac{10}{0.1(j\omega)^2+j\omega+10K}$$

在扰动信号 $n(t)=0.1\sin 50t$ 作用下，误差传递函数的幅值为

$$|\Phi_{en}(j\omega)|_{\omega=50}=-\left.\frac{10}{\sqrt{(10K-0.1\omega^2)^2+\omega^2}}\right|_{\omega=50}=-\frac{10}{\sqrt{(10K-250)^2+2500}}$$

扰动信号作用下的稳态误差的最大值为 $e_{ssn}=0.1\times\dfrac{10}{\sqrt{(10K-250)^2+2500}}$，系统的总稳态误差最大值为

$$e_{ss}=e_{ssr}+e_{ssn}=0+0.1\times\frac{10}{\sqrt{(10K-250)^2+2500}}\leqslant 0.01$$

解不等式得 $K\geqslant 33.66$ 或 $K\leqslant 16.34$。为保证系统的动态特性良好，取 $K\leqslant 16.34$。

**【A5-2】** 已知负反馈系统的开环传递函数为

$$G(s)H(s)=\frac{K}{s(10s+1)(5s+1)}$$

(1) 试绘制系统奈奎斯特图；

(2) 绘制系统 Bode 图；

(3) 采用奈奎斯特判据确定系统稳定 $K$ 的取值范围，并求在 $K=0.1$ 系统的相角裕量和幅值裕量。

**【解】** 系统的频率特性为

$$G(\mathrm{j}\omega)H(\mathrm{j}\omega)=\frac{K}{\mathrm{j}\omega(\mathrm{j}10\omega+1)(\mathrm{j}5\omega+1)}$$

(1) $G(\mathrm{j}\omega)H(\mathrm{j}\omega)=-\frac{15K}{(100\omega^2+1)(25\omega^2+1)}-\mathrm{j}\frac{K(1-50\omega^2)}{\omega(100\omega^2+1)(25\omega^2+1)}$

$$\begin{cases}\omega=0^+, & G(\mathrm{j}\omega)H(\mathrm{j}\omega)=-15K-\mathrm{j}\infty\\ \omega=\frac{1}{\sqrt{50}}, & G(\mathrm{j}\omega)H(\mathrm{j}\omega)=-\frac{10K}{3}-\mathrm{j}0\\ \omega=+\infty, & G(\mathrm{j}\omega)H(\mathrm{j}\omega)=-0+\mathrm{j}0\end{cases}$$

系统奈奎斯特图如图 A5-2 所示。

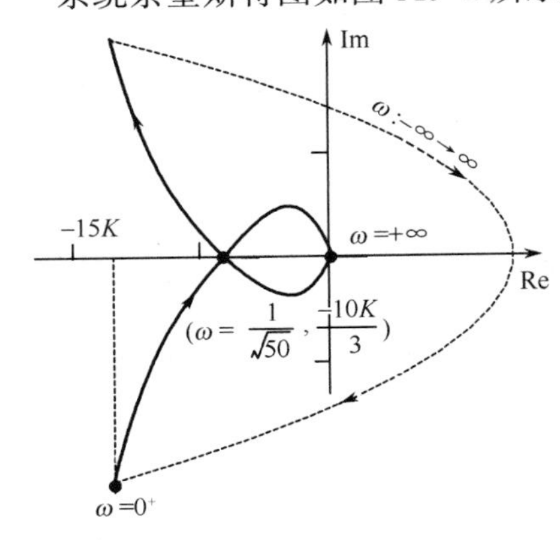


图 A5-2　系统奈奎斯特图

(2) 系统低频段的斜率为 $-20\mathrm{dB/dec}$，高度 $\omega=1$，$L(\omega)=20\log K$，转折频率 $\omega_1=0.1$，$\omega_2=0.2$，对应 Bode 图如图 A5-3 所示。

(3) 系统为最小相位系统，要使系统稳定，则奈奎斯特曲线不包围(−1，j0) 点，即 $0<K<\frac{3}{10}$。

当 $K=0.1$ 时，系统的开环剪切频率由 $|G(\mathrm{j}\omega_c)H(\mathrm{j}\omega_c)|=1$，求得 $\omega_c=0.1$，相角裕量 $\gamma=180^\circ+\varphi(\omega_c)=18.43^\circ$。

系统的相位穿越频率由 $\angle G(\mathrm{j}\omega_g)H(\mathrm{j}\omega_g)=-180^\circ$，求得 $\omega_g=0.141$，幅值裕量 $K_g=\frac{1}{|GH(\mathrm{j}\omega_g)|}=3$。

**【A5-3】** 已知最小相位系统的开环对数幅频特性曲线如图 A5-4 所示。

(1) 试求系统的开环传递函数；

(2) 用对数频率稳定判据判断闭环系统的稳定性。

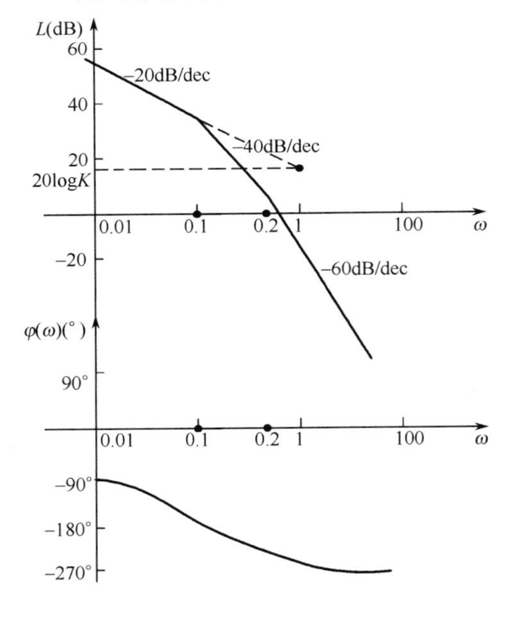


图 A5-3　控制系统对数频率特性图

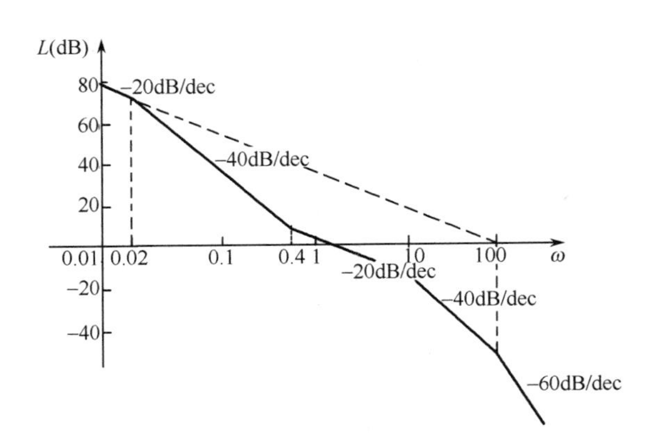


图 A5-4　开环对数幅频特性曲线

**【解】** (1) 根据对数幅频特性渐近线各段的斜率和转折频率及低频段的斜率和延长线的交

点，可得系统的开环传递函数为

$$G(s)H(s)=\frac{100(2.5s+1)}{s(50s+1)(0.1s+1)(0.01s+1)}$$

(2) 根据渐近线绘制的特点求得系统的开环剪切频率$\frac{100\cdot 2.5\omega_c}{\omega_c\cdot 50\omega_c}=1\Rightarrow\omega_c=5$

系统的相角裕量为

$$\begin{aligned}\gamma&=180^\circ+\varphi(\omega_c)\\&=180^\circ-90^\circ+\arctan 2.5\omega_c-\arctan 50\omega_c-\arctan 0.1\omega_c-\arctan 0.01\omega_c=56.23^\circ\end{aligned}$$

系统为最小相位系统，相角裕量大于零，所以闭环系统稳定。

## B 考研试题

**【B5-1】** (北京航空航天大学 2015 年) 单位负反馈系统的开环传递函数为

$$G(s)=\frac{K(s+1)}{s^2\left(\frac{1}{3}s+1\right)}$$

(1) 试确定 $K$ 取何值时，系统达到最大相位稳定裕度，并求其值；

(2) 绘制此时系统的开环对数幅频特性渐近曲线和相频渐近曲线。

**【解】** (1) 系统相位裕度表达式为 $\gamma=180^\circ+\varphi(\omega_c)=\arctan\omega_c-\arctan\frac{1}{3}\omega_c$，为使 $\gamma$ 为最大，则由$\frac{d\gamma}{d\omega}=0$，求得系统的开环剪切频率 $\omega_c=\sqrt{3}$，此时系统的最大相位裕度 $\gamma_{\max}=\arctan\frac{\sqrt{3}}{3}=30^\circ$。根据$|G(j\omega_c)|=\left|\frac{K\sqrt{\omega_c^2+1}}{(\omega_c)^2\left(\sqrt{\left(\frac{1}{3}\omega_c\right)^2+1}\right)}\right|=1$，求得对应的 $K=\sqrt{3}$。

(2) 此时系统的频率特性为：$G(j\omega)=\frac{\sqrt{3}(j\omega+1)}{-\omega^2\left(\frac{1}{3}j\omega+1\right)}$，系统的对数幅频特性和相频特性曲线如图 B5-1 所示。

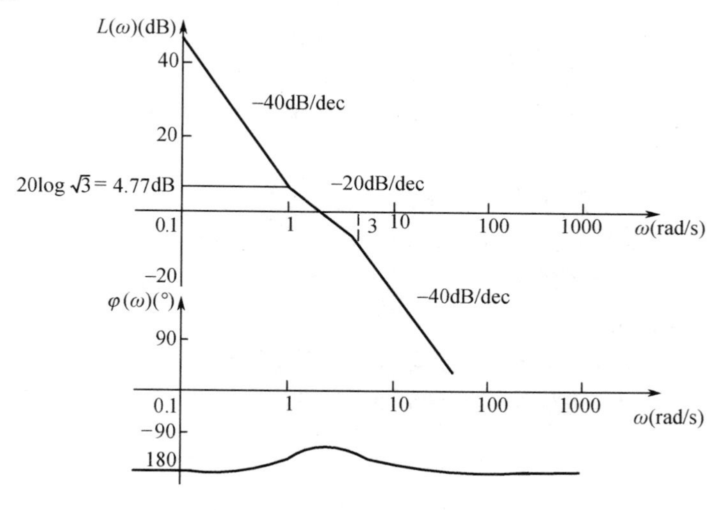


B5-1　系统对数频率特性

**【B5-2】** (北京交通大学 2015 年) 某单位负反馈的最小相位系统，其开环对数幅频特性曲线和单位阶跃响应分别如图 B5-2(a) 和(b) 所示，试确定系统的开环传递函数 $G(s)$。

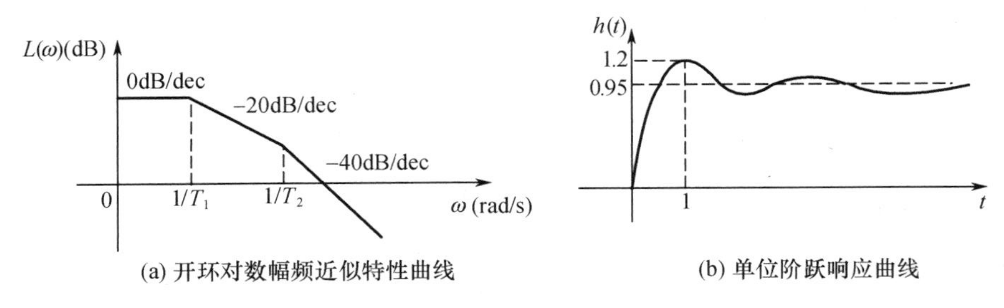


图 5-2　开环对数幅频特性曲线和单位阶跃响应曲线

**【解】** 由对数幅频特性得系统的开环传递函数形式为

$$G(s)=\frac{K}{(T_1s+1)(T_2s+1)}$$

闭环传递函数为

$$\Phi(s)=\frac{G(s)}{1+G(s)}=\frac{K}{(T_1s+1)(T_2s+1)+K}=\frac{\frac{K}{1+K}}{\frac{T_1T_2}{1+K}s^2+\frac{(T_1+T_2)}{1+K}s+1}$$

由单位阶跃响应知
$$\frac{K}{1+K}=0.95\Rightarrow K=19$$

$$M_{\mathrm{p}}=\mathrm{e}^{-\frac{\zeta\pi}{\sqrt{1-\zeta^2}}}=\frac{1.2-0.95}{0.95}\Rightarrow\zeta=0.39$$

$$t_{\mathrm{p}}=\frac{\pi}{\omega_{\mathrm{n}}\sqrt{1-\zeta^2}}=1\Rightarrow\omega_{\mathrm{n}}=3.41$$

与典型二阶系统比较得

$$\begin{cases}\dfrac{T_1T_2}{1+K}=\dfrac{1}{\omega_{\mathrm{n}}^2}\\ \dfrac{(T_1+T_2)}{1+K}=2\zeta\dfrac{1}{\omega_{\mathrm{n}}}\end{cases}\Rightarrow\begin{cases}T_1T_2=1.72\\ T_1+T_2=4.57\end{cases}\Rightarrow\begin{cases}T_1=4.16\\ T_2=0.415\end{cases}$$

系统的开环传递函数为
$$G(s)=\frac{19}{(4.16s+1)(0.415s+1)}$$

**【B5-3】**（西安电子科技大学2007年）设两个系统A,B均为最小相位系统，其开环对数幅频特性如图B5-3所示。要求：

(1) 分别写出A,B系统的开环传递函数；

(2) 分别计算A,B系统的相角裕度 $\gamma_{\mathrm{A}}$，$\gamma_{\mathrm{B}}$，并判断闭环后A,B系统的稳定性；

(3) 比较A,B系统的稳态精度；

(4) 比较两个系统的超调量 $\delta\%$、上升时间 $t_{\mathrm{r}}$ 的大小。

**【解】** (1) 由图B5-3知A,B系统低频段斜率为$-20$dB/dec，且过 $\omega=0.1$，$L(\omega)=40$dB点，可求得 $K_{\mathrm{A}}=K_{\mathrm{B}}=10$；再根据转折频率和斜率变化得

A系统的开环传递函数为
$$G_{\mathrm{A}}(s)=\frac{10}{s(s+1)(0.05s+1)}$$

B系统的开环传递函数为
$$G_{\mathrm{B}}(s)=\frac{10(s+1)}{s(3.23s+1)(0.316s+1)(0.05s+1)}$$

(2) A,B两系统的相位穿越频率 $\omega_{\mathrm{Ac}}=\omega_{\mathrm{Bc}}=3.16$，A,B两系统的相角裕度分别为

$$\gamma_{\mathrm{A}}=180^\circ-90^\circ-\arctan\omega_{\mathrm{Ac}}-\arctan0.05\omega_{\mathrm{Ac}}=8.52^\circ$$

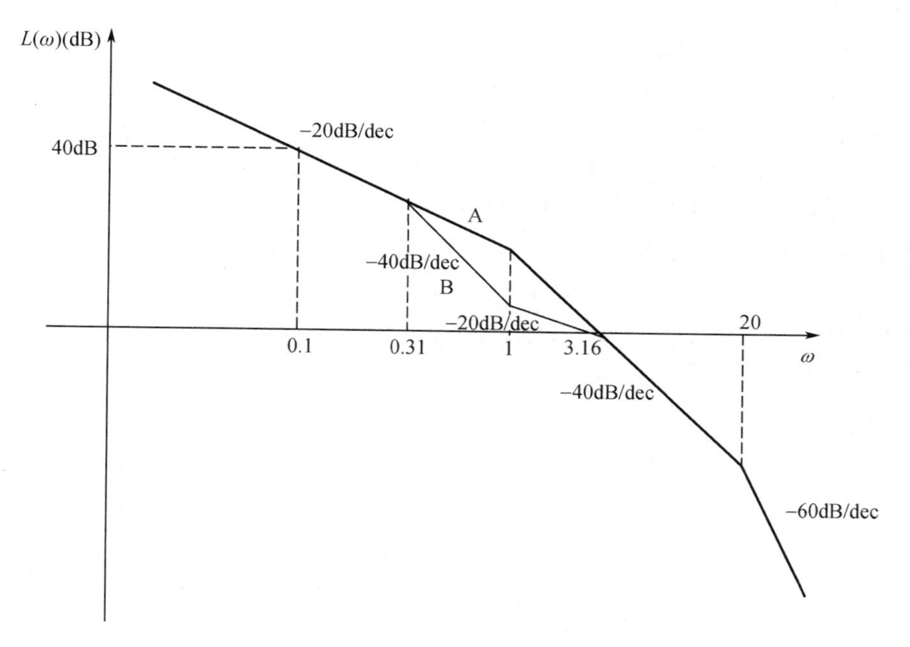


B5-3　A,B 系统的对数幅频特性曲线

$\gamma_B = 180° - 90° + \arctan\omega_{Bc} - \arctan 3.22\omega_{Bc} - \arctan 0.316\omega_{Bc} - \arctan 0.05\omega_{Bc} = 24.11°$

A,B 两系统均为最小相位系统,且相角裕度大于零,所以闭环后 A,B 两系统均稳定。

(3) 两系统低频段斜率和高度相同,所以两系统的稳态精度是相同的。

(4) $A$ 系统的相角裕度小于 B 系统的相角裕度,所以 A 系统的超调量大于 B 系统的超调量,即 $\delta_{As}\% > \delta_{Bs}\%$,$\zeta_A < \zeta_B$;两系统的开环剪切频率相同,则调节时间相同,同时考虑 $\zeta_A < \zeta_B$,得 $\omega_{An} > \omega_{Bn}$,所以,A 系统的上升时间小于 B 系统的上升时间,即 $t_{As} < t_{Bs}$。

**【B5-4】** (中国科学院 2005 年) 最小相位系统幅相特性如图 B5-4 所示。

(1) 根据幅相特性,写出与之对应的开环传递函数,并指出参数间关系;

(2) 用奈氏稳定判据,定性分析闭环系统稳定性与开环增益 $K$ 的关系;

(3) 设计一串联控制器 $K(s)$,使 $K > 0$ 时闭环系统均稳定。给出 $K(s)$ 的传递函数和参数取值范围,并画出校正后系统的完整奈氏图。

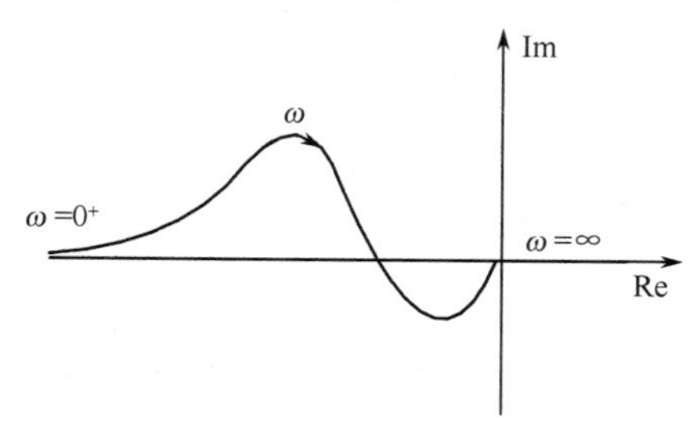


B5-4　最小相位系统幅相特性图

**【解】** (1) 由幅相特性的起始和终止位置知系统为 II 型(包含两个积分环节),且传递函数分母与分子阶数之差为 1。

根据 $\omega$:0→∞ 变化时,幅频特性相角变化,系统首先增加一个惯性环节 $\dfrac{1}{T_1 s + 1}$,然后增加一个比例微分环节 $T_2 s + 1$,再增加一个比例微分环节 $T_3 s + 1$,系统的开环传递函数为

$$G(s) = \frac{K(T_2 s + 1)(T_3 s + 1)}{s^2(T_1 s + 1)} \qquad (T_1 > T_2 > T_3)$$

(2) 增加幅相特性的另一半和辅助圆得完整的幅相特性如图 B5-5 所示,特性与负实轴交点 $B$ 点。

稳定性定性分析：

假设 $K = K_1$ 时，$B$ 点穿越$(-1,\mathrm{j}0)$点，闭环系统为临界稳定；

当 $K > K_1$ 时，$(-1,\mathrm{j}0)$点位于 $B$ 点右侧，$(-1,\mathrm{j}0)$点左侧特性穿越 $-\pi$ 次数 $N = N_+ - N_- = 0$，闭环右极点个数 $Z = P - N = 0$ 闭环系统稳定；

当 $0 < K < K_1$ 时，$(-1,\mathrm{j}0)$点位于 $B$ 点左侧，$(-1,\mathrm{j}0)$点左侧特性穿越 $-\pi$ 次数 $N = N_+ - N_- = -2$，闭环右极点个数 $Z = P - N = 2$ 闭环系统不稳定。

(3) 为使 $K > 0$ 时闭环系统均稳定，应使奈氏曲线不包围$(-1,\mathrm{j}0)$点，设计

$$K(s) = T_i s + 1,\text{且选取 } T_i > T_1$$

则系统传递函数为

$$G(s)K(s) = \frac{K(T_2 s + 1)(T_3 s + 1)(T_i s + 1)}{s^2(T_1 s + 1)} \qquad (T_i > T_1 > T_2 > T_3)$$

完整的奈氏曲线如图 B5-6 所示。

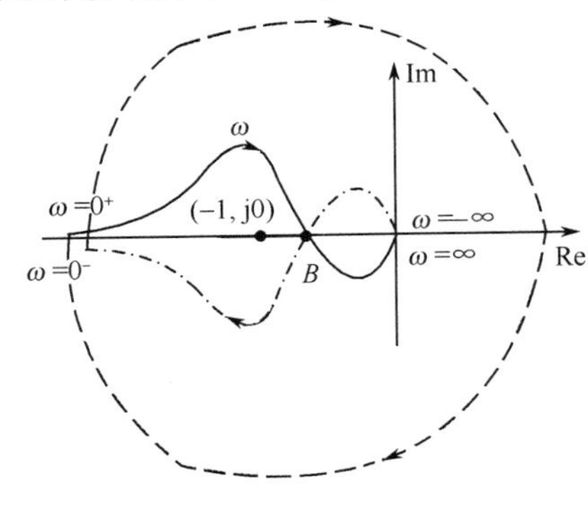


B5-5　完整的幅相特性图

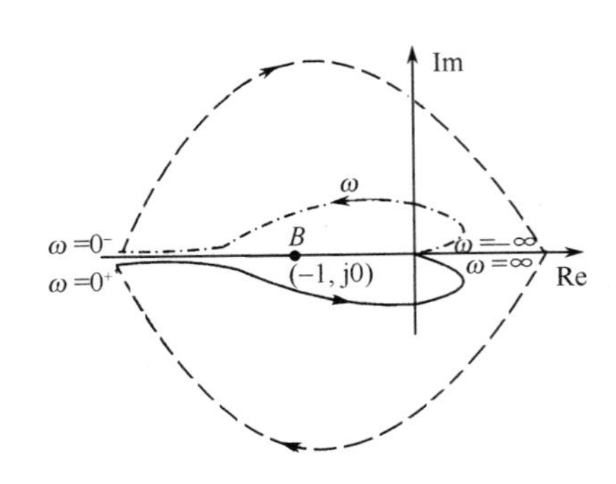


B5-6　完整的奈氏曲线

**【B5-5】** (北京交通大学 2000 年)已知某反馈系统结构图如图 B5-7 所示，其中 $K$，$T$ 为正的待定常数，问如何选取 $K$，$T$，使得该系统满足：对于 $\omega = 1\mathrm{rad/s}$ 的正弦信号，稳态相移为 $-45°$，并且对于 $\omega = 2\mathrm{rad/s}$ 的正弦信号，稳态相移为 $-90°$。

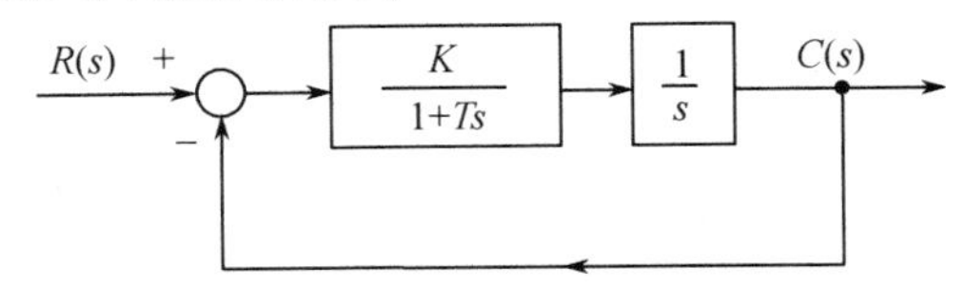


B5-7　系统结构图

**【解】** 系统的闭环传递函数为 $G(s) = \dfrac{K}{Ts^2 + s + K}$，系统的相频特性为 $\varphi(\omega) = -\arctan\dfrac{\omega}{K - T\omega^2}$

当 $\omega = 1\mathrm{rad/s}$ 的正弦信号，稳态相移为 $-45°$ 得

$$-\arctan\frac{\omega}{K - T\omega^2}\bigg|_{\omega=1} = -45° \Rightarrow K - T = 1$$

当 $\omega = 2\mathrm{rad/s}$ 的正弦信号，稳态相移为 $-90°$ 得

$$-\arctan\frac{\omega}{K - T\omega^2}\bigg|_{\omega=2} = -90° \Rightarrow K = 4T$$

联合求解得 $T = \dfrac{1}{3}$，$K = \dfrac{4}{3}$。

## C 习题

C5-1　已知单位反馈系统的开环传递函数，试绘制其开环极坐标图和开环对数频率特性。

(1) $G(s)=\dfrac{100}{s(s+5)(s+10)}$　　(2) $G(s)=\dfrac{10(10s+1)}{s^2(0.1s+1)(2s+1)}$

(3) $G(s)=\dfrac{10}{(0.5s+1)(s^2+0.6s+1)}$　　(4) $G(s)=\dfrac{10}{s(0.1s+1)}e^{-0.8s}$

C5-2　设单位反馈系统的开环传递函数

$$G(s)=\frac{10}{(s+2)}$$

试求下列输入信号作用下系统的稳态输出：

(1) $r(t)=\sin(t+30°)$　　(2) $r(t)=\sin t-2\cos(2t-45°)$

C5-3　已知单位反馈系统的开环传递函数

$$G(s)=\frac{K(T_2s+1)}{s^2(T_1s+1)}\quad(T_1、T_2、K>0)$$

试绘制 $T_2>T_1$ 和 $T_2<T_1$ 下系统的极坐标图和 Bode 图，并分析系统的稳定性。

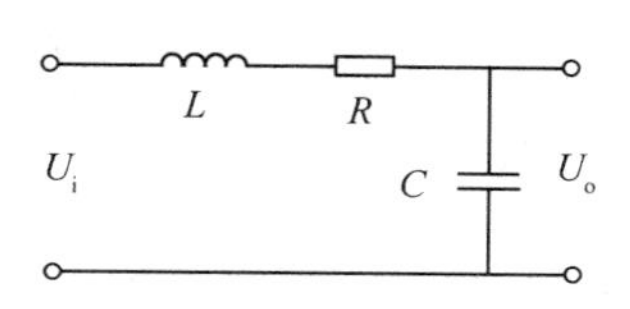


图 C5-1　习题 C5-4 图

C5-4　已知如图 C5-1 所示 RLC 网络，当 $\omega=10\text{rad/s}$时，系统的幅值 $A=1$，相角 $\varphi=-90°$，试求其传递函数。

C5-5　已知最小相位系统的开环对数幅频特性的渐近线如图 C5-2 所示，试求系统的开环传递函数，并计算系统的相角裕量。

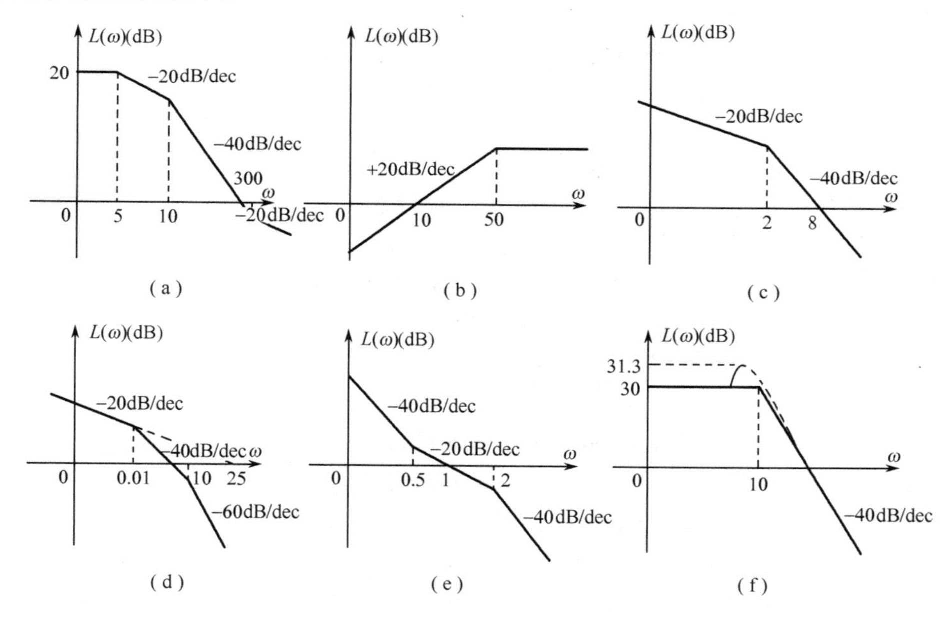


图 C5-2　习题 C5-5 图

C5-6　设系统的开环传递函数

(1) $G(s)=\dfrac{K}{s(s+1)(0.02s+1)}$　　(2) $G(s)=\dfrac{K}{s(s-1)(0.2s+1)}$

(1) 试绘制系统的 Bode 图；

(2) 确定使系统开环剪切频率 $\omega_c=5\text{rad/s}$ 时的 $K$ 值；

(3) 确定使系统相角裕量 $\gamma=30°$ 时的 $K$ 值。

C5-7　设系统开环频率特性极坐标图如图 C5-3 所示，试判断闭环系统的稳定性(其中 $\nu$ 积分环节个数，$P$ 为开环右极点个数)。

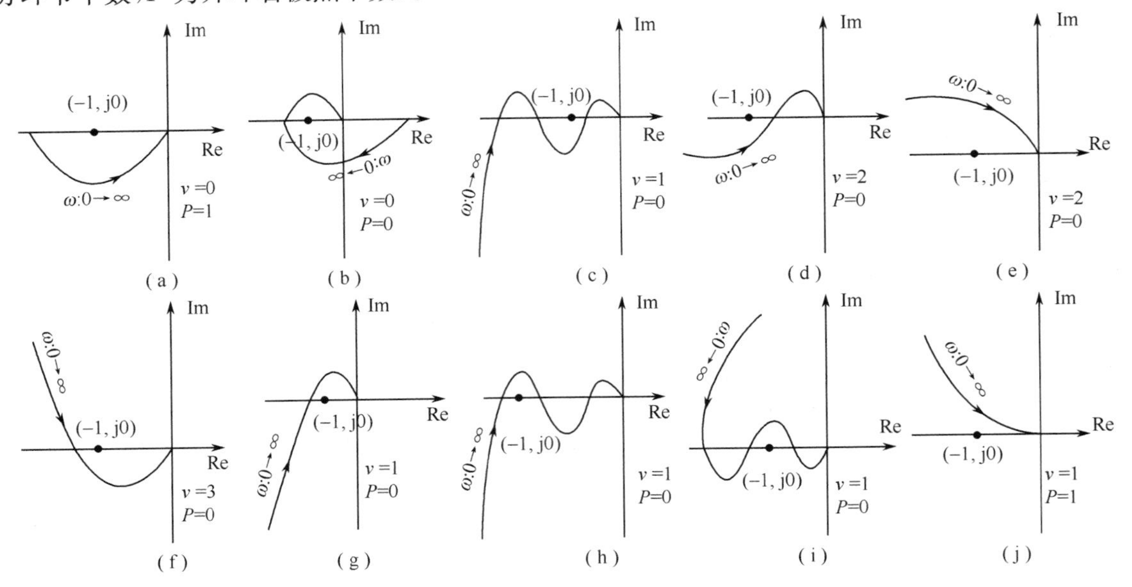


图 C5-3　习题 C5-7 图

C5-8　如图 C5-4 所示系统的极坐标图，开环增益 $K=500$，且开环无右极点，试确定使闭环系统稳定的 $K$ 值范围。

C5-9　设单位反馈系统的开环传递函数为

$$G(s)=\frac{10(s+1)}{s^2(0.01s+1)}$$

(1) 绘制系统的对数频率特性曲线；

(2) 应用对数频率稳定判据判别闭环系统的稳定性；

(3) 若系统稳定，求系统的相角裕量和幅值裕量；

(4) 若系统的开环增益增大 10 倍，试分析系统的动态特性如何变化。

C5-10　设单位反馈系统的开环传递函数为

$$G(s)=\frac{K}{s(s+0.1)(s+5)}$$

(1) 当 $K=5$ 时确定系统的相角裕量和幅值裕量；

(2) 由对数频率判据判断 $K=5$ 闭环系统的稳定性；

(3) 确定系统稳定 $K$ 的取值范围；

(4) 确定系统相角裕量 $\gamma\geqslant 30°$，$K$ 的取值范围。

C5-11　系统结构图如图 C5-5 所示，试用 Nyquist 判据确定系统稳定时 $\tau$ 的范围。

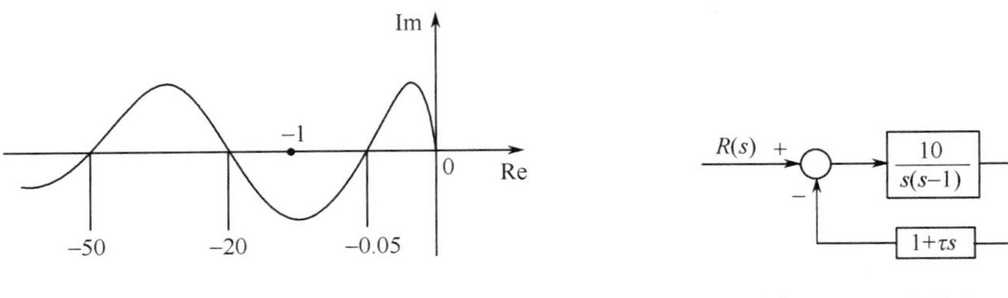


图 C5-4　习题 C5-8 图　　　图 C5-5　习题 C5-11 图

C5-12　已知闭环系统的幅频、相频特性如图 C5-6 所示。

(1) 试求系统的传递函数；

(2) 并计算系统动态性能指标 $M_p$ 和 $t_s$。

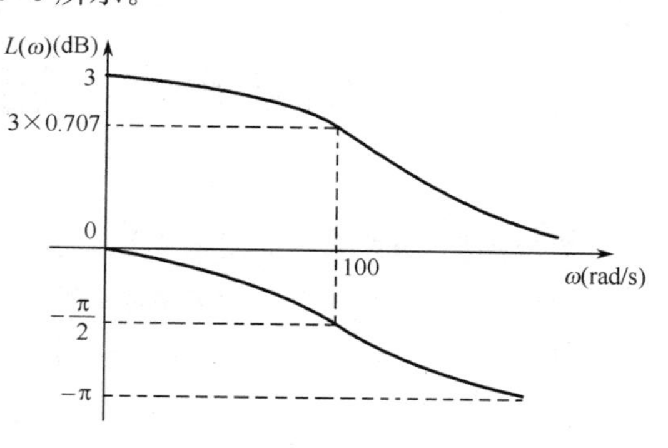

图 C5-6　习题 C5-12 图

C5-13　设单位反馈系统的开环传递函数为

$$G(s)=\frac{K}{s(s+1)(0.1s+1)}$$

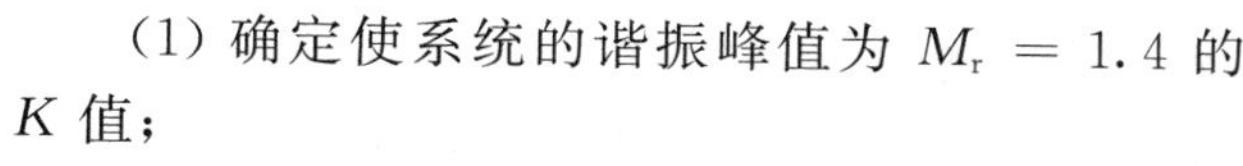

(1) 确定使系统的谐振峰值为 $M_r=1.4$ 的 $K$ 值；

(2) 确定使系统的幅值裕量为 20dB 的 $K$ 值；

(3) 确定使系统的相角裕量为 60° 的 $K$ 值。

C5-14　设系统的开环传递函数为

$$G(s)=\frac{K(1-s)}{s(s+0.1)(s+5)}$$

试用 MATLAB 研究闭环系统稳定时 $K$ 的取值范围。

C5-15　已知系统开环传递函数

$$G(s)=\frac{1}{s(s+1)}$$

(1) 试采用 MATLAB 自动坐标选取再绘 Nyquist 图。

(2) 若取坐标系为实轴(−2,2)、虚轴(−5,5)，再来绘 Nyquist 图。

C5-16　已知单位反馈系统，其开环传递函数

$$G(s)=\frac{s^2+2s+1}{s^3+0.2s^2+s+1}$$

试采用 MATLAB 绘制系统 Bode 图，并求幅值裕量和相角裕量。

C5-17　用 MATLAB 绘制系统传递函数为

$$G(s)=\frac{25}{s^2+s+25}$$

的 Bode 图，并求取谐振频率和谐振峰值。

C5-18　如图 C5-7 所示系统。

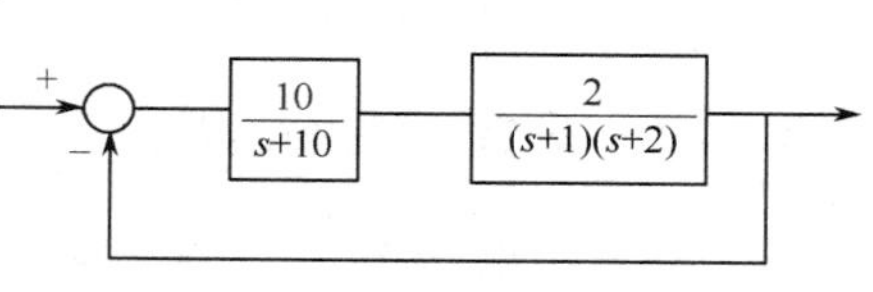

图 C5-7　习题 C5-18 图

(1) 试用 MATLAB 绘制系统的 Nyquist 图和 Bode 图；

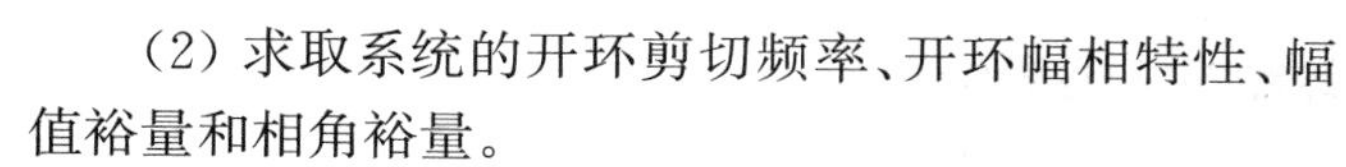

(2) 求取系统的开环剪切频率、开环幅相特性、幅值裕量和相角裕量。

C5-19　已知单位负反馈系统的开环传递函数为

$$G(s)=\frac{K(s+5)^2}{(s+1)(s^2+s+9)}$$

(1) 试用 MATLAB 绘制系统的 Bode 图；

(2) 求系统的相对稳定指标。

C5-20　对于某一非最小相位系统。

$$G(s)=\frac{K(-s+1)}{s(s+2)(s+3)(s+4)}$$

(1) 当 $K=5$ 时，试用 MATLAB 绘制系统的 Bode 图；

(2) 分析系统的稳定性；

(3) 求取临界稳定的 $K$ 值。

# 第6章 控制系统的设计与校正

**内容提要**：为改善系统的动态性能和稳态性能，常进行系统校正。本章主要介绍线性系统的基本控制规律，简要说明校正装置及其特性，并介绍采用根轨迹法、频率法进行的串联校正，阐述反馈校正和复合校正的特点及设计，最后介绍基于MATLAB和Simulink的线性控制系统设计方法。

**知识要点**：线性系统的基本控制规律：比例(P)、积分(I)、比例-微分(PD)、比例-积分(PI)和比例-积分-微分(PID)控制规律；超前校正、滞后校正、滞后-超前校正；串联校正、反馈校正和复合校正。

**教学建议**：本章的重点是了解PID控制规律的特点，熟练掌握串联超前校正、滞后校正、滞后-超前校正装置的特点及校正装置的设计，会分析系统校正前后性能的变化；掌握反馈校正和复合校正的特点，能采用电器元件实现校正装置。**建议学时数为8～10学时。**

对一个控制系统来说，如果它的元部件及其参数已经给定，就要分析它能否满足所要求的各项性能指标。一般把解决这类问题的过程称为系统的分析。在实际工程控制问题中，还有另一类问题需要考虑，即往往事先确定了要求满足的性能指标，要求设计一个系统并选择适当的参数来满足性能指标的要求，或考虑对原已选定的系统增加某些必要的元件或环节，使系统能够全面地满足所要求的性能指标，同时也要照顾到工艺性、经济性、使用寿命和体积等。这类问题称为系统的综合与校正，或者称为系统的设计。

## 6.1 概 述

### 6.1.1 系统的性能指标

控制系统的设计和校正，首先要校验原系统的性能指标是否满足要求，系统的性能指标，按其类型可以分为：

(1) 时域性能指标，包括稳态性能指标和动态性能指标；

(2) 频域性能指标，包括开环频域指标和闭环频域指标；

(3) 综合性能指标(误差积分准则)，它是一类综合指标，若对这个性能指标取极值，则可获得系统的某些重要参数值，而这些参数值可以保证该综合性能为最优。

1. **时域性能指标**

评价控制系统优劣的性能指标，一般是根据系统在典型输入下输出响应的某些特征值规定的。

(1) 稳态指标

静态位置误差系数 $K_p$；静态速度误差系数 $K_v$；静态加速度误差系数 $K_a$；稳态误差 $e_{ss}$。

(2) 动态指标

上升时间 $t_r$；峰值时间 $t_p$；调整时间 $t_s$；最大超调量(或最大百分比超调量) $M_p$；振荡次数 $N$。

2. **频域性能指标**

(1) 开环频域指标

一般要画出开环对数频率特性，并给出开环频域指标如下：开环截止频率 $\omega_c$(rad/s)；相角裕量 $\gamma$；幅值裕量 $K_g$。

(2) 闭环频域指标

一般给出闭环幅频特性曲线，并给出闭环频域指标如下：谐振频率 $\omega_r$。谐振峰值 $M_r$；闭环截止频率 $\omega_b$ 与闭环带宽 $0\sim\omega_b$。一般规定 $A(\omega)$ 由 $A(0)$ 下降到 $-3$dB 时的频率，即 $A(\omega)$ 由 $A(0)$ 下降到 $0.707A(0)$ 时的频率称为系统的闭环截止频率；频率范围 $0\sim\omega_b$ 称为系统的闭环带宽。

### 3. 综合性能指标(误差积分准则)

综合性能指标有各种不同的形式，常用的有以下几种。

(1) 误差积分(IE)

$$\mathrm{IE}=\int_0^{\infty} e(t)\mathrm{d}t \tag{6-1}$$

(2) 绝对误差积分(IAE)

$$\mathrm{IAE}=\int_0^{\infty} |e(t)|\mathrm{d}t \tag{6-2}$$

(3) 平方误差积分(ISE)

$$\mathrm{ISE}=\int_0^{\infty} e^2(t)\mathrm{d}t \tag{6-3}$$

(4) 时间与绝对误差乘积积分(ITAE)

$$\mathrm{ITAE}=\int_0^{\infty} t|e(t)|\mathrm{d}t \tag{6-4}$$

以上各式中，$e(t)=c(t)-c_{期望值}(t)$，如图 3-1 所示。

采用不同的积分公式意味着估计整个动态过程优良程度时的侧重点不同。例如，ISE 着眼于抑制过渡过程中的误差，而 ITAE 则着眼于缩短过长的过渡过程时间。人们可以根据生产过程的不同要求，特别是综合经济效益的考虑加以选用。

误差积分准则也有它的不足之处，它不能保证控制系统具有合适的衰减率，而后者则是人们首先关注的。特别是，一个等幅振荡过程是人们不能接受的，然而它的 IE 却等于零；ISE 虽然可以有效地抑制误差，但系统容易产生振荡。如果对系统的阶跃响应形状做出了某种具体规定，再使上述积分准则为最小来校正系统，就可以得到更为合理的结果。

### 4. 各类性能指标之间的关系

各类性能指标是从不同的角度表示系统的性能的，它们之间存在必然的内在联系。对于二阶系统，时域指标和频域指标之间能用准确的数学式表示出来。它们可统一采用阻尼比 $\zeta$ 和无阻尼自然振荡频率 $\omega_n$ 来描述，如式(6-5)、式(6-6) 所示。

二阶系统的时域性能指标

$$\begin{aligned}
t_r &= \frac{\pi-\arctan\dfrac{\sqrt{1-\zeta^2}}{\zeta}}{\omega_n\sqrt{1-\zeta^2}}\\
t_p &= \frac{\pi}{\omega_n\sqrt{1-\zeta^2}}\\
t_s &= \frac{3\sim4}{\zeta\omega_n}\\
M_p &= e^{-\zeta\pi/\sqrt{1-\zeta^2}}\times100\%\\
N &= \frac{2\sqrt{1-\zeta^2}}{\pi\zeta}
\end{aligned} \tag{6-5}$$

二阶系统的频域性能指标

$$\begin{aligned}
\omega_c &= \omega_n \sqrt{\sqrt{1+4\zeta^4}-2\zeta^2} \\
\gamma &= \arctan \frac{2\zeta}{\sqrt{\sqrt{1+4\zeta^4}-2\zeta^2}} \\
\omega_r &= \omega_n \sqrt{1-2\zeta^2}, \zeta \leqslant 0.707 \\
M_r &= \frac{1}{2\zeta\sqrt{1-\zeta^2}}, \zeta \leqslant 0.707 \\
\omega_b &= \omega_n \sqrt{1-2\zeta^2+\sqrt{2-4\zeta^2+4\zeta^4}}
\end{aligned} \tag{6-6}$$

对于高阶系统，很难建立这种准确的数学关系，仅可做近似处理，即将高阶系统由主导极点降为低阶系统来建立近似的数学关系。高阶系统频域指标与时域指标的关系，可由下面经验公式来近似：

$$\left.\begin{aligned}
M_r &= \frac{1}{\sin\gamma} \\
M_p &= 0.16+0.4(M_r-1) \quad (1 \leqslant M_r \leqslant 1.8) \\
t_s &= \frac{K_0\pi}{\omega_c} \\
K_0 &= 2+1.5(M_r-1)+2.5(M_r-1)^2 \qquad (1 \leqslant M_r \leqslant 1.8)
\end{aligned}\right\} \tag{6-7}$$

正确选择各项性能指标，是控制系统设计中的一项最为重要的工作。具体系统对指标的要求应有所侧重，如调速系统对平稳性和稳态精度要求严格，而随动系统则对快速性能要求很高。另外，性能指标的提出要有根据，不能脱离实际。总之，系统性能指标既要满足设计的需要，又不能过于苛刻，以便容易实现。

### 6.1.2 系统的校正

将被控对象及控制装置等基本元部件连接起来，是否就能够全面符合系统的各项性能指标要求?实践表明，一般是很不理想的，例如，调整系统的放大系数可以使稳态性能得到改善，但是系统的动态特性将因此而变坏，甚至导致系统不稳定。因此，对于动态性能和稳态性能都有一定要求的控制系统，为使系统的各项性能指标均满足要求，就必须设法改变系统的结构或在原系统中附加一些具有某种典型环节特性的电网络、运算部件或测量装置等来有效地改善整个系统的控制性能，以达到所要求的指标。这些能使控制系统满足性能指标的附加装置，称为校正装置。

校正装置的形式及它们和系统其他部分的连接方式，称为系统的校正方式。校正方式可以分为串联校正、反馈(并联)校正、前置校正和扰动补偿等。串联校正和并联校正是最常见的两种校正方式。

**1. 串联校正**

校正装置 $G_c(s)$ 串联在系统的前向通道中，如图 6-1 所示。

**2. 反馈(并联)校正**

校正装置 $G_c(s)$ 设置在系统的局部反馈回路的反馈通道上，如图 6-2 所示。

**3. 前置校正**

前置校正又称为前馈校正，是在系统反馈回路之外采用的校正方式之一，如图 6-3 所示。

**4. 扰动补偿**

扰动补偿装置 $G_c(s)$ 直接或间接测量扰动信号 $n(t)$，并经变换后接入系统，形成一条附加的、对扰动的影响进行补偿的通道，如图 6-4 所示。

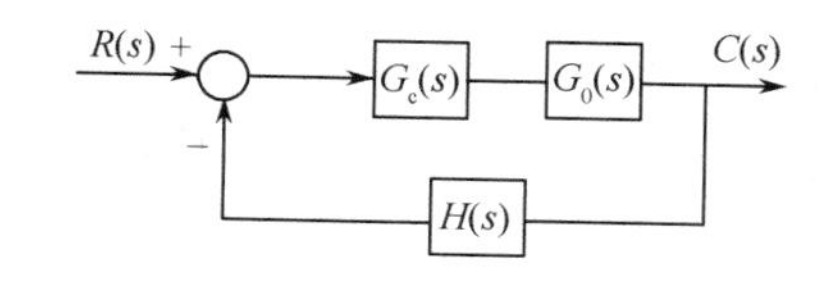


图 6-1　串联校正

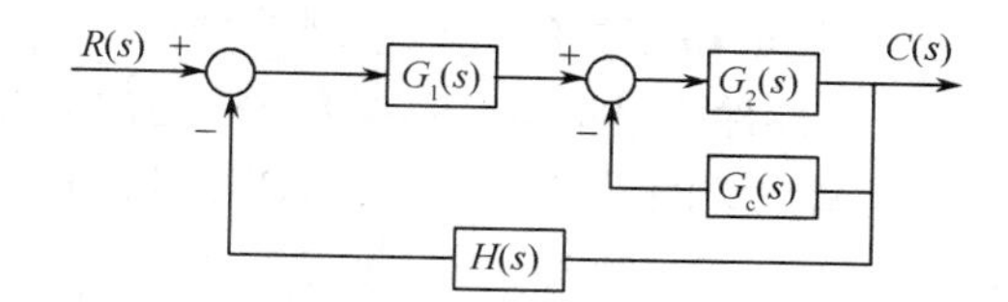


图 6-2　反馈校正

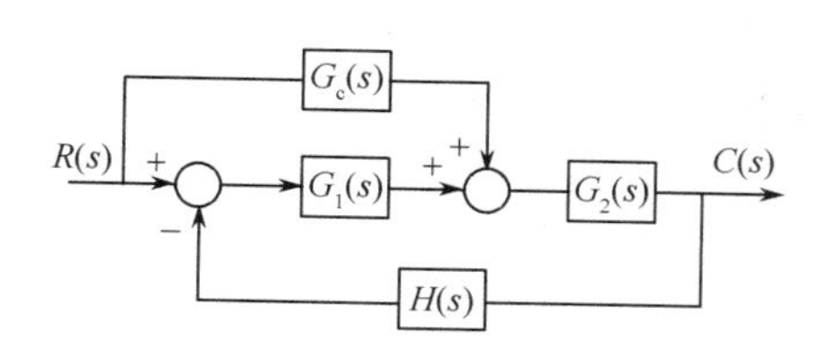


图 6-3　前置校正

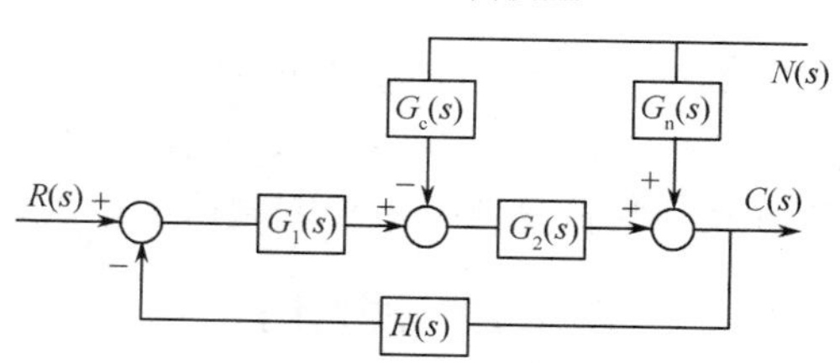


图 6-4　扰动补偿

根据校正装置的特性，校正装置可分为超前校正装置、滞后校正装置和滞后-超前校正装置。

（1）超前校正装置

校正装置输出信号在相位上超前其输入信号，即校正装置具有正的相位特性，这种校正装置称为超前校正装置，对系统的校正称为超前校正。

（2）滞后校正装置

校正装置输出信号在相位上滞后其输入信号，即校正装置具有负的相位特性，这种校正装置称为滞后校正装置，对系统的校正称为滞后校正。

（3）滞后-超前校正装置

若校正装置在某一频率范围内具有负的相位特性，而在另一频率范围内却具有正的相位特性，这种校正装置称为滞后-超前校正装置，对系统的校正称为滞后-超前校正。

实际中究竟选择何种校正装置和校正方式，主要取决于系统结构的特点、采用的元件、信号的性质、性能指标等要求。一般来说，串联校正比反馈校正简单，且易实现。串联校正装置通常设置于前向通道中能量较低的部位上，且采用有源校正网络来实现。反馈校正的信号是从高功率点传向低功率点，故通常不采用有源元件；另外，反馈校正还可以消除系统中原有部分参数或非线性因素对系统性能的不良影响。前馈校正或扰动补偿常作为反馈控制系统的附加校正而组成复合控制系统，对既要求稳态误差小，同时又要求动态特性好的系统尤为适用。

## 6.2　线性系统的基本控制规律

线性系统可以用微分方程来描述其运动特性，而系统中增加了校正装置后，就相当于改变了描述系统运动过程的微分方程。例如，采用一个可调增益的放大器（称为比例控制器）作为校正装置时，改变比例控制器的增益，就能改变系统微分方程的系数，于是系统的零、极点随之相应变化，从而达到改善系统性能的目的。这就是控制系统校正的实质所在。

校正装置中最常用的是PID控制规律。PID控制是比例-积分-微分控制的简称。在工业生产控制的发展历程中，PID控制是历史最久、生命力最强的基本控制方式。在科学技术特别是电子计算机迅速发展的今天，涌现出许多新的控制方法，但PID由于它自身的优点，仍然是得到最广泛应用的基本控制规律。PID控制具有以下优点：

（1）原理简单，使用方便；

（2）适应性强，可广泛应用于各种工业生产过程，按PID控制规律进行工作的控制器早已商品化，即使目前最新式的过程控制计算机，其基本控制功能也仍然是 PID 控制；

(3) 鲁棒性强，即其控制品质对被控制对象特性的变化不太敏感。

在控制系统的设计与校正中，PID 控制规律的优越性是明显的，其基本原理却比较简单。基本 PID 控制规律可描述为

$$G_c(s) = K_P + \frac{K_I}{s} + K_D s \tag{6-8}$$

式中，$K_P$ 为比例系数；$K_I$ 为积分系数；$K_D$ 为微分系数。设计者的问题是如何恰当地组合这些元件或环节，确定连接方式及它们的参数，以便使系统全面满足所要求的性能指标。

下面着重讨论这些基本控制规律的作用。

### 6.2.1 比例(P)控制作用

比例控制器的传递函数为

$$G_c(s) = K_P \tag{6-9}$$

式中，$K_P$ 为比例系数或增益(视情况可设置为正或负)。

比例控制器作用于系统，结构如图 6-5 所示。系统的特征方程为

$$D(s) = 1 + K_P G_0(s) H(s) = 0$$

改变控制器的比例系数 $K_P$，可使闭环极点的分布随之相应地变化，从而达到改变系统性能的目的。如图 6-6 所示为比例控制作用下系统的频率特性曲线。

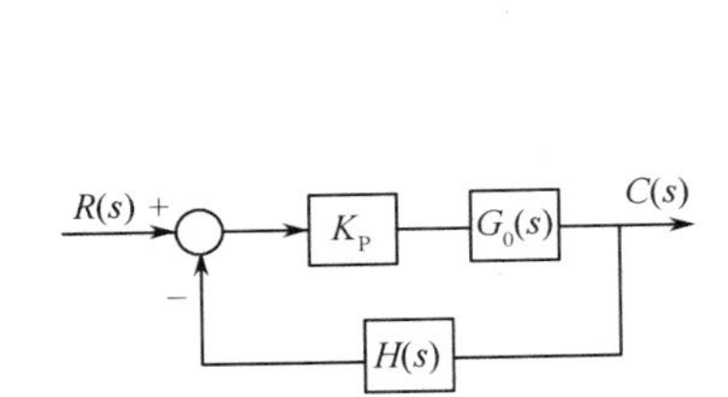

图 6-5 具有比例控制器的系统

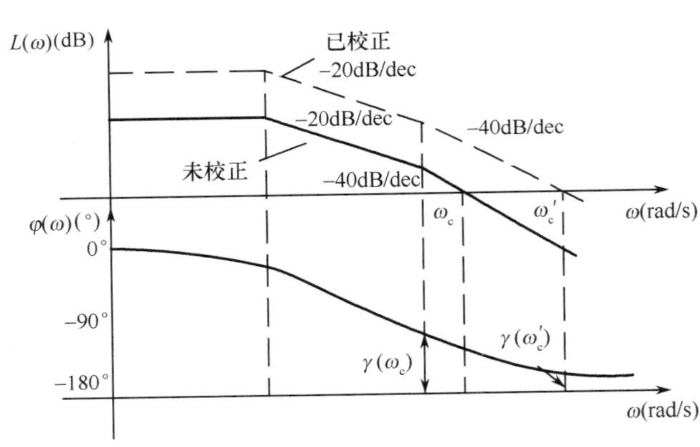

图 6-6 比例控制作用下系统的频率特性

开环增益 $K_P$ 增大，可以减小系统的稳态误差，提高系统的控制精度；同时，系统的幅值穿越频率 $\omega'_c$ 增大，系统的过渡过程时间缩短，系统的快速性提高；但是，系统的相角裕量 $\gamma'$ 减小，系统稳定性变差。

比例控制对改变闭环系统零、极点分布的作用是很有限的，因为这种校正不具有削弱或抵消系统中不可变部分中不良零、极点的作用，也不具有向系统提供所需零、极点的能力。特别是，增大 $K_P$ 固然可以减小系统的稳态误差，提高控制精度，但同时将导致系统的相对稳定性降低，甚至造成系统不稳定。比例控制的显著特点是有差控制。

### 6.2.2 比例-微分(PD)控制作用

比例-微分控制器的传递函数为

$$G_c(s) = K_P + K_D s \tag{6-10}$$

式中，$K_D$ 称为微分系数或增益。

采用比例-微分(PD)校正二阶系统的结构框图如图 6-7 所示。控制器的输出信号

$$u(t)=K_P e(t)+K_D\frac{de(t)}{dt} \tag{6-11}$$

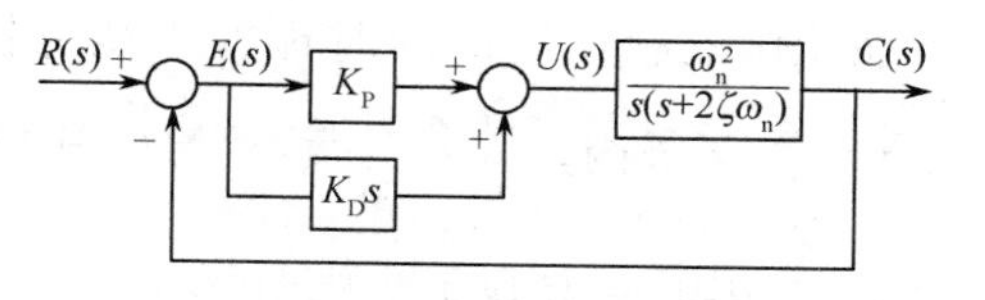


图 6-7　具有比例-微分控制器的系统

原系统的开环传递函数为

$$G_0(s)=\frac{\omega_n^2}{s(s+2\zeta\omega_n)} \tag{6-12}$$

串入 PD 控制器后，系统的开环传递函数为

$$G(s)=G_c(s)G_0(s)=\frac{\omega_n^2(K_P+K_D s)}{s(s+2\zeta\omega_n)} \tag{6-13}$$

上式表明，PD 控制相当于系统开环传递函数增加了一个位于负实轴上 $s=-K_P/K_D$ 的零点。需要指出的是，PD 控制与 P 控制相同，也是有差控制。

微分控制对系统的影响可通过系统单位阶跃响应的作用来说明。设系统仅有比例控制的单位阶跃响应如图 6-8(a) 所示，相应的误差信号 $e(t)$ 及误差对时间的导数$\frac{de(t)}{dt}$分别如图 6-8(b)，(c) 所示。从图 6-8(a) 可以看出，仅有比例控制时，系统阶跃响应有相当大的超调量和较强烈的振荡。

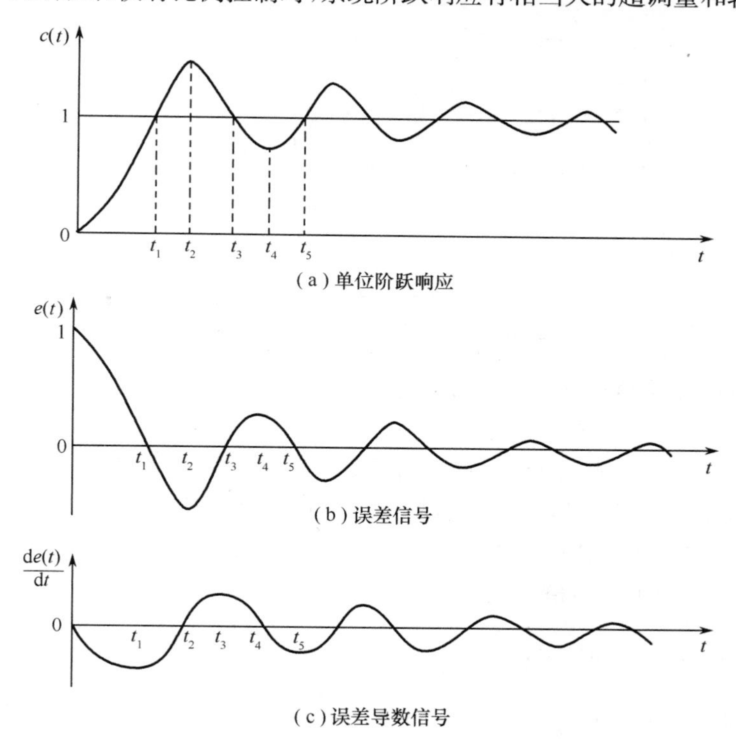


图 6-8　微分作用的波形图

进一步分析产生大超调的原因是：在 $0<t<t_1$ 区段内，正的误差信号 $e(t)$ 过大，而控制 $u(t)$ 正比于 $e(t)$，控制作用过强，使响应上升的速率过高，这就不可避免地出现大的超调；而在 $t_1<t<t_2$ 区段内，虽然误差为负，但由于上升速度过快，系统来不及修正，当 $e(t)$ 足够大时，超调达到最大；随后在 $t_2<t<t_3$ 区段，由于过大的超调引起较强的反向修正作用，结果使响应在趋向稳态的过程中又偏离了希望值，从而产生了振荡。

在比例控制作用的同时再加入微分控制作用(见图 6-7),系统的响应就大不相同了。在 $0<t<t_1$ 区段内,$\dfrac{\mathrm{d}e(t)}{\mathrm{d}t}$ 为负,这恰好减弱了 $e(t)$ 信号的作用,正是微分控制提前给出了负的修正信号,使得响应上升速度减小。在 $t_1<t<t_2$ 区段内,$e(t)$ 和$\dfrac{\mathrm{d}e(t)}{\mathrm{d}t}$ 均为负,恰好起到增大控制作用 $u(t)$ 的作用,使响应过大的超调得以抑制。由此可以看出,微分控制反映输入信号的变化率,能给出系统提前制动的信号,所以微分控制实质上是一种“预见”型控制,它的显著特点是具有超前作用。

比例-微分作用下系统的频率特性如图 6-9 所示。

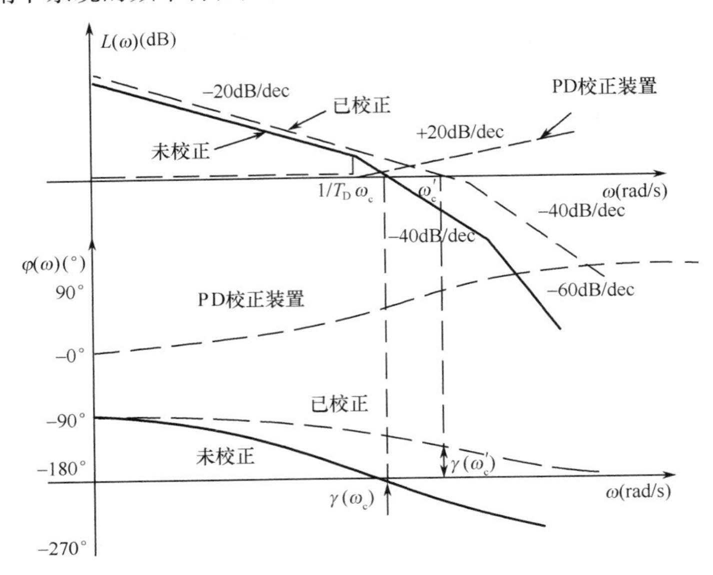


图 6-9 比例-微分作用下系统的频率特性

在比例-微分作用下,系统的幅值穿越频率 $\omega_c'$ 增大,系统的过渡过程时间缩短,系统的快速性提高;同时,系统的相角裕量 $\gamma'$ 增大,系统稳定性提高;但是,高频段增益上升,可能降低系统的抗干扰能力。

微分控制反映误差 $e(t)$ 的变化率,只有当误差随时间变化时,微分作用才会对系统起作用,而对无变化或缓慢变化的对象不起作用,因此,微分控制在任何情况下都不能单独地与被控对象串联使用,而只能构成 PD 或 PID 控制。

另外,微分控制有放大噪声信号的缺点。

### 6.2.3 积分(I) 控制作用

积分控制器的传递函数为

$$G_c(s)=\frac{K_I}{s} \tag{6-14}$$

式中,$K_I$ 称为积分系数或增益。

积分控制的输出反映的是输入信号的积分,当输入信号由非零变为零时,积分控制仍然有不为零的输出,即积分控制具有“记忆”功能。积分控制可以减小系统的稳态误差,提高系统控制精度。积分作用的显著特点是无差控制。但简单引入积分控制,可能造成系统结构不稳定。通常在引入积分控制的同时引入比例控制,构成 PI 控制器。PI 控制器的传递函数为

$$G_c(s) = K_P + \frac{K_I}{s} = \frac{K_P(s + K_I/K_P)}{s} \tag{6-15}$$

由此可以看到，PI 控制提供了一个位于坐标原点的极点和一个位于负实轴上的零点 $z = -K_I/K_P$。积分控制可将原系统的型号提高，从而使系统的稳态误差得到本质性的改善。而比例系数 $K_P$ 的选取不再简单依据系统稳态误差的要求，而是选取配合适当的 $K_P$ 和 $K_I$，使系统开环传递函数有一个要求的零点，从而得到满意的动态响应。

### 6.2.4 比例-积分-微分(PID)控制作用

PID 控制器是比例、积分、微分 3 种控制作用的叠加，又称为比例-积分-微分校正，其传递函数可表示为

$$G_c(s) = K_P + \frac{K_I}{s} + K_D s \tag{6-16}$$

PID 控制具有 3 种单独控制作用各自的优点，它除了可提供一个位于坐标原点的极点外，还提供两个零点，为全面提高系统动态性能和稳态性能提供了条件。

式(6-16)可改写为

$$G_c(s) = K_P\left(1 + \frac{1}{T_I s} + T_D s\right) \tag{6-17}$$

式中，$T_I = \frac{K_P}{K_I}$ 称为 PID 控制器的积分时间；$T_D = \frac{K_D}{K_P}$ 称为 PID 控制器的微分时间。

PID 控制器作用下，系统的频率特性如图 6-10 所示。

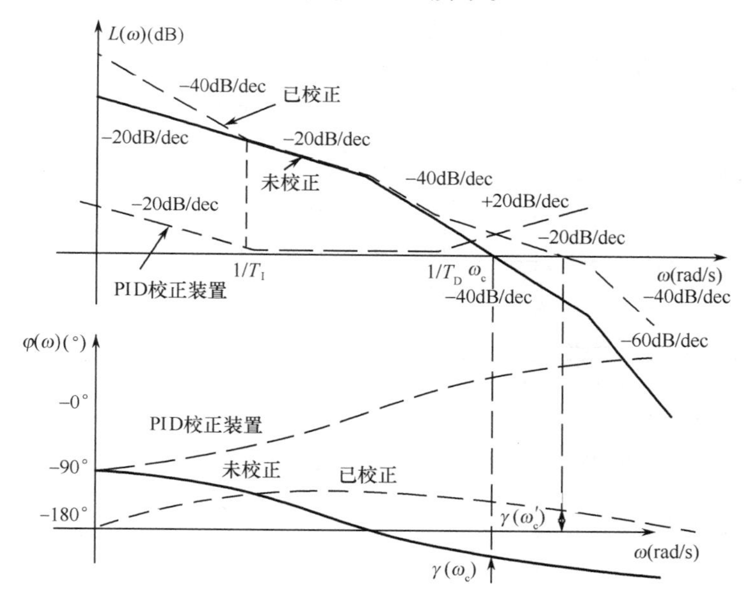


图 6-10　PID 控制作用下系统的频率特性

在低频段，PID 控制器通过积分控制作用，提高了系统的型号，改善了系统的稳态性能；中频段，PID 控制器通过微分控制作用，幅值穿越频率 $\omega_c'$ 增大，系统的过渡过程时间缩短，系统的快速性提高，系统的相角裕量 $\gamma'$ 增大，系统稳定性提高，全面有效地提高了系统的动态性能。

实际工业中，PID 控制器的传递函数为

$$G_c'(s) = K_P\left[1 + \frac{1}{T_I s} + \frac{T_D s}{1 + \frac{T_D}{K_D}s}\right] \tag{6-18}$$

其中，微分作用项多了一个惯性环节，这是因为采用实际元件很难实现理想微分环节。在控制系统中应用这种控制器时，只要 $K_P$、$T_I$ 和 $T_D$ 配合得当，就可以得到较好的控制效果。

关于 PID 控制的作用，下面通过例子来研究比例 $K_P$、微分 $T_D$ 和积分 $T_I$ 各个环节的作用。

**【例 6-1】** 对一个三阶对象模型

$$G_0(s)=\frac{1}{s^3+3s^2+4s+2}$$

采用比例控制，不同比例值 $K_p$ 下闭环系统的单位阶跃响应曲线如图 6-11 所示。

MATLAB 程序如下：

```
>> G = tf(1,[1 3 4 2]);
>> p = 0.1:0.5:3.5;
>> for i = 1:length(p)
     G = feedBack(p(i) * G,1);
     step(G),hold on
>> end
```

当 $K_p$ 值增大，系统的响应速度将加快，同时系统的平稳性将变差，系统的稳态误差减小，但当 $K_p$ 增大到一定值时，闭环系统将趋于不稳定。

采用比例积分 PI 控制，将 $K_p$ 值固定，不同积分时间常数 $T_i$ 下闭环系统的单位阶跃响应曲线如图 6-12 所示。

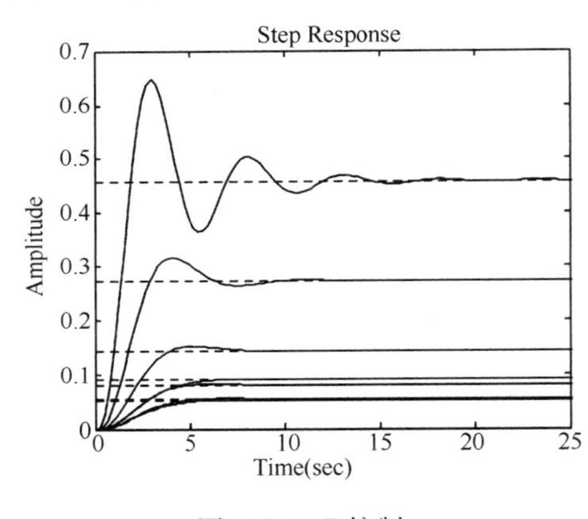


图 6-11 P 控制

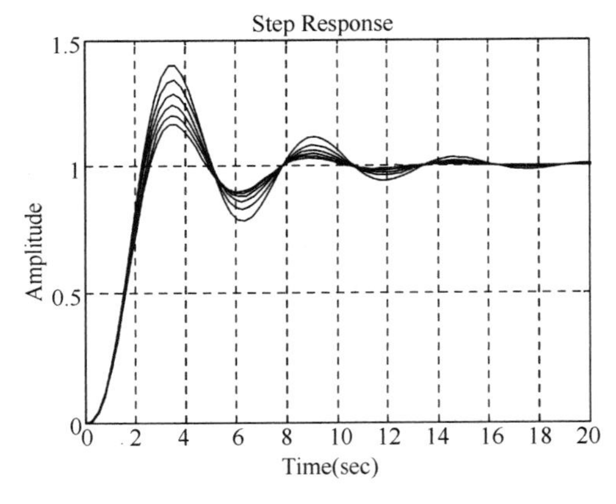


图 6-12 PI 控制

MATLAB 程序如下：

```
>> Kp = 2;Ti = 1:0.1:1.5;
>> G = tf(1,[1 3 4 2]);
>> for i = 1:length(Ti);
     Gc = tf(Kp * [1,1/Ti(i)],[1 0]);
     G1 = feedBack(G * Gc,1);
     step(G1),hold on
>> end
>> axis([0 20 0 1.5])
```

PI 控制可使稳定的闭环系统无稳态误差，但如果 $T_i$ 过小，则闭环系统将趋于不稳定；而当增大 $T_i$ 时，系统的平稳性将变好，但响应速度减慢。

采用比例积分微分 PID 控制，将 $K_p$，$T_i$ 值固定，研究不同微分时间常数 $T_d$ 下闭环系统的单位阶跃响应曲线如图 6-13 所示。

MATLAB 程序如下：

```
>> Kp = 2;Ti = 1;Td = 0.2:0.4:2;
>> G = tf(1,[1 3 4 2]);
>> for i = 1:length(Td);
    Gc = tf(Kp * [Td(i),1,1/Ti],[1 0]);
    G1 = feedBack(G * Gc,1);
    step(G1),hold on
>> end
```

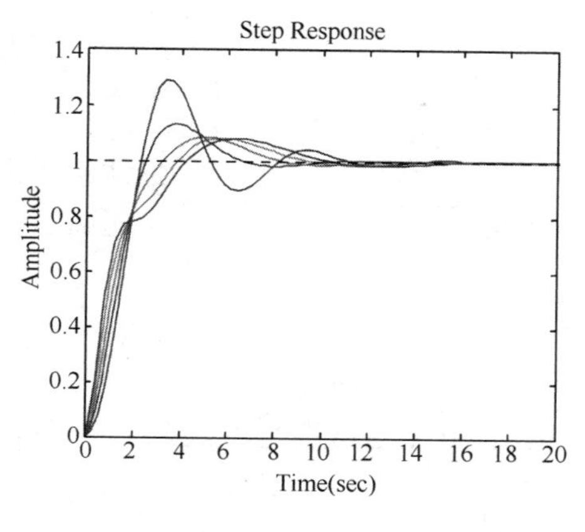


图 6-13　PID 控制

当 $T_d$ 值增大时，系统的响应速度将增加，同时系统的响应幅值也将增加。

## 6.3　校正装置及其特性

PID 控制在系统校正中的作用，从滤波器的角度来看，PD 控制器是一高通滤波器，属于超前校正装置；PI 控制器是一低通滤波器，属于滞后校正装置；而 PID 控制器是由其参数决定的带通滤波器。下面介绍常用的由无源网络构成的校正装置及其特性。

### 6.3.1　无源超前校正装置

如图 6-14 所示为 RC 网络构成的无源超前校正装置，该装置的传递函数为

$$G_c(s)=\frac{U_0(s)}{U_i(s)}=\frac{R_2}{R_1+R_2}\frac{R_1Cs+1}{\frac{R_2}{R_1+R_2}R_1Cs+1}$$

令 $\alpha=\frac{R_2}{R_1+R_2}(\alpha<1)$，$\tau=R_1C$，则

$$G_c(s)=\alpha\frac{\tau s+1}{\alpha\tau s+1} \tag{6-19}$$

超前校正装置的零点 $z_c=-\frac{1}{\tau}$，极点 $p_c=-\frac{1}{\alpha\tau}$，均位于负实轴上，如图 6-15 所示。其中，零点总位于极点的右边，零、极点之间的距离由 $\alpha$ 值确定。

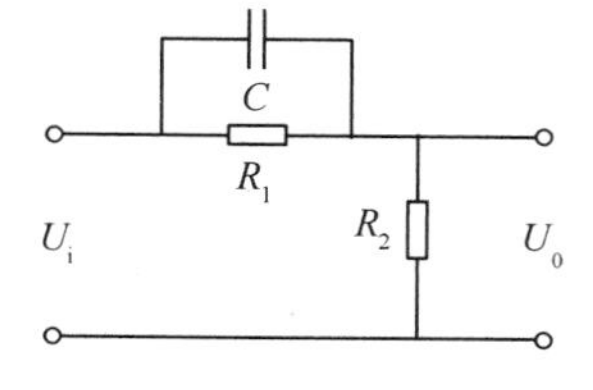


图 6-14　RC 超前网络

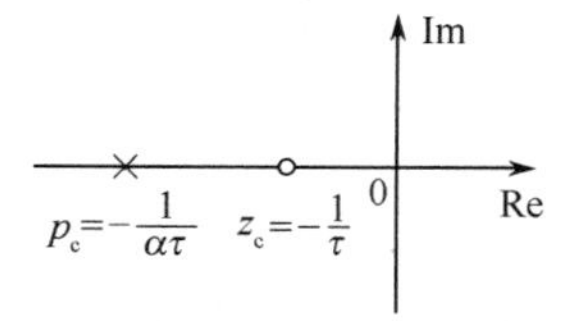


图 6-15　超前校正装置的零、极点分布

另外，从校正装置的表达式(6-19) 来看，采用无源相位超前校正装置时，系统的开环增益要下降 $\alpha$。为了补偿超前网络带来的幅值衰减，通常在采用无源 RC 超前校正装置的同时串入一个放大倍数 $K_c=1/\alpha$ 的放大器。超前校正网络加放大器后，校正装置的传递函数为

$$G_c'(s)=\frac{\tau s+1}{\alpha\tau s+1} \tag{6-20}$$

其频率特性为

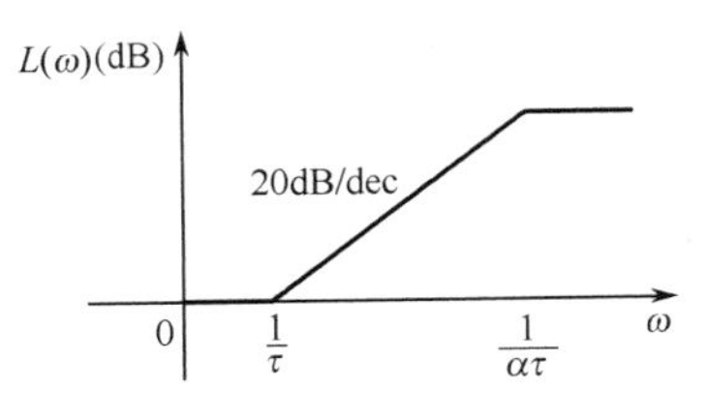


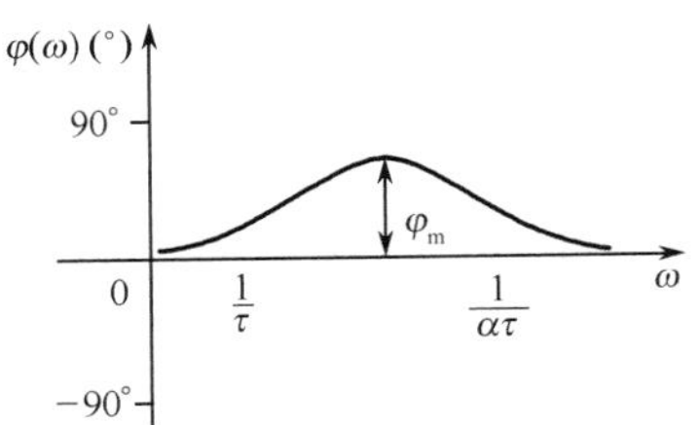


图 6-16　超前校正网络的频率特性曲线

$$G'_c(j\omega)=\frac{j\omega\tau+1}{j\alpha\omega\tau+1} \tag{6-21}$$

作出超前校正网络的频率特性曲线，如图 6-16 所示，相频特性具有正相角，即网络的稳态输出在相位上超前于输入，故称为超前校正网络。超前网络产生的超前相角为

$$\varphi_c(\omega)=\arctan\omega\tau-\arctan\alpha\omega\tau \tag{6-22}$$

其最大超前相角为

$$\varphi_m=\arcsin\frac{1-\alpha}{1+\alpha} \tag{6-23}$$

且最大超前相角位于特性曲线在两个转折频率的几何中心上，对应的频率为

$$\omega_m=\frac{1}{\sqrt{\alpha}\tau} \tag{6-24}$$

式(6-23) 又可写成如下形式

$$\alpha=\frac{1-\sin\varphi_m}{1+\sin\varphi_m} \tag{6-25}$$

最大超前相角 $\varphi_m$ 仅与 $\alpha$ 值有关，$\alpha$ 越小，输出信号的相位超前越大。另外，$\alpha$ 的选择要考虑系统的高频噪声，为了保持系统具有较高的信噪比，实际中选用的 $\alpha$ 应不小于 0.07。

从图 6-16 可知：当 $\omega\to 0$ 时，$L_c(\omega)\to 0$；当 $\omega\to\infty$ 时，$L_c(\omega)\to -20\lg\alpha$；而当 $\omega=\omega_m=\frac{1}{\sqrt{\alpha}\tau}$ 时，$L_c(\omega)=20\lg|G_c(j\omega_m)|=-10\lg\alpha$。超前校正装置是一个高通滤波器。

## 6.3.2　无源滞后校正装置

如图 6-17 所示为 RC 网络构成的滞后校正装置，其传递函数为

$$G_c(s)=\frac{U_0(s)}{U_i(s)}=\frac{R_2Cs+1}{\frac{R_1+R_2}{R_2}R_2Cs+1}$$

令 $\beta=\frac{R_1+R_2}{R_2}(\beta>1)$，$\tau=R_2C$，则

$$G_c(s)=\frac{\tau s+1}{\beta\tau s+1} \tag{6-26}$$

滞后网络的零点 $z_c=-\frac{1}{\tau}$，极点 $p_c=-\frac{1}{\beta\tau}$，滞后校正网络的零、极点分布如图 6-18 所示，极点 $p_c$ 总是位于零点 $z_c$ 的右边，具体位置与 $\beta$ 有关。

滞后网络的频率特性为

$$G_c(j\omega)=\frac{j\omega\tau+1}{j\beta\omega\tau+1} \tag{6-27}$$

其对数频率特性曲线如图 6-19 所示，相频特性具有负相角，这表明，网络在正弦信号作用下的稳态输出在相位上滞后于输入，故称为滞后校正网络。

与超前校正网络一样，可得滞后校正网络的最大滞后相角 $\varphi_m$ 及对应频率 $\omega_m$ 为

$$\omega_m=\frac{1}{\sqrt{\beta}\tau}$$

$$\varphi_m=-\arcsin\frac{\beta-1}{\beta+1} \tag{6-28}$$

从对数频率特性看，滞后校正装置是一个低通滤波器，且 $\beta$ 值越大，抑制高频噪声的能力越强。滞后校正装置主要是利用其高频衰减特性，以降低系统的开环截止频率，提高系统的稳定性。

对于高精度、快速性要求不高的系统，常采用滞后校正，如恒温控制等。

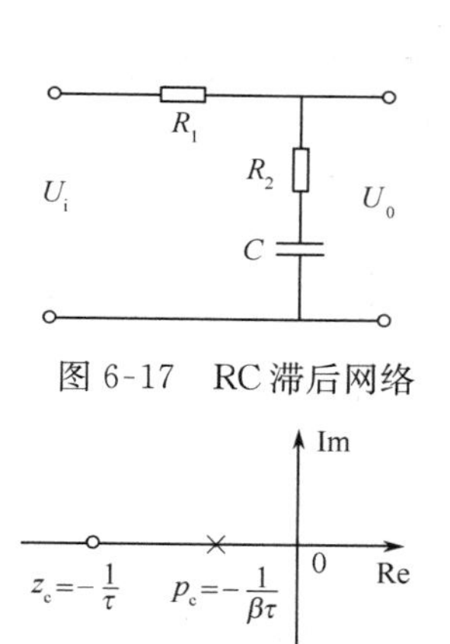


图 6-17　RC 滞后网络

图 6-18　滞后校正网络的零、极点分布

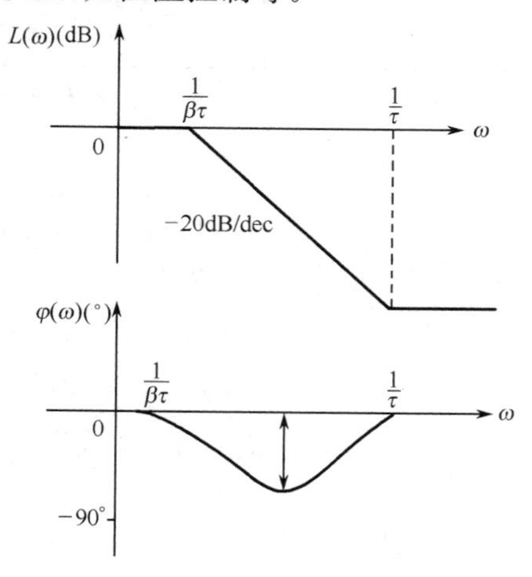


图 6-19　滞后校正网络的对数频率特性曲线

### 6.3.3　无源滞后-超前校正装置

如图 6-20 所示为 RC 构成的无源滞后-超前校正网络。其传递函数为

$$G_c(s)=\frac{U_0(s)}{U_i(s)}=\frac{(R_1C_1s+1)(R_2C_2s+1)}{(R_1C_1s+1)(R_2C_2s+1)+R_1C_2s} \tag{6-29}$$

令 $R_1C_1=\tau_1$，$R_2C_2=\tau_2$，且设分母多项式分解为两个一次式，时间常数取为 $T_1$，$T_2$，则式(6-29) 可写成

$$G_c(s)=\frac{(\tau_1s+1)(\tau_2s+1)}{(T_1s+1)(T_2s+1)} \tag{6-30}$$

式中，$\tau_1\tau_2=T_1T_2$，假设 $T_1>\tau_1>\tau_2>T_2$，那么，式(6-30) 中前一部分为滞后校正，后一部分为超前校正，其零、极点分布如图 6-21 所示。

频率特性为

$$G_c(j\omega)=\frac{(j\omega\tau_1+1)(j\omega\tau_2+1)}{(j\omega T_1+1)(j\omega T_2+1)} \tag{6-31}$$

其对数频率特性曲线如图 6-22 所示。可以看出，曲线低频段具有负相角，起滞后校正作用；高频段具有正相角，起超前校正作用。故称滞后-超前校正网络。

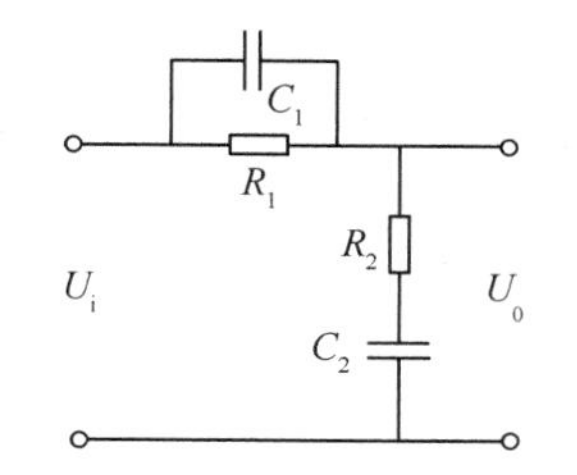


图 6-20　RC 滞后-超前校正网络

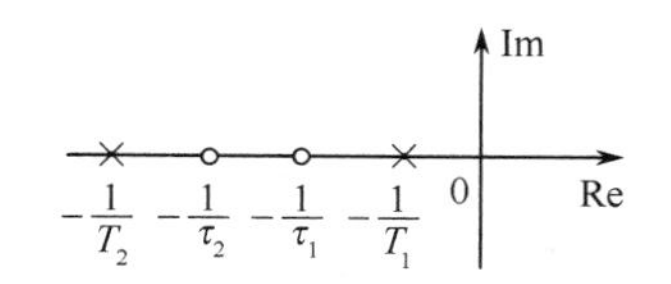


图 6-21　滞后-超前校正网络的零、极点分布

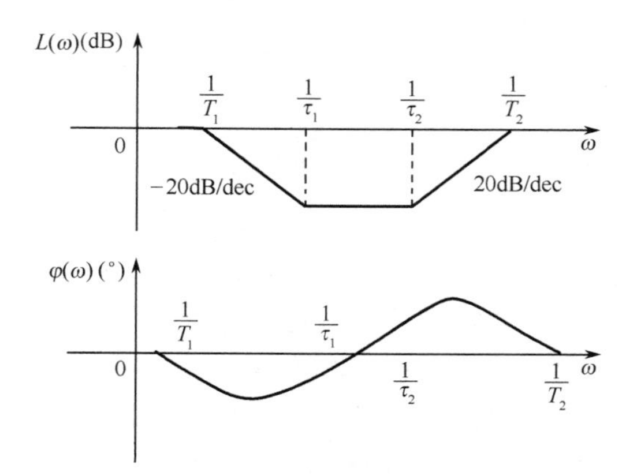


图 6-22　滞后-超前校正网络的对数频率特性曲线

表 6-1 列出一些常用的无源或有源校正网络及其特性。

**表 6-1　常用校正网络及特性**

| 电路图 | 传递函数 | 对数幅频特性 |
|---|---|---|
| 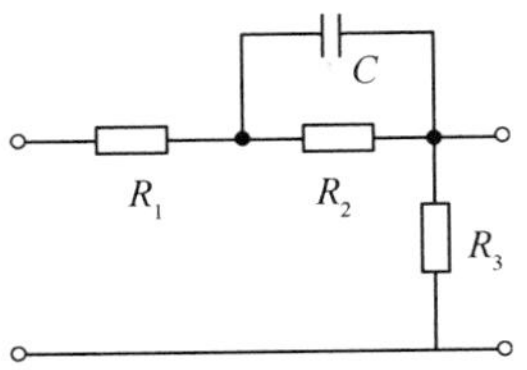 $R_1$, $R_2$, $C$, $R_3$ | $G(s)=K\dfrac{T_1s+1}{T_2s+1}$<br>$K=R_3/(R_1+R_2+R_3)$<br>$T_1=R_2C$<br>$T_2=\dfrac{(R_1+R_3)R_2}{(R_1+R_2+R_3)}C$ | 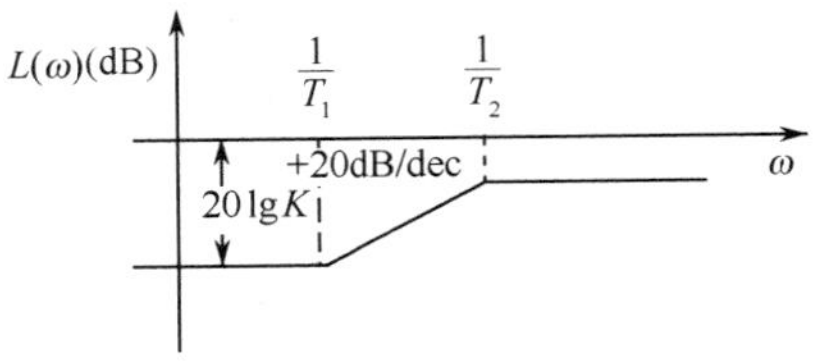 $L(\omega)$(dB), $\frac{1}{T_1}$, $\frac{1}{T_2}$, +20dB/dec, $20\lg K$, $\omega$ |
| 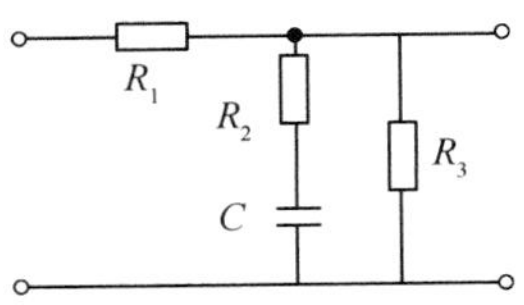 $R_1$, $R_2$, $C$, $R_3$ | $G(s)=K\dfrac{T_1s+1}{T_2s+1}$<br>$K=R_3/(R_1+R_3)$<br>$T_1=R_2C$<br>$T_2=\left(R_2+\dfrac{R_1R_3}{R_1+R_3}\right)C$ | 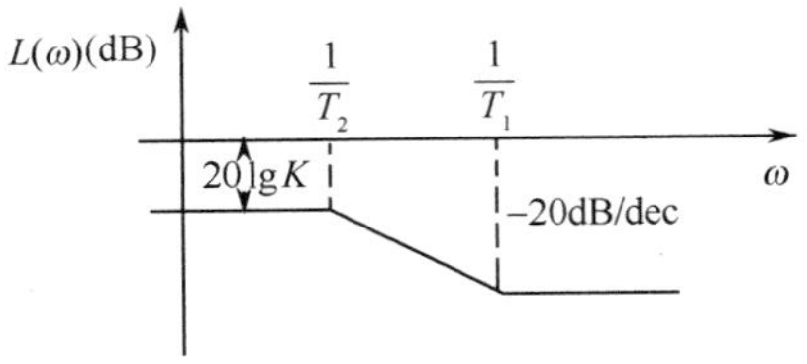 $L(\omega)$(dB), $\frac{1}{T_2}$, $\frac{1}{T_1}$, $20\lg K$, −20dB/dec, $\omega$ |
| 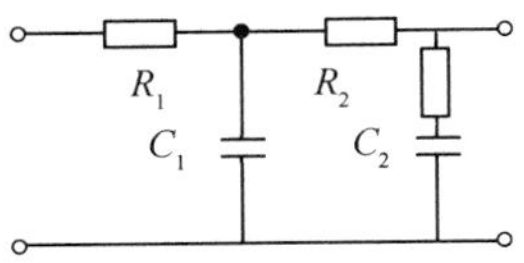 $R_1$, $C_1$, $R_2$, $C_2$ | $G(s)=\dfrac{1}{T_1T_2s^2+(T_1+T_2+T_3)s+1}$<br>$=\dfrac{1}{T^2s^2+2\zeta Ts+1}$<br>$T_1=R_1C_1$<br>$T_2=R_2C_2$<br>$T_3=R_1C_2$<br>$T=\sqrt{T_1T_2}, \zeta=\dfrac{T_1+T_2+T_3}{2\sqrt{T_1T_2}}$ | 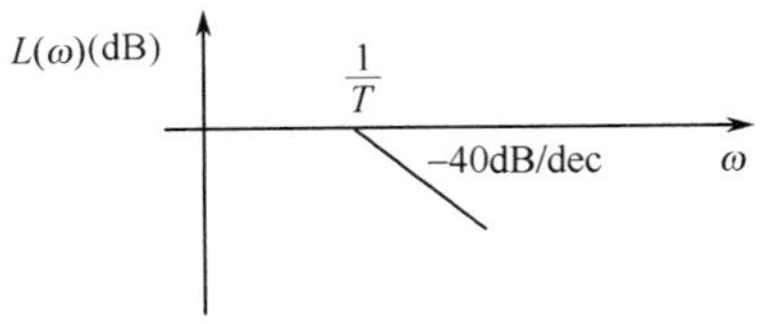 $L(\omega)$(dB), $\frac{1}{T}$, −40dB/dec, $\omega$ |
| 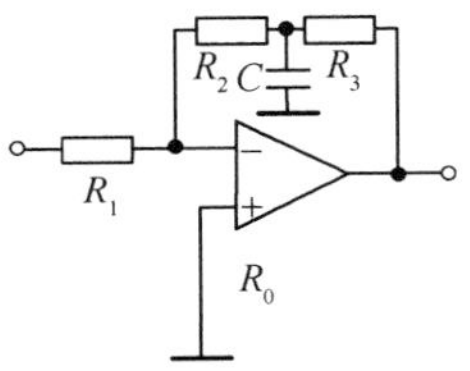 $R_2$, $C$, $R_3$, $R_1$, $R_0$ | $G(s)=K(1+\tau s)$<br>$K=(R_2+R_3)/R_1$<br>$\tau=\dfrac{R_2R_3}{R_2+R_3}C$ | 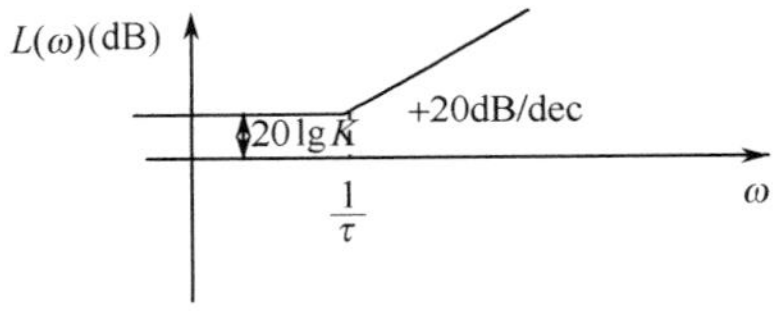 $L(\omega)$(dB), $20\lg K$, +20dB/dec, $\frac{1}{\tau}$, $\omega$ |
| 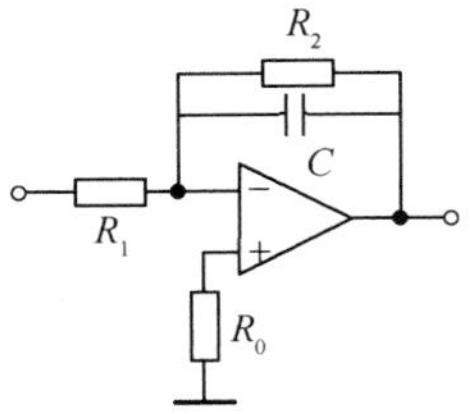 $R_2$, $C$, $R_1$, $R_0$ | $G(s)=\dfrac{K}{Ts+1}$<br>$K=R_2/R_1$<br>$T=R_2C$ | 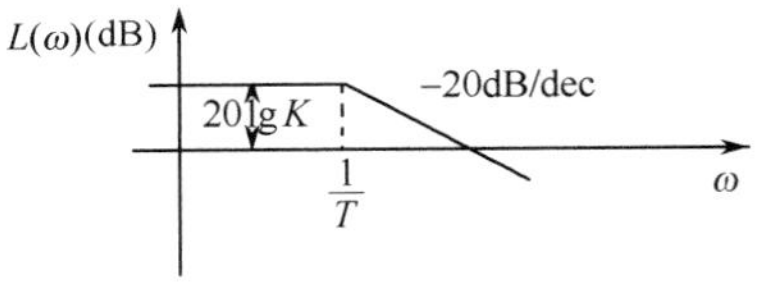 $L(\omega)$(dB), $20\lg K$, −20dB/dec, $\frac{1}{T}$, $\omega$ |
| 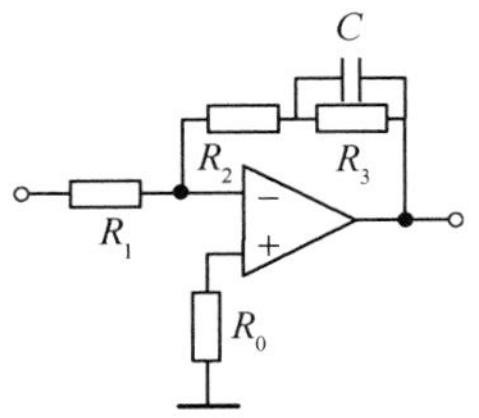 $C$, $R_2$, $R_3$, $R_1$, $R_0$ | $G(s)=K\dfrac{T_1s+1}{T_2s+1}$<br>$K=\dfrac{R_2+R_3}{R_1}$<br>$T_1=\dfrac{R_2R_3}{R_2+R_3}C_1$<br>$T_2=R_3C$ | 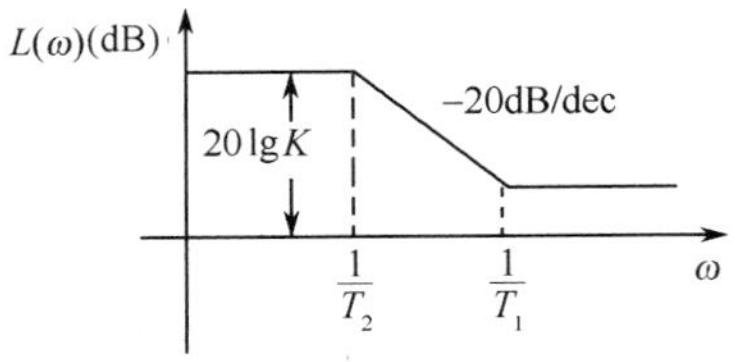 $L(\omega)$(dB), $20\lg K$, −20dB/dec, $\frac{1}{T_2}$, $\frac{1}{T_1}$, $\omega$ |

## 6.4 频率法进行串联校正

当系统的性能指标是以时域指标提出时,例如,超调量 $M_p$、上升时间 $t_r$、调整时间 $t_s$、阻尼比 $\zeta$ 及无阻尼自然振荡频率 $\omega_n$、稳态误差 $e_{ss}$ 等时域指标,采用根轨迹法进行设计和校正是很有效的。利用根轨迹法进行校正,其实质就是使系统闭环极点位于根平面上希望的位置,使系统满足所提出的性能指标 $\zeta$ 和 $\omega_n$ 的要求。

在设计、分析控制系统时,最常用的方法是频率法。应用频率法对系统进行校正,其目的是改变频率特性的形状,使校正后的系统频率特性具有要求的低频、中频和高频特性及足够的稳定裕量,从而满足系统所要求的性能指标。

频率法设计校正装置主要通过对数频率特性(Bode 图)来进行。开环对数频率特性的低频段决定系统的稳态误差,根据稳态性能指标确定低频段的斜率和高度。为保证系统具有足够的稳定裕量,开环对数频率特性在剪切频率 $\omega_c$ 附近的斜率应为 $-20$dB/dec,而且应具有足够的中频宽度,或在 $\omega_c$ 附近的斜率为 $-40$dB/dec,且中频段宽度较窄。为抑制高频干扰的影响,高频段应尽可能迅速衰减。

用频率法进行校正时,动态性能指标以相角裕量、幅值裕量和开环剪切频率等形式给出。若给出时域性能指标,则应换算成开环频域指标。

频率法进行串联校正设计时,常采用分析法和综合法。

分析法又称试探法,该方法首先分析原系统的动态和静态特性,同时考虑系统性能指标要求,选择校正装置形式,然后确定校正装置参数,最后校验校正后系统的性能指标,如果满足要求,设计完成,否则,重新选择参数,若仍不满足要求,考虑重新选择校正装置的形式。分析法比较直观,物理上易于实现,但要求设计者有一定的工程设计经验,设计过程有试探性。

综合法又称期望特性法,它根据系统性能指标的要求,确定系统期望的对数幅频特性,再和原系统特性相比较,确定校正方式、校正装置的形式和参数。该方法只适用于最小相位系统。

### 6.4.1 频率法的串联超前校正

串联超前校正利用超前校正网络的正相角来增加系统的相角裕量,以改善系统的动态特性。因此,校正时应使校正装置的最大超前相角出现在系统的开环剪切频率处。

应用频率法进行串联超前校正的步骤是:

(1) 根据所要求的稳态性能指标,确定系统满足稳态性能要求的开环增益 $K$。

(2) 绘制满足由步骤(1)确定的 $K$ 值下的系统 Bode 图,并求出系统的相角裕量 $\gamma_0$。

(3) 确定为使相角裕量达到要求值,所需增加的超前相角 $\varphi_c$,即

$$\varphi_c = \gamma - \gamma_0 + \varepsilon \tag{6-32}$$

式中,$\gamma$ 为要求的相角裕量;$\varepsilon$ 是因为考虑到校正装置影响剪切频率的位置而附加的相角裕量:当未校正系统中频段的斜率为 $-40$dB/dec 时,取 $\varepsilon = 5° \sim 15°$;当未校正系统中频段斜率为 $-60$dB/dec 时,取 $\varepsilon = 10° \sim 20°$。

(4) 令超前校正网络的最大超前相角 $\varphi_m = \varphi_c$,则由下式求出校正装置的参数 $\alpha$

$$\alpha = \frac{1-\sin\varphi_m}{1+\sin\varphi_m} \tag{6-33}$$

(5) 在 Bode 图上确定未校正系统幅值为 $20\lg\sqrt{\alpha}$ 时的频率 $\omega_m$,该频率作为校正后系统的开环剪切频率 $\omega_c$,即 $\omega_c = \omega_m$。

(6) 由 $\omega_m$ 确定校正装置的转折频率

$$\omega_1 = \frac{1}{\tau} = \omega_m \sqrt{\alpha} \tag{6-34}$$

$$\omega_2 = \frac{1}{\alpha\tau} = \frac{\omega_m}{\sqrt{\alpha}} \tag{6-35}$$

超前校正装置的传递函数为

$$G_c(s) = \alpha \frac{\tau s + 1}{\alpha\tau s + 1} \tag{6-36}$$

(7) 将系统放大倍数增大 $1/\alpha$ 倍,以补偿超前校正装置引起的幅值衰减,即 $K_c = 1/\alpha$。

(8) 画出校正后系统的 Bode 图,校正后系统的开环传递函数为

$$G(s) = G_0(s)G_c(s)K_c$$

(9) 检验系统的性能指标,若不满足要求,可增大 $\varepsilon$ 值,从第(3) 步起重新计算。

**【例 6-2】** 设单位反馈系统的开环传递函数为

$$G_0(s) = \frac{K}{s(0.1s+1)}$$

要求系统的静态速度误差系数 $K_v = 100\text{s}^{-1}$,相角裕量 $\gamma \geqslant 55°$,幅值裕量 $K_g \geqslant 10\text{dB}$,试确定串联校正装置。

**【解】** 由 $K_v = 100\text{s}^{-1}$ 可确定出 $K = 100$,作出 $K = 100$ 时未校正系统的 Bode 图,如图 6-23 中的 $L_0(\omega)$ 和 $\varphi_0(\omega)$。

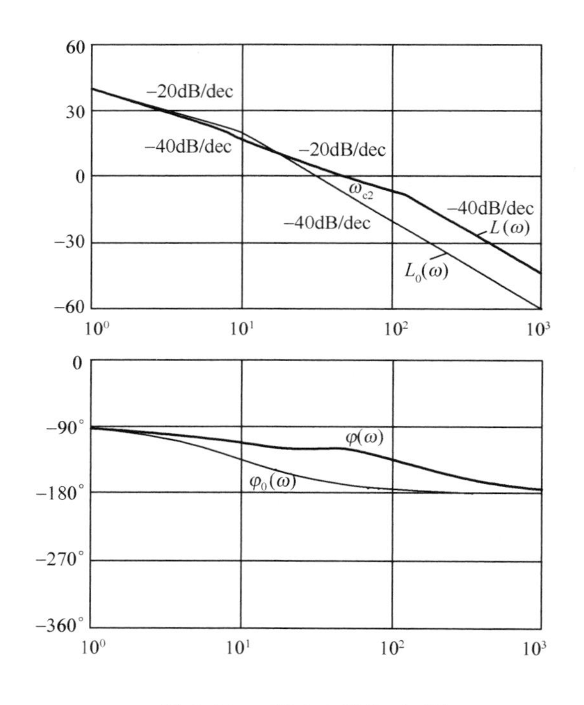


图 6-23　例 6-2 的 Bode 图

求取未校正系统的剪切频率 $\omega_{c1} = 31.6\text{rad/s}$,相应的相角裕量为 $\gamma_0 = 180° - 90° - \arctan 0.1\omega_{c1} = 17.5°$,幅值裕量 $K_g = \infty\text{dB}$。这说明系统的相角裕量远远小于要求值,系统的动态响应会有严重的振荡,为达到所要求的性能指标,设计采用串联超前校正。

校正后在系统剪切频率处的超前相角为

$$\varphi_c = \gamma - \gamma_0 + \varepsilon = 55° - 17.5° + 7.5° = 45° = \varphi_m$$

因此

$$\alpha = \frac{1 - \sin\varphi_m}{1 + \sin\varphi_m} = 0.167$$

校正后系统剪切频率 $\omega_{c2} = \omega_m$ 处，校正网络的对数幅值 $-20\lg\sqrt{\alpha} = 7.78\text{dB}$，可计算出未校正系统对数幅值为 $-7.78\text{dB}$ 处的频率，即可作为校正后系统的剪切频率 $\omega_{c2}$

$$-7.78 - 20 = -40\lg\frac{\omega_{c2}}{10}$$

$$\omega_{c2} = 50\text{rad/s} = \omega_m$$

校正网络的两个转折频率

$$\omega_1 = \frac{1}{\tau} = \omega_m\sqrt{\alpha} = 20.4\text{rad/s}$$

$$\omega_2 = \frac{1}{\alpha\tau} = \frac{\omega_m}{\sqrt{\alpha}} = 122.4\text{rad/s}$$

为补偿超前校正网络造成的幅值衰减，附加一个放大器 $K_c = 1/\alpha = 6$，校正后系统的开环传递函数

$$G(s) = G_0(s)G_c(s)K_c = \frac{100(0.049s + 1)}{s(0.1s + 1)(0.008s + 1)}$$

作出校正后系统的 Bode 图，如图 6-23 中的 $L(\omega)$ 和 $\varphi(\omega)$。

校正后系统的相角裕量

$$\gamma = 180° - 90° + \arctan 0.049\omega_{c2} - \arctan 0.1\omega_{c2} - \arctan 0.008\omega_{c2} = 56.9°$$

幅值裕量 $K_g = \infty\text{dB}$，满足要求的性能指标。

从本例可以看出，串联超前校正装置使得系统的相角裕量增大，从而降低了系统响应的超调量；增加了系统的频带宽度，使系统的响应速度加快。但是必须指出，在有些情况下，串联超前校正的应用受到限制。例如，当未校正系统的相角裕量和要求的相角裕量相差很大时，超前校正网络的参数 $\alpha$ 值将会过小，而使系统的带宽过大，不利于抑制高频噪声。另外，未校正系统的相角在所需剪切频率附近急剧向负值增大时，采用串联超前校正往往效果不佳，此时应考虑其他类型的校正装置。

### 6.4.2 频率法的串联滞后校正

当一个系统的动态响应是满足要求的，为改善稳态性能，而又不影响其动态响应时，可采用串联滞后校正装置。具体方法是增加一对相互靠得很近并且靠近坐标原点的开环零、极点，使系统的开环放大倍数提高 $\beta$ 倍，而不影响对数频率特性的中、高频段特性。

串联滞后校正装置还可利用其低通滤波特性，将系统高频部分的幅值衰减，降低系统的剪切频率，提高系统的相角裕量，以改善系统的稳定性和其他动态性能，但应同时保持未校正系统在要求的开环剪切频率附近的相频特性曲线基本不变。

用频率法设计串联滞后校正装置的步骤为：

(1) 根据要求的稳态性能确定系统的开环增益 $K$。

(2) 根据已确定的 $K$ 值，绘制未校正系统的 Bode 图，并求出相角裕量 $\gamma_0$、幅值裕量 $K_g$。

(3) 在 Bode 图上求出未校正系统相角裕量 $\gamma = \gamma_{期望值} + \varepsilon$ 处的频率 $\omega_{c2}$，$\omega_{c2}$ 作为校正后系统的剪切频率，$\varepsilon$ 用来补偿滞后校正网络 $\omega_{c2}$ 处的相角滞后，通常取 $\varepsilon = 5° \sim 15°$。

(4) 令未校正系统在 $\omega_{c2}$ 处的幅值为 $20\lg\beta$，由此确定滞后网络的 $\beta$ 值。

（5）为保证滞后校正网络对系统在 $\omega_{c2}$ 处的相频特性基本不受影响，按下式确定滞后校正网络的第二个转折频率为

$$\omega_2=\frac{1}{\tau}=\frac{\omega_{c2}}{2}\sim\frac{\omega_{c2}}{10} \tag{6-37}$$

（6）校正装置的传递函数为

$$G_c(s)=\frac{\tau s+1}{\beta\tau s+1}$$

（7）画出校正后系统的 Bode 图，并校验性能指标。若不满足要求，可改变 $\varepsilon$ 或 $\tau$ 值重新设计。

**【例 6-3】** 设单位反馈系统的开环传递函数为

$$G_0(s)=\frac{K}{s(0.04s+1)}$$

试设计串联校正装置，使系统满足下列指标：$K\geqslant100,\gamma\geqslant45°$。

**【解】** 当 $K=100$ 时绘出未校正系统的 Bode 图，如图 6-24 所示的 $L_0(\omega)$ 和 $\varphi_0(\omega)$。

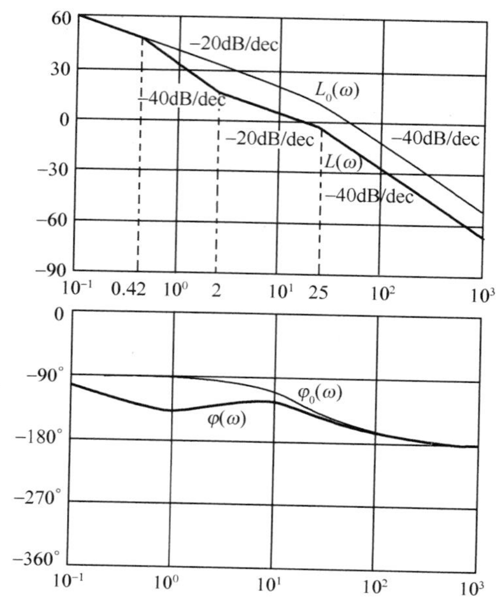


图 6-24　例 6-3 的 Bode 图

计算未校正系统的剪切频率 $\omega_{c1}=50\text{rad/s}$，系统的相角裕量为

$$\gamma_0=180°-90°-\arctan0.04\omega_{c1}=26.6°$$

幅值裕量

$$K_g=\infty\text{dB}$$

未校正系统中对应相角裕量为 $\gamma=\gamma_{期望值}+\varepsilon=45°+5°=50°$ 时的频率 $\omega_{c2}=20.9\text{rad/s}$，此频率作为校正后系统的开环剪切频率。

当 $\omega=\omega_{c2}=20.9\text{rad/s}$ 时，令未校正系统的开环对数幅值为 $20\lg\beta$，从而可求出校正装置的参数 $\beta$，即

$$L_0(\omega_{c2})=40-20\lg\omega_{c2}=14\text{dB}$$

$$20\lg\beta=14$$

得

$$\beta=5$$

选取

$$\omega_2=\frac{1}{\tau}=\frac{\omega_{c2}}{10}=2.1\text{rad/s}$$

$$\omega_1=\frac{1}{\beta\tau}=0.42\text{rad/s}$$

滞后校正装置的传递函数为

$$G_c(s)=\frac{0.48s+1}{2.4s+1}$$

校正后系统的开环传递函数为

$$G(s)=G_0(s)G_c(s)K_c=\frac{100(0.48s+1)}{s(0.04s+1)(2.4s+1)}$$

绘出校正后系统的 Bode 图，如图 6-24 中的 $L(\omega)$ 和 $\varphi(\omega)$。校验校正后系统的相角裕量为

$$\gamma=180°-90°+\arctan 0.48\omega_{c2}-\arctan 0.04\omega_{c2}-\arctan 2.4\omega_{c2}=45.6°$$

满足要求。

从本例可以看出，在保持稳态精度不变的前提下，滞后校正装置减小了未校正系统在开环剪切频率上的幅值，从而增大了系统的相角裕量，减小了动态响应的超调量。但应指出，由于剪切频率减小，系统的频带宽度降低，系统对输入信号的响应速度也降低了。

串联滞后校正和串联超前校正两种方法，均具有改善系统动态特性的能力，但二者有以下不同：

(1) 超前校正是利用超前校正装置的超前相角来改善系统的动态特性，而滞后校正是利用滞后校正装置的高频幅值衰减特性来改善系统的动态特性。

(2) 为了满足系统的稳态性能指标要求，当采用无源校正网络时，超前校正需要增加补偿增益，而滞后校正则不需要。

(3) 对于同一系统，采用超前校正系统的频带宽度大于采用滞后校正系统的带宽。从提高系统响应速度来看，希望系统频带越宽越好；但从系统抗干扰来看，频带越宽，系统的抗干扰能力越差。

(4) 串联滞后校正还可在保持动态特性不变的情况下，使系统的开环增益提高，从而改善系统的稳态指标。

### 6.4.3 频率法的串联滞后-超前校正

应用频率法设计滞后-超前校正装置，其中超前校正部分可以提高系统的相角裕量，同时使频带变宽，改善系统的动态特性；滞后校正部分则主要用来提高系统的稳态特性。

下面通过一个例子来说明滞后-超前校正的方法。

**【例 6-4】** 设单位反馈系统的开环传递函数

$$G_0(s)=\frac{K}{s(s+1)(0.5s+1)}$$

要求设计校正装置使系统满足：$K_v\geqslant 10s^{-1}$，$\gamma\geqslant 50°$，$K_g\geqslant 10dB$。

**【解】** 根据 $K_v\geqslant 10s^{-1}$ 的要求，确定开环放大倍数 $K=10$。

令 $K=10$ 作出未校正系统的 Bode 图，其渐近线如图 6-25 中 $L_0(\omega)$ 和 $\varphi_0(\omega)$ 所示。由图可求得未校正系统的相角裕量为 $-32°$，幅值裕量为 $-13dB$，故系统是不稳定的。若串入超前校正，虽然可以增大相角裕量，满足对 $\gamma$ 的要求，幅值裕量却无法同时满足。若串入滞后校正，利用它的高频幅值衰减使剪切频率前移，能够满足对 $K_g$ 的要求，但要同时满足 $\gamma$ 的要求，则很难实现，为此，采用滞后-超前校正。

首先确定校正后系统的剪切频率 $\omega_c$，一般可选未校正系统相频特性上相角为 $-180°$ 的频率作为校正后系统的剪切频率。从图 6-25 中可得 $\omega_c=1.5rad/s$。

确定超前校正部分的参数，由图可知，未校正系统在 $\omega=\omega_c=1.5rad/s$ 处，对数幅值为 $+13dB$，为使校正后系统剪切频率为 $1.5rad/s$，校正装置在 $\omega_c=1.5rad/s$ 处应产生 $-13dB$ 的增

益，在$\omega_c = 1.5\mathrm{rad/s}$，$L_c(\omega_c) = -13\mathrm{dB}$点处画出一条斜率为$+20\mathrm{dB/dec}$的直线，该直线与0dB线交点即为超前校正部分的第二个转折频率，从图上可得

$$\frac{1}{T_2} = 7\mathrm{s}^{-1}$$

即$\frac{1}{\alpha\tau_2}$。选取$\alpha = 0.1$，则超前部分的传递函数为

$$G_{c2}(s) = \alpha\frac{\tau_2 s + 1}{\alpha\tau_2 s + 1} = 0.1 \times \frac{1.43s + 1}{0.143s + 1}$$

为补偿超前校正带来的幅值衰减，可串入一放大器，放大倍数$K_{c2} = 1/\alpha_2 = 10$。

确定滞后校正部分的参数如下：滞后校正部分一般从经验出发估算，为使滞后部分对剪切频率附近的相角影响不大，选择滞后校正部分的第二个转折频率为

$$\frac{1}{\tau_1} = \frac{\omega_c}{10} = 0.15\mathrm{s}^{-1}$$

并选取$\beta = 10$，则滞后部分的第一个转折频率为

$$\frac{1}{\beta\tau_1} = 0.015\mathrm{s}^{-1}$$

滞后部分的传递函数为

$$G_{c1}(s) = \frac{\tau_1 s + 1}{\beta\tau_1 s + 1} = \frac{6.67s + 1}{66.7s + 1}$$

滞后-超前校正装置的传递函数为

$$G_c(s) = G_{c1}(s)G_{c2}(s)K_{c2} = \frac{(1.43s + 1)(6.67s + 1)}{(0.143s + 1)(66.7s + 1)}$$

校正后系统的 Bode 图如图 6-25 中的$L(\omega)$和$\varphi(\omega)$，校正后系统的相角裕量$\gamma = 50°$，$K_g = 16\mathrm{dB}$，稳态速度误差系数$K_v = 10\mathrm{s}^{-1}$，满足要求。

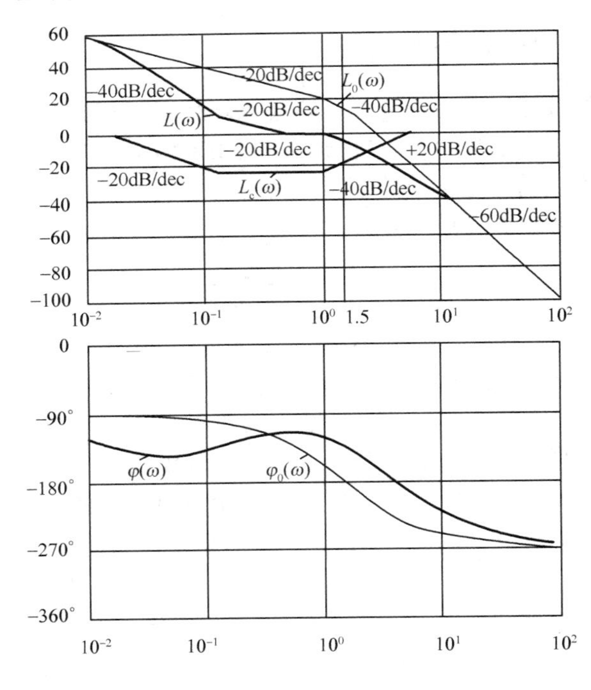


图 6-25　例 6-4 的 Bode 图

由例 6-4 可见，串联滞后-超前校正装置参数的确定，在很大程度上依赖于设计者的经验和技巧，而且设计过程带有试探性。

对频率法的串联滞后-超前校正，用 MATLAB 得到例 6-4 校正前和校正后系统的单位阶跃响应曲线和单位斜坡响应曲线，分别如图 6-26 和图 6-27 所示。校正前和校正后的开环传递函数

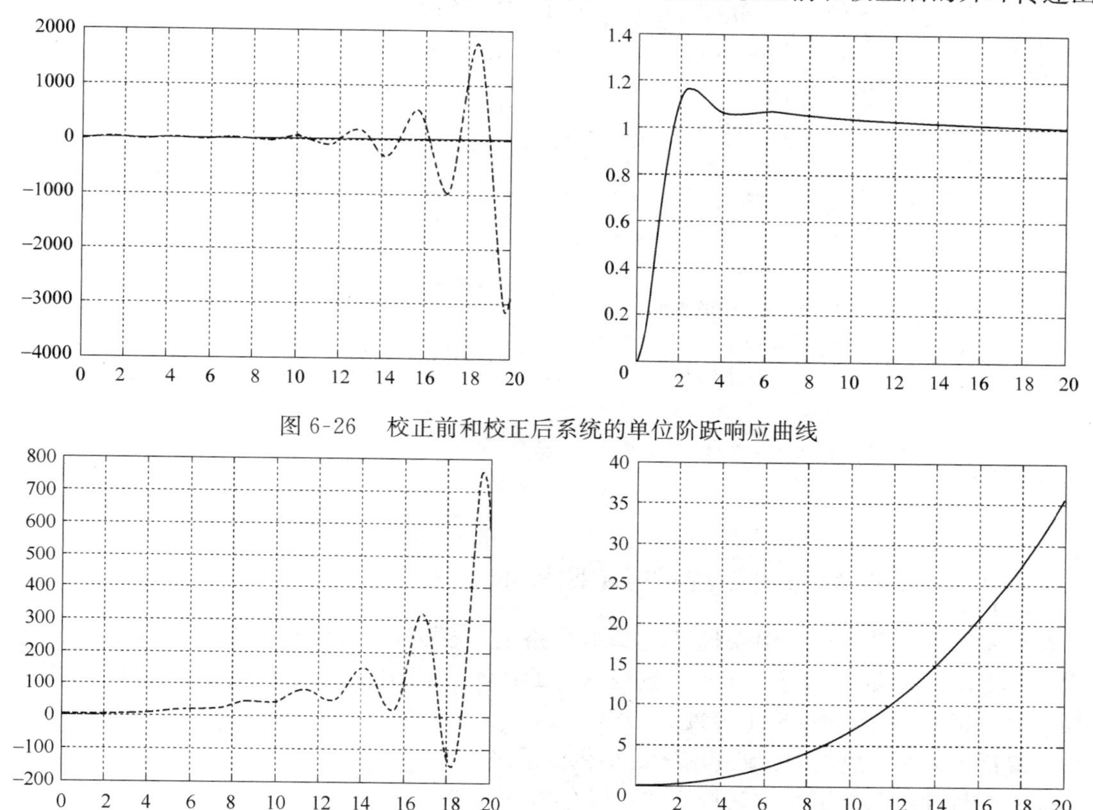


图 6-26　校正前和校正后系统的单位阶跃响应曲线

图 6-27　校正前和校正后系统的单位斜坡响应曲线

分别为

$$G_0(s)=\frac{10}{s(s+1)(0.5s+1)}$$

$$G_c(s)G_0(s)=\frac{10(1.43s+1)(6.67s+1)}{s(s+1)(0.5s+1)(0.143s+1)(66.7s+1)}$$

MATLAB 给出单位阶跃响应曲线的 MATLAB 语句如下：

```
% G0(s) Unit-Step Response %
>> numg = 10;
>> deng = conv([1,0],conv([1,1],[0.5,1]))
>> [num1,den1] = cloop(numg,deng);
>> [c1,x1,t] = step(num1,den1,t);
>> plot(t,c1,'--');
>> grid
% Gc(s)G0(s) Unit-Step Response %
>> numc = 10 * conv([1.43,1],[6.67,1]);
>> denc = conv([1,0],conv([1,1],conv([0.5,1],conv([0.143,1],[66.7,1]))));
>> [num2,den2] = cloop(numc,denc);
```

```
>> t = 0:0.1:20;
>> [c2,x2,t] = step(num2,den2,t);
>> plot(t,c2,'-');
>> grid
```

MATLAB给出单位斜坡响应曲线的MATLAB语句如下：

```
% G0(s) Unit-Ramp Response %
>> num1 = 10;
>> den1 = [0.5,1.5,1,10,0,0];
>> t = 0 : 0.1 : 20;
>> [y1,z1,t] = step(num1,den1,t);
>> plot(t,y1,'-');
>> grid
% Gc(s)G0(s) Unit-Ramp Response %
>> num2 = conv([1.43,1],[6.67,1]);
>> den2 = conv([1,0],conv([1,0],conv([1,1],c onv([0.5,1],conv([0.143,1],[66.7,1])))));
>> t = 0 : 0.1 : 20;
>> [y2,z2,t] = step(num2,den2,t);
>> plot(t,y2,'-');
>> grid
```

### 6.4.4 按期望特性对系统进行串联校正

按期望特性对系统进行串联校正的基本思路是，先根据系统的性能指标要求确定期望（希望）的开环对数幅频特性，即校正后系统所具有的特性，然后由未校正系统特性和期望的特性求得校正装置特性，进而确定校正装置。

需要指出的是，这种方法仅适用于最小相位系统。

按期望特性对系统进行串联校正的步骤分为三大步。

**1. 系统期望对数幅频特性的求取**

（1）根据系统对稳态性能的要求，确定系统的型别（即积分环节的个数$\nu$）和系统的开环增益$K$，由此，绘制期望特性的低频段。

（2）根据系统对响应速度、稳定性等要求，确定开环剪切频率$\omega_c$、相角裕量$\gamma$、中频区宽度、中频特性上下限交接频率$\omega_2$和$\omega_3$，绘制期望特性的中频段，一般中频段特性的斜率为$-20$dB/dec，且有足够宽度或为$-40$dB/dec，且比较窄，以确保系统具有足够的相角裕量。

（3）绘制期望特性低、中频段之间的衔接频段，其斜率一般与前、后频段相差$-20$dB/dec，以减小对系统性能的影响。

（4）根据对系统幅值裕量及抗干扰的要求，绘制期望特性的高频段。通常，为了使校正装置较为简单，且便于实现，一般期望特性的高频段与原系统的高频段斜率一致，或完全重合。

（5）绘制期望特性的中、高频段之间的衔接频段，一般取$-40$dB/dec。

**2. 求取校正装置的特性**

（1）根据期望对数幅频特性与原系统对数幅频特性之差，绘出校正装置的对数幅频特性。

（2）由校正装置的对数幅频特性，求出校正装置的类型及校正装置的传递函数。

**3. 校验校正后系统的性能指标**

若满足要求，设计结束；若不满足要求，对期望特性幅频特性曲线加以修正。

**【例6-5】** 设未校正系统的开环传递函数为

$$G_0(s)=\frac{K}{s(0.5s+1)(0.167s+1)}$$

试设计串联校正装置，使系统满足 $K_v \geqslant 180\mathrm{s}^{-1}$，$\gamma \geqslant 40°$，$3 < \omega_c < 5\mathrm{rad/s}$。

**【解】** 作出 $K = K_v = 180$ 时未校正系统Bode图中的对数幅频特性，如图 6-28 中 $L_0(\omega)$ 所示。

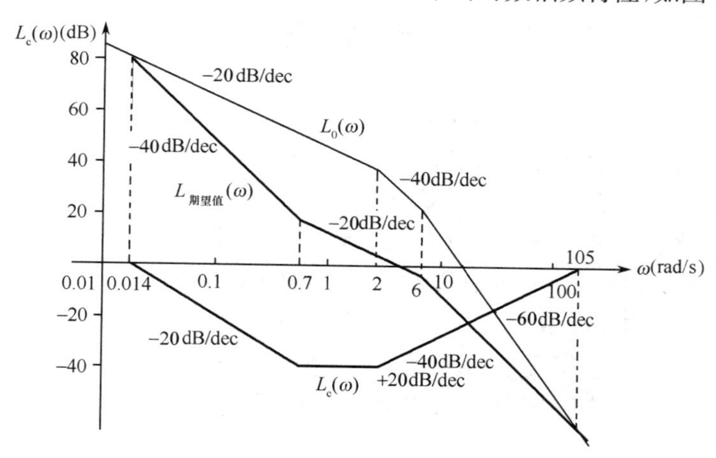


图 6-28　例 6-5 的对数频率特性

未校正系统的开环剪切频率 $\omega_{c0} = 12.9\mathrm{rad/s}$，对应的相角裕量 $\gamma_0 = -56.35°$；需进行串联校正，确定按期望特性来设计串联校正装置。

确定系统期望对数幅频特性如下：

低频段，根据稳态精度要求，开环增益不低于 180，与未校正系统重合；

中频段，根据 $3\mathrm{rad/s} < \omega_c < 5\mathrm{rad/s}$ 及 $\gamma \geqslant 40°$ 要求，选取 $\omega_c = 3.5\mathrm{rad/s}$，且中频段斜率为 $-20\mathrm{dB/dec}$，并且具有适当宽度；

连接段，低频段向中频段过渡段的斜率选择为 $-40\mathrm{dB/dec}$，且第二个转折频率不宜接近剪切频率，通常选择

$$\omega_2 = \frac{\omega_c}{2} \sim \frac{\omega_c}{10}$$

本例选择

$$\omega_2 = \frac{\omega_c}{5} = 0.7\mathrm{rad/s}$$

为使校正装置简单，低频段与连接段的转折频率直接选择二者的交点频率

$$\omega_1 = 0.014\mathrm{rad/s}$$

而对高频段无过高要求，通常高频段与未校正特性近似即可，但同时应保证中频段的宽度和校正装置简单，在此选择中频段向高频段过渡的第一个转折频率 $\omega_3 = 6\mathrm{rad/s}$，第二个转折频率为过渡段与未校正特性的交点 $\omega_4 = 105\mathrm{rad/s}$。

期望的对数幅频特性如图 6-28 中 $L_{期望值}(\omega)$ 所示。

根据串联校正特点

$$L_c(\omega) = L_{期望值}(\omega) - L_0(\omega)$$

求出校正装置的对数幅频特性，如图 6-28 中 $L_c(\omega)$ 所示，由 $L_c(\omega)$ 写出校正装置的传递函数为

$$G_c(s) = \frac{(1.43s+1)(0.5s+1)}{(71.4s+1)(0.0095s+1)}$$

为滞后 - 超前校正。

检验校正后系统的相角裕量为

$$\gamma = 180° - 90° + \arctan 1.43\omega_c - \arctan 71.4\omega_c - \arctan 0.167\omega_c - \arctan 0.0095\omega_c = 46.5°$$

满足性能指标要求。

## 6.5 反馈校正

在控制工程实践中，为改善控制系统的性能，除可选用前述的串联校正方式外，也常常采用反馈校正方式。常见的有被控量的速度、加速度反馈，执行机构的输出及其速度的反馈，以及复杂系统的中间变量反馈等。反馈校正采用局部反馈包围系统前向通道中的一部分环节以实现校正，其结构框图如图 6-29 所示。从控制的观点来看，采用反馈校正不仅可以得到与串联校正同样的校正效果，而且还有许多串联校正不具备的突出优点：第一，反馈校正能有效地改变被包围环节的动态结构和参数；第二，在一定条件下，反馈校正装置的特性可以完全取代被包围环节的特性，反馈校正系统方框图从而可大大削弱这部分环节由于特性参数变化及各种干扰带给系统的不利影响。本节主要讨论比例负反馈校正、微分负反馈校正的作用及反馈校正的设计方法。

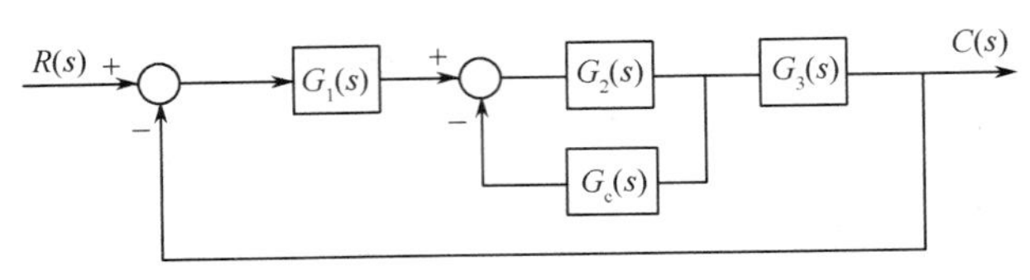


图 6-29　反馈校正系统方框图

### 6.5.1 比例负反馈校正

如果局部反馈回路为一比例环节，称为比例反馈校正。如图 6-30 所示为振荡环节被比例负反馈包围的结构图，其闭环传递函数为

$$G_B(s) = \frac{G_0(s)}{1+G_0(s)K_h} = \frac{1}{T^2s^2+2\zeta Ts+1+K_h}$$

$$= \frac{\dfrac{1}{1+K_h}}{\dfrac{T^2}{1+K_h}s^2+\dfrac{2\zeta T}{1+K_h}s+1} = \frac{K'}{(T')^2s^2+2\zeta' T's+1} \tag{6-38}$$

式中，$K' = \dfrac{1}{1+K_h}$，$T' = \dfrac{T}{\sqrt{1+K_h}}$，$\zeta' = \dfrac{\zeta}{\sqrt{1+K_h}}$。

可以看到，比例负反馈改变了振荡环节的时间常数 $T$、阻尼比 $\zeta$ 和放大系数 $K$ 的数值，并且均减小了。因此，比例负反馈使得系统频带加宽，动态响应加快，却使得系统控制精度下降，故应给予补偿才可以保证系统的精度。这与串联校正中比例控制的作用主要是提高稳态精度是不同的，比例反馈校正的主要作用是改善被包围部分的动态特性。

### 6.5.2 微分负反馈校正

如图 6-31 所示为微分负反馈校正包围振荡环节。其闭环传递函数为

$$G_B(s) = \frac{G_0(s)}{1+G_0(s)K_ts} = \frac{1}{T^2s^2+(2\zeta T+K_t)s+1}$$

$$= \frac{1}{T^2 s^2 + 2\zeta' T s + 1} \tag{6-39}$$

式中，$\zeta' = \zeta + \frac{K_t}{2T}$，表明微分负反馈不改变被包围环节的性质，但由于阻尼比增大，使得系统动态响应超调量减小，振荡次数减小，改善了系统的平稳性。

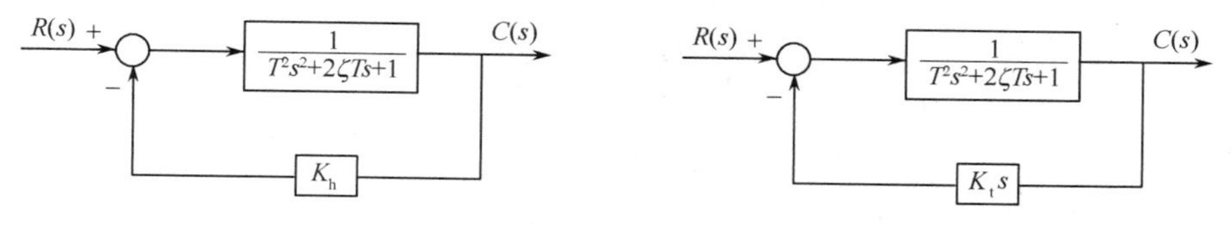


图 6-30　反馈校正系统方框图　　　图 6-31　微分负反馈校正系统方框图

微分反馈是将被包围环节输出量的速度信号反馈至输入端，故常称微分反馈为速度反馈（若反馈环节的传递函数为 $K_t s^2$，则称为加速度反馈）。

### 6.5.3　反馈校正的设计

如图 6-33 所示为反馈校正系统，被反馈包围部分的传递函数为

$$G_{2B}(s) = \frac{G_2(s)}{1 + G_2(s)G_c(s)} \tag{6-40}$$

整个系统的开环传递函数为

$$G(s) = G_1(s)G_{2B}(s)G_3(s) = \frac{G_1(s)G_2(s)G_3(s)}{1 + G_2(s)G_c(s)} \tag{6-41}$$

由式(6-41) 可见，引入局部负反馈后，原系统的开环传递函数 $G_1(s)G_2(s)G_3(s)$，降低了 $1 + G_2(s)G_c(s)$ 倍。当被包围部分 $G_2(s)$ 内部参数变化或受到作用于 $G_2(s)$ 上的干扰影响时，由于负反馈的作用，将其影响下降 $1 + G_2(s)G_c(s)$ 倍，从而得到有效抑制。

如果反馈校正包围的回路稳定（即回路中各环节均是最小相位环节），可以用对数频率特性曲线来分析其性能。由式(6-41) 可得其频率特性为

$$G(j\omega) = \frac{G_1(j\omega)G_2(j\omega)G_3(j\omega)}{1 + G_2(j\omega)G_c(j\omega)} \tag{6-42}$$

若选择结构参数，使

$$|G_2(j\omega)G_c(j\omega)| \gg 1$$

则式(6-42) 可近似为

$$G(j\omega) \approx \frac{G_1(j\omega)G_2(j\omega)G_3(j\omega)}{G_2(j\omega)G_c(j\omega)} = \frac{G_1(j\omega)G_3(j\omega)}{G_c(j\omega)} \tag{6-43}$$

在这种情况下，$G_2(j\omega)$ 部分的特性几乎被反馈校正环节的特性取代，反馈校正的这种取代作用，在系统设计中常常用来改造不期望的某些环节，以达到改善系统性能的目的。

下面举例说明按期望对数幅频特性曲线设计反馈校正装置的步骤和方法。

**【例 6-6】**　试确定图 6-32 所示系统满足下列性能指标时的反馈校正，要求相角裕量 $\gamma \geqslant 40°$，剪切频率为 $10\text{rad/s} < \omega_c < 30\text{rad/s}$，速度误差系数 $K_v = 200\text{s}^{-1}$。

**【解】**　令 $K = K_v = 200\text{s}^{-1}$，作出未校正系统的对数幅频特性，其开环传递函数为

$$G_0(s) = \frac{200}{s(0.1s + 1)(0.01s + 1)}$$

对数幅频特性如图 6-33 中 $L_0(\omega)$ 所示。系统的开环剪切频率 $\omega_{c0} = 44.7\text{rad/s}$，对应的相角裕量为

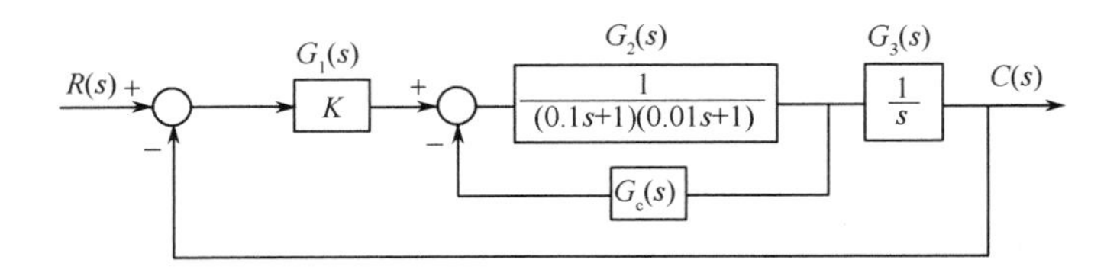


图 6-32　例 6-6 反馈系统方框图

$$\gamma_0 = 180^\circ - 90^\circ - \arctan 0.1\omega_{c0} - \arctan 0.01\omega_{c0} = -11.5^\circ$$

未校正系统不稳定，采用反馈校正。

确定期望的对数幅频特性：

根据稳态精度要求，低频段与未校正系统的低频段重合。

中频段斜率取为 $-20$dB/dec，且开环剪切频率 $\omega_c$ 选择为 25rad/s，即 $\omega_c = 25$rad/s(满足 10rad/s $< \omega_c <$ 30rad/s 的要求)。

另外，从校正装置简单及滞后校正负相角对剪切频率处相角影响最小来考虑，确定其他转折频率，对数幅频特性曲线如图 6-33 中 $L_{\text{期望值}}(\omega)$ 所示。

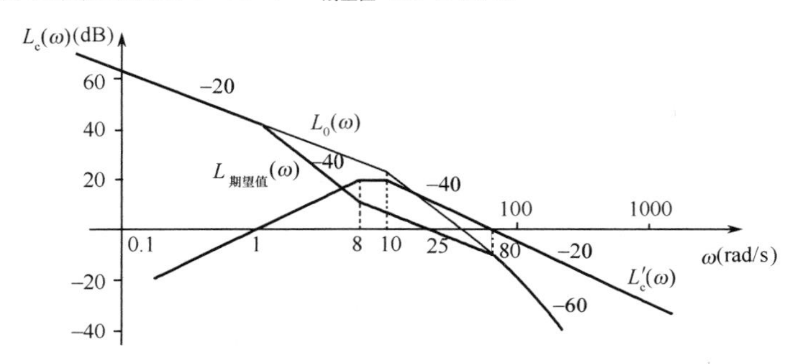


图 6-33　例 6-6 的对数幅频特性曲线

确定反馈校正装置：

对图 6-32 中的反馈校正系统，其开环传递函数为

$$G(s) = \frac{G_1(s)G_2(s)G_3(s)}{1 + G_2(s)G_c(s)}$$

其频率特性为

$$G(j\omega) = \frac{G_1(j\omega)G_2(j\omega)G_3(j\omega)}{1 + G_2(j\omega)G_c(j\omega)}$$

采用近似分析方法，即当 $|G_2(j\omega)G_c(j\omega)| > 1$ 时，有

$$G(j\omega) \approx \frac{G_1(j\omega)G_3(j\omega)}{G_c(j\omega)} = \frac{G_0(j\omega)}{G_2(j\omega)G_c(j\omega)} = \frac{G_0(j\omega)}{G'_c(j\omega)}$$

式中，$G'_c(j\omega) = G_2(j\omega)G_c(j\omega)$，$G_0(j\omega) = G_1(j\omega)G_2(j\omega)G_3(j\omega)$。

对数幅频特性为

$$L'_c(\omega) = L_0(\omega) - L_{\text{期望值}}(\omega)$$

当 $|G_2(j\omega)G_c(j\omega)| < 1$ 时

$$G(j\omega) \approx G_1(j\omega)G_2(j\omega)G_3(j\omega) = G_0(j\omega)$$

对数幅频特性 $L(\omega) = L_0(\omega)$，表明此时反馈校正环节对系统特性无影响，为简化校正装置，此时 $L'_c(\omega)$ 特性可简单看成原特性的延伸。

近似作图求得 $L'_c(\omega)$ 曲线，如图 6-33 中 $L'_c(\omega)$ 所示，由 $L'_c(\omega)$ 可写出其对应的传递函数为

$$G'_c(s)=G_c(s)G_2(s)=\frac{s}{\left(\frac{1}{8}s+1\right)\left(\frac{1}{10}s+1\right)}$$

$$G_c(s)=\frac{G'_c(s)}{G_2(s)}=\frac{s(0.01s+1)}{\left(\frac{1}{8}s+1\right)}$$

校验性能指标，开环剪切频率 $\omega_c=25\text{rad/s}$，相角裕量为

$$\gamma=180^\circ-90^\circ-\arctan\omega_c+\arctan\frac{1}{8}\omega_c-\arctan\frac{1}{80}\omega_c-\arctan\frac{1}{100}\omega_c=43^\circ$$

满足要求。

# 6.6 复合校正

采用串联校正或反馈校正在一定程度上能够使系统满足要求的性能指标。但是，如果对系统动态和静态性能的要求都很高时，或者系统存在强干扰时，在工程中往往在串联校正或局部反馈校正的同时，再附加顺馈（前馈）校正和扰动补偿而组成控制系统的复合校正。

## 6.6.1 反馈控制与前馈校正的复合控制

前馈校正加反馈控制的复合控制系统如图 6-38 所示，由图可知系统的输出 $C(s)$ 为

$$C(s)=\frac{G_1(s)G_2(s)+G_2(s)G_c(s)}{1+G_1(s)G_2(s)}R(s) \tag{6-44}$$

若选择前馈校正装置的传递函数为

$$G_c(s)=\frac{1}{G_2(s)} \tag{6-45}$$

则 $C(s)=R(s)$，表明输出 $c(t)$ 完全复现输入信号 $r(t)$，前馈校正装置完全消除了输入信号作用时产生的误差，达到了完全补偿。

由于 $G_2(s)$ 的一般形式比较复杂，所以实现完全补偿是比较困难的，但做到满足跟踪精度的部分补偿是完全可能的。这样，不仅能满足系统对稳态精度的要求，而且前馈校正装置在结构上具有较简单的形式，便于实现。

在给定信号 $r(t)$ 作用下，如图 6-34 所示系统的误差函数为

$$E(s)=R(s)-C(s)$$

将式(6-44) 代入误差函数表达式中，得

$$E(s)=\frac{1-G_c(s)G_2(s)}{1+G_1(s)G_2(s)}R(s) \tag{6-46}$$

则系统的稳态误差为

$$e_{ss}=\lim_{s\to 0}sE(s)=\lim_{s\to 0}s\frac{1-G_c(s)G_2(s)}{1+G_1(s)G_2(s)}R(s) \tag{6-47}$$

式(6-47) 在给定信号作用下，系统稳态误差为零可确定前馈校正装置 $G_c(s)$。

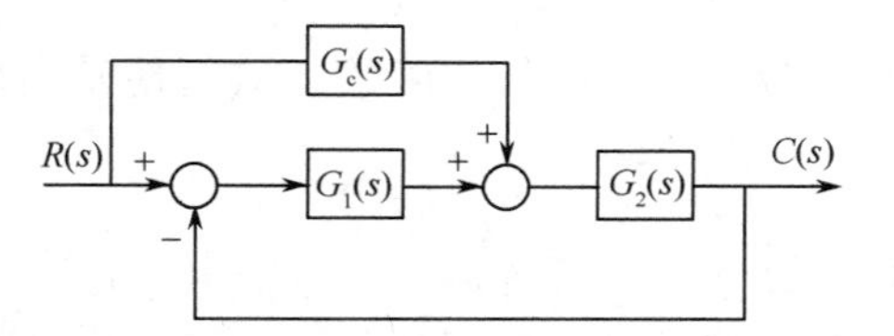

图 6-34　前馈校正加反馈控制的复合控制

**【例 6-7】**　系统结构如图 6-34 所示，其中

$$G_1(s)=1$$

$$G_2(s)=\frac{K}{s(T_1s+1)(T_2s+1)}$$

为消除系统跟踪斜坡输入信号时的稳态误差，求前馈校正装置 $G_c(s)$。

**【解】** 未校正系统的开环传递函数为

$$G_0(s)=G_1(s)G_2(s)=\frac{K}{s(T_1s+1)(T_2s+1)}$$

系统为 Ⅰ 型系统，跟踪斜坡输入信号时有常值误差。要消除斜坡信号作用下的稳态误差，系统必须为 Ⅱ 型或 Ⅱ 型以上系统。引入前馈校正装置 $G_c(s)$，其稳态误差为

$$\begin{aligned}e_{ss}&=\lim_{s\to0}s\frac{1-G_c(s)G_2(s)}{1+G_1(s)G_2(s)}R(s)\\&=\lim_{s\to0}s\frac{T_1T_2s^3+(T_1+T_2)s^2+s-KG_c(s)}{s(T_1s+1)(T_2s+1)+K}\cdot\frac{1}{s^2}\end{aligned}$$

要使 $e_{ss}=0$，则 $G_c(s)$ 的最简单式子应为

$$G_c(s)=\frac{s}{K}$$

可见，引入输入信号的一阶导数作为前馈校正后，系统由 Ⅰ 型变为 Ⅱ 型，可完全消除斜坡信号作用时的稳态误差。

综上所述，在反馈控制系统中引入前馈校正后：

(1) 可以提高系统的型号，起到消除稳态误差的作用，提高了控制精度；

(2) 不影响闭环系统的稳定性。从图 6-34 可知，未校正系统的闭环传递函数为

$$G(s)=\frac{G_1(s)G_2(s)}{1+G_1(s)G_2(s)}$$

加入前馈校正后，系统的闭环传递函数为

$$G(s)=\frac{G_1(s)G_2(s)+G_c(s)G_2(s)}{1+G_1(s)G_2(s)}$$

以上两式的分母相同，即系统的特征方程相同，所以前馈校正不影响闭环系统的稳定性，并且表明，稳定性和稳态精度这两个相互矛盾的问题被分开了，完全可以单独考虑。

(3) 不仅可以改善系统的稳态精度，而且还可以改善系统的动态特性。

### 6.6.2 反馈控制与扰动补偿校正的复合控制

反馈控制与扰动补偿校正构成复合控制的另一种形式，如图 6-35 所示。控制系统的输出为

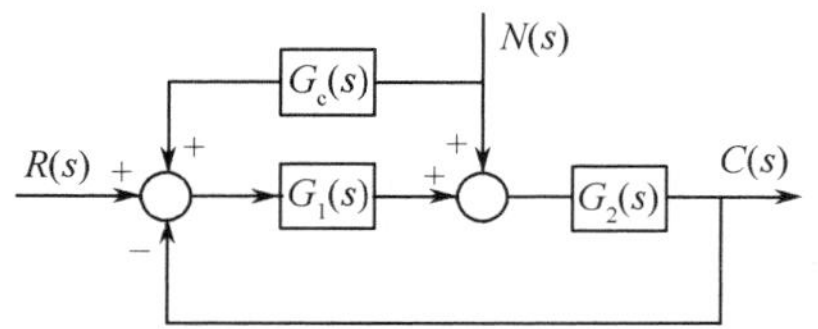

图 6-35 扰动补偿的复合控制

$$C(s)=\frac{G_1(s)G_2(s)}{1+G_1(s)G_2(s)}R(s)+\frac{G_2(s)+G_1(s)G_2(s)G_c(s)}{1+G_1(s)G_2(s)}N(s)$$

上式等号右边第一项为反馈系统产生的输出，第二项为扰动信号 $N(s)$ 及前馈控制产生的输出。适当选择前馈控制校正装置的传递函数 $G_c(s)$，使其满足

$$G_c(s)=-\frac{1}{G_1(s)}$$

则扰动信号对系统输出的影响可以得到完全补偿。扰动补偿的实质是利用双通道原理，利用扰动来补偿扰动，达到消除扰动对系统输出的影响。然而，扰动信号全补偿条件在物理上往往无法准确实现，在实际中，多采用对系统性能起主要影响的频率近似全补偿，或者采用稳态全补偿，以使补偿装置易于物理实现。

应当注意，应用扰动补偿校正时，首先扰动信号必须是可测量的；其次，校正装置应是物理上可实现的。另外，由于扰动补偿是一种开环控制，所以，校正装置还应具有较高的参数稳定性。

## 6.7 基于 MATLAB 和 Simulink 的线性控制系统设计

通过调整系统中的某些参数，可以有效地改善系统的动态、静态特性，然而，对于许多实际系统，我们必须在系统中附加一些校正装置，来改变系统结构以获取要求的动态、静态特性。控制中常采用串联超前、串联滞后和串联滞后-超前校正等。校正方法可采用根轨迹法和频率法。

计算机辅助设计为控制系统校正提供了极大的方便。

### 6.7.1 相位超前校正

相位超前校正装置的传递函数为

$$G_c(s) = K\frac{(s+z)}{(s+p)} \qquad |z|<|p|$$

式中，变量 $K$，$p$ 和 $z$ 根据要求性能指标来确定。校正装置的传递函数可写成时间常数形式

$$G_c(s) = \frac{K(1+\alpha Ts)}{\alpha(1+Ts)}$$

式中，$\alpha = \frac{p}{z}$，$T = \frac{1}{p}$。

超前相位最大值发生在频率 $\omega_m$ 处，此时

$$\omega_m = \frac{1}{T\sqrt{\alpha}}$$

对应的最大超前相角 $\varphi_m$ 为

$$\varphi_m = \arcsin\frac{\alpha-1}{\alpha+1}$$

例如，超前校正装置设计为

$$G_c(s) = \frac{10(s+1)}{(s+10)}$$

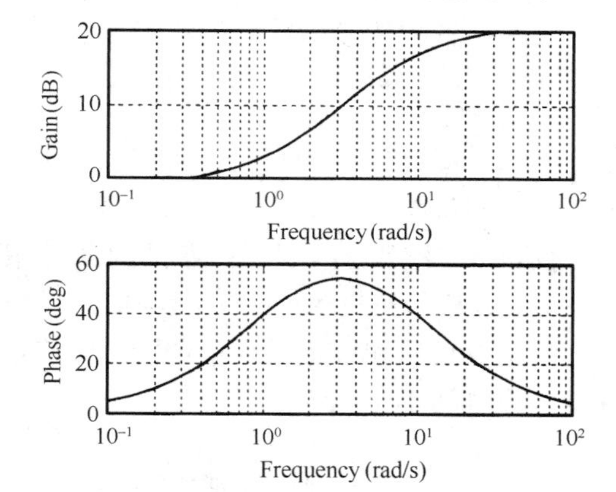


图 6-36　超前校正 Bode 图

相应 Bode 图如图 6-36 所示，最大超前相角发生在 $\omega_m = \frac{1}{T\sqrt{\alpha}} = 10$ 处，最大超前相角为 $\varphi_m = \arcsin\frac{\alpha-1}{\alpha+1} = 54.9°$。

相位超前校正实质是一个微分型补偿器，这是因为当 $|p| \gg |z|$ 时，校正装置可近似为

$$G_c(s) \approx \frac{K}{p}s$$

超前校正增加了系统的相位裕量和频带宽度，即增加了系统的稳定性，加速了动态过程。

对于例 6-2 可采用 MATLAB 来设计校正装置，其 MATLAB 程序如下：

```
% 频率特性的超前校正设计程序 %
>> ng = 100;
>> dg = [0.1 1 0];
>> g0 = tf(ng,dg);
>> kc = 1;
>> dpm = 55 + 7.5;
```

```
>> [mag,phase,w] = bode(g0 * kc); hold on
>> Mag = 20 * log10(mag);
>> [Gm,Pm,Wcg,Wcp] = margin(g0 * kc);
>> phi = (dpm-Pm) * pi/180;
>> alpha = (1 + sin(phi))/(1-sin(phi));
>> Mn = -10 * log10(alpha);
>> Wcgn = spline(Mag,w,Mn);
>> T = 1/Wcgn/sqrt(alpha);
>> Tz = alpha * T;Gc = tf([Tz,1],[T 1]);bode(Gc);hold on
>> figure(1)
>> bode(g0 * kc * Gc);maRgin(g0 * kc * Gc);hold on
>> F0 = feedback(g0 * kc,1);
>> F = feedback(g0 * kc * Gc,1);
>> figure(2)
>> step(F0,F)
>> Gc
```

校正装置的传递函数为

```
Transfer function:
0.04937 s + 1
-------------
0.008666 s + 1
```

校正前、校正后和校正装置的频率特性如图 6-37 所示，系统的开环剪切频率 $\omega_c = 48.3\text{rad/s}$，相角裕量 $\gamma = 56.2°$，幅值裕量为无穷大，满足系统要求。

系统校正前和校正后的单位阶跃响应如图 6-38 所示，校正后系统的最大超调量 $M_p = 18\%$，过渡过程时间小于 0.08s。

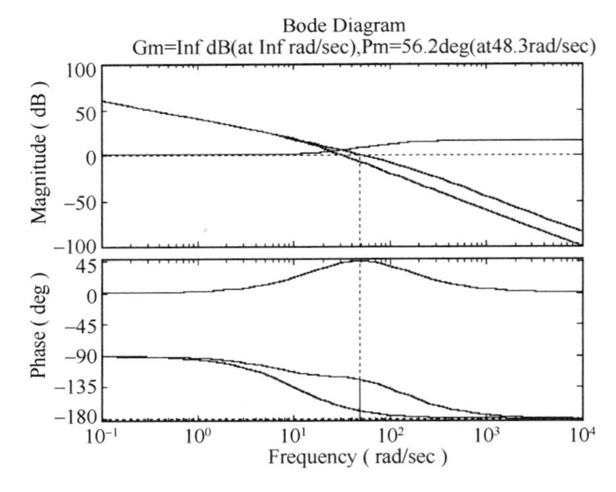


图 6-37　校正前、后和校正装置的频率特性

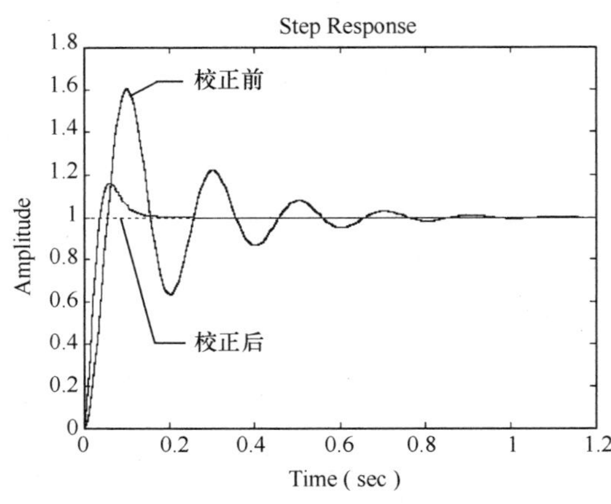


图 6-38　校正前、后系统的单位阶跃响应

## 6.7.2　相位滞后校正

相位滞后校正装置的传递函数为

$$G_c(s) = \frac{K(s+z)}{(s+p)} \qquad |p| < |z|$$

其最大滞后相角所对应的频率为

$$\omega_m = \sqrt{zp}$$

例如，考虑如下滞后校正装置

$$G_c(s) = \frac{0.1(s+10)}{(s+0.1)}$$

其对应的 Bode 图如图 6-39 所示。

当考虑 $|z| \gg |p|$ 时，滞后校正装置可近似为

$$G_c(s) = K + \frac{Kz}{s}$$

即为比例 - 积分调节器，它可减小系统频带宽度，降低系统的高频噪声和减缓系统的动态响应。

对于例 6-3 可采用 MATLAB 来设计校正装置，其程序如下：

```
% 频率特性的滞后校正设计程序 %
>> num = 100;
>> den = [0.04 1 0];
>> g0 = tf(num,den);
>> pm = 45;
>> dpm = pm+5;
>> [mag,phase,w] = bode(g0);
>> magdb = 20 * log10(mag);
>> wcg = 21
>> gr = -spline(w',magdb(1,:),wcg);
>> alpha = 10^(gr/20);
>> T = 10/(alpha * wcg);
>> gc = tf([alpha * T 1],[T 1]);
>> F0 = feedback(g0,1);
>> F = feedback(g0 * gc,1);
>> figure(1);
>> bode(g0,g0 * gc);
>> figure(2);
>> step(F0,F);
```

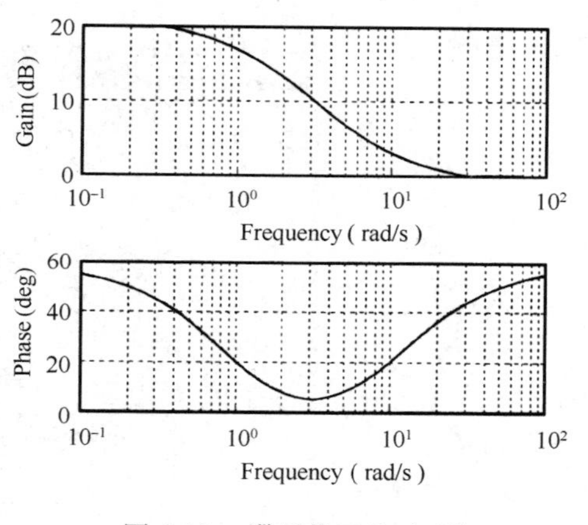


图 6-39　滞后校正 Bode 图

校正前、后和校正装置的频率特性如图 6-40 所示，系统的开环剪切频率 $\omega_c = 21.1$rad/s，相角裕量 $\gamma = 45.8°$，幅值裕量为无穷大，满足系统要求。

系统校正前和校正后的单位阶跃响应如图 6-41 所示，校正后系统的最大超调量 $M_p = 25\%$，过渡过程时间小于 0.3s。

### 6.7.3　Simulink 下的系统设计和校正

在 Simulink 仿真环境下采用串联滞后 -超前校正，Simulink 模型如图 6-42 所示，其中校正前和校正后系统的单位阶跃响应曲线如图 6-43 所示。

关于 PID 控制的作用，最后我们通过对一个三阶对象模型 $G_0(s) = \dfrac{1}{s^3+3s^2+3s+1}$ 的例子来研究比例 $K_P$、积分 $T_I$ 和微分 $T_D$ 各个环节的作用。其仿真模型如图 6-44 所示，给出 $K_P = 1$，$T_I$ 和 $T_D$ 变化的阶跃响应曲线，如图 6-45 所示。

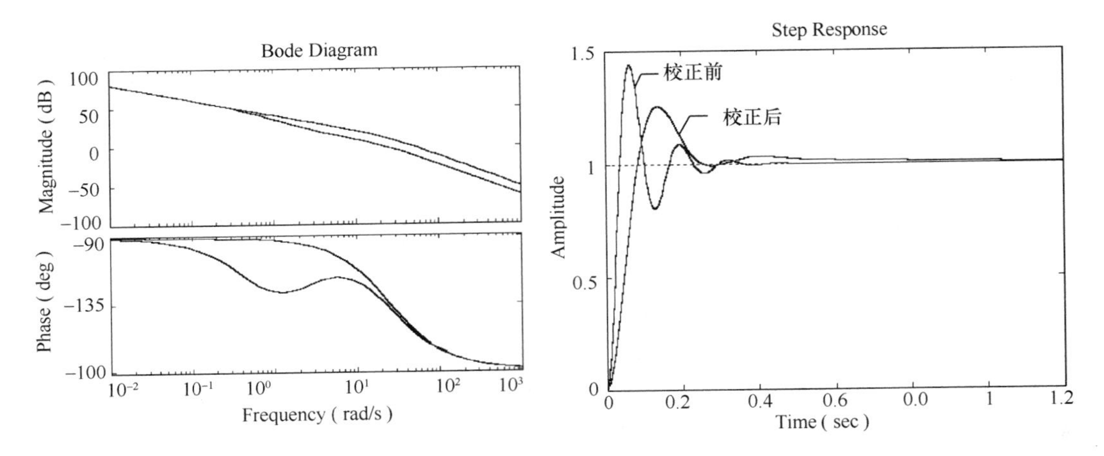


图 6-40　校正前、后和校正装置的 Bode 图　　图 6-41　校正前、后系统的单位阶跃响应

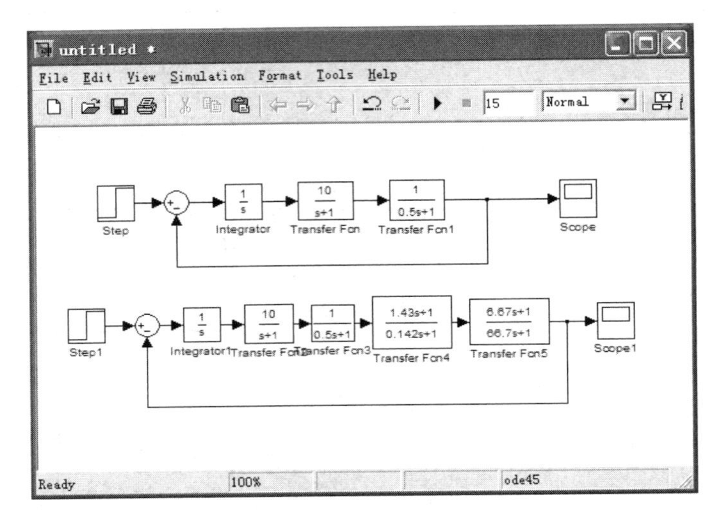


图 6-42　加校正环节前、后的仿真模型

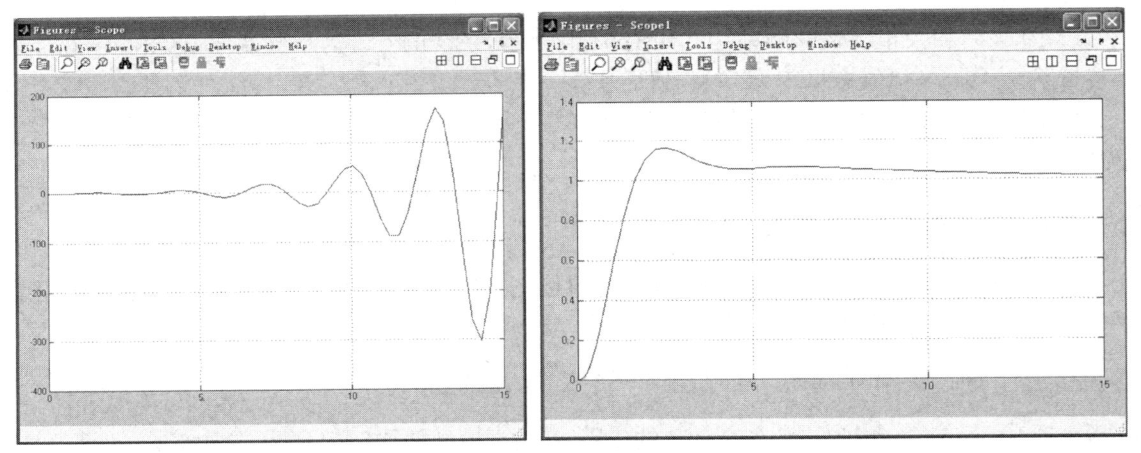


图 6-43　校正前、后系统的单位阶跃响应曲线

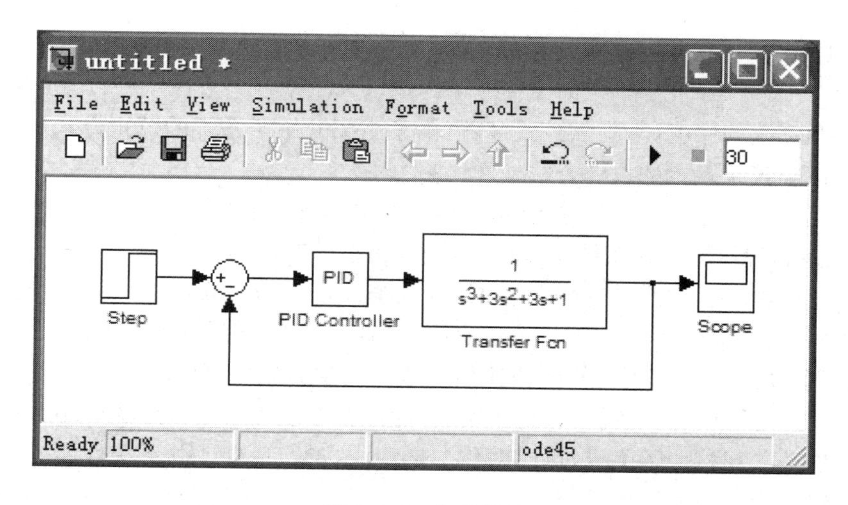


图 6-44　仿真模型

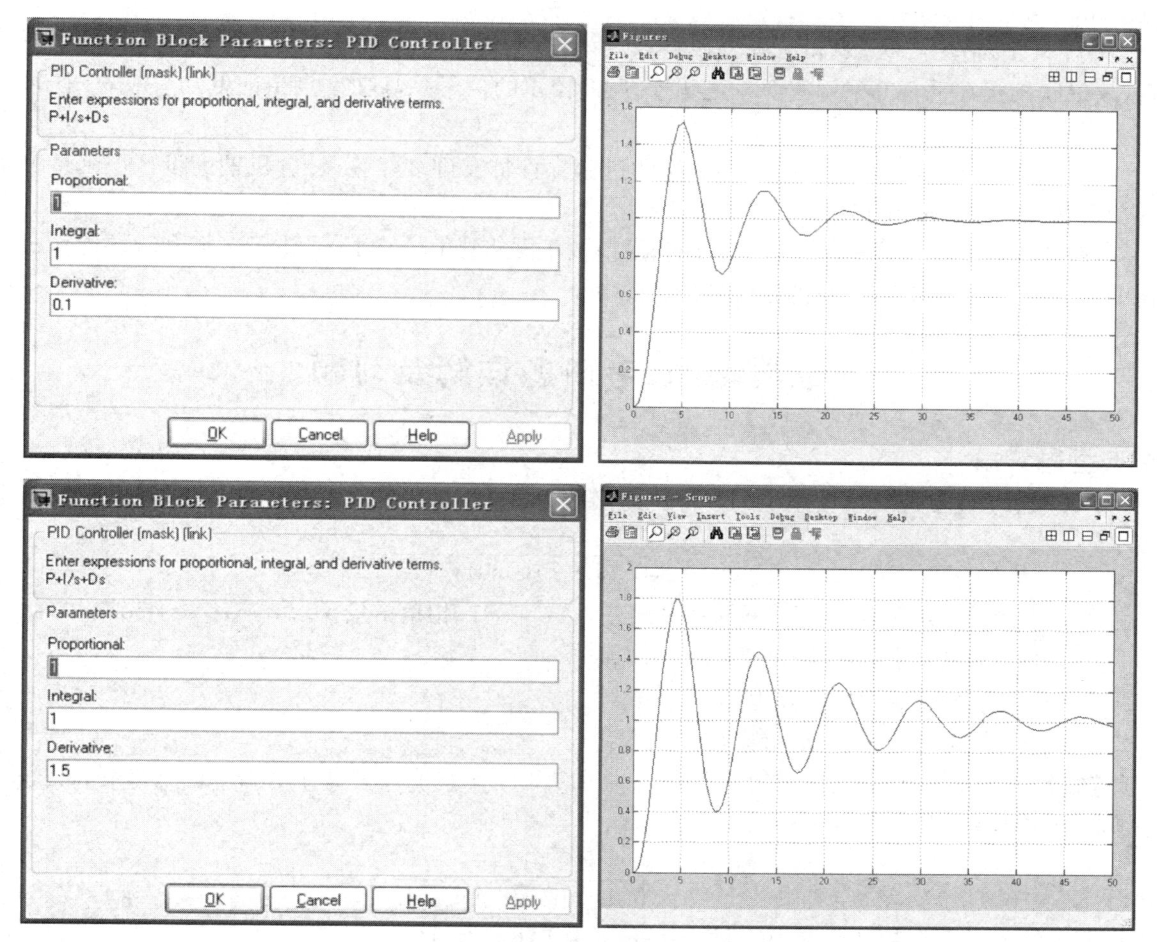


图 6-45　PID 控制下系统的阶跃响应仿真曲线

# 本 章 小 结

为改善控制系统的性能，常附加校正装置，本章主要介绍了系统的校正方式、基本控制规律、校正装置的特性和校正装置的设计方法。

(1) 比例控制、微分控制和积分控制是线性系统的基本控制规律。由这 3 种控制作用构成的 PI，PD 和 PID 控制规律附加在系统中，可以达到校正系统特性的目的。

(2) 按校正装置附加在系统中的位置不同，系统校正分为串联校正、反馈校正和复合校正。根据校正装置特性的不同，系统校正分为超前校正、滞后校正、滞后 - 超前校正。无论采用何种方法设计校正装置，实质上均表现为修改描述系统运动规律的数学模型。

(3) 串联校正装置设计比较简单，易于实现，因此在系统校正中被广泛应用。

(4) 反馈校正以其独特的优点，可以取代不期望的特性，达到改善系统性能的目的。

(5) 复合校正能很好地处理系统中稳定性与稳态精度、抗干扰和系统跟踪之间的矛盾，使系统获得较高的动态和静态特性。

(6) 校正装置分为有源和无源校正装置。由于运算放大器的性能高、参数调整方便、价格便宜，故串联校正几乎全部采用有源校正装置。反馈校正的信号从高功率点传向低功率点，往往采用无源校正装置。

(7) 设计校正装置的过程是多次试探的过程并且带有许多经验，计算机辅助设计控制系统的校正装置为我们提供了有效的手段。

(8) 借助 MATLAB 软件，讨论了控制系统校正网络；用 MATLAB 进行时域和频域计算机辅助设计与开发，以获得满意的系统性能。

# 本章典型题、考研题详解及习题

## A 典型题详解

**【A6-1】** 设单位负反馈系统的开环传递函数为

$$G_0(s) = \frac{K}{s(0.1s+1)(0.01s+1)}$$

若要求系统在斜坡信号作用下的稳态误差 $e_{ss} \leqslant 0.01$，相角裕量 $\gamma \geqslant 30°$，$\omega_c \geqslant 45\text{s}^{-1}$。

(1) 试求满足要求的串联校正装置 $G_c(s)$；

(2) 画出该校正装置的实现电路；

(3) 分析校正前后系统动、静态特性的变化。

**【解】** (1) 根据对稳态误差的要求 $e_{ss} \leqslant 0.01$，得 $K \geqslant 100$，令 $K = 100$ 满足稳态要求的系统开环传递函数为

$$G_0(s) = \frac{100}{s(0.1s+1)(0.01s+1)}$$

作出原系统的对数幅频特性渐近线，如图 A6-1 中 $L_0(\omega)$ 所示。

校正前系统的开环剪切频率 $\dfrac{100}{\omega_{c0} \cdot 0.1\omega_{c0}} = 1 \Rightarrow \omega_{c0} = 31.6$，校正前系统的相角裕量 $\gamma_0 = 180° + \varphi(\omega_{c0}) = 180° - 90° - \arctan 0.1\omega_{c0} - \arctan 0.01\omega_{c0} = 0.02°$，不满足要求 $\gamma \geqslant 30°$，且系统要求 $\omega_c \geqslant 45\text{s}^{-1}$，所以采用超前校正，取校正后开环剪切频率 $\omega_c = 50\text{s}^{-1}$，且使 $\omega_c = \omega_m$，系统的对

数幅值为 $L_0(\omega_c)=-8\text{dB}$，校正网络的最大对数幅值 $-20\lg\sqrt{\alpha}$，由 $-20\lg\sqrt{\alpha}=8 \Rightarrow \alpha=0.16$。

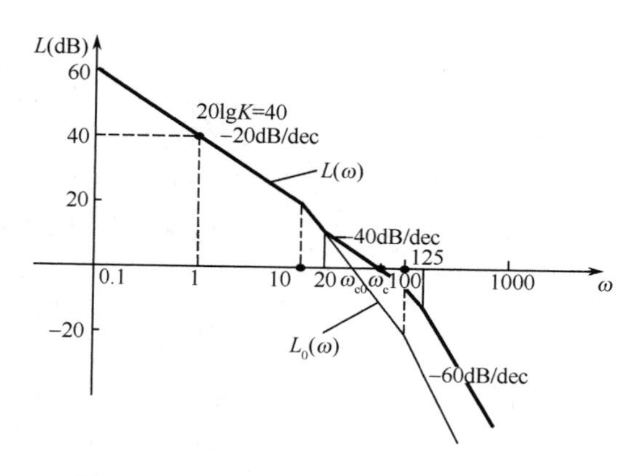

图 A6-1　原系统的对数幅频特性渐近线

校正装置的两个转折频率

$$\omega_1=\frac{1}{T}=\omega_m\sqrt{\alpha}=20\text{rad/s}$$

$$\omega_2=\frac{1}{\alpha T}=\frac{\omega_m}{\sqrt{\alpha}}=125\text{rad/s}$$

超前校正装置为

$$G_c(s)=\alpha\frac{Ts+1}{\alpha Ts+1}=0.16\frac{0.05s+1}{0.008s+1}$$

为补偿超前校正网络造成的幅值衰减，附加一个放大器 $K_c=\dfrac{1}{\alpha}=6.25$。校正后系统的开环传递函数为

$$G(s)=G_0(s)G_c(s)K_c=\frac{100(0.05s+1)}{s(0.1s+1)(0.01s+1)(0.008s+1)}$$

校正后系统的对数幅频特性如图 A6-1 中 $L(\omega)$ 所示。校正后系统的相角裕量

$\gamma=180°+\varphi(\omega_c)=180°-90°-\arctan0.1\omega_c-\arctan0.01\omega_c+\arctan0.05\omega_c-\arctan0.008\omega_c=32°$ 系统满足要求。

(2) 超前校正装置采用有源或无源网络来实现，若采用无源网络如图 A6-2 所示。

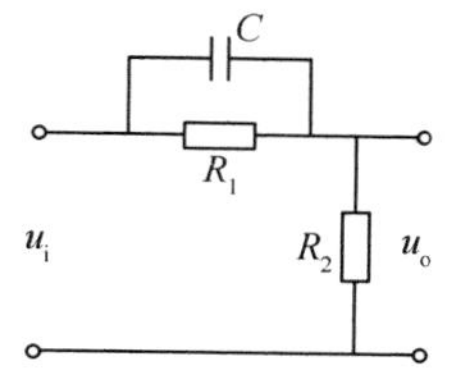

图 A6-2　超前校正装置的无源网络

其传递函数为

$$G_c(s)=\frac{R_2}{R_1+R_2}\frac{R_1Cs+1}{\dfrac{R_2}{R_1+R_2}R_1Cs+1}$$

比较得 $R_1C=0.05$，$\dfrac{R_2}{R_1+R_2}=0.16$，取 $C=1\mu\text{F}$ 得 $R_1=50\text{k}\Omega$，$R_2=9.52\text{k}\Omega$。

(3) 从校正前后的对数幅频特性，低频段不变，所以校正前后系统静态特性没有变化，校正后中频段的斜率由 $-40\text{dB/dec}$ 变为 $-20\text{dB/dec}$，所以校正后系统的稳定性提高，超调量减小，校正后系统的开环剪切频率增大，所以系统的快速性提高，而高频段幅值增大，所以系统的抗干扰能力下降。

**【A6-2】** 已知系统的开环传递函数为

$$G_0(s)=\frac{K}{s(s+1)(0.5s+1)}$$

试设计串联校正装置，满足静态速度误差系数 $K_v=5$，相角裕量 $\gamma\geqslant40°$，幅值裕量 $K_g\geqslant10\text{dB}$。

**【解】** 系统的开环增益 $K=K_v=5$，$G_0(s)=\dfrac{5}{s(s+1)(0.5s+1)}$

未校正系统的对数幅频特性如图 A6-3 中 $L_0(\omega)$ 所示。

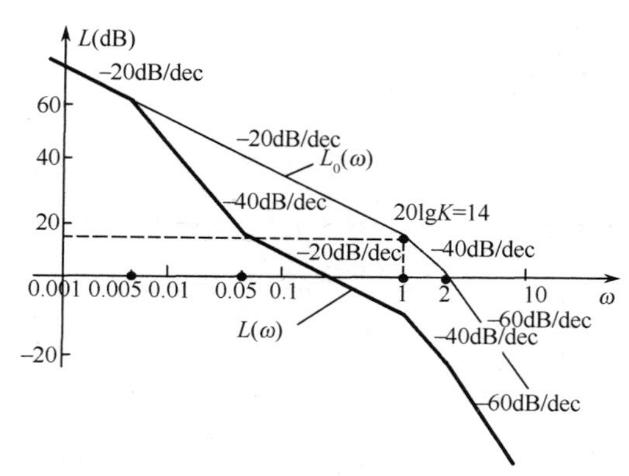

图 A6-3　系统的对数幅频特性曲线

系统的开环剪切频率

$$\frac{5}{\omega_{c0} \cdot \omega_{c0} \cdot 0.5\omega_{c0}} = 1 \Rightarrow \omega_{c0} = 2.15\text{s}^{-1}$$

校正前系统的相角裕量

$$\gamma_0 = 180° + \varphi(\omega_{c0}) = 180° - 90° - \arctan\omega_{c0} - \arctan 0.5\omega_{c0} = -22.13°$$

系统不稳定，若采用超前校正，要求校正装置提供的超前相角比较大，超前校正不合适，采用滞后校正，校正装置

$$G_c(s) = \frac{Ts+1}{\alpha Ts+1} \qquad (\alpha > 1)$$

根据相角裕量 $\gamma \geqslant 40°$ 和附加裕量的要求，在未校正系统上确定校正后的开环剪切频率 $\omega_c$

$$\gamma + 10° = 50° = 180° - 90° - \arctan\omega_c - \arctan 0.5\omega_c$$

解得 $\omega_c = 0.5\text{s}^{-1}$。

未校正系统在 $\omega_c = 0.5\text{s}^{-1}$ 处的对数幅值为 $L_0(\omega_c) = 20\text{dB}$，可由校正装置来抵消。$20\lg\alpha = L_0(\omega_c) = 20\text{dB}$，求得 $\alpha = 10$。

校正装置的第二个转折频率 $\omega_2 = \frac{1}{T} = \left(\frac{1}{2} \sim \frac{1}{10}\right)\omega_c$，选取 $\omega_2 = 0.05$，校正装置为

$$G_c(s) = \frac{20s+1}{200s+1}$$

校正后系统的开环传递函数为

$$G(s) = G_0(s)G_c(s) = \frac{5(20s+1)}{s(s+1)(0.5s+1)(200s+1)}$$

校正后系统的对数幅频特性如图 A6-3 中 $L(\omega)$ 所示。

校正后系统的相角裕量

$$\gamma = 180° - 90° + \arctan 20\omega_c - \arctan\omega_c - \arctan 0.5\omega_c - \arctan 200\omega_c = 44.3°$$

满足要求。

**【A6-3】** 设单位负反馈系统的开环传递函数为

$$G_0(s) = \frac{K}{s(0.5s+1)(0.167s+1)}$$

若要求系统在斜坡信号作用下的稳态误差 $e_{ss} \leqslant 0.0056$，相角裕量 $\gamma \geqslant 40°$，$3\text{s}^{-1} < \omega_c < 5\text{s}^{-1}$，试求满足要求的串联校正装置 $G_c(s)$。

**【解】** 首先绘制未校正系统满足稳态误差 $K = 180$ 时的对数幅频特性渐近线，如图 A6-4 中 $L_0(\omega)$ 所示。

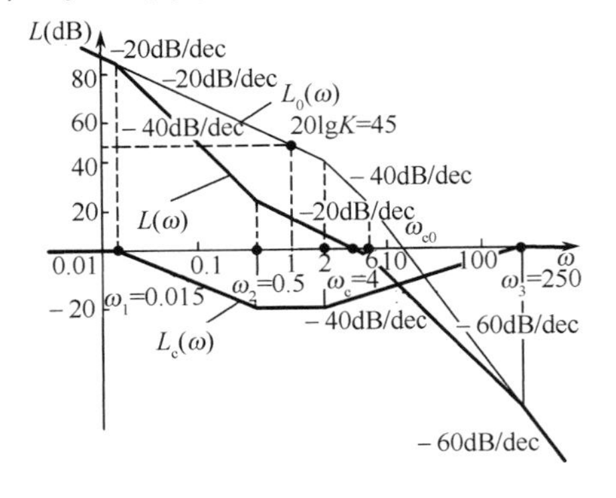


图 A6-4　对数幅频特性渐近线

未校正系统的开环剪切频率

$$\frac{180}{\omega_{c0} \cdot 0.5\omega_{c0} \cdot 0.167\omega_{c0}} = 1 \Rightarrow \omega_{c0} = 12.9\text{s}^{-1}$$

未校正系统的相角裕量

$$\gamma_0 = 180° + \varphi(\omega_{c0}) = 180° - 90° - \arctan 0.5\omega_{c0} - \arctan 0.167\omega_{c0} = -56.35°$$

未校正系统不稳定。

若单独采用串联超前校正，不仅补偿超前相角需要 100° 以上难以实现，且为了保持校正后的稳态误差不变，系统的剪切频率要大于 $\omega_{c0} = 12.9\text{s}^{-1}$ 也不满足要求。

若单独采用串联滞后校正，为保证剪切频率在要求范围，校正后系统中频段的斜率为 $-40\text{dB/dec}$，难以满足相角裕量要求。

根据要求的动、静态指标要求，采用期望特性法，首先确定系统期望对数幅频特性。

低频段特性和校正前特性相同，校正后系统的开环剪切频率取 $\omega_c = 4\mathrm{s}^{-1}$，中频段的斜率为 $-20\mathrm{dB/dec}$，且中频段要有足够的宽度，即第二个转折频率 $\omega_2 = \left(\frac{1}{2} \sim \frac{1}{10}\right)\omega_c$，选取：$\omega_2 = \frac{1}{8}\omega_c = 0.5\mathrm{s}^{-1}$；同时为使校正装置简单，过渡段斜率 $-40\mathrm{dB/dec}$，与低频段直接相交，得 $\omega_1 = 0.015\mathrm{s}^{-1}$；中频段的另一个转折频率 $\omega_3 = 6\mathrm{s}^{-1}$，斜率为 $-40\mathrm{dB/dec}$，与原系统特性相交于 $\omega_4 = 250\mathrm{s}^{-1}$，且 $\omega_4$ 以后频段和未校正系统的高频段重合。期望对数幅频特性如图 A6-4 中 $L(\omega)$ 所示。

期望对数幅频特性减原对数幅频特性得校正装置的对数幅频特性，如图 A6-4 中 $L_c(\omega)$ 所示，为滞后 - 超前校正，对应的传递函数为

$$G_c(s) = \frac{(2s+1)(0.5s+1)}{(66.7s+1)(0.004s+1)}$$

校正后系统的开环传递函数为

$$G(s) = G_0(s)G_c(s) = \frac{180(2s+1)}{s(0.167s+1)(66.7s+1)(0.004s+1)}$$

校正后系统的相角裕量

$$\gamma = 180° + \varphi(\omega_c) = 180° - 90° + \arctan 2\omega_c$$
$$- \arctan 0.167\omega_c - \arctan 66.7\omega_c - \arctan 0.004\omega_c = 48.42°$$

满足要求。

## B 考研试题

**【B6-1】**（北京交通大学 2007 年）已知单位负反馈系统的开环传递函数为

$$G_0(s) = \frac{100(0.1s+1)}{s(0.2s+1)(0.01s+1)}$$

（1）作出对数幅频特性和相频特性曲线，用对数频率稳定判据判断系统的稳定性；

（2）若要求保持相角裕量及剪切频率不变，但将斜坡输入下的稳态误差减为原来的一半，试说明应如何选择下列串联校正环节的参数 $K_c, T, \tau$（只要求说明选择的原则，不要求详细计算），$K_c, T, \tau$ 均大于零，$G_c(s) = \dfrac{K_c(\tau s+1)}{Ts+1}$。

**【解】**（1）系统对数频率特性 Bode 图如图 B6-1 所示。

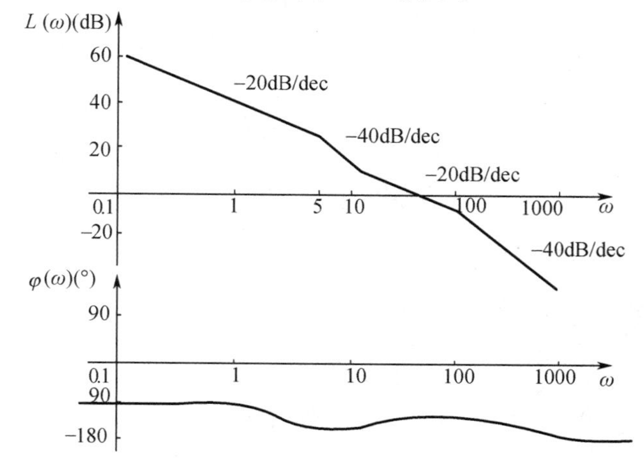


图 B6-1　系统对数频率特性

因系统为最小相位系统，相角均在 $-180°$ 线上方，相角裕量大于零，幅值裕量大于零，所以闭

环系统稳定。

(2) 原系统的静态速度误差系数为 $K_v=\lim\limits_{s\to 0}sG_0(s)=100$，则斜坡信号 $r(t)=at$ 作用下的稳态误差

$$e_{ss}=\frac{a}{K_v}=\frac{a}{100}$$

加入校正装置后，$K_v=\lim\limits_{s\to 0}sG_0(s)G_c(s)=100K_c$，$e'_{ss}=\frac{a}{K_v}=\frac{a}{100K_c}$。若要求稳态误差为原来的一半，则 $K_c=2$。

原系统的剪切频率$\frac{100\cdot 0.1\omega_{c0}}{\omega_{c0}\cdot 0.2\omega_{c0}}=1\Rightarrow\omega_{c0}=50$，为保持校正后剪切频率不变，则应有

$$|G_c(j\omega_{c0})|=\left|\frac{K_c(j\omega_{c0}\tau+1)}{j\omega_{c0}T+1}\right|=\frac{2\sqrt{(\omega_{c0}\tau)^2+1}}{\sqrt{(\omega_{c0}T)^2+1}}=1\Rightarrow T\approx 2\tau$$

另外，要保持相角裕量不变，则应有 $\angle G_c(j\omega_{c0})\approx 0\Rightarrow\arctan\omega_{c0}\tau-\arctan\omega_{c0}T=0$，即应使校正装置的第二个转折频率$\frac{1}{\tau}$远离开环剪切频率 $\omega_{c0}$，即$\frac{1}{\tau}=\left(\frac{1}{2}\sim\frac{1}{10}\right)\omega_{c0}$。

**【B6-2】**（上海交通大学）对于某单位反馈最小相位系统，其开环传递函数 $G_0(s)$ 的对数幅频特性曲线如图 B6-2 所示。

(1) 在图上标出其 $K_p$，并求出其值；

(2) 求出系统的开环传递函数 $G_0(s)$；

(3) 求系统的开环截止频率 $\omega_c$ 及系统的相角裕量 $\gamma$；

(4) 欲使其相角裕量 $\gamma\geqslant 30°$，采用串联校正，应采用何种校正环节？如何设计？

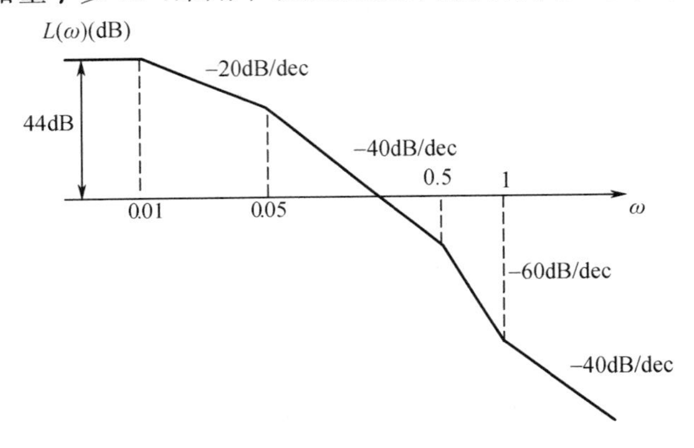


图 B6-2　对数幅频特性曲线

**【解】** (1)$20\log K_p=44$，$K_p=158.49$。

(2) 系统的开环传递函数　$G_0(s)=\frac{158.49(s+1)}{(100s+1)(20s+1)(2s+1)}$

(3) 系统的开环截止频率 $\omega_c$ 由 $\left|\frac{158.49(j\omega_c+1)}{(j100\omega_c+1)(j20\omega_c+1)(j2\omega_c+1)}\right|=1$，近似求得 $\omega_c=0.28$，系统的相角裕量 $\gamma=180°+\varphi(\omega_c)=-1.44°$。

(4) 原系统中频段斜率 $-40$dB/dec，且相角裕量小于零，系统不稳定。欲使其相角裕量 $\gamma\geqslant 30°$，可采用串联超前校正。

校正装置应提供的超前相角　$\varphi_m=\gamma-\gamma_0+\varepsilon=30°+1.44°+10°=41.44°$

校正装置的第一个参数　$\alpha=\frac{1-\sin\varphi_m}{1+\sin\varphi_m}=0.2$

由 $20\lg\sqrt{\alpha}=-7\text{dB}$，在原系统中求得对应的频率为 $\omega_m=0.42$，由 $\omega_m=\dfrac{1}{\sqrt{\alpha}T}=0.42$，求得 $T=5.32$，校正装置为

$$G_c(s)=\frac{Ts+1}{\alpha Ts+1}=\frac{5.32s+1}{1.06s+1}$$

校正后系统的开环传递函数为 $G(s)=\dfrac{158.49(s+1)(5.32s+1)}{(100s+1)(20s+1)(2s+1)(1.06s+1)}$

其开环剪切频率 $\omega_c=0.42$，相角裕量 $\gamma=180°+\varphi(\omega_c)=32.74°>30°$，满足要求。

**【B6-3】**（北京航空航天大学 2013 年）已知单位负反馈系统的开环传递函数为 $G(s)=\dfrac{K}{s^2}$，要求确定放大倍数 $K$ 和串联校正环节 $G_c(s)=\dfrac{\alpha Ts+1}{Ts+1}$ 的参数 $\alpha,T$，使系统在等加速度信号 $r(t)=\dfrac{1}{2}t^2(t\geqslant 0)$ 的作用下，稳态误差为 $e_{ss}=0.1$，截止频率为 10rad/s。绘制校正前后系统的 Bode 图，并判断校正前后闭环系统的稳定性。

**【解】** 由稳态误差为 $e_{ss}=0.1\Rightarrow K=10$，原系统剪切频率 $\omega_{c0}=3.16\text{rad/s}$，而要求 $\omega_c=10\text{rad/s}$，应采用超前校正 $\alpha>1$。

原系统在 $\omega_c=10\text{rad/s}$ 处对应幅值 $L_0(\omega_c)=-20\text{dB}$，则校正环节 $20\lg\sqrt{\alpha}=20\Rightarrow\alpha=100$，$\omega_c=\omega_m=\dfrac{1}{\sqrt{\alpha}T}=10\text{rad/s}$，$T=0.01$。

校正前后系统的 Bode 图如图 B6-3 所示。

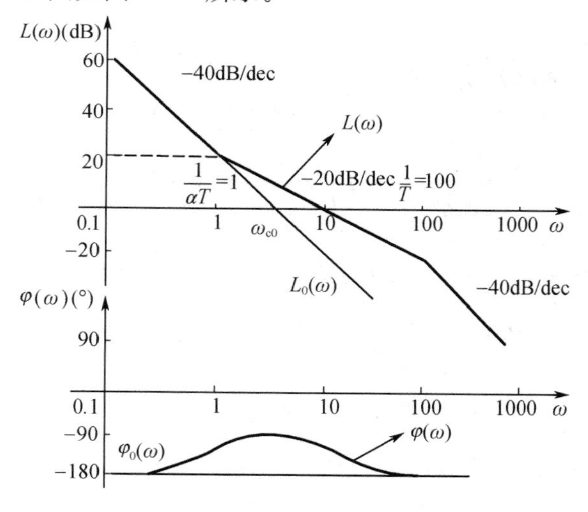


图 B6-3　校正前后系统的 Bode 图

校正前系统属于结构不稳定，校正后系统相角裕量大于零，闭环系统稳定。

**【B6-4】**（天津大学 2011 年）某单位反馈系统校正前的开环传递函数为

$$G_0(s)=\frac{3.16}{s\left(\dfrac{1}{31.6}s+1\right)^2}$$

要求校正后系统的加速度误差系数 $K_a=31.6$，系统开环传递函数中频段的斜率为 $-20\text{dB/dec}$，穿越频率（截止频率）$\omega_c=10\text{rad/s}$，高频率的斜率 $-40\text{dB/dec}$，且对频率 100rad/s 的测量噪声扰动信号有 $-30\text{dB}$ 的衰减。

(1) 绘制希望的对数幅频特性曲线；

(2) 给出校正装置的传递函数，它是一种什么校正装置？

(3) 计算校正前和校正后系统的相角裕量，定性说明系统静态特性、稳态性和快速性的变化。

**【解】** (1) 希望对数频率特性低频段斜率 $-40\text{dB/dec}$，过 $\omega=1$，$L(\omega)=20\lg 31.6=30\text{dB}$，中频段斜率 $-20\text{dB/dec}$，过 $\omega_c=10$，$L(\omega_c)=0\text{dB}$ 点；高频段斜率 $-40\text{dB/dec}$，过 $\omega=100$，$L(\omega_c)=-30\text{dB}$ 点。低频到中频的转换频率为 3.16rad/s，中频到高频的转换频率为 31.6rad/s，希望对数幅频特性曲线如图 B6-4 所示。

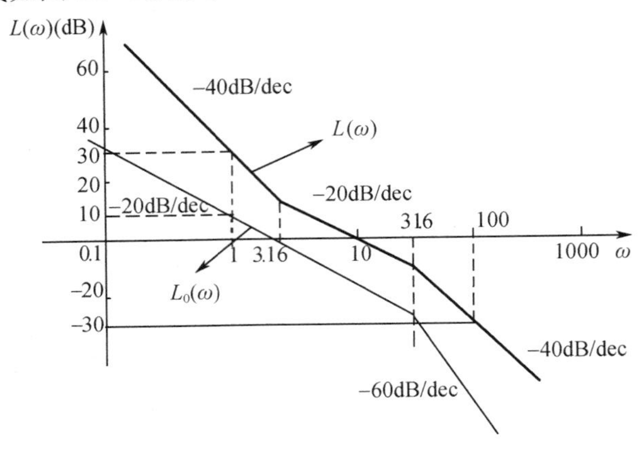


B6-4　系统对数幅频特性渐近曲线

(2) 校正后系统的传递函数为 $G(s)=\dfrac{31.6\left(\dfrac{1}{3.16}s+1\right)}{s^2\left(\dfrac{1}{31.6}s+1\right)}$

校正装置传递函数为 $G_c(s)=\dfrac{10\left(\dfrac{1}{3.16}s+1\right)\left(\dfrac{1}{31.6}s+1\right)}{s}$，为滞后-超前校正装置(PID控制器)。

(3) 校正前系统的对数幅频特性曲线如图 B6-4 所示，系统的穿越频率 $\omega_{c0}=3.16\text{rad/s}$，相角裕量 $\gamma_0=180°+\left(-90°-2\arctan\dfrac{\omega_{c0}}{31.6}\right)=78.58°$；校正后系统的穿越频率 $\omega_c=10\text{rad/s}$，相角裕量 $\gamma=180°+\left(-180°+\arctan\dfrac{\omega_c}{3.16}-\arctan\dfrac{\omega_c}{31.6}\right)=54.9°$。

校正后系统的型号提高，低频段高度提高，所以校正后系统的稳态误差 $e_{ss}$ 降低，相角裕量降低，所以系统稳定性降低，高频段幅值衰减比原系统慢，所以校正后系统的快速性降低。

**【B6-5】** (北京交通大学 2015 年) 已知系统结构图如图 B6-5(a) 所示，其中 $G(s)=\dfrac{2(0.05s+1)}{s(0.01s+1)}$。

(1) 试设计一个串联补偿器 $G_c(s)$，使系统具有如图 B6-5(b) 所示的开环近似幅频特性曲线；

(2) 求补偿后在输入为 $R(s)=\dfrac{3}{s^2}$ 时系统的稳态误差；

(3) 求相角裕量 $\gamma$；

(4) 画出 Nyquist 曲线并判稳。

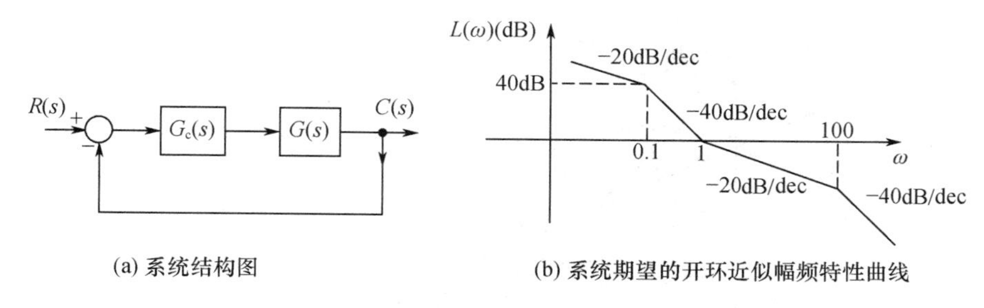


图 B6-5 系统结构图及期望的开环近似幅频特性曲线

**【解】** (1) 根据系统补偿后期望的对数幅频特性曲线图 B6-5(b)，可求得系统期望的开环传递函数为

$$G_{期望}(s)=\frac{10(s+1)}{s(10s+1)(0.01s+1)}$$

再由 $G_{期望}(s)=G_c(s)G(s)$，求得串联补偿器传递函数为 $G_c(s)=\dfrac{5(s+1)}{(10s+1)(0.05s+1)}$。

(2) 补偿后系统的开环传递函数为 $G_{期望}(s)$，当输入为 $R(s)=\dfrac{3}{s^2}$ 时，即斜坡输入，系统的 $K_v=\lim\limits_{s\to 0}sG_{期望}(s)=\lim\limits_{s\to 0}s\dfrac{10(s+1)}{s(10s+1)(0.01s+1)}=10$，系统的稳态误差 $e_{ss}=\dfrac{3}{K_v}=\dfrac{3}{10}=0.3$。

(3) 由图 B6-5(b) 可知补偿后系统的开环剪切频率 $\omega_c=1$，系统的相角裕量 $\gamma=180°+\varphi(\omega_c)=180°-90°-\arctan10\omega_c+\arctan\omega_c-\arctan0.01\omega_c=50.14°$。

(4) 补偿后系统的频率特性为

$$\begin{aligned}G_{期望}(j\omega)&=\frac{10(j\omega+1)}{j\omega(j10\omega+1)(j0.01\omega+1)}\\&=\frac{-10(9.01+0.1\omega^2)}{(10^2\omega^2+1)(0.01^2\omega^2+1)}\\&\quad-j\frac{10(1+9.91\omega^2)}{\omega(j10\omega+1)(j0.01\omega+1)}\end{aligned}$$

系统 Nyquist 曲线如图 B6-6 所示。

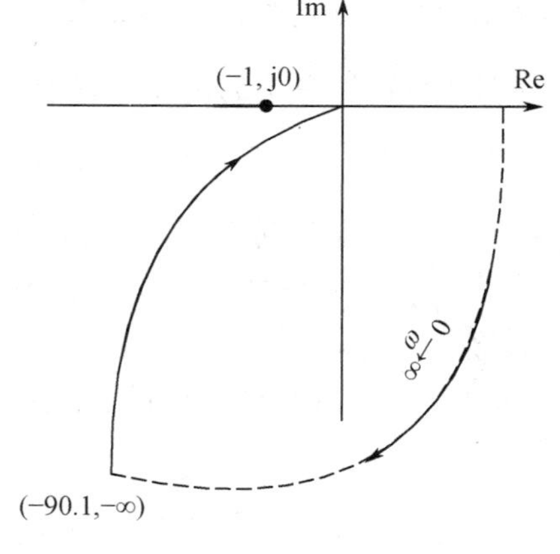


图 B6-6 系统 Nyquist 曲线

由 Nyquist 曲线不包围(−1,j0) 点，且开环系统无右极点，所以闭环系统稳定。

**【B6-6】** (山东大学 2014 年) 系统开环传递函数为

$$G_k(s)=\frac{10}{s(0.05s+1)}$$

其动态特性满足要求，但稳态误差不满足要求。试设计一种串联校正装置，在基本不影响原动态特性的情况下，使单位斜坡输入时稳态误差由原来的 $e_{ss}=0.1$ 变为 $e_{ss}=0.01$。要求：

(1) 画出原系统的对数幅频特性曲线，求幅值穿越频率 $\omega_c$ 和相角裕量 $\gamma$；

(2) 求校正装置的参数，写出其传递函数；

(3) 求校正后的幅值穿越频率 $\omega'_c$ 和相角裕量 $\gamma'$。

**【解】** (1) 原系统的对数幅频特性曲线如图 B6-7$L_0(\omega)$ 所示。

原系统的幅值穿越频率 $\omega_c=10$ 和相角裕量

$$\gamma=180°+\varphi(\omega_c)=180°-90°-\arctan0.05\omega_c=63.43°$$

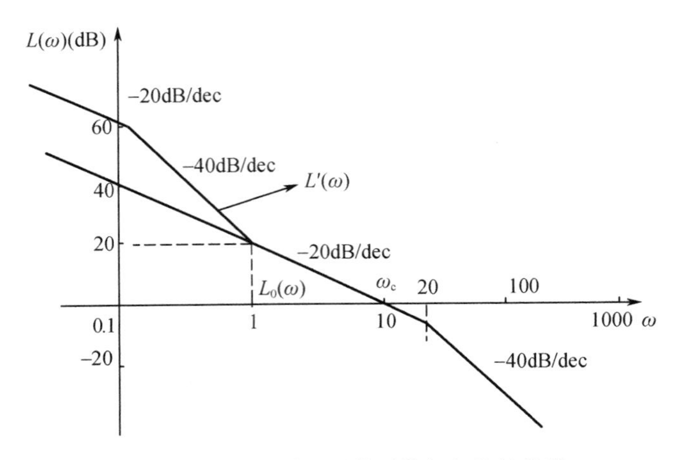


图 B6-7　校正前后系统对数幅频特性曲线

(2) 校正装置设计，根据单位斜坡输入时稳态误差要求，低频段斜率不变为 $-20$dB/dec，但高度提高 20dB。动态特性已满足要求，所以中频段不变，低频到中频的连接段斜率为 $-40$dB/dec。为保证相角裕量要求，其第二个转折频率应远离开环剪切频率 $\omega_c$，即选择为 $\left(\frac{1}{2}\sim\frac{1}{10}\right)\omega_c$，本系统选为 $\frac{1}{10}\omega_c=1$。过 $\omega_2=1$，$L(\omega)=20$dB 点，做一条斜率为 $-40$dB/dec 直线与低频段交于 $\omega_1=0.1$ 点。由于对抗干扰没有提要求，为简单起见，高频段也保持不变，满足要求的期望对数幅频特性曲线如图 $L'(\omega)$ 所示，校正装置的传递函数为 $G_c(s)=\frac{10(s+1)}{10s+1}$。

(3) 校正后系统的传递函数为

$$G'(s)=G_c(s)G_k(s)=\frac{100(s+1)}{s(10s+1)(0.05s+1)}$$

校正后幅值穿越频率 $\omega'_c$ 几乎没变，即 $\omega'_c=\omega_c=10$ 和相角裕量

$$\gamma'=180°-90°-\arctan 10\omega_c-\arctan 0.05\omega_c+\arctan\omega_c=58.73°$$

## C 习题

C6-1　试求如图 C6-1 所示有源网络的传递函数并绘制 Bode 图，并说明其网络特性。

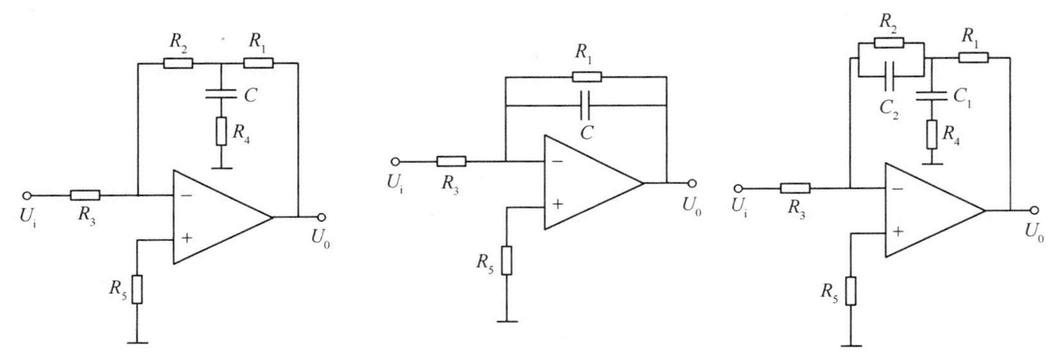


图 C6-1　习题 C6-1 图

C6-2　已知单位反馈控制系统的开环传递函数为

$$G(s)=\frac{10}{s(0.2s+1)}$$

当串联校正装置的传递函数 $G_c(s)$ 为

$$(1)G_c(s)=\frac{0.2s+1}{0.05s+1} \qquad (2)G_c(s)=\frac{2(s+1)}{10s+1}$$

(1) 绘出两种校正时校正前和校正后系统 Bode 图；

(2) 比较两种校正方案的优、缺点。

C6-3　已知单位反馈系统的对数幅频特性曲线如图 C6-2 中的 $L_0(\omega)$，串联校正装置 $G_c(s)$ 的对数幅频特性如图 C6-2 中的 $L_c(\omega)$，要求：

(1) 在图中画出系统校正后的对数幅频特性 $L(\omega)$；

(2) 写出校正后系统的开环传递函数；

(3) 分析校正装置 $G_c(s)$ 对系统的作用。

C6-4　系统的结构图如图 C6-3 所示，试利用根轨迹法设计超前校正装置，使系统满足下列性能指标：$\zeta=0.7, t_s=1.4\text{s}, K_v=2\text{s}^{-1}$。

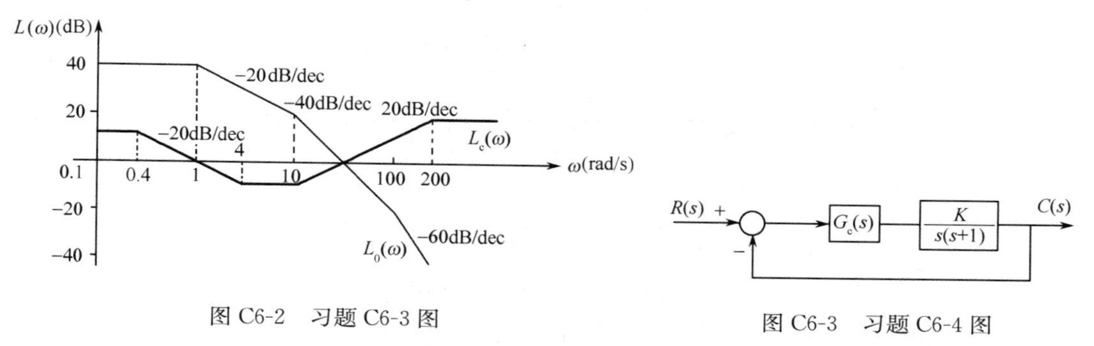


图 C6-2　习题 C6-3 图

图 C6-3　习题 C6-4 图

C6-5　已知一单位反馈系统的开环传递函数为

$$G(s)=\frac{200}{s(0.1s+1)}$$

试设计一校正装置，使系统的相角裕量 $\gamma \geqslant 45°$，剪切频率 $\omega_c \geqslant 50\text{rad/s}$。

C6-6　单位反馈系统的开环传递函数为

$$G(s)=\frac{4}{s(2s+1)}$$

设计一串联滞后校正装置，使系统相角裕量 $\gamma \geqslant 40°$，并保持原有的开环增益。

C6-7　设单位反馈系统的开环传递函数为

$$G(s)=\frac{5}{s(0.1s+1)(0.25s+1)}$$

试设计一校正装置，使系统满足下列性能指标：速度误差系数 $K_v=5\text{s}^{-1}$，相角裕量 $\gamma \geqslant 40°$，剪切频率 $\omega_c \geqslant 0.5\text{rad/s}$。

C6-8　单位负反馈系统的开环传递函数为

$$G(s)=\frac{K}{s(0.1s+1)(0.05s+1)}$$

(1) 试求适当的 $K$ 值，使系统的相角裕量 $\gamma \geqslant 45°$；

(2) 在(1)的基础上设计串联校正装置 $G_c(s)$，使系统的幅值穿越频率 $\omega_c=16\text{rad/s}$，且相角裕量 $\gamma \geqslant 45°$；

(3) 若要求系统斜坡信号作用下系统的稳态误差降低 10 倍而动态特性不变，求串联校正装置 $G_c(s)$。

C6-9　单位反馈系统的结构如图 C6-4 所示，现用速度反馈来校正系统，校正后系统具有临界阻尼比 $\zeta=1$，试确定校正装置参数 $K_t$。

C6-10　已知系统如图 C6-5 所示，要求闭环回路的阶跃响应无超调，并且系统跟踪斜坡信号时无稳态误差，试确定 $K$ 值及前馈校正装置 $G_c(s)$。

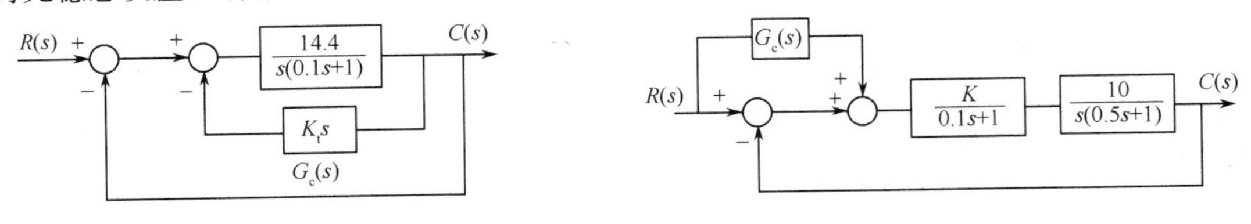


图 C6-4　习题 C6-9 图　　　　图 C6-5　习题 C6-10 图

C6-11　已知系统如图 C6-6 所示，试确定 $G_{1c}(s)$ 和 $G_{2c}(s)$，使系统输出量完全不受扰动信号 $n(t)$ 的影响，且单位阶跃响应的超调量等于 25%，峰值时间等于 2s。其中，$G_1(s) = K, G_2(s) = \dfrac{1}{s^2}$。

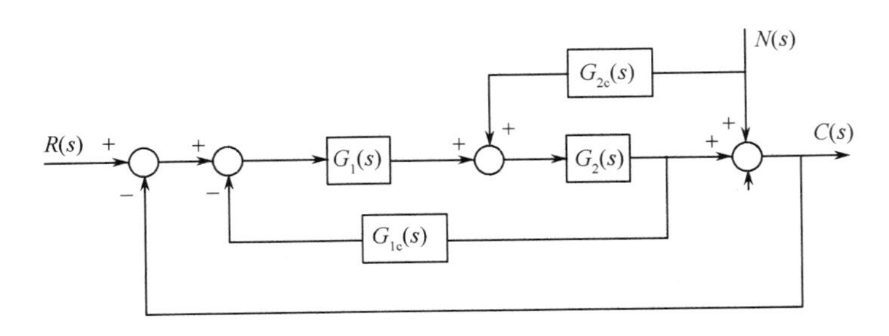


图 C6-6　习题 C6-11 图

C6-12　如图 C6-7 所示，试采用串联校正和复合校正两种方法，消除系统跟踪斜坡信号时的稳态误差，试分别画出系统校正后结构图并求出校正装置的传递函数。

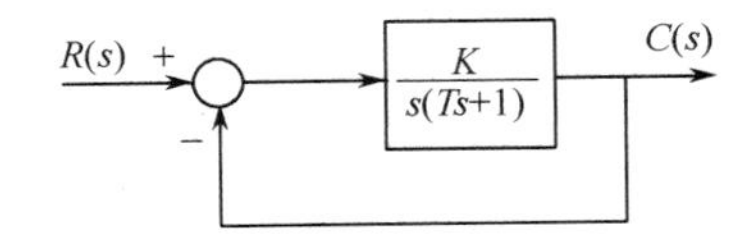


图 C6-7　习题 C6-12 图

C6-13　已知某系统的开环传递函数为

$$G(s) = \frac{10(s+1)(s+0.01)}{(s^2+2s+2)(s^2+0.02s+0.1001)}$$

试采用超前校正和滞后校正，借用 MATLAB 设计校正网络，使系统的单位阶跃响应的调整时间小于 2s，超调量小于 20%。

C6-14　已知系统的开环传递函数为

$$G(s) = \frac{1}{(s+1)(0.5s+1)}$$

为使系统阶跃响应的稳态误差为零，将校正装置 $G_c(s)$ 选为 PI 控制器。试采用 MATLAB 设计 $G_c(s)$，使系统阶跃响应的超调量小于 5%，调整时间小于 6s，速度误差系数 $K_v > 0.9\text{s}^{-1}$。

C6-15　某系统的开环传递函数为

$$G(s) = \frac{100}{s(s+1)(0.0125s+1)}$$

试用 MATLAB 来设计合适的校正装置，使系统剪切频率 $\omega_c \leqslant 50\text{rad/s}$，相角裕量 $\gamma \geqslant 50°$。

C6-16　设单位负反馈系统的开环传递函数为

$$G(s) = \frac{K}{s(s+1)(0.5s+1)}$$

若要使系统的速度误差系数 $K_v \geqslant 5\text{s}^{-1}$，相角裕量 $\gamma \geqslant 40°$，幅值裕量 $K_g \geqslant 10\text{dB}$，设计滞后校正装置，并用 MATLAB 来验证设计结果。

# 第 7 章　非线性系统分析

**内容提要：**本章主要介绍常见的非线性特性，重点介绍分析非线性系统的两种方法：相平面和描述函数法，最后介绍基于 Simulink 的非线性系统分析。

**知识要点：**非线性系统与线性系统的区别，相平面的基本概念，相轨迹，极限环，相平面分析，描述函数的定义和求取，描述函数法分析非线性系统的自持振荡，非线性系统的校正。

**教学建议：**本章的重点是了解非线性系统的特点，熟练掌握相平面图的绘制及相平面分析法，掌握描述函数的定义和求取、由描述函数法分析非线性系统的自持振荡，利用非线性特性改善系统的特性。掌握利用 Simulink 分析非线性系统的方法。**建议学时数为 8 ～ 10 学时。**

以上各章中，讨论了线性定常控制系统的分析和设计问题。但严格地说，由于每个控制元件或多或少地带有非线性特性，所以实际的控制系统都是非线性系统。实际工程中的一些系统作为线性系统来分析，这是由于系统的非线性不明显，可在一定的工作范围内，近似为线性系统；或某些实际系统的非线性特性虽然较明显，但在某些条件下，可进行分段线性化处理，作为线性系统来分析。这类系统统称为非本质非线性系统。但当系统的非线性特征明显且不能进行线性化处理时，就必须采用非线性系统理论来分析。这类非线性称为本质非线性。

## 7.1　非线性系统概述

控制系统包含一个或一个以上具有非线性特性的元件或环节时，此系统称为非线性系统。

### 7.1.1　非线性系统的特点

与线性系统相比，非线性系统有许多特殊的现象。

**1. 非线性系统的数学描述**

线性系统的运动可用线性微分方程描述，其满足叠加性和齐次性。而描述非线性系统运动的为非线性微分方程，一般对于输入为 $u(t)$，输出为 $c(t)$ 的非线性系统，其形式为

$$f\left(\frac{\mathrm{d}^n c(t)}{\mathrm{d}t^n},\frac{\mathrm{d}^{n-1} c(t)}{\mathrm{d}t^{n-1}},\cdots,\frac{\mathrm{d}c(t)}{\mathrm{d}t},c(t),t\right)=g\left(\frac{\mathrm{d}^m u(t)}{\mathrm{d}t^m},\frac{\mathrm{d}^{m-1} u(t)}{\mathrm{d}t^{m-1}},\cdots,\frac{\mathrm{d}u(t)}{\mathrm{d}t},u(t),t\right) \quad (7\text{-}1)$$

式中，$f(\cdot)$ 和 $g(\cdot)$ 为非线性函数。

非线性系统的输入、输出之间不具有叠加性和齐次性性质。

**2. 系统的瞬态响应**

线性系统瞬态响应曲线的形状（运动模态）完全由系统的结构和参数决定，而与系统输入信号大小无关，与系统的初始状态无关。如果系统在某初始条件下的响应过程为衰减振荡，则该系统在任何输入信号及初始条件下的瞬态响应均为衰减振荡形式。

而非线性系统瞬态响应曲线的形状除了与非线性系统结构和参数有关外，还与系统的输入信号大小、系统的初始状态有密切关系。非线性系统可能会出现某一初始条件下的瞬态响应过程为单调衰减，而在另一初始条件下的瞬态响应为衰减振荡，如图 7-1 所示。

3. **系统的稳定性**

线性系统的稳定性是系统的固有特性，仅与系统的结构、参数有关，而与系统输入信号的大小、初始状态无关。而非线性系统的稳定性，除了与系统的结构、参数有关外，还与系统的初始状态及输入信号大小有直接关系。可能在某个初始条件下非线性系统稳定，而在另一个初始条件下非线性系统可能不稳定。所以非线性系统稳定性的分析较复杂，不能简单地讲系统稳定或不稳定。

**【例 7-1】** 某非线性系统，其数学模型为非线性方程为

$$\dot{x}+(1-x)x=0$$

设 $t=0$ 时，系统的初始状态为 $x_0$，则非线性系统的解为

$$x(t)=\frac{x_0\mathrm{e}^{-t}}{1-x_0+x_0\mathrm{e}^{-t}}$$

(1) 当初始状态 $x_0<1$ 时，$1-x_0>0$，系统的时间响应按指数规律衰减，非线性系统稳定。

(2) 当 $x_0=1$ 时，$1-x_0=0$，系统的时间响应为一常量。

(3) 当 $x_0>1$ 时，$1-x_0<0$，系统的时间响应按指数规律发散，非线性系统不稳定。不同初始状态下系统的时间响应曲线如图 7-2 所示。

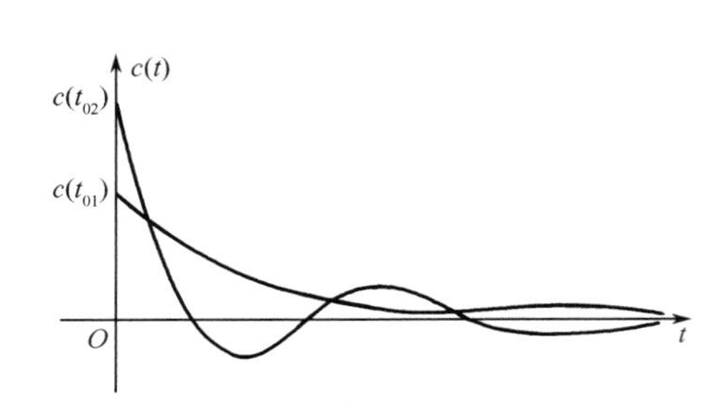


图 7-1　非线性系统的瞬态响应

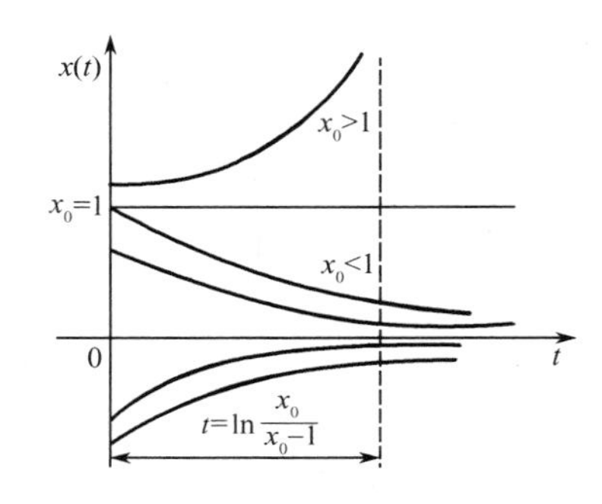


图 7-2　非线性系统的时间响应曲线

4. **系统的自持振荡(自激振荡)**

线性系统在输入信号作用下才有输出响应，输出响应有稳定和不稳定两种形式。线性系统处于临界稳定状态时，将产生周期性的等幅振荡过程，但实际上，一旦系统参数发生微小变化，临界稳定状态就无法维持，要么发散至无穷大(不稳定)，要么衰减至零(稳定)。

而在非线性系统中，其时域响应除了稳定和不稳定运动形式外，还有一个重要的运动状态，就是系统可能发生自持振荡(或自激振荡)—— 在没有周期信号的作用下，由系统结构和参数所确定的一种具有固定频率和振幅的等幅振荡状态，并且还可能产生不止一种振幅和频率的自持振荡，相对应的相轨迹为极限环。

5. **多值响应和跳跃谐振**

线性系统中，输入信号为正弦信号时，系统的稳态输出是同频率的正弦信号，仅仅是幅值和相位不同，可以采用频率特性来描述系统。

而非线性系统在正弦信号作用下的输出响应很复杂，一般不是正弦信号，但仍是周期信号；有时输出信号的频率为输入频率的倍频、分频等(包含有各次谐波分量)；存在跳跃谐振或多值响应。

### 7.1.2　非线性系统的分析和设计方法

非线性系统采用非线性微分方程描述，至今尚没有统一的求解方法，其理论也还不完善。由

于非线性系统的特点，线性系统的分析方法均不能采用。分析非线性系统，工程上常采用以下几种方法。

1. 线性化近似法

对于某些非线性特性不严重的系统，或系统仅仅只研究平衡点附近特性时，可以用小偏差线性化方法，将非线性系统近似线性化。

2. 分段线性近似法

将非线性系统近似为几个线性区域，每个区域由对应的线性化微分方程描述。

3. 相平面法

相平面法是非线性系统的图解分析法，采用在相平面上绘制相轨迹曲线，确定非线性系统在不同初始条件下系统的运动形式。该方法只适用于最高为二阶的系统。

4. 描述函数法

描述函数法是线性系统频率特性法的推广，采用谐波线性化将非线性特性近似表示为复变增益环节，应用频率法分析非线性系统的稳定性和自持振荡。该方法适用于非线性系统中线性部分具有良好的低通滤波特性的系统。

5. 李雅普诺夫法

李雅普诺夫法根据广义能量函数概念分析非线性系统的稳定性。原则上适用于所有非线性系统，但对大多数非线性系统，寻找李雅普诺夫函数相当困难。关于李雅普诺夫法，在“现代控制理论”课程中详解。

6. 计算机辅助分析

利用计算机模拟非线性系统，特别是采用 MATLAB 软件工具中的 Simulink 来模拟非线性系统，方便且直观，为非线性系统的分析提供了有效工具。

## 7.2 典型非线性特性

按非线性环节特性的形状，可以将非线性环节划分为死区特性、饱和特性、间隙特性、继电器特性等。

1. 死区特性(不灵敏区)

死区常见于系统的库仑摩擦、测量变送装置的不灵敏区、调节器和执行机构的死区、弹簧预紧力等中，其特点是当输入信号在零值附近的范围变化时，系统没有输出。只有当输入信号大于某一数值时，系统才有输出，且输出与输入呈线性关系。死区特性如图 7-3 所示。

死区特性的数学描述为

$$y=\begin{cases}k(x+a) & x<-a\\0 & |x|\leqslant a\\k(x-a) & x>a\end{cases}\tag{7-2}$$

死区特性对系统性能的影响：

(1) 由于死区的存在，增大了系统的稳态误差，降低了系统的控制精度；

(2) 若干扰信号落在死区段，可大大提高系统的抗干扰能力。

2. 饱和特性

饱和特性是系统中最常见的一种非线性特性，如放大器的饱和输出特性、磁饱和、元件的行程功率限制等。其特点是当输入信号超出其线性范围后，输出信号不再随输入信号变化而保持恒定。饱和特性如图 7-4 所示。

饱和特性的数学描述为

$$y=\begin{cases}-M & x<-a\\ kx & |x|\leqslant a\\ M & x>a\end{cases}\tag{7-3}$$

饱和特性对系统性能的影响：

(1) 将使系统的开环增益有所降低，对系统的稳定性有利；

(2) 使系统的快速性和稳态跟踪精度下降。

有时从系统的安全性考虑，常常加入各种限幅装置，其特性也属于饱和特性。

### 3. 间隙特性(回环特性)

传动机构的间隙、铁磁元件中的磁滞现象、液压传动中的油隙等是常见的回环非线性特性。其特点是元件正向或反向运动时，若输入信号改变方向，则需大于两倍间隙 $a$ 时，环节输出才反方向运行，间隙特性如图 7-5 所示。

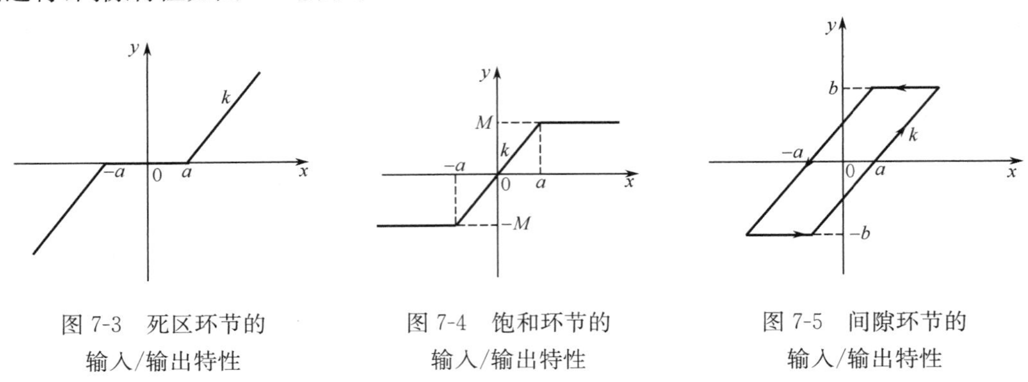


图 7-3 死区环节的输入/输出特性　　图 7-4 饱和环节的输入/输出特性　　图 7-5 间隙环节的输入/输出特性

间隙特性为非单值函数，其数学描述为

$$y=\begin{cases}b\operatorname{sign}y & \dot{y}=0\\ K(x-a\operatorname{sign}\dot{y}) & \dot{y}\neq 0\end{cases}\tag{7-4}$$

间隙特性对系统的影响：

(1) 一般来说，间隙使系统输出相位滞后，降低了系统的稳定裕量，控制系统的动态特性变坏，甚至使系统振荡；

(2) 间隙的存在使系统的稳态误差扩大，稳态特性变差。

### 4. 继电器特性

继电器特性可包含理想继电器特性、死区继电器特性、滞环继电器特性和死区加滞环继电器特性，如图 7-6 所示。

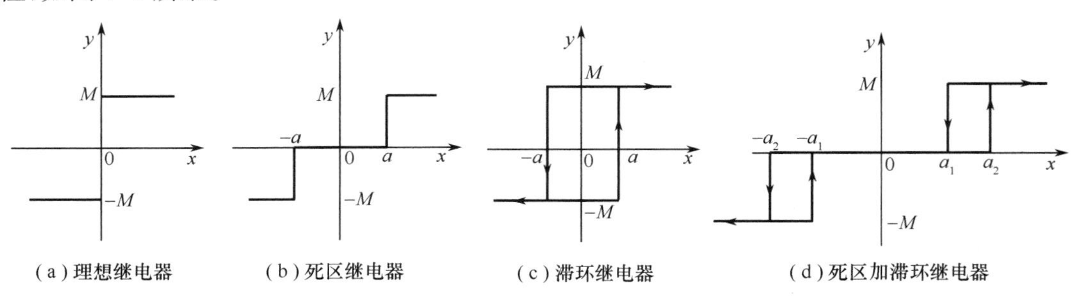


(a) 理想继电器　(b) 死区继电器　(c) 滞环继电器　(d) 死区加滞环继电器

图 7-6 几种继电器特性

继电器特性的数学描述为：

(1) 理想继电器特性

$$y=\begin{cases}+M & x>0\\ -M & x<0\end{cases} \tag{7-5}$$

(2) 死区继电器特性

$$y=\begin{cases}-M & x<-a\\ 0 & |x|<a\\ M & x>a\end{cases} \tag{7-6}$$

(3) 滞环继电器特性

$$y=\begin{cases}-M & x<a & \\ M & x>a & \dot{x}>0\\ -M & x<-a & \\ M & x>-a & \dot{x}<0\end{cases} \tag{7-7}$$

(4) 死区加滞环继电器特性

$$y=\begin{cases}0 & -a_1\leqslant x<a_2 & \\ M & x\geqslant a_2 & \dot{x}>0\\ -M & x<-a_1 & \\ 0 & -a_2<x<a_1 & \\ M & x>a_1 & \dot{x}<0\\ -M & x<-a_2 & \end{cases} \tag{7-8}$$

**5. 非线性增益特性**

在不同输入幅值下，元件或环节具有不同的增益，其特性如图 7-7 所示。大偏差时，具有较大增益，加快系统响应；小偏差时，具有较小增益，提高零值附近的系统稳定性。

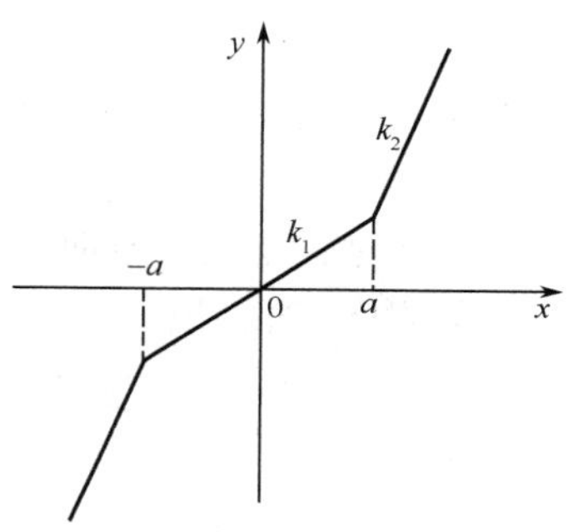


图 7-7　非线性增益的输入 / 输出特性

实际中的非线性除了上述典型特性以外，有些可能是上述情况的组合，或更为复杂的情形，或有些很难用一般函数来描述。

# 7.3　相平面分析法

相平面法是庞加莱(Poincare) 提出的，是一种求解二阶非线性微分方程组的图解法，能比较直观、准确地反映系统的稳定性、平衡状态的特性、不同初始状态和输入信号下系统的运动形式。虽然相平面法适用于一阶、二阶非线性控制系统的分析，但它形成特定的相平面法，对弄清高阶非线性系统的稳定性、极限环等特殊现象，起到了直观形象的作用。

## 7.3.1　相平面的基本概念

设二阶非线性系统的微分方程为

$$\ddot{x}+f(x,\dot{x})=0 \tag{7-9}$$

式中，$f(x,\dot{x})$ 是 $x$，$\dot{x}$ 的线性或非线性函数。

令 $x_1=x$，$x_2=\dot{x}$，则二阶系统可写成两个一阶微分方程，即

$$\begin{cases}\dot{x}_1=x_2\\ \dot{x}_2=-f(x_1,x_2)\end{cases} \tag{7-10}$$

上式消去时间 $t$ 可得

$$\frac{\mathrm{d}x_2}{\mathrm{d}x_1}=\frac{-f(x_1,x_2)}{x_2} \tag{7-11}$$

**1. 相平面、相点和相轨迹**

以 $x_1$ 为横坐标，$x_2$ 为纵坐标构成的平面称为相平面，$x_1$，$x_2$ 为状态变量（相变量）；相平面上的点称为相点；由某一初始条件出发在相平面上绘出的曲线称为相平面轨迹，简称相轨迹；不同初始条件下构成的相轨迹，称为相轨迹簇；由相轨迹簇构成的图称为相平面图，简称相图。利用相平面图分析系统性能的方法，称为相平面法。

**2. 相轨迹方程和平衡点**

引入相平面的概念，将二阶微分方程改写成两个一阶微分方程组，一般来说可表示为

$$\begin{cases}\dot{x}_1=f_1(x_1,x_2)\\ \dot{x}_2=f_2(x_1,x_2)\end{cases} \tag{7-12}$$

消去时间变量 $t$，得到相轨迹的斜率方程

$$\frac{\mathrm{d}x_2}{\mathrm{d}x_1}=\frac{f_2(x_1,x_2)}{f_1(x_1,x_2)} \tag{7-13}$$

求解可得相轨迹方程，即

$$x_2=g(x_1) \tag{7-14}$$

它表示相平面上的一条曲线，即相轨迹。

**3. 相轨迹的性质**

（1）一般情况下，相轨迹不相交。相轨迹上的相点$(x_1,x_2)$处的斜率由

$$\left.\frac{\mathrm{d}x_2}{\mathrm{d}x_1}\right|_{(x_1,x_2)}=\left.\frac{f_2(x_1,x_2)}{f_1(x_1,x_2)}\right|_{(x_1,x_2)}$$

唯一确定，不同条件下的相轨迹是不会相交的。

（2）当某一相点$(x_{10},x_{20})$满足

$$\begin{cases}\dot{x}_1=f_1(x_{10},x_{20})=0\\ \dot{x}_2=f_2(x_{10},x_{20})=0\end{cases} \tag{7-15}$$

此时两个状态变量对时间的变化率均为零，系统的状态到达平衡状态，相应的状态点（相点）称为系统的平衡点。平衡点处相轨迹的斜率满足

$$\frac{\mathrm{d}x_2}{\mathrm{d}x_1}=\frac{\dfrac{\mathrm{d}x_2}{\mathrm{d}t}}{\dfrac{\mathrm{d}x_1}{\mathrm{d}t}}=\frac{0}{0} \tag{7-16}$$

则上式不能唯一确定其斜率，相轨迹上斜率不确定的点在数学上也称为奇点，故平衡点即为系统的奇点。奇点处，由于相轨迹的斜率 $\mathrm{d}x_2/\mathrm{d}x_1$ 为不定值，表明不同初始条件出发的多条相轨迹在此交汇或由此出发，即相轨迹可以在奇点处相交。

### 7.3.2 线性系统的相轨迹

线性二阶系统微分方程为

$$\ddot{x}+2\zeta\omega_{\mathrm{n}}\dot{x}+\omega_{\mathrm{n}}^2x=0 \tag{7-17}$$

令 $x_1=x$，$x_2=\dot{x}$，则得

$$\begin{cases}\dot{x}_1=x_2\\ \dot{x}_2=-2\zeta\omega_{\mathrm{n}}x_2-\omega_{\mathrm{n}}^2x_1\end{cases} \tag{7-18}$$

相轨迹的斜率方程为

$$\frac{\mathrm{d}x_2}{\mathrm{d}x_1}=-\frac{2\zeta\omega_{\mathrm{n}}x_2+\omega_{\mathrm{n}}^2x_1}{x_2} \tag{7-19}$$

系统的奇点(平衡点)满足

$$\frac{\mathrm{d}x_2}{\mathrm{d}x_1}=\frac{0}{0}$$

解得 $x_1=0$,$x_2=0$ 为系统的奇点。

另外,式(7-17)的特征方程为

$$\lambda^2+2\zeta\omega_{\mathrm{n}}\lambda+\omega_{\mathrm{n}}^2=0 \tag{7-20}$$

系统的特征根为

$$\lambda_{1,2}=-\zeta\omega_{\mathrm{n}}\pm\omega_{\mathrm{n}}\sqrt{\zeta^2-1} \tag{7-21}$$

对于不同的阻尼比,二阶系统的特征根不同,系统的时域响应由特征根决定,而时域响应和响应的导数决定系统的相轨迹。

### 1. 当 $\zeta=0$(无阻尼运动状态)时

当 $\zeta=0$ 时,系统特征根为一对纯虚根 $\pm\mathrm{j}\omega_{\mathrm{n}}$,式(7-19)的相轨迹方程为

$$\frac{\mathrm{d}x_2}{\mathrm{d}x_1}=-\frac{\omega_{\mathrm{n}}^2x_1}{x_2} \tag{7-22}$$

对式(7-22)分离变量并积分得

$$x_2^2+\frac{x_1^2}{1/\omega_{\mathrm{n}}^2}=A^2 \tag{7-23}$$

式中,$x_{20}^2+\dfrac{x_{10}^2}{1/\omega_{\mathrm{n}}^2}=A^2$ 为由初始条件决定的积分常数。

初始条件不同时,上式表示的系统相轨迹是一簇同心椭圆,如图 7-8 所示,每一个椭圆对应一个等幅振荡。在原点处有一个平衡点(奇点),该奇点附近的相轨迹是一簇封闭椭圆曲线,这类奇点称为中心点。

### 2. 当 $0<\zeta<1$(欠阻尼运动状态)时

当 $0<\zeta<1$ 时,系统特征方程的根为一对具有负实部的共轭复根 $-\xi\omega_{\mathrm{n}}\pm\mathrm{j}\omega_{\mathrm{n}}\sqrt{1-\xi^2}$,系统的零输入响应是衰减振荡,最终趋于零,不同初始条件出发的相轨迹呈对数螺旋线收敛于平衡点,这样的奇点称为稳定焦点。对应的相轨迹如图 7-9 所示。

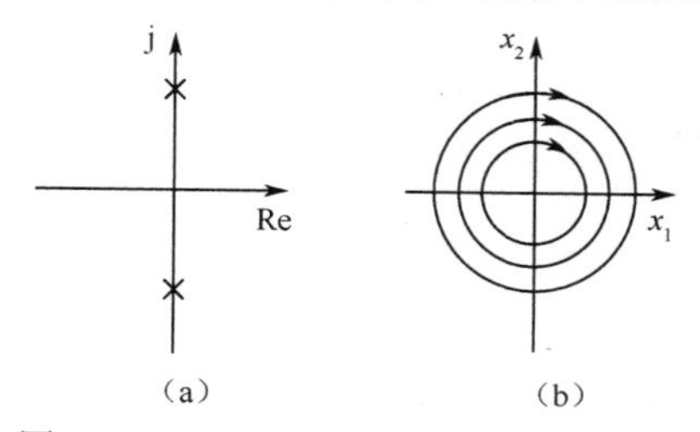

图 7-8 无阻尼二阶线性系统的相轨迹

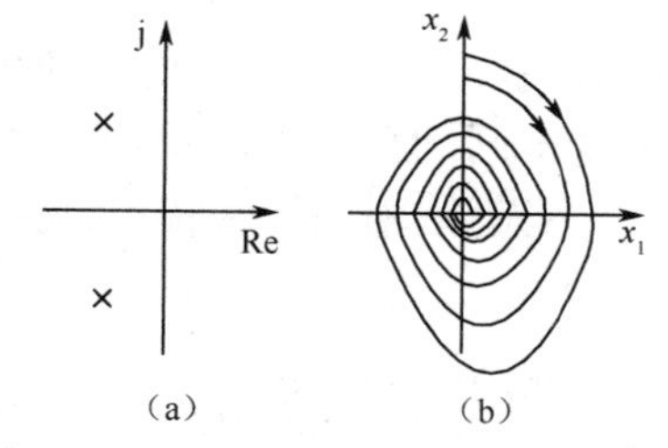

图 7-9 欠阻尼二阶线性系统的相轨迹

### 3. 当阻尼比 $-1<\zeta<0$ 时

当阻尼比 $-1<\zeta<0$ 时,系统特征方程的根为一对具有正实部的共轭复根,系统的零输入响应是发散振荡的,系统不稳定,不同初始条件出发的相轨迹从平衡点呈对数螺旋线发散出去,这种奇点称为不稳定焦点。对应的相轨迹如图 7-10 所示。

### 4. 当阻尼比 $\zeta>1$ 时

当阻尼比 $\zeta>1$ 时,系统特征根为两个负实根,系统的零输入响应单调衰减到零,系统稳定,

不同初始状态的相轨迹为趋向于平衡点的抛物线，这种奇点称为稳定节点。对应的相轨迹如图 7-11 所示。

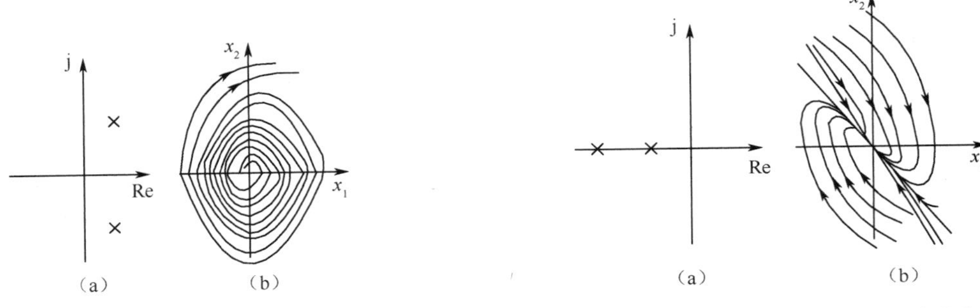


图 7-10　阻尼比 $-1<\zeta<0$ 时二阶线性系统的相轨迹　　图 7-11　阻尼比 $\zeta>1$ 时二阶线性系统的相轨迹

**5. 当阻尼比 $\zeta<-1$ 时**

当阻尼比 $\zeta<-1$ 时，系统特征根为两个正实根，系统的零输入响应是单调发散的，系统不稳定，不同初始状态的相轨迹为由平衡点出发的发散的抛物线，这种奇点称为不稳定节点。对应的相轨迹如图 7-12 所示。

**6. 当系统为正反馈时**

当系统为正反馈时，系统的微分方程为

$$\ddot{x}+2\zeta\omega_n\dot{x}-\omega_n^2x=0$$

特征根 $\lambda_{1,2}=-\zeta\omega_n\pm\omega_n\sqrt{\zeta^2+1}$，为一正一负两个实根。系统的零输入响应是单调发散的，系统不稳定，系统的相轨迹是一簇双曲线，这种奇点称为鞍点。对应的相轨迹如图 7-13 所示。

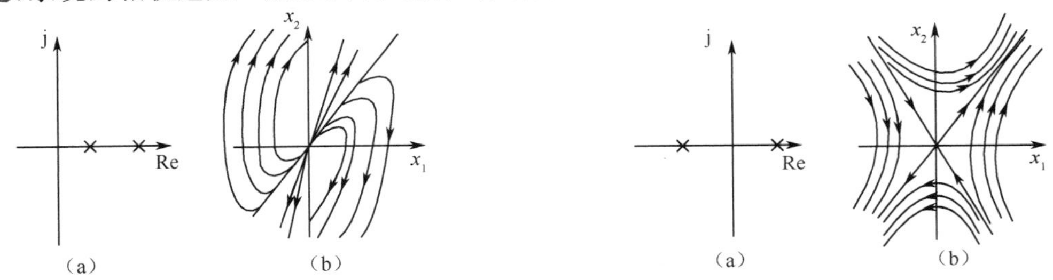


图 7-12　阻尼比 $\zeta<-1$ 时二阶线性系统的相轨迹　　图 7-13　一正一负两个实根时二阶系统的相轨迹

以上分析表明，二阶线性系统的特征根在复平面上位置不同时，时域响应的形式不同，相轨迹的形状也完全不同。而且相轨迹的形状与系统闭环极点的位置密切相关，与奇点类型也密切相关，而与初始状态无关，不同初始状态只能在相平面上形成几何形状相似的相轨迹，不会改变相轨迹的性质。

### 7.3.3　二阶非线性系统的线性化

对于非线性系统，描述二阶非线性系统的微分方程为

$$\begin{cases}\dot{x}_1=f_1(x_1,x_2)\\ \dot{x}_2=f_2(x_1,x_2)\end{cases}\tag{7-24}$$

**1. 奇点(平衡点)**

系统的平衡点可由式(7-25)求取，并且非线性系统的平衡点往往不止一个。

$$\begin{cases}\dot{x}_1=f_1(x_{10},x_{20})=0\\ \dot{x}_2=f_2(x_{10},x_{20})=0\end{cases}\tag{7-25}$$

对于非线性系统奇点的性质分析，采用奇点附近小范围线性化的方法。

将非线性函数 $f_1(x_1,x_2)$，$f_2(x_1,x_2)$ 在奇点 $(x_{10},x_{20})$ 附近展开成泰勒级数，得

$$\begin{aligned}\dot{x}_1 = f_1(x_1,x_2) = f_1(x_{10},x_{20}) + \left.\frac{\partial f_1(x_1,x_2)}{\partial x_1}\right|_{\substack{x_{10}\\x_{20}}}(x_1 - x_{10}) + \\ \left.\frac{\partial f_1(x_1,x_2)}{\partial x_2}\right|_{\substack{x_{10}\\x_{20}}}(x_2 - x_{20}) + \cdots \\ \dot{x}_2 = f_2(x_1,x_2) = f_2(x_{10},x_{20}) + \left.\frac{\partial f_2(x_1,x_2)}{\partial x_1}\right|_{\substack{x_{10}\\x_{20}}}(x_1 - x_{10}) + \\ \left.\frac{\partial f_2(x_1,x_2)}{\partial x_2}\right|_{\substack{x_{10}\\x_{20}}}(x_2 - x_{20}) + \cdots\end{aligned} \tag{7-26}$$

假若奇点在坐标原点，且取一次近似得

$$\begin{aligned}\dot{x}_1 = f_1(x_1,x_2) = \left.\frac{\partial f_1(x_1,x_2)}{\partial x_1}\right|_{\substack{x_{10}\\x_{20}}} x_1 + \left.\frac{\partial f_1(x_1,x_2)}{\partial x_2}\right|_{\substack{x_{10}\\x_{20}}} x_2 \\ \dot{x}_2 = f_2(x_1,x_2) = \left.\frac{\partial f_2(x_1,x_2)}{\partial x_1}\right|_{\substack{x_{10}\\x_{20}}} x_1 + \left.\frac{\partial f_2(x_1,x_2)}{\partial x_2}\right|_{\substack{x_{10}\\x_{20}}} x_2\end{aligned} \tag{7-27}$$

令

$$a = \left.\frac{\partial f_1(x_1,x_2)}{\partial x_1}\right|_{\substack{x_{10}\\x_{20}}} \qquad b = \left.\frac{\partial f_1(x_1,x_2)}{\partial x_2}\right|_{\substack{x_{10}\\x_{20}}}$$

$$c = \left.\frac{\partial f_2(x_1,x_2)}{\partial x_1}\right|_{\substack{x_{10}\\x_{20}}} \qquad d = \left.\frac{\partial f_2(x_1,x_2)}{\partial x_2}\right|_{\substack{x_{10}\\x_{20}}}$$

得平衡点附近的线性化方程组为

$$\begin{aligned}\dot{x}_1 = ax_1 + bx_2 \\ \dot{x}_2 = cx_1 + dx_2\end{aligned} \tag{7-28}$$

线性化方程组的特征方程为

$$\lambda^2 - (a + d)\lambda + (ad - bc) = 0$$

在一般情况下，线性化方程在平衡点附近的相轨迹与非线性系统在平衡点附近的相轨迹具有同样的形状特征。但是，若线性化方程求解至少有一个根为零时，根据李雅普诺夫小偏差理论，不能根据一阶线性化方程确定非线性系统平衡点附近的特性，此时，平衡点附近的相轨迹要考虑忽略的高阶项。

**【例 7-2】** 已知非线性系统的微分方程为

$$\ddot{x} + 0.5\dot{x} + 2x + x^2 = 0$$

试确定非线性系统的奇点及相轨迹。

**【解】** 令 $x_1 = x$，$x_2 = \dot{x}$，则系统微分方程可写成

$$\begin{cases}\dot{x}_1 = x_2 = f_1(x_1,x_2) \\ \dot{x}_2 = -0.5x_2 - 2x_1 - x_1^2 = f_2(x_1,x_2)\end{cases}$$

由奇点定义，得

$$\begin{cases}f_1(x_{10},x_{20}) = 0 \\ f_{20}(x_{10},x_{20}) = 0\end{cases}$$

解得

$$\begin{cases}x_{10} = 0 \\ x_{20} = 0\end{cases};\begin{cases}x_{10} = -2 \\ x_{20} = 0\end{cases}$$

系统有两个奇点 $(0,0)$，$(-2,0)$。

(1) 对奇点 $(0,0)$ 附近线性化方程为

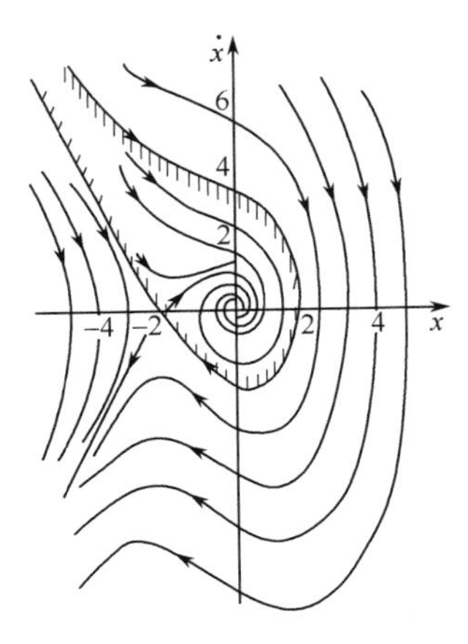

图 7-14　例 7-2 系统的相轨迹图

$$\ddot{x}+0.5\dot{x}+2x=0$$

特征根为$-0.25\pm j1.39$,所以该奇点为稳定焦点,其附近的相轨迹为收敛的对数螺旋线。

(2) 对$(-2,0)$ 奇点,因其不在坐标原点,首先进行坐标轴变换,令 $y=x+2$,则此时线性化方程为

$$\ddot{y}+0.5\dot{y}-2y=0$$

特征根为 $-1.69, 1.19$,所以该奇点为鞍点,其附近的相轨迹为双曲线。

根据奇点的位置和奇点的类型,再使用作图法,绘制出系统的相轨迹图,如图 7-14 所示。

**2. 极限环**

对于非线性系统,还有一种与线性系统不同的运动状态 —— 自持振荡,它在相平面图上表现为一条孤立的封闭曲线,称为极限环。

极限环附近的相轨迹都卷向极限环,或从极限环卷出。因此,极限环将相平面分成内部平面和外部平面,极限环内部(外部) 的相轨迹,不能穿过极限环进入它的外部(内部)。

分析极限环邻近相轨迹的特点,可将极限环分为以下几种。

(1) 稳定极限环:极限环内部和外部的相轨迹均收敛于该极限环,稳定极限环对应稳定的自持振荡。

(2) 不稳定极限环:极限环内部和外部的相轨迹均从该极限环发散出去,不稳定极限环对应不稳定的自持振荡。

(3) 半稳定极限环:极限环内部和外部的相轨迹有一侧收敛于该极限环,而另一侧的相轨迹从极限环发散出去,半稳定极限环对应不稳定的自持振荡。

实际中,只有稳定的极限环可通过实验观察到。

### 7.3.4 相轨迹图的绘制

绘制相轨迹图可采用解析法、图解法、实验法和计算机辅助法。

**1. 解析法**

解析法一般用于系统的微分方程比较简单或可以用分段线性化的方程。

**【例 7-3】** 试绘制图 7-15 所示系统在 3 种情况$\beta=0, \beta<0, \beta>0$ 下的相轨迹图。

**【解】** 由结构图得

$$\ddot{c}=u=\begin{cases}M & c+\beta\dot{c}<0\\ -M & c+\beta\dot{c}>0\end{cases}$$

相平面选取为$[c,\dot{c}]$,则解微分方程得相轨迹表达式

$$\begin{cases}\dot{c}^2=2Mc+A_0 & c+\beta\dot{c}<0\\ \dot{c}^2=-2Mc+B_0 & c+\beta\dot{c}>0\end{cases}$$

式中,$A_0$,$B_0$ 为初始条件决定的常数值。

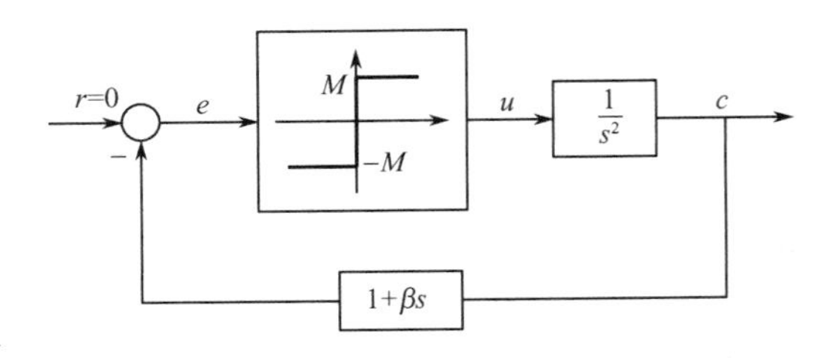

图 7-15　系统结构图

相轨迹方程的切换条件为 $c+\beta\dot{c}=0$,称为相轨迹的开关曲线。

(1) 当 $\beta=0$ 时,开关曲线为 $\dot{c}$ 轴,相轨迹由两条抛物线封闭组成,对应的运动是周期运动,相轨

迹如图 7-16 所示。

(2) 当$\beta<0$时，开关曲线位于 1，3 象限，相轨迹仍由两簇抛物线组成，但每次切换时，$|c|$，$|\dot{c}|$ 均增大，对应的运动是振荡发散运动，相轨迹如图 7-17 所示的粗线。

(3) 当$\beta>0$时，开关曲线位于 2，4 象限，相轨迹仍由两条抛物线组成，但每次切换时，$|c|$，$|\dot{c}|$ 均减小，对应的运动是振荡收敛运动，相轨迹如图 7-18 所示的粗线。

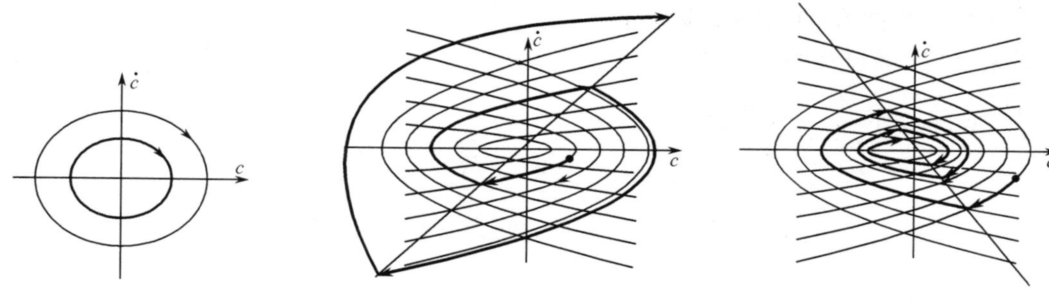


图 7-16　$\beta=0$ 时系统的相轨迹图　　图 7-17　$\beta<0$ 时系统的相轨迹图　　图 7-18　$\beta>0$ 时系统的相轨迹图

**2. 图解法**

常用的图解法有等倾线法和$\delta$法。下面介绍等倾线法。

对于非线性系统

$$\ddot{x}=f(x,\dot{x})$$

相轨迹的斜率方程为

$$\frac{\mathrm{d}\dot{x}}{\mathrm{d}x}=\frac{f(x,\dot{x})}{\dot{x}} \tag{7-29}$$

若取斜率为常数$\alpha$，则式(7-29) 可改写为

$$\frac{\mathrm{d}\dot{x}}{\mathrm{d}x}=\frac{f(x,\dot{x})}{\dot{x}}=\alpha \tag{7-30}$$

对于相平面上满足式(7-30) 的各点，经过它们的相轨迹的斜率相同，所以，式(7-30) 称为等倾线方程。对于给定斜率$\alpha$，求解等倾线方程，在相平面上得到一条等倾曲线。给定不同的值$\alpha$，可在相平面上绘制不同的等倾曲线簇。由给定的初始条件出发，沿各条等倾曲线所决定相轨迹的切线方向，依次画出系统相轨迹。

**【例 7-4】** 线性二阶系统的微分方程为

$$\ddot{x}+\dot{x}+x=0$$

试用等倾线法绘制系统的相轨迹。

**【解】** 由系统的微分方程可得系统的等倾线方程

$$\frac{\mathrm{d}\dot{x}}{\mathrm{d}x}=-\frac{\dot{x}+x}{\dot{x}}=\alpha$$

取不同的$\alpha$分别绘制等倾线，等倾线为直线。如图 7-19 所示，若给定的初始条件为$A$点，从$A$点出发，作一条斜率为$(\alpha_{\mathrm{A}}+\alpha_{\mathrm{B}})/2$的直线，与$\alpha_{\mathrm{B}}$的等倾线相交于$B$点。再将$B$点看作初始点，依次将各小线段光滑地连接起来，就得到了从$A$点出发的一条相轨迹。

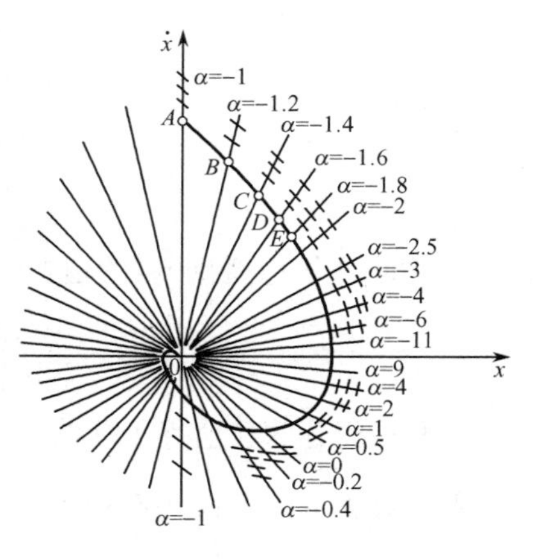


图 7-19　例 7-4 系统的相轨迹图

等倾线法的精度取决于等倾线的分布密度。为保证作图的准确性，一般等倾线的间隔为 5°～10° 为宜。

## 7.3.5 由相轨迹图求时间

相轨迹图是系统的输出响应 $c,\dot{c}$ 或误差响应 $e,\dot{e}$ 在相平面上的映像，它虽然可以反映系统时间响应的主要特征，但不能直接显示时间信息。若需要求出系统的时间响应，就必须确定相轨迹上各点对应的时间，可以采用以下两种方法近似求取。

**1. 根据相轨迹的平均斜率求时间 $t$**

设系统的相轨迹如图 7-20 所示，设相轨迹由 $A$ 点转移到 $B$ 点所需的时间为 $\Delta t_{AB}$，考虑到 $\dot{x}=\dfrac{dx}{dt}$，故在此期间 $\dot{x}$ 的平均值为

$$\dot{x}_{AB}=\frac{\Delta x}{\Delta t}=\frac{x_B-x_A}{\Delta t_{AB}} \tag{7-31}$$

据此可求得相轨迹由 $A$ 点转移到 $B$ 点所需的时间为

$$\Delta t_{AB}=\frac{x_B-x_A}{\dot{x}_{AB}}=\frac{x_{1B}-x_{1A}}{x_{2AB}} \tag{7-32}$$

式中，$x_{2AB}=\dfrac{x_{2B}+x_{2A}}{2}$ 对应 $A,B$ 两点的平均值。

用同样的方法可求出相轨迹由 $B$ 点转移到 $C$ 点的时间，依此类推可得 $x(t)$ 的曲线。

**2. 面积法求时间**

设系统的相轨迹如图 7-21 所示 $x_2=f(x_1)$。

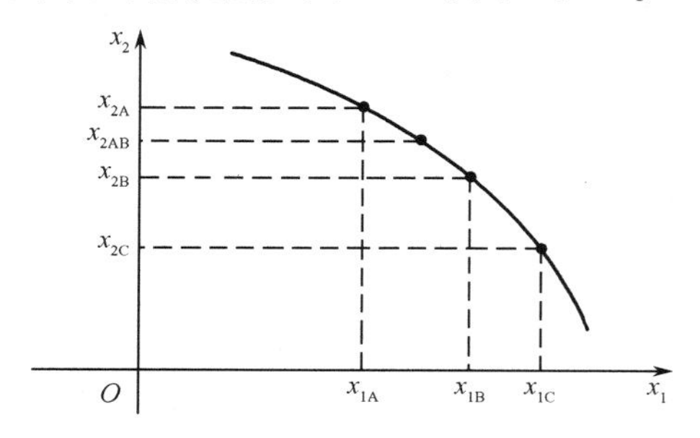


图 7-20 由相轨迹图求时间

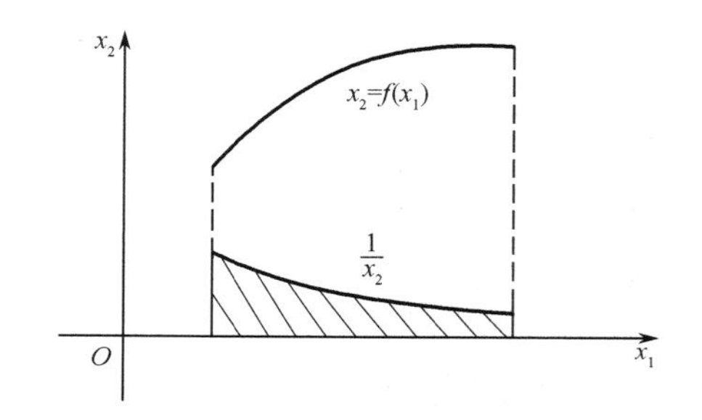


图 7-21 面积法求时间

相轨迹图是以 $x_1$ 为横坐标，$x_2$ 为纵坐标画出的曲线 $x_2=f(x_1)$，如图 7-21 所示。且已知

$$\dot{x}_1=x_2=\frac{dx_1}{dt} \tag{7-33}$$

则有

$$dt=\frac{dx_1}{x_2} \tag{7-34}$$

当时间由 $t_1$ 变到 $t_2$，两边积分得

$$t_2-t_1=\int_{t_1}^{t_2}dt=\int_{x_1(t_1)}^{x_1(t_2)}\frac{1}{x_2}dx_1 \tag{7-35}$$

上式积分的数值等于曲线$\dfrac{1}{x_2}$ 与 $x_1$ 轴之间包围的面积，如图 7-21 中阴影部分所示，利用解析法或图解法可以求得此面积。

## 7.3.6 非线性系统的相平面分析

根据非线性特性将整个相平面划分成若干区域，采用解析法、作图法等绘制各区域的相轨

迹，不同区域相轨迹在开关线上发生变化，构成整个系统的相轨迹。

下面举例说明相平面法对非线性系统动、静态特性的分析。

**【例 7-5】** 图 7-22 所示为带死区继电器的非线性系统，设系统在静止状态下施加阶跃信号 $r(t)=R\cdot 1(t)$，试分析系统的动态特性和稳态特性。

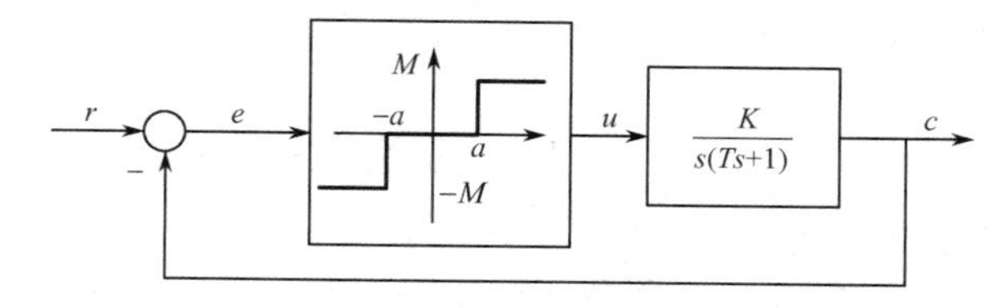


图 7-22 具有死区继电器特性的非线性系统

**【解】** 线性部分的微分方程为

$$
\begin{aligned}
&T\ddot{c}+\dot{c}=Ku\\
&e=r-c\\
&\dot{e}=\dot{r}-\dot{c}\\
&\ddot{e}=\ddot{r}-\ddot{c}
\end{aligned}
\tag{7-36}
$$

非线性部分的特性为

$$
u=\begin{cases}M & e>a\\ 0 & -a<e<a\\ -M & e<-a\end{cases}
\tag{7-37}
$$

相平面取 $e,\dot{e}$，则有

$$
T\ddot{e}+\dot{e}=\begin{cases}-KM & e>a & \text{Ⅰ}\\ 0 & -a<e<a & \text{Ⅱ}\\ KM & e<-a & \text{Ⅲ}\end{cases}
\tag{7-38}
$$

非线性特性将方程划分为Ⅰ，Ⅱ，Ⅲ3 个区域，开关线为 $e=a$ 和 $e=-a$。

Ⅰ 区：相平面 $e>a$ 的区域，则相应方程可表示为

$$T\ddot{e}+\dot{e}=-KM$$

Ⅰ 区相轨迹的等倾线方程为

$$\dot{e}=\frac{-KM}{1+\alpha T}$$

Ⅰ 区内相轨迹的等倾线为一系列平行于 $\dot{e}$ 轴的直线，对于 $\alpha=0$ 的等倾线为 $\dot{e}=-KM$，此为Ⅰ 区相轨迹的渐近线。

Ⅱ 区：相平面 $-a<e<a$ 的区域，则相应方程可表示为

$$T\ddot{e}+\dot{e}=0$$

Ⅱ 区相轨迹的等倾线方程为

$$(1+\alpha T)\dot{e}=0$$

Ⅱ 区内相轨迹是斜率 $\alpha=-1/T$ 的直线或者是 $\dot{e}=0$ 的直线。

Ⅲ 区：相平面 $e<-a$ 的区域，则相应方程可表示为

$$T\ddot{e}+\dot{e}=KM$$

Ⅲ 区相轨迹的等倾线方程为

$$\dot{e}=\frac{KM}{1+\alpha T}$$

Ⅲ 区内相轨迹的等倾线为一系列平行于 $\dot{e}$ 轴的直线，对于 $\alpha=0$ 的等倾线为 $\dot{e}=KM$，此为Ⅲ区相轨迹的渐近线。

假设 $T=1,K=5,a=0.2,M=0.2$，分别作出 3 个区域的等倾线，如图 7-23 所示，由不同初始条件 $e(0),\dot{e}(0)$ 出发，作出系统的相轨迹，如图 7-23 所示。

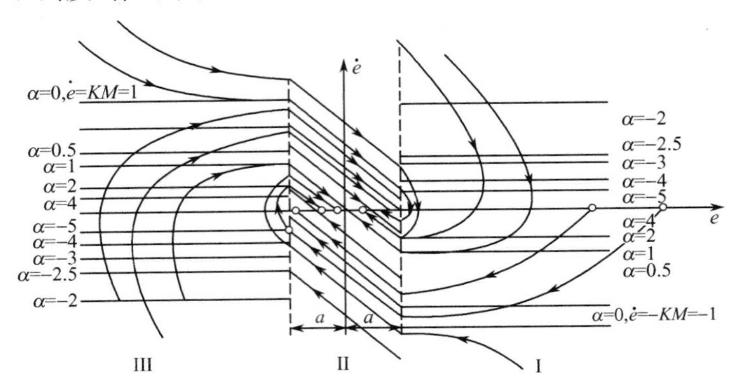


图 7-23　带死区继电器特性的非线性系统的相轨迹图

从整个系统的相轨迹来看，在阶跃信号作用下，不同初始状态的相轨迹响应均为收敛的，系统是稳定的，但系统存在稳态误差，稳态误差的最大值为 $\pm 0.2$。

**【例 7-6】** 变增益非线性系统如图 7-24 所示，试采用相平面法分析阶跃信号和斜坡信号作用下系统的特性。

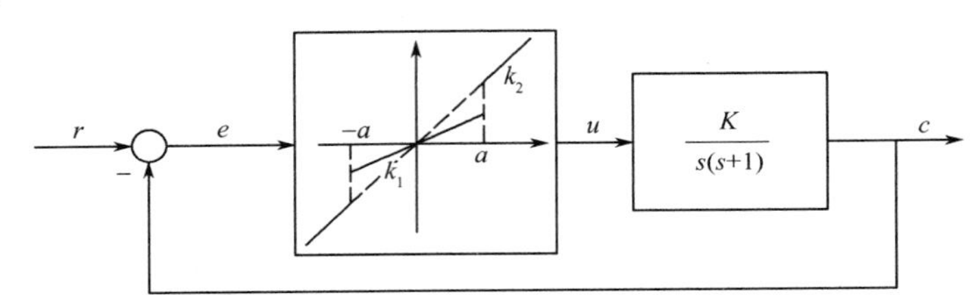


图 7-24　变增益非线性系统结构图

**【解】** 由系统的结构图可得线性部分

$$
\begin{aligned}
\ddot{c}+\dot{c}&=Ku\\
e&=r-c\\
\dot{e}&=\dot{r}-\dot{c}\\
\ddot{e}&=\ddot{r}-\ddot{c}
\end{aligned}
\tag{7-39}
$$

非线性部分

$$
u=\begin{cases}k_1e & |e|<a\\ k_2e & |e|>a\end{cases}
\tag{7-40}
$$

整理得

$$
\begin{cases}\ddot{e}+\dot{e}+Kk_1e=\ddot{r}+\dot{r} & |e|<a\quad \text{Ⅰ}\\ \ddot{e}+\dot{e}+Kk_2e=\ddot{r}+\dot{r} & |e|>a\quad \text{Ⅱ}\end{cases}
\tag{7-41}
$$

(1) 对于阶跃输入信号 $r=R\cdot 1(t),\dot{r}=\ddot{r}=0$，则式(7-41)变为

$$
\begin{cases}\ddot{e}+\dot{e}+Kk_1e=0 & |e|<a\quad \text{Ⅰ}\\ \ddot{e}+\dot{e}+Kk_2e=0 & |e|>a\quad \text{Ⅱ}\end{cases}
\tag{7-42}
$$

系统的特征方程为

$$\begin{cases} s^2+s+Kk_1=0 & |e|<a \quad \text{I} \\ s^2+s+Kk_2=0 & |e|>a \quad \text{II} \end{cases} \tag{7-43}$$

不同区域系统的特征根

$$\begin{cases} s_{1,2}=-\dfrac{1}{2}\pm\dfrac{\sqrt{1-4Kk_1}}{2} & |e|<a \quad \text{I} \\ s_{1,2}=-\dfrac{1}{2}\pm\dfrac{\sqrt{1-4Kk_2}}{2} & |e|>a \quad \text{II} \end{cases} \tag{7-44}$$

若 $4Kk_1<1,4Kk_2>1$，则 Ⅰ 区的特征值为两负实根，奇点为稳定节点，系统为过阻尼状态，相应的相轨迹为收敛的抛物线；Ⅱ 区的特征根为实部为负的共轭复根，奇点为稳定焦点，系统为欠阻尼状态，相应的相轨迹为收敛的对数螺旋线，系统的相轨迹如图 7-25 所示。不同初始状态下的相轨迹均收敛到系统的平衡点(原点)，系统稳定，且无稳态误差，与线性单增益系统相比，快速性和降低噪声影响的能力都得到提高。

(2) 斜坡信号作用下 $r=R\cdot t,\dot{r}=R,\ddot{r}=0$，则式(7-41) 变为

$$\begin{cases} \ddot{e}+\dot{e}+Kk_1e=R & |e|<a \quad \text{I} \\ \ddot{e}+\dot{e}+Kk_2e=R & |e|>a \quad \text{II} \end{cases} \tag{7-45}$$

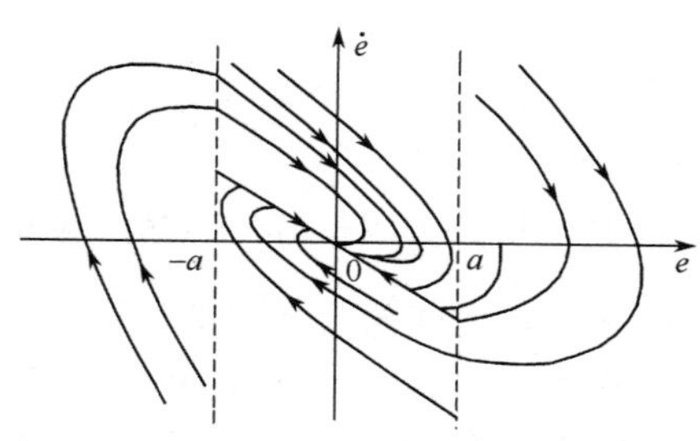

图 7-25　阶跃信号作用下系统的相轨迹

即

$$\begin{cases} \ddot{e}+\dot{e}+Kk_1\left(e-\dfrac{R}{Kk_1}\right)=0 & |e|<a \quad \text{I} \\ \ddot{e}+\dot{e}+Kk_2\left(e-\dfrac{R}{Kk_2}\right)=0 & |e|>a \quad \text{II} \end{cases} \tag{7-46}$$

系统的平衡点(奇点) 为

$$\begin{cases} e=\dfrac{R}{Kk_1},\dot{e}=0 & |e|<a \quad \text{I} \\ e=\dfrac{R}{Kk_2},\dot{e}=0 & |e|>a \quad \text{II} \end{cases} \tag{7-47}$$

若 $4Kk_1<1,4Kk_2>1$，Ⅰ 区和 Ⅱ 区的不同增益下的相轨迹分别如图 7-26(a)，(b) 所示。实际系统的相轨迹分 3 种情况。

(1) 当 $\dfrac{R}{Kk_1}<a,\dfrac{R}{Kk_2}<a$ 时，即奇点均落在 $|a|$ 范围内，不同初始条件下系统的相轨迹如图 7-27 实线所示，系统的运动最终收敛到稳定节点。

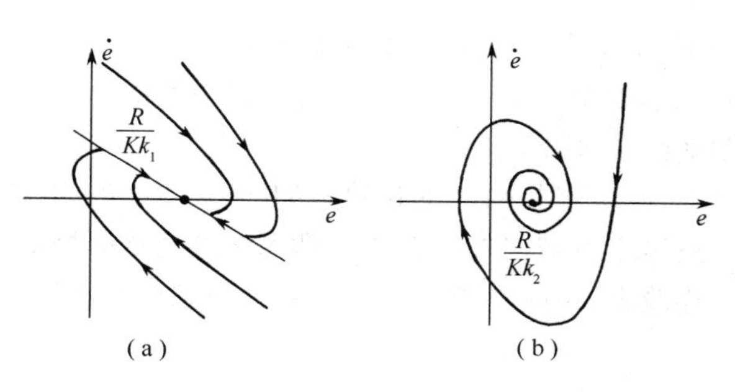

图 7-26　斜坡信号作用下不同增益的相轨迹图

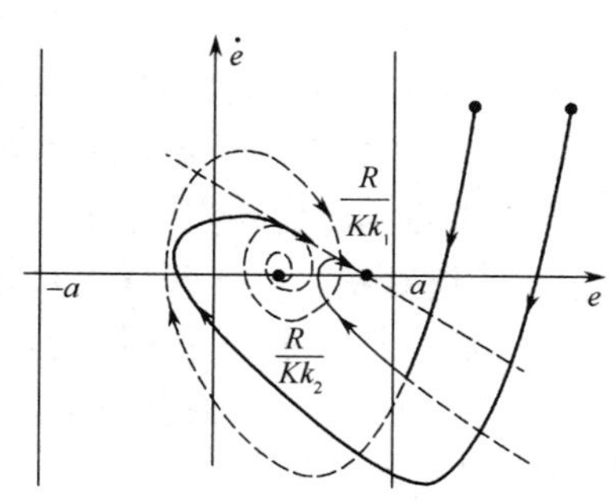

图 7-27　斜坡信号作用下系统的实际相轨迹图 1

（2）当$\frac{R}{Kk_1}>a,\frac{R}{Kk_2}>a$时，即奇点均落在$|a|$范围外，奇点$e=\frac{R}{Kk_1},\dot{e}=0$为虚奇点，不同初始条件下系统的相轨迹如图 7-28 实线所示，系统的运动最终收敛到稳定焦点。

（3）当$\frac{R}{Kk_1}>a,\frac{R}{Kk_2}<a$或$\frac{R}{Kk_1}<a,\frac{R}{Kk_2}>a$时，即一个奇点均落在$|a|$范围内，另一个奇点均落在$|a|$范围外，不同初始条件下系统的相轨迹如图 7-29 实线所示，系统的运动最终收敛到稳定焦点。

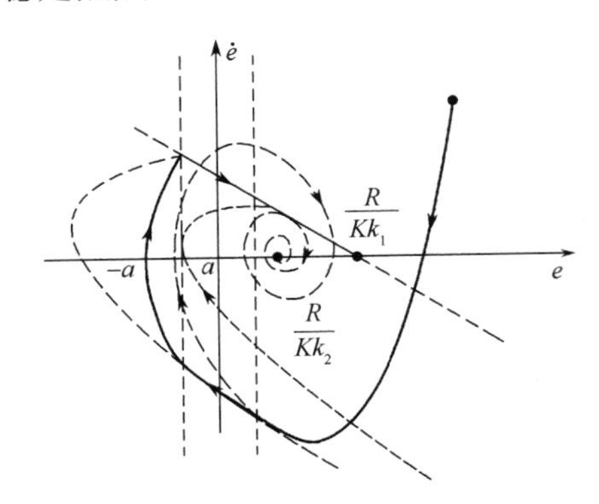


图 7-28　斜坡信号作用下系统的实际相轨迹图 2

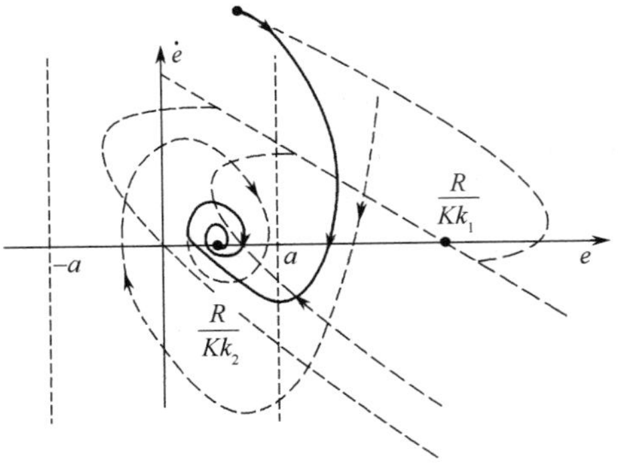

图 7-29　斜坡信号作用下系统的实际相轨迹图 3

系统在阶跃信号和斜坡信号作用下响应均为收敛，系统稳定。系统对阶跃信号作用下的响应稳态误差为零，而对斜坡信号作用下的响应稳态误差不为零。

**【例 7-7】** 图 7-30 所示为一带有库仑摩擦的非线性系统，当系统在阶跃信号作用下，试采用相平面法在 $e$-$\dot{e}$ 平面分析库仑摩擦对系统响应的影响。

**【解】** 由结构图得线性部分的方程为

$$0.5\ddot{c}+\dot{c}=u$$

$$u=5e-h$$

$$e=r-c$$

非线性部分

$$\begin{cases}h=2 & \dot{c}>0\\ h=-2 & \dot{c}<0\end{cases}$$

代入整理得

$$\begin{cases}\ddot{e}+2\dot{e}+10(e-0.4)=0 & \dot{e}<0 & \text{I}\\ \ddot{e}+2\dot{e}+10(e+0.4)=0 & \dot{e}>0 & \text{II}\end{cases}$$

系统的特征方程为

$$\lambda^2+2\lambda+10=0$$

系统的开关曲线为$\dot{e}=0$的直线，即$e$轴，它将相平面分成两个区域：Ⅰ 区域的奇点为[0.4,0]，Ⅱ区域的奇点为[−0.4,0]，两个区域的系统特征方程均为$\lambda^2+2\lambda+10=0$，特征根为实部为负的共轭复根，所以奇点为稳定焦点。系统的相轨迹图如图 7-31 所示。

输入信号为阶跃信号$r=R_0\cdot 1(t)$，当$R_0=1,-1.5$时，对应的相轨迹如图 7-31 中的粗实线。由于两个区域的奇点都处在区域的边界线上，所以本区域出发的相轨迹都无法到达该区域的奇点，所有相轨迹最终落在$e$轴上$-0.4\sim 0.4$的连线上，系统的阶跃响应产生了稳态误差，稳态误差的大小与初始状态有关。

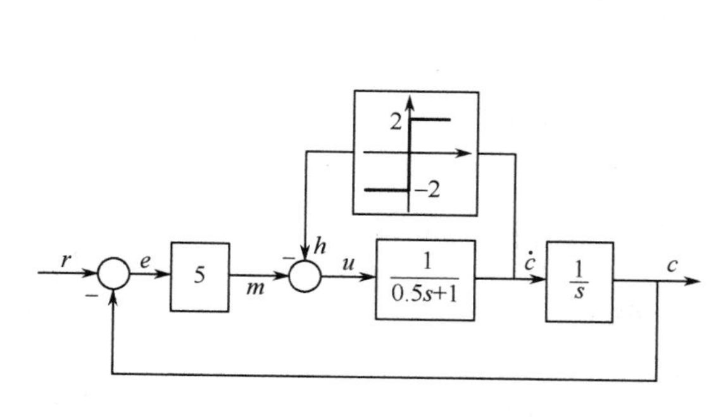


图 7-30 库仑摩擦的非线性系统

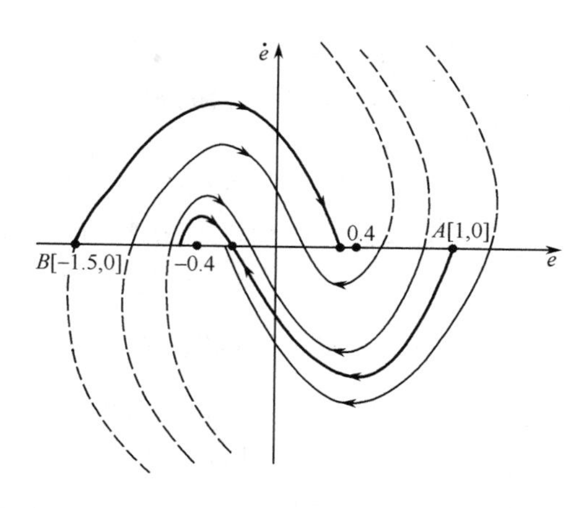


图 7-31 例 7-7 系统的相平面图

## 7.4 描述函数法

### 7.4.1 描述函数的定义

设非线性系统简化为一个非线性环节和一个线性部分串联的结构，如图 7-32 所示。

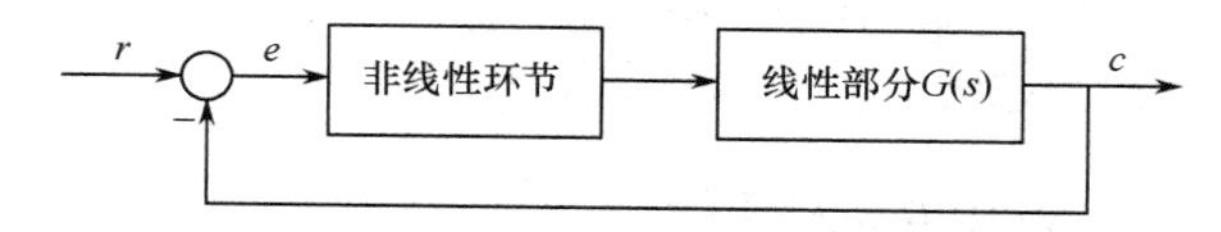


图 7-32 非线性系统结构框图

在此假定：① 非线性环节不是时间的函数；② 非线性环节特性是斜对称的；③ 系统的线性部分具有较好的低通滤波性能。

线性环节在正弦信号作用下，其输出为同频率的正弦信号，但非线性环节在正弦信号作用下，其输出是非正弦的，包含各次谐波分量。但是，当系统满足上面的假设条件时，系统中的非线性环节在正弦信号作用下的输出可近似为一次谐波分量，仿照线性系统频率特性的概念，导出非线性环节的等效频率特性 —— 描述函数。

设非线性环节的输入、输出特性为

$$y = f(x) \tag{7-48}$$

当非线性环节的输入为正弦信号

$$x = A\sin\omega t \tag{7-49}$$

非线性环节的输出一般不是正弦信号，但仍是一个周期信号，其傅里叶级数展开式为

$$y(t) = \frac{A_0}{2} + \sum_{n=1}^{\infty}(A_n\cos n\omega t + B_n\sin n\omega t) \tag{7-50}$$

式中

$$\begin{cases} A_0 = \dfrac{1}{\pi}\displaystyle\int_0^{2\pi} y(t)\mathrm{d}(\omega t) \\ A_n = \dfrac{1}{\pi}\displaystyle\int_0^{2\pi} y(t)\cos n\omega t\,\mathrm{d}(\omega t) \\ B_n = \dfrac{1}{\pi}\displaystyle\int_0^{2\pi} y(t)\sin n\omega t\,\mathrm{d}(\omega t) \end{cases} \tag{7-51}$$

非线性环节的输出信号 $y(t)$ 中含有基波及高次谐波。通常谐波的次数越高，其相应的傅里叶系数越小，即相应的谐波分量幅值就越小。如果系统线性部分 $G(s)$ 具有良好的低通滤波特性，则高次谐波分量通过线性部分后将被衰减到忽略不计，可以近似认为当输入为正弦信号 $x(t)$ 时，只有 $y(t)$ 的基波分量沿闭环反馈回路送至比较点，其高次谐波分量可忽略不计，即只考虑一次谐波，且非线性环节斜对称 $A_0 = 0$，则式(7-50) 表示为

$$y(t) \approx A_1 \cos\omega t + B_1 \sin\omega t = Y_1 \sin(\omega t + \varphi_1) \tag{7-52}$$

式中，$Y_1 = \sqrt{A_1^2 + B_1^2}$，为谐波幅值；$\varphi_1 = \arctan \dfrac{A_1}{B_1}$，为谐波相角。

此时，非线性环节相当于一个对正弦输入信号的幅值及相位进行变换的环节，可以仿照线性系统频率特性的概念建立非线性环节的等效幅相特性。

**定义** 正弦信号作用下非线性环节输出量的基波分量与其输入正弦量的复数比称为非线性环节的描述函数，记为 $N(A)$，其数学表达式为

$$\begin{aligned} N(A) &= \frac{Y_1}{A} e^{j\varphi_1} = \frac{B_1 + jA_1}{A} \\ A_1 &= \frac{1}{\pi}\int_0^{2\pi} y(t)\cos\omega t \,d(\omega t) \\ B_1 &= \frac{1}{\pi}\int_0^{2\pi} y(t)\sin\omega t \,d(\omega t) \end{aligned} \tag{7-53}$$

描述函数一般为输入信号振幅的函数，故记为 $N(A)$，当非线性元件中包含储能元件时，$N$ 同时为输入信号振幅及频率的函数，记为 $N(A,\omega)$。

### 7.4.2 典型非线性环节的描述函数

#### 1. 死区特性的描述函数

死区非线性特性如图 7-33 所示，当输入为正弦信号 $x = A\sin\omega t$ 时，非线性环节输入 / 输出波形如图 7-33 所示，其输出表达式为

$$y(t) = \begin{cases} 0 & 0 \leqslant \omega t \leqslant \omega t_1 \\ k(A\sin\omega t - \Delta) & \omega t_1 \leqslant \omega t \leqslant \pi - \omega t_1 \\ 0 & \pi - \omega t_1 \leqslant \omega t \leqslant \pi \end{cases} \tag{7-54}$$

式中，$\omega t_1 = \arcsin \dfrac{\Delta}{A}$。

由图 7-33 所示，输出波形是单值奇对称的，所以 $A_1 = 0$，$\varphi_1 = 0$，并且

$$\begin{aligned} B_1 &= \frac{1}{\pi}\int_0^{2\pi} y(t)\sin\omega t \,d(\omega t) = \frac{4}{\pi}\int_0^{\frac{\pi}{2}} y(t)\sin\omega t \,d(\omega t) \\ &= \frac{4}{\pi}\int_0^{\omega t_1} y(t)\sin\omega t \,d(\omega t) + \frac{4}{\pi}\int_{\omega t_1}^{\frac{\pi}{2}} y(t)\sin\omega t \,d(\omega t) \\ &= \frac{4k}{\pi}\int_{\omega t_1}^{\frac{\pi}{2}} (A\sin\omega t - \Delta)\sin\omega t \,d(\omega t) \\ &= \frac{2Ak}{\pi}\left[\frac{\pi}{2} - \arcsin\left(\frac{\Delta}{A}\right) - \frac{\Delta}{A}\sqrt{1 - \left(\frac{\Delta}{A}\right)^2}\,\right] \quad A \geqslant \Delta \end{aligned} \tag{7-55}$$

由式(7-53) 可得死区特性的描述函数为

$$N(A) = \frac{B_1}{A} = k - \frac{2k}{\pi}\left[\arcsin\left(\frac{\Delta}{A}\right) + \frac{\Delta}{A}\sqrt{1 - \left(\frac{\Delta}{A}\right)^2}\,\right] \quad A \geqslant \Delta \tag{7-56}$$

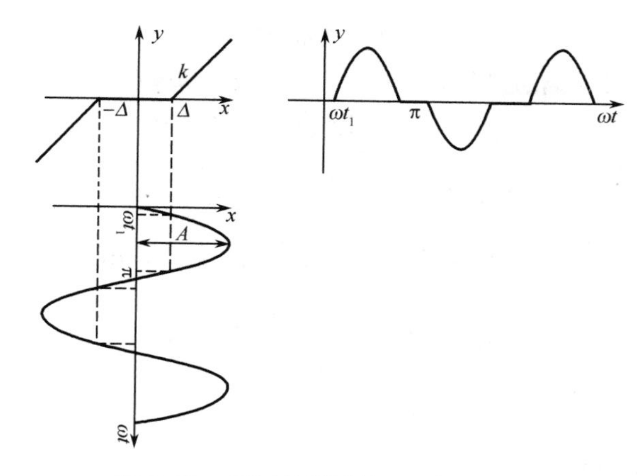


图 7-33　死区特性及输入 / 输出波形

**2. 理想继电器特性的描述函数**

理想继电器特性如图 7-34 所示，当输入为正弦信号 $x = A\sin\omega t$ 时，非线性环节输入 / 输出波形如图 7-34 所示，其输出表达式为

$$y(t) = \begin{cases} +M & (0 < \omega t \leqslant \pi) \\ -M & (\pi \leqslant \omega t \leqslant 2\pi) \end{cases} \tag{7-57}$$

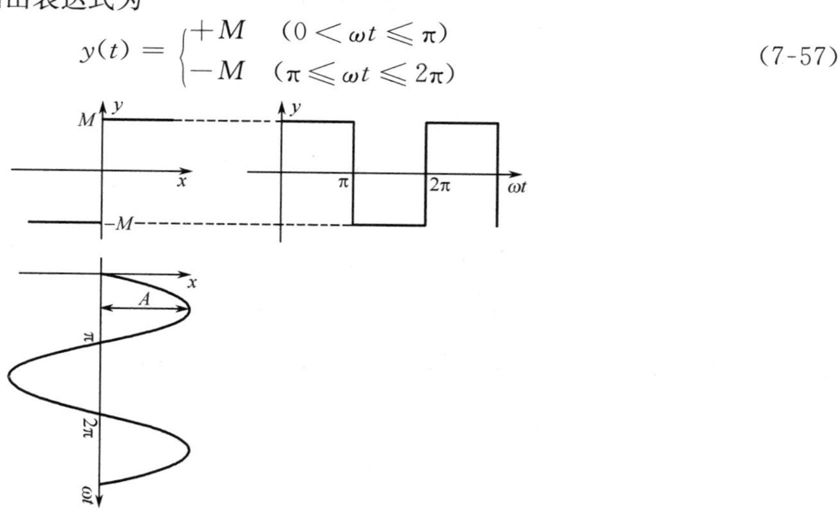


图 7-34　理想继电器特性及输入 / 输出波形

$y(t)$ 输出波形是单值奇对称的，所以 $A_1 = 0, \varphi_1 = 0$，并且

$$\begin{aligned} B_1 &= \frac{1}{\pi}\int_0^{2\pi} y(t)\sin\omega t \, \mathrm{d}(\omega t) = \frac{2}{\pi}\int_0^{\pi} y(t)\sin\omega t \, \mathrm{d}(\omega t) \\ &= \frac{2}{\pi}\int_0^{\pi} M\sin\omega t \, \mathrm{d}(\omega t) = \frac{4M}{\pi} \end{aligned} \tag{7-58}$$

理想继电器特性的描述函数为

$$N(A) = \frac{Y_1}{A}\angle 0^\circ = \frac{B_1}{A}\angle 0^\circ = \frac{4M}{\pi A} \tag{7-59}$$

**3. 滞环继电器特性的描述函数**

滞环继电器特性如图 7-35 所示，当输入为正弦信号 $x = A\sin\omega t$ 时，非线性环节输入 / 输出波形如图 7-35 所示，其一个周期内输出表达式为

$$y(t)=\begin{cases}-M & (0<\omega t\leqslant \omega t_1)\\ M & (\omega t_1<\omega t\leqslant \pi+\omega t_1) \quad A\geqslant a \\ -M & (\pi+\omega t_1<\omega t\leqslant 2\pi)\end{cases} \tag{7-60}$$

式中

$$\begin{aligned}A_1&=\frac{1}{\pi}\int_0^{2\pi}y(t)\cos\omega t\,\mathrm{d}(\omega t)\\&=\frac{2}{\pi}\left[\int_0^{\omega t_1}y(t)\cos\omega t\,\mathrm{d}(\omega t)+\int_{\omega t_1}^{\pi}y(t)\cos\omega t\,\mathrm{d}(\omega t)\right]\\&=\frac{2}{\pi}\left[\int_0^{\omega t_1}-M\cos\omega t\,\mathrm{d}(\omega t)+\int_{\omega t_1}^{\pi}M\cos\omega t\,\mathrm{d}(\omega t)\right]\\&=\frac{2M}{\pi}[-\sin\omega t_1+\sin\pi-\sin\omega t_1]\\&=-\frac{4M}{\pi}\sin\omega t_1=-\frac{4M}{\pi}\cdot\frac{a}{A}\end{aligned}$$

$$\begin{aligned}B_1&=\frac{1}{\pi}\int_0^{2\pi}y(t)\sin\omega t\,\mathrm{d}(\omega t)\\&=\frac{2}{\pi}\left[\int_0^{\omega t_1}y(t)\sin\omega t\,\mathrm{d}(\omega t)+\int_{\omega t_1}^{\pi}y(t)\sin\omega t\,\mathrm{d}(\omega t)\right.\\&=\frac{2}{\pi}\left[\int_0^{\omega t_1}-M\sin\omega t\,\mathrm{d}(\omega t)+\int_{\omega t_1}^{\pi}M\sin\omega t\,\mathrm{d}(\omega t)\right.\\&=\frac{2M}{\pi}2\cos\omega t_1=\frac{4M}{\pi}\sqrt{1-\left(\frac{a}{A}\right)^2}\end{aligned}$$

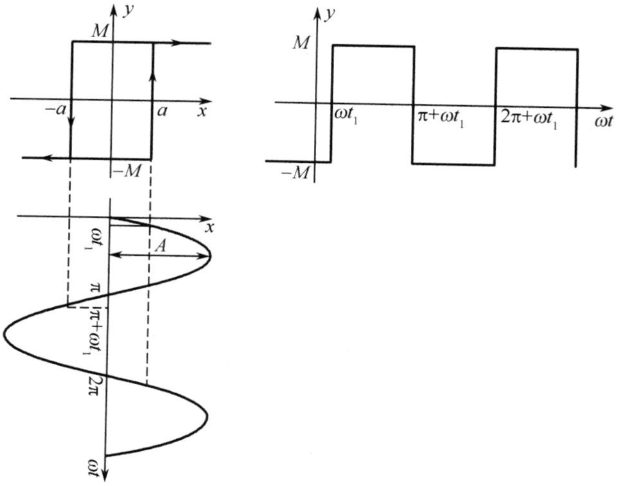

图 7-35　滞环继电器特性及输入/输出波形

滞环继电器特性的描述函数为

$$N(A)=\frac{Y_1}{A}\mathrm{e}^{\mathrm{j}\varphi_1}=\frac{B_1+\mathrm{j}A_1}{A}=\frac{4M}{\pi A}\sqrt{1-\left(\frac{a}{A}\right)^2}-\mathrm{j}\frac{4Ma}{\pi A^2}\quad A\geqslant a \tag{7-61}$$

表 7-1 列出了常用非线性特性曲线及其描述函数 $N(A)$。

表 7-1　常用非线性特性曲线及其描述函数 **N(A)**

| 非线性类型 | 非线性特性曲线 | 描述函数 $N(A)$ |
|---|---|---|
| 理想继电器特性 | 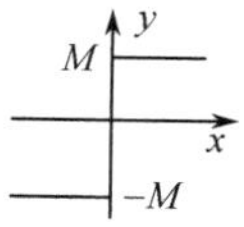 | $\frac{4M}{\pi A}$ |
| 理想继电器特性 | 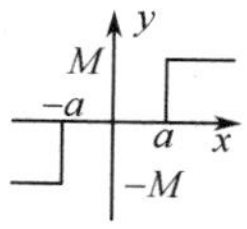 | $\frac{4M}{\pi A}\sqrt{1-\left(\frac{a}{A}\right)^2}\quad A\geqslant a$ |
| 滞环继电器特性 | 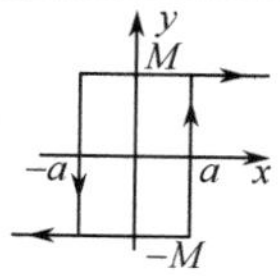 | $\frac{4M}{\pi A}\sqrt{1-\left(\frac{a}{A}\right)^2}-\mathrm{j}\frac{4Ma}{\pi A^2}\quad A\geqslant a$ |
| 死区加滞环继电器特性 | 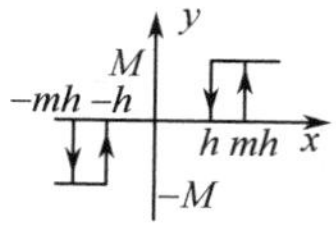 | $\frac{2M}{\pi A}\left[\sqrt{1-\left(\frac{mh}{A}\right)^2}+\sqrt{1-\left(\frac{h}{A}\right)^2}\right]+\mathrm{j}\frac{2Mh}{\pi A^2}(m-1)\quad A\geqslant h$ |
| 饱和特性 | 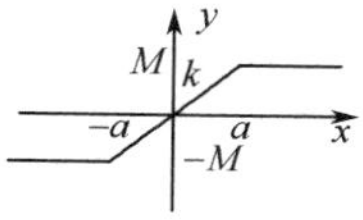 | $\frac{2k}{\pi}\left[\arcsin\frac{a}{A}+\frac{a}{A}\sqrt{1-\left(\frac{a}{A}\right)^2}\right]\quad A\geqslant a$ |
| 死区特性 | 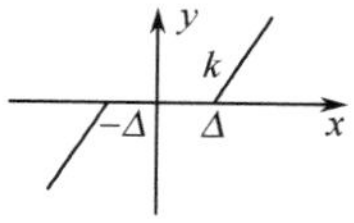 | $\frac{2k}{\pi}\left[\frac{\pi}{2}-\arcsin\frac{\Delta}{A}-\frac{\Delta}{A}\sqrt{1-\left(\frac{a}{A}\right)^2}\right]\quad A\geqslant\Delta$ |
| 死区加饱和特性 | 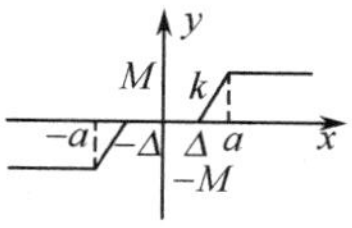 | $\frac{2k}{\pi}\left[\arcsin\frac{a}{A}-\arcsin\frac{\Delta}{A}+\frac{a}{A}\sqrt{1-\left(\frac{a}{A}\right)^2}+\frac{\Delta}{A}\sqrt{1-\left(\frac{\Delta}{A}\right)^2}\right]\quad A\geqslant a$ |
| 间隙特性 | 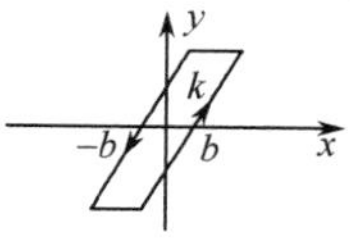 | $\frac{k}{\pi}\left[\frac{\pi}{2}+\arcsin\left(1-\frac{2b}{A}\right)+2\left(1-\frac{2b}{A}\right)\sqrt{\frac{b}{A}\left(1-\frac{b}{A}\right)}\right]+\mathrm{j}\frac{4kb}{\pi A}\left(\frac{b}{A}-1\right)\quad A\geqslant b$ |
| 变增益特性 | 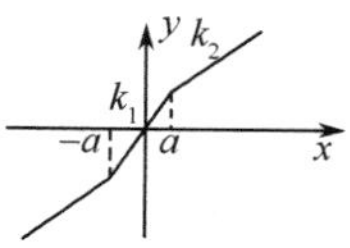 | $k_2+\frac{2(k_1-k_2)}{\pi}\left[\arcsin\frac{a}{A}+\frac{a}{A}\sqrt{1-\left(\frac{a}{A}\right)^2}\right]\quad A\geqslant a$ |
| 库仑摩擦加黏性摩擦特性 | 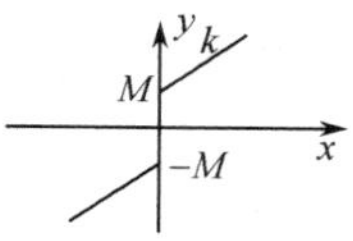 | $k+\frac{4M}{\pi A}$ |

### 7.4.3 非线性系统的简化

当系统由多个非线性环节和多个线性环节组合时，可通过等效变换，使系统简化为典型的非线性系统结构。

**1. 非线性环节的串联**

若两个非线性环节串联，可采用作图方法求得串联后的等效非线性特性。如图 7-36 所示的两个非线性环节串联，采用如图 7-37 所示的作图法，可求得等效后的非线性特性。

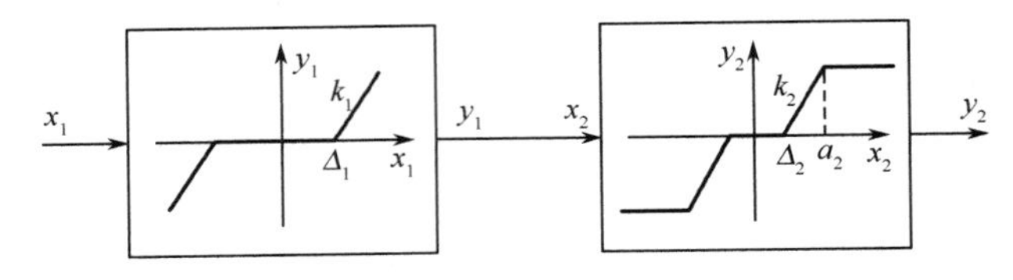


图 7-36 非线性环节串联

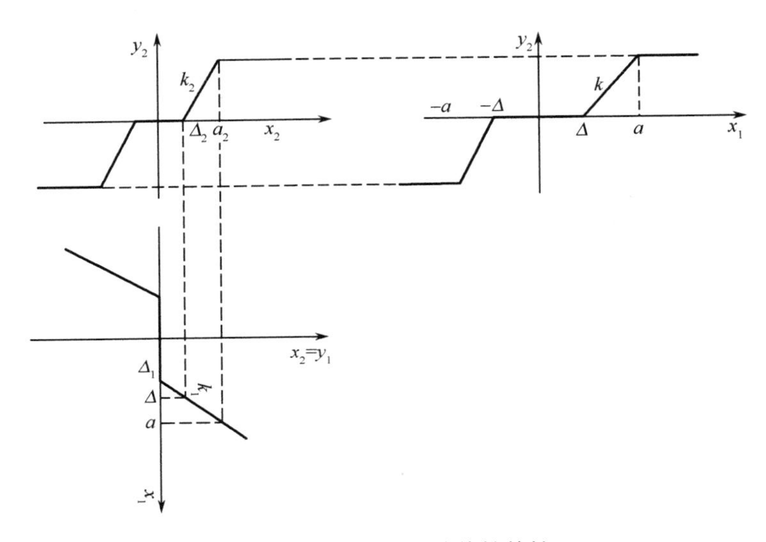


图 7-37 串联后的非线性特性

由图 7-37 可知，等效后的非线性为死区饱和特性，其参数的求取

$$y_1 = k_1(x_1 - \Delta_1) = x_2 \tag{7-62}$$

$$k_1(\Delta - \Delta_1) = \Delta_2$$

$$\Delta = \Delta_1 + \frac{\Delta_2}{k_1} \tag{7-63}$$

$$k_1(a - \Delta_1) = a_2$$

$$a = \Delta_1 + \frac{a_2}{k_1} \tag{7-64}$$

$$k = k_1 k_2$$

应注意，两个非线性环节的串联，等效特性还与两个非线性环节串联的前后次序有关。

**2. 非线性环节的并联**

两个非线性环节并联，则等效非线性特性为两个非线性特性的叠加。如图 7-38 所示为死区非线性和死区继电器非线性特性的并联。

两个非环性环节的死区范围不同，并联后的等效非线性特性有差异。当 $\Delta_1 < \Delta_2$ 时，等效后

的非线性特性如图 7-39(a) 所示；当 $\Delta_1=\Delta_2$ 时，等效后的非线性特性如图 7-39(b) 所示；当 $\Delta_1>\Delta_2$ 时，等效后的非线性特性如图 7-39(c) 所示。

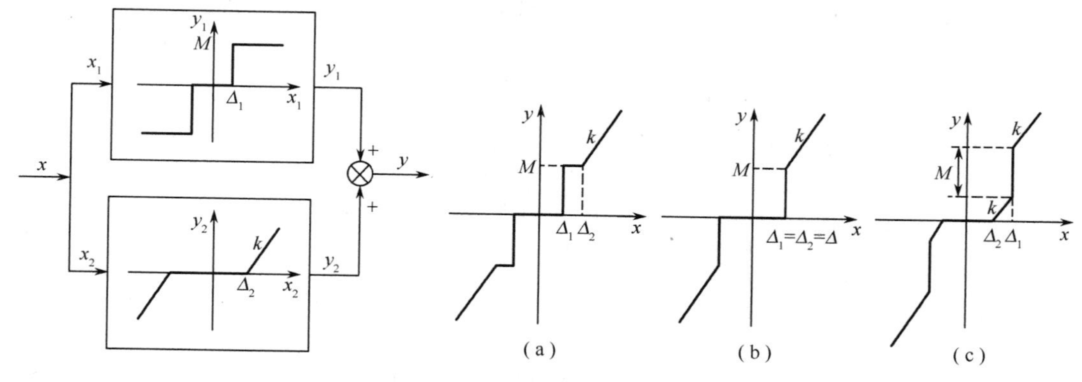


图 7-38　非线性环节并联

图 7-39　并联后的等效非线性特性

## 7.4.4　描述函数分析法

假设非线性系统的线性动态部分具有良好的低通滤波特性，那么非线性特性可以用描述函数 $N(\cdot)$ 来表示，则非线性系统如图 7-40 所示。非线性系统近似为线性系统，可以采用频率特性分析法分析非线性系统的稳定性、自持振荡产生的条件、自持振荡的幅值和频率及如何消除自持振荡。

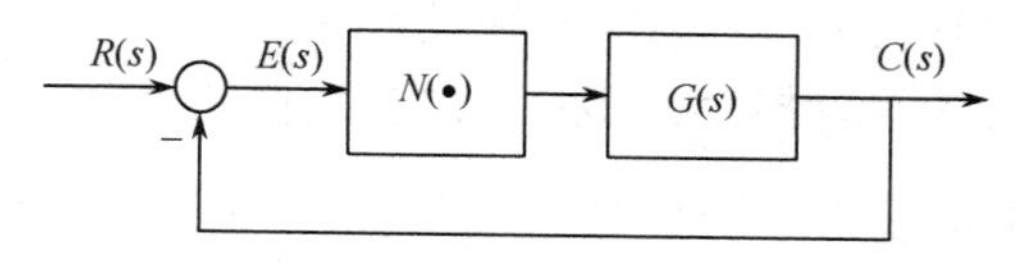


图 7-40　非线性系统结构图

### 1. 非线性系统的稳定性

根据线性系统稳定性的频率特性分析法，将频率特性推广到图 7-40 所示的非线性系统，则其闭环系统频率特性为

$$\frac{C(\mathrm{j}\omega)}{R(\mathrm{j}\omega)}=\frac{N(A)G(\mathrm{j}\omega)}{1+N(A)G(\mathrm{j}\omega)} \tag{7-65}$$

系统的特征方程为

$$1+N(A)G(\mathrm{j}\omega)=0 \tag{7-66}$$

即

$$G(\mathrm{j}\omega)=-\frac{1}{N(A)} \tag{7-67}$$

假设 $G(s)$ 是最小相位环节，与线性系统的 Nyquist 判据比较，非线性系统中的 $-\dfrac{1}{N(A)}$ 相当于线性系统中的临界稳定点(−1,j0)。所不同的是，在非线性系统中，临界稳定不是一个点，而是一条曲线。由此得到非线性系统的稳定性的 Nyquist 判据。

(1) 如果在复平面上，$-\dfrac{1}{N(A)}$ 曲线不被 $G(\mathrm{j}\omega)$ 曲线所包围，如图 7-41(a) 所示，则非线性系统是稳定的。

(2) 如果在复平面上，$-\dfrac{1}{N(A)}$ 曲线被 $G(\mathrm{j}\omega)$ 曲线所包围，如图 7-41(b) 所示，则非线性系统是不稳定的。

(3) 如果在复平面上，$-\dfrac{1}{N(A)}$ 曲线与 $G(\mathrm{j}\omega)$ 曲线相交，如图 7-41(c) 所示，则非线性系统产生周期运动。若周期运动是稳定的，则系统产生自持振荡，振荡频率和幅值为交点处的 $\omega$ 和 $A$。

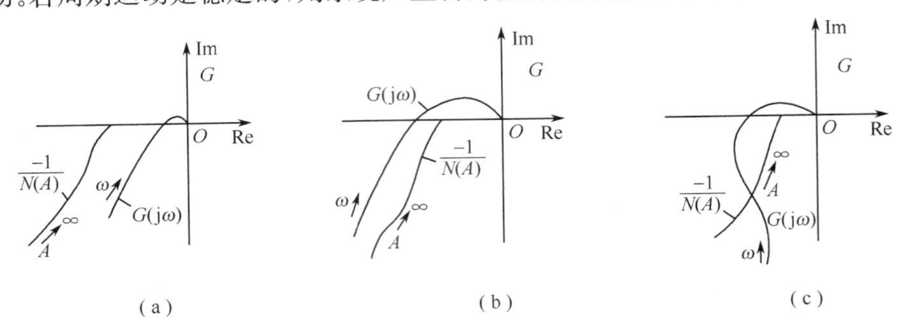


图 7-41 非线性系统稳定性分析

### 2. 自持振荡

非线性系统的自持振荡是在没有外界输入信号作用下，系统产生的具有固定频率和振幅的稳定的等幅运动。由图 7-40 所示非线性系统，产生自持振荡的条件为

$$G(\mathrm{j}\omega)N(A)=-1 \tag{7-68}$$

或

$$G(\mathrm{j}\omega)=-\frac{1}{N(A)} \tag{7-69}$$

如果不止一组参数满足自持振荡的条件，则系统存在几个不同振幅的自持振荡运动。从抗干扰角度分析，可以确定是稳定的自持振荡或不稳定的自持振荡。

自持振荡频率和幅值可采用图解法，即交点处 $G(\mathrm{j}\omega)$ 的频率 $\omega$ 为振荡频率，交点处 $-\dfrac{1}{N(A)}$ 的 $A$ 值为振荡幅值。

也可采用解析法，即 $\begin{cases}|G(\mathrm{j}\omega)N(A)|=1\\ \angle G(\mathrm{j}\omega)N(A)=-\pi\end{cases}$ 求取 $\omega$ 和 $A$。

### 3. 非线性系统描述函数分析

**【例 7-8】** 饱和非线性系统如图 7-42 所示，非线性饱和特性参数 $a=1,k=2$。试分析：

(1) 当 $K=10$ 时，该系统是否存在自持振荡？如果存在，求出自持振荡的振幅和频率；

(2) 当 $K$ 为何值时，系统处于稳定边界状态？

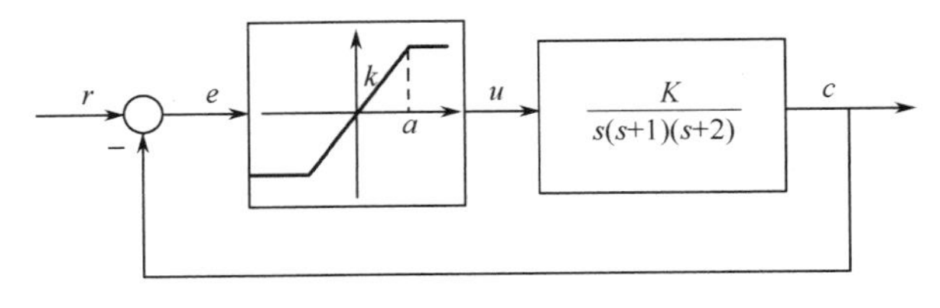


图 7-42 饱和非线性系统结构图

**【解】** 系统中饱和非线性特性的描述函数为

$$N(A)=\frac{2k}{\pi}\left[\arcsin\frac{a}{A}+\frac{a}{A}\sqrt{1-\left(\frac{a}{A}\right)^{2}}\right]\quad(A\geqslant a)$$

描述函数的负倒数为

$$\frac{-1}{N(A)}=\frac{-\pi}{2k\left[\arcsin\frac{a}{A}+\frac{a}{A}\sqrt{1-\left(\frac{a}{A}\right)^2}\right]}\quad(A\geqslant a)$$

当$A=a$，$-\frac{1}{N(A)}=-\frac{1}{k}$；$A=\infty$，$-\frac{1}{N(A)}=-\infty$。$a=1,k=2$，描述函数负倒曲线如图 7-43 所示。

线性部分的频率特性为

$$G(\mathrm{j}\omega)=\frac{K}{\mathrm{j}\omega(\mathrm{j}\omega+1)(\mathrm{j}\omega+2)}=\frac{K}{-3\omega^2+\mathrm{j}\omega(2-\omega^2)}$$

$$=\frac{-3K}{\omega^4+5\omega^2+4}-\mathrm{j}\frac{K(2-\omega^2)}{\omega(\omega^4+5\omega^2+4)}$$

当$\omega=0$，$G(\mathrm{j}\omega)=-\frac{3K}{4}-\mathrm{j}\infty$；$\omega=\sqrt{2}$，$G(\mathrm{j}\omega)=-\frac{K}{6}-\mathrm{j}0$；$\omega=\infty$，$G(\mathrm{j}\omega)=-0+\mathrm{j}0$。

(1) 当$K=10$时，系统的 Nyquist 曲线如图 7-43 所示。由图可知，线性部分的频率特性曲线$G(\mathrm{j}\omega)$与非线性部分的描述函数负倒曲线$-\frac{1}{N(A)}$相交于$m$点，且分析对应点为稳定的自持振荡。

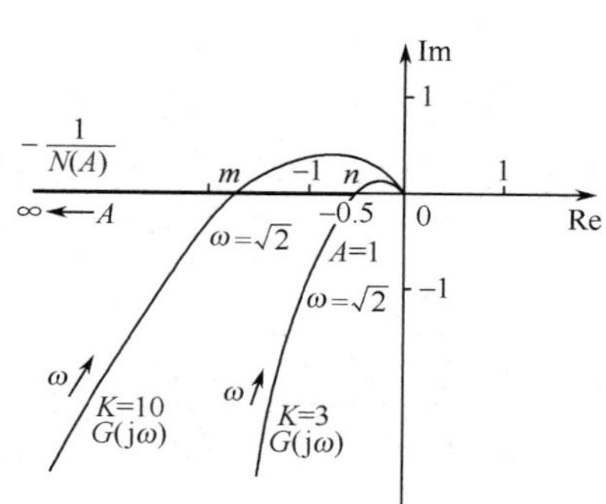


图 7-43　非线性系统的曲线图

令$\mathrm{Im}[G(\mathrm{j}\omega)]=0$，得自持振荡频率$\omega=\sqrt{2}$，将$\omega=\sqrt{2}$代入$G(\mathrm{j}\omega)$的实部，得

$$\mathrm{Re}[G(\mathrm{j}\omega)]\big|_{\omega=\sqrt{2}}=\frac{-30}{\omega^4+5\omega^2+4}\bigg|_{\omega=\sqrt{2}}=-1.66$$

由
$$\frac{-1}{N(A)}=\mathrm{Re}[G(\mathrm{j}\omega)]\big|_{\omega=\sqrt{2}}=-1.66$$

解得自持振荡的幅值$A=4.38$。

(2) 当线性部分的频率特性曲线$G(\mathrm{j}\omega)$与非线性部分的描述函数负倒曲线$-\frac{1}{N(A)}$相切时，系统处于临界稳定状态，如图 7-43 所示，由$\frac{-1}{N(A)}=\mathrm{Re}[G(\mathrm{j}\omega)]\big|_{\omega=\sqrt{2}}=-0.5$，求得系统的临界增益$K=3$。

**【例 7-9】** 死区继电器特性非线性系统如图 7-44 所示，试采用描述函数法分析系统的稳定性；如果系统出现自持振荡，如何消除？

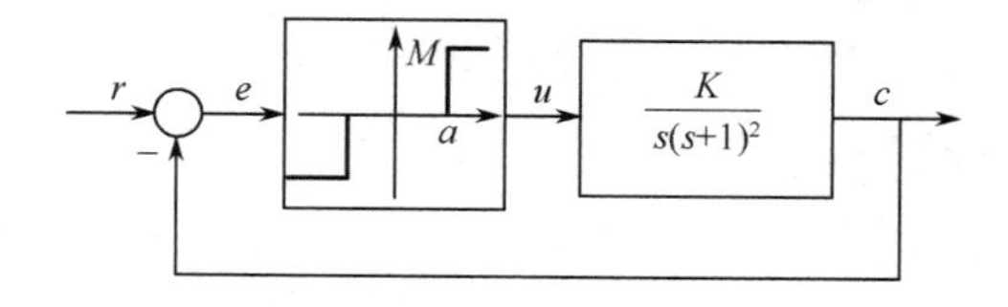


图 7-44　死区继电器特性非线性系统结构图

**【解】** 死区继电器特性的描述函数为

$$N(A)=\frac{4M}{\pi A}\sqrt{1-\left(\frac{a}{A}\right)^2}\quad A\geqslant a$$

描述函数的负倒数为

$$-\frac{1}{N(A)}=-\frac{\pi A}{4M\sqrt{1-\left(\frac{a}{A}\right)^2}}\quad A\geqslant a$$

当 $A=a$，$-\frac{1}{N(A)}=-\infty$；$A=\infty$，$-\frac{1}{N(A)}=-\infty$，故 $-\frac{1}{N(A)}$ 必存在极值，令

$$\frac{\mathrm{d}}{\mathrm{d}A}\left(-\frac{1}{N(A)}\right)=0$$

得极值

$$A=\sqrt{2}a,\ -\frac{1}{N(A)}=-\frac{\pi a}{2M}$$

描述函数的负倒曲线如图 7-45 所示。

线性部分的频率特性为

$$G(\mathrm{j}\omega)=\frac{K}{\mathrm{j}\omega(\mathrm{j}\omega+1)^2}=\frac{-2K}{\omega^4+2\omega^2+1}-\mathrm{j}\frac{K(1-\omega^2)}{\omega(\omega^4+2\omega^2+1)}$$

当 $\omega=0$，$G(\mathrm{j}\omega)=-2K-\mathrm{j}\infty$；$\omega=1$，$G(\mathrm{j}\omega)=-\frac{K}{2}+\mathrm{j}0$；$\omega=\infty$，$G(\mathrm{j}\omega)=-0+\mathrm{j}0$。频率特性曲线如图 7-45 所示。

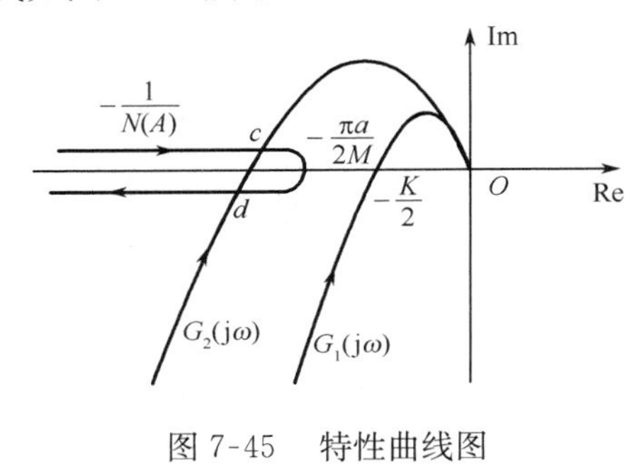


图 7-45　特性曲线图

由图 7-45 可知，若 $\frac{\pi a}{2M}>\frac{K}{2}$，则 $G(\mathrm{j}\omega)$ 曲线没有包围 $-\frac{1}{N(A)}$ 曲线，非线性系统稳定；若 $\frac{\pi a}{2M}=\frac{K}{2}$，则 $G(\mathrm{j}\omega)$ 曲线与 $-\frac{1}{N(A)}$ 曲线相切，非线性系统处于临界状态；若 $\frac{\pi a}{2M}<\frac{K}{2}$，则 $G(\mathrm{j}\omega)$ 曲线与 $-\frac{1}{N(A)}$ 曲线相交于两点 $c$ 和 $d$，进行抗干扰分析可知，$c$ 点为不稳定自持振荡点，$d$ 点为稳定自持振荡点。

若想消除自持振荡，可采用改变线性部分 $G(\mathrm{j}\omega)$ 特性曲线（如可减小 $K$ 值）或改变非线性部分的 $N(A)$（例如，调整死区继电器特性的死区 $a$ 或继电器幅值 $M$）的办法。

## 7.5　基于 Simulink 的非线性系统分析

用 MATLAB 可以对非线性系统进行相平面分析和描述函数分析，形象、直观，且不受系统阶数的限制，特别是 Simulink 的图形化建模方法，大大简化了非线性系统的分析。

### 7.5.1　非线性系统的特点

**【例 7-10】**　观察正弦信号经过非线性环节后的畸变，Simulink 仿真模型如图 7-46 所示。当正弦信号的幅值为 4，饱和非线性的饱和点分别为 ±5，±2.5，±1 时，系统输入 / 输出的仿真结果如图 7-47 所示，依次为输入信号、饱和点分别为 ±5，±2.5，±1 的输出响应。

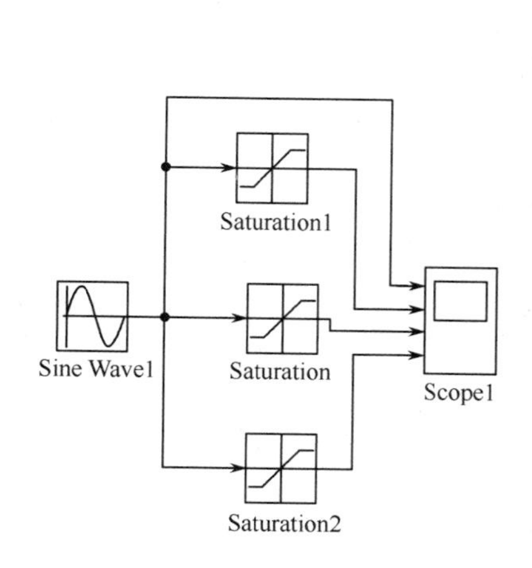


图 7-46　Simulink 仿真模型

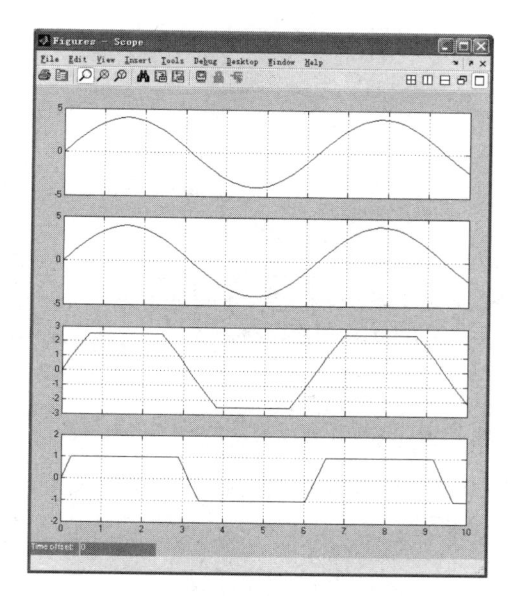

图 7-47　系统输入/输出的仿真结果

### 7.5.2　非线性系统的响应

由于非线性环节本身的特性，非线性系统在很多时候的表现形式与线性系统不同。

**【例 7-11】** 具有间隙非线性系统的 Simulink 仿真结构图如图 7-48 所示，设给定输入为单位阶跃信号，对于线性系统的阶跃响应和有非线性环节的阶跃响应如图 7-49 所示。由图可以看到，当系统存在间隙非线性时，系统的单位阶跃响应出现具有固定频率和振幅的等幅振荡，即系统产生自持振荡。

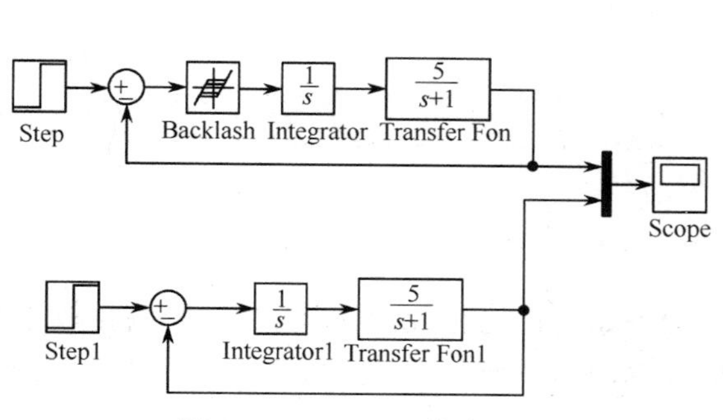


图 7-48　Simulink 仿真框图

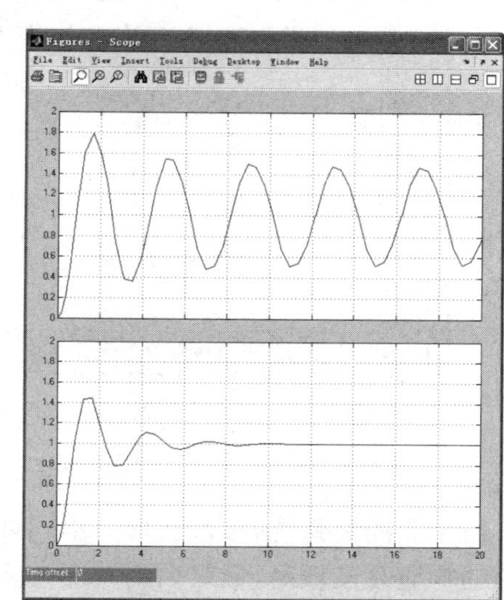

图 7-49　间隙非线性系统的响应

### 7.5.3　非线性系统的相轨迹

对于例 7-11 构造系统相轨迹的 Simulink 仿真框图如图 7-50 所示，系统的相轨迹如图 7-51 所示，很明显地看到系统有一个稳定的极限环，和系统时域响应的等幅振荡所对应。

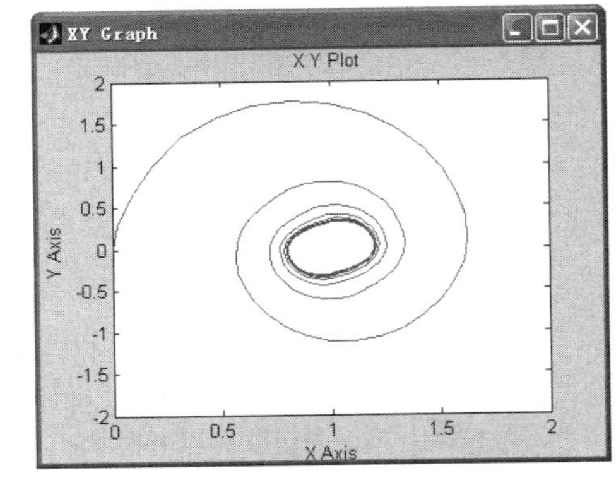


图 7-50 系统相轨迹的 Simulink 仿真框图

图 7-51 系统相轨迹图

【例 7-12】 饱和非线性的控制系统如图 7-52(a) 所示，系统相轨迹的 Simulink 仿真框图如图 7-52(b) 所示。

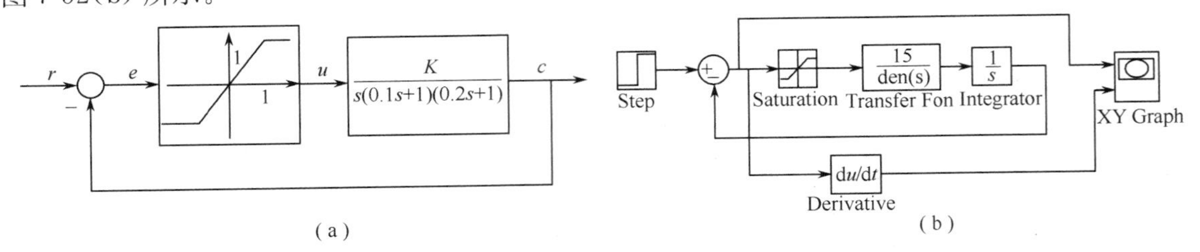


(a) (b)

图 7-52 饱和非线性的控制系统

当 $K = 15$ 时，系统的相轨迹如图 7-53(a) 所示；当 $K = 6$ 时，系统的相轨迹如图 7-53(b) 所示。

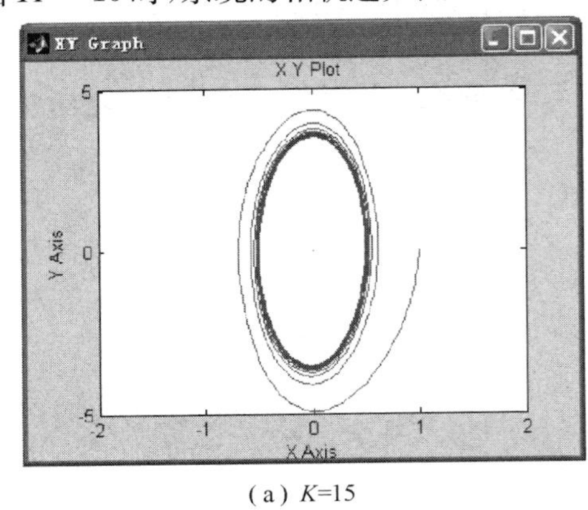


(a) $K$=15

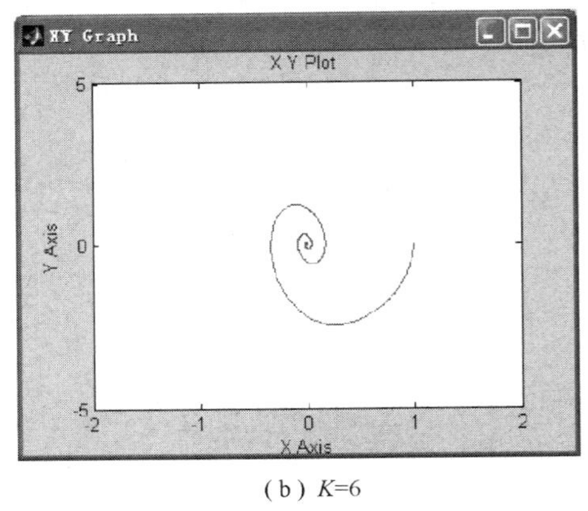


(b) $K$=6

图 7-53 不同 $K$ 值下系统的相轨迹图

对于非线性系统，参数选择的不同将导致非线性系统的特性完全不同。当系统增益较小时，系统的响应衰减振荡，最终回到平衡点；而当增益较大时，系统产生自持振荡，振荡的频率与振幅和系统的参数有关。

## 本 章 小 结

(1) 非线性系统与线性系统在稳定性、系统动态特性等方面有很大的不同，严格来说，实际系统均为非线性系统。线性系统分析法一般不能用来分析非线性系统。

(2) 非线性系统的数学模型一般是非线性微分方程，当系统非线性程度不严重或系统仅作初步分析时，就可以用小偏差理论将其在平衡点附近近似为线性系统。

(3) 非线性系统的相平面法是一种时域法、图解法，可以分析系统的稳定性、自持振荡、动态特性和稳态特性。该方法适用一阶和二阶系统，对于高阶系统可近似分析。

(4) 相平面的基本概念(奇点，奇点的类型、性质，极限环)，相轨迹的绘制(解析法、图解法)，相轨迹图分析系统。

(5) 描述函数法是一种频域法，基于谐波线性化的概念，给出了非线性环节的描述函数的定义，将线性系统的 Nyquist 稳定判据延伸到非线性系统，在非线性系统临界稳定时变为一条曲线——描述函数负倒曲线。

(6) 对于复杂的非线性系统，可以简化为典型的非线性特性和线性部分的串联的典型结构。采用描述函数法，可以分析非线性系统的稳定性，特别是非线性系统的自持振荡，确定自持振荡的频率和振幅及消除自持振荡的措施。

(7) 利用 MATLAB 中的 Simulink 的图形化建模方法，可以方便地绘制非线性系统的相轨迹图，不受系统中线性部分阶次的限制，又能直观、准确地求非线性系统的响应，为非线性系统的分析提供了有力工具。

## 本章典型题、考研题详解及习题

### A 典型题详解

**【A7-1】** 设非线性系统如图 A7-1 所示，已知原系统是静止的，输入信号 $r(t)=6$。

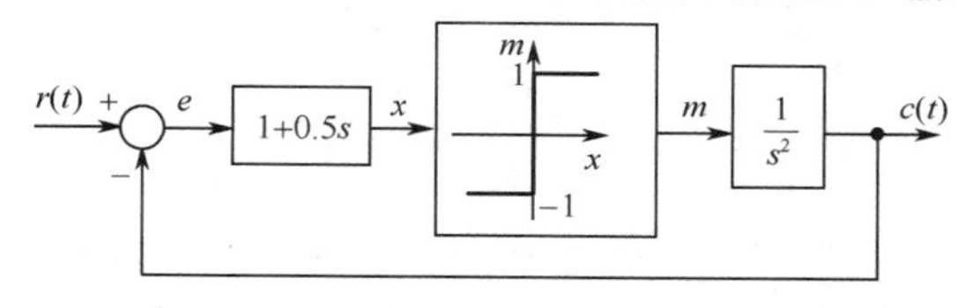


图 A7-1　非线性系统结构图

(1) 在 $e$-$\dot{e}$ 相平面绘制系统的相轨迹；

(2) 经过多长时间系统到达稳定状态 $e=0,\dot{e}=0$；

(3) 大致画出系统的输出响应曲线；

(4) 系统的稳态误差。

**【解】** 由结构图可得

$$e=r-c$$
$$x=e+0.5\dot{e}$$
$$\ddot{c}=m=f(x)=\begin{cases}1, & x>0\\ -1, & x<0\end{cases}$$

输入信号 $r(t)=6$ 时，$e=6-c,\dot{e}=-\dot{c},\ddot{e}=-\ddot{c}$，得

$$\begin{cases}\ddot{e}=-1, & e+0.5\dot{e}>0\\ \ddot{e}=1, & e+0.5\dot{e}<0\end{cases}$$

a. 当 $e+0.5\dot{e}>0$ 时，解得

$$\ddot{e}=-1\Rightarrow\dot{e}=-t+c_1$$

$$\dot{e}\frac{\mathrm{d}\dot{e}}{\mathrm{d}e}=-1\Rightarrow\frac{1}{2}\dot{e}^2=-e+c_2$$

在 $e$-$\dot{e}$ 平面相轨迹为开口向左的抛物线。

b. 当 $e+0.5\dot{e}<0$ 时,解得

$$\ddot{e}=1\Rightarrow\dot{e}=t+c_3$$

$$\dot{e}\frac{\mathrm{d}\dot{e}}{\mathrm{d}e}=1\Rightarrow\frac{1}{2}\dot{e}^2=e+c_4$$

在 $e$-$\dot{e}$ 平面相轨迹为开口向右的抛物线。开关线 $e+0.5\dot{e}=0\Rightarrow\dot{e}=-2e$。

(1) 当系统初始状态 $e(0)=6,\dot{e}(0)=0$,相轨迹如图 A7-2 所示。

(2) $t=0,e(0)=6,\dot{e}(0)=0,e+0.5\dot{e}>0$,得 $c_1=0,c_2=6$,相轨迹方程

$$\frac{1}{2}\dot{e}^2=-e+6$$

与开关线交于 $e=1.5,\dot{e}=-3$ 点,代入 $\dot{e}=-t$ 得 $t=3\text{s}$;$t=3\text{s},e(t)=1.5,\dot{e}(t)=-3$,得 $c_3=-6,c_4=3$,相轨迹方程

$$\frac{1}{2}\dot{e}^2=e+3$$

与开关线交于 $e=-1,\dot{e}=2$ 点,代入 $\dot{e}=t-6$ 得 $t=8\text{s}$;$t=8\text{s},e(t)=-1,\dot{e}(t)=2$,得 $c_1=10,c_2=1$,相轨迹方程

$$\frac{1}{2}\dot{e}^2=-e+1$$

与开关线交于 $e=0.5,\dot{e}=-1$ 点,代入 $\dot{e}=-t+10$ 得 $t=11\text{s}$;$t=11\text{s},e(t)=0.5,\dot{e}(t)=-1$,得 $c_3=-12,c_4=0$,相轨迹方程

$$\frac{1}{2}\dot{e}^2=e$$

与开关线交于 $e=0,\dot{e}=0$ 点,即系统的稳定状态,代入 $\dot{e}=t-12$ 得 $t=12\text{s}$。

(3) 根据 $c=r-e=6-e$,由相轨迹图得系统的输出响应大致曲线如图 A7-3 所示。

(4) 系统的稳态误差 $e_{ss}=0$。

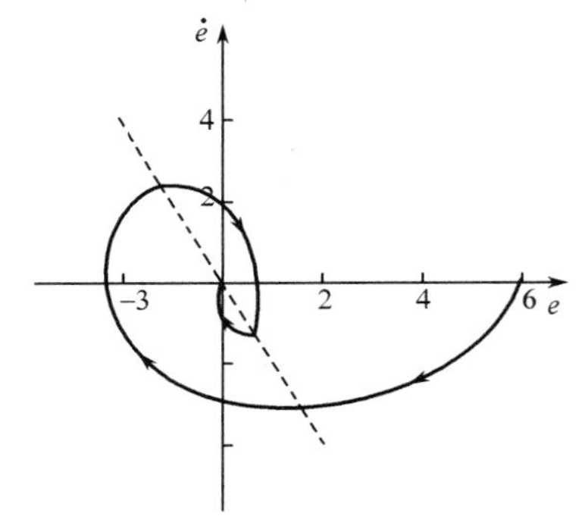

图 A7-2　系统的相轨迹曲线

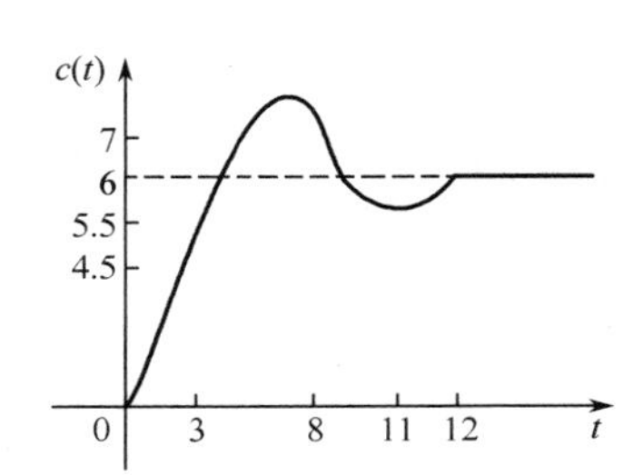

图 A7-3　系统输出响应大致曲线

**【A7-2】** 已知非线性系统如图 A7-4 所示,$h=1,M=2$。

试求:(1) 非线性环节的描述函数;

(2) 当 $h=1,M=0.5$ 时,判断系统的稳定性;

(3) 当 $h=1,M=2$ 时,系统是否存在自激振荡?若存在,求自激振荡的频率和幅值;

(4) 自激振荡情况下求系统输出 $c(t)$ 和 $x(t)$ 的表达式。

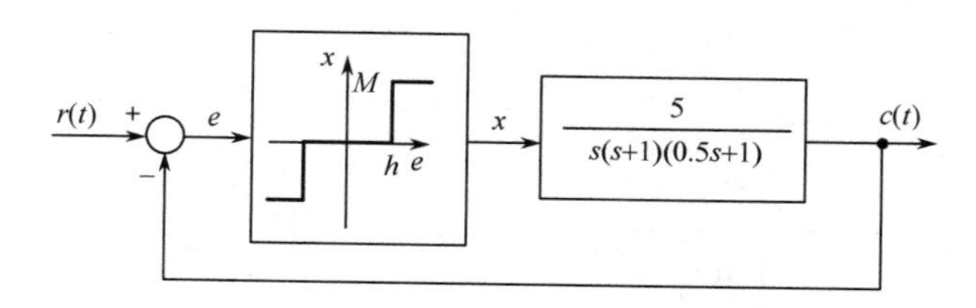


图 A7-4　非线性系统结构图

**【解】**（1）典型非线性环节在正弦信号作用下波形如图 A7-5 所示，输出为奇对称函数，$A_0=0, A_1=0$。

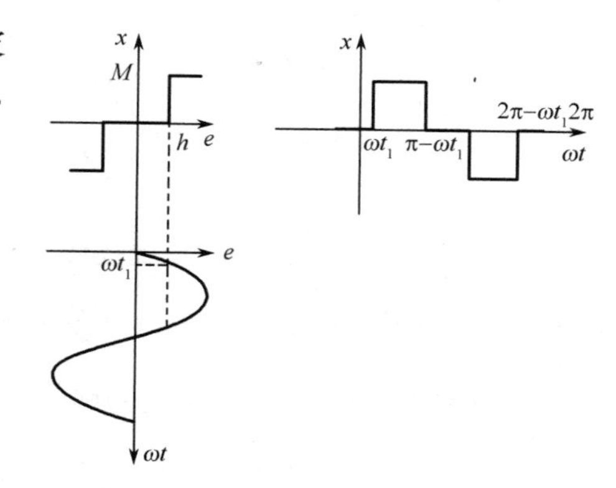


图 A7-5　非线性环节在正弦信号作用下波形

正弦信号 $e(t)=A\sin\omega t, A\geqslant h$ 作用下，输出为

$$x(t)=\begin{cases}0, & 0\leqslant\omega t<\omega t_1\\ M, & \omega t_1\leqslant\omega t<\pi-\omega t_1, \omega t_1=\arcsin\dfrac{h}{A}\\ 0, & \pi-\omega t_1\leqslant\omega t\leqslant\pi\end{cases}$$

$$\begin{aligned}B_1&=\frac{2}{\pi}\int_0^{\pi}x(t)\sin\omega t\,\mathrm{d}\omega t\\&=\frac{2}{\pi}\int_0^{\omega t_1}x(t)\sin\omega t\,\mathrm{d}\omega t+\frac{2}{\pi}\int_{\omega t_1}^{\pi-\omega t_1}x(t)\sin\omega t\,\mathrm{d}\omega t\\&\quad+\frac{2}{\pi}\int_{\pi-\omega t_1}^{\pi}x(t)\sin\omega t\,\mathrm{d}\omega t\\&=\frac{2}{\pi}\int_{\omega t_1}^{\pi-\omega t_1}M\sin\omega t\,\mathrm{d}\omega t=\frac{4M}{\pi}\cos\omega t_1=\frac{4M}{\pi}\sqrt{1-\left(\frac{h}{A}\right)^2}\end{aligned}$$

描述函数为
$$N(A)=\frac{B_1+\mathrm{j}A_1}{A}=\frac{4M}{\pi A}\sqrt{1-\left(\frac{h}{A}\right)^2}$$

线性部分的频率特性为

$$G(\mathrm{j}\omega)=\frac{5}{\mathrm{j}\omega(1+\mathrm{j}\omega)(0.5\mathrm{j}\omega+1)}=-\frac{5\times1.5}{(\omega^2+1)(0.25\omega^2+1)}-\mathrm{j}\frac{5\times(1-0.5\omega^2)}{\omega(\omega^2+1)(0.25\omega^2+1)}$$

$\omega=0^+, G(\mathrm{j}\omega)=-7.5-\mathrm{j}\infty$；

$\omega=\sqrt{2}, G(\mathrm{j}\omega)=-\dfrac{5}{3}-\mathrm{j}0$；

$\omega=+\infty, G(\mathrm{j}\omega)=-0+\mathrm{j}0$；

其频率特性曲线如图 A7-6 所示。

非线性环节的描述函数负倒为

$$-\frac{1}{N(A)}=-\frac{\pi A}{4M\sqrt{1-\left(\dfrac{h}{A}\right)^2}}$$

$$A=h, -\frac{1}{N(A)}=-\infty;$$

$$A=\infty, -\frac{1}{N(A)}=-\infty;$$

$$A=\sqrt{2}h, -\frac{1}{N(A)}=-\frac{\pi h}{2M}。$$

（2）当 $h=1, M=0.5$ 时，描述函数负倒曲线如图 A7-6(a) 所示。由图看出，$-\dfrac{1}{N(A)}$ 曲线没

有被 $G(\mathrm{j}\omega)$ 曲线所包围，所以非线性系统稳定。

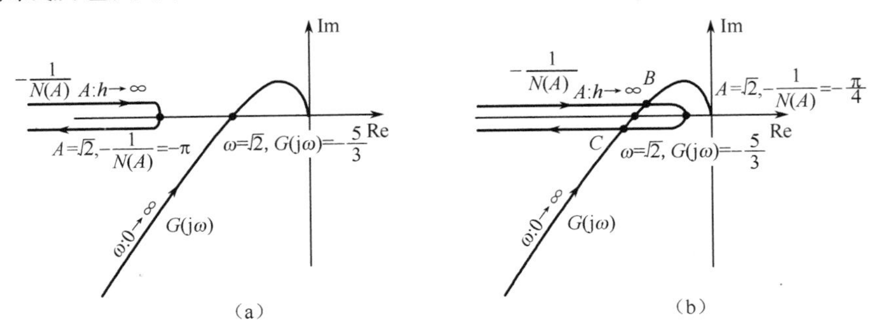


图 A7-6　非线性系统特性曲线

(3) 当 $h=1, M=2$ 时，描述函数负倒曲线如图 A7-6(b) 所示，$-\dfrac{1}{N(A)}$ 与 $G(\mathrm{j}\omega)$ 交于 $B$，$C$ 两点，且分析知 $C$ 点为稳定自持振荡，$B$ 点为不稳定自持振荡。

系统自持振荡频率 $\omega=\sqrt{2}$，振荡幅值由 $-\dfrac{\pi A}{8\sqrt{1-\left(\dfrac{1}{A}\right)^{2}}}=-\dfrac{5}{3}$，求解得自持振荡幅值为 $A_{\mathrm{C}}=4.12$。

(4) 自持振荡时，误差 $e(t)=4.12\sin\sqrt{2}t$，则由 $e(t)=r(t)-c(t)$ 得 $c(t)=-4.12\sin\sqrt{2}t$。由 $\left.\dfrac{C(\mathrm{j}\omega)}{X(\mathrm{j}\omega)}\right|_{\omega=\sqrt{2}}=G(\mathrm{j}\omega)\,|_{\omega=\sqrt{2}}=\dfrac{5}{3}\mathrm{e}^{-\mathrm{j}99^{\circ}}$ 得

$$x(t)=\frac{-4.12}{1.667}\sin(\sqrt{2}t+99^{\circ})=-2.47\sin(\sqrt{2}t+99^{\circ})$$

## B 考研试题

**【B7-1】**（北京航空航天大学 2015 年）非线性系统的结构图如图 B7-1 所示，试用描述函数法分析该系统是否存在稳定的自激振荡，其中，$M,K,T,\tau$ 均为正实数。

**【解】** 非线性环节的描述函数为 $N(A)=\dfrac{4M}{\pi A}$，$-\dfrac{1}{N(A)}=-\dfrac{\pi A}{4M}$ 曲线如图 B7-2 所示。

线性部分的频率特性为 $G(\mathrm{j}\omega)=\dfrac{K(\mathrm{j}\omega\tau+1)}{\mathrm{j}\omega(\mathrm{j}\omega T-1)}=-\dfrac{K(T+\tau)}{1+(\omega T)^{2}}+\mathrm{j}\dfrac{K(1-T\tau\omega^{2})}{\omega[1+(\omega T)^{2}]}$，极坐标曲线如图 B7-2 所示，辅助圆如图中虚线。

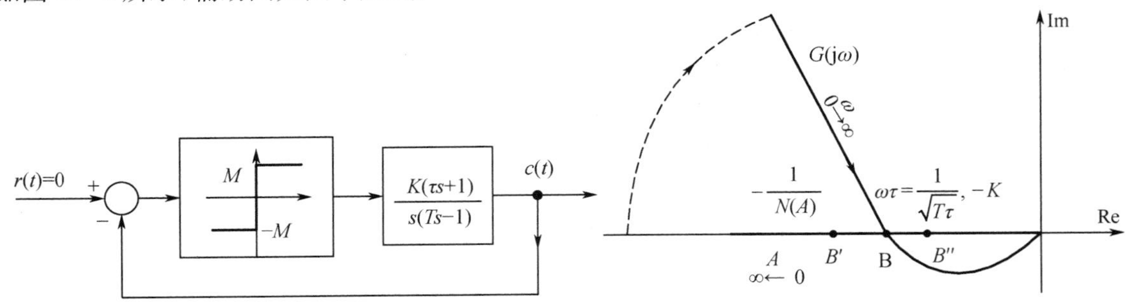


图 B7-1　非线性系统结构图

图 B7-2　非线性环节的描述函数曲线

$-\dfrac{1}{N(A)}$ 与 $G(\mathrm{j}\omega)$ 曲线二者相交于 $B$ 点，系统线性部分有一个右极点，分析当干扰使 $A$ 增大，$B\to B'$，$G(\mathrm{j}\omega)$ 曲线顺时针包围一圈，系统不稳定，$A$ 继续增大；当干扰使 $A$ 减小，$B\to B''$，$G(\mathrm{j}\omega)$

曲线逆时针包围一圈，系统稳定，$A$ 幅值减小；所以 $B$ 点是不稳定的自激振荡。

**【B7-2】**（山东大学 2016 年）非线性系统的结构图如图 B7-3 所示。

（1）判断系统是否存在稳定的自激振荡，求出自激振荡的振幅和频率；

（2）画出 $e(t)$，$u(t)$，$c(t)$ 的稳态波形。

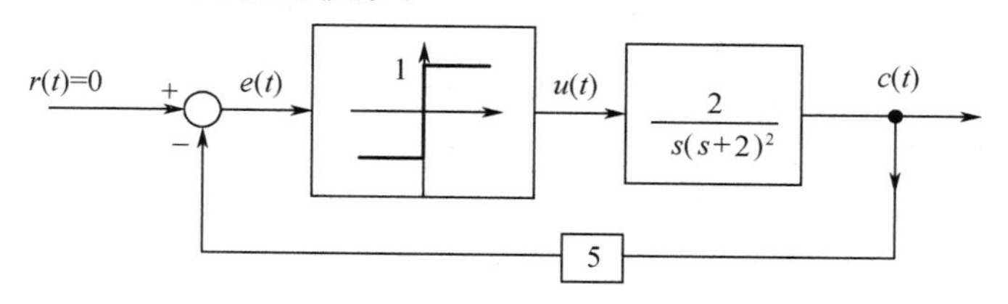


图 B7-3　非线性系统的结构图

**【解】**（1）非线性环节的描述函数求取：当 $e(t)=A\sin\omega t$ 输入时，非线性环节一个周期的输出为 $u(t)=\begin{cases}1 & 0\leqslant\omega t\leqslant\pi\\ -1 & \pi\leqslant\omega t\leqslant 2\pi\end{cases}$，其傅里叶变换的基波系数

$$A_1=\frac{2}{2\pi}\int_0^{2\pi}u(t)\sin\omega t\,\mathrm{d}\omega t=0,B_1=\frac{2}{2\pi}\int_0^{2\pi}u(t)\cos\omega t\,\mathrm{d}\omega t=\frac{4}{\pi}$$

则描述函数为

$$N(A)=\frac{Y_1}{A}\angle 0^\circ=\frac{4}{\pi A},-\frac{1}{N(A)}=-\frac{\pi A}{4}$$

描述函数负倒曲线如图 B7-4 所示。

线性部分的频率特性 $G(\mathrm{j}\omega)=\dfrac{10}{\mathrm{j}\omega(\mathrm{j}\omega+2)^2}=-\dfrac{40}{(4+\omega^2)^2}-\mathrm{j}\dfrac{10(4-\omega^2)}{\omega(4+\omega^2)^2}$，其 Nyquist 曲线如图 B7-4 所示。

Nyquist 曲线与描述函数负倒曲线二者相交，且分析得知，系统产生稳定的自持振荡，振荡频率 $\omega=2$，振荡幅值 $A=\dfrac{5}{2\pi}=0.8$。

（2）$e(t)=0.8\sin 2t$，$c(t)=-\dfrac{1}{5}e(t)=-0.16\sin 2t$，系统各点的稳态波形如图 B7-5 所示。

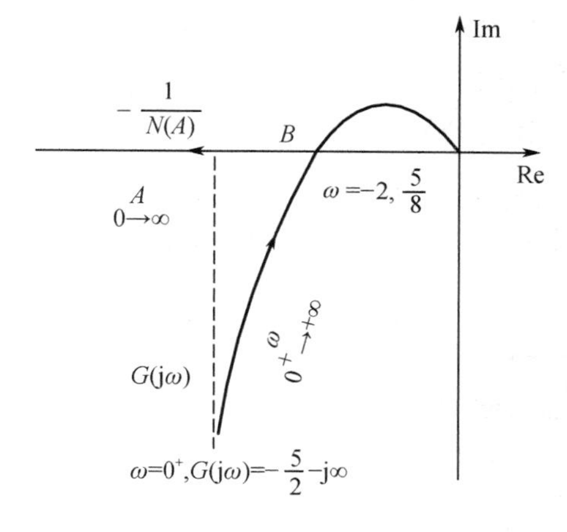


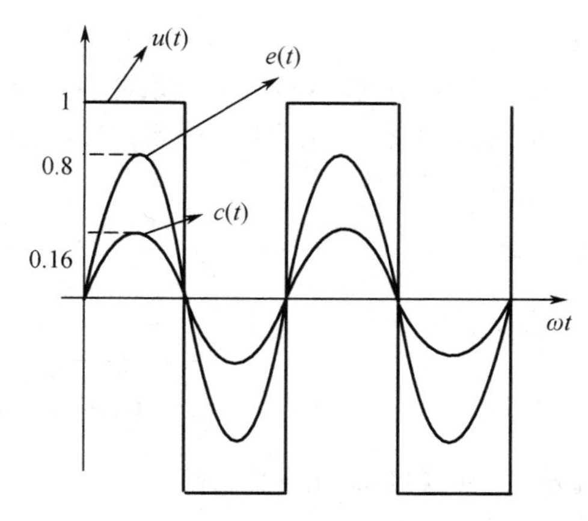


图 B7-4　线性系统环节的频率特性和非线性环节描述函数负倒曲线

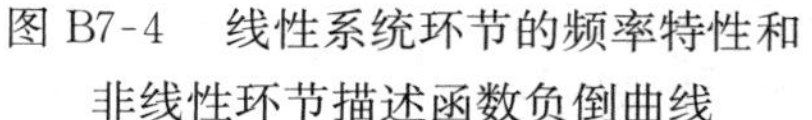

图 B7-5　$e(t)$，$u(t)$，$c(t)$ 的稳态波形图

**【B7-3】**（北京航空航天大学 2014 年）非线性系统的结构图如图 B7-6 所示，取变量 $c$ 和 $\dot{c}$ 为相坐标，绘制该系统的概略相轨迹，并分析对任意初始推进，该系统的运动特点。

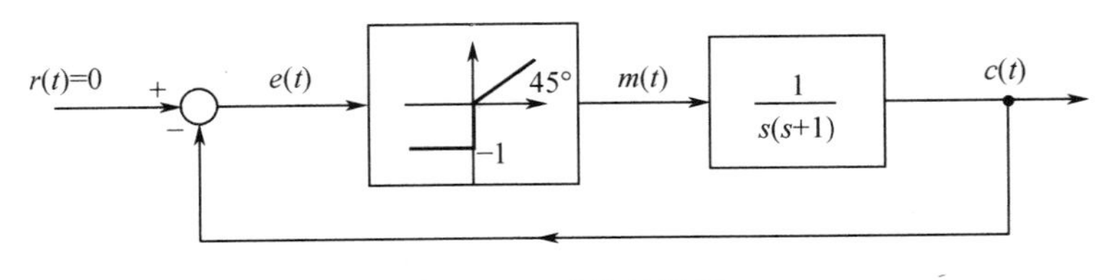


图 B7-6　系统结构图

**【解】** 系统非线性部分的方程为

$$m(t)=\begin{cases}e(t) & e>0\\ -1 & e<0\end{cases}$$

线性部分的方程为 $\ddot{c}+\dot{c}=m(t)$，$e=-c$ 整理得

$$\begin{cases}\ddot{c}+\dot{c}=-c & c<0\\ \ddot{c}+\dot{c}=-1 & c>0\end{cases}\quad c=0 \text{ 为切换线}$$

当 $c<0$，$\ddot{c}+\dot{c}+c=0$ 为线性方程，特征值 $-\dfrac{1}{2}\pm \mathrm{j}\dfrac{\sqrt{3}}{2}$，相轨迹为收敛的对数螺旋线，奇点在 $(0,0)$；

当 $c>0$，$\ddot{c}+\dot{c}+1=0$ 为等倾线方程，$\dfrac{\mathrm{d}\dot{c}}{\mathrm{d}c}=-\dfrac{\dot{c}+1}{\dot{c}}=\alpha\Rightarrow\dot{c}=-\dfrac{1}{\alpha+1}$，等倾线为一簇直线，如图 B7-7 所示；不同初始条件下系统的相轨迹如图 B7-7 所示，系统的运动均为收敛的。

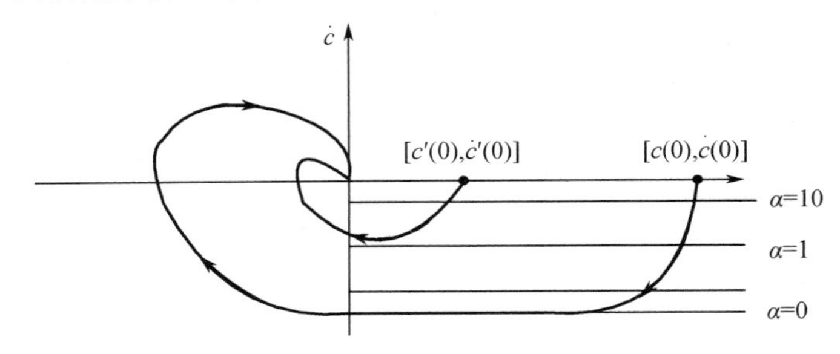


图 B7-7　系统不同初始条件下的相轨迹图

**【B7-4】**（北京航空航天大学 2008 年）某非线性系统如图 B7-8 所示。其中，$M=1$，$h=1$。若取 $c$，$\dot{c}$ 为相坐标，试画出满足初始条件 $c(0)=-2$，$\dot{c}(0)=0$ 的相轨迹。要求确定相轨迹与开关线的前两个交点，并根据相轨迹分析系统运动是收敛还是分散。

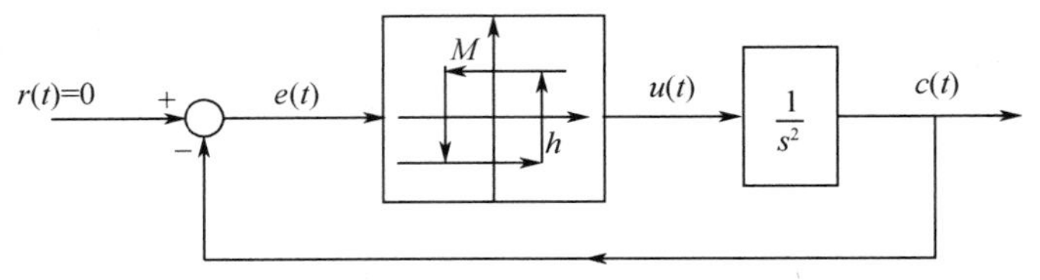


图 B7-8　非线性系统结构图

**【解】** 非线性部分的表达式

$$u=\begin{cases}M & \begin{cases}e>h\\ -h<e<h,\dot{e}<0\end{cases}\\ -M & \begin{cases}e<-h\\ -h<e<h,\dot{e}>0\end{cases}\end{cases}$$

线性部分 $$\ddot{c} = u, e = r - c = -c$$

整理得
$$\ddot{c} = \begin{cases} 1 & \begin{cases} c < -1 \\ -1 < c < 1, \dot{c} > 0 \end{cases} \\ -1 & \begin{cases} c > 1 \\ -1 < c < 1, \dot{c} < 0 \end{cases} \end{cases}$$

开关线 $c = 1$ 和 $c = -1$。

Ⅰ 区：$c < -1$，$-1 < c < 1, \dot{c} > 0$，解微分方程得：$\ddot{c} = 1 \Rightarrow \dot{c}\dfrac{\mathrm{d}\dot{c}}{\mathrm{d}c} = 1 \Rightarrow \dot{c}^2 = 2c + A$

Ⅱ 区：$c > 1$，$-1 < c < 1, \dot{c} < 0$，解微分方程得：$\ddot{c} = -1 \Rightarrow \dot{c}\dfrac{\mathrm{d}\dot{c}}{\mathrm{d}c} = -1 \Rightarrow \dot{c}^2 = -2c + B$

初始条件 $c(0) = -2, \dot{c}(0) = 0$ 落在 Ⅰ 区，$A = 4$，抛物线 $\dot{c}^2 = 2c + 4$，在 $c_1 = 1$ 第一次切换，$\dot{c}_1 = \sqrt{6}$ 到 Ⅱ 区；

Ⅱ 区，$c_1 = 1, \dot{c}_1 = \sqrt{6} \Rightarrow B = 8$，抛物线 $\dot{c}^2 = -2c + 8$，在 $c_2 = -1$ 第二次切换，$\dot{c}_2 = \sqrt{10}$，到 Ⅰ 区；

Ⅰ 区，$c_2 = -1, \dot{c}_2 = \sqrt{10} \Rightarrow A = 12$，抛物线 $\dot{c}^2 = 2c + 12$，在 $c_3 = 1$ 第三次切换，$\dot{c}_3 = \sqrt{14}$ 到 Ⅱ 区，……。相轨迹如图 B7-9 所示，系统的运动是发散的。

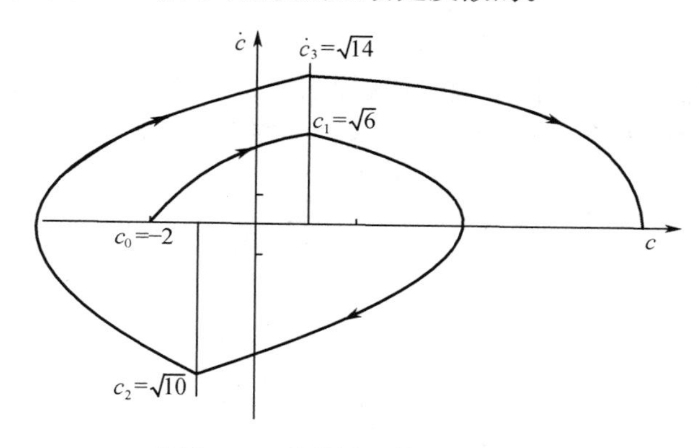


图 B7-9　非线性系统的相轨迹图

## C 习题

C7-1　已知非线性微分方程为

(1) $\ddot{x} + |x| = 0$　　　　(2) $\ddot{x} + x + \mathrm{sign}\dot{x} = 0$

试采用解析法求系统的相轨迹。

C7-2　若非线性系统的微分方程为

$$\ddot{x} + \dot{x} + x^2 - 1 = 0$$

试求系统的奇点，并概略绘制奇点附近的相轨迹。

C7-3　图 C7-1 所示为带有饱和特性的非线性系统，系统输入为阶跃信号 $r(t) = R \cdot 1(t)$。试求：

(1) 在 $e$-$\dot{e}$ 相平面上绘制系统阶跃响应的相轨迹图；

(2) 分析系统的运动特点；

(3) 采用 Simulink 建立系统的仿真模型，并绘出系统的相轨迹图。

C7-4　图 C7-2 所示为带有库仑摩擦的非线性系统，系统输入为阶跃信号 $r(t) = R \cdot 1(t)$。试求：

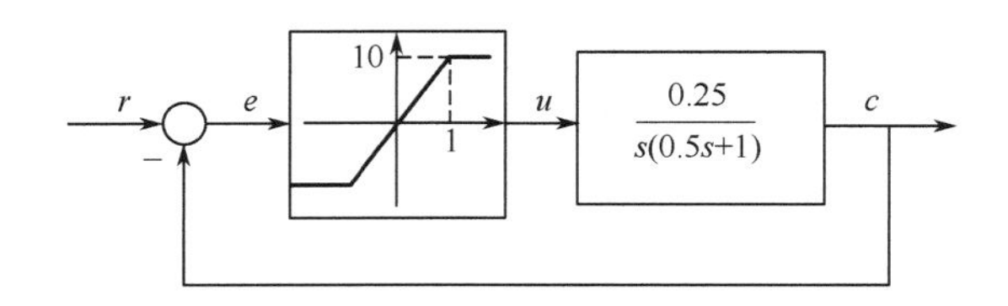


图 C7-1　习题 C7-3 图

(1) 在 $e\text{-}\dot{e}$ 相平面上绘制当输入信号幅值分别为 $R = 2, -3$ 时系统的相轨迹图；

(2) 讨论库仑摩擦对系统阶跃响应的影响；

(3) 采用 Simulink 建立系统的仿真模型，并绘出系统的相轨迹图。

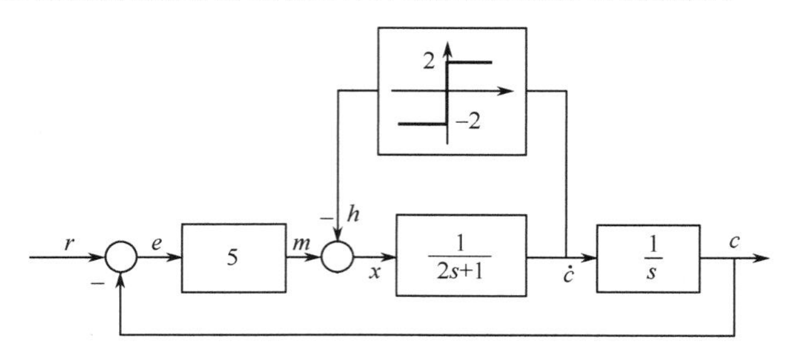


图 C7-2　习题 C7-4 图

C7-5　具有死区加滞环继电器特性的非线性系统如图 C7-3 所示，试采用 Simulink 建立系统的仿真模型，观察系统的响应曲线，判断系统是否存在极限环，并绘出系统的相轨迹图。

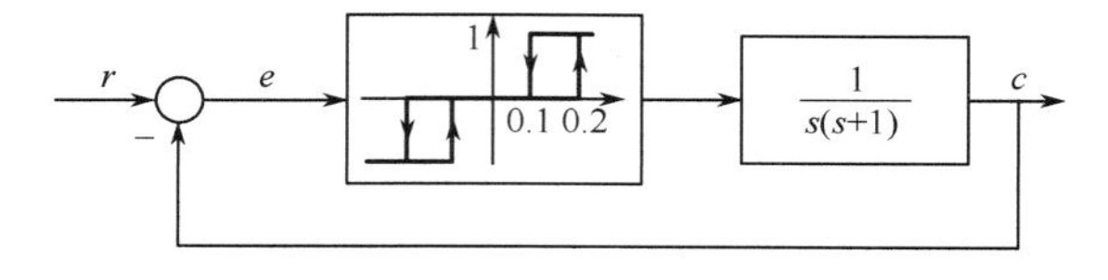


图 C7-3　习题 C7-5 图

C7-6　设非线性系统如图 C7-4 所示，试求：

(1) 当输入信号为 $r(t) = 2 \cdot 1(t)$，试在 $e\text{-}\dot{e}$ 平面上绘制系统的相轨迹图，并分析系统的动态特性；

(2) 当输入信号为 $r(t) = t$ 时，试在 $e\text{-}\dot{e}$ 平面上绘制系统的相轨迹图，并分析系统的动态特性。

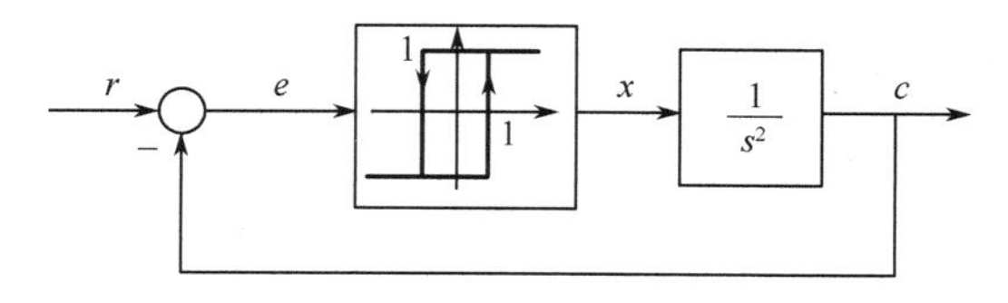


图 C7-4　习题 C7-6 图

C7-7　控制系统如图 C7-5 所示，输入信号为单位阶跃函数，要求：

(1) 当 $\tau = 0$ 时，绘制初始条件 $e(0) = 2, \dot{e}(0) = 0$ 的相轨迹；

(2) 当 $\tau = 2$ 时，绘制初始条件 $e(0) = 2, \dot{e}(0) = 0$ 的相轨迹，并说明速度反馈的作用；

(3) 采用 Simulink 建立系统的仿真模型，并绘出系统的相轨迹图。

C7-8　非线性系统结构图如图 C7-6 所示，初始条件为 $c(0) = 0.2, \dot{c}(0) = 0$，试在 $x\text{-}\dot{x}$ 平面上绘制系统的相轨迹图，并分析系统的运动。

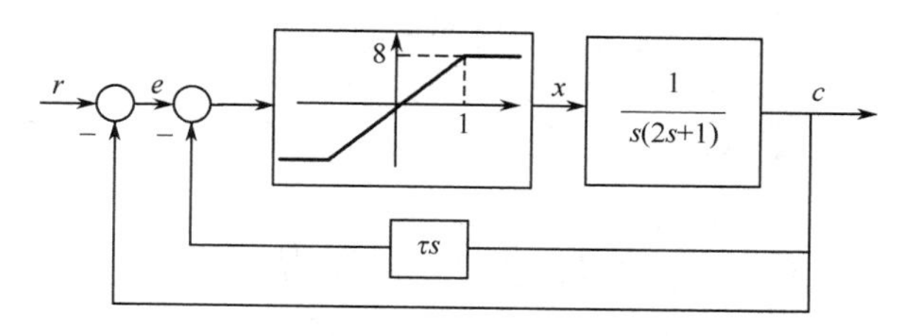


图 C7-5　习题 C7-7 图

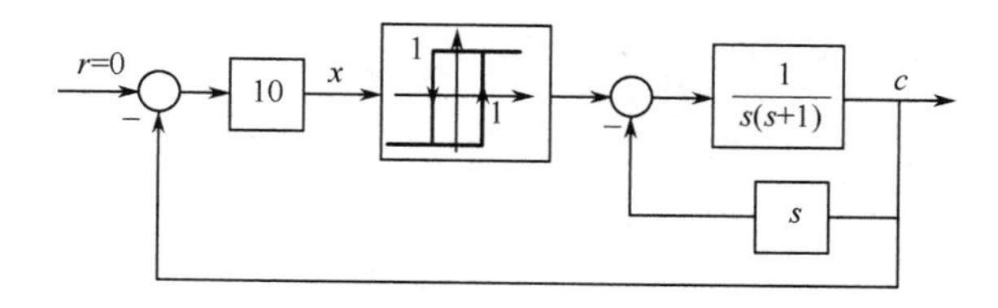


图 C7-6　习题 C7-8 图

C7-9　已知非线性环节特性曲线如图 C7-7 所示，试求非线性环节的描述函数。

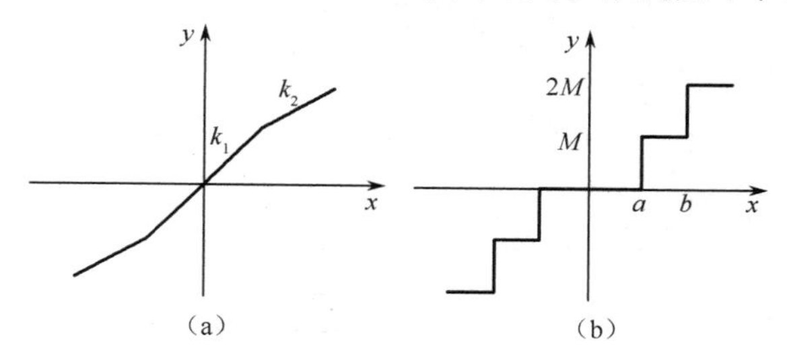


图 C7-7　习题 C7-9 图

C7-10　已知系统线性部分频率特性曲线（均为最小相位）和非线性环节的描述函数负倒曲线，如图 C7-8 所示，试分析系统的稳定性；若有自持振荡，判断自持振荡的稳定性。

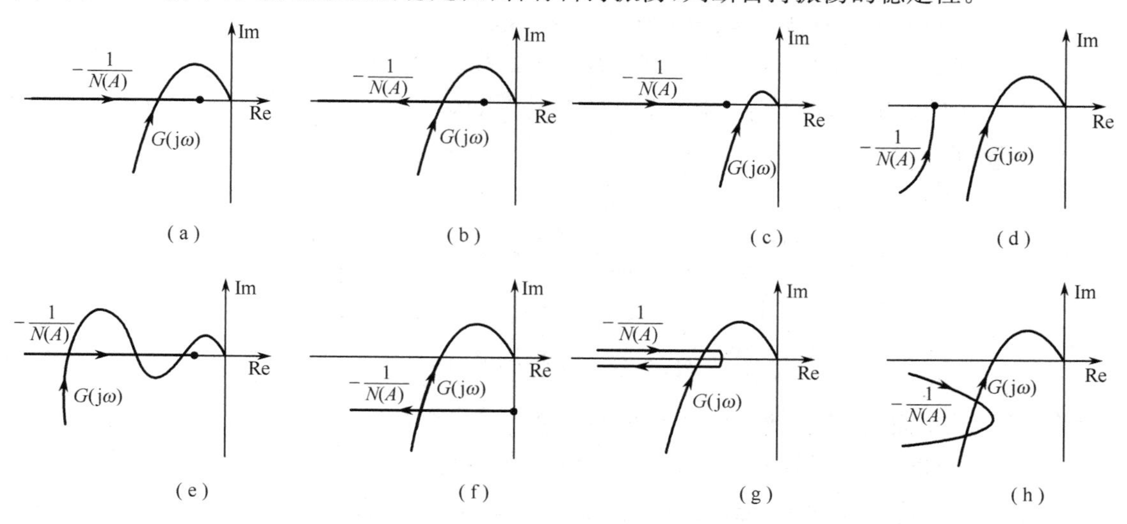


图 C7-8　习题 C7-10 图

C7-11　设 3 个非线性系统的非线性环节一样，而且线性部分的传递函数分别为

(1) $G(s)=\dfrac{10}{s(10s+1)}$　(2) $G(s)=\dfrac{5}{s(s+1)}$　(3) $G(s)=\dfrac{2(0.5s+1)}{s(10s+1)(s+1)}$

(1) 试用描述函数法分析系统，哪个系统分析的准确性高，并说明理由；

(2) 设非线性环节为理想继电器特性($M = 2$)，试概略分析系统的动态特性。

C7-12　饱和非线性系统如图 C7-9 所示。试求：

(1) 确定系统稳定时 $K$ 的最大值；

(2) 当 $K = 3$ 时，分析系统的稳定性，若产生自持振荡，求振荡频率和幅值；

(3) 采用 Simulink 建立系统的仿真模型，并求上述 $K$ 值下的系统响应。

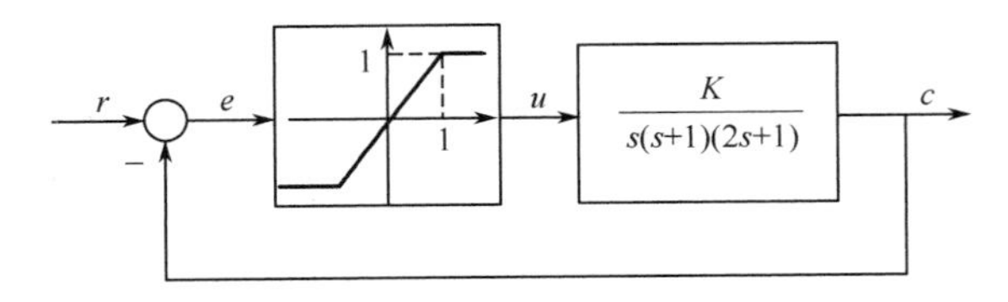


图 C7-9　习题 C7-12 图

C7-13　某非线性系统如图 C7-10 所示。

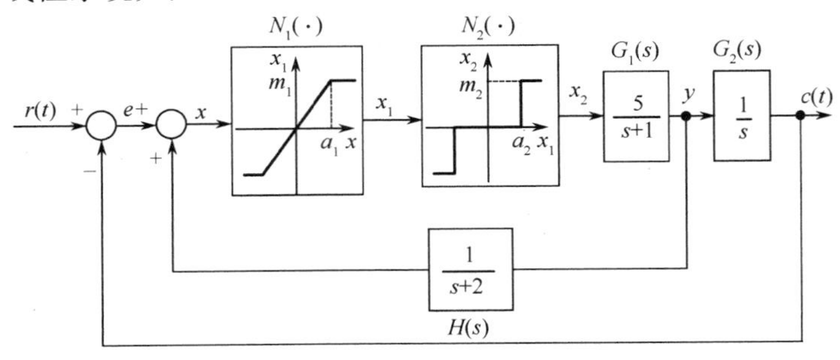


图 C7-10　习题 C7-13 图

(1) 试采用描述函数法分析系统的稳定性($m_1 > a_2$)；

(2) 当 $a_2 = 0.5$，求取系统自持振荡的频率和幅值；

(3) 为使系统不产生自持振荡，确定非线性环节的参数。

C7-14　滞环继电器特性的非线性系统如图 C7-11 所示，试研究滞环宽度 $2a = 0.1, 0.2, 0.4, 0.6$ 时系统的稳定性。若产生自持振荡，求取振荡频率和幅值，并说明滞环宽度对系统自持振荡状态的影响。

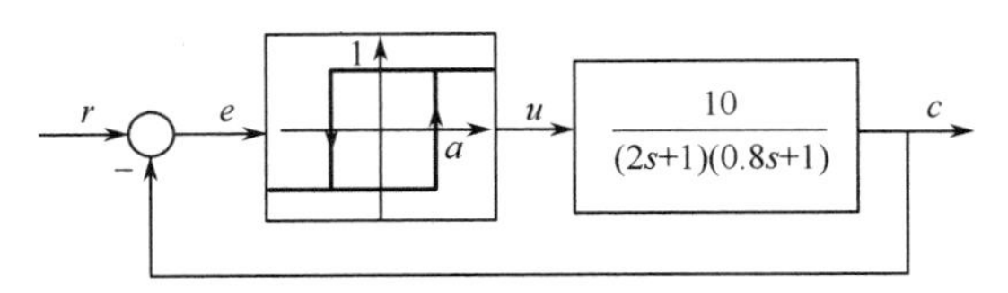


图 C7-11　习题 C7-14 图

C7-15　试用描述函数法说明图 C7-12 所示系统必然存在自持振荡，并确定 $c$ 的振荡频率和幅值，画出 $c, u, e$ 的稳态波形，采用 Simulink 建立系统的仿真模型，验证结果。

C7-16　设非线性系统结构图如图 C7-13 所示，非线性部分特性的描述函数为 $N(A) = \dfrac{1}{A}e^{-j\frac{\pi}{4}}$。

(1) 分析系统是否存在自持振荡；

(2) 若存在自持振荡，求振荡频率和幅值；

(3) 定性分析系统开环增益变化对自持振荡的影响。

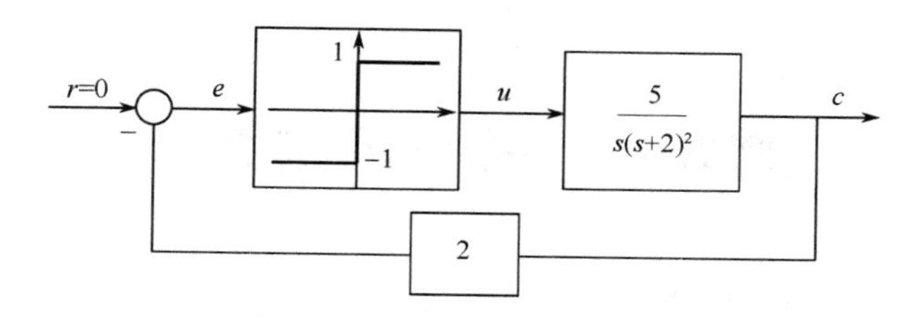


图 C7-12　习题 C7-15 图

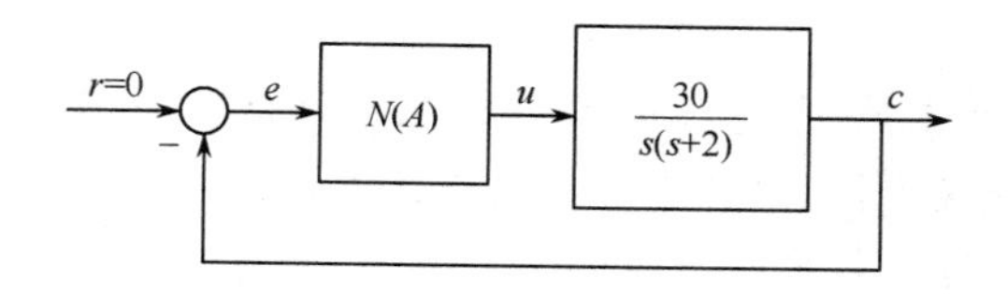


图 C7-13　习题 C7-16 图

C7-17　设非线性系统如图 C7-14 所示，试用描述函数法分析系统产生自持振荡时参数 $K_1$，$K_2$，$M$ 应满足的条件。

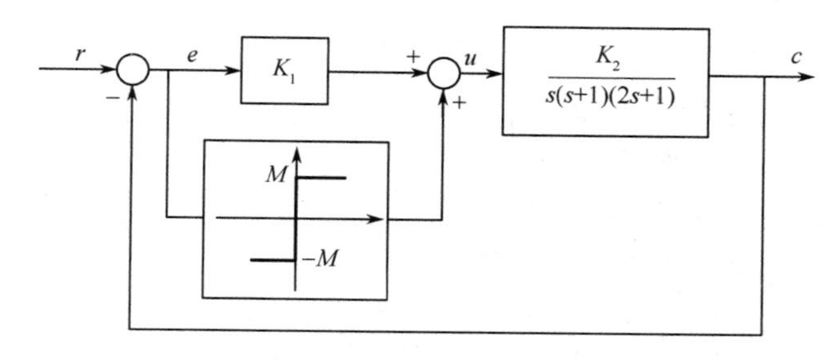


图 C7-14　习题 C7-17 图

C7-18　设非线性系统如图 C7-15 所示，试用描述函数法分析系统的稳定性。

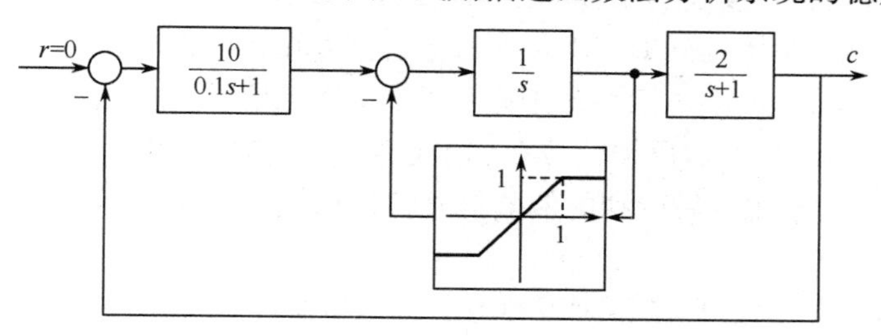


图 C7-15　习题 C7-18 图

# 第 8 章　采样控制系统

**内容提要**：本章介绍采样过程与采样定理，$Z$ 变换的定义、性质、方法及 $Z$ 反变换，以及采样系统的数学模型、稳定性分析、稳态误差和采样系统的校正，最后介绍 MATLAB 在采样系统中的应用。

**知识要点**：采样系统的特点，连续信号的离散化，采样定理，采样保持器，$Z$ 变换，差分方程，脉冲传递函数，采样系统的稳定性，采样系统的稳态误差，采样系统的校正，最小拍控制器。

**教学建议**：本章的重点是了解采样系统的基本概念，熟练掌握 $Z$ 变换的定义、方法及 $Z$ 变换的基本定理，能熟练求取系统的开环和闭环脉冲传递函数，熟练判别闭环系统的稳定性，熟练计算采样系统的稳态误差，了解采样系统的暂态响应与闭环脉冲传递函数零极点分布的关系，熟练掌握最小拍控制器的设计。掌握 MATLAB 在采样系统中的应用方法。**建议学时数为 8～10 学时**。

近年来，随着脉冲技术、数字式元部件、数字电子计算机，特别是微处理器的迅速发展，数字控制器在许多场合取代了模拟控制器。

数字控制器的应用使得控制系统的本质发生了很大变化，因此，必须用本章将要介绍的采样（或离散）控制理论来分析与研究其控制性能。

## 8.1　概　　述

前面几章充分讨论了连续控制系统的控制理论，本章介绍采样控制系统即线性离散控制系统理论。离散系统与连续系统之间的根本区别在于：连续系统中的控制信号、反馈信号及偏差信号都是连续型的时间函数，而在离散系统中则不然。一般情况下，控制信号是离散型的时间函数 $r^*(t)$，所以取自系统输出端的负反馈信号在和上述离散控制信号进行比较时，也需要采取离散型的时间函数 $b^*(t)$，于是比较后得到的偏差信号将是离散型的时间函数，即

$$e^*(t)=r^*(t)-b^*(t) \tag{8-1}$$

因此，在离散系统中，通过控制器对被控对象进行控制的直接作用信号是离散型的偏差信号 $e^*(t)$。上述离散系统的方框图如图 8-1 所示。

在图 8-1 中，离散反馈信号 $b^*(t)$ 是由连续型的时间函数 $b(t)$ 通过采样开关的采样而获得的。采样开关经一定时间 $T$ 重复闭合，每次闭合时间为 $\tau$，且 $\tau < T$，如图 8-2 所示。

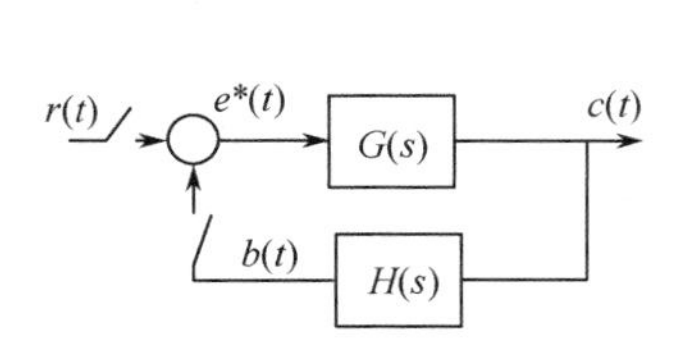

图 8-1　离散系统方框图

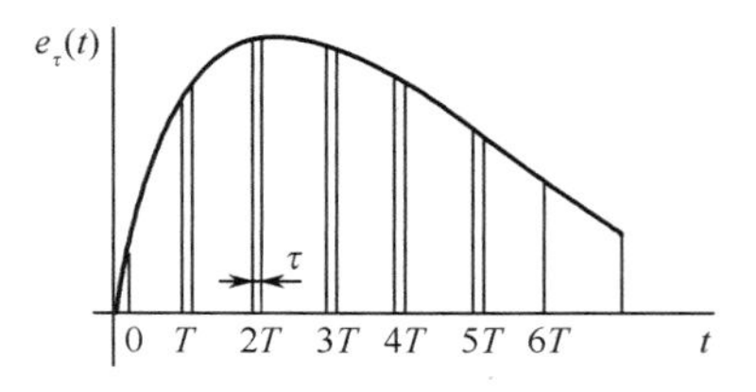

图 8-2　离散反馈信号

在采样系统中，采样开关重复闭合的时间间隔 $T$ 称为采样周期，则

$$f_s = \frac{1}{T} \tag{8-2}$$

及

$$\omega_s = \frac{2\pi}{T} \tag{8-3}$$

分别称为采样频率及采样角频率。连续型时间函数经采样开关采样后变成重复周期等于采样周期的时间序列。该时间序列通道在连续型时间函数上打 * 号来表示，如图 8-1 所示。

在图 8-1 中，两个采样开关的动作一般是同步的，因此，图 8-1 所示离散系统方框图可等效地简化为如图 8-3 所示。

离散控制系统的应用范围非常广泛，一般离散控制系统的结构如图 8-4 所示。

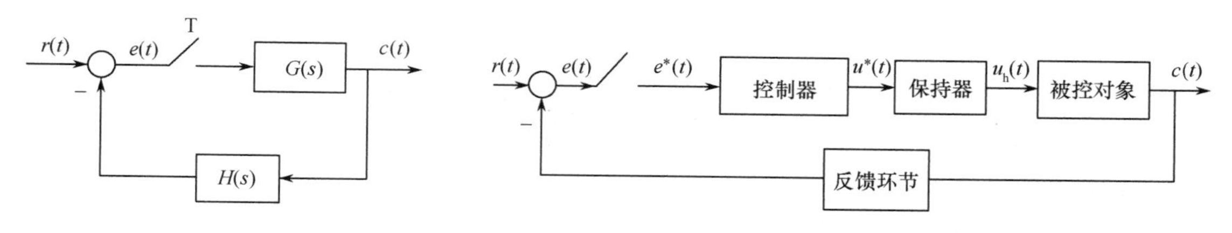


图 8-3　离散系统简化方框图　　　　图 8-4　离散控制系统方框图

## 1. 数字控制系统

数字控制系统是一种离散型的控制系统，只不过是通过数字计算机闭合而已。因此，它包括工作于离散状态下的数字计算机（或专用的数字控制器）和具有连续工作状态的被控对象两大部分，其方框图如图 8-5 所示。图中，用于控制目的的数字计算机（或数字控制器）构成控制系统的数字部分，通过这部分的信号均以离散形式出现。被控对象一般用 $G(s)$ 表示，是系统的不可变部分，它是构成连续部分的主要成分。

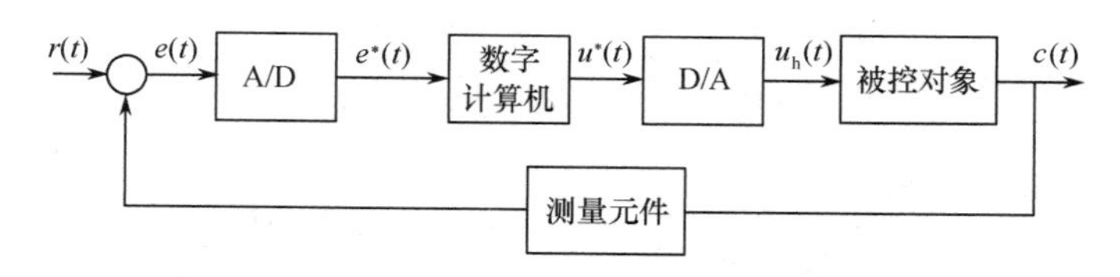


图 8-5　数字控制系统方框图

在数字控制系统中，具有连续时间函数形式的被控信号 $c(t)$（模拟量）受控于具有离散时间函数形式的控制信号 $u^*(t)$（数字量）。既然模拟量需要反映数字量，便需要有数模转换环节。连续的被控信号 $c(t)$ 经反馈环节反馈到输入端，与参考输入 $r(t)$ 相比较，从而得到 $e(t)$，并经 A/D 得到偏差信号 $e^*(t)$。

离散的偏差信号 $e^*(t)$ 经数字计算机的加工处理变换成数字信号 $u^*(t)$，$u^*(t)$ 经 D/A 转换为连续信号 $u_h(t)$，经被控对象去控制系统的被控信号 $c(t)$。

## 2. 复杂的计算机控制系统

目前大型控制系统（或称大系统）的发展趋势是将许多独立的控制系统（称为子系统）结合成单一的最优控制工程。在工业过程控制系统中，要使系统长时间工作在稳定状态，通常是不现实的。这是因为产品要求、原料、经济因素、加工设备和加工工艺等总会发生变化。因此，就有必要考虑工业过程中的暂态过程。又由于过程变量中存在着相互影响，所以在每个控制系统中，只考虑一个过程变量，将系统作为单输入单输出系统来分析、设计，对于全面的控制系统来说是不适

当的。为了实现工业过程的最优控制，就必须考虑全部的过程变量，即需将系统作为具有多输入多输出形式的多变量系统来研究。同时还要考虑到经济因素、产品和设备性能等方面的要求。还需指出，大系统对过程的控制能力越完善，越需要求解复杂的方程，也就越需要了解和利用工作变量间的正确关系。大系统还必须具备能够在短时间内实时控制其子系统工作状态的能力。

显然，根据上述要求构成的大系统，如果不采用数字计算机来控制，是根本无法完成既定任务的。这样的大系统是离散系统的一种高级形式。

分析离散系统可以采用 $Z$ 变换法，或状态空间法。$Z$ 变换法和线性定常离散系统的关系恰似拉普拉斯变换法和线性定常连续系统的关系；因此，$Z$ 变换法是分析单输入单输出线性定常离散系统的有力工具，也是本章的重点内容。状态空间法特别适用于多输入多输出线性离散系统的分析。

## 8.2 采样过程与采样定理

### 1. 采样过程

实现采样控制首先遇到的问题，就是如何把连续信号变换为脉冲序列的问题。

按一定的时间间隔对连续信号进行采样，将其转换为相应的脉冲序列的过程称为采样过程。实现采样过程的装置叫采样器或采样开关。

采样器可以用一个周期性闭合的开关来表示，其闭合周期为 $T$，每次闭合时间为 $\tau$。实际上，由于采样持续时间 $\tau$ 通常远小于采样周期 $T$，也远小于系统连续部分的时间常数，因此，在分析采样系统时，可近似认为 $\tau$ 趋近于 0。在这种条件下，当采样开关的输入信号为连续信号 $e(t)$ 时，其输出信号 $e^*(t)$ 是一个脉冲序列，采样瞬时 $e^*(t)$ 的幅值等于相应瞬时 $e(t)$ 的幅值，即 $e(0T)$，$e(T)$，$e(2T)$，…，$e(nT)$，如图 8-6 所示。

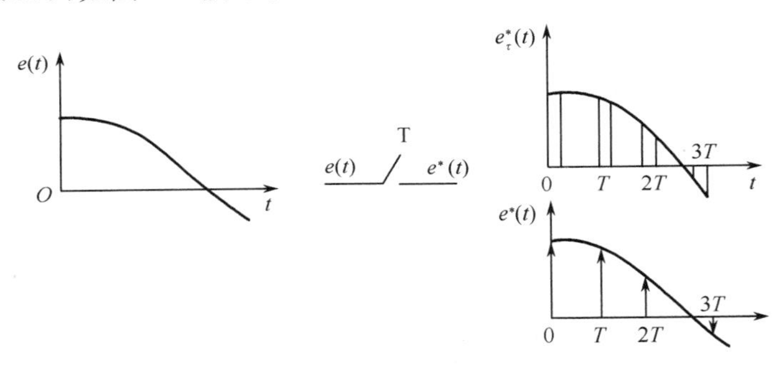


图 8-6 实际采样过程

采样过程可以看成一个脉冲调制过程。理想的采样开关相当于一个单位理想脉冲序列发生器，它能够产生一系列单位脉冲，即

$$
\begin{aligned}
e_\tau^*(t) &= e(0)\frac{1}{\tau}[1(t)-1(t-\tau)]+e(T)\frac{1}{\tau}[1(t-T)-1(t-T-\tau)]+\\
&\quad e(2T)\frac{1}{\tau}[1(t-2T)-1(t-2T-\tau)]+\cdots\\
&=\sum_{k=0}^{\infty}e(kT)\frac{[1(t-kT)-1(t-kT-\tau)]}{\tau}
\end{aligned}
$$

当 $\tau \to 0$ 时，上式可写为

$$e^*(t) = \sum_{k=0}^{\infty} e(kT)\delta(t-kT) \tag{8-4}$$

或

$$e^*(t) = e(t)\sum_{k=0}^{\infty} \delta(t-kT) \tag{8-5}$$

采样开关相当于一个单位脉冲发生器，采样信号的调制过程如图 8-7 所示。

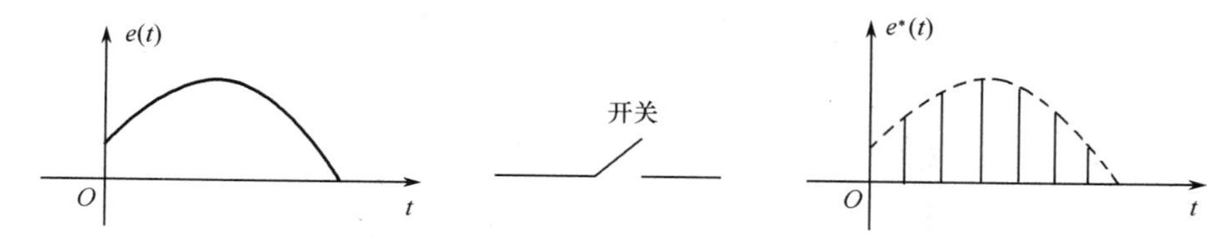


图 8-7　采样信号的调制过程

**2. 采样定理**

采样定理（shannon 定理）给出了从采样的离散信号恢复到原连续信号所必需的最低采样频率，这在设计离散系统时是很重要的。下面对采样定理进行简单介绍。

$$e^*(t) = e(t)\sum_{k=0}^{\infty} \delta(t-kT)$$

令

$$\delta_T(t) = \sum_{k=0}^{\infty} \delta(t-kT)$$

则有

$$e^*(t) = e(t)\delta_T(t) = e(t)\,\frac{1}{T}\sum_{k=0}^{\infty} e^{j\omega_s kt} \quad (t-nT<0, \delta(t-nT)=0) \tag{8-6}$$

$$E^*(s) = \frac{1}{T}\sum_{n=-\infty}^{\infty} E[s+jn\omega_s] \tag{8-7}$$

上式表明，采样函数的拉普拉斯变换式 $E^*[s]$ 是以 $\omega_s$ 为周期的周期函数。另外，上式还表示了采样函数的拉普拉斯变换式 $E^*(s)$ 与连续函数拉普拉斯变换式 $E(s)$ 之间的关系。

通常 $E^*(s)$ 的全部极点均位于 $s$ 平面的左半平面，因此，可用 $j\omega$ 代替式(8-7) 中的复变量 $s$，直接求得采样信号 $e^*(t)$ 的傅里叶变换为

$$E^*(j\omega) = \frac{1}{T}\sum_{n=-\infty}^{\infty} E[j(\omega+n\omega_s)] \tag{8-8}$$

上式即为采样信号的频谱函数。它反映了离散信号频谱和连续信号频谱之间的关系。

一般来说，连续函数 $e(t)$ 的频谱是孤立的，其带宽是有限的，即上限频率为有限值 $\omega_{max}$（见图 8-8(a)）。而离散函数 $e^*(t)$ 则具有以 $\omega_s$ 为周期的无限多个频谱，如图 8-8(b) 所示。

在离散函数的频谱中，$n=0$ 的部分——$\frac{1}{T}E(j\omega)$ 称为主频谱，它对应于连续信号的频谱。除了主频谱外，$E^*(j\omega)$ 还包含无限多个附加的高频频谱。为了准确复现采样的连续信号，必须使采样后的离散信号的频谱彼此不重叠，这样就可以用一个比较理想的低通滤波器滤掉全部附加的高频频谱分量，保留主频谱。

由图 8-8 可见，相邻两频谱互不重叠的条件为

$$\omega_s \geqslant 2\omega_{max} \tag{8-9}$$

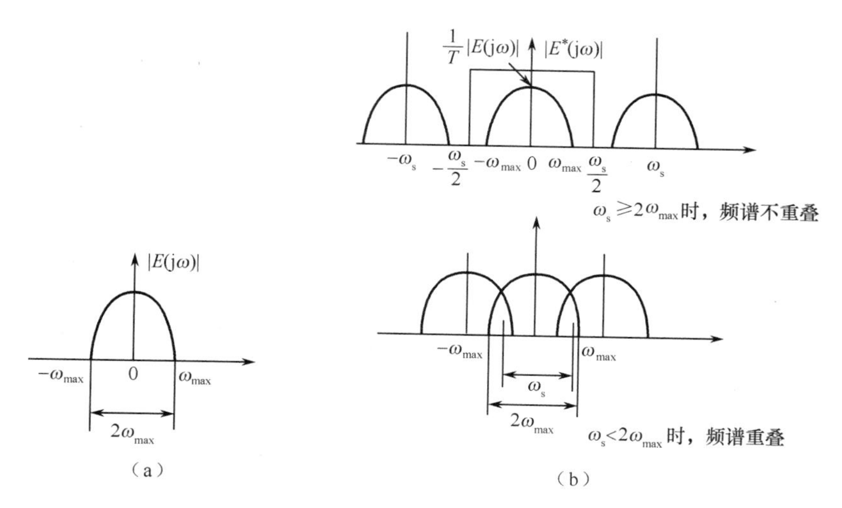


图 8-8　连续及离散信号的频谱

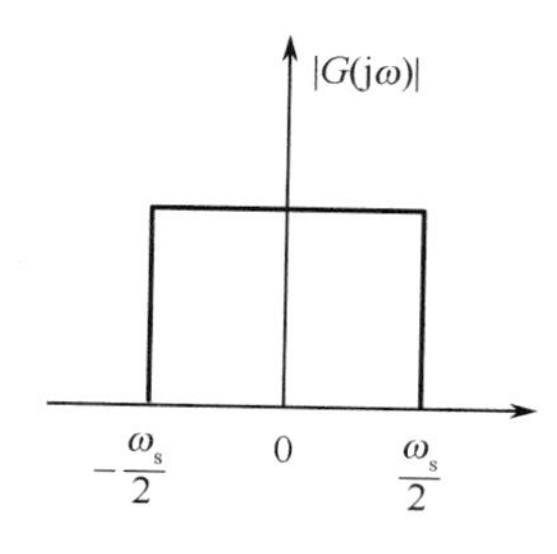


图 8-9　理想滤波器频率特性

如果满足式(8-9)的条件，并把采样后的离散信号 $e^*(t)$ 加到如图 8-9 所示特性的理想滤波器上，则在滤波器的输出端将不失真地复现原连续信号(幅值相差 $1/T$ 倍)。若 $\omega_s < 2\omega_{max}$，则会出现图 8-8 所示的相邻频谱的重叠现象，这时，即使采用理想滤波器，也不能将主频谱分离出来，因而就难以准确复现原有的连续信号。

综上所述，可以得到一条重要结论，即只有在 $\omega_s \geqslant 2\omega_{max}$ 的条件下，采样后的离散信号 $e^*(t)$ 才有可能无失真地恢复原来的连续信号。这里 $2\omega_{max}$ 为连续信号的有限频率。这就是香农(Shannon)采样定理。

## 8.3　采样信号保持器

实现采样控制遇到的另一个重要问题是如何把采样信号恢复为原来的连续信号。根据采样定理，在满足 $\omega_s \geqslant 2\omega_{max}$ 的条件下，离散信号的频谱彼此互不重叠。这时，就可以用具有如图 8-9 所示的理想滤波器滤掉高频频谱分量，保留主频谱，从而无失真地恢复原来的连续信号。

但是，上述的理想滤波器实际上是不能实现的。因此，必须寻找在特性上接近理想滤波器，而且在物理上又可以实现的滤波器。在采样系统中，广泛采用的保持器就是这样一种实际的滤波器。

保持器是一种时域的外推装置，即根据过去或现在的采样值进行外推。通常把具有恒值、线性和抛物线外推规律的保持器分别称为零阶、一阶和二阶保持器。其中，最简单、最常用的是零阶保持器。

### 8.3.1　零阶保持器

零阶保持器是一种按照恒值规律外推的保持器。它把采样时刻 $nT$ 的采样值 $e(nT)$ 不增不减地保持到下一采样时刻 $(n+1)T$，其输入信号和输出信号的关系如图 8-10 所示。

由图 8-10 可写出

$$e(t)\Big|_{nT+\Delta t} = e(nT) + \frac{de}{dt}\Big|_{nT}\Delta t + \frac{d^2e}{dt^2}\Big|_{nT}(\Delta t)^2 + \cdots \tag{8-10}$$

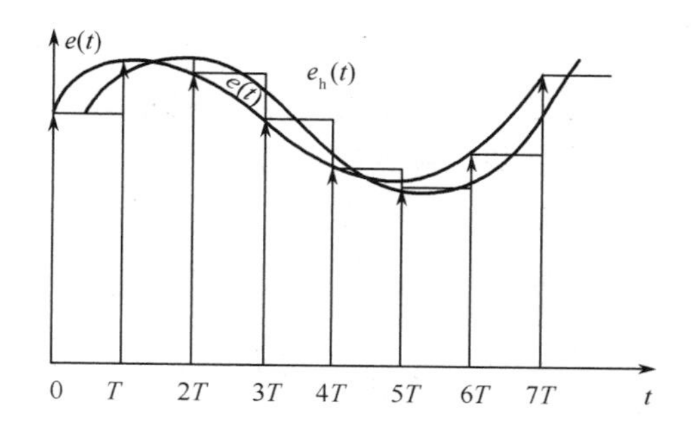


图 8-10　零阶保持器输入信号与输出信号的关系

若略去含 $\Delta t,(\Delta t)^2,\cdots$ 的各项，得

$$e(t)\Big|_{nT+\Delta t}=e(nT)\quad(0\leqslant\Delta t<T)\tag{8-11}$$

由式(8-11) 求得零阶保持器输出信号的表达式为

$$e_{\mathrm{h}}(t)=\sum_{k=0}^{\infty}e(kT)[1(t-kT)-1(t-(k+1)T)]\tag{8-12}$$

由图 8-10 可见，零阶保持器的输出信号是阶梯信号，它与要恢复的连续信号是有区别的，若将阶梯信号的各中点连接起来，可以得到比连续信号退后 $T/2$ 的曲线。这反映了零阶保持器的相位滞后特性。

**1. 零阶保持器的传递函数**

对式(8-12) 取拉普拉斯变换，得

$$E_{\mathrm{h}}(s)=\sum_{k=0}^{\infty}\mathrm{e}(kT)\mathrm{e}^{-kTs}\frac{1-\mathrm{e}^{-Ts}}{s}\tag{8-13}$$

则

$$E_{\mathrm{h}}(s)=\frac{1-\mathrm{e}^{-Ts}}{s}E^{*}(s)\tag{8-14}$$

所以

$$G_{\mathrm{h}}(s)=\frac{E_{\mathrm{h}}(s)}{E^{*}(s)}=\frac{1-\mathrm{e}^{-Ts}}{s}\tag{8-15}$$

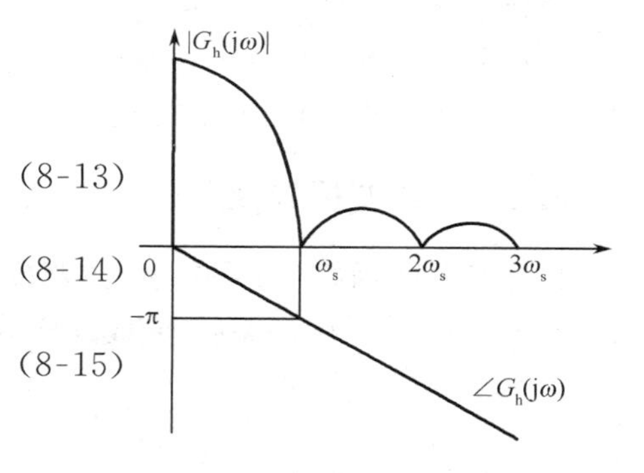


图 8-11　零阶保持器频率特性

零阶保持器频率特性(见图 8-11) 为

$$G_{\mathrm{h}}(\mathrm{j}\omega)=\frac{1-\mathrm{e}^{-\mathrm{j}T\omega}}{\mathrm{j}\omega}=T\frac{\sin(\omega T/2)}{(\omega T/2)}\mathrm{e}^{-\mathrm{j}\omega T/2}$$

**2. 零阶保持器的特性**

**低通特性**　由于幅频特性的幅值随频率值的增大而迅速衰减，说明零阶保持器基本上是一个低通滤波器，但与理想滤波器特性相比，在 $\omega=\omega_{\mathrm{s}}/2$ 时，其幅值只有初值的 63.7%，且截止频率不止一个，所以零阶保持器除了允许主频谱分量通过外，还允许部分高频分量通过，从而造成数字控制系统的输出中存在纹波。

**相角特性**　由相频特性可见，零阶保持器要产生相角滞后，且随 $\omega$ 的增大而加大，在 $\omega=\omega_{\mathrm{s}}$ 时，相角滞后可达 $-180°$，从而使闭环系统的稳定性变差。

**时间滞后**　零阶保持器的输出为阶梯信号 $e_{\mathrm{h}}(t)$，其平均响应为 $e[t-(T/2)]$，表明输出比输入在时间上要滞后 $T/2$，相当于给系统增加一个延迟时间为 $T/2$ 的延迟环节，对系统的稳定性不利。

## 8.3.2　一阶保持器

一阶保持器是一种按线性规律外推的保持器，其外推关系为

$$e(t)\Big|_{nT+\Delta t}=e(nT)+\frac{\mathrm{d}e}{\mathrm{d}t}\Big|_{nT}\Delta t\tag{8-16}$$

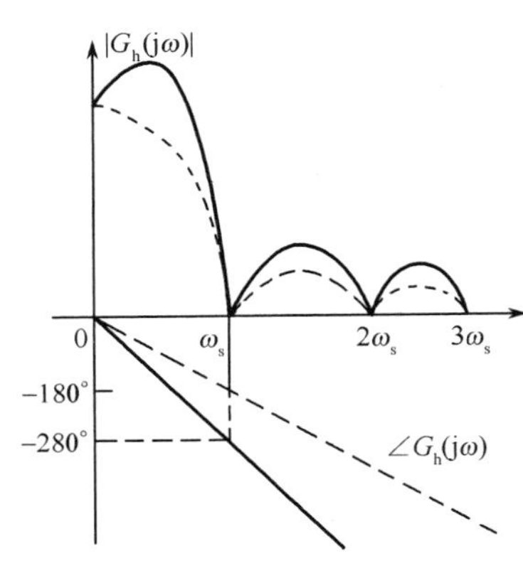

图 8-12　一阶保持器的频率特性

由于未引进高阶差分，一阶保持器的输出信号与原连续信号之间仍有差别。一阶保持器的单位脉冲响应可以分解为阶跃函数和斜坡函数之和。一阶保持器的单位脉冲函数的拉普拉斯变换式可表示为

$$e(t)\Big|_{nT+\Delta t}=e(nT)+\frac{e((n+1)T)-e(nT)}{T}\Delta t \quad (8\text{-}17)$$

$$G_{\mathrm{h}}(s)=\frac{E_{\mathrm{h}}(s)}{E^{*}(s)}=T(1+Ts)\left(\frac{1-\mathrm{e}^{-Ts}}{Ts}\right)^{2} \quad (8\text{-}18)$$

一阶保持器的频率特性如图 8-12 所示。图中的虚线表示零阶保持器的频率特性。

与零阶保持器相比较，一阶保持器的幅频特性比较高，同时高频分量也更大，因而高频分量较容易通过。另外，一阶保持器的相位滞后较零阶保持器更大，这对系统的稳定性不利。由于上述原因，加之一阶保持器的结构比较复杂，所以虽然它有较好的复现信号的能力，但实际上经常采用的还是零阶保持器。

## 8.4　Z　变　换

通过前面对线性连续系统的讨论可知，线性连续系统用线性微分方程来描述，可以应用拉普拉斯变换的方法来分析其动态及稳态过程。线性采样系统中包含离散信号，用差分方程来描述，同样可以应用 $Z$ 变换的方法来进行分析。$Z$ 变换是由拉普拉斯变换引伸出来的一种变换。

### 8.4.1　Z 变换定义

设连续时间函数 $f(t)$ 可进行拉普拉斯变换，其拉普拉斯变换为 $F(s)$。连续时间函数 $f(t)$ 经采样周期为 $T$ 的采样开关后，变成的离散信号 $f^{*}(t)$ 为

$$f^{*}(t)=f(t)\sum_{k=0}^{\infty}\delta(t-kT)=\sum_{k=0}^{\infty}f(kT)\delta(t-kT) \quad (8\text{-}19)$$

离散信号的拉普拉斯变换为

$$F^{*}(s)=\sum_{k=0}^{\infty}f(kT)\mathrm{e}^{-kTs} \quad (8\text{-}20)$$

式中各项均含有 $\mathrm{e}^{-kTs}$ 因子，为便于计算，定义一个新变量 $z=\mathrm{e}^{sT}$，其中 $T$ 为采样周期，$z$ 是复数平面上定义的一个复变量，通常称为 $Z$ 变换算子。复变量 $z$ 与复变量 $s$ 之间的关系为$s=\frac{1}{T}\ln z$。

由式(8-20) 可得以 $z$ 为自变量的函数 $F(z)$ 为

$$F(z)=\sum_{k=0}^{\infty}f(kT)z^{-k} \quad (8\text{-}21)$$

若式(8-21) 级数收敛，则称 $F(z)$ 是 $f^{*}(t)$ 的 $Z$ 变换，记为 $Z[f^{*}(t)]=F(z)$。

$$F^{*}(s)=\frac{1}{T}\sum_{n=-\infty}^{\infty}F[s+\mathrm{j}n\,\omega_{\mathrm{s}}] \text{ 与 } F(z)=\sum_{k=0}^{\infty}f(kT)z^{-k} \quad (8\text{-}22)$$

是相互补充的两种变换形式，前者表示 $s$ 平面上的函数关系，后者表示 $z$ 平面上的函数关系。

应该指出，式(8-21) 所表示的 $Z$ 变换只适用于离散函数，或者说只能表征连续函数在采样时刻的特性，而不能反映其在采样时刻之间的特性。人们习惯上称 $F(z)$ 是 $f(t)$ 的 $Z$ 变换，指的

是经过采样后 $f^*(t)$ 的 $Z$ 变换。采样函数 $f^*(t)$ 所对应的 $Z$ 变换是唯一的，反之亦然。但是，一个离散函数 $f^*(t)$ 所对应的连续函数不是唯一的，而是有无穷多个。从这个意义上说，连续时间函数 $f(t)$ 与相应的离散时间函数 $f^*(t)$ 具有相同的 $Z$ 变换，即

$$Z[f(t)] = Z[f^*(t)] = F(z) = \sum_{k=0}^{\infty} f(kT)z^{-k} \tag{8-23}$$

### 8.4.2 $Z$ 变换方法

求离散函数 $Z$ 变换的方法有很多，本书只介绍其中的 3 种。

**1. 级数求和法**

由离散函数

$$f^*(t) = f(t)\sum_{k=0}^{\infty}\delta(t-kT) = \sum_{k=0}^{\infty} f(kT)\delta(t-kT) \tag{8-24}$$

及其拉普拉斯变换

$$F^*(s) = \sum_{k=0}^{\infty} f(kT)\mathrm{e}^{-kTs} \tag{8-25}$$

根据 $Z$ 变换的定义有

$$F(z) = \sum_{k=0}^{\infty} f(kT)z^{-k} = f(0) + f(T)z^{-1} + f(2T)z^{-2} + \cdots + f(kT)z^{-k} + \cdots \tag{8-26}$$

其为离散函数 $Z$ 变换的一种表达形式。只要已知连续函数在采样时刻 $kT(k=0,1,2,\cdots)$ 的采样值，便可求取离散函数 $Z$ 变换的级数展开式。对常用离散函数的 $Z$ 变换，应写成级数的闭合形式。

**【例 8-1】** 求函数 $f(t) = 1(t)$ 的 $Z$ 变换。

**【解】**

$$f(kT) = 1 \qquad (k = 0,1,2,\cdots)$$

$$F(z) = \sum_{k=0}^{\infty} f(kT)z^{-k} = 1 + 1\times z^{-1} + 1\times z^{-2} + \cdots + 1\times z^{-k} + \cdots$$

$$= \frac{1}{1-z^{-1}} = \frac{z}{z-1} \quad (|z^{-1}| < 1)$$

此时等比级数收敛，可写成闭合形成。

**【例 8-2】** 试求函数 $f(t) = \mathrm{e}^{-at}$ 的 $Z$ 变换。

**【解】**

$$F(z) = \sum_{k=0}^{\infty} f(kT)z^{-k} = 1 + \mathrm{e}^{-aT}\times z^{-1} + \mathrm{e}^{-2aT}\times z^{-2} + \cdots + \mathrm{e}^{-kaT}\times z^{-k} + \cdots$$

$$= \frac{1}{1-z^{-1}\mathrm{e}^{-aT}} = \frac{z}{z-\mathrm{e}^{-aT}} \qquad (|z^{-1}| < \mathrm{e}^{-aT})$$

综上分析可见，通过级数求和法求取已知函数 $Z$ 变换的缺点在于：需要将无穷级数写成闭合形式，这在某些情况下要求有很高的技巧。但函数 $Z$ 变换的无穷级数形式具有鲜明的物理含义，这又是 $Z$ 变换无穷级数表达形式的优点。$Z$ 变换本身包含着时间概念，可由函数 $Z$ 变换的无穷级数形式清楚地看出原连续函数采样脉冲序列的分布情况。

**2. 部分分式法**

设连续函数 $f(t)$ 的拉普拉斯变换式为有理函数，可以展开成部分分式的形式，即

$$F(s) = \sum_{i=1}^{n} \frac{A_i}{s-p_i} \tag{8-27}$$

式中，$p_i$ 为 $F(s)$ 的极点；$A_i$ 为常系数。

$\frac{A_i}{s-p_i}$ 对应的时间函数为 $A_i e^{p_i t}$，其 $Z$ 变换为 $A_i \frac{z}{z-e^{p_i T}}$。可见，$f(t)$ 的 $Z$ 变换为

$$F(z)=\sum_{i=1}^{n} A_i \frac{z}{z-e^{p_i T}} \tag{8-28}$$

当连续函数可以表示为指数函数之和时，利用式(8-28) 可以得到相应的 $Z$ 变换。

利用部分分式法求 $Z$ 变换时，先求出已知连续时间函数 $f(t)$ 的拉普拉斯变换 $F(s)$，然后将有理分式函数 $F(s)$ 展开成部分分式之和的形式，最后求出（或查表给出）每一项相应的 $Z$ 变换。

**【例 8-3】** 求 $F(s)=\frac{1}{s(s+1)}$ 的 $Z$ 变换。

**【解】** 将 $F(s)$ 按它的极点展开成部分分式为

$$F(s)=\frac{1}{s(s+1)}=\frac{1}{s}-\frac{1}{s+1}$$

查附录 B 得：$\frac{1}{s}$ 的 $Z$ 变换为$\frac{z}{z-1}$；$\frac{1}{s+1}$ 的 $Z$ 变换为$\frac{z}{z-e^{-T}}$。于是 $Z$ 变换为

$$F(z)=\frac{z}{z-1}-\frac{z}{z-e^{-T}}=\frac{z(1-e^{-T})}{(z-1)(z-e^{-T})}$$

**【例 8-4】** 求 $f(t)=\sin\omega t$ 的 $Z$ 变换。

**【解】**

$$F(s)=\frac{\omega}{s^2+\omega^2}=\frac{\frac{1}{2j}}{s-j\omega}+\frac{-\frac{1}{2j}}{s+j\omega}$$

因为$\frac{A_i}{s\pm j\omega}$ 的原函数为 $A_i e^{p_i t}$，其 $Z$ 变换为$\frac{A_i}{1-z^{-1}e^{\pm j\omega T}}$，则

$$\begin{aligned}F(z)&=\frac{\frac{1}{2j}}{1-z^{-1}e^{+j\omega T}}+\frac{-\frac{1}{2j}}{1-z^{-1}e^{-j\omega T}}\\&=\frac{(\sin\omega T)z^{-1}}{1-(2\cos\omega T)z^{-1}+z^{-2}}=\frac{z\sin\omega T}{z^2-(2\cos\omega T)z+1}\end{aligned}$$

### 3. 留数计算法

已知连续信号 $f(t)$ 的拉普拉斯变换 $F(s)$ 及其全部极点，可用下列留数计算公式求 $F(z)$ 得

$$F(z)=\sum_{i=1}^{n}\underset{s=s_i}{\mathrm{Res}}\left[F(s)\frac{z}{z-e^{Ts}}\right] \tag{8-29}$$

函数 $F(s)\frac{z}{z-e^{Ts}}$ 在极点处的留数计算法如下。

(1) 若 $s_i$ 为单极点，则

$$\mathrm{Res}\left[F(s)\frac{z}{z-e^{Ts}}\right]_{s\to s_i}=\lim_{s\to s_i}\left[(s-s_i)F(s)\frac{z}{z-e^{Ts}}\right] \tag{8-30}$$

(2) 若 $F(s)\frac{z}{z-e^{Ts}}$ 有 $r_i$ 重极点 $s_i$，则

$$\mathrm{Res}\left[F(s)\frac{z}{z-e^{Ts}}\right]_{s\to s_i}=\frac{1}{(r_i-1)!}\lim_{s\to s_i}\frac{d^{r_i-1}\left[(s-s_i)^{r_i}F(s)\frac{z}{z-e^{Ts}}\right]}{ds^{r_i-1}} \tag{8-31}$$

**【例 8-5】** 已知系统传递函数为

$$F(s)=\frac{1}{s(s+1)}$$

试用留数计算法求 $F(z)$。

【解】 $F(s)$ 的极点为单极点，即

$$s_1=0, s_2=-1$$

所以

$$F(z)=\sum_{i=1}^{2}\underset{s=s_i}{\mathrm{Res}}\left[F(s)\frac{z}{z-\mathrm{e}^{Ts}}\right]$$

$$=\underset{s=s_1=0}{\mathrm{Res}}\left[\frac{1}{s(s+1)}\frac{z}{z-\mathrm{e}^{Ts}}\right]+\underset{s=s_2=-1}{\mathrm{Res}}\left[\frac{1}{s(s+1)}\frac{z}{z-\mathrm{e}^{Ts}}\right]$$

$$=\lim_{s\to 0}\left[\frac{1}{s(s+1)}s\frac{z}{z-\mathrm{e}^{Ts}}\right]+\lim_{s\to -1}\left[\frac{1}{s(s+1)}(s+1)\frac{z}{z-\mathrm{e}^{Ts}}\right]$$

$$=\frac{z}{z-1}-\frac{z}{z-\mathrm{e}^{-T}}=\frac{z(1-\mathrm{e}^{-T})}{(z-1)(z-\mathrm{e}^{-T})}$$

【例 8-6】 已知 $f(t)=t(t\geqslant 0)$，求 $f(t)$ 的 $Z$ 变换 $F(z)$。

【解】

$$F(s)=L[t]=\frac{1}{s^2}$$

$F(s)$ 有两个 $s=0$ 的极点，即 $s_1=0, r_1=2$，则

$$F(z)=\frac{1}{(2-1)!}\lim_{s\to 0}\frac{\mathrm{d}}{\mathrm{d}s}\left[s^2\frac{1}{s^2}\frac{z}{z-\mathrm{e}^{Ts}}\right]=\lim_{s\to 0}\frac{\mathrm{d}}{\mathrm{d}s}\left[\frac{z}{z-\mathrm{e}^{Ts}}\right]=\frac{Tz}{(z-1)^2}$$

### 8.4.3 Z 变换性质

**1. 线性定理**

若 $Z[x_1(t)]=X_1(z)$，$Z[x_2(t)]=X_2(z)$，对于任意常数 $a$ 和 $b$，则有

$$Z[ax_1(t)+bx_2(t)]=aX_1(z)+bX_2(z)$$

**2. 实数位移定理(又称平移定理)**

实数位移是指整个采样序列在时间轴上左右平移若干个采样周期，其中向左平移为超前，向右平移为延迟。

若 $Z[x(t)]=X(z)$，则有

$$Z[x(t-nT)]=z^{-n}X(z)$$

及

$$Z[x(t+nT)]=z^{n}\left[X(z)-\sum_{k=0}^{n-1}x(kT)z^{-k}\right]$$

**3. 复数位移定理**

若 $Z[x(t)]=X(z)$，则有

$$Z[\mathrm{e}^{\pm at}x(t)]=X(\mathrm{e}^{\mp aT}z)$$

定理的含义是：函数 $x(t)$ 乘以指数序列 $\mathrm{e}^{\pm at}$ 的 $Z$ 变换，等于在 $x(t)$ 的 $Z$ 变换表达式 $X(z)$ 中以 $\mathrm{e}^{\mp aT}z$ 取代原算子 $z$。

【证明】 由 $Z$ 变换定义得

$$Z[\mathrm{e}^{\pm at}x(t)]=\sum_{k=0}^{\infty}\mathrm{e}^{\pm akT}x(kT)z^{-k}=\sum_{k=0}^{\infty}x(kT)(\mathrm{e}^{\mp aT}z)^{-k}=X(\mathrm{e}^{\mp aT}z)$$

【例 8-7】 试用复数位移定理计算函数 $t\mathrm{e}^{-at}$ 的 $Z$ 变换。

【解】 令 $x(t)=t$，查附录 B 知

$$X(z)=Z[t]=\frac{Tz}{(z-1)^2}$$

根据复数位移定理，有

$$X=Z[te^{-at}]=\frac{T(ze^{aT})}{(ze^{aT}-1)^2}=\frac{Tze^{-aT}}{(z-e^{-aT})^2}$$

**4. 复数微分定理**

若 $Z[x(t)]=X(z)$，则

$$Z[\dot{x}(t)]=-Tz\frac{dX(z)}{dz}$$

**5. 初值定理**

若 $Z[x(t)]=X(z)$，且当 $t<0$ 时，$x(t)=0$，则

$$x(0)=\lim_{z\to\infty}X(z)$$

**6. 终值定理**

若 $Z[x(t)]=X(z)$，且 $(z-1)X(z)$ 的全部极点位于 $z$ 平面的单位圆内，则

$$x(\infty)=\lim_{z\to 1}(z-1)X(z)$$

**【例 8-8】** 设 $Z$ 变换函数为 $E(z)=\dfrac{0.792z^2}{(z-1)(z^2-0.416z+0.208)}$，试用终值定理确定 $e(\infty)$。

**【解】** 由终值定理得

$$\begin{aligned}e(\infty)&=\lim_{z\to 1}(z-1)\frac{0.792z^2}{(z-1)(z^2-0.416z+0.208)}\\&=\lim_{z\to 1}\frac{0.792z^2}{z^2-0.416z+0.208}\\&=1\end{aligned}$$

**7. 卷积定理**

若 $Z[x_1(t)]=X_1(z)$，$Z[x_2(t)]=X_2(z)$，则有

$$X_1(z)*X_2(z)=Z[\sum_{k=0}^{\infty}x_1(nT)x_2(kT-nT)]$$

### 8.4.4 $Z$ 反变换

与拉普拉斯反变换类似，$Z$ 反变换可表示为

$$Z^{-1}[(F(z))]=f(kT)$$

下面介绍 3 种常用的 $Z$ 反变换法。

**1. 综合除法**

这种方法是用 $F(z)$ 的分母除分子，求出按 $z^{-1}$ 升幂排列的幂级数展开式，然后用反变换求出相应的采样函数的脉冲序列。

$$F(z)=\frac{b_0+b_1z^{-1}+b_2z^{-2}+\cdots+b_mz^{-m}}{1+a_1z^{-1}+a_2z^{-2}+\cdots+a_nz^{-n}}(m\leqslant n) \tag{8-32}$$

式中，$a_j$，$b_j$ 均为常系数。通过对上式直接做综合除法，得到按 $z^{-1}$ 升幂排列的幂级数展开式为

$$F(z)=f_0+f_1z^{-1}+f_2z^{-2}+\cdots+f_kz^{-k}+\cdots=\sum_{k=0}^{\infty}f_kz^{-k} \tag{8-33}$$

如果得到的无穷级数是收敛的，则按 $Z$ 变换定义可知式(8-33)中的系数 $f_k(k=0,1,\cdots)$ 就

是采样脉冲序列 $f^*(t)$ 的脉冲强度 $f(kT)$。因此，可直接写出 $f^*(t)$ 的脉冲序列表达式

$$f^*(t)=\sum_{k=0}^{\infty}f(kT)\delta(t-kT) \tag{8-34}$$

上式就是所要求的通过 $Z$ 反变换得到的离散信号 $f^*(t)$。

求解时应注意：

(1) 在进行综合除法之前，必须先将 $F(z)$ 的分子、分母多项式按 $z$ 的降幂形式排列。

(2) 实际应用中，常常只需计算有限的几项就够了，因此，用这种方法计算 $f^*(t)$ 最简便，这是该方法的优点之一。

(3) 要从一组 $f(kT)$ 值中求出通项表达式，一般是比较困难的。

**【例 8-9】** 已知 $F(z)=\dfrac{2z^2-0.5z}{z^2-0.5z-0.5}$，试用幂级数法求 $F(z)$ 的 $Z$ 反变换。

**【解】** 用综合除法得到

$$F(z)=2+0.5z^{-1}+1.25z^{-2}+0.875z^{-3}+\cdots$$

因为

$$f^*(t)=Z^{-1}[F(z)]=\sum_{k=0}^{\infty}f(kT)\delta(t-kT)$$

又因为 $f(0)=2, f(T)=0.5, f(2T)=1.25, f(3T)=0.875$，所以有

$$f^*(t)=2\delta(t)+0.5\delta(t-T)+1.25\delta(t-2T)+0.875\delta(t-3T)+\cdots$$

### 2. 部分分式展开法

在 $Z$ 变换表中，所有 $Z$ 变换函数 $F(z)$ 在其分子上都普遍含有因子 $z$，所以应将 $F(z)/z$ 展开为部分分式，然后将所得结果的每一项都乘以 $z$，即得 $F(z)$ 的部分分式展开式。

**【例 8-10】** 设 $F(z)=\dfrac{(1-e^{-aT})z}{(z-1)(z-e^{-aT})}$，试求 $f(kT)$。

**【解】**

$$\frac{F(z)}{z}=\frac{1-e^{-aT}}{(z-1)(z-e^{-aT})}=\frac{A}{z-1}+\frac{B}{z-e^{-aT}}$$

经计算有 $A=1, B=-1$，所以有

$$\frac{F(z)}{z}=\frac{1}{z-1}-\frac{1}{z-e^{-aT}}$$

则

$$F(z)=\frac{z}{z-1}-\frac{z}{z-e^{-aT}}$$

查 $Z$ 变换表得

$$f(kT)=1-e^{-akT}\ (k=0,1,2,\cdots)$$

### 3. 留数计算法

根据 $Z$ 变换定义有

$$F(z)=\sum_{k=0}^{\infty}f(kT)z^{-k}$$

根据柯西留数定理有

$$f(kT)=\sum_{i=1}^{n}\mathrm{Res}[F(z)z^{k-1}]_{z\to z_i} \tag{8-35}$$

式中，$\mathrm{Res}[F(z)z^{k-1}]_{z\to z_i}$ 表示 $F(z)z^{k-1}$ 在极点 $z_i$ 处的留数。

关于函数 $F(z)z^{k-1}$ 在极点处的留数计算方法如下。

若 $z_i$ 为单极点，则

$$\mathrm{Res}[F(z)z^{k-1}]_{z\to z_i}=\lim_{z\to z_i}[(z-z_i)F(z)z^{k-1}] \tag{8-36}$$

若 $F(z)z^{k-1}$ 有 $r_i$ 个重极点，则

$$\mathrm{Res}[F(z)z^{k-1}]_{z\to z_i} = \frac{1}{(r_i-1)!}\lim_{z\to z_i}\frac{\mathrm{d}^{r_i-1}[(z-z_i)^{r_i}F(z)z^{k-1}]}{\mathrm{d}z^{r_i-1}} \tag{8-37}$$

**【例 8-11】** 设 $Z$ 变换函数 $F(z)=\dfrac{z+0.5}{z^2+3z+2}$，试用留数法求其 $Z$ 反变换。

**【解】** 因为函数 $F(z)z^{k-1}=\dfrac{(z+0.5)z^{k-1}}{(z+1)(z+2)}$，有 $z_1=-1$，$z_2=-2$ 两个极点，极点处的留数

$$\mathrm{Res}\left[\frac{(z+0.5)z^k}{z(z+1)(z+2)}\right]_{z\to-1} = \lim_{z\to-1}\left[\frac{(z+1)(z+0.5)z^k}{z(z+1)(z+2)}\right] = 0.5(-1)^k$$

$$\mathrm{Res}\left[\frac{(z+0.5)z^k}{z(z+1)(z+2)}\right]_{z\to-2} = \lim_{z\to-2}\left[\frac{(z+2)(z+0.5)z^k}{z(z+1)(z+2)}\right] = -0.75(-2)^k$$

所以有

$$f(kT)=0.5(-1)^k-0.75(-2)^k$$

相应的函数为

$$f^*(t)=\sum_{k=0}^{\infty}f(kT)\delta(t-kT)$$

# 8.5 采样系统的数学模型

线性离散系统的数学模型有差分方程、脉冲传递函数和离散状态空间表达式 3 种。本节介绍差分方程及其解法、脉冲传递函数的概念及建立方法。有关离散状态空间表达式及求解将在“现代控制理论”课程中介绍。

**1. 采样系统的数学模型**

将输入序列 $r(n)(n=\pm1,\pm2,\cdots)$ 变换为输出序列 $c(n)$ 的一种变换关系，可抽象为采样系统，记为 $c(n)=F[r(n)]$。其中，$r(n)$ 和 $c(n)$ 可以理解为 $t=nT$ 时，系统的输入序列 $r(nT)$ 和输出序列 $c(nT)$，$T$ 为采样周期。

**2. 线性采样系统**

如果采样系统满足叠加原理，则称为线性采样系统，有如下关系式：若 $c_1(n)=F[r_1(n)]$，$c_2(n)=F[r_2(n)]$，且有 $r(n)=ar_1(n)\pm br_2(n)$，其中 $a$ 和 $b$ 为任意常数，则

$$\begin{aligned}c(n)&=F[r(n)]=F[ar_1(n)\pm br_2(n)]\\&=aF[r_1(n)]+bF[r_2(n)]\\&=ac_1(n)\pm bc_2(n)\end{aligned}$$

**3. 线性定常采样系统**

输入与输出关系不随时间而改变的线性采样系统称为线性定常采样系统。本章介绍线性定常采样系统，可以用线性定常差分方程(或线性常系数差分方程)描述。

## 8.5.1 线性定常差分方程

对于一般的线性定常采样系统，$k$ 时刻的输出 $c(k)$ 不但与 $k$ 及 $k$ 以前时刻的输入 $r(k)$，$r(k-1)$，$r(k-2)$，$\cdots$ 有关，而且还与 $k$ 时刻以前的输出 $c(k-1)$，$c(k-2)$，$\cdots$ 有关。这种关系可以用下列 $n$ 阶后向差分方程描述

$$\begin{aligned}&c(k)+a_1c(k-1)+a_2c(k-2)+\cdots+a_nc(k-n)\\&=b_0r(k)+b_1r(k-1)+\cdots+b_mr(k-m)\end{aligned}$$

上式可表示为

$$c(k)=-\sum_{i=1}^{n}a_i c(k-i)+\sum_{j=0}^{m}b_j r(k-j) \tag{8-38}$$

式中，$a_i(i=1,2,\cdots,n)$ 和 $b_j(j=1,2,\cdots,m)$ 为常数，$m\leqslant n$。式(8-38)称为 $n$ 阶线性常系数差分方程，它在数学上代表一个线性定常采样系统。

线性定常采样系统也可以用如下 $n$ 阶前向差分方程描述

$$\begin{aligned}&c(k+n)+a_1c(k+n-1)+a_2c(k+n-2)+\cdots+a_nc(k)\\=&b_0r(k+m)+b_1r(k+m-1)+\cdots+b_mr(k)\end{aligned}$$

上式可表示为

$$c(k+n)=-\sum_{i=1}^{n}a_i c(k+n-i)+\sum_{j=0}^{m}b_j r(k+m-j)$$

描述图 8-13 所示采样系统的一阶微分方程为

$$\dot{c}(t)=Ke(t)=Kr(t)-Kc(t)$$

即

$$\dot{c}(t)+Kc(t)=Kr(t)$$

其一阶差分方程为

$$c[(k+1)T]+(KT-1)c(kT)=KTr(kT)$$

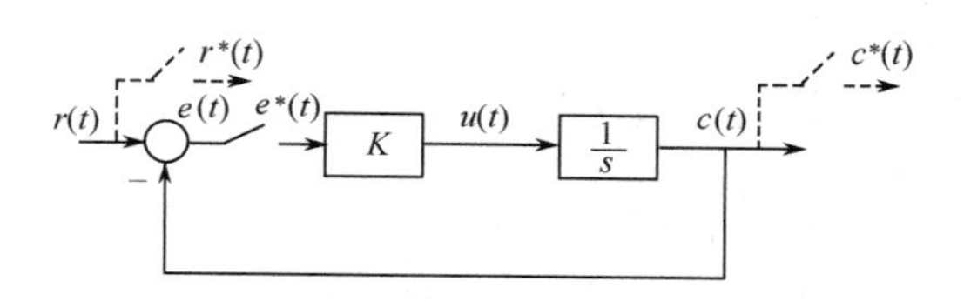


图 8-13　采样系统方框图

## 8.5.2　差分方程求解

差分方程求解常用的方法有迭代法和 $Z$ 变换法。迭代法非常简单，可见例 8-12。

$Z$ 变换法的实质是利用 $Z$ 变换的实数位移定理，将差分方程化为以 $z$ 为变量的代数方程，然后进行 $Z$ 反变换，求出各采样时刻的响应。$Z$ 变换法的具体步骤如下：

(1) 对差分方程进行 $Z$ 变换；

(2) 求出方程中输出量的 $Z$ 变换 $C(z)$；

(3) 求 $C(z)$ 的 $Z$ 反变换，得差分方程的解 $c(k)$。

**【例 8-12】**　已知差分方程

$$c(k)=r(k)+5c(k-1)-6c(k-2)$$

输入序列 $r(k)=1$，初始条件为 $c(0)=0, c(1)=1$，试用迭代法求出输出序列 $c(k), k=0,1,2,\cdots,10$。

**【解】**　根据初始条件及递推关系，得

$$c(0)=0$$

$$c(1)=1$$

$$c(2) = r(2) + 5c(1) - 6c(0) = 6$$

$$c(3) = r(3) + 5c(2) - 6c(1) = 25$$

$$c(4) = r(4) + 5c(3) - 6c(2) = 90$$

$$\vdots$$

$$c(10) = r(10) + 5c(9) - 6c(8) = 86\ 526$$

**【例 8-13】** 用 $Z$ 变换法解二阶差分方程

$$c(k+2) + 3c(k+1) + 2c(k) = 0, c(0) = 0, c(1) = 1$$

**【解】** 对方程两端进行 $Z$ 变换，得

$$z^2C(z) - z^2c(0) - zc(1) + 3zC(z) - 3zc(0) + 2C(z) = 0$$

$$(z^2 + 3z + 2)C(z) = c(0)z^2 + [c(1) + 3c(0)]z$$

代入初始条件，得

$$(z^2 + 3z + 2)C(z) = z$$

$$C(z) = \frac{z}{z^2 + 3z + 2} = \frac{z}{z+1} - \frac{z}{z+2}$$

得

$$c(k) = (-1)^k - (-2)^k$$

$$c^*(t) = \delta(t-T) - 3\delta(t-2T) + 7\delta(t-3T) - 15\delta(t-4T) + \cdots$$

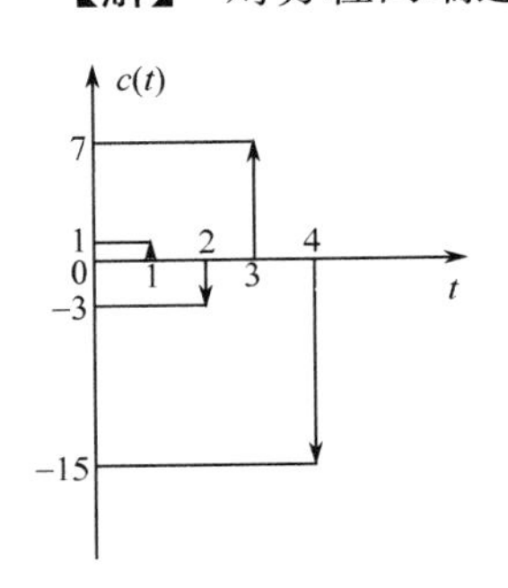


图 8-14　例 8-13 的解

其解如图 8-14 所示。

### 8.5.3　脉冲传递函数($Z$ 传递函数)

在线性连续系统中，把在零初始条件下系统(或环节)输出信号的拉普拉斯变换与输入信号的拉普拉斯变换之比，定义为系统(或环节)的传递函数，并用它来描述系统(或环节)的特性。

与此相类似，在线性采样系统中，把在零初始条件下系统(或环节)的输出采样信号的 $Z$ 变换与输入采样信号的 $Z$ 变换之比，定义为系统(或环节)的脉冲传递函数，又称为 $Z$ 传递函数。脉冲传递函数是采样系统的一个重要概念，是分析采样系统的得力工具。

**1. 脉冲传递函数的定义**

在零初始条件下，线性定常采样系统的采样输出信号 $Z$ 变换与采样输入信号 $Z$ 变换之比，称为该系统的脉冲传递函数(或 $Z$ 传递函数)，即

$$G(z) = \frac{C(z)}{R(z)} \tag{8-39}$$

应该指出，多数实际采样系统的输出信号是连续信号，如图 8-15 所示，在这种情况下，可以在输出端虚设一个采样开关，并设它与输入采样开关以相同的采样周期 $T$ 同步工作。这样就可以沿用脉冲传递函数的概念。

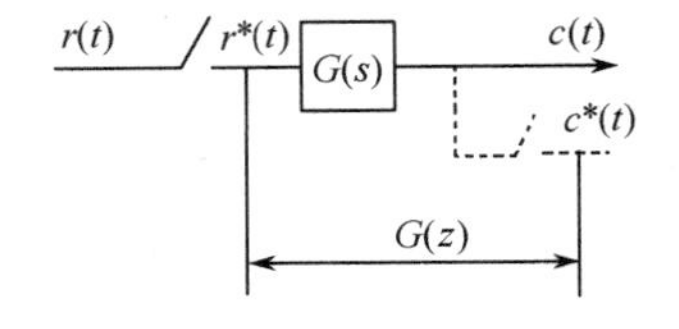


图 8-15　采样系统脉冲传递函数

现在分析一个孤立的单位脉冲函数 $\delta(t)$ 加在线性对象 $G(s)$ 上的情况。

由于 $\delta(t)$ 的拉普拉斯变换等于 1，所以输出量的拉普拉斯变换 $c(s) = G(s)$，进一步有 $c(t) = L^{-1}[G(s)]$。

如果在 $G(s)$ 上加的是 $\delta(t-T)$，即延迟到 $t = T$ 时刻才将脉冲函数加上，那么输出信号也自

然地延迟一段时间 $T$，而成为 $g(t-T)$。

再研究一系列脉冲依次加到 $G(s)$ 上的情况。脉冲序列 $r^*(t)$ 可以表示成

$$r^*(t)=r(0)\delta(t)+r(T)\delta(t-T)+r(2T)\delta(t-2T)+\cdots \tag{8-40}$$

为了求出输出量在各采样时刻的值，先计算各段时间内的 $c(t)$。

在 $0\leqslant t<T$ 内，实际起作用的只有 $t=0$ 时刻加入的那一个脉冲，其余各个脉冲尚未加入。因此，在这段时间内的输出量是 $c(t)=r(0)g(t)$，将 $t=0$ 代入式(8-40)，得$c(0)=r(0)g(0)$。

在 $T\leqslant t<2T$ 内，$c(t)=r(0)g(t)+r(T)g(t-T)$，将 $t=T$ 代入式(8-40)，得 $c(T)=r(0)g(T)+r(T)g(0)$。

以此类推，可得出输出在各个采样时刻的值 $c(kT)(k=0,1,2,\cdots)$。于是 $c(t)$ 的 $Z$ 变换为

$$\begin{aligned}
C(z)&=\sum_{k=0}^{\infty}c(kT)z^{-k}\\
&=c(0)z^0+c(T)z^{-1}+c(2T)z^{-2}+\cdots\\
&=r(0)g(0)+[r(0)g(T)+r(T)g(0)]z^{-1}+\\
&\quad[r(0)g(2T)+r(T)g(T)+r(2T)g(0)]z^{-2}+\cdots\\
&=r(0)[g(0)+g(T)z^{-1}+g(2T)z^{-2}+\cdots]+\\
&\quad r(T)[g(0)z^{-1}+g(T)z^{-2}+g(2t)z^{-3}+\cdots]+\\
&\quad r(2T)[g(0)z^{-2}+g(T)z^{-3}+\cdots]\\
&\quad\vdots\\
&=r(0)[g(0)+g(T)z^{-1}+g(2T)z^{-2}+\cdots]+\\
&\quad r(T)z^{-1}[g(0)+g(T)z^{-1}+g(2T)z^{-2}+\cdots]+\\
&\quad r(2T)z^{-2}[g(0)+g(T)z^{-1}+\cdots]+\cdots\\
&=[g(0)+g(T)z^{-1}+g(2T)z^{-2}+\cdots][r(0)+r(T)z^{-1}+r(2T)z^{-2}+\cdots]\\
&=\sum_{k=0}^{\infty}g(kT)z^{-k}\cdot\sum_{k=0}^{\infty}r(kT)z^{-k}\\
&=G(z)R(z)
\end{aligned}\tag{8-41}$$

**2. 脉冲传递函数的求法**

连续系统或元件的脉冲传递函数 $G(z)$，可以通过其传递函数 $G(s)$ 来求取。

方法是：先求 $G(s)$ 的拉普拉斯反变换，得到脉冲响应函数 $g(t)$，再将 $g(t)$ 按采样周期离散化，得到加权序列 $g(nT)$，最后将 $g(nT)$ 进行 $Z$ 变换，得出 $G(z)$。这一过程比较复杂，通常可根据 $Z$ 变换表，直接从 $G(s)$ 得到 $G(z)$，而不必逐步推导。

若已知系统的差分方程，可对方程两端进行 $Z$ 变换，应用 $G(z)=\dfrac{C(z)}{R(z)}$ 求取。

**【例 8-14】** 若描述采样系统的差分方程为

$$c(k+2)-0.7c(k+1)-0.1c(k)=5r(k+1)+r(k)$$

试求其脉冲传递函数。

**【解】** 对该差分方程进行 $Z$ 变换，并令初始条件为零，有

$$z^2C(z)-0.7zC(z)-0.1C(z)=5zR(z)+R(z)$$

则
$$G(z)=\frac{C(z)}{R(z)}=\frac{5z+1}{z^2-0.7z-0.1}$$

**3. 采样系统的开环脉冲传递函数**

(1) 采样拉普拉斯变换的两个重要性质

① 采样函数的拉普拉斯变换具有周期性，即
$$G^*(s)=G^*(s+\mathrm{j}k\omega_s)$$

② 若采样函数的拉普拉斯变换 $E^*(s)$ 与连续函数的拉普拉斯变换 $G(s)$ 相乘后再离散化，则 $E^*(s)$ 可以从离散符号中提出来，即
$$[G(s)E^*(s)]^*=G^*(s)E^*(s)$$

(2) 开环脉冲传递函数

讨论采样系统在开环状态下的脉冲传递函数时，应注意如图 8-16 所示的两种不同的结构形式。

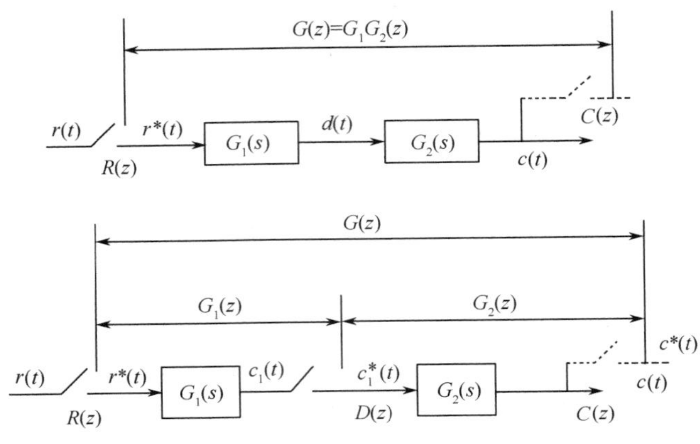


图 8-16 环节串联的结构

串联环节之间无采样开关时的脉冲传递函数为
$$G(z)=\frac{C(z)}{R(z)}=G_1G_2(z)$$

串联环节之间有采样开关时的脉冲传递函数为
$$G(z)=\frac{C(z)}{R(z)}=G_1(z)\,G_2(z)$$

上式表明，被采样开关分隔的两个线性环节串联时，其脉冲传递函数等于这两个环节脉冲传递函数之积。这个结论可以推广到有 $n$ 个环节串联而各相邻环节之间都有采样开关分离的情形。无采样开关分隔的两个线性环节串联时，其脉冲传递函数等于这两个环节传递函数之积的 $Z$ 变换。显然，这一结论也可以推广到有 $n$ 个环节直接串联的情况。

(3) 带有零阶保持器的开环脉冲传递函数

设有零阶保持器的开环系统如图 8-17(a) 所示，经简单变换为如图 8-17(b) 所示的等效开环系统。

根据实数位移定理及采样拉普拉斯变换性质，可得
$$C(s)=\left[\frac{G_p(s)}{s}-\mathrm{e}^{-sT}\frac{G_p(s)}{s}\right]R^*(s)$$

则
$$C(z)=Z\left[\frac{G_p(s)}{s}\right]R(z)-z^{-1}Z\left[\frac{G_p(s)}{s}\right]R(z)$$

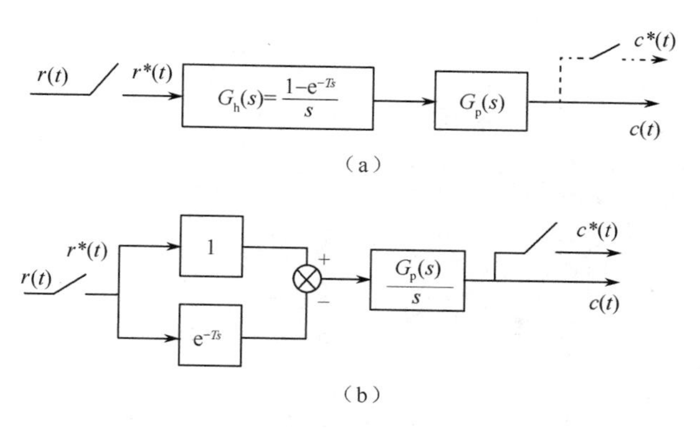


图 8-17　带有零阶保持器的开环脉冲传递函数

于是，当有零阶保持器时，开环脉冲传递函数为

$$G(z)=\frac{C(z)}{R(z)}=(1-z^{-1})Z\left[\frac{G_p(s)}{s}\right] \tag{8-42}$$

**【例 8-15】** 设采样系统为具有零阶保持器的开环系统，$G_p(s)=\frac{a}{s(s+a)}$，求系统的脉冲传递函数 $G(z)$。

**【解】** 因为

$$\frac{G_p(s)}{s}=\frac{a}{s^2(s+a)}=\frac{1}{s^2}-\frac{1}{a}\left(\frac{1}{s}-\frac{1}{s+a}\right)$$

$$Z\left[\frac{G_p(s)}{s}\right]=\frac{Tz}{(z-1)^2}-\frac{1}{a}\left(\frac{z}{z-1}-\frac{z}{z-e^{-aT}}\right)$$

$$=\frac{\frac{1}{a}[(e^{-aT}+aT-1)z+(1-aTe^{-aT}-e^{-aT})]}{(z-1)^2(z-e^{-aT})}$$

所以

$$G(z)=(1-z^{-1})Z\left[\frac{G_p(s)}{s}\right]=\frac{\frac{1}{a}[(e^{-aT}+aT-1)z+(1-aTe^{-aT}-e^{-aT})]}{(z-1)(z-e^{-aT})}$$

**4. 采样系统的闭环脉冲传递函数**

在采样系统中，由于设置采样开关的方式是多种多样的，所以闭环系统的结构形式也不是统一的。如图 8-18 所示是比较常见的系统方框图，图中输入端和输出端的采样开关是为了便于分析而虚设的。

闭环脉冲传递函数为

$$\Phi(z)=\frac{C(z)}{R(z)}=\frac{G(z)}{1+HG(z)} \tag{8-43}$$

闭环误差脉冲传递函数为

$$\Phi_e(z)=\frac{E(z)}{R(z)}=\frac{1}{1+HG(z)} \tag{8-44}$$

与连续系统类似，令 $\Phi(z)$ 或 $\Phi_e(z)$ 的分母多项式为零，便可得到采样系统的特征方程为

$$D(z)=1+GH(z)=0 \tag{8-45}$$

需要指出的是，采样闭环系统脉冲传递函数不能从 $\Phi(z)$ 和 $\Phi_e(z)$ 求 $Z$ 变换而得，即

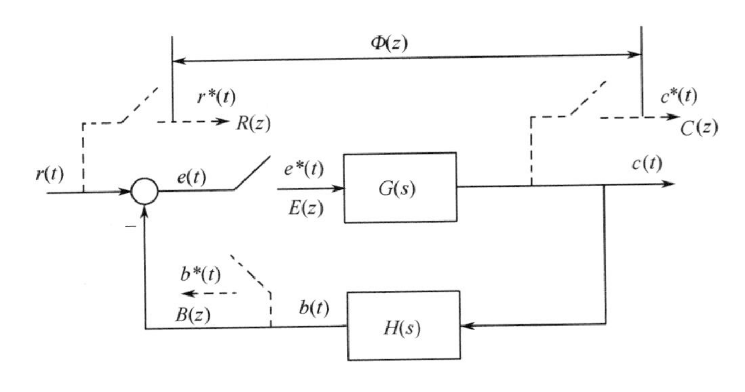


图 8-18　闭环系统方框图

$$\Phi(z) \neq Z[\Phi(s)], \Phi_e(z) \neq Z[\Phi_e(s)]$$

通过与上面类似的方法可以导出采样开关为不同配置形式的其他闭环系统的脉冲传递函数。但只要误差信号 $e(t)$ 处没有采样开关，输入采样信号 $r^*(t)$ 就不存在，此时不能写出闭环系统对于输入量的脉冲传递函数，而只能求出输出采样信号的 $Z$ 变换函数 $C(z)$。

采样开关在闭环系统中具有各种配置形式的闭环采样系统典型结构图及其输出采样信号 $Z$ 变换函数 $C(z)$ 可参见表 8-1。

**表 8-1　采样系统典型结构图**

| 序号 | 系统结构图 | 响应 $C(z)$ 计算式 |
|---|---|---|
| 1 | R(s), G(s), C(s), H(s), − | $\dfrac{G(z)R(z)}{1+GH(z)}$ |
| 2 | R(s), G(s), C(s), H(s), − | $\dfrac{GR(z)}{1+GH(z)}$ |
| 3 | R(s), $G_1(s)$, $G_2(s)$, C(s), H(s), − | $\dfrac{RG_1(z)G_2(z)}{1+G_2HG_1(z)}$ |
| 4 | R(s), $G_1(s)$, $G_2(s)$, C(s), H(s), − | $\dfrac{G_1(z)G_2(z)R(z)}{1+G_1(z)G_2H(z)}$ |
| 5 | R(s), $G_1(s)$, $G_2(s)$, $G_3(s)$, C(s), H(s), − | $\dfrac{RG_1(z)G_2(z)G_3(z)}{1+G_2(z)G_1G_3H(z)}$ |
| 6 | R(s), G(s), C(s), H(s), − | $\dfrac{RG(z)}{1+HG(z)}$ |

续表

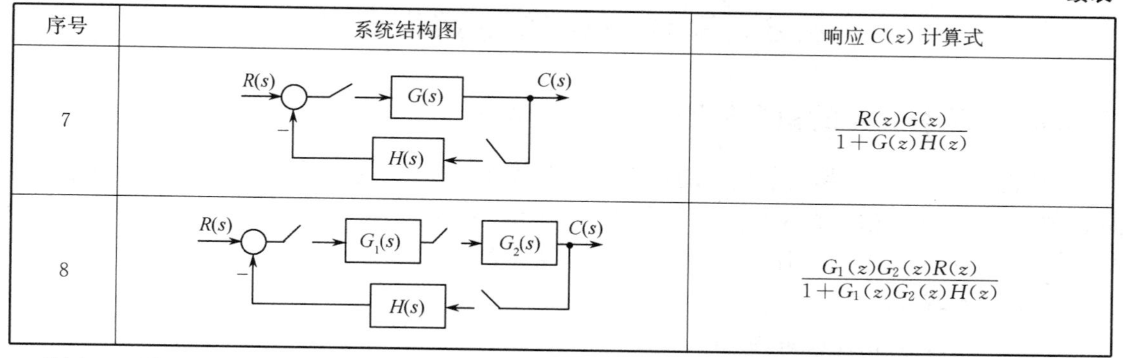


| 序号 | 系统结构图 | 响应 $C(z)$ 计算式 |
|---|---|---|
| 7 | | $\dfrac{R(z)G(z)}{1+G(z)H(z)}$ |
| 8 | | $\dfrac{G_1(z)G_2(z)R(z)}{1+G_1(z)G_2(z)H(z)}$ |

**【例 8-16】** 设闭环采样系统结构如图 8-19 所示，试证明其闭环脉冲传递函数为

$$\Phi(z)=\frac{G_1(z)G_2(z)}{1+G_1(z)HG_2(z)}$$

**【证明】** 由图可得

$$C(s)=G_2(s)E_1^*(s)$$
$$E_1(s)=G_1(s)E^*(s)$$

对 $E_1(s)$ 离散化，有 $E_1^*(s)=G_1^*(s)E^*(s)$，则

$$C(s)=G_2(s)G_1^*(s)E^*(s)$$

考虑到

$$E(s)=R(s)-H(s)C(s)=R(s)-H(s)G_2(s)G_1^*(s)E^*(s)$$

离散化有

$$E^*(s)=R^*(s)-HG_2^*(s)G_1^*(s)E^*(s)$$

即

$$E^*(s)=\frac{R^*(s)}{1+G_1^*(s)HG_2^*(s)}$$

输出信号的采样拉普拉斯变换为

$$C^*(s)=G_2^*(s)G_1^*(s)E^*(s)=\frac{G_2^*(s)G_1^*(s)R^*(s)}{1+G_1^*(s)HG_2^*(s)}$$

进行 $Z$ 变换，证得

$$\Phi(z)=\frac{C(z)}{R(z)}=\frac{G_1(z)G_2(z)}{1+G_1(z)HG_2(z)}$$

**【例 8-17】** 设闭环离散系统结构如图 8-20 所示，试求其输出采样信号的 $Z$ 变换函数。

**【解】** 由图可得 $C(s)=G(s)E(s)$

$$E(s)=R(s)-H(s)C^*(s)$$
$$C(s)=G(s)R(s)-G(s)H(s)C^*(s)$$

离散化有 $C^*(s)=GR^*(s)-GH^*(s)C^*(s)$。

进行 $Z$ 变换有

$$C(z)=\frac{RG(z)}{1+GH(z)}$$

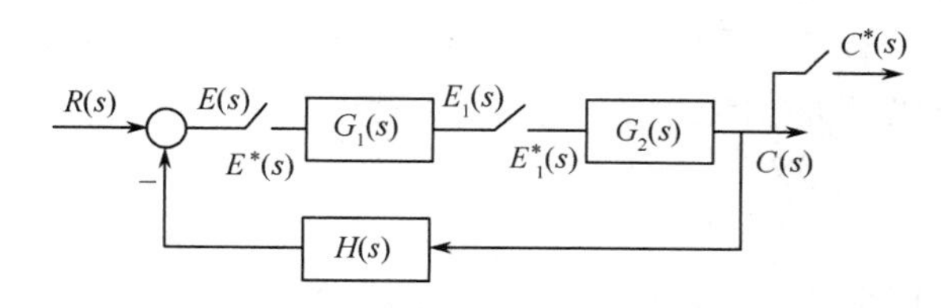


图 8-19　例 8-16 采样系统方框图

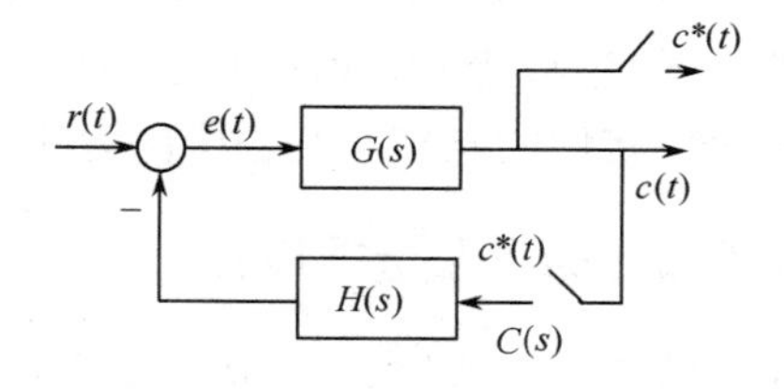


图 8-20　例 8-17 闭环系统方框图

# 8.6 采样系统的稳定性分析

## 8.6.1 采样系统的稳定条件

在线性连续系统中，判别系统的稳定性是根据特征方程的根在 $s$ 平面的分布位置确定的。若系统特征方程的所有根都在 $s$ 平面的左半平面，则系统稳定。对线性采样系统进行 $Z$ 变换后，对系统的分析要采用 $z$ 平面，因此需要弄清这两个复平面之间的相互关系。

**1. $s$ 域到 $z$ 域的映射**

复变量 $s$ 和 $z$ 的相互关系为

$$z = e^{sT} \tag{8-46}$$

式中，$T$ 为采样周期。

$s$ 域中的任意点可表示为 $s=\sigma+j\omega$，映射到 $z$ 域则为 $z=e^{(\sigma+j\omega)T}=e^{\sigma T}e^{j\omega T}$。于是，$s$ 域到 $z$ 域的基本映射关系式为 $|z|=e^{\sigma T}$，$\angle z=\omega T$。

若设复变量 $s$ 在 $s$ 平面上沿虚轴移动，这时 $s=j\omega$，对应的复变量 $z=e^{j\omega T}$。后者是 $z$ 平面上的一个向量，其模等于 1，与频率 $\omega$ 无关；其相角为 $\omega T$，随频率 $\omega$ 而改变。

可见，$s$ 平面上的虚轴映射到 $z$ 平面上，是以原点为圆心的单位圆。

当 $s$ 位于 $s$ 平面虚轴的左边时，$\sigma$ 为负数，$|z|=e^{\sigma T}$ 小于 1；反之，当 $s$ 位于 $s$ 平面虚轴的右半平面时，$\sigma$ 为正数，$|z|=e^{\sigma T}$ 大于 1。$s$ 平面的左、右半平面在 $z$ 平面上的映像分别为单位圆的内、外部区域。

**2. 线性采样系统稳定的充要条件**

线性采样系统如图 8-21 所示。

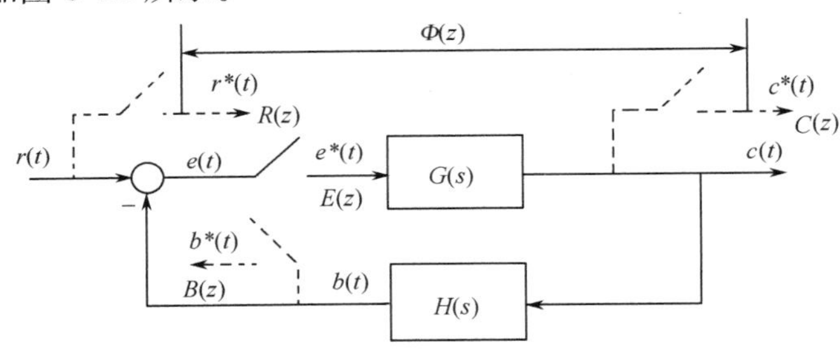


图 8-21　线性采样系统方框图

其特征方程为

$$D(z) = 1 + GH(z) = 0$$

显然，闭环系统特征方程的根 $\lambda_1,\lambda_2,\cdots,\lambda_n$，即是闭环脉冲传递函数的极点。在 $z$ 域中，采样系统稳定的充分必要条件是：当且仅当采样特征方程的全部特征根均分布在 $z$ 平面上的单位圆内，或者所有特征根的模均小于 1，相应的线性定常系统是稳定的。应当指出，如同分析连续系统的稳定性一样，用解特征方程根的方法来判别高阶采样系统的稳定性是很不方便的。因此，需要采用一些比较实用的判别系统稳定的方法，其中比较常用的就是劳斯稳定判据。

## 8.6.2 劳斯稳定判据

对于线性连续系统，可以应用劳斯判据分析系统的稳定性。但是，对于线性采样系统，直接应用劳斯判据是不行的，因为劳斯判据只能判别特征方程的根是否在 $s$ 平面的虚轴之左。因此，必须采用一种新的变换，使 $z$ 平面上的单位圆在新的坐标系中的映像为虚轴。这种新的坐标变换，称为双线性变换，又称 $W$ 变换。

根据复变函数双线性变换公式，令

$$z=\frac{w+1}{w-1} \text{ 或 } w=\frac{z+1}{z-1} \tag{8-47}$$

式中，$z$ 和 $w$ 均为复数，分别把它们表示为实部和虚部相加的形式，即

$$z=x+\mathrm{j}y \qquad w=u+\mathrm{j}v$$

$$w=\frac{x+\mathrm{j}y+1}{x+\mathrm{j}y-1}=\frac{x^2+y^2-1}{(x-1)^2+y^2}-\mathrm{j}\frac{2y}{(x-1)^2+y^2}$$

当动点 $z$ 在 $z$ 平面的单位圆上和单位圆之内时，应满足

$$x^2+y^2\leqslant 1$$

$$u=\frac{x^2+y^2-1}{(x-1)^2+y^2}\leqslant 0 \tag{8-48}$$

式(8-48)说明，左半 $w$ 平面对应 $z$ 平面单位圆内的部分，$w$ 平面的虚轴对应 $z$ 平面的单位圆上，如图 8-22 所示。因此经过双线性变换后，可以使用劳斯判据。

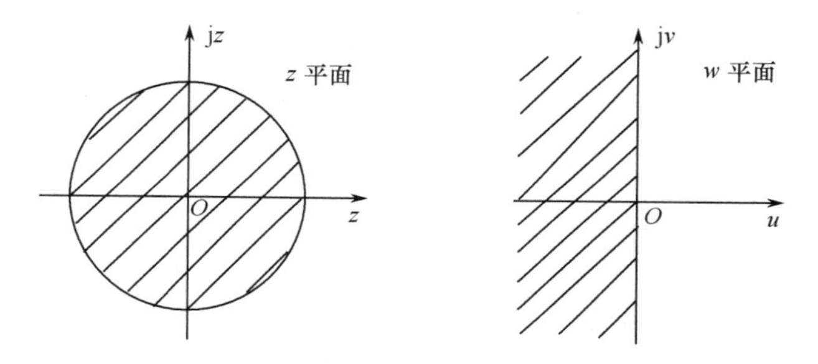


图 8-22　$z$ 平面与 $w$ 平面的对应关系

采样系统稳定的充要条件是：特征方程 $1+GH(z)=0$ 的所有根严格位于 $z$ 平面上的单位圆内，转换为特征方程 $1+GH(w)=0$ 的所有根严格位于左半 $w$ 平面。

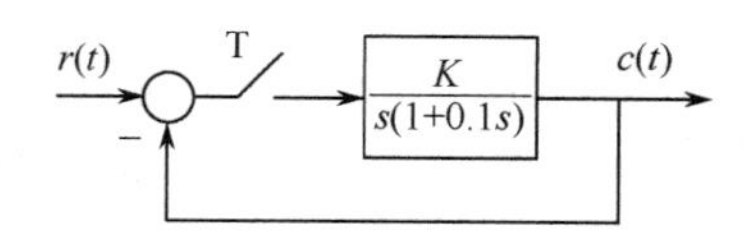


图 8-23　例 8-18 闭环系统方框图

**【例 8-18】** 设闭环采样系统如图 8-23 所示，其中采样周期 $T=0.1\mathrm{s}$，试求系统稳定时 $K$ 的变化范围。

**【解】** 求出 $G(s)=\dfrac{K}{s(1+0.1s)}=\dfrac{K}{s}-\dfrac{K}{s+10}$ 的 $Z$ 变换为

$$G(z)=\frac{Kz}{z-1}-\frac{Kz}{z-0.368}=\frac{0.632Kz}{z^2-1.368z+0.368}$$

闭环系统脉冲传递函数为

$$\Phi(z)=\frac{G(z)}{1+G(z)}$$

故闭环系统特征方程为

$$1+G(z)=z^2+(0.632K-1.368)z+0.368=0$$

令 $z=\dfrac{w+1}{w-1}$，代入上式得

$$\left(\frac{w+1}{w-1}\right)^2+(0.632K-1.368)\left(\frac{w+1}{w-1}\right)+0.368=0$$

化简后，得 $w$ 域特征方程为

$$0.632Kw^2+1.264w+(2.736-0.632K)=0$$

列出劳斯表为

$$\begin{array}{lcc} w^2 & 0.632K & 2.736-0.632K \\ w^1 & 1.264 & 0 \\ w^0 & 2.736-0.632K & 0 \end{array}$$

从劳斯表第一列系数可以看出，为保证系统稳定，必须使

$$K>0, 2.736-0.632K>0$$

即

$$0<K<4.33$$

### 8.6.3 朱利稳定判据

朱利判据是直接在 $z$ 域内应用的稳定判据，类似于连续系统中的赫尔维茨判据。朱利判据是根据采样系统的闭环特征方程 $D(z)=1+GH(z)=0$ 的系数，判别其根是否位于 $z$ 平面上的单位圆内，从而判断该采样系统的稳定性。

设采样系统的闭环特征方程可写为

$$D(z)=a_nz^n+\cdots+a_2z^2+a_1z+a_0=0,\qquad a_n>0$$

特征方程的系数按照下述方法构造 $(2n-3)$ 行、$(n+1)$ 列朱利阵列，如表 8-2 所示。

**表 8-2 朱利阵列**

| 行数 | $z^0$ | $z^1$ | $z^2$ | $z^3$ | $\cdots$ | $z^{n-k}$ | $\cdots$ | $z^{n-1}$ | $z^n$ |
|---|---|---|---|---|---|---|---|---|---|
| 1 | $a_0$ | $a_1$ | $a_2$ | $a_3$ | $\cdots$ | $a_{n-k}$ | $\cdots$ | $a_{n-1}$ | $a_n$ |
| 2 | $a_n$ | $a_{n-1}$ | $a_{n-2}$ | $a_{n-3}$ | $\cdots$ | $a_k$ | $\cdots$ | $a_1$ | $a_0$ |
| 3 | $b_0$ | $b_1$ | $b_2$ | $b_3$ | $\cdots$ | $b_{n-k}$ | $\cdots$ | $b_{n-1}$ | |
| 4 | $b_{n-1}$ | $b_{n-2}$ | $b_{n-3}$ | $b_{n-4}$ | $\cdots$ | $b_{k-1}$ | $\cdots$ | $b_0$ | |
| 5 | $c_0$ | $c_1$ | $c_2$ | $c_3$ | $\cdots$ | $c_{n-2}$ | | | |
| 6 | $c_{n-2}$ | $c_{n-3}$ | $c_{n-4}$ | $c_{n-5}$ | $\cdots$ | $c_0$ | | | |
| $\vdots$ | $\vdots$ | $\vdots$ | $\vdots$ | $\vdots$ | | | | | |
| $2n-5$ | $p_0$ | $p_1$ | $p_2$ | $p_3$ | | | | | |
| $2n-4$ | $p_3$ | $p_2$ | $p_1$ | $p_0$ | | | | | |
| $2n-3$ | $q_0$ | $q_1$ | $q_2$ | | | | | | |

在朱利阵列中，第 $(2k+2)$ 行各元素是 $(2k+1)$ 行各元素的反序排列。从第 3 行起，阵列中各元素的定义如下

$$b_k=\begin{vmatrix} a_0 & a_{n-k} \\ a_n & a_k \end{vmatrix},\quad k=0,1,\cdots,n-1$$

$$c_k=\begin{vmatrix} b_0 & b_{n-k-1} \\ b_{n-1} & b_k \end{vmatrix},\quad k=0,1,\cdots,n-2$$

$$d_k=\begin{vmatrix} c_0 & c_{n-k-2} \\ c_{n-2} & c_k \end{vmatrix},\quad k=0,1,\cdots,n-3$$

$$\cdots$$

$$q_0=\begin{vmatrix} p_0 & p_3 \\ p_3 & p_0 \end{vmatrix}, q_1=\begin{vmatrix} p_0 & p_2 \\ p_3 & p_1 \end{vmatrix}, q_2=\begin{vmatrix} p_0 & p_1 \\ p_3 & p_2 \end{vmatrix}$$

**朱利稳定判据** 特征方程 $D(z)=0$ 的根，全部位于 $z$ 平面上单位圆内的充分必要条件是

$$D(1)>0, D(-1)\begin{cases} >0, & \text{当 } n \text{ 为偶数时} \\ <0, & \text{当 } n \text{ 为奇数时} \end{cases}$$

及下列 $(n-1)$ 个约束条件成立

$$|a_0|<a_n,\ |b_0|>|b_{n-1}|,\quad |c_0|>|c_{n-2}|$$
$$|d_0|>|d_{n-3}|,\cdots,\ |q_0|>|q_2|$$
只有当上述诸条件均满足时，采样系统才是稳定的，否则系统不稳定。

**【例 8-19】** 已知采样系统闭环特征方程为

$$D(z)=z^4-1.368z^3+0.4z^2+0.008z+0.002=0$$

试用朱利判据判断系统的稳定性。

**【解】** 由于 $n=4$，$2n-3=5$，$n+1=5$，故朱利阵列有5行5列。根据给定的 $D(z)$ 知

$$a_0=0.002,\quad a_1=0.08,\quad a_2=0.4,\quad a_3=-1.368,\quad a_4=1$$

计算朱利阵列中的元素 $b_k$ 和 $c_k$ 为

$$b_0=\begin{vmatrix}a_0 & a_4\\ a_4 & a_0\end{vmatrix}=-1,\qquad b_1=\begin{vmatrix}a_0 & a_3\\ a_4 & a_1\end{vmatrix}=1.368$$

$$b_2=\begin{vmatrix}a_0 & a_2\\ a_4 & a_2\end{vmatrix}=-0.399,\qquad b_3=\begin{vmatrix}a_0 & a_1\\ a_4 & a_3\end{vmatrix}=-0.082$$

$$c_0=\begin{vmatrix}b_0 & b_3\\ b_3 & b_0\end{vmatrix}=0.993,\qquad c_1=\begin{vmatrix}b_0 & b_2\\ b_2 & b_1\end{vmatrix}=-1.401$$

$$c_2=\begin{vmatrix}b_0 & b_1\\ b_3 & b_2\end{vmatrix}=0.511$$

列出如下朱利阵列

| 行数 | $z^0$ | $z^1$ | $z^2$ | $z^3$ | $z^4$ |
|---|---|---|---|---|---|
| 1 | 0.002 | 0.08 | 0.4 | −1.368 | 1 |
| 2 | 1 | −1.368 | 0.4 | 0.08 | 0.002 |
| 3 | −1 | 1.368 | −0.399 | −0.082 | |
| 4 | −0.082 | −0.399 | 1.368 | −1 | |
| 5 | 0.993 | −1.401 | 0.511 | | |

因为

$$D(1)=0.114>0,\quad D(-1)=2.69>0$$
$$|a_0|=0.002,\quad a_4=1,\quad \text{满足}\ |a_0|<a_4$$
$$|b_0|=1,\quad |b_3|=0.082,\quad \text{满足}\ |b_0|>|b_3|$$
$$|c_0|=0.993,\ |c_2|=0.511,\ \text{满足}\ |c_0|>|c_2|$$

故由朱利稳定判据知，该采样系统是稳定的。

### 8.6.4 采样周期与开环增益对稳定性的影响

众所周知，连续系统的稳定性取决于系统的开环增益 $K$、系统的零极点分布和传输延迟等因素。但是，影响采样系统稳定性的因素，除与连续系统相同的上述因素外，还与采样周期 $T$ 的取值有关。下面先看一个具体的例子。

**【例 8-20】** 设有零阶保持器的采样系统如图 8-24 所示，试求：

(1) 当采样周期 $T$ 分别为 1s，0.5s 时，系统的临界开环增益 $K_C$。

(2) 当 $r(t)=1(t)$，$K=1$，$T$ 分别为 0.1s，1s，2s，4s 时，系统的输出响应 $c(kT)$。

**【解】** 系统的开环脉冲传递函数为

$$G(z)=(1-z^{-1})Z\left[\frac{K}{s^2(s+1)}\right]=K\frac{(e^{-T}+T-1)z+(1-e^{-T}-Te^{-T})}{(z-1)(z-e^{-T})}$$

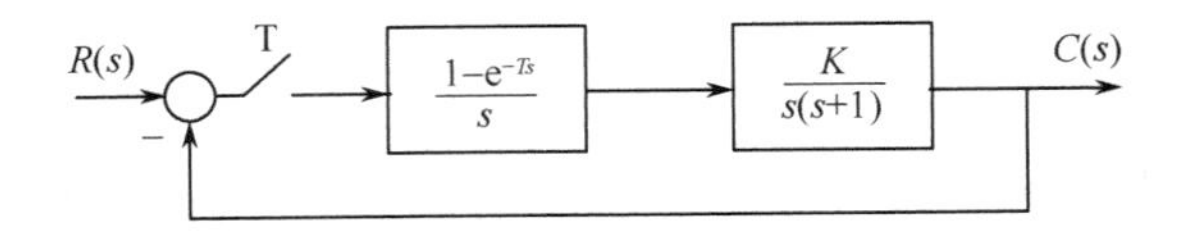


图 8-24　例 8-20 闭环系统方框图

相应的闭环特征方程为

$$D(z) = 1 + G(z) = 0$$

当 $T = 1\text{s}$ 时，有

$$D(z) = z^2 + (0.368K - 1.368)z + (0.264K + 0.368) = 0$$

令 $z = (w+1)/(w-1)$，得 $w$ 域特征方程为

$$D(w) = 0.632Kw^2 + (1.264 - 0.528K)w + (2.736 - 0.104K) = 0$$

根据劳斯判据得 $K = 2.4$。

当 $T = 0.5\text{s}$ 时，$w$ 域特征方程为

$$D(w) = 0.197Kw^2 + (0.786 - 0.18K)w + (3.214 - 0.017K) = 0$$

根据劳斯判据得 $K = 4.37$。

由于闭环系统脉冲传递函数

$$\Phi(z) = \frac{G(z)}{R(z)} = \frac{G(z)}{1 + G(z)}$$

$$= \frac{K[(\mathrm{e}^{-T} + T - 1)z + (1 - \mathrm{e}^{-T} - T\mathrm{e}^{-T})]}{z^2 + [K(\mathrm{e}^{-T} + T - 1) - (1 + \mathrm{e}^{-T})]z + [K(1 - \mathrm{e}^{-T} - T\mathrm{e}^{-T}) + \mathrm{e}^{-T}]}$$

且有 $R(z) = z/(z-1)$，因此不难求得 $C(z)$ 表达式

取 $K = 1, T = 0.1\text{s}, 1\text{s}, 2\text{s}, 4\text{s}$，可由 $C(z)$ 求 $Z$ 反变换得到 $c(kT)$，如图 8-25 所示。

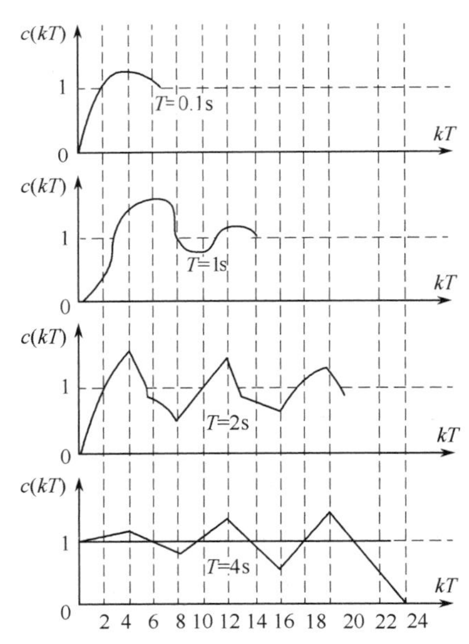


图 8-25　$T$ 取不同值时的响应

由例 8-20 可见，$K$ 与 $T$ 对采样系统稳定性有如下影响：

(1) 当采样周期一定时，加大开环增益会使采样系统的稳定性变差，甚至使系统变得不稳定；

(2) 当开环增益一定时，采样周期越长，丢失的信息越多，对采样系统的稳定性及动态性能均不利，甚至可导致系统失去稳定。

# 8.7 采样系统的稳态误差

线性连续系统计算稳态误差的方法都可以推广到采样系统中。下面仅介绍稳态误差系数的计算。

设单位反馈采样系统如图8-26所示，系统的开环脉冲传递函数为 $G(z)$。采样系统的稳态误差除可从输出信号在各采样时刻上的数值 $c(nT)(n=0,1,2,\cdots,\infty)$，以及从过渡过程曲线 $c^*(t)$ 求取外，还可以应用 $Z$ 变换的终值定理来计算。

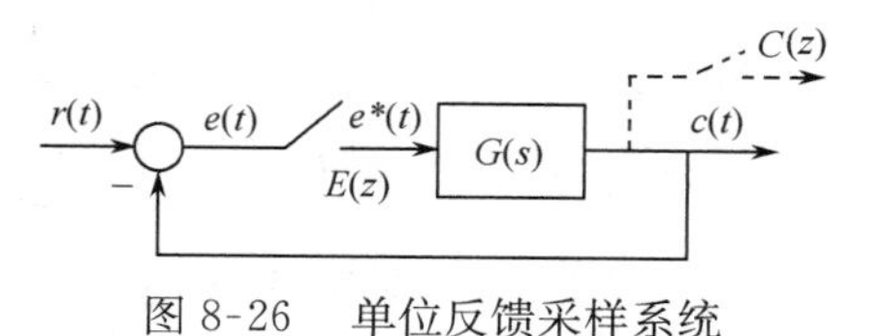


图 8-26　单位反馈采样系统

因为 $C(z)=\Phi(z)R(z)$，$\Phi(z)=\dfrac{G(z)}{1+G(z)}$，所以

$$E(z)=R(z)-C(z)=R(z)-\frac{G(z)}{1+G(z)}R(z)=\frac{1}{1+G(z)}R(z)=\Phi_{e}(z)R(z) \tag{8-49}$$

利用 $Z$ 变换的终值定理求出采样瞬时的稳态误差为

$$e(\infty)=\lim_{t\to\infty}e^*(t)=\lim_{z\to1}(1-z^{-1})E(z)=\lim_{z\to1}\frac{(z-1)R(z)}{z[1+G(z)]} \tag{8-50}$$

上式表明，系统的稳态误差与 $G(z)$ 及输入信号的形式有关。

与线性连续系统稳态误差分析类似，引出采样系统型别的概念，由于 $z=\mathrm{e}^{sT}$ 的关系，原线性连续系统开环传递函数 $G(s)$ 在 $s=0$ 处极点的个数 $\nu$ 作为划分系统型别的标准，可推广为将采样系统开环脉冲传递函数 $G(z)$ 在 $z=1$ 处极点的个数 $\nu$ 作为划分采样系统型别的标准，称 $\nu=0,1,2,\cdots$ 的系统分别为0型、Ⅰ型、Ⅱ型采样系统。

下面考查几种典型输入作用下采样系统的稳态误差。

## 8.7.1 单位阶跃输入时的稳态误差

当系统输入为单位阶跃函数 $r(t)=1(t)$ 时，稳态误差为

$$e(\infty)=\lim_{z\to1}(z-1)E(z)=\lim_{z\to1}\frac{(z-1)}{1+G(z)}\cdot\frac{z}{z-1}=\frac{1}{\lim\limits_{z\to1}1+G(z)}=\frac{1}{K_{\mathrm{p}}} \tag{8-51}$$

式中，$K_{\mathrm{p}}=\lim\limits_{z\to1}1+G(z)$，称为静态位置误差系数。

对0型采样系统（$G(z)$ 没有 $z=1$ 的极点），则 $K_{\mathrm{p}}\neq\infty$，从而 $e(\infty)\neq0$；对Ⅰ型、Ⅱ型以上的采样系统（$G(z)$ 有一个或一个以上 $z=1$ 的极点），则 $K_{\mathrm{p}}=\infty$，从而 $e(\infty)=0$。

因此，在单位阶跃函数作用下，0型采样系统在采样瞬时存在位置误差；Ⅰ型或Ⅱ型以上的采样系统，在采样瞬时没有位置误差。这与连续系统十分相似。

## 8.7.2 单位斜坡输入时的稳态误差

当系统输入为单位斜坡函数 $r(t)=t$ 时，稳态误差为

$$\begin{aligned}e(\infty)&=\lim_{z\to1}(z-1)E(z)=\lim_{z\to1}\frac{(z-1)}{1+G(z)}\cdot\frac{Tz}{(z-1)^2}\\&=\frac{T}{\lim\limits_{z\to1}[(z-1)G(z)]}=\frac{T}{K_{\mathrm{v}}}\end{aligned} \tag{8-52}$$

式中，$K_{\mathrm{v}}=\lim\limits_{z\to1}(z-1)G(z)$，称为静态速度误差系数。

因为0型系统的 $K_{\mathrm{v}}=0$，Ⅰ型系统的 $K_{\mathrm{v}}$ 为有限值，Ⅱ型和Ⅱ型以上系统的 $K_{\mathrm{v}}=\infty$，所以有如下结论：0型采样系统不能承受单位斜坡函数作用，Ⅰ型采样系统在单位斜坡函数作用下存在速度误差，Ⅱ型和Ⅱ型以上采样系统在单位斜坡函数作用下不存在稳态误差。

### 8.7.3 单位加速度输入时的稳态误差

当系统输入为单位加速度函数 $r(t)=t^2/2$ 时，稳态误差为

$$e(\infty)=\lim_{z\to 1}(z-1)E(z)=\lim_{z\to 1}\frac{(z-1)}{1+G(z)}\cdot\frac{T^2z(z+1)}{2(z-1)^3}$$
$$=\frac{T^2}{\lim\limits_{z\to 1}(z-1)^2G(z)}=\frac{T^2}{K_a} \tag{8-53}$$

式中，$K_a=\lim\limits_{z\to 1}(z-1)^2G(z)$，称为静态加速度误差系数。

当然，式(8-53)也是系统的稳态位置误差，并称为加速度误差。

由于0型及Ⅰ型系统的 $K_a=0$，Ⅱ型系统的 $K_a$ 为常值，Ⅲ型及Ⅲ型以上系统的 $K_a=\infty$，因此有如下结论成立：0型及Ⅰ型采样系统不能承受单位加速度函数作用，Ⅱ型采样系统在单位加速度函数作用下存在加速度误差，只有Ⅲ型及Ⅲ型以上的采样系统在单位加速度函数作用下，才不存在采样瞬时的稳态位置误差。

不同型别单位反馈系统的稳态误差见表8-3。

表8-3 采样时刻的稳态误差

| 系 统 | 阶跃输入 | 斜坡输入 | 加速度输入 |
|---|---|---|---|
| 0型 | $\frac{1}{K_p}$ | $\infty$ | $\infty$ |
| Ⅰ型 | 0 | $\frac{T}{K_v}$ | $\infty$ |
| Ⅱ型 | 0 | 0 | $\frac{T^2}{K_a}$ |

## 8.8 采样系统的暂态响应与脉冲传递函数零、极点分布的关系

在线性连续系统中，闭环传递函数零、极点在 $s$ 平面的分布对系统的暂态响应有非常大的影响。与此类似，采样系统的暂态响应与闭环脉冲传递函数零、极点在 $z$ 平面的分布也有密切的关系。

设闭环系统的脉冲传递函数为

$$\Phi(z)=\frac{M(z)}{N(z)}=\frac{b_0z^m+b_1z^{m-1}+b_2z^{m-2}+\cdots+b_{m-1}z+b_m}{a_0z^n+a_1z^{n-1}+a_2z^{n-2}+\cdots+a_{n-1}z+a_n} \tag{8-54}$$

式中，$m<n$。为分析简便，设其无重极点，$p_1,p_2,\cdots,p_n$ 为 $n$ 个不相等的闭环极点。

已知 $C(z)=\Phi(z)R(z)$，其中 $R(z)=z/(z-1)$，则

$$C(z)=A_0\frac{z}{z-1}+\sum_{i=1}^{n}A_i\frac{z}{z-p_i}\quad(A_i\text{ 为留数}) \tag{8-55}$$

通过 $Z$ 反变换导出输出信号的脉冲序列 $c^*(t)$，得

$$c(kT)=A_01(nT)+\sum_{i=1}^{n}A_ip_i^k \tag{8-56}$$

式中，第一项为系统输出的稳态分量，第二项为输出的暂态分量。显然，随着极点 $p_i$ 在 $z$ 平面上位置的变化，它所对应的暂态分量也就不同。下面分几种情况来讨论。

**1. 实轴上的闭环单极点**

设 $p_i$ 为正实数，$p_i$ 对应的暂态分量为

$$c_i^*(t) = Z^{-1}\left[A_i \frac{z}{z - p_i}\right]$$

当 $p_i > 0$ 时，$c_i(kT) = A_i p_i^k = A_i e^{akT}$（若令 $a = \frac{1}{T}\ln p_i$），动态过程为按指数规律变化的脉冲序列；当 $p_i < 0$ 时，$c_i(kT) = A_i p_i^k$，动态过程为交替变号的双向脉冲序列。

闭环实数极点分布与相应的动态响应形式的关系如图 8-27 所示。

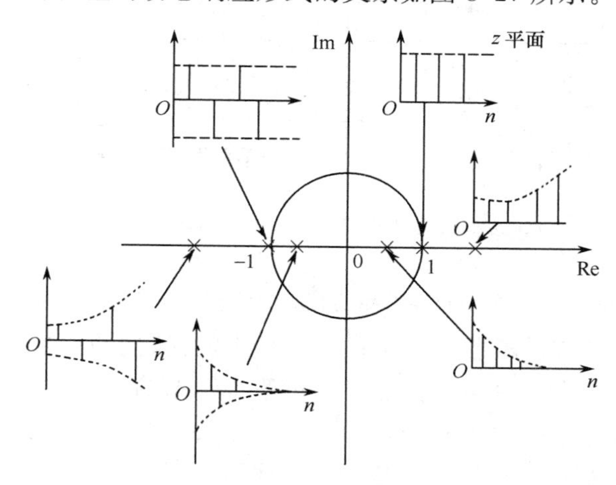


图 8-27　闭环实数极点分布与相应的动态响应形式的关系

若闭环实数极点位于右半 $z$ 平面，则输出动态响应形式为单向正脉冲序列。实数极点位于单位圆内，脉冲序列收敛，且实数极点越接近原点，收敛越快；实数极点位于单位圆上，脉冲序列等幅变化；实数极点位于单位圆外，脉冲序列发散。

若闭环实数极点位于左半 $z$ 平面，则输出动态响应形式为双向交替脉冲序列。实数极点位于单位圆内，双向脉冲序列收敛；实数极点位于单位圆上，双向脉冲序列等幅变化；实数极点位于单位圆外，双向脉冲序列发散。

**2. 闭环共轭复数极点**

设 $p_k, p_{k+1} = |p_k| e^{\pm j\theta_k}$ 为一对共轭复数极点，$p_k, p_{k+1}$ 对应的暂态项为

$$c_k^*(t) = Z^{-1}\left[A_k \frac{z}{z - p_k} + A_{k+1} \frac{z}{z - p_{k+1}}\right]$$

$$c_k(nT) = 2|A_k| e^{anT}\cos(n\omega T + \varphi_k)$$

式中，$a = \frac{1}{T}\ln|p_k|$；$\omega = \theta_k/T$；$0 < \theta_k < \pi$，为共轭复数极点 $p_k$ 的相角。

若 $|p_k| > 1$，闭环复数极点位于 $z$ 平面上的单位圆外，动态响应为振荡脉冲序列；

若 $|p_k| = 1$，闭环复数极点位于 $z$ 平面上的单位圆上，动态响应为等幅振荡脉冲序列；

若 $|p_k| < 1$，闭环复数极点位于 $z$ 平面上的单位圆内，动态响应为振荡收敛脉冲序列，且 $|p_k|$ 越小，即复极点越靠近原点，振荡收敛得越快。

闭环复数极点分布与相应的动态响应形式的关系如图 8-28 所示。

通过以上的分析可以看出，闭环脉冲传递函数的极点在 $z$ 平面上的位置决定相应暂态分量的性质和特点。

当闭环极点位于单位圆内时，其对应的暂态分量是衰减的。极点离原点越近，衰减越快。若极点位于正实轴上，暂态分量按指数衰减。一对共轭复数极点的暂态分量为振荡衰减，其角频率为 $\theta_k/T$。若极点位于负实轴上，也将出现衰减振荡，其振荡角频率为 $\pi/T$。为了使采样系统具有

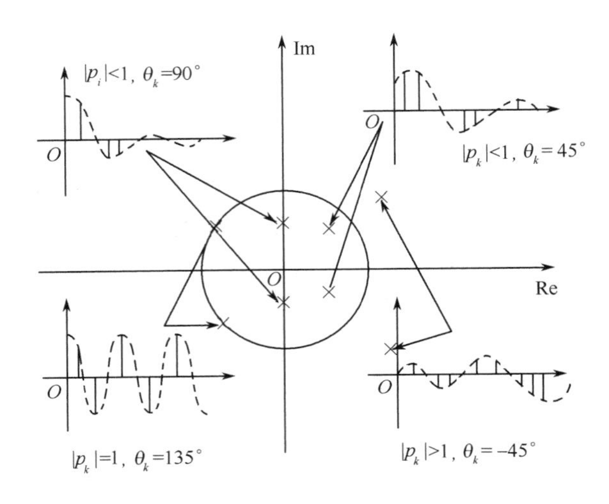


图 8-28　复数极点分布与相应的动态响应形式的关系

较为满意的暂态响应，其 $Z$ 传递函数的极点最好分布在单位圆内的右半部靠近原点的位置。

在线性连续系统中，根据一对主导极点来分析系统暂态响应的方法，也可以推广到采样系统。因此，采样系统的动态特性与闭环极点的分布密切相关。当闭环实数极点位于 $z$ 平面上左半单位圆内时，由于输出衰减脉冲交替变号，故动态过程质量很差；当闭环复数极点位于左半单位圆内时，由于输出衰减高频振荡脉冲，故动态过程性能欠佳。

因此，在采样系统设计时，应把闭环极点安置在 $z$ 平面的右半单位圆内，且尽量靠近坐标原点。

**【例 8-21】** 若系统结构如图 8-29 所示，试求其单位阶跃响应的离散值，并分析系统的动态性能。采样周期 $T=0.2\text{s}$。

**【解】** 系统的闭环脉冲传递函数为

$$\Phi(z)=\frac{0.3805z^2+0.4990z+0.0198}{z^3-0.7728z^2+0.6048z+0.0173}$$

当输入量 $r(t)=1(t)$ 时，$R(z)=z/(z-1)$，输出量的 $Z$ 变换为

$$C(z)=\Phi(z)R(z)=\frac{0.3805z^2+0.4990z+0.0198}{z^3-0.7728z^2+0.6048z+0.0173}\cdot\frac{z}{z-1}$$
$$=\frac{0.3805z^3+0.4490z^2+0.0198z}{z^4-1.7728z^3+1.3776z^2-0.5875z-0.0173}$$

利用长除法得

$$C(z)=0.381z^{-1}+1.124z^{-2}+1.488z^{-3}+1.313z^{-4}+0.945z^{-5}+$$
$$0.760z^{-6}+0.841z^{-7}+1.025z^{-8}+1.118z^{-9}+1.079z^{-10}+$$
$$0.989z^{-11}+0.942z^{-12}+0.960z^{-13}+1.005z^{-14}+\cdots$$

基于 $Z$ 变换的定义，由上式求得系统在单位阶跃作用下的输出序列 $c(kT)$ 为

| | | |
|---|---|---|
| $c(0)=0$ | $c(5T)=0.945$ | $c(10T)=1.079$ |
| $c(T)=0.381$ | $c(6T)=0.760$ | $c(11T)=0.989$ |
| $c(2T)=1.124$ | $c(7T)=0.841$ | $c(12T)=0.942$ |
| $c(3T)=1.488$ | $c(8T)=1.025$ | $c(13T)=0.960$ |
| $c(4T)=1.313$ | $c(9T)=1.118$ | $c(14T)=1.005$ |

根据上面各离散点数据绘出系统单位阶跃响应曲线，如图 8-30 所示。

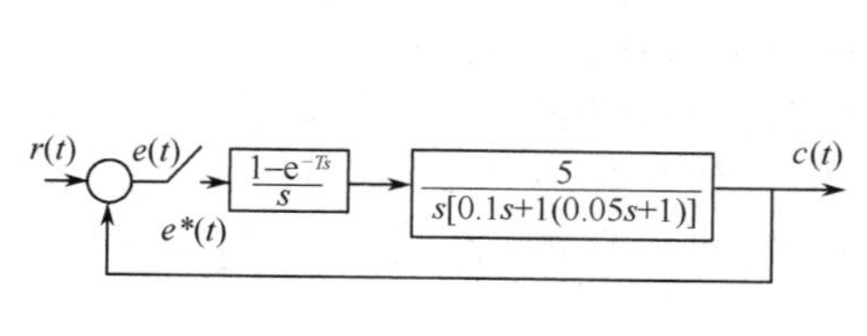


图 8-29　例 8-21 系统方框图

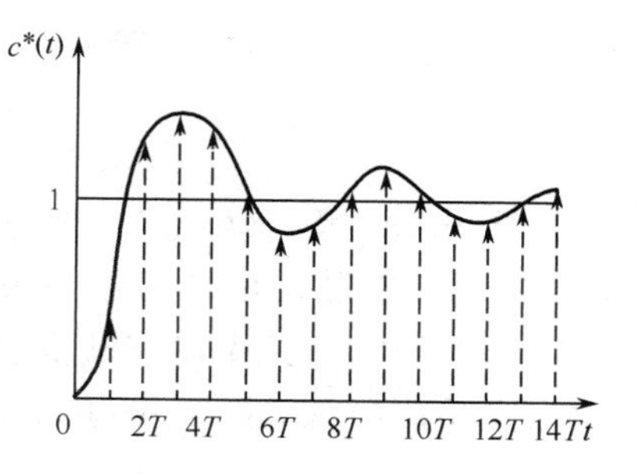


图 8-30　单位阶跃响应曲线

由图求得给定采样系统的近似性能指标为：上升时间 $t_r = 0.4\text{s}$，峰值时间 $t_p = 0.6\text{s}$，超调量 $M_p = 48\%$。

# 8.9　采样系统的校正

在设计采样控制系统的过程中，为了满足性能指标的要求，常常需要对系统进行校正。与连续控制系统相类似，采样控制系统中的校正装置按其在系统中的位置可分为串联校正装置和反馈校正装置；按其作用可分为超前校正和滞后校正。与连续系统所不同的是，采样系统中的校正装置不仅可以用模拟电路来实现，而且也可以用数字装置来实现。一般情况下，线性采样系统采取数字校正的目的，是在保证系统稳定的基础上，进一步提高系统的控制性能，如满足一些典型控制信号作用下系统在采样时刻上无稳态误差，以及过渡过程在最少个采样周期内结束等要求。

本节讨论线性采样系统的数字校正问题。

## 8.9.1　数字控制器的脉冲传递函数

如图 8-31 所示的线性采样系统（线性数字控制系统），数字控制器 D 将输入的脉冲系列 $e^*(t)$ 做满足系统性能指标要求的适当处理后，输出新的脉冲序列 $u^*(t)$。如果数字控制器对脉冲序列的运算是线性的，那么，尽管这里无连续工作方式的元件存在，也可以确定一个联系输入脉冲序列 $e^*(t)$ 与输出脉冲序列 $u^*(t)$ 的脉冲传递函数 $D(z)$。在确定数字控制器的脉冲传递函数 $D(z)$ 时，假设其前后两个采样开关的动作是同步的，即认为计算过程很快，输出对输入没有明显的滞后；如果计算滞后较大，仍可以认为输出、输入是同步采样的。但这时需在输出开关后面附加一个滞后时间等于计算滞后的延迟环节。

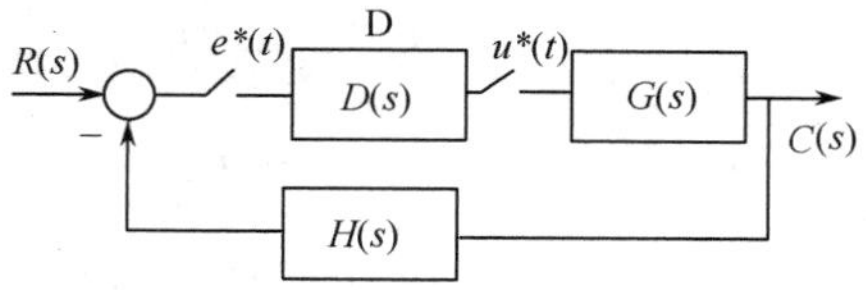

在图 8-31 所示的线性采样系统中，设反馈通道的传递函数 $H(s) = 1$，以及连续部分（包括保持器）$G(s)$ 的 $Z$ 变换为 $G(z)$，则求得单位反馈线性采样系统的闭环脉冲传递函数为

$$\Phi(z) = \frac{C(z)}{R(z)} = \frac{D(z)G(z)}{1 + D(z)G(z)} \tag{8-57}$$

图 8-31　线性采样系统

则

$$D(z) = \frac{\Phi(z)}{G(z)(1 - \Phi(z))} \tag{8-58}$$

误差脉冲传递函数为

$$\Phi_e(z) = \frac{E(z)}{R(z)} = \frac{1}{1 + D(z)G(z)} \tag{8-59}$$

则

$$D(z) = \frac{1 - \Phi_e(z)}{G(z)\Phi_e(z)} \tag{8-60}$$

数字控制器脉冲传递函数的一般形式为

$$D(z)=\frac{b_0+b_1z^{-1}+b_2z^{-2}+\cdots+b_mz^{-m}}{1+a_1z^{-1}+a_2z^{-2}+a_3z^{-3}+\cdots+a_nz^{-n}} \tag{8-61}$$

式中,$a_i(i=1,2,\cdots,n)$ 及 $b_i(i=0,1,2,\cdots,m)$ 为常系数。

为使数字控制器的脉冲传递函数 $D(z)$ 具有物理实现性,在式中,需要有 $n\geqslant m$ 的条件存在。当 $n>m$ 时,分子多项式中可能缺少前面几项,但其分母多项式在 $n>m$ 和 $n=m$ 时并没有变化,$z^0$ 项系数仍为1。因此,式(8-61)分母多项式中 $z^0$ 项系数的存在,便说明条件 $n\geqslant m$ 是成立的。

根据线性采样系统连续部分的脉冲传递函数 $G(z)$ 及系统的闭环脉冲传递函数 $\Phi(z)$ 或 $\Phi_e(z)$ 便可确定出数字控制器的脉冲传递函数 $D(z)$。在这里,对系统控制性能的要求由闭环脉冲传递函数 $\Phi(z)$ 或 $\Phi_e(z)$ 来反映。因此,闭环脉冲传递函数和系统性能指标间的联系便是需要讨论的一个重要问题。

### 8.9.2　最少拍系统的脉冲传递函数

在采样控制过程中,通常把一个采样周期称为一拍。具有当典型控制信号作用下在采样时刻上无稳态误差,以及过渡过程能在最少个采样周期内结束等项控制性能的采样系统,称为最少拍系统或有限拍系统。

设典型输入信号分别为单位阶跃信号、单位速度信号和单位加速度信号时,其 $Z$ 变换分别为

$$r(t)=1(t)\qquad R(z)=\frac{1}{1-z^{-1}}$$

$$r(t)=t\qquad R(z)=\frac{Tz^{-1}}{(1-z^{-1})^2}$$

$$r(t)=\frac{1}{2}t^2\qquad R(z)=\frac{T^2z^{-1}(1+z^{-1})}{2(1-z^{-1})^3}$$

可见,典型输入信号的 $Z$ 变换可写为

$$R(z)=\frac{A(z)}{(1-z^{-1})^r}$$

式中,$A(z)$ 是不包含 $(1-z^{-1})$ 因子的 $z^{-1}$ 的多项式。

由于 $\Phi_e(z)=\dfrac{E(z)}{R(z)}$,因此有 $E(z)=\Phi_e(z)R(z)$,则

$$E(z)=\Phi_e(z)R(z)=\Phi_e(z)\frac{A(z)}{(1-z^{-1})^r} \tag{8-62}$$

利用终值定理,采样系统的稳态误差为

$$e_\infty=\lim_{z\to1}(1-z^{-1})E(z)=\lim_{z\to1}(1-z^{-1})\frac{A(z)}{(1-z^{-1})^r}\Phi_e(z) \tag{8-63}$$

为使稳态误差为0,$\Phi_e(z)$ 中应包含 $(1-z^{-1})^r$ 因子。

设

$$\Phi_e(z)=(1-z^{-1})^rF(z) \tag{8-64}$$

式中,$F(z)$ 为不包含 $(1-z^{-1})$ 的 $z^{-1}$ 的多项式。即

$$\Phi(z)=1-\Phi_e(z)=1-(1-z^{-1})^rF(z) \tag{8-65}$$

$$C(z)=\Phi(z)R(z)=R(z)-A(z)F(z) \tag{8-66}$$

可见,当 $F(z)=1$ 时,$\Phi_e(z)$ 中包含的 $z^{-1}$ 的项数最少。采样系统的暂态响应过程可在最少个采样周期内结束。因此

$$\Phi_e(z)=(1-z^{-1})^r \tag{8-67}$$

$$\Phi(z) = 1 - (1 - z^{-1})^r \tag{8-68}$$

是无稳态误差最少拍采样系统的闭环脉冲传递函数。

在典型输入信号分别为单位阶跃信号、单位速度信号和单位加速度信号时，可分别求得最少拍采样系统的闭环脉冲传递函数 $\Phi_e(z)$，$\Phi(z)$ 及 $E(z)$，$C(z)$。

(1) 当 $r(t) = 1(t)$，$R(z) = \dfrac{1}{1 - z^{-1}}$，或 $r = 1$ 时，得

$$\Phi_e(z) = (1 - z^{-1}),\Phi(z) = z^{-1}$$

于是有

$$D(z) = \frac{1 - \Phi_e(z)}{G(z)\Phi_e(z)} = \frac{\Phi(z)}{G(z)\Phi_e(z)} = \frac{z^{-1}}{G(z)(1 - z^{-1})} \tag{8-69}$$

且有

$$E(z) = \Phi_e(z)R(z) = 1$$

$$C(z) = z^{-1}\frac{1}{1 - z^{-1}} = z^{-1} + z^{-2} + z^{-3} + \cdots + z^{-n} + \cdots$$

表明

$$e(0) = 1, e(T) = e(2T) = \cdots = 0$$

$$c(0) = 0, c(T) = c(2T) = \cdots = 1$$

可见，最少拍采样系统经过一拍便可完全跟踪阶跃输入，其调整时间 $t_s = T$。

(2) 当 $r(t) = t$，$R(z) = \dfrac{Tz^{-1}}{(1 - z^{-1})^2}$，或 $r = 2$ 时，得

$$\Phi_e(z) = (1 - z^{-1})^2 = 1 - 2z^{-1} + z^{-2}$$

$$\Phi(z) = 1 - (1 - z^{-1})^2 = 2z^{-1} - z^{-2}$$

于是有

$$D(z) = \frac{\Phi(z)}{G(z)\Phi_e(z)} = \frac{2z^{-1} - z^{-2}}{G(z)(1 - 2z^{-1} + z^{-2})} \tag{8-70}$$

且有

$$E(z) = \Phi_e(z)R(z) = Tz^{-1}$$

$$C(z) = (2z^{-1} - z^{-2})\frac{Tz^{-1}}{(1 - z^{-1})^2} = 2Tz^{-2} + 3Tz^{-3} + \cdots + nTz^{-n} + \cdots$$

表明

$$e(0) = 0, e(T) = T, e(2T) = e(3T) = \cdots = 0$$

$$c(0) = c(T) = 0, c(2T) = 2T, c(3T) = 3T, \cdots, c(nT) = nT\cdots$$

可见，最少拍采样系统经过两拍便可完全跟踪斜坡输入，其调整时间 $t_s = 2T$。

(3) 当 $r(t) = \dfrac{1}{2}t^2$，$R(z) = \dfrac{T^2 z^{-1}(1 + z^{-1})}{2(1 - z^{-1})^3}$，或 $r = 3$ 时，得

$$\Phi_e(z) = (1 - z^{-1})^3$$

$$\Phi(z) = 1 - (1 - z^{-1})^3 = 3z^{-1} - 3z^{-2} + z^{-3}$$

于是有

$$D(z) = \frac{\Phi(z)}{G(z)\Phi_e(z)} = \frac{3z^{-1} - 3z^{-2} + z^{-3}}{G(z)(1 - z^{-1})^3} \tag{8-71}$$

且有

$$E(z) = \Phi_e(z)R(z) = \frac{1}{2}T^2 z^{-1} + \frac{1}{2}T^2 z^{-2}$$

$$C(z) = (3z^{-1} - 3z^{-2} + z^{-3})\frac{T^2 z^{-1}(1 + z^{-1})}{2(1 - z^{-1})^3} = \frac{3}{2}T^2 z^{-2} + \frac{9}{2}T^2 z^{-3} + \cdots + \frac{n^2}{2}T^2 z^{-n} + \cdots$$

表明
$$e(0)=0, e(T)=\frac{1}{2}T^2, e(2T)=\frac{1}{2}T^2, e(3T)=\cdots=0$$
$$c(0)=c(T)=0, c(2T)=\frac{3}{2}T^2, \cdots, c(nT)=\frac{n^2}{2}T^2, \cdots$$
可见,最少拍采样系统经过3拍便可完全跟踪加速度输入,其调整时间 $t_s=3T$。

最少拍系统反应阶跃输入、斜坡输入及加速度输入信号时的过渡过程 $c^*(t)$,分别如图8-32、图8-33和图8-34所示。

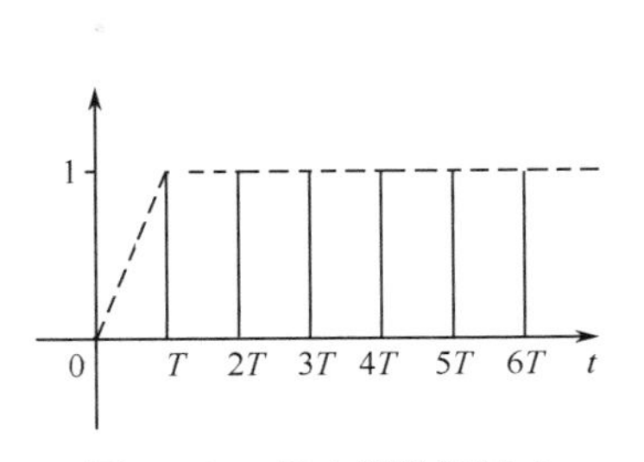

图8-32 最少拍阶跃输入过渡过程

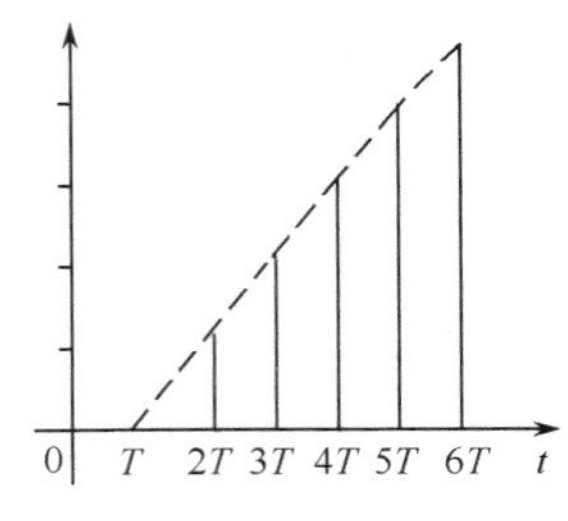

图8-33 最少拍斜坡输入过渡过程

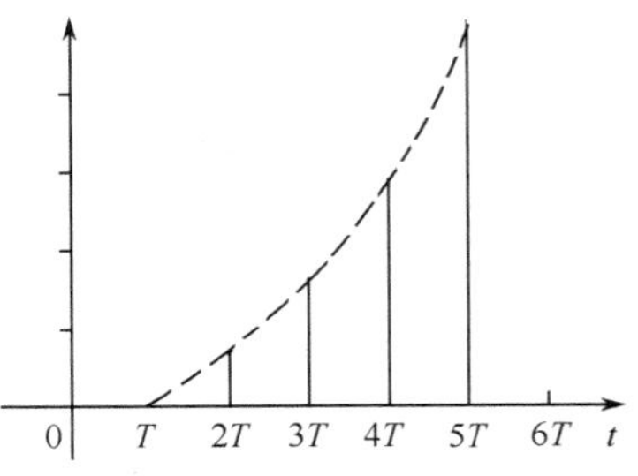

图8-34 最少拍加速度输入过渡过程

在典型输入信号作用下,最少拍系统的闭环脉冲传递函数及调整时间见表8-4。

**表8-4 最少拍系统的闭环脉冲传递函数及调整时间**

| 典型输入 | | 闭环脉冲传递函数 | | 调整时间 |
|---|---|---|---|---|
| $r(t)$ | $R(z)$ | $\Phi(z)$ | $\Phi_e(z)$ | $t_s$ |
| $1(t)$ | $\frac{1}{1-z^{-1}}$ | $z^{-1}$ | $1-z^{-1}$ | $T$ |
| $t$ | $\frac{Tz^{-1}}{(1-z^{-1})^2}$ | $2z^{-1}-z^{-2}$ | $1-2z^{-1}+z^{-2}$ | $2T$ |
| $\frac{1}{2}t^2$ | $\frac{T^2z^{-1}(1+z^{-1})}{2(1-z^{-1})^3}$ | $3z^{-1}-3z^{-2}+z^{-3}$ | $(1-z^{-1})^3$ | $3T$ |

需要指出的是,表8-4给出的在典型输入信号作用下最少拍系统的闭环脉冲传递函数只适用于开环脉冲传递函数 $G(z)$ 不含滞后环节,以及 $G(z)$ 在单位圆上及单位圆外无零点和极点的情况。

### 8.9.3 求取数字控制器的脉冲传递函数

当线性采样系统的典型输入信号的形式确定后,如果开环脉冲传递函数 $G(z)$ 不含滞后环节,以及 $G(z)$ 在单位圆上及单位圆外既无极点也无零点,便可由表8-4选取相应的最少拍系统的闭环脉冲传递函数。这时,将选定的闭环脉冲传递函数 $\Phi(z)$(或 $\Phi_e(z)$)代入式(8-58)(或式(8-60)),便可求得确保线性采样系统成为最少拍系统的数字控制器的脉冲传递函数 $D(z)$。

**【例8-22】** 设单位反馈线性采样系统的连续部分及零阶保持器的传递函数分别为
$$G_0(s)=\frac{10}{s(s+1)}$$
$$G_h(s)=\frac{1-e^{-Ts}}{s}$$
其中,$T$ 为采样周期,已知 $T=1s$,试求取在速度输入信号 $r(t)=t$ 作用下,能使给定系统成为最少拍系统的数字控制器的脉冲传递函数 $D(z)$。

**【解】** 根据给定的传递函数 $G_0(s)$ 及 $G_h(s)$ 求取开环脉冲传递函数 $G(z)$,即

$$G(z)=Z[G_0(s)G_h(s)]=\frac{3.68z^{-1}(1+0.717z^{-1})}{(1-z^{-1})(1-0.368z^{-1})}$$

选取与 $r(t)=t$ 对应的最少拍系统的闭环脉冲传递函数为

$$\Phi(z)=2z^{-1}-z^{-2}$$

$$\Phi_e(z)=1-2z^{-1}+z^{-2}$$

则可求得数字控制器的脉冲传递函数 $D(z)$，即

$$D(z)=\frac{\Phi(z)}{G(z)\Phi_e(z)}=\frac{2z^{-1}-z^{-2}}{G(z)(1-2z^{-1}+z^{-2})}$$

经过数字校正后，最少拍系统的开环脉冲传递函数为

$$D(z)G(z)=\frac{2z^{-1}-z^{-2}}{1-2z^{-1}+z^{-2}}$$

该系统反应典型输入 $r(t)=t$ 的过渡过程 $c^*(t)$ 如图 8-33 所示。过渡过程在两个采样周期就可结束。

下面分析上述最少拍系统阶跃输入及加速度输入的过渡过程。

当阶跃输入 $r(t)=1(t)$ 作用于上述最少拍系统时，其输出函数 $c(t)$ 的 $Z$ 变换 $C(z)$ 为

$$C(z)=(2z^{-1}-z^{-2})\frac{1}{1-z^{-1}}=2z^{-1}+z^{-2}+z^{-3}+\cdots+z^{-n}+\cdots$$

与上式对应的过渡过程 $c^*(t)$ 如图 8-35 所示。从图 8-35 可见，阶跃输入的过渡过程时间 $t_s$ 仍为两个采样周期，稳态误差仍等于零，在 $t=T=1\text{s}$ 时却出现一个 100% 的超调。

当加速度输入 $r(t)=\frac{1}{2}t^2$ 作用于上述最少拍系统时，其输出函数的 $Z$ 变换 $C(z)$ 为

$$C(z)=(2z^{-1}-z^{-2})\cdot\frac{z^{-1}(1+z^{-1})}{2(1-z^{-1})^3}=z^{-2}+3.5z^{-3}+7z^{-4}+11.5z^{-5}+\cdots$$

与上式对应的过渡过程 $c^*(t)$ 如图 8-36 所示。从图 8-36 可见，加速度输入时过渡过程的持续时间 $t_s$ 仍为两个采样周期，但出现了数值等于 1 的常值稳态误差。

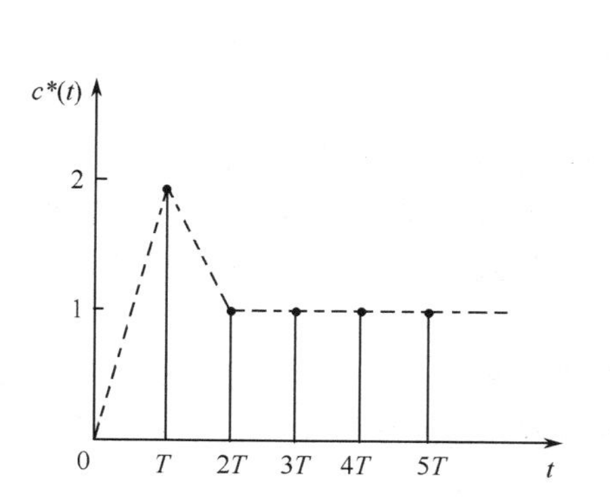


图 8-35　阶跃输入的过渡过程

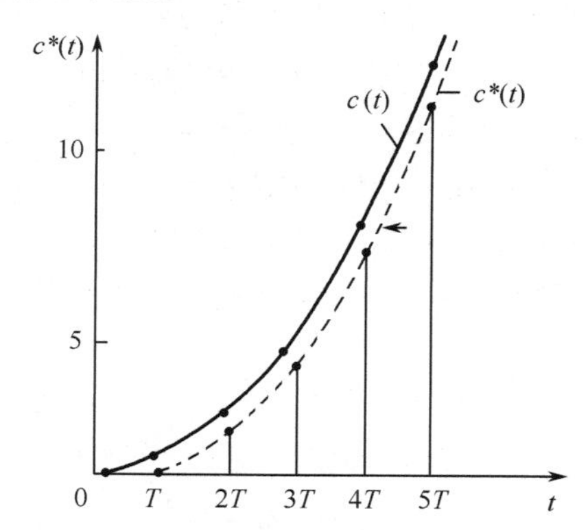


图 8-36　加速度输入的过渡过程

从上面的分析看到，如果线性采样系统是对速度输入信号设计的最少拍系统，则反应阶跃输入信号（其时间幂次低于速度信号）时的过渡过程会出现 100% 的超调，而反应加速度输入信号（其时间幂次高于速度信号）的过渡过程虽无超调现象，但系统将具有不为零的稳态误差。这说明，最少拍系统对输入信号的适应性较差。

### 8.9.4　关于闭环脉冲传递函数 $\Phi(z)$ 或 $\Phi_e(z)$ 的讨论

前面已谈到，按表 8-4 选取线性采样系统的闭环脉冲传递函数 $\Phi(z)$ 或 $\Phi_e(z)$，只有在系统开

环脉冲传递函数 $G(z)$ 的极点与零点中不包含位于单位圆上或单位圆外的极点与零点时，才是正确的。也就是说，在这种情况下选出的 $\Phi(z)$ 或 $\Phi_e(z)$ 能使线性采样系统具有最少拍系统的特性。如果在开环脉冲传递函数 $G(z)$ 的极点与零点中含有位于单位圆上或单位圆外的极点或零点时，则不能按表 8-4 选取 $\Phi(z)$ 或 $\Phi_e(z)$，因为 $G(z)$ 含有的位于单位圆上或单位圆外的极点或零点得不到抵消或补偿。因此，数字控制器的脉冲传递函数 $D(z)$ 中含有位于单位圆上或单位圆外的极点或零点，这是在设计上所不希望的。

由式(8-57) 及式(8-59) 可求得单位反馈系统的闭环脉冲传递函数 $\Phi(z)$ 和 $\Phi_e(z)$、开环脉冲传递函数 $G(z)$ 与数字控制器的脉冲传递函数 $D(z)$ 间的关系式为

$$D(z) = \frac{\Phi(z)}{G(z)\Phi_e(z)} \tag{8-72}$$

$$\Phi(z) = D(z)G(z)\Phi_e(z) \tag{8-73}$$

为保证闭环系统稳定，闭环脉冲传递函数 $\Phi(z)$，$\Phi_e(z)$ 都不应含有在单位圆上或单位圆外的极点，而 $G(z)$ 中位于单位圆上或单位圆外的极点，或应被 $D(z)$ 的零点所抵消，或应合并到 $\Phi_e(z)$ 中去，即应在 $\Phi_e(z)$ 的零点中包含着 $G(z)$ 的位于单位圆上或单位圆外的极点。一般情况下，$G(z)$ 中那些单位圆上或单位圆外的极点不希望由 $D(z)$ 的相同零点来抵消。这是因为由于不可避免的参数漂移，会使 $D(z)$ 的零点发生不利于上述完全补偿的变化。因此，$G(z)$ 中那些单位圆上或单位圆外的极点就只能包含在 $\Phi_e(z)$ 的零点中。又因为 $D(z)$ 不允许含有位于单位圆上或单位圆外的极点，且由于 $\Phi_e(z)$ 已经选定具有关于 $z^{-1}$ 的多项式形式，所以 $G(z)$ 中位于单位圆上或单位圆外的零点既不能为 $D(z)$ 的同样极点来抵消，又不能合并到 $\Phi_e(z)$ 中去。因此，上述零点便只能反映到闭环脉冲传递函数 $\Phi(z)$ 的零点中去。

根据上面的讨论，可得出按过渡过程在尽可能少的采样周期内结束的要求选取闭环脉冲传递函数 $\Phi(z)$，$\Phi_e(z)$ 时的限制条件：

(1) 闭环脉冲传递函数 $\Phi_e(z)$ 中必须含有与开环脉冲传递函数 $G(z)$ 中那些位于单位圆上或单位圆外的全部极点相同的零点；

(2) 闭环脉冲传递函数 $\Phi(z)$ 中必须包含与开环脉冲传递函数 $G(z)$ 中那些位于单位圆上或单位圆外的全部零点相同的零点；

(3) 因为在开环脉冲传递函数 $G(z)$ 中常常含有 $z^{-1}$ 的因子，为使 $D(z)$ 在物理上能实现，所以要求闭环脉冲传递函数 $\Phi(z)$ 也含有 $z^{-1}$ 的因子，以便与 $G(z)$ 的相关因子抵消，则要求闭环脉冲传递函数 $\Phi_e(z)$ 将包含常数项为 1 的关于 $z^{-1}$ 的多项式形式。显然，表 8-4 所列的 $\Phi_e(z)$ 均满足上述要求。

从上述限制条件(1) 及(3) 可以看出，当开环脉冲传递函数 $G(z)$ 含有位于单位圆上或单位圆外的极点和零点，按式(8-64) 为最少拍系统选取闭环脉冲传递函数 $\Phi_e(z)$ 时，不能再选函数 $\Phi(z)$ 等于 1，也不能任意选取函数 $\Phi(z)$，而必须使 $\Phi(z)$ 含有 $G(z)$ 中那些位于单位圆上或单位圆外的全部极点完全相同的零点。显然可以看到，在这种情况下，线性采样系统反应典型输入的过渡过程时间将比表 8-4 给出的相应值长一些。

**【例 8-23】** 设单位反馈线性采样系统的连续部分及零阶保持器的传递函数分别为

$$G_0(s) = \frac{10}{s(0.1s+1)(0.05s+1)}$$

$$G_h(s) = \frac{1-e^{-Ts}}{s}$$

已知采样周期 $T = 0.2s$，试计算能使给定系统反应单位阶跃函数的过渡过程具有最短可能时间的数字控制器的脉冲传递函数 $D(z)$。

【解】 计算给定系统的开环脉冲传递函数 $G(z)$，即

$$G(z)=Z[G_0(s)G_h(s)]=\frac{0.76z^{-1}(1+0.05z^{-1})(1+1.065z^{-1})}{(1-z^{-1})(1-0.135z^{-1})(1-0.0185z^{-1})}$$

因为 $G(z)$ 具有一个位于单位圆外的零点，为满足上述限制条件(2)及(3)的要求，闭环脉冲传递函数 $\Phi(z)=1-\Phi_e(z)$ 必须含有 $(1+1.065z^{-1})$ 项及 $z^{-1}$ 项的因子，即 $\Phi(z)$ 应具有一个 $z=-1.065$ 的零点。因此

$$\Phi(z)=1-\Phi_e(z)=b_1z^{-1}(1+1.065z^{-1}) \tag{8-74}$$

将是 $\Phi(z)$ 所能具有的关于 $z^{-1}$ 的项数最少的多项式。其中，$b_1$ 是待定的常系数。

从式(8-74)可见，闭环脉冲传递函数 $\Phi_e(z)$ 是一个阶数不能低于 2 的关于 $z^{-1}$ 的多项式。因此，考虑到上述限制条件(1)，以及典型输入 $r(t)=1(t)$，即 $\nu=1$，$\Phi_e(z)$ 可写成如下形式

$$\Phi_e(z)=(1-z^{-1})(1+a_1z^{-1})$$

式中，$a_1$ 为待定的常数。

比较 $\Phi(z)$ 和 $\Phi_e(z)$，求得

$$(1-a_1)z^{-1}+a_1z^{-2}=b_1z^{-1}+1.065b_1z^{-2}$$

解得

$$b_1=1-a_1$$
$$a_1=1.065b_1$$
$$a_1=0.516,b_1=0.484$$

代入 $\Phi(z)$ 和 $\Phi_e(z)$ 得

$$\Phi(z)=b_1z^{-1}(1+1.065z^{-1})=0.484z^{-1}(1+1.065z^{-1})$$

因此

$$\Phi_e(z)=(1-z^{-1})(1+a_1z^{-1})=(1-z^{-1})(1+0.516z^{-1})$$

$$D(z)=\frac{\Phi(z)}{G(z)\Phi_e(z)}=\frac{(1-z^{-1})(1-0.135z^{-1})(1-0.0185z^{-1})}{0.76z^{-1}(1+0.05z^{-1})(1+1.065z^{-1})}\cdot\frac{0.484z^{-1}(1+1.065z^{-1})}{(1-z^{-1})(1+0.516z^{-1})}$$
$$=\frac{0.636(1-0.0185z^{-1})(1-0.135z^{-1})}{(1+0.05z^{-1})(1+0.516z^{-1})}$$

从求得的 $D(z)$ 可见，数字控制器是物理上可实现的。

经数字校正后系统的输出为

$$C(z)=\Phi(z)R(z)=0.484z^{-1}(1+1.065z^{-1})\frac{1}{1-z^{-1}}$$
$$=0.484z^{-1}+z^{-2}+z^{-3}+\cdots+z^{-n}+\cdots \tag{8-75}$$

可见，采样系统的单位阶跃响应在两个采样周期结束时，较表 8-4 给出的暂态时间延长了一个周期，这是由于 $G(z)$ 含有一个单位圆外的零点之故。

一般来说，最少拍系统暂态响应时间的增长与 $G(z)$ 包含的单位圆上或圆外的零、极点个数有关。

与式(8-75)对应的响应过程 $c^*(t)$ 如图 8-37 所示。

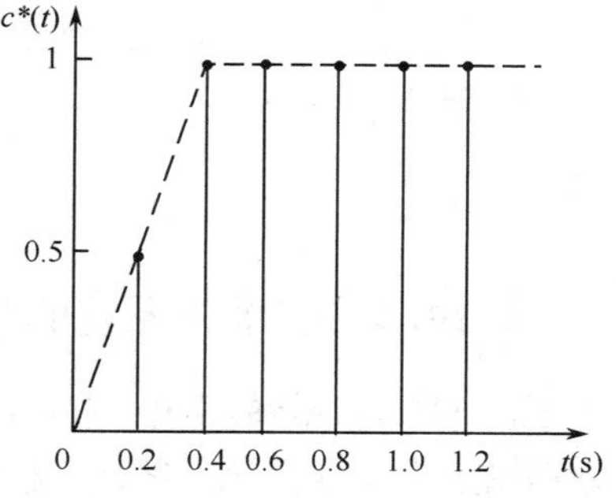

图 8-37 采样系统响应过程

最少拍系统设计方法简便，系统结构简单，但在实际应用上存在一些问题。前面已经指出，最少拍系统对于各种不同典型信号的适应性差，对于一种典型输入信号设计的最少拍系统用于其他典型信号时性能并不理想。虽然可以考虑根据不同典型信号自动切换程序，但应用仍旧不便。

最少拍系统对参数变化较敏感。当系统的参数受各种因素的影响发生变化时，会导致系统暂态响应时间的延长。

需要强调指出的是，按照上述方法设计最少拍系统只能保证在采样点的稳态误差为零，而在采样点之间系统的输出有可能会产生波动(围绕给定输入)，这种系统称为有纹波系统。纹波的存在不仅引起误差，而且增加功耗和机械磨损，这是许多快速系统所不容许的。适当延长系统暂态响应的时间(增加响应的拍数)，就能设计出既使输出无纹波又使暂态响应为最少拍采样周期的系统。关于无纹波最少拍系统的设计，请读者参阅有关文献。

## 8.10 MATLAB 在采样系统中的应用

MATLAB 在采样控制系统的分析和设计中起着重要作用。无论将连续系统离散化、对采样系统进行分析(包括性能分析和求响应)、对采样系统进行设计等，都可以应用 MATLAB 软件具体实现。下面举例介绍 MATLAB 在采样控制系统的分析和设计中的应用。

### 8.10.1 连续系统的离散化

在 MATLAB 软件中对连续系统的离散化是应用 c2dm() 函数实现的，c2dm() 函数的一般格式如下：

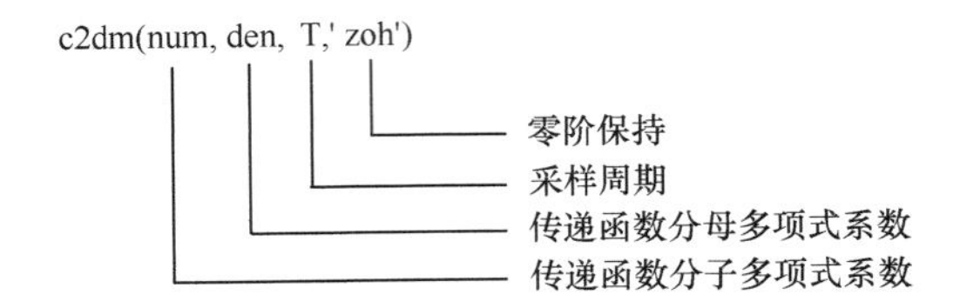


**【例 8-24】** 已知采样系统的结构图如图 8-38 所示，求开环脉冲传递函数(采样周期$T=1\text{s}$)。

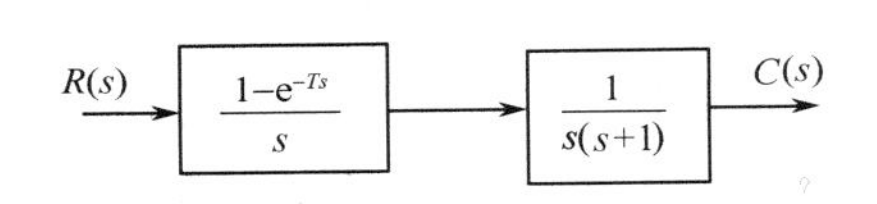


图 8-38 例 8-24 系统方框图

**【解】** 可用解析法求 $G(z)$

$$G(z)=\frac{z-1}{z}Z\left[\frac{1}{s^2(s+1)}\right]=\frac{0.368z+0.264}{z^2-1.368z+0.368}$$

用 MATLAB 可以方便求得上述结果。程序如下：

```
%This script converts the transfer function
%G(s) = 1/s(s+1) to a discrete-time system
%with a sampling period of T = 1sec
%
>> num = [1];den = [1,1,0];
>> T = 1
>> [numZ,denZ] = c2dm(num,den,T,'zoh');
>> printsys(numZ,denZ,'Z')
```

打印结果为

$$\frac{0.368z+0.264}{z^2-1.368z+0.368}$$

### 8.10.2 求采样系统的响应

在 MATLAB 软件中，求采样系统的响应可运用 dstep()，dimpulse()，dlism() 函数来实现，分别用于求采样系统的阶跃、脉冲及任意输入时的响应。dstep() 的一般格式如下：

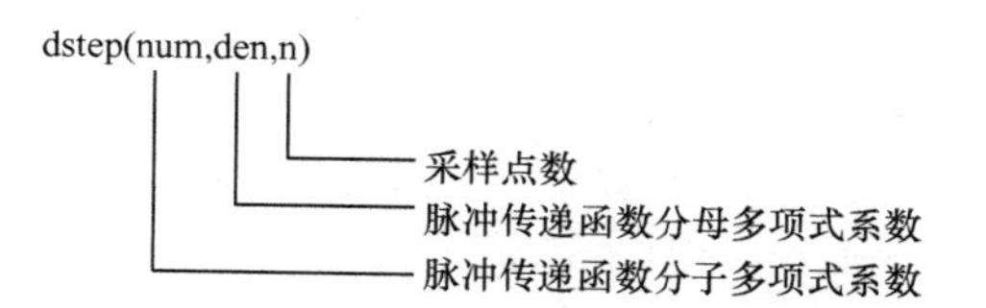


**【例 8-25】** 已知离散系统结构图如图 8-39 所示，输入为单位阶跃响应，采样周期 $T=1\text{s}$，求输出响应。

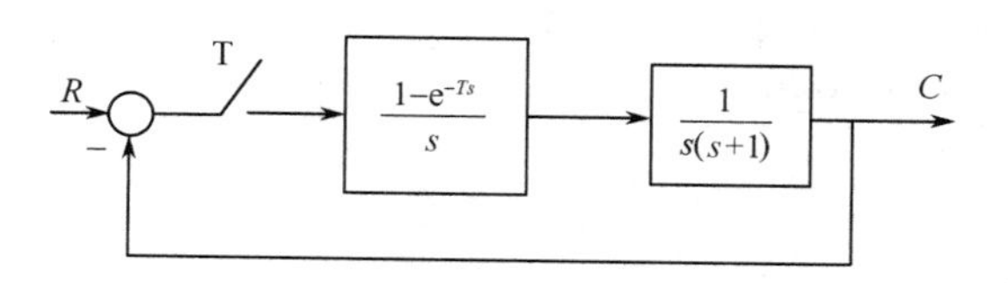


图 8-39　例 8-25 系统方框图

**【解】**

$$G(z)=\frac{z-1}{z}Z\left[\frac{1}{s^2(s+1)}\right]=\frac{0.368z+0.264}{z^2-1.368z+0.368}$$

$$\Phi(z)=\frac{G(z)}{1+G(z)}=\frac{0.368z+0.264}{z^2-z+0.632}$$

$$C(z)=\Phi(z)R(z)=\frac{z(0.368z+0.264)}{(z-1)(z^2-z+0.632)}$$

$$=0.368z^{-1}+z^{-2}+1.4z^{-3}+1.4z^{-4}+1.14z^{-5}+\cdots$$

用 MATLAB 中的 dstep() 函数可很快得到输出响应，如图 8-40 所示。

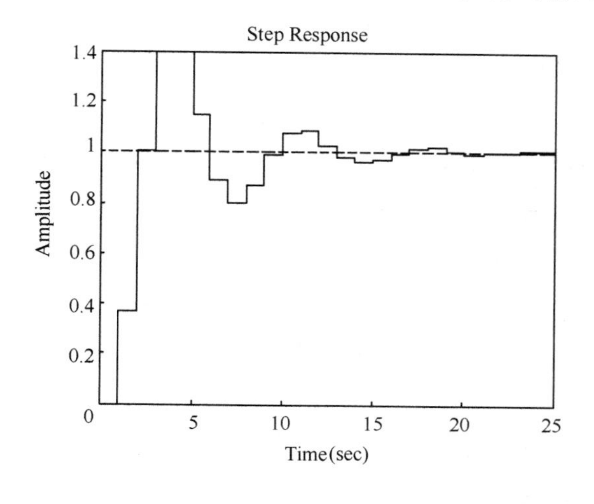


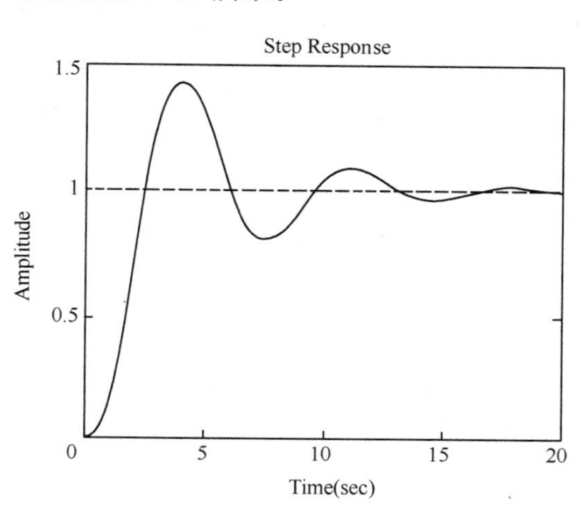


图 8-40　离散与连续时间系统阶跃响应

MATLAB 程序如下：

```
%This script gene rather the unit step response, y(kT),
%for the sampled data system given in example
%
>> num = [0 0.368 0.264];den = [1 -1 0.632];
>> dstep(num,den)
%This script computes the continuous-time unit
%step response for the system in example
```

```
%
>> numg = [0 0 1];deng = [1 1 0];
>> [nd,dd] = pade(1,2)
>> numd = dd-nd;
>> dend = conv([1 0],dd);
>> [numdm,dendm] = minreal(numd,dend);
%
>> [nl,dl] = series(numdm,dendm,numg,deng);
>> [num,den] = cloop(nl,dl);
>> t = [0:0.1:20];
>> step(num,den,t)
```

**【例 8-26】** 已知系统的传递函数

$$G(s)=\frac{10(s^2+0.2s+2)}{(s^2+0.5s+1)(s+10)}$$

要求绘制连续系统的脉冲响应，以及 $T=1\text{s},0.1\text{s},0.01\text{s}$ 时采样系统的脉冲响应。

**【解】** 求系统的脉冲响应可利用 MATLAB 中的 impulse() 及 dimpulse() 函数，设终端时间为 $T_f$。响应曲线如图 8-41 所示。

MATLAB 程序如下：

```
>> num = 10 * [1 0.2 2];
>> den = conv([1 0.5 1],[1 10]);
>> clf
>> subplot(2,2,1)
>> Tf = 15;
>> t = [0:0.1:Tf];
>> impulse(num,den,t)
>> m = 1;
>> while m <= 3;
>> Ts = 1/10^(m-1);
>> subplot(2,2,1+m)
>> [numd,dend] = c2dm(num,den,Ts);
>> [y,x] = dimpulse(numd,dend,Tf/Ts);
>> tl = [0:Ts:Tf-Ts];
>> stairs(tl,y/Ts)
>> xlabel('Time(sec)')
>> ylabel('Amplitude')
>> m = m+1;
>> end
```

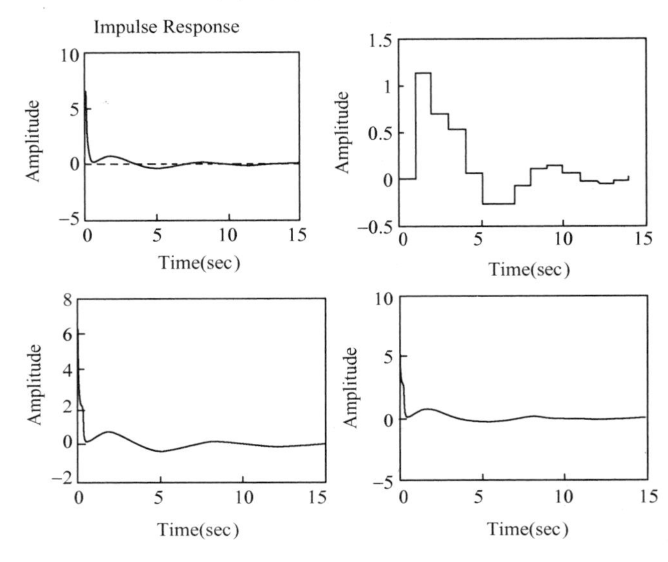


图 8-41　系统脉冲响应

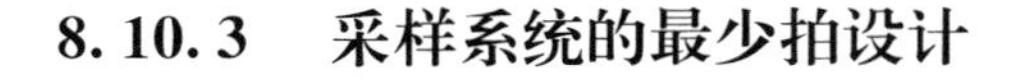

### 8.10.3　采样系统的最少拍设计

**【例 8-27】** 设采样系统如图 8-31 所示，连续部分的传递函数为

$$G_h(s)G_0(s)=\frac{1-e^{-Ts}}{s}\,\frac{10}{s}$$

已知采样周期 $T=1\text{s}$。试计算能使给定系统反应 $r(t)=1(t)+t$ 时过渡过程具有最短可能时间的数字控制器的脉冲传递函数 $D(z)$。

【解】 计算给定系统的开环脉冲传送函数 $G(z)$，即

$$G(z)=Z[G_h(s)G_0(s)]=\frac{10z^{-1}}{(1-z^{-1})}$$

输入 $r(t)=1(t)+t$ 时，其 $Z$ 变换为

$$R(z)=\frac{z}{z-1}+\frac{z}{(z-1)^2}$$

设闭环误差脉冲传送函数 $\Phi_e(z)=(1-z^{-1})^2$，可得数字控制器的脉冲传递函数 $D(z)$ 为

$$D(z)=\frac{1-\Phi_e(z)}{G(z)\Phi_e(z)}=\frac{1-(1-z^{-1})^2}{\dfrac{10}{z-1}(1-z^{-1})^2}=\frac{2z-1}{10(z-1)}$$

MATLAB 程序如下：

```
>> T = 1;
>> t = 0:1:10;
>> Dz = tf([2,-1],[10,-10],T);        % 定义数字控制器
>> G0 = tf(10,[1,-1],T);              % 定义广义被控对象传递函数
>> sys = feedback(Dz * G0,1);         % 定义闭环脉冲传递函数
>> u = 1 + t;                         % 定义系统输入
>> lsim(sys,u,t,0);                   % 绘制系统时间响应曲线
>> grid;
```

# 本 章 小 结

(1) 本章首先讨论了离散信号的数学描述，介绍了信号的采样与保持，引入采样系统的采样定理，即为了保证信号的恢复，其采样信号频率必须大于等于原连续信号所含最高频率的 2 倍。

(2) 为了建立线性采样控制系统的数学模型，本章引进 $Z$ 变换理论及差分方程。$Z$ 变换在线性采样控制系统中所起的作用与拉普拉斯变换在线性连续控制系统中所起的作用十分类似。本章介绍的 $Z$ 变换的若干定理对求解线性差分方程和分析线性采样系统的性能是十分重要的。

(3) 本章扼要介绍了线性采样控制系统分析的综合方法。在稳定性分析方面，主要讨论了利用 $z$ 平面到 $w$ 平面的双线性变换，再利用劳斯判据的方法。值得注意的是，采样控制系统的稳定性除与系统固有结构和参数有关外，还与系统的采样周期有关，这是与连续控制系统分析相区别的重要一点。其他诸如稳态误差、动态响应等分析都有阐述。

(4) 在采样控制系统的综合方法中，本章主要介绍了无稳态误差最少拍系统的设计。结合几个实例，介绍了 MATLAB 在采样控制系统中的应用。

# 本章典型题、考研题详解及习题

## A 典型题详解

【A8-1】 系统结构图如图 A8-1 所示，$r(t)$ 为系统给定输入，试确定系统输出表达式 $C(z)$。

【解】 系统的输出端假设一个同步的采样开关。

列拉普拉斯变量方程组(选择采样开关后端变量)

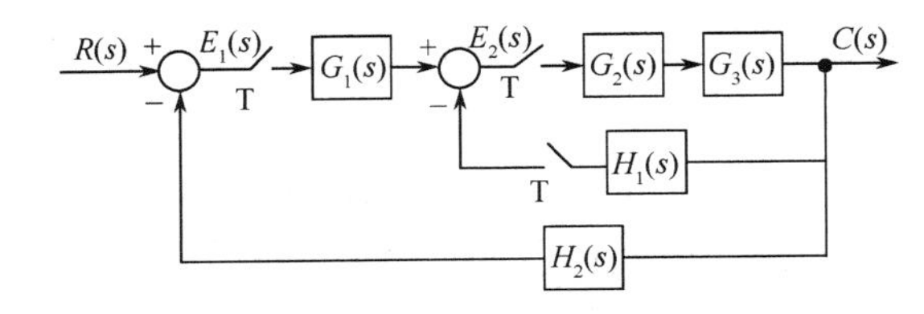


图 A8-1　离散系统结构图

$$\begin{cases} C^*(s) = G_2(s)G_3(s)E_2^*(s) \\ E_2^*(s) = G_1(s)E_1^*(s) - H_1(s)G_2(s)G_3(s)E_2^*(s) \\ E_1^*(s) = R(s) - H_2(s)G_2(s)G_3(s)E_2^*(s) \end{cases}$$

方程两端取 $Z$ 变换得

$$\begin{cases} C(z) = G_2G_3(z)E_2(z) \\ E_2(z) = G_1(z)E_1(z) - H_1G_2G_3(z)E_2(z) \\ E_1(z) = R(z) - H_2G_2G_3(z)E_2(z) \end{cases}$$

消去中间变量,整理得

$$C(z) = \frac{G_1(z)G_2G_3(z)}{1 + H_1G_2G_3(z) + G_1(z)H_2G_2G_3(z)}R(z)$$

**【A8-2】** 系统结构图如图 A8-2 所示,采样周期 $T = 0.5\text{s}$。

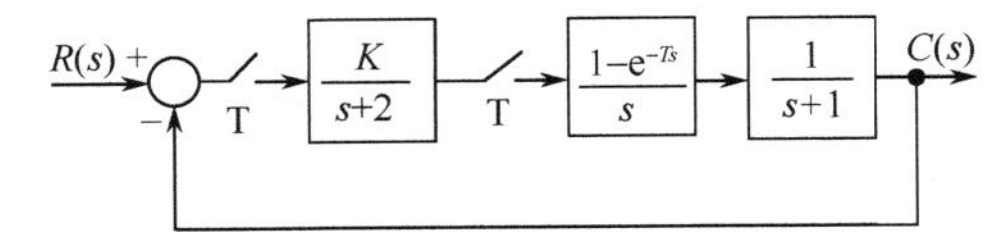


图 A8-2　闭环离散系统结构图

(1) 试求系统的闭环脉冲传递函数 $C(z)/R(z)$;

(2) 分析系统稳定 $K$ 的取值范围;

(3) 当输入单位阶跃信号时,欲使系统稳态误差小于 0.5 求 $K$ 的取值范围。

**【解】** 系统开环脉冲传递函数为

$$\begin{aligned} G(z) &= Z\left[\frac{K}{s+2}\right] \cdot (1 - z^{-1})Z\left[\frac{1}{s(s+1)}\right] \\ &= \frac{Kz}{z - \mathrm{e}^{-2T}} \cdot (1 - z^{-1})\left[\frac{z}{z-1} - \frac{z}{z - \mathrm{e}^{-T}}\right] \\ &= \frac{0.393Kz}{(z - 0.368)(z - 0.607)} \end{aligned}$$

系统的闭环脉冲传递函数为

$$\Phi(z) = \frac{G(z)}{1 + G(z)} = \frac{0.393Kz}{z^2 + (0.393K - 0.975)z + 0.223}$$

系统的特征方程式为

$$D(z) = z^2 + (0.393K - 0.975)z + 0.223$$

令 $z = \dfrac{w+1}{w-1}$,代入 $D(z)$ 并简化得

$$D(w) = (0.248 + 0.393K)w^2 + 1.554z + (2.198 - 0.393K)$$

列劳斯表为

$$
\begin{array}{lll}
w^2 & 0.248+0.393K & 2.198-0.393K \\
w^1 & 1.554 & 0 \\
w^0 & 2.198-0.393K &
\end{array}
$$

根据劳斯判据得系统稳定的充要条件得，$-0.63<K<5.59$。

由开环脉冲传递函数知系统为 0 型系统，得

$$K_p=\lim_{z\to1}1+G(z)=\lim_{z\to1}1+\frac{0.393Kz}{(z-0.368)(z-0.607)}=1+1.585K$$

稳态误差 $$e_{ss}^*=\frac{1}{K_p}=\frac{1}{1+1.585K}<0.5\Rightarrow K>0.631$$

同时考虑系统的稳定 $K$ 的取值范围为 $0.631<K<5.59$。

## B 考研试题

**【B8-1】**（浙江大学 2011 年）已知采样系统如图 B8-1 所示，其中时间常数 $T=1\text{s}$。

（1）当采样周期 $T_s=1\text{s}$ 时，求使系统稳定 $K$ 的取值范围；

（2）为满足系统提出的动态性能指标，已设计出在 $\xi=0.707$ 时的闭环极点为：$z_{1,2}=0.635\pm \text{j}0.249$，问：这种情况下的动态过程大约需要多长时间？

（3）当输入为单位斜坡函数时，系统的稳态误差为多少？

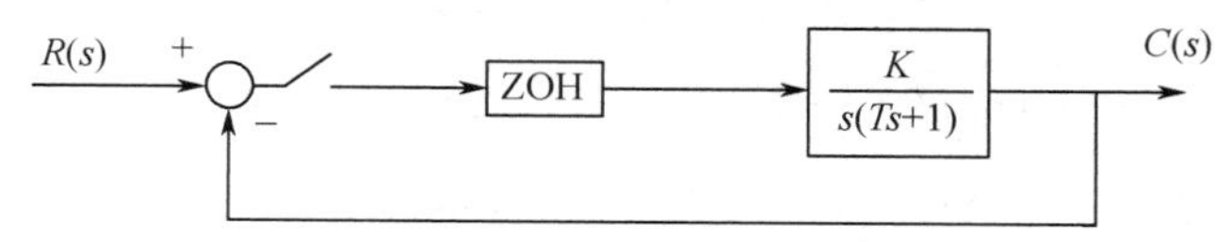


图 B8-1　采样系统结构图

**【解】**（1）采样周期 $T_s=1\text{s}$，时间常数 $T=1\text{s}$ 时，系统的开环脉冲传递函数为

$$G(z)=K(1-z^{-1})Z\left(\frac{1}{s^2(s+1)}\right)=\frac{K(0.368z+0.264)}{(z-1)(z-0.368)}$$

则特征方程为 $$D(z)=z^2+(0.368K-1.368)z+0.264K+0.368=0$$

令 $z=\dfrac{w+1}{w-1}$，得 $w$ 域特征方程

$$0.632w^2+(1.264-0.528K)w+(2.736-0.104K)=0$$

列劳斯表为

$$
\begin{array}{lll}
w^2 & 0.632K & 2.736-0.104K \\
w^1 & 1.264-0.528K & \\
w^0 & 2.736-0.104K &
\end{array}
$$

若使系统稳定，劳斯表首列必须同时大于零，从而得到 $0<K<2.39$。

（2）闭环极点为 $z_{1,2}=0.635\pm \text{j}0.249$，系统响应为衰减振荡，则 $z$ 域转换到 $s$ 域，$|z|=\sqrt{0.635^2+0.249^2}=0.68=\text{e}^{\sigma T}$，$T=1$，$\sigma=\ln0.68=-0.38$，$s=\sigma+\text{j}\omega$，即 $s$ 的实部为 $-0.38$。

动态调整时间为 $$t_s=\frac{3\sim4}{|\sigma|}=\frac{3\sim4}{0.38}=7.9\sim10.53\text{s}$$

（3）静态速度误差系数 $$K_v=\lim_{z\to1}(z-1)G(z)=\lim_{z\to1}\frac{K(0.368z+0.264)}{z-0.368}=K$$

系统的稳态误差 $$e_{ss}=\frac{T}{K_v}=\frac{1}{K}$$

**【B8-2】**（浙江大学 2010 年）已知采样控制系统结构如图 B8-2 所示，采样周期 $T=1\text{s}$，

$H_0(s)$ 为零阶保持器。试确定使系统稳定时的 $K$ 值范围(注:图中 $D(k)$:$e_2(k)=e_2(k-1)+10[e_1(k)-0.5e_1(k-1)]$)。

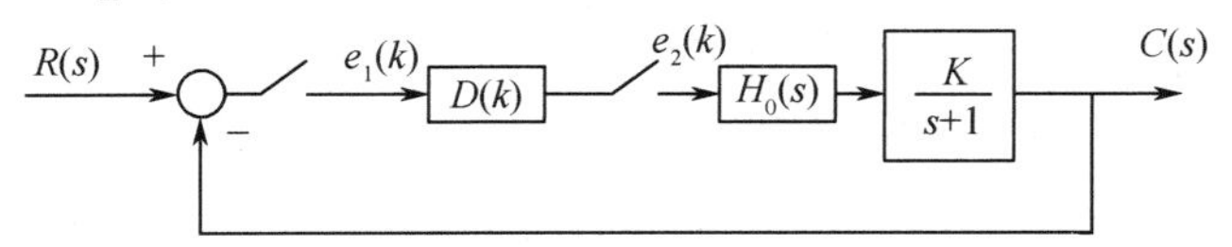


图 B8-2　采样系统结构图

**【解】**
$$E_2(z)=E_2(z)z^{-1}+10[E_1(z)-0.5E_1(z)z^{-1}]$$

则
$$D(z)=\frac{E_2(z)}{E_1(z)}=\frac{10-5z^{-1}}{1-z^{-1}}=\frac{10z-5}{z-1}$$

$$H_0(s)=\frac{1-\mathrm{e}^{-Ts}}{s}$$

$$Z\left[H_0(s)\frac{K}{s+1}\right]=(1-z^{-1})Z\left[\frac{K}{s(s+1)}\right]=(1-z^{-1})\frac{Kz^{-1}(1-\mathrm{e}^{-T})}{(1-z^{-1})(1-\mathrm{e}^{-T}z^{-1})}\bigg|_{T=1}=\frac{0.632K}{z-0.368}$$

$$\frac{C(z)}{R(z)}=\frac{\dfrac{10z-5}{z-1}\cdot\dfrac{0.632K}{z-0.368}}{1+\dfrac{10z-5}{z-1}\cdot\dfrac{0.632K}{z-0.368}}=\frac{6.32Kz-3.16K}{z^2+(6.32K-1.368)z+0.368-3.16K}$$

特征方程为
$$z^2+(6.32K-1.368)z+0.368-3.16K=0$$

令 $z=\dfrac{w+1}{w-1}$,则有　$3.16Kw^2+(6.32K+1.264)w+(2.736-9.48K)=0$

利用劳斯判据判断,$3.16K>0$,$6.32K+1.264>0$,$2.736-9.48K>0$,所以若使系统稳定,应取 $0<K<0.289$。

**【B8-3】**(西安电子科技大学 2010 年)采样系统如图 B8-3 所示。

(1) 写出系统开、闭环脉冲传递函数 $G_0(z)$、$\Phi(z)$;

(2) 确定使系统稳定的 $K$ 值范围;

(3) 当输入 $r(t)=a\cdot 1(t)$,计算系统的稳态误差 $e_{ss}$,其中 $1(t)$ 为单位阶跃函数。

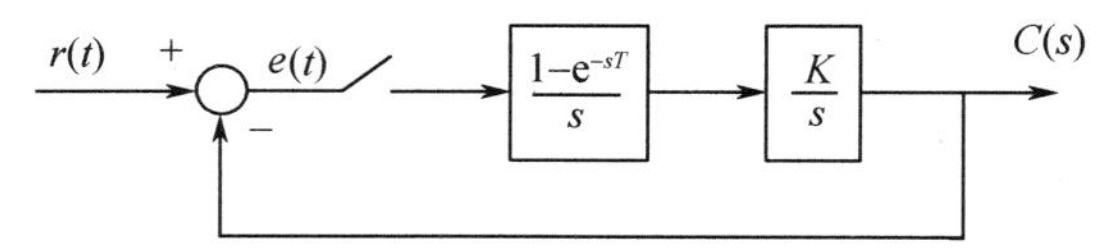


图 B8-3　采样系统结构图

**【解】** (1) 系统开环脉冲传递函数　$G_0(z)=(1-z^{-1})Z\left[\dfrac{K}{s^2}\right]=\dfrac{KT}{z-1}$

系统闭环脉冲传递函数　$\Phi(z)=\dfrac{G_0(z)}{1+G_0(z)}=\dfrac{KT}{z-1+KT}$

(2) 系统闭环极点:$z=1-KT$,若使系统稳定,则 $|1-KT|<1$,即 $0<K<\dfrac{2}{T}$。

(3) 当系统稳定时,系统为 Ⅰ 型系统,系统的静态位置误差系数 $K_p=\lim\limits_{z\to 1}1+G_0(z)=\infty$,系统的稳态误差 $e_{ss}=\dfrac{1}{K_p}=0$。

**【B8-4】**(南京理工大学 2010 年)某闭环离散系统如图 B8-4 所示,其中 ZOH 为零阶保持器,$G_p(s)$ 为连续对象的传递函数。已知采样周期 $T=1\mathrm{s}$,$G_p(s)=\dfrac{2}{s+2}$。

(1) 试确定系统的闭环传递函数；

(2) 当 $r(t)=1(t)$ 时，试确定系统输出响应的初值和终值。

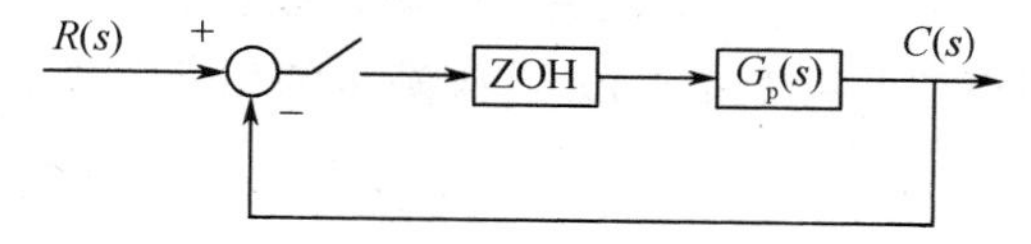


图 B8-4 采样系统结构图

**【解】** (1) 零阶保持器的传递函数为 $G_h(s)=\dfrac{1-e^{-sT}}{s}$

系统的开环脉冲传递函数为 $G(z)=(1-z^{-1})Z\left(\dfrac{2}{s(s+2)}\right)=\dfrac{(1-e^{-2T})}{z-e^{-2T}}$

当 $T=1$s 时，得 $$G(z)=\frac{0.865}{z-0.135}$$

系统的闭环脉冲传递函数为 $$\Phi(z)=\frac{G(z)}{1+G(z)}=\frac{0.865}{z+0.73}$$

(2) 当 $r(t)=1(t)$（即单位阶跃信号）时，系统输出的 $Z$ 变换为

$$C(z)=\frac{G(z)}{1+G(z)}\cdot R(z)=\frac{0.865z}{z^2-0.27z-0.73}$$

由长除法得到 $$C(z)=0.865z^{-1}+0.234z^{-2}+0.693z^{-3}+\cdots$$

系统的阶跃响应为 $c^*(t)=0.865\delta(t-T)+0.234\delta(t-2T)+0.693\delta(t-3T)+\cdots$

**【B8-5】**（天津大学 2010 年）采样系统如图 B8-5 所示，已知采样周期 $T=1$s，数字调节器 $G_D(z)$ 为 PI 调节器，即

$$G_D(z)=K_p+\frac{K_i z}{z-1}$$

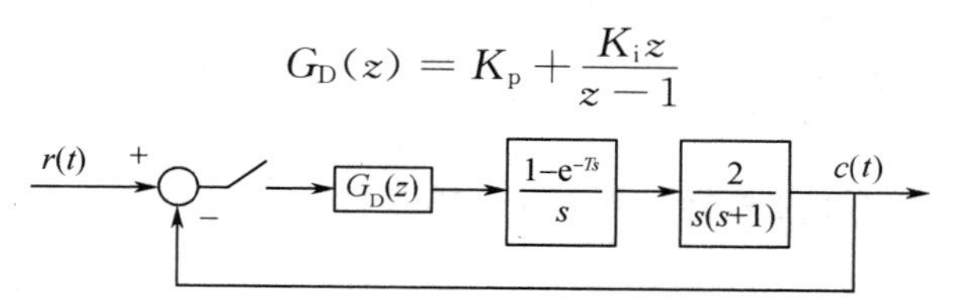


图 B8-5 采样系统结构图

(1) 试写出被控对象的脉冲传递函数和系统的开环脉冲传递函数；

(2) 为使 $z_{1,2}=0.7\pm j0.4$ 成为系统闭环的一对共轭极点，给出应满足的条件；

(3) 应用(2)中给出的条件求出 $K_p$ 和 $K_i$ 的具体取值。

**【解】** (1) 被控对象的脉冲传递函数为

$$G(z)=(1-z^{-1})Z\left[\frac{2}{s^2(s+1)}\right]=2(1-z^{-1})Z\left[\frac{1}{s^2}-\frac{1}{s}+\frac{1}{s+1}\right]$$
$$=2(1-z^{-1})\left[\frac{Tz}{(z-1)^2}-\frac{z}{z-1}+\frac{z}{z-e^{-T}}\right]=\frac{0.736(z+0.717)}{(z-1)(z-0.368)}$$

PI 调节器的脉冲传递函数为

$$G_D(z)=K_p+\frac{K_i z}{z-1}=(K_p+K_i)\frac{z-\dfrac{K_p}{K_p+K_i}}{z-1}$$

系统的开环传递函数为

$$G(z)G_D(z)=\frac{(K_p+K_i)\left(z-\dfrac{K_p}{K_p+K_i}\right)}{z-1}\cdot\frac{0.736(z+0.717)}{(z-1)(z-0.368)}$$

$$= \frac{0.736(K_p + K_i)\left(z - \frac{K_p}{K_p + K_i}\right)(z + 0.717)}{(z-1)^2(z-0.368)}$$

(2) 得到希望的闭环极点 $z_{1,2} = 0.7 \pm j0.4$，应满足的相角条件和幅值条件分别为

$$\angle\left(z_1 - \frac{K_p}{K_p + K_i}\right) = 180° + 2\angle(z_1 - 1) + \angle(z_1 - 0.368) - \angle(z_1 + 0.717)$$

$$\frac{0.736(K_p + K_i)\left|z_1 - \frac{K_p}{K_p + K_i}\right| |z_1 + 0.717|}{|z_1 - 1|^2 |z_1 - 0.368|} = 1$$

(3) 从相角条件有

$$\begin{aligned}\angle\left(z_1 - \frac{K_p}{K_p + K_i}\right) &= 180° + 2\angle(z_1 - 1) + \angle(z_1 - 0.368) - \angle(z_1 + 0.717)\\ &= 180° + 2\angle(-0.3 + j0.4) + \angle(0.332 + j0.4) - \angle(1.417 + j0.4)\\ &= 180° + 2 \times 126.9° + 50.3° - 15.8° = 108.3°\end{aligned}$$

得 $z_1 - \frac{K_p}{K_p + K_i} = -0.132 + j0.4$，故 $\frac{K_p}{K_p + K_i} = 0.832$。将结果代入幅值条件有

$$\begin{aligned}&\frac{0.736(K_p + K_i)|z_1 - 0.832||z_1 + 0.717|}{|z_1 - 1|^2|z_1 - 0.368|}\\ &= \frac{0.736(K_p + K_i)|-0.132 + j0.4||1.417 + j0.4|}{|-0.3 + j0.4|^2|0.332 + j0.4|} = 1\end{aligned}$$

得 $K_p + K_i = 0.2845$，于是有 $K_p = 0.2367$，$K_i = 0.0478$。

## C 习题

C8-1 已知采样器的采样周期 $T$，连续信号为

(1) $f(t) = te^{-at}$　　(2) $f(t) = e^{-at}\sin\omega t$

(3) $f(t) = t^2\cos\omega t$　　(4) $f(t) = te^{-4t}$

求采样的离散输出信号 $f^*(t)$ 及离散拉普拉斯变换 $F^*(s)$。

C8-2 求下列函数的 $Z$ 变换。

(1) $f(kT) = 1 - e^{-akT}$　　(2) $f(kT) = e^{-akT}\cos\omega kT$

(3) $f(t) = t^2e^{-5t}$　　(4) $f(t) = t\sin\omega t$

(5) $G(s) = \frac{k}{s(s+a)}$　　(6) $G(s) = \frac{1}{s(s+1)(s+2)}$

C8-3 求下列函数的 $Z$ 反变换。

(1) $F(z) = \frac{6z}{(z+1)(z+5)}$　　(2) $F(z) = \frac{1}{z+1}$

(3) $F(z) = \frac{z}{(z+1)(z+2)^2}$　　(4) $F(z) = \frac{z^2}{(z-0.6)(z-1)}$

C8-4 试确定下列函数的终值。

(1) $E(z) = \frac{Tz^{-1}}{(1-z^{-1})^2}$　　(2) $E(z) = \frac{z^2}{(z-0.8)(z-0.1)}$

C8-5 已知差分方程为

$$c(k) - 4c(k+1) + c(k+2) = 0$$

初始条件：$c(0) = 0$，$c(1) = 1$。试用迭代法求输出序列 $c(k)$，$k = 0,1,2,3,4$。

C8-6 试用 $Z$ 变换法求解差分方程。

(1) $c(k+3) + 6c(k+2) + 11c(k+1) + 6c(k) = 0$

初始条件：$c(0) = c(1) = 1, c(2) = 0$

(2) $c(k+2) + 5c(k+1) + 6c(k) = \cos k$

初始条件：$c(0) = c(1) = 0$

C8-7　设开环采样系统如图 C8-1 所示，试求开环脉冲传递函数。

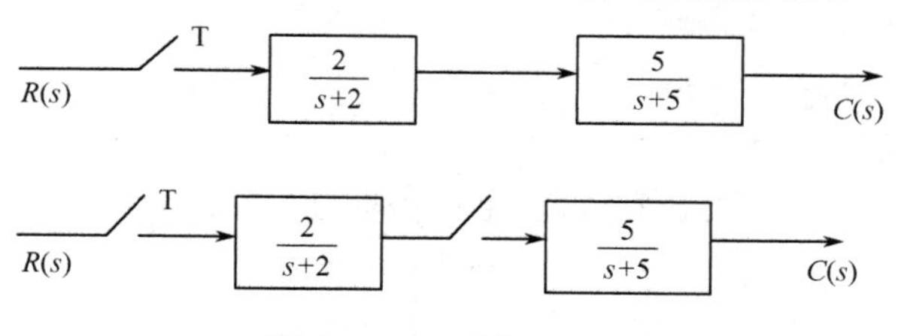


图 C8-1　习题 C8-7 图

C8-8　试求如图 C8-2 所示系统 $T = 0.1\text{s}, 0.5\text{s}$ 时采样系统的单位阶跃输出 $c^*(t)$。

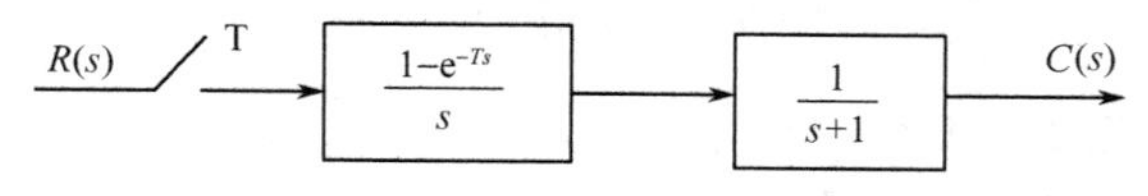


图 C8-2　习题 C8-8 图

C8-9　试求如图 C8-3 所示系统的闭环脉冲传递函数或输出 $C(z)$。

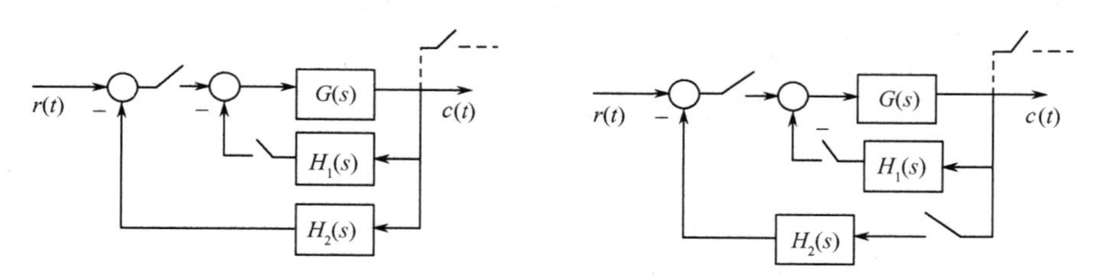


图 C8-3　习题 C8-9 图

C8-10　已知采样系统如图 C8-4 所示，采样周期 $T = 0.5\text{s}$。

(1) 判断系统的稳定性；

(2) 当 $r(t) = 1(t) + t$ 时，求系统的稳态误差。

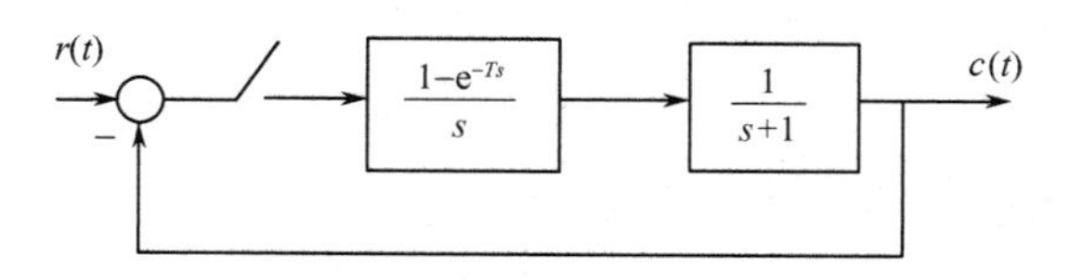


图 C8-4　习题 C8-10 图

C8-11　已知采样系统如图 C8-5 所示，采样周期 $T = 1\text{s}$，试确定系统稳定的 $K$ 值范围。

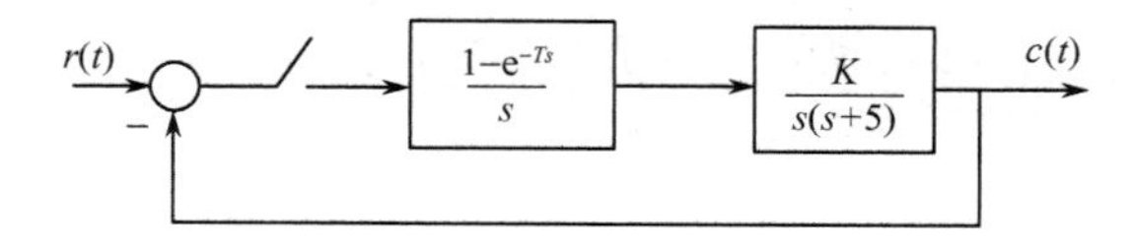


图 C8-5　习题 C8-11 图

C8-12　已知系统如图 C8-5 所示，采样周期 $T = 1\text{s}, K = 15$，当 $r(t) = 1(t)$ 时，计算系统的输出 $c^*(t)$。

C8-13　设有单位反馈误差采样的采样系统，连续部分传递函数为

$$G(s) = \frac{1}{s^2(s+5)}$$

输入 $r(t) = 1(t)$，采样周期 $T = 1\mathrm{s}$。试求：

(1) 输出 $Z$ 变换 $C(z)$；

(2) 采样瞬时的输出响应 $c^*(t)$；

(3) 输出响应的终值 $c(\infty)$。

C8-14　已知采样系统如图 C8-6 所示，采样周期 $T = 0.2\mathrm{s}$，试分析系统稳定性。

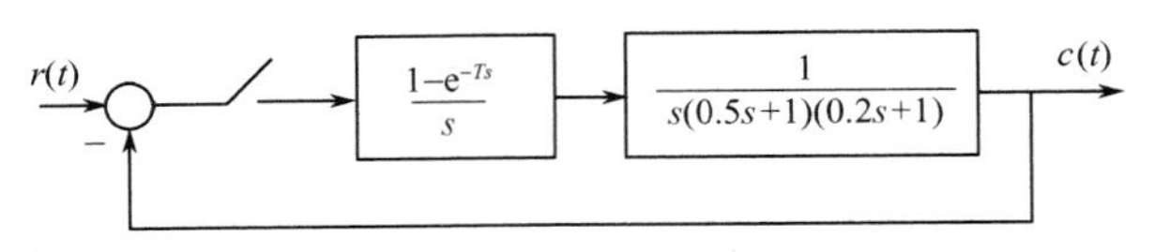


图 C8-6　习题 C8-14 图

C8-15　已知采样系统如图 C8-7 所示，采样周期 $T = 0.1\mathrm{s}$，$K = 10$，要求设计 $D(z)$ 对 $r(t) = t$ 的输出响应是无稳态误差的最少拍系统。

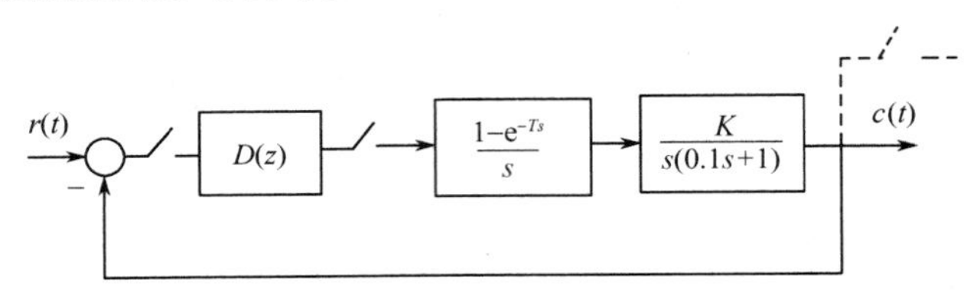


图 C8-7　习题 C8-15 图

C8-16　给定系统

$$G(z) = \frac{0.2145z + 0.1609}{z^2 - 0.75z + 0.125}$$

用 MATLAB 中的函数，画出系统的单位阶跃响应曲线，并验证响应输出的稳态误差为 1。

C8-17　系统的采样周期为 1s，采用零阶保持器，试用 c2dm() 函数求采样系统模型。

(1) $G(s) = \dfrac{1}{s}$　　(2) $G(s) = \dfrac{1}{s(s+1)}$

(3) $G(s) = \dfrac{s+5}{s+1}$　　(4) $G(s) = \dfrac{s}{s^2+4}$

C8-18　采样系统的闭环脉冲传递函数为

$$\Phi(z) = \frac{1.7(z+0.46)}{z^2 + z + 0.5}$$

(1) 用 dstep() 函数计算系统的单位阶跃响应；

(2) 若采样周期为 0.1s，用 d2cm() 函数确定与 $\Phi(z)$ 等价的连续系统；

(3) 用 step() 函数计算连续系统的单位阶跃响应。

# 附录 A 常用函数的拉普拉斯变换表

| 时间函数 $f(t)(t>0)$ | 拉普拉斯变换 $F(s)$ |
| --- | --- |
| $\delta(t)$ | $1$ |
| $1(t)$ | $\frac{1}{s}$ |
| $t$ | $\frac{1}{s^2}$ |
| $t^n$ | $\frac{n!}{s^{n+1}}$ |
| $e^{-\alpha t}$ | $\frac{1}{s+\alpha}$ |
| $\frac{1}{(n-1)!}t^{n-1}e^{-\alpha t}(n=1,2,3,\cdots)$ | $\frac{1}{(s+\alpha)^n}$ |
| $\frac{1}{b-a}(e^{-at}-e^{-bt})$ | $\frac{1}{(s+a)(s+b)}$ |
| $\frac{1}{a-b}(ae^{-at}-be^{-bt})$ | $\frac{s}{(s+a)(s+b)}$ |
| $\sin\omega t$ | $\frac{\omega}{(s^2+\omega^2)}$ |
| $\cos\omega t$ | $\frac{s}{(s^2+\omega^2)}$ |
| $\sin(\omega t+\varphi)$ | $\frac{s\sin\varphi+\omega\cos\varphi}{(s^2+\omega^2)}$ |
| $\frac{1}{\omega}e^{-at}\sin\omega t$ | $\frac{1}{(s+a)^2+\omega^2}$ |
| $1-\cos\omega t$ | $\frac{\omega^2}{s(s^2+\omega^2)}$ |
| $1-e^{-t/T}$ | $\frac{1}{s(Ts+1)}$ |
| $1-\frac{t+T}{T}e^{-t/T}$ | $\frac{1}{s(Ts+1)^2}$ |
| $\frac{\omega_n}{\sqrt{1-\zeta^2}}e^{-\zeta\omega_n t}\sin\omega_n\sqrt{1-\zeta^2}\,t$ | $\frac{\omega_n^2}{s^2+2\zeta\omega_n s+\omega_n^2}$ |
| $e^{-\alpha t}\cos\omega t$ | $\frac{s+\alpha}{(s+\alpha)^2+\omega^2}$ |
| $\frac{1}{\omega^2}(1-\cos\omega t)$ | $\frac{1}{s(s^2+\omega^2)}$ |
| $\frac{1}{ab}\left(1-\frac{be^{-at}}{b-a}+\frac{ae^{-bt}}{b-a}\right)$ | $\frac{1}{s(s+a)(s+b)}$ |
| $1-\frac{1}{\sqrt{1-\zeta^2}}e^{-\zeta\omega_n t}\sin(\omega_n\sqrt{1-\zeta^2}\,t+\varphi)$ | $\frac{\omega_n^2}{s(s^2+2\zeta\omega_n s+\omega_n^2)}$ |
| $1-e^{-at}-ate^{-at}$ | $\frac{a^2}{s(s+a)^2}$ |

**续表**

| 时间函数 $f(t)(t>0)$ | 拉普拉斯变换 $F(s)$ |
| --- | --- |
| $at-1+e^{-at}$ | $\dfrac{a^2}{s^2(s+a)}$ |
| $\dfrac{1}{2\omega_n}t\sin\omega_n t$ | $\dfrac{s}{(s^2+\omega_n^2)^2}$ |
| $t-\dfrac{2\zeta}{\omega_n}+\dfrac{1}{\omega_n\sqrt{1-\zeta^2}}e^{-\zeta\omega_n t}\sin\left(\omega_n\sqrt{1-\zeta^2}t-\arctan\dfrac{\zeta}{\sqrt{1-\zeta^2}}\right)$ | $\dfrac{\omega_n^2}{s^2(s^2+2\zeta\omega_n s+\omega_n^2)}$ |
| $\dfrac{1}{a^2}[z_1-z_1e^{-at}+a(a-z_1)te^{-at}]$ | $\dfrac{s+z_1}{s(s+a)^2}$ |
| $\delta(t-T)$ | $e^{-Ts}$ |
| $1(t-T)$ | $\dfrac{1}{s}e^{-Ts}$ |
| $1(t)-1(t-T)$ | $\dfrac{1-e^{-Ts}}{s}$ |

# 附录 B　常用函数的 Z 变换表

| $X(s)$ | $x(t)$ 或 $x(k)$ | $X(z)$ |
| --- | --- | --- |
| $1$ | $\delta(t)$ | $1$ |
| $e^{-kTs}$ | $\delta(t-kT)$ | $z^{-k}$ |
| $\dfrac{1}{s}$ | $1(t)$ | $\dfrac{z}{z-1}$ |
| $\dfrac{1}{s^2}$ | $t$ | $\dfrac{Tz}{(z-1)^2}$ |
| $\dfrac{1}{s^3}$ | $\dfrac{t^2}{2!}$ | $\dfrac{T^2z(z+1)}{2!(z-1)^3}$ |
| $\dfrac{1}{s^4}$ | $\dfrac{t^3}{3!}$ | $\dfrac{T^3z(z^2+4z+1)}{3!(z-1)^4}$ |
| $\dfrac{1}{s^{n+1}}$ | $\dfrac{t^n}{n!}$ | $\dfrac{T^nzR_n(z)}{n!(z-1)^{n+1}}$ |
| $\dfrac{1}{s+a}$ | $e^{-at}$ | $\dfrac{z}{z-e^{-aT}}$ |
| $\dfrac{1}{(s+\alpha)(s+\beta)}$ | $\dfrac{1}{\alpha-\beta}(e^{-\alpha t}-e^{-\beta t})$ | $\dfrac{1}{\alpha-\beta}\left(\dfrac{z}{z-e^{-\alpha T}}-\dfrac{z}{z-e^{-\beta T}}\right)$ |
| $\dfrac{1}{s(s+a)}$ | $\dfrac{1}{a}(1-e^{-at})$ | $\dfrac{1}{a}\cdot\dfrac{(1-e^{-aT})z}{(z-1)(z-e^{-aT})}$ |
| $\dfrac{1}{s^2(s+a)}$ | $\dfrac{1}{a}\left(t-\dfrac{1-e^{-at}}{a}\right)$ | $\dfrac{1}{a}\cdot\left[\dfrac{Tz}{(z-1)^2}-\dfrac{(1-e^{-aT})z}{a(z-1)(z-e^{-aT})}\right]$ |
| $\dfrac{1}{(s+a)^2}$ | $te^{-at}$ | $\dfrac{Tze^{-aT}}{(z-e^{-aT})^2}$ |
| $\dfrac{\omega}{s^2+\omega^2}$ | $\sin\omega t$ | $-\dfrac{z\sin\omega T}{z^2-2z\cos\omega T+1}$ |
| $\dfrac{s}{s^2+\omega^2}$ | $\cos\omega t$ | $-\dfrac{z(z-\cos\omega T)}{z^2-2z\cos\omega T+1}$ |
| $\dfrac{\omega}{(s+a)^2+\omega^2}$ | $e^{-at}\sin\omega t$ | $\dfrac{ze^{-aT}\sin\omega T}{z^2-2ze^{-aT}\cos\omega T+e^{-2aT}}$ |
| $\dfrac{s+a}{(s+a)^2+\omega^2}$ | $e^{-at}\cos\omega t$ | $\dfrac{z^2-ze^{-aT}\cos\omega T}{z^2-2ze^{-aT}\cos\omega T+e^{-2aT}}$ |
| $\dfrac{\omega^2}{s(s^2+\omega^2)}$ | $1-\cos\omega t$ | $\dfrac{z}{z-1}-\dfrac{z(z-\cos\omega T)}{z^2-2z\cos\omega T+1}$ |
| $\dfrac{\alpha}{s^2-\alpha^2}$ | $\mathrm{sh}\alpha t$ | $\dfrac{z\,\mathrm{sh}\alpha T}{z^2-2z\,\mathrm{ch}\alpha T+1}$ |
| $\dfrac{s}{s^2+\alpha^2}$ | $\mathrm{ch}\alpha t$ | $\dfrac{z(z-\mathrm{ch}\alpha T)}{z^2-2z\,\mathrm{ch}\alpha T+1}$ |
|  | $\alpha^k$ | $\dfrac{z}{z-\alpha}$ |
|  | $\alpha^k\cos(k\pi)$ | $\dfrac{z}{z+\alpha}$ |

# 参 考 文 献

[1] Kuo B. C. Automatic Control Systems. 8th ed. New Jersey: Prentice-Hall, Inc. ,2002.
[2] 卢伯英,佟明安译. 现代控制工程(第 5 版). 北京:电子工业出版社,2015.
[3] 李友善. 自动控制原理(第 3 版). 北京:国防工业出版社,2005.
[4] 刘文定,谢克明. 自动控制原理(第 3 版). 北京:电子工业出版社,2013.
[5] 李中华等译. 自动控制原理与设计(第 6 版). 北京:电子工业出版社,2016.
[6] 夏德钤. 自动控制理论(第 4 版). 北京:机械工业出版社,2013.
[7] 吴麒. 自动控制原理(第 2 版). 北京:清华大学出版社,2006.
[8] 胡寿松. 自动控制原理(第 6 版). 北京:北京科学出版社,2016.
[9] 刘文定,王东林. 过程控制系统的 MATLAB 仿真. 北京:机械工业出版社,2009.
[10] 刘文定,王东林. MATLAB/Simulink 与过程控制系统. 北京:机械工业出版社,2013.
[11] 潘立登. 过程控制. 北京:机械工业出版社,2008.
[12] 韩九强,杨清宇. 过程控制系统. 北京:清华大学出版社,2012.
[13] 张德丰,杨文茵. MATLAB 仿真技术与应用. 北京:清华大学出版社,2012.
[14] 夏玮. MATLAB 控制系统仿真与实例详解. 北京:人民邮电出版社,2008.
[15] 王正林,郭阳宽. MATLAB/Simulink 与控制系统仿真(第 3 版). 北京:电子工业出版社,2012.